U0196787

Ten Books on Architecture

Vitruvius

建筑十书

（典藏版）

〔古罗马〕维特鲁威　著
〔美〕I.D.罗兰　英译
〔美〕T.N.豪　评注/插图
陈平　中译

北京大学出版社
PEKING UNIVERSITY PRESS

著作权合同登记号 图字：01-2017-6187

图书在版编目（CIP）数据

建筑十书. 典藏版 /（古罗马）维特鲁威著；（美）罗兰英译；（美）豪评注 / 插图；陈平中译. —北京：北京大学出版社，2017.11
（美术史里程碑）
ISBN 978-7-301-27928-1

Ⅰ. ①建… Ⅱ. ①维… ②罗… ③豪… ④陈… Ⅲ. ①古建筑—建筑学—文集 Ⅳ. ①TU-091.12

中国版本图书馆 CIP 数据核字（2017）第006332 号

书　　　名	建筑十书（典藏版） JIANZHU SHI SHU
著作责任者	〔古罗马〕维特鲁威 著　　〔美〕I. D. 罗兰 英译 〔美〕T. N. 豪 评注 / 插图　陈平 中译
责 任 编 辑	任慧　赵维
标 准 书 号	ISBN　978-7-301-27928-1
出 版 发 行	北京大学出版社
地　　　址	北京市海淀区成府路 205 号　100871
网　　　址	http://www.pup.cn　　新浪微博：@ 北京大学出版社
电 子 信 箱	pkuwsz@126.com
电　　　话	邮购部 62752015　发行部 62750672　出版部 62755910
印 刷 者	北京中科印刷有限公司
经 销 者	新华书店
	650mm × 980mm　16 开本　30.5 张　670 千字
	2017 年 11 月第 1 版　2024 年 7 月第 3 次印刷
定　　　价	152.00 元

目
录

中译者前言

多年来，我们关于维特鲁威的知识，大体来自于高履泰先生二十多年前的中译本（中国建筑工业出版社，1986），以及建筑史教科书的简单介绍。高履泰先生的译本是之前国内唯一的译本，这个本子从日文版转译，本身就比日译本迟了整整半个世纪。今天看来，该译本在底本选择及语言方面都存在一些问题，客观上影响了学界对此书的兴趣和使用。但高先生的译本确有开山之功，他认真勤勉的治学态度值得我们永远铭记。高先生现已驾鹤西去，在此新译本问世之际，我们谨向他致以最崇高的敬意！

察看国内的学术网站，发现涉及《建筑十书》的文章极少，像样的研究也几近空白，这说明维特鲁威基本上未进入国内学界的视野。这与此书在建筑史和文化史上的地位不相称，也与我们这个"建筑大国"不相称。而在西方，自文艺复兴一直到现如今，建筑师与学者们对此书的热情一直没有衰减过，反复进行校勘、翻译和解读。反观国内发表的一些涉及维特鲁威的文章，其主要知识点依然停留在一个世纪前西方人的认知水平上。在当今震耳欲聋的"建设文化大国"的口号之下，这不得不让人汗颜。

回顾维特鲁威在中国令人沮丧的接受史，原因可能有许多，如翻译语言问题、学术制度问题，对西方古典学和建筑理论的研究和译介重视不够的问题，以及专业人才培养的问题，等等。但笔者认为还有一个重要的原因，这就是无论建筑学还是其他学科领域，都仅仅将此书视为一本古代科技书，对它抱着一种实用主义的态度，而忽略了此书的文化史意义。诚然，单从书名来看，《建筑十书》主要是一本建筑技术手册，从城市选址、建筑类型、建筑材料一直讲到施工机械和构件细节。有人会说，这些内容早已经过时，读它还有何用！但人类自从进入现代社会以来，在建筑科技如此发达的情况下，为何西方学者对它的翻译与研究的热情仍持久不衰，尤其是近年来出现了研究出版的热潮？除了建筑学的史料价值外，此书还具有怎样的魅力？

其实，只要翻看全书，答案不难发现：《建筑十书》的内容太丰富了，它是一部真正的古代文化百科全书。它以建筑为中心话题，广泛涉及哲学、历史、文献学、数学、几何学、机械学、音乐学、天文学、测量学、造型艺术等诸多领域，有助于历史学家和考古学家重构罗马帝国初期的文化氛围和视觉形象。其所记载的不少史料在其他文献中已无法寻觅，为相关研究提供了珍贵的史料。更何况它所涉及人文方面的内容，就占全书篇幅的一半！所以，仅以一本建筑技术书的眼光看待这本名著，势必会影响阅读面和对它的正确理解。仅就建筑学而言，在西方每个时代都有自己的维特鲁威译本，每个时代对《建筑十书》的理解都不一样，建筑师和理论家遇到新的问题时便会返回到维特鲁威这一源头。当今，处于国际视野下的我国建筑学，迫切需要系统引入西方经典文献，尤其是像《建筑十书》这么重要的经典著作的新译本，以奠定学科的基础，并惠及其他人文学科。[1]

本中译本基于近年最优秀的英文评注本译出，较为全面地反映了西方古典学与艺术史研究的最新成果。笔者相信，借助此译本，我们可以重新走进维特鲁威的古典世界并与他对话。关于维特鲁威的背景、生平以及西方学界的新近解释，读者可直接阅读本书的英译本导论以及评注中的精彩论述，这里不再重复。笔者只想先就《建筑十书》中的人文内涵谈一点感想，因为这些内容正是我们今天最感兴趣的，也是永远不会过时的。之后，笔者将根据有限的阅读，简要介绍西方对此书的接受史，以资读者参考。

维特鲁威与古典人文主义传统

维特鲁威生活在罗马共和制向帝制过渡的重要转折期，他在文化上是一个"保守主义者"，不遗余力地维护从古希腊继承而来的人文价值观和建筑理想。他在书中强调建筑师的教育、知识的统一性、建筑的意蕴、理论与实践的关系、建筑与社会伦理、人类健康与环境等问题，至今仍然对我们具有重大的启示意义。他的这些主张鲜明地体现了古典人文主义的传统，这个传统源于荷马史诗，经柏拉图奠定其基础，由西塞罗等思想家所继承和发展，其核心便是强调公民的美德与教化；重视知识、理性与规则的价值。

建筑师的基础教育与终身学习

建筑师作为人类房屋和诸神在人间居所的建设者，他们应该具备怎样的素质？维特鲁威提出的这个问题，两千多年来并没有得到解决，它依然是我们这个时代建筑领域（以及其他实践领域）最突出的问题之一。维特鲁威的同时代人瓦罗（Terentius Varro）最早将建筑列入自由艺术之列，但维特鲁威则更进了一步，他开列出建筑师需要学习和掌握的具体科目。[2] 要想成为一

---

1 近年来国内建筑学界已意识到这个问题的严重性，有学者在反思建筑论文写作与翻译的问题时，用了"荒芜"和"缺失"来描述当下的状况，并将建筑翻译提高到为当代建筑师提供"精神食粮"的高度。见包志禹：《建筑学翻译刍议》，《建筑师》，2005 年第 4 期。

2 罗马教育的基础来源于希腊哲学、修辞学和艺术。维特鲁威在第 1 书第 1 章中提出的建筑师课程基于希腊的教育模式，瓦罗在公元前 30 年代中期就已经将这些科目编入了他的《学科要义九书》（Disciplinae）之中，即所谓的"七艺"（liberal arts），包括了初级的三艺（文法、逻辑与演说术）和高级的四艺（几何、算术、天文与音乐），而医学和建筑则作为外加的学科。

名受人尊重的建筑师，就必须掌握宇宙万物的物性，精通本行业的技术与技能。在维特鲁威的课程表中，有绘图、几何学、算术、光学、历史学、哲学、音乐学、医学、法律、天文学，而从他书中所涉及内容来看，还包括了古典语文学、写作和古文献学。一个人当然不可能成为所有这些学科的专家，但掌握这些学科的基础知识却是至关重要的，因为它们大多有实际用途，比如绘图和几何学是建筑视觉传达的基本手段，音乐学有助于剧场设计，对调校弩炮弹索也有用；法律有助于妥善处理界墙、采光等方面的问题，防止法律纠纷；医学有助于建筑选址，天文学有助于制造日晷，如此等等。

令人惊讶的是，维特鲁威竟将哲学和历史这类"无实际用途的"科目也列入必修课程。对维特鲁威而言，一个理想的建筑师应洞察自然物性和人生真谛，学习哲学可以修身养性，戒除贪念，在职业生涯中保持着平和心态，行事开明而公正，不致沦为贪婪钻营之徒；而历史知识也是不可或缺的，他无法想象一个建筑师若对历史知识浑然不知，如何能恰当地设计建筑和装饰雕塑？他讲述了女像柱的故事来说明这一点（1.1.5—6）。

维特鲁威提出建筑师所必须掌握的知识内容是如此广泛，甚至可与西塞罗对演说家素质的要求相比拟[1]。这种提法，对于后来的艺术家和建筑师的影响既深且广，如文艺复兴的巨人莱奥纳多·达·芬奇。值得注意的是，在维特鲁威之前，尚没有人对建筑师的素质提出如此高的要求，他的动机是什么？

在维特鲁威的心目中，建造与帝国相称的建筑物是一项伟大的事业，从事这一职业的建筑师应是备受人们尊敬的人。但在当时他只不过是政府中的一个低级官吏，其地位自然比元老院议员和骑士阶层要低很多。所以，强调建筑师的教育，或许是他为提升建筑师社会地位所采取的一种策略。[2] 长期以来，罗马人将劳作视为奴隶的营生，这怎能确保建筑的崇高性？那么，如何才能使建筑师摆脱低下的社会地位，成为像演说家那样的社会精英和名流，而不仅仅是个匠人？唯一的途径便是尽可能扩充各方面的学识，而其中，文学能力的培养又是至关重要的。一个仅靠工艺技能谋生而不关心建筑精神层面的匠人，不配当一名建筑师。

更糟糕的是，建筑这一崇高的事业，被那些无知的滥竽充数者所败坏，他们四处游说、承揽工程，以谋求经济上的利益。所以维特鲁威在书中提醒出资建房的人，要将工程交给那些有良好教养并有学识的人。他还赞扬那些亲自动手为自己设计建造房屋的房主，只相信自己从书本中读到的东西（6.前言.5—7）。鉴于建筑行业的如此乱象，他愈加感到撰写一本关于建筑原理和构造技术的书的必要性。他雄心勃勃，将此书献给元首，让统治者也掌握建筑的评价标准；进而他要为从业者和业余爱好者提供必要的知识装备，并将此书作为礼物，献给世上所有的民族（6.前言.7）。

---

1 西塞罗关于演说家素质的论述，参见王焕生先生的《论演说家》中译本（3.120—143），中国政法大学出版社，2003年，第591—611页。
2 见马斯特森（Mark Masterson）：《维特鲁威〈建筑十书〉中所体现的建筑师的社会地位、薪水和愉悦》（Status, Pay, and Pleasure in the 'De Architectura' of Vitruvius），《美国语文学刊》（*The American Journal of Philology*，Vol. 125, No. 3, Autumn, 2004），第387—416页。

文学修养与写作的重要性

维特鲁威身体力行，为世人提供了理想建筑师的范例。维特鲁威的博学是历来公认的，他接受过良好的基础教育，抱定终身学习的理想；他熟悉希腊科技与历史，关注当下的建筑与艺术走向，卢克莱修、西塞罗和瓦罗的思想频频在他的著作中得到反映。他超越了工匠手册的写作传统，要建立一套成体系的建筑书写模式。维特鲁威的这一写作传统，从文艺复兴时期开始由西方建筑师继承下来并发扬光大。不过，在文学写作上他毕竟不能与西塞罗这样的大文豪比肩，他在自己的文章中也坦承这一点，唯恐被文人指责，故而就文学创作和建筑书写作的区别做了说明，并表示将尽力写得简明扼要（5. 前言.1—3）。的确，以往西方的古典学者和翻译者经常批评维特鲁威的写作，混乱的文体还夹杂着希腊术语。不过现代研究表明，他的拉丁文或许并不像人们想象的那么糟糕，毕竟我们不能拿他的文章与西塞罗相比。更重要的是他在文学上的努力值得世人尊敬：他力图使全书做到布局合理、首尾呼应，并将优雅的文体和通俗的叙述结合起来。在每卷书的前言中，他采用高雅雄辩的文体，高屋建瓴地阐述内容主旨或进行学术综述；在叙述技术细节时，使用了类似于技术说明书的语言，使作坊中的工匠们也能够接受。[1] 我们从他的行文中也可以体会到，他面临着巨大的挑战——要将不容易说清楚的东西通过语言文字描述出来，毕竟在他之前并无传统可资借鉴。

尤其值得注意的是，他善于通过比喻来论述深奥的道理，以引起读者兴趣。比如，为了说明建筑木材必须要在秋冬季节采伐的道理，他举怀孕妇女为例，说怀有身孕的妇女体内的营养大量被胎儿吸收，母体便不可能很健壮；而当婴儿出生后，母体开始大量吸收养分，身体便迅速得到恢复，变得与以前一样强壮。同理，当秋季来临，树木的果实已经成熟，并开始大量吸收大地的养分，木质变得紧密结实（2.9.1—2）。反观我们当今出版的同类技术书和教材，其生动性和说服力或许远不及这本两千多年前的建筑手册。

维特鲁威对古代著作家表达了崇高的敬意，对窃取他人成果的人进行了无情的鞭挞。他弄不明白，希腊人常为从奥林匹亚运动会得胜归来的运动员举行盛大的庆典，授予他们至高无上的荣誉，但这些运动员只是通过体育锻炼使自己的身体强壮起来，而著作家不仅锻炼了自己的思想，还保存了知识并使世人广为受益，为什么不授予他们与运动员同等的甚至更高的荣誉呢？运动员只是在其盛期才享有盛名，但像毕达哥拉斯、德谟克利特、柏拉图、亚里士多德等著作家，他们终身勤奋工作，其研究成果不仅给当时的人们带来了好处，而且也使得所有民族以及子孙后代受益无穷。他认为，应该给那些有学问的人授予棕榈枝、戴上桂冠才对（9. 前言.1—3）。

---

[1] 洛布版的译者格兰杰（Frank Granger）认为，在科技文章的写作方面，维特鲁威预示了文艺复兴的两位通才：米开朗琪罗和达·芬奇。前者的文字艰涩费解，不合语法；后者的写作采用了佛罗伦萨小作坊的文法，但他却是一位杰出而严谨的科技作者。维特鲁威常常将科学洞察力与文学表现力分离开来，但他的文体很适合于实验室和作坊的需要。见格兰杰《建筑十书》（*Vitruvius On Architecture*）英译本第二卷导论（London: William Heinemann Ltd, New York: G. P. Putnam's sons, 1934），第 ix—x 页。

《建筑十书》中有相当篇幅是对古代人文背景知识的描述，今天专业教科书的作者，或许不会像维特鲁威这样，在叙述专业知识的同时还讲这么多生动有趣的故事，让我们领略到古人朴素的智慧。如讲到城镇选址时，他提到古人在迁徙过程中，以聪明的方法来判定一个地方是否宜于居住，是否有利于健康：他们观察作为牺牲的当地羊只，看它的肝脏是否正常，如果不正常，便再杀一些羊只进行检查（1.4.9），因为若当地的河水草木不利于动物生长，必然也不利于人类健康。他在颂扬古人发明创造的智慧时，讲述了阿基米德的一个故事：叙拉古国王委托一个承包人制作一只纯金的还愿金冠，有人举报此人在制作过程中掺入了银来盗取黄金。他请阿基米德帮忙查清此事。一天阿基米德去洗澡，在浴池中观察到，当人进入浴池后会使同等体积的水溢出池外，进而悟出了其中的道理。于是他便制作了一个金块和一个银块，与金冠重量相同，并利用金和银重量相同而体积不同的道理，成功地破了案（9. 前言.9 — 12）。在讲到科林斯柱式的起源时，维特鲁威引用了一则美丽的传说：在科林斯有个小女孩不幸夭折了，她的奶妈在她的坟上放了一只篮子，里面盛着她生前的玩具。当春天来临，篮子底下的莨苕开始发芽，迸出新枝，形成了优美的涡卷形状。恰巧雕塑家卡利马库斯途经此地，受到这花篮造型的启发，创造了科林斯柱头（4.1.9 — 10）。在介绍落叶松的防火性能时，维特鲁威讲了一个恺撒率军攻打高卢城镇的故事：该城的人为了防御，在城寨前用木材搭建起高高的塔楼，罗马士兵以火攻点燃了它，一时火光冲天。他们满以为这塔楼会轰然倒塌，但当大火逐渐熄灭之后，这塔楼竟然未受损害，这使他们大吃一惊，经当地人告知才恍然大悟，原来这塔楼用的落叶松是一种阻燃的材料（2.9.15 — 16）。

为人而设计

对人类本身的关注和研究是设计的前提，这一信念如一条红线贯穿于十书之中。维特鲁威将建筑的起源追溯到火的发明，有了火人类便开始告别动物的生存状态；而人与人之间的交流导致了语言的产生；辛勤的劳作与探求，使构建技术不断改良，建筑从原始棚屋逐渐走向舒适的居所（2.1.1 — 7）。气候与水土影响了各个地区族群的思维方式、行为方式，甚至影响到人的发音，如温暖地区的人发音很高，而潮湿地区则发音低沉；赤道线上的人们因气候炎热而思维活跃，北方人则相反，思维迟缓；南方人胆小，因为太阳的热量削弱了他们的勇气，而北方人则打起仗来毫不畏惧。由此维特鲁威要证明，罗马人生活在地球上最适宜的地区，气候温和，不冷不热，在精神状态和身体素质方面，集中了南方人和北方人的长处，从而成为了世界的统治者（6.1.8 — 12）。这些观点，令人联想到温克尔曼将气候条件作为希腊艺术成因的论点，以及丹纳的环境决定论，虽然与现代科学不尽吻合，但读来依然有趣。

以人为本的观念贯穿于维特鲁威的建筑设计中，大到为城镇选址时要注意的风向和朝向（1.6），小到台阶的设计使人上台阶时不感到吃力（3.4.4）。各种功能不同的房间，其朝向要有讲究，冬日餐厅和浴室在傍晚时分要暖和些，所以应朝西；卧室和书房早晨需要良好的光线，所以应朝东，等等（6.4.1—2）。他提醒过道和楼梯间要开窗，以防搬运重物的人在黑暗中相互碰撞（6.6.7）；甚至还说在做餐厅地坪时要考虑到光着脚的仆人走在地板上不会受凉（7.4.5）。

更为重要的是，建造理想的神庙，均衡与比例是第一要义，也就是求得各个部分之间、部分与整体之间恰当的比例关系，以达到均衡的效果，而这均衡的原理便来源于完美人体各个部分固定不变的比例关系。比例的测量单位也来源于人体，如指、掌、足、肘等。古人认为完美数是十，是从十指而来的；而数学家认为完美数是六，因为足是人身高的六分之一；肚脐是人体的中心，平伸双臂的长度应恰好等于人体的高度（3.1.3）。多立克型圆柱即是将人体比例原理运用于设计的佳例，柱身高度包括柱头在内六倍于底径，代表了强壮的男人体比例。而奉献给女神的爱奥尼亚型神庙，其圆柱高度则为底径的八倍，具有纤细优雅的效果，代表了女性的优美比例；圆柱之下的柱础代表鞋子，柱头两边的涡卷饰代表女子的卷发，柱身上开槽代表衣褶。建筑师对于视错觉产生的变形要进行校正，使建筑产生悦目的视觉效果，等等。

建筑与其他造型艺术的关系

《建筑十书》不仅是西方建筑理论的源头，也是美术理论之源。西方传统的"美术"（Fine Arts）概念，至少在文艺复兴时期就已初步形成，它包含了建筑、绘画与雕塑三大样式[1]，这一点也体现在瓦萨里（Giorgio Vasari, 1511—1574）的《意大利杰出的建筑师、画家和雕塑家传记》（1550）巨著之中，而瓦萨里提议成立的佛罗伦萨美术学院（Academia del Disegno, 1563）[2]，则开启了欧洲包含三门艺术在内的美术学院教育的先河。[3] 在这里，我们可以将这一传统追溯到维特鲁威，因为在十书中这三门艺术的统一性是显而易见的，没有"隔行如隔山"的感觉。今天，学科的人为划分，尤其是建筑学（工科）与艺术学（文科）的分家，导致了无数"专家"的出现和"通人"的奇缺，也导致了技术的高度发展和人文精神缺失的悲哀。在学科越分越细的今天，回顾一下维特鲁威笔下的通识教育和知识统一性的观念，或许会使我们得到某些教益。[4]

笔者认为，仅就美术研究的角度来看，《建筑十书》至少有以下几点是值得我们注意的。首先，此书保存了不少古代绘画与雕塑艺术的珍贵史料，以致成为老普林尼（Pliny the Elder, 约23—79）《博物志》（*History of Nature*，公元77）中论造型艺术内容的主要来源之一。其次，以人体为中心的古典摹仿理论，以及比例与均衡的理论，都是支配着西方造型艺术的基本原理。比例的法则与音乐理论相关，最终与数学有着密切的联系。在第3书的前言中，维特鲁威阐明了建

---

1 关于西方艺术观念的历史演变，参见克里斯特勒：《艺术的近代体系》，邵宏、李本正译，收入范景中、曹意强主编：《美术史与观念史》第2卷，南京师范大学出版社，2003年，第437—522页。
2 笔者以为，将Academia del Disegno译成"设计学院"是不恰当的，因为那时并不存在现代意义上的设计学院。"disegno"这个词的基本意思是艺术家以素描的手段将自己的构思、创意表达出来，接近于今天所谓的"视觉传达"。瓦萨里那个时代的人认为，无论是建筑师、画家还是雕刻家，他们的工作均与disegno相关。所以还是译为"美术学院"为妥。
3 参见佩夫斯纳：《美术学院的历史》，陈平译，湖南科学技术出版社，2003年。
4 关于美术与建筑的关系，参见拙文《建筑的观念》，载《艺术与科学》第11卷，清华大学出版社，第146—149页；《美术史与建筑史》，载《读书》，2010年第3期，第157—161页。

筑、绘画和雕塑在知识基础与价值判断上的统一性，这一点深刻地影响了文艺复兴以及后来西方艺术的观念。接着他转述了波利克莱托斯《法式》一书中关于人体比例的论述（3.1.2），这些比例法则自希腊古典时期直到罗马帝国早期都一直被艺术家广泛采用，也是维特鲁威本人所极力推崇的。对于法则的维护与遵从，或许为他赢得了"保守主义者"的名声，但西方现代学者已经不再这么看了[1]。再次，在《建筑十书》中我们可以看到多处涉及绘画及雕塑艺术的具体论述，从制作技术、表现题材到艺术批评。如在第 7 书中，维特鲁威论述了绘制湿壁画的方法，从灰泥底子的制作谈到舞台布景、风景画、纪念性绘画和各种表现题材。接着他还不惜笔墨，严厉抨击了当时流行的浮夸怪诞的画风，其口吻带有激烈的论辩色彩，或许这是我们所能看到的西方古代艺术批评的最早一例（7.5.1 — 7）。最后，关于线透视，我们都知道这是布鲁内莱斯基于 15 世纪初发明的，但在这里维特鲁威介绍了古人对线透视的最初研究：阿加萨霍斯最早绘制了舞台布景，德谟克利特和阿那克萨哥拉受到启发，撰写了舞台布景的论文，谈到了选取一个固定的视点，使画出的所有线条均通过这个点，这似乎是最早有关线透视的论述（7. 前言.11）。

维特鲁威与西方建筑史

对于建筑师和建筑史家来说，此书的重要性或许首先就在于它是两千多年前唯一幸存下来的建筑全书。可以这么说，一部西方建筑史就是一部维特鲁威的接受史。两千年来，各个历史时期的建筑师和理论家对于维特鲁威的认识和评价，折射出建筑观念的流变，也决定了西方城市与乡村的景观。

从"被遗忘"到"再发现"

《建筑十书》的写作年代正好处于"罗马和平"时代的开端，奥古斯都雄心勃勃，要将罗马城建设成为一座大理石的城市。作为建筑师与军事工程师，维特鲁威曾追随凯撒南征北战，并在帝国公共建筑和基础设施建设方面发挥了重要作用[2]。帝国在政治上的扩张和霸权话语的建

---

1 参见本书的英译本导论的相关部分。艺术要不要有规则？规则必然会导致僵化吗？法国美术史家福西永（Henri Focillon，1881—1943）的一段话颇有意思，值得征引如下："那些最苛刻的规则好像会使形式的材料变得贫瘠和标准化，但实际上恰恰包含了极丰富的变化和变形，极大地启发了形式的超级生命活力。有什么纹样能比伊斯兰纹样的几何形组合更缺乏生命感，更缺乏轻松感和灵活性呢？这些组合图案是数学推理的结果，基于冷冰冰的计算，可以还原为最枯燥乏味的图案。但就在它们的内部深处似乎有一种热情在涌动着，使形状多样化；有个复杂连锁的神秘精灵将这整个纹样的迷宫折叠、打散并重新组合。这些静止的纹样随着变形而焕发光彩。无论它们是被解读为虚空还是实体，是垂直轴线还是对角线，每种纹样都保留着神秘性，展示出大量现实的可能性。"福西永：《形式的生命》，陈平译，北京大学出版社，2011 年，第 45 页。

2 维特鲁威在书中提到的位于法诺的那座巴西利卡，是我们所知他的唯一作品，未得到考古证实。弗龙蒂努斯在《论罗马城的供水问题》（*De aquaeductibus*，XXV.1-2）中说，他曾在阿格里帕手下，在罗马马尔斯广场从事浴场和渡槽工程。他还在书中提到，当时罗马管道工根据维特鲁威的铅管尺寸进行施工。

立，激励着维特鲁威在退休之后撰写建筑论文，旨在提出建筑的工程规范和审美标准，并将希腊古典建筑推广至整个帝国，形成一种世界语言。维特鲁威在书中总结了希腊化时期以来的建筑实践，对于帝国公私建筑提出了一套行之有效的指导原则，并一劳永逸地为西方建筑理论奠定了基础。虽然《建筑十书》在多大程度上对当时帝国建筑产生了影响尚有争议，但这种影响一定是存在的，如有专家发现，非洲北部的一些罗马殖民地的神庙就是按他的比例体系建造的。[1] 更为重要的是，维特鲁威所推荐的技术规范工程做法，已作为帝国建筑与工艺传统，持续影响到帝国中期、晚期以及早期基督教时期。此书问世后一直受到著作家们的关注，即可证明这一点。老普林尼在他的百科全书《博物志》中，将此书列入植物学与矿物学的参考书目，并提到维特鲁威的书在帝国时代得到了广泛的利用，成为建筑与市政工程的规范手册。后来，弗龙蒂努斯（Sextius Julius Frontinus）的《论罗马城的供水问题》（De aquaeductu，成书于公元 1 世纪末前后）、法文蒂努斯（M. Cetius Faventinus）的《论各种建筑物的建造方法》（De Diversis Fabricis Architectonicae，成书于 3 世纪）、马提亚利斯（Q. Gargilius Martialis，成书于 3 世纪）的《论园艺》、帕拉迪乌斯（Rutilius Palladius）的《农书》（De re Rustica，公元 4 世纪）等，都不同程度地利用了《建筑十书》中的相关内容。公元 5 世纪基督教作家阿波利那里斯（Sidonius Apollinaris）也曾提到他。更为重要的是，伟大的拉丁教父、塞维利亚大主教伊西多尔（Isidore）在他的巨著，二十卷的《语源学》（Etymologiae，约 623）中将《建筑十书》列入古代重要著作之列。9 世纪中叶，赫拉班（Hrabanus Maurus，780—856）在他的百科全书《论宇宙》（De universo）中也提到了维特鲁威的著作。

不过上述作家，尤其是基督教作家对维特鲁威的兴趣，主要在于对古代知识与理论的积累和保存，《建筑十书》并未对建筑实践产生重要影响。在漫长的中世纪，它被束之高阁，保存在"被遗忘的角落"。究其原因，主要是基督教教堂不可以用异教神庙的样式来建造。中世纪保存下来的抄本有八十多部，分别收藏于德国的赖谢瑙、瑞士的圣加尔大修道院、法国的克吕尼大修道院以及英格兰的坎特伯雷和牛津等地。[2] 从这些手抄本页边批注来看，中世纪人关注的内容主要是建筑师的教育、建筑材料，以及诸如水力学、日晷和机械等方面的纯技术问题。[3]

现存最早的维特鲁威抄本属于加洛林时代，制作于 800 年左右，这就是藏于伦敦大英图书馆的 Harleina MS.2767，简称 H 本。这个抄本派生出一个最大的抄本群，古典学者对它研究得也最多。甚至有学者认为，现存大多数抄本都可追溯到它。H 本制作于何地？底本从何而来？一说它制作于诺森伯里亚的修道院，底本来源于 7 世纪晚期意大利某个修道院的图书馆，而英国伟大的学者和诗人阿尔昆（Alcuin，约 732—804）受命于查理曼大帝主管加洛林宫廷文化事务时，将另一抄本带到了加洛林宫廷。一说该抄本可能制作于加洛林宫廷，底本直接来自

---

1 格兰杰：《建筑十书》英译本第一卷导论（London: William Heinemann Ltd, New York: G. P. Putnam's sons, 1931），第 xv 页。
2 参见《艺术词典》（The Dictionary of Art）第 32 卷，Vitruvius 条（Macmillan Publishers Limited, 1996），第 637 页，基德森（Peter Kidson）撰文。
3 I.D. 罗兰（Ingrid D. Rowland）：《维特鲁威的印刷版本及本地语译本：乔孔多、布拉曼特、拉斐尔和切萨里诺》（Vitruvius in Print and in Vernacular Translation：Fra Giocondo, Bramante, Raphael and Cesare Ceseriano），收入文集《纸上宫殿》（Paper Palaces, the Rise of the Renaissance Architectural Treatise，Edited by Vaughan Hart with Peter Hicks, New Haven and London:Yale University Press, 1998），第 107 页。

于意大利。总之，众说纷纭，未有定论。[1] 阿尔昆或许会将维特鲁威的书交给埃因哈特（Einhard）等负责实际建筑工程的人，因为埃因哈特曾经书生气十足地坚持，建造教堂的砖块应符合维特鲁威规定的罗马砖尺寸。不过可以设想，《建筑十书》中对于巴西利卡的描述，可能会使加洛林人注意到早期基督教巴西利卡式，并以此作为新教堂的原型。查理曼大帝辉煌的建筑成就或许就是在维特鲁威的影响下取得的，如位于亚琛的皇宫建筑和宫廷礼拜堂，即采用了贯穿多层的巨柱来展示皇家气派。有专家们注意到，在 11 世纪勃艮第周边地区以及英格兰西部所建的教堂，在建筑形式和尺度上都与维特鲁威的论述相符。[2]

到 12 世纪，哥特式建筑开始迅速发展，维特鲁威再次被教会人士注意到。圣维克托的休（Hugh of St Victor）1220 年代在巴黎编纂百科全书式的《研读之术》（*Didascalicon de studii legendi*）时，将维特鲁威的书列为建筑类的权威书。但此后除了托马斯·阿奎那（Thomas Aquinas，1225—1274）偶尔提及之外，维特鲁威再次被遗忘。维特鲁威在圣维克托的休那里受到了重视，但并未对建筑实践以及当时的工匠和主顾产生影响，围绕这一问题，产生了各种解释。以往一般认为，哥特式时期建筑的中心问题是拱顶构造，而维特鲁威并没有讨论这个问题，所以他的书未被重视。而新近的观点则认为，中世纪建筑师已不再像维特鲁威那样属于有教养的阶层，而是体力劳动者，他们通过长期的学徒生涯来掌握专门技能，不可能阅读古典文献。更重要的是，中世纪的工匠们极力反对教会人士中的建筑爱好者对建筑事务进行干涉。人们还注意到，在 13 世纪有一个活跃于法国皮卡第地区的建筑师，名叫维拉尔（Villard de Honnecourt），其编辑的一本建筑与工艺手册（约 1220—1240）或许就是受到了维特鲁威写作传统的启发，这是中世纪仅存的重要文献。维拉尔与维特鲁威一样，兴趣极其广泛，也将机械包括在自己的著作中，对于钟表、自动控制、供水装置、传动装置和军事设施很是着迷。[3]

文艺复兴时期的人文主义者追慕古代文学艺术的辉煌，对希腊语和拉丁语文献抱有浓厚的兴趣，这使维特鲁威的书进入他们的视野。早在 14 世纪中叶前后，维特鲁威的抄本就在意大利流传起来。彼得拉克（Petrarch，1304—1374）从法国带回了一个抄本，将它出示给薄伽丘和其他学者。1416 年，人文主义者布拉奇奥利尼（Poggio Bracciolini）在瑞士的圣加尔修道院又"重新发现"了这一著作。

从 15 世纪开始，《建筑十书》开始对建筑实践产生影响。不过，当时的建筑师一般都不懂拉丁文，不可能理解维特鲁威的书。正是阿尔伯蒂（Leon Battista Alberti，1404—1472），这一热爱视觉艺术的伟大的人文学者，第一次以书面形式阐释并丰富了维特鲁威。这就是他撰写的巨著《论建筑》（*De re aedificatoria*，1485）。阿尔伯蒂遵照维特鲁威的体例，也将自己的著作分为十书，但内容和编排顺序则不尽相同。他根据维特鲁威的第 3 书和第 4 书描述了各种圆柱类型，还首次总结出了维特鲁威未提及的"意大利式"（后来称作"组合式"），从而奠定了柱式体系的基础。

1 参见《艺术词典》第 32 卷，Vitruvius 条，第 637 页，基德森撰文。
2 同上。
3 同上书，第 637—638 页。

而布鲁内莱斯基（Filippo Brunelleschi, 1377—1446）则被看作第一位维特鲁威式的建筑师，他或许在阿尔伯蒂之前就已读过维特鲁威，古代建筑知识有助于他在研究古罗马遗址的过程中对各种圆柱类型进行区分。

到了 15 世纪下半叶，《建筑十书》的传播范围大大扩展，大多数重要的宫廷图书馆、人文主义学者和有学识的建筑师都拥有此书的抄本。佛罗伦萨艺术家吉贝尔蒂（Lorenzo Ghiberti，约 1381—1455）将他自己翻译的一些段落收入他的著作《笔记》（Commentarii）之中。建筑师菲拉雷特（Filarete, 1400—1469）在他于 1464 年完成的建筑论文中也引用了维特鲁威，以论述建筑与人体的相似性。弗朗切斯科（Francesco di Giorgio Martini, 1439—1501）是第一批翻译《建筑十书》的建筑师之一，他花了很长时间将《建筑十书》与罗马建筑进行比对，对于圆柱类型做出了详尽说明。不过，当时不少建筑师还是分不清多立克柱头与爱奥尼亚柱头，这表明，要将维特鲁威的描述与古代建筑形式联系起来，在当时还是很困难的。

1485 年阿尔伯蒂的《论建筑》在佛罗伦萨付梓，一年之后，维特鲁威的第一个印本也面世了，1486—1492 年间印于罗马。它的编者是语文学家韦罗利（Johannes Sulpicius of Veroli，或称 Sulpizio da Veroli），这个项目与红衣主教里亚里奥（Raphael Riario）的圈子有关，他们对于古典剧场抱有浓厚的兴趣。此初刊本出版后，很快就有了另两个印本，一个 1496 年刊于佛罗伦萨，另一个 1497 年刊于威尼斯，两个版本的编者均不得而知。[1]

乔孔多修士与维特鲁威研究

到了 16 世纪，维特鲁威的书为越来越多的人所理解，这要归功于博学多才的乔孔多修士（Fra Giovanni Giocondo, 1433—1515），他是来自维罗纳的一位语文学者和建筑师，通晓拉丁文和希腊文。他花费了长达二十多年的时间精心准备，于 1511 年在威尼斯出版了当时最为完善的拉丁文本，题献给文艺复兴最伟大的艺术赞助人教皇尤利乌斯二世。

乔孔多本代表了维特鲁威研究的转折点。乔孔多编辑此书的目的不仅是满足学者和艺术保护人的兴趣，还要使它成为建筑师和工程师手中的工具，因为他本人就是一位实践者，曾先后为那不勒斯国王、法国国王以及威尼斯共和国服务，后来又成为罗马圣彼得教堂的建筑师。乔孔多的基本方法是将正文与现存的建筑物进行比较，并用素描帮助理解正文。136 幅漂亮的木刻插图由乔氏本人亲手所作，书后还附有术语表和数学符号表，这也是破天荒第一次。虽然一般认为乔孔多对原典的复原和修订是凭感觉行事，而且过于自信，但其成果仍大体为现代古典学者接受，包括对原典的语态、时态、动词人称、介词以及词的划分等。[2]在准备该版本的过程中，乔孔多修士还曾在巴黎举办过论《建筑十书》的公开讲座，以素描作为补充说明。他收

---

1 恰波尼（Lucia A. Ciapponi）：《乔孔多修士与他的维特鲁威版本》（Fra Giocondo da Verona and His Edition of Vitruvius），《瓦尔堡与考陶尔德研究院院刊》（Journal of the Warburg and Courtauld Institutes，Vol. 47，1984），第 72—73 页。
2 同上书，第 76 页。

入书中的木刻插图，为后来出版的无数插图本建筑书提供了一个范例。

乔孔多本之后，又有伦巴第建筑师切萨里亚诺（Cesare Cesariano，约 1476—1543）翻译的第一部意大利文版本（科莫，1521），这也是一个全注本，并附有插图，但所收图像多数并非来源于古典建筑，而是表现了意大利北方地区 15 世纪的古代建筑式样。

到了 16 世纪中叶，罗马出现了一个民间研究团体——维特鲁威学园（Accademia della Virtù）[1]，代表了当时维特鲁威研究的最高水平。该团体制订了一份雄心勃勃的研究计划，由人文主义者托洛梅伊（Claudio Tolomei，1492—1555）领导，每周组织一次例会，由成员在会上轮流宣读对于《建筑十书》某一个部分的评注。从博洛尼亚来的年轻建筑师维尼奥拉（Jacopo Vignola，1507—1573）担当起测绘古罗马建筑遗构的任务，为他后来众多的建筑设计以及建筑论文的写作打下了基础。不过，由于学园的众多项目缺乏资金支持，唯一的出版成果是由法国人文主义者、语文学家菲兰德（Guillaume Philander）撰写的一部维特鲁威评注，于 1544 年在罗马出版，次年在巴黎出版，并重印了若干次。菲兰德曾在威尼斯师从塞利奥（Sebastiano Serlio，1475—约 1553），对建筑理论产生了兴趣，后来参加了托洛梅伊的学园。他的评注覆盖了《建筑十书》的所有部分，不过其兴趣主要集中于柱式，他以一套素描对各种柱式及细节进行说明，随文还附有专业术语解释。这部评注本是第一部由法国人出版的文艺复兴建筑理论书，不但将他对于拉丁文本的解释，也将布拉曼特（Donato Bramante，1444—1514）及后人对于柱式的运用，远播于阿尔卑斯山以北的地区。

菲兰德的评注影响很大，但并没有实现学园要使所有不懂拉丁语的建筑师都能理解维特鲁威的这一目标。威尼斯人文主义学者巴尔巴罗（Daniele Barbaro，1514—1570）在帕拉第奥（Andrea Palladio，1508—1580）的协助下，于 1556 年出版了新的意大利文译本。由于巴尔巴罗受过良好的科学教育，其译本表现出对拉丁文本的完整理解。

五种"柱式"规范的确立与传播

维特鲁威并未使用过"柱式"的概念，它作为一套完整的建筑语言，是文艺复兴的产物。在五种柱式中，多立克式和爱奥尼亚式在《建筑十书》中有较为明确的描述，而在其他三种柱式中，科林斯式和托斯卡纳柱式是 16 世纪建筑师在对古罗马遗址考察的基础上创造出来的，混合式最初是由阿尔伯蒂描述，最后由塞利奥明确界定的。当然，柱式的基本原理最终来源于维特鲁威，包括了横梁式结构、各种构件的比例、固定类型的定义以及圆柱的历史含义等。维特鲁威书中关于圆柱起源的历史轶事及对其象征含义的解释，激发着建筑师们的想象力。一般认为，阿尔伯蒂首先根据维特鲁威的描述正确地说明了各种类型的圆柱，但这只是理论上的工

---

1 Accademia della Virtù，按字面意思似应译为"美德学园"。克鲁夫特（H.-W. Kruft）《建筑理论的历史》（*A History of Architectural Theory*）一书的英译本将其译为"Vitruvian Academy"（trans. Ronald Taylor, Elsie Callander and Antony Wood, Princeton Architectural Press, 1994, pp.69-70），故我们从其译作"维特鲁威学园"，以突出这个民间团体以维特鲁威研究为宗旨的特色。

作，并未在当时的实践中体现出来。但从 16 世纪初开始，罗马主要建筑师已能熟练地将各种圆柱运用于当时的建筑上，如布拉曼特在罗马坦比哀多小教堂中采用了完整的多立克柱式；他还在梵蒂冈观景宫庭院的螺旋式楼道中（约 1512）采用了一套柱式——托斯卡纳式、多立克式、爱奥尼亚式和混合式，但混合式在那时尚未与科林斯式清楚地划分开来。

塞利奥是第一个用"柱式"这一术语描述圆柱的作家，也是为五种圆柱制定统一而明确的规则的第一位理论家。他本是个建筑师，但建筑作品不多，使他名声远扬的是他用意大利本地语撰写的一套影响很大的建筑丛书。这套书的出版顺序前后颠倒，1537 年第 4 书首先出版于威尼斯，书名为《五种建筑柱式的总体法则》(*Regole generali di architettura sopra le cinque maniere degli edifici*)。在此书中，柱式第一次成为建筑艺术的核心问题，也第一次得到了清晰而准确的定义。此外，他的贡献还在于制定了"混合柱式"的特征与规则，说它"接近于第五种风格，是其他几种'纯粹'风格的混合体"，是"所有建筑风格中最放肆的风格"。[1] 塞利奥的建筑论文成为16 世纪最重要的建筑出版物之一，广泛传播了意大利古代建筑遗产以及文艺复兴的建筑创新。到 17 世纪初，这套书中的不同部分已经翻译成 7 种语言，欧洲几乎每位建筑师都在研究它。同时，不少译本并未取得授权，盗版书泛滥成灾。[2]

塞利奥开启了将《建筑十书》中的柱式内容抽取出来加以推广的实用主义先河。二十多年后，标准的五种柱式体系在维尼奥拉的《建筑的五种柱式规范》(*Regola delli cinque ordini d'architettura*, 罗马, 1562) 中最终定型，并得到更广泛的流传。上文已提到他曾参与过维特鲁威学园的活动，对罗马的所有古代建筑进行了测绘，瓦萨里在他的《名人传》中对此做了记述。[3]《规范》的首版只有一本存世，藏于佛罗伦萨市国立图书馆，共 32 页，标注了页码，以铜版画印制而成。卷首图画富于创意，画面中央再现了一位高贵的建筑师著作家的胸像，两边各表现了一尊雕像，分别象征理论与实践，上部是当时显赫的艺术赞助人红衣主教法尔内塞的纹章和徽志。此书由 29 幅精美的铜版画组成，以塞利奥的次序图解了五种柱式：托斯卡纳式、多立克式、爱奥尼亚式、科林斯式和混合式，每幅图版都附有简洁明了的图注。维尼奥拉系统说明了柱式的模数测量法，使圆柱的比例比早先更为修长。此书设计得优雅、简洁，在后来的三百年成为欧洲最畅销的建筑手册。有研究显示，在 1562—1974 年间，该书曾以 10 种语言出过 500 个版本，是古往今来最为畅销的建筑教科书。[4]

若干年之后，帕拉第奥的《建筑四书》(*I Quattro libri dell'architettura*, 1570) 首版于威尼斯，吸引了欧洲建筑爱好者的目光。帕拉第奥在他的艺术赞助人巴尔巴罗的影响下，迷恋于古典建筑。他一生五次去罗马，为古代废墟深深感动，耗费时日绘制了不少神庙、巴西利卡、浴场和运动

---

1 哈特与希克斯（Vaughan Hart and Peter Hicks）：《论塞利奥：得体与建筑创新的艺术》(On Sebastiano Serlio, Decorum and the Art of Architectural Invention)，《纸上宫殿》，第 148 页。

2 同上书，第 156 页。

3 参见瓦萨里《名人传》的中译本《意大利艺苑名人传》第 3 卷《巨人的时代》（下），徐波等译，湖北美术出版社、长江文艺出版社，2003 年，第 237 页。

4 参见塔特尔（Richard J. Tuttle）：《论维尼奥拉的〈建筑的五种规范〉》(On Vignola's Rule of the five Orders of Architecture)，《纸上宫殿》，第 200 页。

馆的素描。他以自己的想象来复原古代设计，并将这些素描制成木版画收入他的著作中。这些图表现的不是残壁断垣，而是完整漂亮的图画，成为帕拉第奥和人文主义者心目中美德教化的象征。《建筑四书》出版时，帕拉第奥已经 62 岁，他将自己一生的建筑设计献给读者，展示了对古典建筑语言灵活贯通的运用。[1]

塞利奥、维尼奥拉、帕拉第奥的建筑书，都是带有注释的标准著作，以古代与当代建筑作为范例，出版之后影响很大。相形之下，维特鲁威的书逐渐丧失了其主导地位。同时，美术学院或建筑学院的成立也使得建筑设计进入了专业教学机构，这更逐渐降低了《建筑十书》作为建筑理论入门书的重要性。

从 16 世纪初叶开始，维特鲁威便开始在欧洲传播开来。在西班牙，天主教教士萨格雷多（Diego de Sagredo）撰写了《罗马建筑规则》（*Medidas del Romano*）一书，这是一本论建筑柱式的简明版本，1526 年首印于托莱多，后重印了若干次。1547 年，马丁（Jean Martin）翻译的第一个维特鲁威法文版在巴黎出版。一年之后，第一部德文译本出版于纽伦堡，译者是里维乌斯（Gualtherus Rivius）。低地国家对维特鲁威的接受，是从凡·阿尔斯特（Pieter Coecke van Aelst，1502—1550）翻译塞利奥第 4 书荷兰语版开始的，1539 年出版于安特卫普，题为《建筑的总体法则》（*Generale Reglen der architecturen*），这只是在威尼斯原版之后两年；之后塞利奥的第 1、2、3、5 书也以若干种语言出版。除此之外，还有荷兰建筑师弗里斯（Hans Vredeman de Vries，1527—1606）撰写的《论建筑》（*Architectura*，1577、1581）与塞利奥第 4 书同属一类，即"柱式书"。凡·阿尔斯特与弗里斯论建筑的出版物在低地国家和北欧具有特殊的地位，因为发行量很大，一直在重印，直到 17 世纪中叶，那时维尼奥拉的《规范》和斯卡莫齐（Vincenzo Scamozzi，1548—1616）的《建筑理念全书》（*Idea dell'architettura universale*，威尼斯，1615）被翻译过来，分别于 1619 年与 1640 年在阿姆斯特丹出版。

在 18 世纪之前，维特鲁威和阿尔伯蒂的拉丁文著作都未被译成英文，对于英国大多匠师而言这些书是看不到的，也极少有人懂外语。不过古典风格的建筑在 16 世纪下半叶已经出现在英格兰，主要受到了早期本土建筑理论家著作的激发，如约翰·舒特（John Shute，?—1563）的《所有古代著名建筑中所采用的建筑的基本原理》（*The First and Chief Groundes of Architecture used in all the auncient and famous monymentes*，伦敦，1563）和亨利·沃顿（Henry Wotton，1568—1639）的《建筑的基本要素》（*The Elements of Architecture*，伦敦，1624）。他们以意大利或欧洲大陆的各种资料来源为基础，转述维特鲁威的建筑原理，介绍五种柱式规范，其目标是要将意大利的建筑风格介绍给信仰新教的保护人。他们希望，一旦这种新的基督教建筑风格被采纳，便可以恢复人与自然之间的那种原始联系，并与新教教会的道德准则相协调。[2]

---

1 参见塔韦诺尔（Robert Tavernor）：《帕拉第奥的"作品"：〈建筑四书〉》（*Palladio's 'Corpus'：I Quattro Libre dell' Architettura*），同上书，第 234—235 页。
2 哈特（Vaughan Hart）：《早期英国维特鲁威式书籍中的角色，从处女到交际花》（*From Virgin to Courtesan in Early English Vitruvian Books*），《纸上宫殿》，第 297—298 页。

维特鲁威传统的衰落与建筑史的兴起

维特鲁威的建筑观以模仿理论为中心，以人体比例为基础，即所谓的"人神同形同性论"（anthropomorphism）。文艺复兴时期的建筑理论恢复了这一传统，但到了巴洛克时期这一观念遭遇到强大的挑战。柯尔贝尔（Jean-Baptiste Colbert, 1619—1683）于1671年建立了皇家建筑学院，委托大学者佩罗（Claude Perrault, 1613—1688）重译维特鲁威，两年后在巴黎出版，题献给太阳王路易十四。翻译此书的目的是为学院提供基本的规范，而一百多年前马丁的译本被认为太过含混不可使用。新译本装帧豪华，插图丰富，活像一部皇家庆典图册。从1674年6月开始，佩罗在学院朗读他的译本。他根据国内外最新的资料给译本撰写评注，强调维特鲁威对于当代建筑师的必要性，认为他的书为建筑中的真正的美与完善建立了法则。十多年后，佩罗又发表了《根据古人的方法设计的五种柱式规范》（Ordonnance de cing espèces de colonnes selon la méthode des anciens, 1683）一文[1]，题献给柯尔贝尔，进一步为建筑实践建立确定不变的方法论基础，将建筑纳入集权主义改革的系统工程。佩罗在献辞中说，此文是对维特鲁威那些不充分的细节内容的补充，其目的在于建立建筑构件比例的固定规则，因为漂亮而庄严的宏大建筑完全依赖于这些构件之美。他还说，拟定这些固定的规则是要达到柯尔贝尔的目标：让建筑爱好者掌握建筑这一手段，以永恒纪念碑的形式，为我们光荣的、战无不胜的君主做出贡献。[2]

维特鲁威成为法国皇家建筑学院的理论基石，但是关于比例问题，佩罗则大胆地背离了维特鲁威的规则，认为比例是相对的，受到风俗与传播的影响。为此，他提出了一套新的美学理论，认为建筑美有两种，一种是"确然之美"（positive beauty），一种是"率性之美"（arbitrary beauty），前者表现为"材料的丰富多样性、宏伟壮丽的建筑效果、精确而干净利索的施工以及对称性"；而后者则"是由我们要赋予事物一个明确的比例、形状或形式的愿望所决定的"，这种美"看上去似乎与人所共有的理性不合，只是与习俗相吻合"。[3]他将比例归为率性之美的范畴，认为它是由风俗惯所决定的，经过权威认定便可成立。这意味着任何地区的习惯做法甚至是时尚做法都是合法有效的，不必拘泥于维特鲁威的原则。这一观点遭到建筑学院首任院长 F. 布隆代尔（François Blondel, 1618—1686）的坚决反对，他在《建筑教程》（Cours d'architecture，巴黎，1675—1683）中仍然坚守着文艺复兴时期的模仿观念，维护维特鲁威关于毕达哥拉斯的比例与美的理论。[4]

除了比例的绝对标准受到质疑之外，五种柱式规范也在传播过程中变了形。早在16世

1 此文亦是柯尔贝尔授意所撰。Ordonnance 一词的基本含义为排列、次序，又指规则、法令、条例，所以它既可理解为"一座建筑中各个部分的秩序安排"或"柱式"，又与柯尔贝尔利用中央集权颁布的一系列控制国内经济活动的"法令"和"条例"相吻合。一个 Ordonnance 就是一道皇家法令，意味着建立一种秩序。所以在路易十四时代的法国，建筑柱式便带有了"法令"的弦外之音。
2 麦克尤恩（Indra Kagis McEwen）：《论佩罗：将维特鲁威现代化》（On Claude Perrault: Moderning Vitrivius），《纸上宫殿》，第327—328页。
3 同上书，第330页。
4 这就是17世纪建筑领域的"古今之争"，参见麦奎兰（James McQuillan）：《从布隆代尔到布隆代尔：维特鲁威式建筑理论的衰落》（From Blondel to Blondel: On the Decline of the Vitruvian Treatise），《纸上宫殿》，第338—357页。

纪下半叶，法国皇家建筑师洛尔姆（Philibert de L'Orme，1510—1570）就在他的《论建筑第一部》（*Le Premier Tome de l'architecture*，1567）中，在标准的五种柱式基础上加上了三种古典柱式：雅典（阿提卡）柱式、螺旋形柱式（所罗门柱式）和历史叙事性柱式（如罗马图拉真纪功柱）。洛尔姆还发明了新的柱式，即法兰西柱式。一个世纪之后，柯尔贝尔受到洛尔姆的启发，发起了一次法兰西柱式的设计竞赛。后来，欧洲各地又出现了"德意志柱式""不列颠柱式""西班牙柱式"等等，不一而足。甚至到19世纪初，美国建筑师为国会大厦设计了一种美国柱式，柱头是烟草叶子和印第安玉米的形状。[1]

印刷术的发明、新大陆的发现以及全球旅行，使欧洲学者和思想家极大开拓了眼界，同时也打破了以维特鲁威为代表的古典建筑语言的一统天下。奥地利巴洛克建筑之父菲舍尔·冯·埃拉赫（Johann Bernard Fischer von Erlach，1656—1723）率先将眼光转向全世界，他于1721年编撰了第一部世界比较建筑史，即《历史建筑图集》（*Entwurff einer historischen Architetur*，维也纳，1721），收入了古今世界主要文明国度的建筑，其中包括了首次发表的埃及、中国[2]和伊斯兰国家的建筑物。第4书集中展示了他自己的建筑设计，表现了各部分之间的关系，但并没有刻意展示柱式或比例。显然，他意在展现新奇广阔的文化视野，已经不再参照旧有的建筑理论范式了。在这样的情境之下，那种维特鲁威式的传统建筑讨论，因对新文化的无知和惟古希腊罗马是从而逐渐被淘汰。新的建筑文学样式出现了，百科全书就是强有力的代表，它比以往的专业论文更具有综合性和世界眼光，更少古典色彩。

狄德罗和达朗贝编辑的百科全书，从1751年开始陆续出版，对艺术及工艺技术的基础进行了重新考察，将美的艺术重新整合到人类知识与理性的总体系之中。现在，建筑与艺术在现代智性研究领域中的位置已然确立，对建筑的研究不再单单依靠维特鲁威及其注释家了。达朗贝在百科全书第一卷的 *Discours préliminaire* 中说，建筑"仅限于在模仿大自然的每一个别事物上多少可明显观察到的对称布局，这恰好与合为整体的漂亮的多样性形成对比"[3]。这意味着，建筑现在以"对称"为基础，这是一种视觉布置，不再是维特鲁威的那种与作为微观世界的人体相关联的正确比例的概念。小布隆代尔（Jacques-François Blondel，1705—1774）为百科全书撰写了建筑条目，他在结尾处说，建筑师们现在正处在超越古人的关键点上。他摒弃了维特鲁威的便利、坚固和美观的建筑三原则，代之以"比例、适合、得体、单纯和美"。建筑最终进入了美的艺术，它丧失了对古代传统的依靠，这是对维特鲁威式建筑论文有效性的致命打击。[4]

---

1 参见《艺术词典》第32卷，"建筑柱式"（Orders, architectural）条之下"新柱式的发明"，第489页，萨纳布里亚（Sergio L. Sanabria）撰文。

2 菲舍尔·冯·埃拉赫当然未到过中国，他所依据的资料是尼乌霍夫（Jan Nieuhof）于1665年在阿姆斯特丹出版的《自荷兰东印度公司出使中国大鞑靼可汗皇帝》（*An Embassy from the East India Company of the United Provinces to the Grand Tartar Cham Emperour of China*）一书中对于中国建筑的描绘。英文版1669年于伦敦出版，书名为《出使中国皇帝》（*Embassy to the Emperor of China*），此书插图由英国画家霍拉（Wenzel Hollar）邀请若干画家制作，其中有一位画家叫普莱斯（Francis Place，1647—1728），有17幅画有他的签名，还有23幅被归于他所作。

3 麦奎兰（James McQuillan）：《从布隆代尔到布隆代尔：维特鲁威式建筑理论的衰落》（From Blondel to Blondel: On the Decline of the Vitruvian Treatise），《纸上宫殿》，第346页。

4 同上书，第347页。

从 18 世纪下半叶开始,浪漫主义思潮反映于建筑领域,引发了哥特式复兴,彻底打破了古典建筑理论的一统天下。同时,建筑史学在 18 世纪和 19 世纪初叶兴起,其研究对象并不是古典建筑,而是哥特式建筑,这主要是受到了浪漫主义和民族主义热情的驱动。尽管希腊考古学复又燃起人们对古典建筑的兴趣,但这终究只是更为宽广的文化视野中的一朵浪花而已。加之法国大革命与工业革命的浪潮席卷整个欧洲,建筑的工业化大批量生产势在必行,新的社会结构呼吁着新的建筑类型、材料和结构的出现。所以,理性主义建筑思潮兴起,建筑的经济性和功能性越来越受到人们的重视。在建筑教育方面,也进行了前所未有的改革。在大革命的浪潮中诞生的巴黎理工学院(1894),其培养目标是工程技术人员,该校的建筑专业实际上已变成了市政工程的一个分支学科。作为该学院的建筑学教授,迪朗(Jean-Nicolas-Louis Durand, 1760—1834)在教学中贯彻了反维特鲁威的路线。他从根本上质疑维特鲁威的基本原理,尤其是人体与建筑之间的类比,并运用启蒙运动的理性来"解构"近两千年的建筑观念。他指出,人的足部并不是身高的六分之一,而是八分之一;希腊多立克圆柱的比例千差万别,根本找不到一例是柱径为柱高六分之一的;退一万步说,即便这一比例是对的,"假定人脚的长度是身高的六分之一,柱式的比例就一定是对人体的摹仿吗?人体的宽度与高度都不尽相同,而[柱身]则是一种从上到下直径恒定的圆柱体,两者之间有何相似之处?"模仿只适合于其他造型艺术,与建筑无关:"人体在外形上与任何建筑形体毫无相似之处,它的比例不可能被模仿。"[1]自此之后,维特鲁威的建筑传统被现代建筑师整个地抛弃了。如果说,古典柱式还依稀可在某些运用新材料的公共建筑上看到(圣热纳维耶芙图书馆和水晶宫),但只是作为一个象征的符号,古典比例已经荡然无存,柱式成了可有可无的东西。

不过,这一传统在欧洲还是通过新古典主义和帕拉第奥主义得以保存下来,并通过杰弗逊(Thomsa Jefferson, 1743—1826)传播到了北美。经过两千年建筑师发展起来的柱式体系,依然装点着重要的公共建筑的外观,如大英博物馆、柏林老博物馆、美国议会大厦、林肯纪念堂等等,赋予建筑物以力量与威严。

虽然从启蒙运动开始,《建筑十书》逐渐淡出了建筑师的视野,却进入了现代学术,成为古典学者和美术史学者的研究对象。它的文化价值、史料价值日益显现,对于维特鲁威的视点与评价,也经历了很大的变化。翻译维特鲁威的工作仍然在继续,有各种欧洲语言的新译本问世,如德文译本有罗德(Rode)本(1796)和雷伯(Reber)本(1865);英文本有牛顿(Newton)本(1792)、威尔金(Wilkins)本(1812—1817)和格威尔特(Gwilt)本(1826)等。当然,这些版本早已过了时。

到了 19、20 世纪之交,维特鲁威研究有了新的成果,即 1867 年的罗泽本和 1912 年的克罗恩本,均为现代拉丁文校勘本,也都出版于莱比锡。罗泽(Valentin Rose, 1829—1916)是现代第

---

1 塔弗诺尔(Robert Tavernor):维特鲁威《论建筑》(*On Architecture*)英译本导论,企鹅经典丛书(Penguin Classics, Penguin Books Ltd, 2009),第 xxxiv—xxxv 页。

一位维特鲁威批评性的编者，著名的古典学家和考据学家，德国柏林皇家图书馆抄本部负责人。克罗恩（Ferdinand Krohn，1873—1948）也是一位著名古典学家，西塞罗研究者。他们都认为，所有现存的维特鲁威抄本都出自 H 本和 G 本，而这两个本子则是从一个未知的原本派生而来。舒瓦西（M. Choisy）在 1909 年出版了精致的拉丁文法文对照本，附有详尽的评注和示意图，分四卷刊行。

20 世纪的维特鲁威

现代美术史作为一门大学学科，19 世纪下半叶首先在德语国家建立起来，并在 20 世纪上半叶迅速在欧美大学中普及。自此之后，建筑史成为美术史的一个分支迅速发展，并出现了诸如风格史与形式分析、心理学与精神分析、图像学、社会学等多种方法论，取得了不可胜数的研究成果。而就涉及维特鲁威古典传统的研究而言，最重要的、也对当下建筑观念产生重要影响的研究者，当推维特科夫尔和里特沃克。维特科夫尔（Rudolf Wittkower，1901—1971）早年曾在柏林大学接受过著名美术史家戈尔德施密特（Adolph Goldschmidt，1863—1944）的训练，22 岁时前往罗马德国美术史研究中心赫兹图书馆（Biblioteca Hertziana），在那里学习与工作长达十年之久。1934 年他进入瓦尔堡研究院，该机构的前身便是第二次世界大战前迁往英国的瓦尔堡图书馆。维特科夫尔对于阿尔伯蒂、帕拉第奥以及比例、透视等问题的一系列研究，成为其代表作《人文主义时代的建筑原理》（*Architectural Principles in the Age of Humanism*，1949）一书的基础。科学与建筑的结合是他的主题，像红线一样贯穿于全书。当时以沃尔夫林（Heinrich Wölfflin，1864—1945）和斯科特（Geoffrey Scott，1884—1929）等作家为代表的一批学者，主要从审美趣味和形式上来研究文艺复兴的人文主义建筑，维特科夫尔此书便是对这些形式主义者的回应。他认为，人文主义是以赞赏古代思想为基础的一种智性结构，包括了柏拉图哲学、毕达哥拉斯的数学和欧几里得的几何学，它们通过人文主义者渗透到建筑理论之中。而这一切都可以追溯到维特鲁威。他考察了建筑平面和空间构成的宇宙学意义，以及受到新柏拉图主义观念影响的基督教象征主义，并将建筑与音乐联系起来，证明了数学在文艺复兴建筑理论中所起的中心作用。这些正体现了那个时期瓦尔堡研究院的研究特色，与潘诺夫斯基（Erwin Panofsky，1892—1968）的美术史研究相呼应。此书出版后十分流行，甚至对设计也产生了重要影响，这在现代主义建筑风行的 20 世纪中叶是个十分有趣的现象。有论者认为，维特科夫尔对科技与建筑关系的研究，回应了吉迪恩、佩夫斯纳等人所阐明的现代建筑原则。[1]

里克沃特（Joseph Rykwert，1926— ）被公认为当今西方最重要的建筑史家和批评家，他曾担任

---

1 佩恩（Alina A. Payne）：《维特科夫尔与现代主义时代的建筑原理》（Rudolf Wittkower and Architectural Principles in the Age of Modernism），《建筑史家协会学刊》（*Journal of the Society of Architectural Historians*，Vol. 53，No. 3，Sep.，1994），第 322—342 页。

过埃塞克斯大学美术史教授，剑桥大学斯莱德美术讲座教授，以及宾夕法尼亚大学教授。他的很多著作也很有影响力，但与我们眼下话题关系最为密切的或许就是他的名著《圆柱之舞》(*The Dancing Column. On Order in Architecture*, 1996)。在此书中，他运用人类学、考古学、语源学、文学和形式分析等材料，追根溯源，对维特鲁威提到的希腊柱式进行了讨论，进而对建筑设计的本质进行理论思考。在他的眼中，古典柱式具有永恒的有效性，因为它承载着丰富的含义并为人们所感知。他强调了隐喻和模仿概念的重要性：隐喻是建筑的本质，而模仿可使观者产生情感的回应。他将建筑观念的发展与对柱式本身的讨论有机交织在一起，其结论指向了当下的设计批评，认为现代建筑已不再具有过去传统建筑的那种雄辩的特色。此书对于建筑史学者很有教益，对于当代建筑师而言也趣味盎然，表达了一种追寻理想建筑设计的传教般的热情。正如有评论者所言，"尽管他生性是个现代主义者，但他热切地希望建筑要具有含义，过去的建筑有含义，20 世纪的建筑有时有含义，将来的建筑也应该有含义"[1]。

自 20 世纪初以来，对《建筑十书》原典本身的古典学研究与翻译一直持续不断，尤其是近一二十年来呈现出了繁荣的局面，不仅出版了多种评注本，而且连续出版了几种重要的英译本，使此书得到了更为广泛的传播，因为英语是现代世界的通用语言。这无疑说明了维特鲁威对我们这个时代的重要性。

到目前为止，笔者所见到的有以下四种英译本。最早的一种由哈佛大学著名古典学教授摩尔根 (Morris Hickey Morgan) 翻译，哈佛大学出版社于 1914 年出版。这是摩尔根教授人生最后几年勤奋工作的成果，但在最后一书尚未完成时他便与世长辞，余下的工作由他的助手霍华德 (A. A. Howard) 教授完成。此版本以罗泽本第 2 版（1899）为底本，代表了 20 世纪初叶西方古典学术的最高水准。他的译文忠实而准确，不追求用漂亮的英文表达维特鲁威的思想，而是让读者领略到维特鲁威文章的风味，正如霍华德教授总结摩尔根翻译思想时所指出的："翻译不只是对一本书的内容的复制，而是要尽可能地将原作、作者以及他的思维呈现出来。译文要忠实于原文，但却有意识避免将维特鲁威的语言译成西塞罗式的。"[2] 摩尔根教授在《哈佛古典哲学研究》(*Harvard Studies in Classical Philology*) 和《美国学院杂志》(*Proceeding of the American Academy*) 上发表了若干研究维特鲁威的文章，后重印收入《演讲与论文》(*Addresses and Essays*，纽约，1909) 一书中。

其次是"洛布古典丛书"中的拉－英双语本，英译者为英国诺丁汉大学学院古典学系教授格兰杰 (Frank Granger)。全书分为两卷，分别出版于 1931 年和 1934 年。格兰杰译本以大英博物馆所藏 H 本 (Harleian MS. 2767) 为底本，他认为这是现存最早的维特鲁威抄本，是所有抄本的源头，G 本也只不过是 H 本的修订本。格兰杰教授花了极大的精力对欧洲现存的各种抄本进行调查，并在他的译本导论中详尽地论证了自己的观点。他提到，由于学界对著名的阿米亚塔

---

1 海索尔 (David Hemsoll)：里克沃特《圆柱之舞》书评，《伯林顿杂志》(*The Burlington Magazine*，Vol. 139，No. 1130，May，1997)，第 335—336 页。

2 参见摩尔根英译版前言，霍华德撰文。

圣经抄本[1]有了新的发现，促使他对 H 本的起源作重新思考：这个圣经本子并不是如圣经学者蒂申多夫（Tischendorf）所说是于公元 541 年在意大利抄写的，而是在英格兰的贾罗（Jarrow）或威尔茅斯（Wearmouth）抄写的，是修道院长切奥尔弗里德（Ceolfrid）将它从意大利带到了那里。他将 H 本的字体、尾花和文体与阿米亚塔圣经抄本进行比照，从而得出结论，这个著名的 Harleian 抄本也是在那里抄写的。[2]格兰杰本出版后引发了争议，有学者认为他的解决方案过于简单，举出证据证明 H 本并不是来自意大利的原文复制本。[3]还有学者指出他违背了"洛布古典丛书"的惯常做法，不是以标准原典为底本提供最新的译文，而是既用新的原典又提供新的译文，而他所用的原典是他自己编订的，未得到古文书专家的认可。至于英译文，论者也提出了不少问题，所以认为与摩尔根版本相比稍逊一筹。[4]

第三个英译本就是我们中译本所依据的版本，反映了自摩尔根本和格兰杰本以来近百年的学术进展。此译本以乔孔多修士所编辑的印本为底本，参考了罗泽本和克罗恩本等经典拉丁版本，译者为芝加哥大学美术史副教授 I.D. 罗兰（Ingrid Rowland）[5]，评注和插图作者为美国西南大学艺术史教授 T.N. 豪（Thomas Noble Howe）。与以往的译本相比，此译本虽不是拉英对照本，但其优点是显而易见的：一是信息量大，它是真正意义上的现代评注本，评注文字量超出了原典，为读者提供了丰富的历史背景信息；二是辅以大量插图，共 139 页图版，有平图面、立视图和素描，有不少图版包含了数幅小图，所以图的总量在一千幅以上，涵盖了维特鲁威论及的所有领域；三是反映了当代古典学研究成果，对相关领域的学术进展做出解释或介绍。这些主要反映在导论和评注以及大量学术注释之中，而且即使是插图的图注，也给出了古典学著作的出处。这就使本书的学术含量大大超越了建筑的范围，广泛涉及古代科学、艺术、哲学、宗教、文学、文化生活等各个方面。所以，这个译本不仅对建筑学以及各学科的专家学者有极高的参考价值，也可作为普通读者和青年学生的古典学和建筑史入门书。它首版于 1999 年，至 2007 年已经是第 9 次重印，受欢迎的程度可见一斑。

更为重要的是，这个译本反映了当今关于维特鲁威的最新视点，尽可能做到不带偏见地还原维特鲁威的历史地位和价值。比如，过去人们都认为维特鲁威是古典保守主义在建筑领域的代表，他站在希腊化古典主义的立场上，顽固地维护着旧有的建筑规则，反对当时流行的种种革新倾向。此译本的导论指出，应该将维特鲁威给出的"规定"，与后世僵化的古典主义区分开来，笼统地给他扣上"保守主义"的帽子是不合适的。作者举出不少的实例说明，如果我们细读维特鲁威，可以看到他的种种建议或"规定"并不是绝对不可变更的，相反他时时提醒读

---

1 *Codex Amiatinus* 是现存最早接近全本的通俗拉丁文本圣经，被认为是圣哲罗姆所译圣经的最准确的复制本，于 8 世纪初制作于诺森伯里亚的盎格鲁撒克森王国。其作为献给教皇的礼物，曾一度丢失，后来出现在托斯卡纳的阿米亚塔山救世主大修道院（Abbey of the Saviour, Monte Amiata）。

2 格兰杰：《建筑十书》英译本第一卷导论（London: William Heinemann Ltd, New York: G. P. Putnam's sons, 1931），第 xvi—xviii 页。

3 比森（Charles H. Beeson）撰写的书评，《古典语文学》（*Classical Philology*，Vol. 29. No. 4, Oct., 1934），第 347—350 页。

4 约翰逊（F. P. Johnson）撰写的书评，《古典学刊》（*The Classical Journal*，Vol. 31, No. 1, Oct., 1935），第 49—51 页。

5 I.D. 罗兰现为美国圣母大学（University of Notre Dame）建筑学院教授，她还是雅典美国古典研究院、罗马美国研究院、佛罗伦萨塔蒂别墅（Villa I Tatti）、洛杉矶盖蒂研究院等机构的研究员。

者要根据具体的建筑基址和功能做出变通；他对于帝国早期的新技术并不是一无所知，如拱顶构造和混凝土结构等；他之所以未列出章节来专门论述这些新结构与新材料，或许是由于他认为这理所当然，无需赘述。

离我们最近的一个英译本由企鹅图书公司出版于2009年，译者为威尼斯建筑大学研究院教授斯科菲尔德（Richard Schofield），爱丁堡与巴思大学教授塔弗诺尔（Robert Tavernor）撰写了导论。它收入"企鹅经典丛书"，其目标读者是那些初涉古典主义建筑传统的学生与爱好者。由于此丛书的宗旨是为广大读者提供经典读物，所以这个新版本没有做大量评注，不过书后仍附有丰富的注释，以及希腊语、拉丁语和英语的术语对照表。

企鹅本所参考的两个重要的当代非英语版本也值得一提：一是1997年在都灵出版的埃诺迪版（Einaudi edition），意大利学者罗马诺（Elisa Romano）和科尔索（Antonio Corso）编辑与翻译，普罗旺斯大学古典学教授格罗斯（Pierre Gros, 1939— ）撰写了长篇导论。该版本集原典、译文和评注为一体，全书一千五百多页，运用大量古典考古学资料对此书所涉及的各个方面进行细致深入的考察。二是巴黎 Les Belles Lettres 出版社的比代版（Budé）[1]，这是一个浩大的马拉松式的工程，将《建筑十书》拆开，每书出一卷，分别由专家进行校勘与编辑。此套书早在1969年就开始出版（第9书），历四十年尚未出齐[2]。比代版有长篇评注和导论，原典与译文相对照，尤其是在书页下方有统一的校注（apparatus criticus）。

关于中译本

以上介绍的四种现代英文版，各有长处。我们的中译本选择了罗兰本为底本，原因已如上述。此外，就翻译而言，罗兰本特别注意将维特鲁威本人的术语还原到原初的本意，这一点至关重要，可以免除后人的误读。最明显的例子是注意到了维特鲁威在文中用"genus"（类型）一词来区分和描述各种圆柱，并无后来所谓"Order"（柱式）的概念。比如他说："由于引入了这第三种柱头，才有第三种建筑**类型**从前两种发展出来。这三种**类型**的名称都基于各自的圆柱形态：多立克型、爱奥尼亚型和科林斯型。"（4.1.3）笔者特意查阅了摩尔根本和格兰杰本以及最新的斯科菲尔德本，发现他们都将"genus"一词译成了"Order"，而在罗兰本中则译为"Type"。维特鲁威并没有建立三种或五种"柱式"体系，他谈论圆柱的类型，就如同他谈论天气的类型、土壤的类型、沙子的类型或墙体的类型一样。如果将"类型"译为"柱式"，会误

---

1 "比代版"（通常称为 Collection Budé）是指以法国伟大的古典学者比代（Guillaume Budé, 1467—1540）命名的古典丛书，由巴黎 Les Belles Lettres 出版社出版，该丛书收入希腊文与拉丁文原典，每一本均有导论、评注，原典每一页下有校勘注释，对页为法文译文，类似于英语世界中的"洛布古典丛书"（Loeb Classical Library）。

2 直到企鹅版于2009年出版时，该套书尚缺第5书未出。见斯科菲尔德本《维特鲁威：论建筑》（*Vitruvius: On Architecture*）的译者前言（Penguin Books Ltd., London, 1999），第 xlii 页。

导读者以为在维特鲁威书中已经出现了柱式的概念，而古典柱式体系其实是一千五百年之后文艺复兴理论家的一种再创造。

历代维特鲁威译者均注意到了他的语言问题。霍华德在摩尔根本前言中曾指出，维特鲁威"似乎对自己能否正确表达自己的思想缺乏信心。他避免使用圆周句（即主句出现在最后的一种复合句），只用简单的虚拟结构，在关系从句中重复先行词。他还经常使用他所熟悉的工程说明或合同中的正式语言。每书结束时，作简短的总结。有时他的话含义模糊，不是因为语法错误，而是因为当他写了一句圆周句时，便陷入其中不能自拔了"[1]。这或许就是维特鲁威给人以语法混乱之印象的原因。加之世代以来《建筑十书》被反复传抄，错讹与窜入之处颇多，所以此书被认为是一本"最难翻译的拉丁作者的书"。近一百年前摩尔根教授在翻译时，就有意识避免将维特鲁威的语言译成"西塞罗式"的，而罗兰本也追求贴近拉丁原文，要"用英文对每个拉丁词汇作一对一的翻译"，不去"改善"原作者的意图和行文。

中译本也有类似的问题，虽然并非直接译自拉丁文，但也需透过英文体会原文的语气与表达上的微妙变化和语言特色。正如任何翻译一样，译者必须在流畅的表达与准确周全的传达之间做出艰难的判断与选择。遇到有语焉不详、意思含混的地方，笔者经常参考摩尔根本、格兰杰本和斯科菲尔德本；而对于关键的术语，也要时时查阅拉丁文和希腊文辞典，反复推敲，以给出最恰当的译名。好在此英文版有丰富的评注与图例以资参考，否则维特鲁威对于结构细节的烦琐解释会让人不知所云，翻译起来更加困难重重。

中译本的译名力求与古代语境保持一致，这样虽然读起来不太习惯，但毕竟不会引起误解。如古人以人体的部位如肘、足、掌、指作为基本测量单位，于是便将"foot"译成"足"而非"尺"，如"一道两足厚的小墙"；将"digit"译成"指"而非"寸"，如"厚度不小于六指"，等等。笔者还注意不要将"architecture"译为"建筑学"，因为在维特鲁威那个时代并无"建筑学"的概念，"建筑"这个行当范围甚广，除建筑物的营造之外，还包括了机械、市政工程等一切"构造物"的制造。"architect"的拉丁对应词为"praefectus fabrum"，权译作"建筑师"，但我们心里必须明白，古代"建筑师"并非只是房屋的设计建造者，还常被用作荣誉头衔，其含义包括工程管理者，甚至还指图书馆负责人。[2]

至于古典建筑上各种构件的术语译名，尽量采用约定俗成的译法，但少数术语我们仍坚持自己的译法。比如将"entablature"译为"柱上楣"，而非一般的"檐部"，因为它指的是圆柱之上的一个结构，包括上中下三个构件，译成"檐部"似不足以概括这层意思；而这三个构件一般译成"檐口""檐壁"和"额枋"，而我们经过反复推敲，还是译成"上楣""中楣"和"下楣"，这样不仅简单明了，更重要的是，当谈到像大门、窗户等建筑局部的柱式体系时，原来

---

1 引自摩尔根版前言。

2 格兰杰：《建筑十书》英译本第二卷导论，第三部分《维特鲁威与罗马工匠》第 1 节（London: William Heinemann Ltd, New York: G. P. Putnam's sons，1934），第 xv—xviii 页。

的译法就会令读者不知所云。

下面就中译本体例做一说明：

1. 中译本全书的内容及编排顺序，在中译者前言之后完全遵循英文版。

2. 凡《建筑十书》正文中标注星号 * 之处，均可根据所在卷、章、节的序号，在后面的评注部分中查找到相应的内容，这些学术性的评注对理解维特鲁威极有帮助。

3. 英文版中出现的括号有三种，一是（ ），用作补充说明，如（立视图）；二是 [ ]，用来补充原拉丁文中未出现的词，如 [小型弩机被称为]；三是〔 〕，用来标注希腊语或拉丁原文，如〔*skiothêrês*〕。中译本保留了这些括号形式，用与正文等大的字体排印。

4. 在本书的正文及评注中，凡小括号内用小字排印的内容均为中译者所加，包括英文版中人名、地名、术语、书名的转录，以及少量的中译者注。而在注释和图注中，因字体本身就很小，故括号内所给出的原文均用与注文等大的字号。

5. 中译本附有原英文版的索引，其中的阿拉伯数字为原英文版的页码，即本书的边码。在《建筑十书》正文以及评注中，边码标位置为原英文版该页的起首处。索引中评注与注释页码，若要在中译本中查找，应在原书页码（即本书边码）这一页的整个范围内寻找，可能会跨页。

本书的翻译工作历时两年半，书房的窗台上已然堆起高高的一摞译稿与校稿。它们留给我这一段生命的美好记忆，其中有我和古代西哲对话的乐趣，更包含了我对亲朋好友无私帮助的感恩之情：远在牛津访问的肖有志先生不惮其烦，解决了书中不少希腊语和拉丁语问题；建筑系的毛坚韧老师放下自己手中的研究，将本书译稿仔细审读一过，指出了不少不当之处；土木系的刘绍峰老师热情解答了测量学方面的问题。在这里我要向上海音乐学院副院长、全国西方音乐学会会长杨燕迪教授表达特别的感谢，他在百忙中审阅了书中有关西方古典音乐学的内容。在翻译过程中，我将部分章节作为阅读材料提供给文献研讨班的研究生同学，作为本书的第一批读者，他们的热情回应是对我莫大的鼓舞。在译事告竣之际，我与英译者 I.D. 罗兰教授取得了联系，她在回信中解释了我提出的问题。最后我还要感谢家人对我的支持：妻子吴进解决了不少数学方面的问题，还承担了所有文稿与图稿的数字化工作；岳父大人吴拯民先生为我解答了书中化学方面的疑问；女儿陈晨阅读了本书部分章节并提出了一些修改意见，还为本书设计了封面。

本中译本若有错失之处，敬请各界专家学者不吝赐教，同时也期待在不久的将来，有更优秀的译本和研究成果问世。

陈 平

2012 年春节于上海大学

附:《建筑十书》文献目录 [1]

抄　本

H 本:伦敦大英博物馆，Harl. 2767，8 世纪

S 本:塞莱斯塔（Selestad, 法国），Bibl. 132，10 世纪

E 本:沃尔芬比特尔（Wolfenbüttel, 德国），Bibl. 132，10 世纪

G 本:沃尔芬比特尔，Bibl. 69，11 世纪

刊　本

Sulp. 本:首刊本，苏尔皮提乌斯（Sulpitius）编，罗马，约 1486 年

Ioc. 本:乔孔多修士（Fra Giocondo）编，佛罗伦萨，Junta，1522 年

Phil. 本:菲兰德（Philander）编，罗马，1544 年

Laet. 本:莱特（Laet）编，阿姆斯特丹，1649 年

Perr. 本:佩罗（Perrault）编，巴黎，1673 年

Schn. 本:施奈德（Schneider）编，莱比锡，1807—1808 年

Lor. 本:洛伦岑（Lorentzen）编，哥达（第 1—5 书），1857 年

Rose 本:罗泽（Rose）编，莱比锡，1867 年，以及 1899 年

Kr. 本:克罗恩（Krohn）编，莱比锡，1912 年

译　本

意大利文:切萨里亚诺（Cesariano）译，科莫，1521 年

　　　　巴尔巴罗（Barbaro）译，威尼斯，1567 年

　　　　埃诺迪版，罗马诺（Elisa Romano）、科尔索（Antonio Corso）译，都灵，1997 年

法文:马丁（Martin）译，巴黎，1547 年

　　佩罗（Perrault）译，巴黎，1673 年

　　舒瓦西（Choisy）译，巴黎，1909 年

德文:里维乌斯（Rivius）译，纽伦堡，1548 年

英文:格威尔特（Gwilt）译，伦敦，1826 年

　　摩尔根（Morgan）译，哈佛大学，1914 年

---

1 此文献目录中的资料主要来自于洛布版和企鹅版的导论，仅供读者参考。

格兰杰（F. Granger）译，洛布古典丛书，马萨诸塞州剑桥与伦敦，1931—1934 年

罗兰（I. D. Rowland）译，剑桥大学出版社，剑桥，1999 年

斯科菲尔德（Richard Schofield）译，企鹅经典丛书，伦敦，2009 年

建筑师的维特鲁威式论文

塞利奥（Serlio）：《论建筑》（*Architettura*），第 1—4 书，罗马，1559—1562 年

维尼奥拉（Vignola）：《建筑的五种柱式规范》（*Regola della cinque ordini d'Architettura*），罗马，1562 年

帕拉第奥（Palladio）：《建筑四书》（*Libri IV dell'Architettura*），威尼斯，1570 年

斯卡莫齐（Scamozzi）：《建筑理念全书》（*Idea dell'architettura universale*），威尼斯，1615 年

古戎（Goujon）：收入马丁（Martin）的维特鲁威译本中的论文，巴黎，1547 年

德布罗斯（De Brosse）：《建筑的一般规则》（*Regle Générale*），1619 年

勒克莱尔（Le Clerc）：《论建筑》（*Artchitecture*），巴黎，1714 年

琼斯（Inigo Jones）：他关于维特鲁威和帕拉第奥的评注，尚未出版

雷恩（Wren）：《祭祖节》（*Parentalia*），伦敦，1750 年

古典学研究

桑福德（Sanford）：《手册中的古典著作家》（*Classical Authors in Libri Manuales*），《美国哲学学会论文集》（*Trans. Amer. Phil. Assoc.*），1924 年

诺尔（Nohl）：《维特鲁威索引》（*Index Vitruvianus*），莱比锡，1876 年

——《维特鲁威集录》（*Analecta Vitruviana*），柏林，1882 年

斯托克（Stock）：《维特鲁威讲谈录》（*De Vitruvii sermone*），柏林，1888 年

摩尔根（Morgan）：《演讲与论文》（*Addresses and Essays*），纽约，1909 年

于辛（Ussing）：《论维特鲁威〈建筑十书〉》（*Betragtninger over Vitruvii de architectura*），哥本哈根，1896 年

迪特里希（Dietrich）：《维特鲁威肖像问题研究》（*Quaestionum Vitruvianarum Specimen*），莱比锡，1906 年

宗特海默（Sontheimer）：《维特鲁威与他的时代》（*Vitruvius und seine Zeit*），蒂宾根，1908 年

施密特，W.（W. Schmidt）：布尔西安的《年刊》（Bursian's *Jahresberichte*），CVIII，122，1901 年

加德纳，E.（E. Gardner）："希腊住宅建筑"（The Greek House），载《希腊研究学刊》（*Journal of Hellenic Studies*），XXI. 300—303，1901 年

戴尔，L.（L. Dyer）：《维特鲁威关于希腊舞台的说明》（*Vitruvius' Account of the Greek Stage*），上引书，XII. 1891 年

德普菲尔德（Dörpfeld）：《论希腊剧场》（*Das griech. Theater*），雅典，1896 年

克罗恩（Krohn）：《法文蒂努斯摘要》（*De Faventini Epitome*），柏林，1896 年

克罗恩：《弗龙蒂努斯》（*Frontinus*），莱比锡，1922 年

新近的参考书目

阿克曼（J. S. Ackerman）：《别墅：乡村宅邸的形式与意识形态》（*The Villa: Form and Ideology of Country Houses*），伦敦，1990 年

亚当（J.-P. Adam）：《古罗马城周边的建筑艺术》（*L'arte di costruire presso i romani*），米兰，1996 年

坎贝尔（D. B. Campbell）与德尔夫（B. Delf）：《古希腊罗马的炮术：公元前 399—公元 363》（*Greek and Roman Artillery 399 BC–AD 363*），牛津，2003 年

——《古希腊罗马的攻城机械：公元前 399—公元 363》（*Greek and Roman Siege Machinery 399 BC–AD 363*），牛津，2003 年

克拉克（G. Clarke）：《从罗马宅邸到文艺复兴的宫殿：意大利 15 世纪的古风创意设计》（*Roman House–Renaissance Palaces: Inventing Antiquity in Fifteenth-Century Italy*），剑桥，2003 年

热尔曼（G. Germann）：《维特鲁威与维特鲁威主义：建筑理论史导引》（*Vitruve et le vitruvianisme: Introduction à l'histoire de la théorie architecturale*），佐格（M. Zaugg）与古布勒（J. Gubler）译，洛桑，1991 年

格罗斯（P. Gros）：《从公元前 3 世纪至帝国盛期的罗马建筑：公共纪念性建筑》（*L'architettura romana dagli inizi del III secolo a.c. alla fine dell'alto impero: I monumenti publici*），米兰，2001 年

——《维特鲁威与建筑理论的传统：构造技艺与理论推演；设计图集》（*Vitruve et la tradition des traités d'architecture: Fabrica et ratiocinatio; recueil d'études*），罗马，2006 年

哈特（V. Hart）与希克斯（P. Hicks）编：《纸上宫殿：文艺复兴时期建筑理论的兴起》（*Paper Palaces: The Rise of the Renaissance Architectural Treatise*），纽黑文与伦敦，1998 年

克鲁夫特（H.-W. Kruft）：《建筑理论的历史：从维特鲁威到现在》（*A History of Architectural Theory from Vitruvius to the Present*），普林斯顿，1994 年

刘易斯（M. J. T. Lewis）：《古希腊罗马的测量仪器》（*Surveying Instruments of Greece and Rome*），剑桥，2001 年

麦克尤恩（I. J. McEwen,）：《维特鲁威：书写建筑之体》（*Vitruvius: Writing the Body of Architecture*），剑桥，马萨诸塞州，2003 年

奥里恩斯（J. Onians）：《意义的承载者：古代、中世纪和文艺复兴时代的古典柱式》（*Bearers of Meaning: The Classical Orders in Antiquity, the Middle Ages and the Renaissance*），普林斯顿，1988 年

罗兰（I. D. Rowland）编：《建筑十书：科尔西尼初刊本——乔瓦尼·巴蒂斯塔·达·桑加洛加了边注和亲手画的素描的维特鲁威版本》（*Ten Books on Architecture: The Corsini Incunabulum. Vitruvius with the Annotations and Autograph Drawings of Giovanni Battista da Sangallo*），罗马，2003 年

里克沃特（J. Rykwert）：《圆柱之舞：论建筑柱式》（*The Dancing Column: On Order in Architecture*），剑桥，

马萨诸塞州，1996 年

——《论伊甸园中的亚当之屋：建筑史上的原始棚屋的观念》（*On Adam's House in Paradise: The Idea of the Primitive Hut in Architectural History*）第二版，剑桥，马萨诸塞州，1997 年

舒勒（Stefan Schuler）：《维特鲁威在中世纪：从古代到近代早期对〈建筑十书〉的接受》（*Vitruv im Mittelalter: Die Rezeption von De architectura von der Antike bis in die Frühe Neuzeit*），科隆，1999 年

斯坦珀（J. W. Stamper）：《罗马神庙建筑：从共和时期到帝国中期》（*The Architecture of Roman Temples: The Republic to the Middle Empire*），剑桥，2005 年

韦尔奇（K. E. Welch）：《罗马圆形剧场：从起源到大斗兽场》（*The Roman Amphitheatre: From its Origins to the Colosseum*），剑桥，2007 年

琼斯（M. Wilson Jones）：《罗马建筑的基本原理》（*Principle of Roman Architecture*），纽黑文与伦敦，2000 年

叶古尔（F. Yegül）：《古典古代的浴场和沐浴》（*Baths and Bathing in Classical Antiquity*），剑桥，马萨诸塞州，1995 年

PARENTIBUS AC PRAECEPTORIBUS

"Parentium cure et praeceptorum doctrinis…copias disciplinarum animo paravi"（6. 前言.4）

献给双亲和诸位老师

"双亲的关怀和博学的老师的教导……我将这些财富储存在心里"（6. 前言.4）

MATRI

MEMORIAE PATRIS

献给我的母亲并纪念我的父亲

T. N. HOWE

"Itaque ego maximas infinitasque parentibus ago atque habeo gratias"（6.praef. 4）

T. N. 豪

"因此，我要向双亲表达我心中无限的感激之情"（6. 前言.4）

and the memories of

HARRY J. CARROLL, JR.

COLIN EDMONSON

KYLE M. PHILLIPS, JR.

纪念

小亨利·J. 卡罗尔

科林·埃德蒙森

小凯尔·菲利普斯

I. D. ROWLAND

I. D. 罗兰

致 谢

建筑是各种艺术形式的荟萃，由其生发的感激之情就有了集体性的规模。感谢你们，所有穿行于罗马美国学院庭院的，往来于圣母大学、纽约、奥斯汀、得克萨斯或芝加哥的人们，以亲切的话语与我们交谈并提出建议。你们人数太多，在这里不可能一一列出。感谢你们提供这样一个社区，生活与工作于其中令人胸襟开阔，如沐春风。罗马美国学院前院长布吕塞利乌斯（Caroline Bruzelius）和该院前梅隆考古学教授贝尔（Malcolm Bell III）在 1994 年 6 月发起了一个草图及译文初稿的展览会。我们得益于这家学院所拥有的物质与智力资源，尤其是所有人文资源，这是无法估量的，只能心存感激。

若没有迪尤尔（Michael Dewar），译事便是不可想象的事情。他对拉丁文体的敏感性无人匹敌，但是当维特鲁威拿学术与文体这两者做试验时，他大胆地超越感觉而专注于学术。

史密斯（Thomas Gordon Smith）精力充沛、雄心勃勃，他想要看到一本维特鲁威现代白话文的插图版面世，就将作者们召集在了一起，还有若干为眼前这个版本撰稿的作者，包括迪尤尔和哈里森（Lou Harrison）。我们尤其要感谢他们所提供的第 5 书中有关古希腊音乐方面的资料。戴维森（Jean Davison）亦同样慷慨地贡献了第 5 书中关于希腊剧场共鸣缸的专门知识。

芝加哥大学人文研究院，即现今的弗兰克人文研究院（Franke Institute for the Humanities），提供了稳定的支持，从 1991 年发起的讨论会为起点，直至 1996—1997 年颁发了该院第一个学术合作奖。尤其要感谢前院长菲尔德（Norma Field）和阿帕多拉伊（Arjun Appadurai），副院长布朗宁（Margot Browning），以及芝加哥大学人文学院院长戈塞特（Philip Gossett）。

琼斯（William Jones）、普罗沃斯特（Interim Provost）以及西南大学美术学院院长 A. 李（Carole A. Lee）为 T.N. 豪安排了 1996—1997 年度的学术休假，这使他完成了最后的文本及素描稿。

麻省理工学院的执行院长西姆哈（Evelyn Simha）为 T.N. 豪查阅伯恩第科技史图书馆（Berndy Library of the History of Science and Techonology）的资料提供了方便。

I.D. 罗兰感谢慕尼黑巴伐利亚国立图书馆、大英图书馆、牛津博德利图书馆、剑桥大学图书馆、罗马赫兹图书馆（Biblioteca Hertziana）、罗马卡萨纳滕塞图书馆（Biblioteca Casanatense）、哥伦比亚大学埃弗里图书馆（Avery Library）、梵蒂冈图书馆（Biblioteca Apostolica Vaticana）、芝加哥大学雷根施泰因图书馆（Regenstein Library）、芝加哥纽伯里图书馆（Newberry Library），他们在手抄本与早期印刷版本方面提供了帮助。

我们还要特别感谢麦克唐纳（William Macdonald）、库尔顿（J. J. Coulton）、里克沃特（Joseph Rykwert）、哈塞尔伯格（Lothar Haselberger）、特内斯（Christof Thoenes）、马尔泰利乌斯（Johan Mårtelius）和布里兰特（Richard Brilliant），他们提供了充满智慧的咨询意见。

感谢康纳（Joe Connors）、希克斯（Peter Hicks）、迈尔斯（Margie Miles）、埃德隆德－贝黑（Ingrid Edlund-Berry）、梅里特（Lucy Shoe Meritt）、梅奥格罗西（Piero Meogrossi）、琼斯（Mark Wilson Jones）和马丁内斯（Giangiacomo Martines），他们的慷慨与友谊，我们将长久地铭记于心。

I.D. 罗兰感谢迈耶尼克（David Mayernik）、拉伊科维克（Thomas Kajkovic）、卡梅伦（Richard Cameron）、雷特纳（Donald Rattner）和奥尼昂斯（John Onians），他们贡献了勇于冒险的精神、热情的思考和坦荡的情怀。

译者恰逢其时地获得了芝加哥大学匡特里尔本科教学优秀奖（Quantrell Award for Excellence in Undergraduate Teaching），这使译者得以购买了一部 1522 年乔孔多修士的维特鲁威 Giunta 版本。那是在威尼斯一个喜不自胜的上午。

优秀的编辑里尔（Beatrice Rehl）使本书得以出版，巴特利特（Françoise Bartlett）目光锐利、富于想象力，他指挥了本书的整个生产过程。莱塞（Anne Lesser）细致并有智慧地审读了手稿。科诺克洛斯（Kathie Kounouklos）设计了漂亮的版式。佩雷拉（Mario Pereira）将他的聪明才智运用于手稿、校样和索引的准备工作中。乔伊纳斯（Carroll Joynes）提供了许多必要的支持。感谢他们所有人，没有他们的帮助，会留下更多的瑕疵。

有两位已故的同行尤其值得一提，尽管他们离我们远去已近五百年。众所周知，乔孔多修士 1511 年的印刷版本为世人理解维特鲁威做出了贡献，但并非由于这一点其他人就不重要了。他的门徒科洛齐（Angelo Colocci）的影响至今依然是一个不为人知的秘密，正是科洛齐精心校订的乔孔多版本，即梵蒂冈图书馆的 R. I.III. 298，为理解维特鲁威这个执着的罗马老人的大部头著作提供了许多关键线索。两千多年来，这位老人培养了机敏的读者和有良知的建筑师。

插图目录

英译者前言

维特鲁威是一位重要的作家，可能是位具有高度创新精神的作家，当然也是世上最有影响力的作家之一，但他或许不是一位"好"作家。有时他措辞笨拙，语句臃肿，忽然会节外生枝，在可以用两个词来表达时，他天生只能用一个词，特别是当两个词的发音相像时（典型的例子是"evade"和"avoid"）。若不对这些问题进行调整改进，则难于迻译他的著作。不过在 14 世纪中叶，像彼得拉克这样敏锐的读者还是发现维特鲁威的文风是完全可以接受的（尽管另一位敏锐的读者阿尔伯蒂在 1450 年前后悲叹道，《建筑十书》简直就是用错误百出的拉丁文和希腊文拼凑起来的大杂烩，如果维特鲁威根本没写这部书还会好些）。

作为一位作家，维特鲁威的主要问题来自于这样一个事实：他首次用拉丁文阐述一整套各不相同的论题。没有同行作家为他提出建议，他甚至在自己的语言中也时常找不到合适的词语来描述他想讨论的话题。有时，如在第 3 书和第 4 书谈论圆柱类型或第 10 书讨论战争装备时，他尽可能清楚地转译希腊作者对这些特殊论题的著述，但在另一些情况下，如第 4 书对托斯卡纳型神庙的讨论，则显然全靠他自己的力量独立工作。有时，这种新加入的内容尚能很好地承接上下文（对托斯卡纳型建筑的叙述相当简明）；但有时这位初出茅庐的作家不再勉为其难地做文字叙述，只是让读者去看书后的附图。他许诺说，这些插图画出了说不清道不明的东西。

在维特鲁威写书的那个时代，写作被清楚地划分为若干种文体，每一类都有其恰当的表达形式。此外，巧言善辩的作家们还必须通过不断变化的情绪和复杂的语言引人入胜。因此，维特鲁威在前言中追求着一种浓重而复杂的修辞风格，同时代的西塞罗在罗马大讲坛上，在法院和元老院中，已经完善了此种文体，人们称之为"雄辩体"（high style），其特点是 *gravitas*：庄重或严肃。这种"雄辩体"在某些场合下喜欢用两个词而非一个词，因为两个词总是要比一个词更好、"更有分量"，而 20 世纪的作家则极力避免"浮夸"，遵循着和古代拉丁语感完全不同的审美准则。

《建筑十书》中的其他部分，文体较为混杂，维特鲁威首要的任务是做出清楚的表述，所以他使用叙事性的"叙述体"（middle style）来讲述奇闻轶事，用简洁的、说明性的"记事体"（low style）来记述构造技术、日晷、钟和机械。

我们的译本力求贴近拉丁原文（即用英文对每个拉丁词汇作一对一的翻译），追寻维特鲁威文体的变化，从华丽的修辞到不完整的记述，尽量不去"改善"他当初找不到合用词汇而四处寻觅的意图。同样，译文选择了一套与维特鲁威自己的惯用法相一致的语汇，最明显的例子是他未用"柱式"（orders）一词来描述古典圆柱的类型，而是用"genus"（类型）这个术语对他所论述的领域进行分类，这里我们译为"type"，无论他是在谈圆柱、音乐、战争装备还是修辞等级。让他用自己的语言说话，肯定要比将他与现代建筑学术语所表达的种种观念硬扯在一起，能更多地揭示出他本人的思想。

在这样一部从古代流传下来历经重大变化的文献中，若不对个别单词做出艰难的挑选，便没有译者能够翻译维特鲁威。所有幸存下来的中世纪手抄本，包含许多杂乱无章的段落，而建筑、渡渠和机械的尺寸数字不是有误，就是丢失了。不过，从1511年往后，维特鲁威的 [xiv] 读者可以利用一个印刷版本，该版本由于经过了精心推敲，许多错误已得到了纠正。这部书的编者是意大利的一位僧侣，维罗纳的乔孔多修士（Fra Giovanni Giocondo da Verona），他既是一位古典学者，又是在意大利和法国开业的建筑师。在文艺复兴和后来的时期中，掌握专业知识并能全面理解维特鲁威原典的人寥若晨星，他便是其中之一。他预见到人类总是太容易出错，历代抄书者在复制《建筑十书》的过程中可能存在着误读。但乔孔多以自己的主观推测做校订走得太远了，因为一旦他着手对抄本的拉丁文进行修补，就没有任何东西和任何人能警示他应在何处住手。我们这个译本中的注释已指出，这位维罗纳的僧侣正是15世纪第一位真正理解维特鲁威的读者。

本译本以乔孔多开拓性的版本为底本，参考了1511年威尼斯的原版以及1522年佛罗伦萨的修订版。此外，我们也参考了现当代学者的研究成果，利用了罗泽（Valentin Rose）与米勒－施特吕宾（Hermann Müller-Strübing）的资料完备的拉丁文版（莱比锡：Teubner，1867），以及克罗恩（Friedrich Krohn）的拉丁文版（莱比锡：Teubner，1912）、格兰杰（Frank Granger）版（伦敦：Heinemann，1931—1934）、芬斯特布施（Kurt Fensterbusch）版（达姆施塔特：Wissenschaftliche Buchgesellschaft，1964），以及由巴黎Editions des Belles-Lettres正在出版的多卷本注释版。此外，迪尤尔（Michael Dewar）特别参考了此前出版的20世纪的两个英译版本，即摩尔根（Morris Hicky Morgan）版以及格兰杰版。其中特别是摩尔根的庄重的英文版已经是一项了不起的成就，尽管后来新的考古发现和对古代拉丁语的持续研究带来的变化，影响着我们对维特鲁威的理解。

作为一名作家，维特鲁威将明晰性和综合性作为他的主要目标，而一位翻译者则相反，只求忠实于原文。有了迈克尔·迪尤尔对于译稿所做的谨慎评注，则保证了这一目标的实现。

插图作者前言

本书插图的目标有两个，首先是考察维特鲁威著作中是否可能存在着一种统一的设计方法，其次是图解这种设计方法与人文知识普遍原理之间的关系，毕竟人文知识占《建筑十书》将近一半的分量。

后一个意图在此项目中较难实现，因为对维特鲁威的背景知识做出充分的评注和图解，几乎已涵盖了希腊化时代人文与技术的全部知识。不过，若要成功地解释维特鲁威，就必须彰显出《建筑十书》的最大特色：超过一半的内容并非论述建筑本身，而是在讨论基础知识领域，如天文学、地理学和自然哲学。正如布朗（Frank Brown）所指出的，维特鲁威的使命是要将建筑作为一门自由艺术呈现出来，这基于希腊化时期关于知识统一性的信念。[1] 因此，在读《建筑十书》时必须具备维特鲁威论及的许多领域的一般性知识，也要知晓当时人们对宗教与文化传统所持有的各种立场。

对于现代读者来说，书中提到的科学知识特别显得扑朔迷离、支离破碎，甚至离奇古怪（例如鱼是"干的"，生活在水中；而人则是"湿的"，生活在空气中，1.4.7）。其实，所有说明性的枝节问题都是统一知识体系中的一个片断，维特鲁威对这一体系了如指掌。我们刚才提到的例子涉及恩培多克勒（Empedocles）的化学理论，当四种元素（土、气、火、水）处于平衡状态时物体便是稳定的，当某种元素缺少或过量时则是不稳定；当得到环境的补充时它们是稳定的，当物体中的某个元素与环境的联系缺乏或过度时它便衰败了。因此鱼是"干的"，它生活在水中，所缺少的水分由环境提供了补偿，一旦它处于空气中便腐败了，因为气过多而水缺乏。这听起来奇奇怪怪，但在古代却是科学。

维特鲁威的科学知识看似很广博并具有高度一致性，不过他的一些分析表明，这些知识仍然停留在个人的和通俗的层面上。他关于南北文化差异所做的人种学分析建立在地球图像的基础上，类似于一架竖琴（6.1.3—7，北方人嗓音低沉，因为他们离太阳最远，就像是最长的琴

---

[1] 严格说来，或许并不存在"希腊化时期关于知识统一性的信念"这种东西。这或许只是从外部来解读另一种文化的共同现象，于是便将该文化看作具有一种简化了的统一性。在维特鲁威的书中，像最有学识的古代文献中一样，都强烈意识到了先进知识的动力性质。

弦）；他关于逆行的解释（9.1.11，基于热引力而非几何学的本轮与均轮的运动），明显超出了当时"合适的"科学界限。这些解释是合乎情理的，但或许也是证明个人能力的一种尝试，将众所周知的科学原理加以引申，用来解释其他现象。知识贫乏是件危险的事情。

在这里我们所想做的至少是展现出这一背景的一部分。因此，我们提供了有限的建筑插图，还画了一些素描，用以概括维特鲁威讨论问题时所涉及的某些科学领域。

我们希望这些插图能表明维特鲁威和他的材料之间的某种张力和选择性。维特鲁威给出的某些规定与我们当代或早期建筑考古画面之间的确存在着某些相似的地方（例如蒂沃利 [Tivoli] 的那座神庙，往往被看作与他设计科林斯型柱头的方法十分相似），但是这插图也表明，维特 [xvi] 鲁威更喜欢那种更具革新精神的方法，他的偏好既强烈又审慎。他所推荐的城墙外形（多边形的碉楼和向左转的城门）即证明了这一点，不过它们并非是希腊化时期最典型的样式，远没有罗马要塞典型。

我们根据维特鲁威的这些规定画素描，并非一步步重构示范性设计。事实上，问题的关键是维特鲁威给出的规定不可能形成完整的设计。[1] 这些素描中保留了正文中的脱漏及含混不清之处，因为这或许正是他想使这些内容被人所理解的方式。[2] 这些规定似乎只要求设计做到一定的程度，后面的事情到施工时再说，留给另一些工匠去处理。[3]

这也符合维特鲁威常常提出的忠告，任何形式类型的"均衡"总是要进行调整以适合于当下的情况：适合于选址，适合于当地的材料，适合于采光和尺度，适合于功能。关于住宅和巴西利卡的规定，给出了灵活的而非死板的比例参数（如巴西利卡的长度可以介于其宽度的两至三倍之间）。因此，在图解维特鲁威规定的素描中，保留了结构线，因为它们并不是最终完成的形式，而是素描中最基本的东西。正是这些结构线展示了在改变设计时保持控制的方法与潜能。

许多关于建筑类型的规定，如罗马乡村住宅、希腊风格的住宅以及角力学校（palaestra）等，画的是一组在朝向和外形上最适合的房间，其用意并不在于表现固定不变的关系。其实在某些情况下，维特鲁威几乎是以一位现代开业建筑师的方式给出规定，他写出一个最初的方案，其中包括若干想要的但有时是相互冲突的外形，在实际的设计中这些外形很难都令人满意。从帕拉第奥到现如今，这些推荐方案已经产生出五花八门的"重构方案"，这一事实证明了它们之中存在着内在的含糊性和矛盾性，用它们来获取（或"重构"）一个完整的设计，便会自动产生出不同的解决方案。在维特鲁威的书中，没有像"罗马住宅"或"希腊住宅"这样的东西。维特鲁威的规定似乎是在告诫人们，一位设计师的工作要从基本原理出发，而不能从示范性的

---

1 最接近于完整设计的例子可能是第 10 书中的弩机（catapults），但即便是这些也缺少重要尺寸。这些描述几乎与拜占庭的斐洛（Philo of Byzantium）所代表的技术性说明的传统相吻合，而且维特鲁威就建筑特征所做的最细致的描述（例如圆柱类型），很可能就是根据这种描述类型而非早期建筑论文或契约写成的。
2 例如，他在第 3 书和第 4 书中所谓的"波状线脚"（cymatium）被画成了一个普通的半圆形，因为该术语似乎涵盖了各种线脚类型。爱奥尼亚型柱础中间线脚的凸出部分，是以各种可能形式的小剖面来表示的，因为在他规定的范围之内允许有若干表现形式。
3 此意见是梅里特博士（Dr. Lucy Shoe Meritt）在交谈中提出的。

形式出发。

至于尺寸（或者比例），现代人习惯于将它们化简为一个公分母。[1] 不过，古人习惯用"统一分数"（unitary fractions），即分子为 1 的分数（因此三分之二表示为二分之一加六分之一）。这看似是个小问题，却代表了算术用法方面的重要区别。现代十进制的印度－阿拉伯数字在做数量比较时更为快捷。下面的数字哪个更大些：1/4+1/60（4/15），或 1/5+1/15+1/90（5/18；即 0.2666 或 0.2777）？古代统一分数体系并非着眼于呈现统一完整的可测量实物。[2]

因此，这些素描，以及在某种程度上本书的译文，也就保留了原有的统一分数以及用此法对比例做的说明，而没有将这些分数约化为更"方便"的十进制或公分母，这也更能揭示出一种相对开放的设计体系。

维特鲁威是在"罗马和平"的第一个十年间，也就是公元前 30 年至前 20 年撰写论建筑的十卷书的。[1] 这一个十年，和平再次降临，一派欣欣向荣，而之前的两三代人则经历了动荡不安，处于内战之中。内战始于公元前 90 年代马略和苏拉之间的冲突（或始于公元前 130 年代格拉古兄弟的"改革"），至第二次三头联盟间的内战达到高潮，最后以公元前 31 年安东尼和克利奥帕特拉（Cleopatra）在阿克兴角战败而告结束。这是一个在建筑和文化上万象更新的时代，一个充满了自信的年代，这个世界将要被重新塑造。这也是那些有教养的人们要将新的世界秩序视觉化，汲取希腊化及意大利等丰富的国际文化的年代，这些文化包括了科学、技术、文学、艺术和建筑。

文学类型

《建筑十书》是各种文学类型的混合体，在共和时期最后一个世纪这种写法很普遍：虽是一本技术手册，但在文学上雄心勃勃。[2] 这些书卷的文体不太明确，想要写出独特新颖的文风。这种写作方法迫使作者以非常规的方式将各种话题组合起来。

于是这些专业性的书卷便具有双重的写作风格。华丽的语言集中在前言或补论中，而技术性部分则采用了较为平直的语言。[3]

在作者心目中，这些书卷的读者对象相当广泛，几乎可以肯定，远远超出了这一专门领域

---

1 从物质载体来说，一本书就是一卷莎草纸卷（不过从公元前 2 世纪开始亦用羊皮纸），必须双手展开阅读，这使内容检索十分缓慢而困难。这些书卷一般没有标题，所以《建筑十书》（De Architectura Libri Decem）并不是书名，而是对此书的一种描述：论述建筑问题的十书或十卷书（即 ten scrolls，"libri"）。所以该书也是幸存下来的最古老的手抄本之一。

2 以下所述资料大多来源于尼兰德（E. Nilsson Nylander）的《维特鲁威"建筑十书"中的各篇前言以及若干问题》（Prefaces and Problems in Vitruvius's De Architectura，博士论文，哥德堡，1992）。

3 迪尤尔（Michael Dewar）在芝加哥大学的一次研究班上进一步发挥了这种观念："维特鲁威《建筑十书》中的文体标准和 poikilia"（Stylistic Level and poikilia in Vitruvius' Decem Libri de Architectura）。参见卡列巴特（L. Callebat）：《维特鲁威〈建筑十书〉中的修辞与建筑》（Rhétorique et architecture dans le 'de architectura' de Vitruve），《罗马法兰西研究院文集》（CollEFR，192，1972），31—46。

的"专家"或"从业者"。[1] 奥古斯都垂青于这些技术规程书,将他认为有用的部分复制出来,发给内务官或职员以及行省官员。[2] 他在集会上当众朗读这些书卷,有一次还向元老院宣读了鲁提利乌斯(Rutilius)的《论建筑规则》(*De Modo Aedificiorum*)中的若干部分。[3] 至于维特鲁威的书是否成为奥古斯都时代的建筑手册,还是有争议的[4],不过可以肯定的是,皇帝希望它成为这样一本手册。

到了维特鲁威那个时代,书籍复制已经成为一个重要的行业,图书"出版"和发行范围相当广泛,与现代没有太大的区别。西塞罗的朋友阿提库斯(T. Pomponius Atticus)在公元前 1 世纪中叶创建了商业化的出版机构。他成立了一个很大的缮写作坊,雇用奴隶抄写。[5] 一本书的价格接近于手工抄写工钱的成本,一本七百行的战神颂歌的价格是 5 个第纳里,相当于一名熟练工人两天的工钱。照此算来,一本《建筑十书》抄本的价格在 100 个第纳里左右。

当时的书籍交易量一定十分可观,因为富人图书馆往往拥有数千卷藏书(如凯撒岳父、公元前 58 年执政官卡尔普尔尼乌斯·皮索 [L. Calpurnius Piso] 的藏书,在赫库兰尼姆 [2] [Herculaneum] 原封不动被发掘出来,就有约三千卷)。[6] 私家藏书一般可供门客使用,这可能也是那些并不富有的人士接触书籍的主要渠道。这种情况一直延续到维特鲁威写作前后,那时罗马第一批"公共"图书馆开放了。如阿西尼乌斯·波利奥(Asinius Pollio)在自由宫(Atrium libertatis)建立的图书馆;屋大维娅为荣耀马凯鲁斯(Marcellus)在梅特卢斯 / 屋大维娅柱廊(Porticus Metelli/Octaviae)设立的图书馆;还有奥古斯都在帕拉蒂尼山(Palatine)上的宅邸与阿波罗神庙附近建的图书馆。[7] 教师们通常都必须有自己的小型古典文学藏书以用于教学,如恩尼乌斯或荷马的书。

姓名与年代

与维特鲁威同时代的作家对他并不熟悉,因此我们只能从《建筑十书》本身来了解他的生平事迹。这十卷书可能撰写并出版于公元前 30 年至前 20 年之间,维特鲁威本人则可能出生于公元前 80/70 年,并在坎帕尼亚地区或罗马本城长大成人,接受教育。

---

1 …non modo aedificantibus, sed etiam omnibus sapientibus… (……不仅对想要从事建筑的人是这样,对一切有学问的人来说也是如此……)(1.1.18)
2 尼兰德(1992),32。
3 苏埃托尼乌斯:《奥古斯都传》(Suet.Aug. 89.2)。鲁提利乌斯(P. Rutilius Rufus)是一位元老,此文更像是一篇正式演讲,不是技术性或理论性的说明。
4 法夫罗(D. Favro):《奥古斯都时代的罗马城市形象》(*The Urban Image of Augustan Rome*,剑桥大学出版社,1996),145—146。
5 奥格尔维(R. Ogilvie):《罗马文学与社会》(*Roman Literature and Society*,伦敦,1980),14—15;布兰克(H. Blanck):《古代书籍》(*Das Buch in der Antike*,慕尼黑,1992),120—132。
6 布兰克:《古代书籍》(慕尼黑,1992),第 152—160 页。
7 这些公共图书馆本质上是放大了的私家图书馆,只是对公众的开放程度比那些只对朋友与门客开放的"私家"图书馆更大一些,其开办的目的是在公元前 1 世纪 30 年代和 20 年代竞争激烈的赞助环境中,为个人的政治宣传服务。一家"公共"图书馆其实是要申张波利奥——他是凯撒的一个党羽,但不一定是屋大维的支持者——或屋大维保护全体公众的权力。

姓名：马库斯·维特鲁威·波利奥（MARCUS VITRUVIUS POLLIO）

此姓名中只有 "Vitruvius" 这个 *nomen*（氏族名称）通过手抄本反复抄写流传下来[1]，而 *cognomen*（家庭姓氏）"Pollio" 则出自公元 3 世纪的一本建筑手册，即法文蒂努斯（M. Cetius Faventinus）的《论各种建筑物的建造方法》（*De Diversis Fabricis Architectonicae*）。[2] 法文蒂努斯的书是维特鲁威书中论民居建筑几个部分的改写版，开篇便写道："*De Artis architectonicae peritia multa oratione Vitruvius Polio aliique auctores......*"有人提出，这句话的意思是"维特鲁威，波利奥，以及其他著作家 ......"[3] 而他的 praenomen（本名）则有各种叫法，如 Aulus、Lucius，最常见的是 Marcus。[4]

在历史上，*Vitruvia* 这个氏族不是很有名，文献中曾提到一个名叫维特鲁威·瓦库斯（Vitruvius Vaccus）的人，他是公元前 329 年来自丰迪（Fundi）的一个"名人"（vir clarus）。[5] 墓碑证实了这个名字主要出自加埃塔（Gaeta）与那不勒斯之间的拉丁姆地区（Latium）和坎帕尼亚（Campania）的沿海地区，以福尔米亚（Formia）为中心。[6] 坎帕尼亚地区和罗马是《建筑十书》通篇频频提到的中心地区。维特鲁威总是将罗马称作"城"，他所讨论的建筑材料的范围也局限于这一地区，而称亚德里亚海岸为意大利的"另一边"。所以他完全有可能是在福尔米亚地区或那不勒斯湾出生成长的。在共和时期的最后几个世纪中，这一地区建起了许多具有革新特色的罗马建筑，如第一座圆形剧场（位于庞贝，约公元前 80）、意大利第一座石造剧场（公元前 2 世纪），甚至还有罗马"混凝土"的发明（早在公元前 300）。由此可以推测，这一地区一定产生了许多专业建筑师。

还有三条证据和维特鲁威这个人物相联系，一是维罗纳的加维亚家族凯旋门（arch of the Gavii），年代从共和末期至公元 1 世纪末说法不一，其上有一则铭文："L(ucius)VITRUVIUS L(uci)L(ibertus)CERDO ARCHITECTUS"。[7] 不过，我们所说的维特鲁威肯定不是一个由奴隶解放出来的自由民（libertus），因此这个维特鲁威·塞尔多很可能是维特鲁威家族的一个获得自由的奴隶，就像儿子一般，从小也是在建筑行业里长大并接受教育的。二是出土于第比利斯（阿尔及利亚的安努纳 [Annuna]）的一则铭文[8]，提到了一个叫维特鲁威的人，用自己的资金建起一座凯旋门：M VITRUVIUS ARCUS S(ua)P(ecunia)F(ecit)，因此他可能并不是这位建筑师。

1 鲁菲尔、苏比朗（P. Ruffel，J. Soubiran）：《维特鲁威或马穆拉？》（Vitruve ou Mamurra?），《帕拉斯》（*Pallas*，11.2，1962），174—176。

2 普洛默（H. Plommer）在《维特鲁威与晚期罗马建筑手册》（*Vitruvius and Later Roman Building Manuals*，剑桥，1973）中将该书定期为公元 4 世纪，而其他大多数人则将它定为公元 3 世纪上半叶，参见帕索利（E. Pasoli）：《科技史上的维特鲁威》（*Vitruvio nella storia della scienza a della tecnica*），载《博洛尼亚科学院集刊·科学伦理类，文集 66》（*Atti dell'Accademia delle Scienze dell'Istituto di Bologna*，*Classe di scienze morali*，*Memorie* 66，1971—1972），第 1—37 页，特别见第 2 页。

3 蒂尔切（P. Thielscher）：《实用经典古代文化研究百科全书》（*Realenzyclopäedie der Klassischen Altertumswissenschaft*），第二系列第 9 卷，A.1（斯图加特，1961），419—489；鲁菲尔、苏比朗：上引书，141。

4 帕索利：上引书，2—3。

5 李维（Livy）：8.19.4。

6 帕索利：上引书，2—3。

7《拉丁铭文汇编》（CIL 5.3464）。

8 同上书（CIL 8.18913）。

三是那个叫 Mamurra（马穆拉）的人，是福尔米亚当地人，尤利乌斯·凯撒的 *praefectus fabrum*（总工程师或军需官）。[1] 他因利用职权中饱私囊而臭名昭著，人们推测他是第一个用大理石雕像塞满住宅的人。[2] 所以凯撒在自己的记录中从未提到他，就不奇怪了。不过，这种人与我们从《建筑十书》中可看到的作者人品和生平细节完全不相符，维特鲁威是靠养老金过活的。[3]

写作年代

从《建筑十书》前言中强烈的理性基调来看，可以将它的写作年代定为阿克兴角战役（公元前 31）的那一个十年或其后。这一时期的一系列重要事件，是围绕着屋大维的党羽和安东尼的支持者之间争夺最高统治权的斗争（公元前 44 至前 30），以及"罗马和平"的建立以及奥古斯都一人统治（公元前 1 世纪 20 年代）而展开的。

公元前 44 年，凯撒被刺杀后，屋大维（凯撒其实是他的舅公，屋大维的亲生父亲屋大维乌斯 [G. Octavius] 死于公元前 56 年）立即为继承权而战。那时屋大维 18 岁，就已经自称为盖尤斯·凯撒（Gaius Caesar），去掉了他的家庭姓氏"Octavius"（安东尼则称他是"完全仰仗着姓氏的年轻人"[4]）。公元前 42 年，他得到"父亲"的准许参加国祭，此后便要求得到"divi filius"（神之子）的名分。同年他与安东尼和莱皮多斯（M. Aemilius Lepidus）一起组成了三头联盟。下一个十年（即公元前 42 至前 32），是以罗马为中心的屋大维党羽和驻扎在帝国东部地区，尤其是亚历山大里亚的安东尼集团之间展开激烈斗争的时期。同时还存在着另一些公开的冲突，如与庞培之子塞克斯图斯·庞培（Sextus Pompey）海军力量的冲突，他占据着西西里岛，后来被屋大维的舰队司令阿格里帕（M. Agrippa）击溃于劳洛乔伊（Naulochoi）（公元前 36）。公元前 32 年，内战再一次在三头联盟内部爆发，一年后安东尼与克利奥帕特拉被击败于阿克兴角，前 30 年埃及最终沦陷。公元前 29 年，屋大维在罗马庆祝三重辉煌胜利（即伊利里库姆、埃及和阿克兴角），在罗马广场上举行了神圣尤利乌斯神庙（temple of Divus Iulius）的献祭仪式。公元前 27 年，元老院授予他"奥古斯都"的荣誉称号，感谢他"光复"了共和国。[5]

《建筑十书》的前言写得很清楚，在这一特定的时刻维特鲁威撰写本书的理由是：屋大维此前全力"夺取这个世界"，这明显是内战的一种委婉说法，而现在和平年代带来了大量营建活动："然而，我觉察到，你不仅关切于社区生活和国家的建立，还记挂着合适建筑的营造……"

维特鲁威含蓄地提到了内战中发生的一些事件，似乎代表了公元前 1 世纪 20 年代奥古斯都时代意象的总体转变。奥古斯都本人在公共宣传中十分谨慎，不过多渲染内战取得的胜利，

---

1 蒂尔切：上引文。
2 老普林尼：《博物志》，36.48。
3 帕索利：上引书，4—6。
4 西塞罗：《反腓力辞》（*Philippics*），13.11.24。
5《神圣的奥古斯都的伟业》（*Res Gestae*），34。

因为毕竟他战胜的也是罗马军队。总体来说，奥古斯都的公共艺术从凯旋的意象向着抽象的古典主义宗教器物转变，如花环、三足鼎和烛台，任何人，也包括先前安东尼的党羽在内，都可以通过这些原始的中性图像参与到这一和平新时代的一般礼拜活动中。[1] 维特鲁威自己的颂歌文体，比起公元前 1 世纪 30 年代歌颂凯旋的修辞风格，带有更多的前 1 世纪 20 年代那种小心谨慎的、抽象的古典主义色彩。这种谨慎的态度也使得维特鲁威在《建筑十书》中很少明确提及自己的出行，因为这会挑起读者对内战发生地点的回忆。

关于维特鲁威的写作年代还有一种可能性，是在前一个十年，即公元前 42 年至前 32 年之间。在这个十年中，屋大维和安东尼之间相对立的各派系在罗马兴建了大量建筑。屋大维许愿要建复仇者马尔斯神庙（Temple of Mars Ultor）（公元前 42 年，法萨卢斯战役 [Pharsalus] 之后），完成了凯撒广场（Forum of Caesar）、圣尤利乌斯神庙（Temple of Divus Iulius）、尤利乌斯巴西利卡（Basilica Iulia）、元老院会议厅（Curia）、他自己的陵庙，以及位于帕拉蒂尼山上他的宅邸附近的阿波罗神庙（公元前 36 至前 28）。而他的党羽卡尔维鲁斯（C. Domitius Calvinus）和科尔尼菲奇乌斯（L. Cornificius）正在重建官邸（Regia），以及位于阿文蒂尼山（Aventine）上的**平民的**狄安娜神庙（Diana of the plebs）（公元前 33 年之后）。安东尼的手下索西乌斯（G. Sosius）要挑战屋大维的阿波罗神庙，在马尔斯广场（Campus Martius）上重建了阿波罗神庙，穆纳提乌斯·普朗库斯（Munatius Plancus）（公元前 42 年的执政官）重建了罗马广场上的萨图恩神庙（Temple of Saturn）。[2] 不过，维特鲁威的前言清楚地表明了在他写作时屋大维已经大权在握，这与第二次三头联盟期间的形势并不相符。 [4]

维特鲁威没有称屋大维为"奥古斯都"，这并不说明《建筑十书》就一定写于公元前 27 年这一称号被授予屋大维之前。这个称号非同寻常，十分神圣（意思是"庄严的""尊贵的"或"神圣的"，令人想起能解读预兆的占卜师）[3]，在公元前 27 年之后逐渐被人们叫上了口。贺拉斯（Horace）直到公元前 14 年至前 13 年才使用了"凯撒"和"奥古斯都"的称谓。[4] 不过维特鲁威确实提到了他设计的法诺巴西利卡中的奥古斯都神坛（Aedes Augusti），这就清楚地表明了在他写作的时候，这一称呼以及帝国崇拜已然确立。[5]

学者们也做了各种尝试，根据《建筑十书》中所提及的建筑物来确定他的写作年代，但不幸的是这也有矛盾。他所提及的当时存世的建筑物，骑士命运女神神庙（temple of Equestrian Fortune）（3.3.2）在公元前 22 年被毁，位于阿文蒂尼山上的刻瑞斯女神（Ceres）的神庙（3.3.5）于公元

---

1 灿克（P. Zanker）：《奥古斯都时代图像的力量》（*The Power of Images in the Age of Augustus*），英译：夏皮罗（A. Shapiro）（密歇根大学出版社，1988），第 3 章，尤其参见第 82 页。灿克指出，在阿克兴角战役之后，奥古斯都的图像表现发生了急剧的变化，从自我夸耀转向了宗教奉献。之所以如此，是因为奥古斯都处境很微妙，既要庆祝胜利，又不能提到敌人，因为被打败的军队也是罗马军队。过分宣传就会使人们回忆起内战的怨恨与不和（因此选择了和平与繁荣的抽象宗教图像来表现）。

2 关于第二次三头同盟期间艺术中所反映的政治斗争情况的分析，参见灿克：《奥古斯都时代图像的力量》，英译：夏皮罗（密歇根大学出版社，1988），第 2 章，33—77。

3 灿克：前引书，98。

4 "凯撒"的称呼只出现于《书札》（*Epistulae*）2.1.4 中；在《歌集》（*Odes*）中"凯撒"出现了一次（4.15.4），"奥古斯都"出现了一次（4.14.3）。奥维德提到"凯撒"12 次，提到"奥古斯都"2 次。

5 维斯特兰德（Wistrand）提出，书中 5.1.1—6 关于带有 Aedes Augusti 铭文的法诺巴西利卡的内容，是后人加进去的。《维特鲁威研究》（*Vitruvstudier*，博士论文，哥德堡，1933）6 f.。我们认为，该部分与前面正文的矛盾之处，是由该抄本传抄过程中的一个计算错误造成的；另外，法诺巴西利卡与书中给出的规定之间的区别，说明了革新是如何被引入这些规定中的。

前31年毁于火灾（直到公元17年才由提比略重建），还有梅特卢斯柱廊（Porticus Metelli）（3.2.5），公元前32年或前27年之后改了名称，叫作屋大维娅柱廊（Porticus Octaviae）（奉献于公元前23）。不过，他在法诺建的巴西利卡中也提到了"奥古斯都神坛前廊"（pronaos aedis Augusti）（5.1.7），尽管屋大维是在公元前27年才获得"奥古斯都"称号的。罗马广场上的圣尤利乌斯神庙是他提到的年代最近的建筑，奉献于公元前29年8月18日，但可能先前就建成了（公元前33或前31）。他只提到一座阿波罗神庙，位于农贸市场（Forum Holitorium），并忽略了屋大维在帕拉蒂尼山上于公元前36年至前28年建在他宅邸附近的阿波罗神庙。他提到theatrum lapideum（石造剧场）（3.2.2），这暗示了在罗马只有一座石造剧场（即庞培剧场），而马凯鲁斯（Marcellus）剧场（于公元前17年在百年节 [Ludi Saeculares] 举行了献祭仪式）以及巴尔布斯（L. Cornelius Balbus）剧场（始建于公元前19，奉献于前13），在那时还未开始建造。

还有些人提出，《建筑十书》是陆续写成并出版的。卢格利[1]提出，1—5书写于公元前31年之前，可能是公元前40年至前35年之间；而佩拉蒂（Pellati）则认为，前6书最初写作并出版于公元前45年至前32年，后来在前32年至前28年间进行了修订，并于前27年再版；后4书出版于公元前16年至前15年间。[2]后一种推测部分根据了"cubica ratione"（立方体的原理）这一表述（5.前言.4），维特鲁威说他的著作是要写成如立方体那样的形式，即有六个面/六卷书。像这样的一本著作确实要花几年时间来写，而且将手稿在朋友圈子中进行传阅以征询意见，的确是当时的一种普遍做法。但认为它原先就设想是由六书组成，则明显与第1书中所提到的全书为十书的说法相矛盾。

关于写作时间，所提出的最晚年代是在公元前14年之后[3]，其根据是各书的前言从文学手法上来看是源于贺拉斯[4]，但是这些手法（尤其是在1.前言.1中他说屋大维当时在忙于缔造和平，他不"敢"发表）在公元前1世纪20年代维特鲁威的写作中具有特定的意义，而在公元前最后一个十年对于贺拉斯来说它们则属于文学正统。另有两个事件将《建筑十书》完成年代限定于公元前22年左右。[5]在10.前言.4中，维特鲁威说，主办节庆活动是执政官和行政官的共同责任，但直到公元前22年，主办活动变成了执政官单独承担的责任。[6]在2.1.4.中，他提到一种至今在阿基塔尼亚（Aquitania）和高卢（Gallia）地区仍可见到的草屋，这意味着阿奎塔尼亚不再是凯撒掌管的高卢三个地区之一（比利其卡 [Belgica]、高卢/凯尔特 [Celtica]，以及阿奎塔尼亚），而是一个单独的省份，这情况出现在公元前27年，但在公元前22年，纳尔榜高卢（Gallia Narbonensis）以及高卢的其他三个部分（比利其卡、鲁格敦 [Lugdunensis] 和凯尔特）都被升格为有

[5]

---

1 卢格利（G. Lugli）:《罗马营造技术》（Tecnica edilizia romana，罗马，1957），371，注1。

2 佩拉蒂（F. Pellati）:《法诺的巴西利卡以及维特鲁威论文的形成》（La Basilica di Fano e la formazione della trattato di Vitruvio），《教皇考古学院论文集》（RPAA）33—34（1947—1949），153—174，尤其见155以下。

3 蒂尔切:上引书。

4 《书札》（Epistulae），2.1。

5 佩拉蒂:上引文。

6 卡西乌斯（Dio Cassius）:54.2.3。摩尔根（M. H. Morgan）设想有一个共同负责的时期，但很有可能公元前22年的这个事件只是将这些责任简单地从行政官转移到了执政官那里（《哈佛古典研究丛书》[Harvard Classical Studies] 17，1902，19）。

元老院议员选举权的行省，消除了阿奎塔尼亚和高卢之间的简单区别。[1]

这些迹象及矛盾给人留下这样的印象，即《建筑十书》的写作十分迅速地反映了公元前 1 世纪 20 年代变化中的世态，这些书卷可能出版于公元前 22 年之前。

职业生涯

有关维特鲁威职业生涯的证据几乎完全要到《建筑十书》中去找。显然他生来就是自由的罗马公民，但不太可能出生于上层（骑士）阶级。从第 6 书的前言中我们也可清楚得知，他父母给了他范围宽泛的"自由艺术"教育，同时他也接受了赖以谋生的职业教育。这并不一定是建筑师的标准式教育，但对那时许多人而言这却是一种普遍的教育形式。同样清楚的是，他的学识在很大程度上靠的是终身学习，或利用富人和当权者的图书馆，或靠自己为数不多的藏书。他父母能供得起他受教育，并不意味着他们十分富有。在公元前 1 世纪初期，对中等家庭来说，自由教育不很普遍，但后来变得普及起来。贺拉斯的父亲是一个中等收入者（小农场主），但他供天分极高的儿子接受了高等教育（包括到雅典去学习），因为他抱定了一个信念，这是出人头地的重要途径。[2]

从《建筑十书》全书来看，维特鲁威的主要论述范围是罗马城以及坎帕尼亚地区，只是不太明确，这也是铭文中提到的维特鲁威氏族（见上文）的主要地区。他可能在那里的某个地方出生并接受教育。在公元前 2 世纪和前 1 世纪，坎帕尼亚地区出了很多建筑师，也做出了很多建筑上的革新。有一个特别诱人的问题是，他到底是如何被训练成一位建筑师的？他六次提到他的 *praeceptores*（老师）。[3] 大抵在自由教育（liberal education）完成之后，他跟随一位或几位建筑师作学徒，或者跟从建筑教师学习。在当时，至少有些教师本身也是建筑师，他们或是希腊人（这在教师或任何行当的从业人员中都是一种普遍现象，尤其是医生），或是曾接受过希腊人训练的罗马人。格罗斯（Gros）提出，维特鲁威的师傅可能接受过萨拉米斯的赫莫多鲁斯（Hermodorus of Salamis）的训练，这位（塞浦路斯的）希腊建筑师于公元前 146 年受雇于梅特卢斯（Q. Caecilius Metellus Macedonicus），建造梅特卢斯柱廊。[4] 维特鲁威往往被看作是一位使徒，守护着爱奥尼亚希腊化建筑的保守传统，这一传统可以追溯到公元前 4 世纪普里恩（Priene）和摩索拉斯陵庙（Mausoleum）的建筑师。特别是在公元前 3 世纪晚期和前 2 世纪初，赫莫格涅斯（Hermogenes）对这一传统进行了整理。总之，他明显接触过某些希腊建筑及其实践理论，无论是一手的还是

---

1 帕索利：前引书，9—10。
2 贺拉斯：《讽刺诗集》（*Sermones*），1. 4. 105 ff。
3 4.3.3；6. 前言.4；6. 前言.5；9.1.16；10.11.2；10.3.8.
4 格罗斯：《赫莫多鲁斯与维特鲁威》（Hermodoros et Vitruve），《罗马法兰西学院文集》（*Mélanges de l'Ecole Française de Rome*，85，1973），137—161。

二手的。[1]《建筑十书》（尤其是第3书和第4书）在多大程度上准确地代表了这一传统，取决于他或他的老师在多大程度上对其进行选择或修改。

如果说维特鲁威生于公元前85/80年前后，那么他的职业生涯便是在公元前50年开始的，那时他三十多岁，也是凯撒和庞培之间爆发内战的年代（公元前49）。这是合乎情理的，在后来的二十来年中，他经历了戎马生涯。他说到曾负责造弩机（这是一项责任重大的技术工作），不过，他还设计了法诺的巴西利卡，一座由凯撒或奥古斯都创建或重建的建筑物。其他一些建筑师的职业生涯也证明了这项工程是合作的产物。图拉真的建筑师，大马士革的阿波罗多鲁斯（Apollodorus of Damascus），设计了多瑙河上的一座战时渡桥。他除了在罗马建起了壮丽的公共建筑之外，还撰写了一篇论攻城技术方面的文章。元首和将军们通常将建筑师编入随军专业技术班子，所以维特鲁威很可能在其职业生涯中，多年充当凯撒的随军建筑师，要么身临前线，要么从事殖民地建设（至少在法诺）。也有人根据第8书中许多关于水利方面的透彻论述，认为他的职业活动也包括了渡渠工程。[2]这完全是可能的，因为正是有了这样的经验，才使他能在《建筑十书》写完之后，能胜任阿格里帕的 *cura aquarum*（供水管理）部门的建筑师职位。[3]

《建筑十书》通篇有许多微妙的暗示，表明维特鲁威可能与凯撒的支持者有来往。除了他[6]十分明确地提到自己曾负责维护凯撒的弩炮以外，其他一些线索还表明他随凯撒或他的部队出征，所记佚事中也提到了那些与凯撒关系密切的人[4]，还引述了这位独裁者取得的其他一些成就。[5]

至于维特鲁威是否外出旅行的问题，读者可以根据文中各种描述显示的丰富知识做出自己的判断。维特鲁威与罗马和坎帕尼亚地区的联系最为密切，同样清楚的是，他随军出征意大利北部（山南高卢[Gallia Cisalpina]，意为"阿尔卑斯山这一边"的高卢），还可能也被派往高卢本地。显然他曾在亚得里亚海滨的法诺工作过，他写的书也是关于拉里奴姆（Larignum）战役的唯一资料来源（2.9.15：拉里奴姆位于阿尔卑斯山脚下；凯撒在《内战记》[Bullum Civile]中未曾提及），在公元前49年围攻马西利亚（Massilia，即马赛）的战役中，他也在场。人们还推测他可能在北非待过，主要依据第8书中的生动描述，但他的描述也有可能是从那时新出版的努

---

1 我们需要小心谨慎的是，不要因为这种态度主导着他关于纪念性建筑的论述，便认为这就是他的主要建筑训练。《建筑十书》通篇对各种影响的论述是极有选择性的，他乐于挑选那些具有强大理论基础的方法。

2 卡列巴特（L. Callebat）编：《维特鲁威建筑十书》（*Vitruve, de l'Architecture*, viii, 巴黎，1973），ix—x。

3《论罗马城的供水问题》（*De Aquis Urbis Romae*），25.1。弗龙蒂努斯（Sextus Julius Frontinus）是个执政官，他是不列颠（Britannia）的替补执政官和军事总督（即一个处在"荣耀之路"顶峰的人），他于公元97年成了图拉真的供水官（*curator aquarum*），写有关于罗马渡渠系统的详尽的技术报告，在其中他报告说，罗马的水管工根据建筑师维特鲁威的指导意见，将水管口径标准化。由此可以得出结论，维特鲁威很可能是这个管理部门的建筑师。罗马城公安、消防和供水之类的日常管理，是到奥古斯都统治的初期才设立的，这些制度的建立是这位元首的一大革新。公元前33年，屋大维的得力助手阿格里帕当上了行政官，并成为终身供水官，直到前11年去世。他给这个部门配备了一支由奴隶和工匠组成的队伍。维特鲁威很可能是阿格里帕的专业建筑师，或是这些建筑师中的一员。法夫罗（D. Favro）：《奥古斯都时代的罗马城市形象》（*The Urban Image of Augustan Rome*，剑桥，1996），110—111。

4 凯撒的秘书斯克里巴（Faberius Scriba）（7.9.2），普特奥利（Puteoli）的大财东维斯托里乌斯（Vestorius）（7.11.1），而马西尼萨（Masinissa）之子盖尤斯·尤利乌斯（Gaius Julius）（8.3.25）可能与努米底亚（Numidia）的王室有联系，并为凯撒服务。

5 他提到凯撒还是一个地方官时，就养成在自己家里开庭审案的习惯（6.5.2）。萨尔皮亚（Salpia）地区湿地排水工程（1.4.12.；其年代是否为公元前40年，见上引书的注），以及法诺巴西利卡的重建工程，可能是凯撒发起的项目。

米底亚的朱巴（Iuba of Numidia）的《利比卡》（Libyka）而来。[1] 而他对哈利卡纳苏斯（Halicarnassus）的生动描述以及对爱奥尼亚型建筑的熟悉，尤其表明了他可能去过希腊。[2]

关于维特鲁威后期的职业生涯，有两条线索：一是他通过屋大维得到了一项 commoda（收益），还通过屋大维娅[3] 的干预使这一好处得以延续下去（1. 前言.2）；二是弗龙蒂努斯在书中证明他曾作过供水官。commoda 一词很含混[4]，但很可能指"俸给"，即定期的年金。[5] 这一待遇或许使他有了空闲时间从事研究与写作。他也十分明确地说道，正是由于为他提供了闲暇时间，他才得以写作，至少是完成了《建筑十书》（1. 前言）。这本书反过来也确保了他供水官的职位。

维特鲁威的著作当时在多大程度上为人所知并阅读，在多大程度上影响了帝国早期建筑的发展，是一个争论激烈的话题。[6] 此书可能没有被同时代人提及，也没有任何产生影响的迹象。[7] 不过后来人们至少是有教养的读者知道了维特鲁威。在后来的古典文献中，他被提到了 5 次：首先是老普林尼（死于公元 79）的百科全书式的《博物志》，他将维特鲁威的书作为木材（第 [7] 16 书）、绘画与颜料（第 35 书）以及石料（包括填充碎石的墙壁，第 36 书）等内容的资料来源。其次是弗龙蒂努斯，他的写作年代是公元 97 年。接下来是法文蒂努斯，[8] 他的书在很大程度上是维特鲁威《建筑十书》中一些章节的修订本。塞尔维乌斯（Servius）[9] 提到了他，西多尼乌斯·阿波利那里斯（Sidonius Apollinaris）将他视为优秀建筑师。[10] 老普林尼和阿波利那里斯提到他表明，他的确实现了当初写作的初衷，即对古典经典建筑做了独一无二的记述。在这方面，他的书可能在整个古代一直都是一部权威著作。[11]

---

1 出版于公元前 26/25 年，或前 23 年。《建筑十书》8.3.24 似乎是直接从此书转抄的。尼兰德：《维特鲁威"建筑十书"中的各篇前言以及若干问题》（*Prefaces and Problems in Vitruvius'"De Architectura"*，博士论文，哥德堡，1992），19；鲍德温（B. Baldwin）：《维特鲁威所处年代、身份以及职业生涯》（The Date，Identity and Career of Vitruvius），《拉托穆斯》（*Latomus*）49，no. 2（1990），427；卡列巴特编：《维特鲁威建筑十书》viii（巴黎，1973），125—127。

2 当然，他也可能是从他的老师或在罗马找到的书中了解到赫莫格涅斯的爱奥尼亚型设计的详细知识的。

3 关于屋大维娅，见本书注 1. 前言.2。

4 也可能指遣散时一次性支付的报酬或服役费。尼兰德：《维特鲁威〈建筑十书〉中的各篇前言以及若干问题》（博士论文，哥德堡，1992），32—36。

5 否则他不可能会通过屋大利娅使此待遇继续延续下去。

6 见以下"维特鲁威在罗马构造法和形式发展史上的地位"一节。

7 第 1 书前言中的赞扬之词或许暗示了这一点，包括使用 numen（神力）一词，以及在元首忙于更重要事务（例如内战）时不出版本书的说法。这一点影响了贺拉斯（《书札》，2.1.16）。鲍德温：《维特鲁威所处年代、身份以及职业生涯》，《拉托穆斯》49，注 2（1992），426。这也提示一种截然相反的情况，即两者的相似性表明，维特鲁威一定受到贺拉斯的影响，也可说明《建筑十书》的年代一定是在公元前 14 年之后。托伊费尔 - 施瓦布（Teufel-Schwabe）：《罗马文学史》（*A history of Roman Literature*），瓦尔（G. C. W. Warr）译（伦敦，1900），vol. 1，548。参见卡列巴特编：《维特鲁威建筑十书》viii（巴黎，1973），125—127。

8 可能在公元 3 世纪初，可参见普洛默（H. Plommer）：《维特鲁威与晚期罗马建筑手册》（*Vitruvius and the Later Roman Building Manuals*，剑桥，1973）。可能还应该包括帕拉迪乌斯（Palladius），他的著作参照了法文蒂努斯，因此间接地参照了维特鲁威。

9 公元 4 世纪后期的语法学家和注释家，《维吉尔·埃涅阿斯纪》评注》（*Ad Aeneidem*），6.43。

10 《书札》（*Epistulae*），4.3.5，阿波利那里斯是公元 5 世纪中叶基督教作家。

11 关于维特鲁威后续影响的历史，见科赫（H. Koch）：《在记忆中长存的维特鲁威》（*Vom Nachleben des Vitruv*，巴登 - 巴登，1951）。也可以考虑这样的问题，是维特鲁威剽窃了阿特纳奥斯（Athenaeus Mechanicus），还是阿特纳奥斯剽窃了维特鲁威，或他们都分享了阿格西斯特拉图斯（Agesistratus）的资源，见本书评注 7. 前言.14，10.13.1—2。

教育与通识学习（"自由艺术"）

artes liberals（自由艺术）这个概念，作为职业[1]训练的基础，是建立在希腊化教育类型的基础之上的，称为"*enkyklios paideia*"或"*enkyklia mathemata*"（维特鲁威称为"*encyclios disciplina*"[通识科目]）。维特鲁威本人认为，自由艺术是建筑师教育的基础，这不仅仅是个理想，也不是他本人的发明，因为他父母为他设计的教育就清楚地体现了这一点（6. 前言.4）。不过，几乎可以肯定，维特鲁威的教育并非完全代表那时罗马建筑师们接受训练的途径。

Enkyklios paideia（通识教育）可以追溯到公元前 5 世纪晚期智者的教学方法，后来在希腊化时期，他们的教学方法发展成为一套标准课程，其原初的意图是为培养学生的社会领导能力打下基础。在罗马，赞成这样一套课程的人（如西塞罗）一致认为，通识教育是普通教育的一种类型（亚里士多德称其为"其他学习内容"），其目的是在进行专业训练之前"拓展判断力"。罗马人接受了这种自由科目的学习，但仅作为法律、修辞专业学习的一种标准的预备性学习内容（法律与修辞这两门学问在维特鲁威时代并不是付酬的"职业"，而是指"那些指导共和国各种事务的人"的某种活动），此外它也为像医生、教师以及各种自由职业训练提供预备性的学习内容。

在公元前 2 世纪，自由技艺学习课程的理想在罗马社会上层占据了主导地位（例如在小西庇阿的圈子中）。到了公元前 1 世纪，它不仅稳固地建立了起来，而且进一步渗透到了社会各个阶层。对于西塞罗和凯撒（生于公元前 100 年前后）这一代人来说，到雅典去完成这种教育的想法还不很流行。但到了贺拉斯的时代，即仅半个多世纪之后，这种普通教育便被视为一项重要的家庭投入了，即便对一个小农场主而言也是如此。

这些通识课程（维特鲁威称为"通识科目"，西塞罗称为"自由艺术"）被看作是一组紧密结合在一起的知识领域，在希腊化后期就标准化了，即：语言类艺术，包括文法、修辞和雄辩术（逻辑）；数学类科目，包括算术、几何、音乐理论和天文学。[2]维特鲁威列出这些科目，包括了若干很可能是"标准"的学科，还有些附加内容，尤其是与建筑相关的，但可能并不属于标准教育科目（例如制图、绘画和法律知识）。维特鲁威将哲学也包括其中，他认为一般而言这是通识学习的目标所在，而不是其一部分。

在罗马教育的这种常规课程中，当一个年轻人（从 12 岁到 15 岁）跟着一位文法学者学习文学时，会有一些引导性的内容进入这些通识学习，但对于大多数罗马人来说，"普通教育"（general education）则是由不同领域的教育拼凑而成，那些 15 至 18 岁之间的孩子在进入专门训练或作学徒之前由这些教师来上课。当维特鲁威说他跟他的"老师们"学习几何学和天文学时，

---

1 "职业"这一概念，或至少是在此意义上的"职业"一词，是在维特鲁威稍后才发展起来并为人们所使用的。见本书评注 1.1.11。
2 *Trivium*（三艺）和 *quadrivium*（四艺）这两个术语最早是在伯蒂乌斯（Boethius）的著述中发现的，但希腊术语 *hai tesseres methodoi*（四法）从公元 1 世纪就被发现了（耶拉西莫斯 [Gerasimus]，约公元 100 年，《算术导论》[*Introductio Arithmeticae*]，1.3.4）。而以此方法将这些学科组织起来，是在希腊化时期的晚期。

他指的正是这些教师（9.1.16）。

在罗马共和晚期和帝国早期，教育有三个阶段，前两个阶段的课程很规范。[1] 第一个阶段 [8]
或初级教育是从大约六七岁时开始，到 10 岁或 12 岁，为儿童教育。在共和国早期，教育在传
统上是 *paterfamilias*（户主）的责任（像西塞罗这样的"传统的"双亲为儿子们精心设计教育，
延续了这种传统），但到了共和国后期，那些最富有的家庭将教师雇回家中，而大多数父母会
送孩子到一位 *magister ludi*（小学教师）那里，由他照料，而教师就在城里租房进行教学。在那里
孩子们学习识字，学习基本的阅读和写作以及初级算术。家境较好的孩子由一位 *"pedagogue"*
（老师）陪读，他是个奴隶，负责督促孩子的作业，有时也辅导课业。

第二个阶段的教育其实就是文法学校，招收 10 岁或 12 岁至 15 岁或 17 岁的学生。学生由
一位 *grammaticus*（文法学者）或 *scholasticus*（演说术学者）照料，课程集中于文法、文学（主要通
过记忆来学习）和高级算术。在这个阶段，由于家长望子成龙心切，会雇用额外的教师来教几
何学、音乐或历史等课程。那些继续学习和实践雄辩术的学生，有时甚至会被送到某个喜剧演
员那里，积累演说的感性经验。

第三个阶段，就我们所知[2] 是高度专门化的训练，为演说术的"职业生涯"作准备。这一
阶段始于 15 岁或 17 岁，这一年龄的少年，就可以穿上成年男子的衣裳，叫作 *toga virilis*（男子
便服上衣），并接受某位演说家，即 *rhetor* 的教育。在这一阶段，他将接受哲学、修辞学的训练。
这个阶段一般与年轻人第一次服兵役的时间相重合，或早于服兵役几年。

正如我们上文所提到的，对许多人，至少是最富裕的罗马人而言，出国学习是教育的第四
阶段。出国学习的内容通常是在修辞学或哲学方面接受高级训练，由罗得岛、雅典和马赛的最
优秀的希腊学者施教。

可以设想，维特鲁威在他教育的第三阶段主要是跟随某位建筑师或建筑教师作学徒，不过
此前他可能已开始学习某些技能，如画素描。[3] 他也可能将某些自由教育内容延续到第三阶段，
因为他的写作表明他拥有修辞学知识，尽管并不十分得心应手。[4] 维特鲁威的教育或职业生涯
中是否还包括了外出游历，依然是一个悬而未决的问题。然而他终身都在自学，这一点则是清
晰无误的（1. 前言.3；8.3.25）。

公元后的头两个世纪，自由艺术教育不那么时兴了，因为父母们更感兴趣的是他们的儿子
如何能迅速获得专业技术方面的优势。因此，学生被迫要更快地学会演说，修辞学越来越变成

---

1 邦纳（S. F. Bonner）:《古罗马教育》（*Education in Ancient Rome*，伯克利与洛杉矶，1977），以及卡斯特尔（R. A. Kaster）:《语
言的守护者：古代晚期的文法学者与社会》（*Guardians of Language: The Grammarian and Society in Late Antiquity*，伯克利与洛
杉矶，1988）。

2 我们关于第三阶段教育的情况几乎完全来自于有关雄辩术"职业生涯"预备阶段的一些记述，例如匿名作者的《修辞术——致赫
伦尼乌斯》（*Rhetorica ad Herennium*）、西塞罗、苏埃托尼乌斯（Suetonius）和昆体良等人的著作。

3 到希腊化晚期和公元后的头两个世纪，有一些医学"学校"是以一门课程贯穿始终的（短则几个月，长则四至六年），并为新生
举行入学仪式。没有任何证据表明存在着类似的建筑学校，甚至没有建筑师为他们的弟子提供正规的课程。

4 尼兰德:《维特鲁威〈建筑十书〉中的各篇前言以及若干问题》（博士论文，哥德堡，1992），22。维特鲁威还专门提到他学修辞
术读的是西塞罗，学拉丁文读瓦罗，所以他的修辞学知识很可能是终身自学的一部分（9. 前言.17）

了一种口若悬河的脱口秀技巧，并无实实在在的内容。[1]

奥古斯都时代罗马的营建活动（图 1）

在维特鲁威的有生之年，罗马城的面貌发生了巨大的变化，主要营建活动集中于两个区域，一是马尔斯广场的开阔地带，二是建筑密集的古老的集市广场（Forum）。这些营建活动大多是由共和国最后数十年中的主要政治对手及其党羽所发起的，他们是庞培、凯撒、屋大维、阿格里帕，较次要的还有安东尼。[2]

[10]　在整个公元前 1 世纪，竞争中的个人和党派修复或重建年久失修的神庙，成了一种普遍的活动。对于神庙的维护修缮，在正常情况下是元老院的特权，任何个人或军事上的得胜者（triumphatores）是无权以自己的名义建造或修复神庙的。奥皮米乌斯（L. Opimius）是第一个被允许这样做的人，他于公元前 121 年重建了孔科尔德神庙（temple of Concord），为后来一些野心勃勃的罗马人首开先例。维特鲁威提到的许多神庙，就是此类修复和重建工程。大多数重建的建筑物，采取了最时新的希腊化纪念建筑样式。这些建筑和那些老式的，用泥砖、木头和陶砖建的意大利 / 埃特鲁斯坎式神庙并肩而立。老神庙有相当数量幸存到了公元 1 世纪。

为马尔斯广场奠定了纪念性风格基调的建筑物，是一系列受希腊影响的豪华神庙和柱廊，从公元前 2 世纪中叶以后陆续由凯旋的军事统帅所建：缪斯女神的海格立斯（Hercules Musarum）、神后朱诺（Juno Regina）和狄安娜（Diana）的神庙，是由监察官福尔维乌斯·诺比利奥（M. Fulvius Nobilior）和莱皮多斯（M. Aemilius Lepidus）于公元前 179 年所建；屋大维娅柱廊（Porticus Octavia）是由在一次小海战中得胜的 Gn. 屋大维乌斯（Gn. Octavius）于公元前 168 年建的；梅特卢斯柱廊（Porticus Metelli）由马其顿征服者梅特卢斯（Q. Caecilius Metellus Macedonicus）于公元前 146 — 前 131 年所建；米纽西亚柱廊（Porticus Minucia）由米纽修斯（M. Minucius Rufus）所建，他是公元前 107 年色雷斯一场战役的胜利者。屋大维娅柱廊不是双层的就是双廊的（porticus duplex），廊中的科林斯型圆柱用镀金青铜装饰。

与罗马老城区相反，这些纪念性建筑构成了一座辉煌的新城，震撼着那个时代人们的心灵。斯特拉博（Strabo）大约在公元前 9 — 前 6 年写道：

实际上，庞培、神圣的凯撒、奥古斯都、奥古斯都的妻儿朋友及姐妹，对于营建的热情超过了其他任何人，并为此耗费了钱财。大多数建筑集中于马尔斯广场，因此，除了广场自然之美外，远远望去更是令人惊叹不已。广场的确规模宏大，为战车

1 邦纳：《古罗马教育》（伯克利与洛杉矶，1977），332。
2 对于奥古斯都时代建筑及其整个历史背景的总结，见法夫罗：《奥古斯都时代的罗马城市形象》（剑桥，1996）。

图 1　奥古斯都时代的罗马（部分复原）

比赛 [三驾双轮战车赛场 (Trigarium) 和弗拉米纽斯竞技场 (Circus Flaminius)] 以及马术训练提供了毫无阻碍的空间，也可容纳锻炼身体、打球、滚铁环、摔跤的人群；艺术作品点缀在马尔斯广场周边和终年绿草如茵的地面，也点缀着小山丘的山顶。这些小山丘浮现在河水之上，一直延伸到河床 [即现代的缤乔山 (Pincio)，古代的花园山 (Collis Hortulorum)，山顶点缀着别墅花园，如卢库卢斯别墅 (Villa of Lucullus)]，将一幅舞台布景呈现在了人们眼前。我说，这一切展示了一个令人流连忘返的奇观。在这广场附近有另一个广场，由大量列柱环绕 [即马尔斯广场的南端]，还有祭祀区、三个剧场、一座圆形剧场，造价昂贵的神庙一座接着一座，给人的印象好像是要宣布这座城市的其余部分都只是些附属场所。因此，人们相信此地就是世上最神圣的地方。罗马人在广场上建起了最优秀的男人和女人的坟墓，其中最值得一提的是那座王陵 [奥古斯都陵庙]。它靠近河边，巨大的墓丘耸立于巍峨的白色大理石基座上，上面覆盖着常青的树木，直至顶端。现在墓的顶部竖立着一尊奥古斯都·凯撒的青铜雕像，下面的墓丘便是他本人及亲朋好友的坟墓；墓丘后面有一处巨大的祭祀区域和漂亮的散步区 [即公共花园]。广场中央有堵（也是白色大理石的）墙，环绕着他的火葬场 [ustrinum]；墙外又有一圈铁篱环绕，其间种植着黑杨树。若朝向老广场走去，你会再次看到广场一个接着一个沿老集市广场排列过来，一座座巴西利卡和神庙，还要说到卡皮托利山 (Capitolium) 与帕拉蒂尼山 (Palatium)，以及在这两座山丘上以及利维亚步道 [利维亚柱廊 (Porticus Liviae)] 上的艺术品，你会忘却外面世界的一切。这就是罗马。[1]

此外，奥古斯都统治时期建筑活动的另一主要特色，就是长期对建筑规范管理进行整顿，包括建筑法则、供水、治安和消防。[2] 阿格里帕本人尽管是执政官，但仍然在前 34/33 年担任着职位较低的行政官一职，掌管渡渠事务，组建了一支常设的工程队伍。维特鲁威后来可能加入了这个工作团队，将罗马供水管的尺寸标准化。[3]

然而，在整个这一时期，罗马城的主要部分却是一个拥挤嘈杂的城区，街道弯弯曲曲，多[11] 层的住房（6 — 8 层高）岌岌可危。这些房屋为砖木结构，建有挑出的露台，垮塌、火灾之后再重建是家常便饭（像维特鲁威在第 2 书中提到的砖作工艺或防火砖的实验刚刚开始，在建筑中可以看到，如马凯鲁斯剧场的室内部分）。而富裕人家的住房，是在上一个世纪建造或重建的，时尚而豪华，都是优雅的希腊化宅邸，一至两层高，大多聚集于广场北面和帕拉蒂尼山上，只有少数坐落于其他地方。这些宅邸占地面积很大，即便是在人口稠密的地区也是如此。

1 斯特拉博 (Strabo)：《地理学》(Geography)，5.3.8，琼斯 (H. L. Jones) 译（伦敦，1938）。
2 斯特朗：《共和晚期和帝国早期罗马的公共建筑管理》(The Administration of Public Buildings in Rome in the Late Republic and the Early Empire)，《古典研究院通报》(Institute of Classical Studies Bulletin，15，1968)，97—109；法夫罗：《城市之父：作为罗马城市之父的奥古斯都》(Pater Urbis; Augustus as City Father of Rome)，《建筑史家协会会刊》(Journal of the Society of Architectural Historians，51.1，1992)，61—84。
3 弗龙蒂努斯 (Frontinus)：《论罗马城的供水问题》(De Aquis Urbis Romae)，1.25。

利维亚柱廊就占据了维迪乌斯·波利奥（Vedius Pollio）宅邸的所有场地。在城市外围的山丘之上，坐落着第一圈富贵人家的别墅花园，分别属于卢库卢斯（Lucullus）、凯撒和庞培这样的人物。第二圈别墅花园大约有 4 小时的行程，元老院贵族们可以在周末抵达。这些别墅坐落在像蒂沃利（Tivoli）、托斯库鲁姆（Tusculum）、拉维尼乌姆（Lavinium）和劳伦图姆（Laurentum）这样的地方。第三圈更远了，尤其是那不勒斯海湾的那些奢侈的海滨别墅。罗马城的城墙尽管在公元前 87 年由苏拉（Sulla）重新加固设防，但因失修而部分坍塌，未能有效地保护不断增长的人口。所以在奥古斯都时代，罗马的十四个行政区也包括了位于老城墙之外的广大地区。

维特鲁威在罗马构造法与形式发展史上的地位

人们通常认为维特鲁威是他那个时代建筑保守派的代表，因为他似乎对新形式的发展潜能浑然不知，这些新形式在当时的砖面混凝土和后一个世纪的拱顶结构中浮现出来，而且他还对引发了这些新形式的技术手段进行批评。[1] 以现代考古学的眼光来看，这一观点不难理解。他极少提到拱顶技术（第 7 书提到的"拱形"顶棚是悬吊式顶棚），也从未将拱顶作为室内主空间的一种具有潜力的覆顶方法。他怀疑用凝灰岩贴面的毛石工艺是否能经久。[2] 他几乎只字未提"附墙"圆柱，他将"规则"[3] 强加于许多形式特征之上，这些都被视为保守的做法，试图用希腊化风格的规则来规范共和晚期，特别是坎帕尼亚地区建筑革新的混乱局面。

但据此也可能形成一种截然相反的观点，即维特鲁威对罗马建筑的这些方面进行了创造性的批评，其实罗马建筑在后来两三代人手中发生了革命性的变化。在他的有生之年，以小块凝灰岩贴面的网状砌筑工艺（opus reticulatum）取代砖面混凝土的过程已经开始，他似乎认为石造拱顶是理所当然的事情，至少在实用方面与室内运用方面是如此，即便他没有列出专门章节来讨论石造拱顶技术。他在 5.10.3 中说，以这种（拱顶）形式建造的浴场顶棚若是用石材来建"效率更高"（与悬吊式顶棚正相反）。他顺便提到了"附墙的柱式"（即伪围廊列柱型 [pseudo-peripteral] 的神庙，埃及式主厅 [oecus]，或许还有法诺巴西利卡的上层结构）。[4] 他也没有给出规则，他认为这理所当然。毕竟附墙柱式的组合规则与独立柱式是一样的，因此在他看来不值得当作独立的类型来讨论。

到维特鲁威的时代，毛石灰浆加贴面的工艺（即粗石混凝土工艺 [opus caementicium]）至少已经通行了两个世纪之久，他只是将其看作可选的一种工艺，其余可选的还有泥砖、半露木骨

1 例如伯蒂乌斯（A. Boëthius）：《维特鲁威和他那个时代的罗马建筑》（Vitruvius and the Roman Architecture of His Age），《马丁·尼尔森纪念文集》（Dragma Martin Nilsson），《瑞典罗马学院文集 1》（Acta Instituti Sueciae Romae 1，隆德，1939），114—143；克内尔（H. Knell）：《维特鲁威的建筑理论》（Vitruvs Architekturtheorie，达姆施塔特，1991），59。

2 例如，80 年后混凝土墙的强度就下降，网状结构会使裂缝沿直线蔓延，尚不能判断砖块砌筑工艺（opus testaceum）建的墙壁经久性如何。2.8.8；2.8.1；2.8.19。

3 这些就是"维特鲁威古典主义"这个现代批评术语所意指的东西。

4 4.8.6；6.3.9；5.1.6—7。

结构，以及纪念性建筑和要塞建筑常用的琢石技术。[1] 到公元前 3 世纪末，粗石混凝土工艺确

[12] 定无疑得到了运用（建于前 273 年的科萨 [Cosa] 殖民区的那些年代确凿的建筑证明了这一点），

而且可能早在前 3 世纪初就在坎帕尼亚地区最先发展起来了。[2] 给墙体贴面的想法或许是从希

腊化时期的碎石墙（*emplekton*）发展而来，但更有可能直接来源于在意大利碎石混凝土建筑上

为粗糙的毛石墙体贴面以求平整的做法。这种技术在公元前 2 世纪是很普遍的。[3] 维特鲁威给

出的灰浆配方肯定是根据公元前 3 世纪和前 2 世纪一代代实验经验总结出来的，从前 2 世纪晚

期到苏拉时代质量有了显著的提高。[4]

焙烧砖在地中海地区有着悠久的历史，但在罗马并不常见。[5] 公元前 2 世纪末庞贝出现了

砖砌圆柱（当地的巴西利卡），公元前 1 世纪在庞贝、奥斯蒂亚和罗马等地，砖被用作以乱石

工艺（*opus incertum*）砌造的墙体的角砖（外角砖）。[6] 在奥古斯都统治期间，焙烧砖真正发展

为标准的贴面材料，通常是切割砖，在提比略（Tiberius）的统治下被运用于大型建筑（罗马皇家

禁卫军兵营 [Castra Praetoria]），成为网状砌筑工艺建筑的通用护角材料。到了卡利古拉（Caligula）和

尼禄（Nero）时期，它几乎完全取代了网状砌筑工艺。

在公元前的整个一千年中，用楔形拱石构造的拱顶在近东地区的重要遗址也较为常见，主

要是城门与宫殿。而真正的拱顶在公元前 5 世纪和前 4 世纪出现于希腊和西方少数地方，但将

这种技术大规模引入，要归功于随亚历山大东征的工程师们，他们将其运用于凯旋门、排水渠

和陵墓的营造工程。正是此技术在这些方面的运用，才使得它从公元前 4 世纪后期开始在埃特

鲁斯坎和意大利拉丁地区变得最为常见。[7] 在罗马，公元前 2 世纪拱顶似已开始以粗石混凝土

工艺和石材构建，以营造实用建筑的宏大空间，如大型货栈，即埃米利亚柱廊（Porticus Aemilia）

（公元前 193/174）。在公元前 2 世纪后期和前 1 世纪初期，在浴场建筑群的一些房间里，拱顶

更为常见。公元前 2 世纪下半叶，拱券进入纪念性建筑中，采取了 *fornix*（拱门）以及拱形小神

龛的形式（附墙的圆柱框住拱门饰，如普勒尼斯特 [Praeneste] 的高台式神庙，建于公元前 130 年

---

1 其实这些技术中的任何一种都可以交替运用于纪念性建筑或实用建筑上。科萨要塞上的那些神庙的墙壁和墩座墙（建于公元前 3
世纪晚期），以及蒂沃利的那些神庙的墙壁（约建于前 100 年），是以网状技术建造的；卡皮托利山下的那些共和时期的店铺，以
及埃米利乌斯·斯考鲁斯（M. Aemilius Scaurus，前 67 年的执政官）的那些宅邸（分别建于前 2 世纪后期和前 1 世纪初期），是
以石灰华方石建造的。对维特鲁威来说，大多数石造建筑属于小石块建造的建筑类型，除非是用方石（*saxa quadrata*）。

2 卢格利：《罗马营造技术》（罗马，1957），375。出土于波特奥利（Puteoli）的一则铭文提到这一情况，年代为前 105 年，称其为"垒
砌工艺"（*opus structile*）。CL 10.1781.1 r. 16—22，载卢格利，上引书，363。这一点强化了粗石混凝土工艺与坎帕尼亚地区的联
系。从公元前 1 世纪初开始火山灰（pozzolana）似已用在了灰浆中。

3 加图（Cato）：《农书》（*De Agri Cultura*），14 以下。

4 科雷利（F. Coarelli）：《罗马不列颠学院文集》（*Papers of the British School at Rome*，45，1977），1 以下。

5 在近东地区，在公元前的一千年中，焙烧砖普遍用于希腊人和意大利人能够见到的一些建筑（维特鲁威提到巴比伦的城墙，叫
作 testacea（陶砖），8.3.8）。从公元前 5 世纪往后很少见，只是在特殊情况下才用于希腊建筑。已知第一例或许出现在奥林
索斯（Olynthus）的雅典殖民地，用作住宅木柱的柱础。见劳伦斯（A. W. Lawrence）著，汤姆林森（Tomlinson）修订：《希腊建
筑》（*Greek Architecture*，纽黑文，1996），184。在整个希腊化时期的西西里和意大利南部地区有着用砖砌筑圆柱和墙壁的传统，
砖还广泛运用于路面的铺设（如索伦托 [Solunto]、瓦莱亚 [Veleia]），见威尔逊（R. J. A. Wilson）：《古罗马时代西西里的砖瓦》
（Brick and Tiles in Roman Sicily），麦克威尔（A. McWhirr）编：《罗马的砖瓦》（*Roman Brick and Tile*），BRA Int. Ser. 68 (1979)，
11—43。

6 在公元前 1 世纪用于乱石工艺和网状砌筑工艺的角石材料是 *vittatum*（即小方石），而"砖"在共和国晚期的建筑中变得更为普遍，
它通常是切割砖，并不是特制的砖。卢格利：《罗马营造技术》（罗马，1957），529—551；理查森（L. Richardson）：《庞贝建筑史》
（*Pompeii, An Architectural History*，巴尔的摩与伦敦），374—376；378—379。

7 博伊德（T. Boyd）：《希腊建筑中的拱券与拱顶》（The Arch and Vault in Greek Architecture），《美国考古学杂志》（*American
Journal of Archaeology*，82，1978），83。劳伦斯著，汤姆林森修订：《希腊建筑》（纽黑文，1996），171。

代；罗马集市广场上的档案馆大楼 [Tabularium] 的基座墙，约建于公元前 79 年）。[1] 它很少作为纪念性的室内空间而出现，尽管它作为真假拱顶（如维特鲁威所暗示的那样）常出现于住宅和浴场中。

从以上的概述中我们会得出这样的印象：在维特鲁威的有生之年，贴面混凝土是一种标准的墙体构造技术，它与泥砖和半露木骨结构相竞争，也在被人评估。维特鲁威的批评意见似乎是这种评估的一部分。正如维特鲁威所暗示的，还有一些试探性的实验，例如如何用其他材料，包括瓷砖使贴面区域（如上楣）的混凝土更有效地抵抗风雨的侵蚀，或如何将石柱植入粗石之中以增加它的强度。小跨度的拱顶理当如此，但对于某些基础工程和某类厅堂（如浴场）来说，在很大程度上仍是一种实用性的手段。[2]

维特鲁威没有专门谈拱顶建造问题。他最常用的术语是 *concameratio*（拱顶），该词可以指 [13] 石造拱顶，也可指悬挂式的灰泥顶棚。[3] 该词的实际意义很简单，就是"罩在里面"，可以指马车的（拱形）顶篷或花园中的拱形棚架。*Fornix* [拱门] 一词或它的派生词可以指石造建筑物[4]，渡渠可以建在拱券之上（*conforniccentur*）。*Arcus* [弓、拱] 一词被用来指绷住兽皮并罩在撞墙车上部的框子（10.13）。他描述进入剧场的 *vomitorium*（入口），上面覆盖着"*supercilia*"（眉毛）；这或许指拱门饰，不过该词在其他地方是指过梁。

公元 1 世纪，室内正空间的拱顶建筑美学发展起来，看似没有引起在人们想象中这位亲希腊的维特鲁威的重视。其实，维特鲁威介绍的许多内容都表明他对内部空间的重视：他推荐赫莫格涅斯（Hermogenes）的伪双重围廊列柱型神庙（pseudodipteral temple），就是因为柱廊很宽敞（3.2.6）；而伪围廊列柱型神庙（pseudoperipteral temple）则可以"腾出原先柱廊所占的地方，为内殿创造出宽阔的室内空间"（4.8.6）。他为法诺巴西利卡做的设计（5.1.1—10）对空间进行了革新，这革新既反映在功能上（设有一个侧向的法官席，"这样，法官面前的人便不会干扰在巴西利卡中做生意的人"），也反映在审美上（"因此，这双折屋脊的设计……和室内的顶棚呈现出迷人的外形"）。

早期的创造性阶段总是难于分辨，但这里我们清晰地认识到部分最终的意图。推敲术语，辨明特性是试验与革新的特点。*architectura* 这个词可能是 20 年之前的一个新造词[5]，而几乎可以

---

1 这后一种母题，在维特鲁威在世时成了用"柱式"给加拱顶的建筑进行分节的主要手段之一，如大斗兽场（Colosseum）；它还用于斯塔蒂柳斯·托罗斯（Statilius Taurus）圆形剧场，以及马凯鲁斯剧场，可能也用在了庞培剧场上。

2 即便最初运用在纪念性建筑上（如普勒尼斯特神庙、国家档案馆或剧场），但从技术上来说大多数仍是基础工程。

3 用 concameratio 一词可能指石造拱顶的地方有：(5.10) 建有石造屋顶的浴场，与木构屋顶相比较；(6.11.1) 地窑的顶棚；(2.4.2) 混凝土结构；(3.3.1) 基础中的 concamerationes（拱顶）；(5.11.2) concamerata sudatio（蒸汽浴室），可能是桑拿浴室中的真正的拱顶。用该词仅指具有拱顶形状而非拱顶结构的地方有：(2.4.3) 坑沙可用来保持顶棚的拱顶形状；(5.10.3) 悬吊式顶棚；(7.3.1) 该词指拱顶式顶棚的柳条编织构造，维特鲁威对此做了说明，它应设计为 ad formam circinationis（圆弧形）。

4 (5.5.2) 剧场观众席中为安装共鸣缸（sounding vessels）而设的小室；(6.11.3) 窗户及消除重力的拱券；(6.8.4) 建在墩柱上的建筑物，其拱顶可以由 cuneorum（楔形物）（大概就是楔形拱石）构成。后者是对（位于墩柱上的）拱券的最朴实的描述，但要使他的读者确信他在谈的东西，他就必须给出周全的说明：idemque，qui pilatim aguntur aedificia et cuneorum divisionibus coagmentis ad centrum respondentibus fornices concluduntur.（同样，如果建筑物建在墩柱之上，拱顶用同心的楔形拱石构成的拱券封用起来……）这意味着他假定他的读者并不具备有关拱券的常识。

5 已知该词第一次以拉丁文形式出现在西塞罗的《论责任》1.151 之中。一般说来，西塞罗是反对新造词或直接从希腊语翻译过来以用作拉丁文所缺少的技术与哲学词汇的，但因需要所迫他也用新词。该词另一个可能的发明者是瓦罗，他在现已佚失的《学科要义九书》（De Novem Disciplinae）中使用了这个词。

肯定的是，维特鲁威自己用的术语和定义，也是以相同的方式将发明和惯例掺和在了一起。

解释维特鲁威

《建筑十书》的主题有两个：其一，"建筑"的范围涵盖整个营造和机械领域，是一门综合性很强的艺术，也是社会人文艺术中最基本的艺术形式之一；其二，真正意义上的建筑实践是建立在综合把握范围广阔的理论与实践知识的基础上的。

正是这第二点——建筑作为一门"自由艺术"——成为维特鲁威建筑理想的最大特色。他主张一位建筑师不仅要有个人的才能和专门化的实际知识，还应接受范围广泛的"自由艺术"或"通识科目"的教育。

一位建筑师应是一个什么样的人，他应具有怎样的知识储备，对这一问题的看法，古今皆有争论。在 20 世纪的美国，大多数建筑师的职业训练背后并无自由艺术教育的背景。其实，大多数建筑物是在根本没有"建筑师"的情况下建造起来的。[1] 在古代，"建筑师"的地位与作用也不尽相同。他可以是位富有的业余爱好者，一个贵族，自己设计建房[2]；一个经过训练的奴隶，至少如西塞罗的那些建筑师中的一位那样；一个彻头彻尾的骗子，是维特鲁威看不起的那种人（6. 前言.6）；一个唯外国艺术家是从的人，这些外国人通常是希腊人，如萨拉米斯的赫莫多鲁斯（Hermodoros of Salamis）；一个享受薪俸的建筑维护官员或城市建筑师[3]；一位训练有素的专业技工或工程师，元老院执政官手下低级官员（apparitores）中的一员[4]；形形色色的立约人和承包人，他们从事着家族生意，可能相当有钱，如科苏提乌斯家族（Cossutii）或哈特里乌斯家族（Haterii）[5]；或者是维特鲁威所描述的那种接受过自由艺术训练的专业人员。瓦罗将建筑纳入他的九种自由艺术的名录之中，与医学相并列，并将建筑与医学描述为 "honestae"（高尚的）[6]。西塞罗在《论诸神的本性》（De natura deorum）（1.8）中，将建筑师的劳作比作地球的创造。相反，在公元前 2 世纪初，普劳图斯（Plautus）（在《吹牛军人》[Miles gloriosus] 中）从总体上将建筑师描写成骗子和"阴谋家"。公元 1 世纪，塞内加（Seneca）在提到高大的公寓楼（insulae）时说，在第一位建筑师

[14]

---

1 当代人在这方面的估计是，建筑师建造了所有建筑物的五分之一至四分之一。森特（A. Saint）：《建筑师的形象》（The Image of the Architect，纽黑文，1983），72。

2 维特鲁威瞧不起那些无知的、没有经验的滥竽充数建筑师，他还说道："但我不禁要赞扬那些户主，他们只相信自己读到的东西，动手为自家建造房屋。"（6. 前言.6）安德森（James Anderson）赞同将 [C.] 穆基乌斯（Mucius）这位为马略（Marius）建造荣耀与美德（Honos and Virtus）神庙的建筑师，确定为就是公元前 100 年在马略统治下的最高行政官穆基乌斯（Q. Mucius Scaevola）。小理查森（L. Richardson, Jr.）:《荣誉与美德神庙以及神圣大道》（Honos et Virtus and the Sacra Via），《美国考古学杂志》82（1978），240—246；小安德森（J. C. Anderson，Jr.）的讨论见《罗马建筑与社会》（Roman Architeture and Society，巴尔的摩与伦敦，1997），24—26。

3 像罗得岛的城市建筑师狄奥格内图斯（Diognetus）和埃庇马库斯（Epimachus），10.6.3。

4 格罗斯（P. Gros）:《并非无利的职责：维特鲁威的论文与勤务的基本概念》（Munus non ingratum : le traité Vitruvien et la notion de service），《维特鲁威的方案；建筑的目的、用途与接受》（Le projet de Vitruve : objet, destinataire et réception du de Architectura，罗马，1994），75—90。

5 罗森（E. Rawson）:《建筑与雕刻：科苏提乌斯家族的活动》（Architecture and Sculpture : The Activities of the Cossutii），《罗马不列颠学院文集》，43（1975），36—47。

6 《论义务》，1. 42. 151。

和第一位建房者出现之前，是一个幸福的时代。[1] 马夏尔（Martial）（5.56）建议，如果你的儿子愚笨，便"教育他成为一个听差或一名建筑师"。观点与实际之间显然有着天壤之别。

维特鲁威所说的那种具有自由艺术背景的专业人员的确存在，因为他本人就鲜明地体现了这一点，而且也有其他建筑师像他那么博学。[2] 因此，《建筑十书》中所赋予一位建筑师的责任与知识范围，其实是有可靠根据的，不过这些知识领域只适用于某些开业建筑师，他们的家庭已使他们坚信自由艺术在专业人士的教育中所起的作用。因此，《建筑十书》不一定是指导罗马建筑师如何去接受训练和实践的书，而更像是为提出一种主张而写的，即建筑师本该如何去实践。

任何读者要想对维特鲁威的书做出解释，都要考虑到动态的历史情境中可能存在的论战情境。以此看来，《建筑十书》就应是一部"给出规定的"书，而不是"说明性的"书——也就是说，是在论证某个观点，而不是对现行公认的标准做法进行总结——不过，现如今对维特鲁威的解释依然展示出极其多样的可能性。

在现代维特鲁威研究中，最通行的观点是认为他是个保守派，甚至是个反动分子。正如我们早先提到的，人们常常注意到维特鲁威好像只字未提导致砖面拱顶混凝土伟大革命的那些重要之处，而是奴隶般地对古人所取得的确定成就顶礼膜拜，他关于纪念性建筑的理论核心是赫莫杰勒斯的爱奥尼亚型古典主义，多少有点枯燥乏味，一本正经。他甚至根本不知道附墙柱式。伯蒂乌斯（Axel Boëthius）提出，维特鲁威对"柱式"的描述，一味对比例进行仔细叙述，是要压制共和晚期装饰方面反教条的创新活动，尤其是源自坎帕尼亚地区的传统。[3] 这样，维特鲁威美学的核心便置于由希腊化建筑师赫莫杰勒斯所阐发的基本原理的基础之上了。这种基于模数的小心谨慎的古典化体系，似乎构成了模数设计总体系的基础。在维特鲁威看来，这个体系似乎涵盖了从圆柱到弩机的所有设计。人们在学术上多方努力，试图从维特鲁威那里发现这个体系，但总是前后矛盾，无功而返。

这也导致了对维特鲁威的以下看法：他既是一位博学者，但又有点天真愚笨，与其说是个具有广泛修养的大师，不如说是个冒牌学者。他用的理论术语尽管明显是基于他的希腊学识，但又不够统一或清晰：在 1.1 中，他将建筑定义为 *firmitas*（坚固）、*utilitas*（适用）和 *venustas*（美观）；在 1.2 中他又以六种范畴来定义建筑：*ordinatio*（秩序）、*dispositio*（布置）、*eurythmia*（匀称）、*symmetria*（均衡）、*decor*（得体）和 *distributio*（配给）。第二组范畴中的前四个或前五个是第一组范

1 《书札》（*Epistulae*），90.8.43。

2 维蒂乌斯·赛勒斯（Vettius Cyrus）是为西塞罗服务的一位建筑师，他证明了一间称作阿马尔泰亚女神室（Amaltheum）的房间中窗户宽度是合理的，说这是为适应视线推移进程所需要的。这一理论可以追溯到泰奥弗拉斯托斯（Theophrastus）。西塞罗的通信人（Atticus）并未注意到这个提法，但它表明了某些建筑师信赖于这种实用的科学（或伪科学）原理。《致阿提库斯》（*Ad Atticum*），2.3.2。参见康斯坦斯（A. Constans）：《语文学评论》（*Révue Philologique*，1931），231；以及格罗斯（P. Gros）：《希腊化与奥古斯都时代建筑师的社会地位与文化作用》（Le statut social de rôle culturel des architectes période héllenistique et augustéenne），《罗马法兰西研究院文集》（*CollEFR*，66，1983），449。

3 例如，伯蒂乌斯：《维特鲁威和他那个时代的罗马建筑》，《马丁·尼尔森纪念文集》（*Dragma Martin Nilsson*），《瑞典罗马学院文集 1》，114—143；克内尔：《维特鲁威的建筑理论》（达姆施塔特，1991），59。

畴中"美观"的细分，还是与第一组相平等的分类体系？[1] 这些术语本身（*ordinatio* 等等）并

[15] 无清晰的定义，让人难以捉摸。更有许多学者认为他的拉丁文很糟糕，他的散文虽雄心勃勃，前言用雄辩体写成，但闪烁其词的修饰语、过分拉伸的语法结构、迂回曲折的事物描述比比皆是。就像古往今来大多数建筑作家一样，他的雄心大过了他的能力。

有两种截然相反的解释，即认为维特鲁威纯粹是个理论家或有知识的业余爱好者，对实务知之不深，是个读书很多但从未造过一座建筑的人；或是相反，他原先是个技工、弩机官和水利工程师，他的知识和智力有限，抱有工程师特有的对枯燥乏味细节的浓厚兴趣。

对维特鲁威最流行的现代解释延续了传统看法，即认为他是正统规则和形式范例的鼓吹者，"维特鲁威古典主义"便是反映这一看法的警言。此观点源于 16 世纪和 17 世纪的注释家和插图画家，可能始于布拉曼特和拉斐尔的圈子，并传给了塞利奥、帕拉第奥、维尼奥拉，在 17 世纪又传给了佩罗。这涉及用"柱式"这个术语[2] 取代维特鲁威的圆柱"类型"以及相关概念，即只有五种确定的横梁式结构形式（尽管维特鲁威虽简短但颇为明确的陈述与之完全相反）。在这一传统中绘制的《建筑十书》的插图，将维特鲁威的"柱式"作为完整的示范性设计呈现出来，复原到细枝末节，即使原典实际上并没有提供这样做的足够信息。人们试图创造出完整的复原图，这看似是要创建一种现代读者一目了然的方法论，但实际上代表了某些观念，这些观念随着与 16、17 世纪现代科学发展相关联的深刻的社会与精神结果而出现，特别是这样一种观念：物质现实是一种协调的、单一的体系，同样，建筑形式也一定源于一组统一的"柱式"（orders），它们的形式一定像自然形式那样是确定的和特定的。古代的美学就像古代的科学一样，似乎更能包容平行的体系。

纵观《建筑十书》，维特鲁威多次提出忠告，在实际的设计过程（非特指）中，需要做出调整以合于"均衡"及其他规定，这一事实，一定会改变那种认为他的写作目的只在于做出僵化规定的看法。[3]"然而，不可能将这些比例体系应用于根据每条原理和每种效果建造的每座剧场，这要靠建筑师注意应以何种尺度寻求均衡效果，根据基地的性质或工程的规模来做判断。"（5.6.7）如果一座乡间别墅要想"更精致"，它的起居部分就可以根据给城市宅邸推荐的比例体系来设计，"只要不妨碍乡间住宅的便利性"（6.6.5）；不可以将要塞设计原理运用到所有地方，要适应工程的选址和特点；任何想采纳这些指导意见的人都要"对多种多样的机械加以选择"

---

1 克鲁夫特（H.-W. Kruft）：《建筑理论的历史》（*A History of Architectural Theory*，普林斯顿，1994），24—25。

2 罗兰（I. D. Rowland）：《拉斐尔、安杰洛·科洛奇以及建筑柱式的起源》（Raphael, Angelo Colocci, and the Genesis of the Architectural Orders），《艺术通报》（*Art Bulletin*，76，1994），81—104。

3 维特鲁威可能了解修辞学与音乐领域的学者在理论上的争论，即关于规则对调整是否充分的问题。在公元前 1 世纪拉丁语和修辞学发展的过程中，发生了一场争论，一方为"类比推论者"，他们声称为所有事物建立固定法则是可能的；另一方则主张在语言形成过程中 *consuetudo*（习俗）和发明，包括创造新词发挥了重要作用。前一派采取了亚历山大里亚学者的理论，包括斯塔伯里乌斯·厄洛斯（Staberius Eros），可能还有凯撒和瓦罗；后一派接受了罗马斯多噶派的影响，包括马卢斯的克拉特斯（Crates of Mallos）、西塞罗以及后来的昆体良。"精彩的言语总是对规则的背离。"（西塞罗：《论演说家》，邦纳，206）。"合乎语法地说是一回事，说拉丁语是另一回事。"（昆体良，1.6.27）见邦纳：《古罗马教育》（伯克利与洛杉矶，1977），205、206 各处，以及哈达斯（Moses Hadas）：《拉丁文学史》（*A History of Latin Literature*，纽约与伦敦，1952），106。在音乐方面，最著名的理论家亚里士多塞诺斯（Aristoxenus）认为，真正的和声只有通过符合几何级数增加的纯音程（pure intervals）才能获得，但要对这些音程进行细微调整。

（10.16.1—2）。[1] 在 6.2.1 中，维特鲁威说得再清楚不过了："因此，一旦均衡的原则确立了，由推算产生出（一座建筑的）维度，接下来就要靠有才华的建筑师的特殊才能了，决定选址，设计建筑物的外观，或考虑它的功能，还要通过增加或减少做出调整……"

调整主要是处理视觉效果问题[2]，还有就是制定规则，但要给设计者留出余地，通过去除、[16]插入或创新对其加以完善。[3] 对于某些建筑类型来说（浴场、角力学校、乡间宅邸）[4]，这些"规定"似乎更像是一份初步说明书，列出最适宜的、几乎是相互冲突的设计标准，在实际的设计中不太可能全都能得到很好的解决。

维特鲁威给出的许多规定完全处于比例体系之外，只是些不成熟的经验之谈，参数可以变化：神庙的台阶应不高于一足的六分之五，阶宽至少为四分之三足（3.4.4）；羊圈的宽度应在 4 又 1/2 至 6 足之间（6.6.4）。有时在计算尺寸时，维特鲁威推荐采用简明实用的比例方法，如在调整台阶比例和确定阿基米德（Archimedes）螺旋式提水机的螺距时，采用毕达哥拉斯 3-4-5 直角三角形方法（10.6.4；9. 前言.8）。

维特鲁威在论述他自己的法诺巴西利卡设计的章节中，表明了他给出的规定是如何被理解的，而补注又突然遵循了他关于巴西利卡的一般规定，某些方面它们有着太明显的矛盾，以致一些学者据此提出，法诺的规定一定是后来插入的，可能是另一个作者插入原手稿中的：维特鲁威引入了一种双脊屋顶，以及一个横向的半圆室法官席，室内有一种圆柱"柱式"跨越两层，而不是像规定的那样是两个上下重叠的柱式。[5] 然而，以我们看来，说明的部分跟在总体规定意见的后面，是为了说明这些基本规定是可以在实际设计中加以"改善"的。[6]

维特鲁威文中有许多离题话，他给出的规定本身也不能重构出完整的设计图，这些都表明他的写作方法似乎是要呈现出一种开放的而不是包容或封闭的设计体系。这也是一个能适应平稳进步和革新的体系。

例如，维特鲁威说得很清楚，还有些类型的柱头可以使用，它们吸收了科林斯型、爱奥尼亚型和多立克型的语汇（4.1.12）。伪围廊列柱型神庙及其门廊，采纳了托斯卡纳型的平面，与科林斯型或爱奥尼亚型圆柱结合起来，他将这种形式描述为是在他刚给出的规定基础上所做出的适应性革新（4.8.5，4.8.6）。他倡导阅读，汲取早期作家的智慧，"对其进行修改，使之为我们的事业服务……信赖这些作者，我们便敢于制订新的原则"（7. 前言.10）。他讲述了帕科尼乌斯（Paconius）的故事，这位建筑师敢于发明一种拖运石块的新方法，比切尔西弗隆（Chersiphron）

---

1 其他地方还有 3.3.13，3.5.5；6.2.2；6.3.1；10.10.6；10.16.3。

2 这些内容大多是在第 3 书和第 4 书中。3.3.12：柱颈收分（hypotrachelium contraction）；3.3.13：卷杀；3.3.4：基座曲率；3.5.8—9：较高圆柱要有较高的下楣；4.4.2—3：在室内增加圆柱凹槽数量；3.5.13：柱头之上的所有构件：正面都应向外倾斜，倾斜度为高度的十二分之一。

3 室内的圆柱应该细一点，但接着就需要自己算出如何按比例分配墙壁厚度（4.4.2—4）。像柱颈收分和下楣的高度，是配合着一定高度的圆柱的，读者如果想建更大的圆柱就必须延用这种体系（3.3.12；3.5.8）。

4 5.10；5.11；6.6.1—5。

5 佩拉蒂（F. Pellati）：《法诺的巴西利卡以及维特鲁威论文的形成》（La Basilica di Fano e la formazione del trattato di Vitruvio），《教皇考古学院论文集》（*RPAA*）33—34（1947—1949），153—174。

6 根据维特鲁威，比起一座常规设计的巴西利卡来，法诺巴西利卡造价较低，而且更加宽敞，法官开庭不会干扰在中堂做生意的人。

和梅塔格涅斯（Metagenes）的方法"更好"，但最后以崩溃告终（10.2.13—14）。这个故事表明，大胆革新总伴随着失败的风险。

从自由艺术教育中，维特鲁威得到的不仅是丰富的知识，还有鉴别选择的能力。例如那时在罗马有若干医学流派并存，他信奉的似乎是最讲科学的所谓理性医学的学派（见本书评注：1.1.10）；他了解在光学领域至少有两个格格不入的主要流派（即一个主张眼睛发出光波，一个认为眼睛接收光波：6.2.3）；他也知道有人说存在着八种以上的风（1.6.9）；他了解数学领域的争论，即最"完美的"数字究竟是 6 还是 10（3.1.5—6）；了解有人否定厄拉多塞（Eratosthenes）测量地球的精确性（1.6.11）。总之，维特鲁威是赞成革新的，他了解智性的多重性，既尊重宝贵的传统，也重视革新进步的价值。

在利用各种知识资料方面，维特鲁威也具有高度的独立性。一般看来卢克莱修的《物性论》（*De Rerum Natura*）是对他影响最大的著作之一，他可能从此书中吸收了科学原子论。在关于真理

[17] 评价方面，他注重感官经验的主导作用，习惯于针对某个简单的现象举出多种解释 [1]（他对 *ratio* 和 *genus* 这两个词的使用即受到卢克莱修很大影响），但他并没有完全信奉卢克莱修所勾画出的那幅由原子的偶然聚合与分解所创造的无神宇宙图景。

维特鲁威了解科学知识积累增长中实验方法与直接观察的重要性。[2] 他援引对汽旋装置（aeolipiles）的利用作为证据，证明风是火与水相冲突的产物（1.6.2；对亚历山大里亚的科学家来说这是一种共同的科学工具）；他叙述了阿基米德与浴场的著名故事（9.前言.9—11），注意到德谟克利特用个人的戒指印章在他的论文上印上"一切皆已亲自试过"（9.前言.15）。维特鲁威就他所知的水资源坦言道："我自己亲眼见过这些现象，其余部分我是在希腊书籍中发现的……"（8.3.27）在第 7 书的前言中，他以谨慎的学术态度对他参考的大量书面文献表示了谢意。

这种选择能力也决定了他建筑趣味的特色。纵观《建筑十书》，总体来说维特鲁威表现出了对各种灵活机智或富于创新性的方法的强烈喜好，即使对外来观念也是如此。他给出了要塞多角碉楼以及城门内左转通道的做法；推荐将地平仪（chorobates）作为最精确的测量水准工具（否则在古代测量文献中这种地平仪就无从证实）；提出在剧场内使用共鸣器（sounding vessels）；描述了一种特殊（但未被完全证实的）形式的挡土墙（即 *anterides*）；创造了 *castellum aquae*（水寨）的变体，一种像高卢地区的 *murus gallicus*（高卢防御墙）那样的用原木护住的要塞构造；发现了阻燃的落叶松（2.9.15）；甚至还设计了法诺巴西利卡的各种特色，这一切均超越了当时标准的实践范围。虽然说不清这些革新是否是他个人的发明（除法诺巴西利卡显而易见出于他之手），但至少反映了他个人的选择，他做出这样的选择显然具有精益求精的意图。

正如上文所提到的，维特鲁威坚定地将他的批评眼光投向建筑。无论人们是否将他的意见

---

1 在卢克莱修的著作中，这种习惯或许意味着否定特定因果关系的有效性，维特鲁威似乎并不同意这种观念。
2 这一点是维特鲁威谈过的一些最成熟的技术手册的共同特点。斐洛（Philo）《论弩炮》[*Belopoeica*]，50.23）提出，在成熟的弩炮设计中，实验对于纯理论的调整是必须的。

看作是对革新的阻挠，这些意见却是发表于变化开始发生的那个时代，也就是向赤陶贴面的毛石墙体（即 *structura testacea* / 罗马砖面"混凝土"）以及"正空间"(space-positive)拱顶设计的转变。这种鉴别性评价[1]或许是变化过程的一个关键部分。[2]如果鉴别方法是创造罗马帝国建筑整体革命性发展过程的一个组成部分[3]，那么，维特鲁威本人即使在他那个时代，也是一位有影响力的作家。在撰写了《建筑十书》之后，他很可能成了供水官工作班子中的一名建筑师，负责供水管口径的标准化工作。[4]所谓的"维特鲁威古典主义"的核心内容——第 3 书和第 4 书中详尽无遗的比例规则——可能已经影响了公元 1 世纪的建筑实践（而且受到公元前 1 世纪初特定传统的影响，如某个"赫莫杰勒斯 - 赫莫多鲁斯"学派），但至于水管之类的规定却与当时的实际做法不相吻合。[5]然而，某些建筑设计的标准化的确在公元 1 世纪出现了，在观念上和程序上与维特鲁威的十分类似。

　　维特鲁威相信科学的进步和批判的方法，也尊重宗教与传统。希腊的年轻人在人们的想象中要被训练成走起路来也骄傲地昂首阔步，但维特鲁威作为一位有良好教养的罗马人，像老加图一样，却以在古人面前谦逊地低着头走路为荣。[6]至于居住者的感知，"我要强调以下这个观点，应重新找回古老的选址原则并付诸实施"(1.4.9)。但是正如科学一样，传统与宗教的文化　[18]成就也是不断积累进步的成果（例如人文艺术和建筑艺术兴起的历史，2.1.1—7），它们也涉及个人的技能和批判性评价（例如这样的忠告：不要像我们的祖宗那样建造沉重的灰泥檐壁）。[7]

　　因此，一方面是批判的、理性的科学，另一方面是对古人传统包括宗教的维护，两者之间密不可分，这就是维特鲁威别具一格的罗马特色。[8]传统与科学这两个方面的成就，代表了进步的累积成果，但只部分揭示了自然秩序；它们是一种宝贵的智慧结构，既应细心加以保存，又要以创新精神以及良好的判断力将其继续扩展。[9]

---

1 鉴别的方法（critical method）是修辞学训练中最重要的部分，涉及对神话的评价、对早期罗马史上所发生的种种事件的合理性的评价或撰写论辩文章。学生们要接受训练，在一致与不一致、可能与不可能、清晰与含混等之间做出判别。邦纳：《古罗马教育》（伯克利与洛杉矶，1977），262—263；昆体良，2.4.28—29。

2 他进一步告诫道，需要将直立石板（即护壁）将层砌的而非碎石墙体联结起来（2.8.3—4）。他提醒人们注意传统石灰华的弱点，推荐用法兰蒂努姆石（Ferentine），甚至走得更远，批评"祖宗"（maiores），因为他提议不要像古人那样造沉重的灰泥上楣（7.3.3）。

3 托雷利（Mario Torelli）：《公元前 1 世纪与公元 1 世纪之间罗马建筑中的技术革新》(Innovazioni nelle tecniche edilizie romane tra il I sec. a.c. e il I sec. d.C.)，《罗马世界的技术、经济与社会，科莫会议文件汇编，27.28/29.9 月，1979》(*Tecnologia, economia e società nel mondo romano. Atti del convegno di Como, 27.28/29 Settembre*，1979，科莫，1980)，139—161；科雷利：《罗马不列颠学院文集》（1977），45，1—17。

4 弗龙蒂努斯：《论罗马城的供水问题》，25.1，27—30。他说，罗马的管道工根据罗马建筑师维特鲁威的指教将管子口径标准化了。弗龙蒂努斯书中（27—30）所给出的尺寸与维特鲁威的不完全吻合，但维特鲁威仍可能是提出这一概念并实施管理的人。

5 琼斯（Mark Wilson Jones）：《设计罗马科林斯柱式》，《罗马不列颠学院文集》59（1991），89—150。从这篇研究文章中可以立即得出这样的结论，即维特鲁威没有对其中描述的罗马帝国建筑实践产生任何影响。

6 关于他对教育的看法，见普卢塔克（Plutarch）：《老加图传》（*Cato Maior*），20。

7 因此，祖宗并不是神圣不可侵犯的。祖宗和位高权重者（summi viri）受到尊敬，是因为他们的行为、业绩和走过的荣耀之路（cursus honorum）证明了他们值得尊敬。

8 这种密不可分的关系还延伸到罗马文化的许多其他方面。一种常见的口头契约，叫作 stipulatio，必须经过正确的仪式程序才能在法律上生效。见小安德森（J. C. Anderson, Jr.）：《罗马建筑与社会》（巴尔的摩与伦敦，1997），70。维特鲁威的态度也与奥古斯都的政治纲领十分吻合，也就是在维护祖先方法（mos maiorum）的前提下，做出小小的改变来应对严重的缺陷（如缺少常设的供水管理者或消防部门）。当然，这样做就要求以维特鲁威的方式对这些缺点进行鉴别性评估。

9 埃特鲁斯坎 / 意大利的宗教注重实际和观察，这种特点有助于希腊化的科学融入罗马文化（居住者直观的感知在评估一个选址方面具有极大的意义，因为居住者对环境最有发言权）。举行占卜仪式的前提就是要将地平线划分成四等份，这使得正交测量法（orthogonal measure）带有了宗教色彩。

在维特鲁威的文本中，没有后来建筑理论中那种臭名昭著的绝对美（absolute beauty）与率性美（arbitrary beauty）之间相冲突的痕迹，因为所有形式，无论是个人的还是继承而来的，都是逐渐累积的批判能力和个人技能的产物。一些人可以将《建筑十书》当作一首建筑柱式的颂歌来读，另一些人则可以将它当作一首博学洽闻的富有创造性智慧的赞美诗来读。

其实维特鲁威的基本教训很简单：建筑是一门十分复杂的艺术，需要掌握丰富的传统知识，但也必须通过具有革新精神的天才人物，运用智慧将其推向前进。建筑是一门"自由艺术"这一看法，就是直白地宣布，不断积累的自由文化之智慧，是为建筑提供灵活而稳定的控制力以及审慎而丰富的创新性的最好方式。

维特鲁威的书，就像许多罗马共和晚期文化一样，流露出一种自信的、综合性的折衷主义色彩，它尊重所继承的传统，有选择地欣赏外国的成就，深信个人有能力创造性地将这些外来影响熔于一炉。因此，《建筑十书》通过以一位雄心勃勃但知识并不完备的梦想家作为媒介，出人预料地展现了一幅希腊化知识的全景图，或他个人对奥古斯都时代建筑的批判性眼光，更揭示了在一个伟大的建筑创造时代中的许多要害问题。

佛罗伦萨，国立图书馆

Magliabechi XVII. 5

伦敦，大英图书馆

Additional 38818

Arundel 122

Cotton Cleop. D. 1

Harleianus 2508

Harleianus 2760

Harleianus 1767

Harleianus 3859

Harleianus 4870

Slloane 296

牛津，博德利图书馆

Auct. F. 5.7

罗马，梵蒂冈图书馆

Barb. Lat. 12 extracts

Barb. Lat. 90

Chigi H. IV. 113

Chigi H. VI. 189

Archivio di San Poetro H.34

Ottob. Lat. 850

    I only

Ottob. Lat. 1233

Ottob. Lat. 1234

Ottob. Lat. 1522

Ottob. Lat. 1561

Ottob. Lat. 1930

Vat. Lat. 2229

Vat. Lat. 2230

Vat. Lat. 4059

    Angelo Coloci's "tabulation" of text

Vat. Lat. 6020

Vat. Lat. 8488（formerly Cicognara 691）

    I–III only

Vat. Lat. 8489（formerly Cicognara 692）

Pal. Lat. 1562

Pal. Lat. 1563

Urb. Lat. 293

Urb. Lat. 1360

Reg. Lat. 786 extracts

Reg. Lat. 1007 extracts

Reg. Lat. 1328 extracts

Reg. Lat. 1504 extracts

Reg. Lat. 1965 extracts

Reg. Lat. 2079 extracts

维特鲁威抄本

H（H本）：British Library（大英图书馆），Harleianus 2767，8—9C

G（G 本）：Wolfenbüttel（沃尔芬比特尔），Gudianus 69，11C

L（L 本）：Leiden（莱顿），Vossianus. 88，11C

I（I 本）：Leiden（莱顿），Vossianus. 107，11C

C（C 本）：British Library（大英图书馆），Cotton Cleop D. 1，11C

印刷版本

Ioc. Giocond, Venice 1511*（乔孔多本，威尼斯，1511）

Schn. Schneider, Leipzig 1807（施莱德本，莱比锡，1807）

Mar. Marini, Rome 1836（马里尼本，罗马，1836）

Rose. Leipzig, 1867（罗泽本，莱比锡，1867）

Granger. Cambridge，Mass.，and London，1931（格兰杰本，马萨诸塞州剑桥与伦敦，1931）

关于希腊语拼写的说明：   [20]

维特鲁威似乎常利用手头的希腊文献撰写自己的拉丁文论文。有时他要引用术语，还有三次引用了整段希腊文诗歌；有时抄本的记录似乎暗示，他将罗马字母和希腊拼写结合起来音译希腊语（如 Pytheos 这个人名）。他还经常用纯粹的拉丁文拼法，尤其是希腊名人的名字（Lysippos 作 Lysioous，Pheidias 作 Phidias，Philon 作 Philo）。译名的不一致之处，反映了古老抄本中的不一致，或许还有维特鲁威本人的不一致，也反映了任何以两种语言工作的著作家的永恒两难。

读者注意：

标以星号（*）的词语或短语，将在正文之后带插图的评注中进行讨论。

---

* 罗泽（Rose）以稍有不同的 1513 年佛罗伦萨乔孔多修士版本为底本，我采用的底本是 1511 年版的梵蒂冈副本（R. I. III. 298，这个版本为科洛齐 [Angelo Colocci，1474—1549；*Colotus*] 所拥有并做了注释），以及佛罗伦萨 1522 年的乔孔多版本。

第 1 书

建筑的基本原理
与城市布局

前　言

1. 凯撒大将军！*当陛下以神圣的智慧和威仪征服天下，以战无不胜的伟力横扫千军之时；当公民们因陛下的胜利感到无上荣耀，天下臣民期盼着陛下的统帅之际；当罗马平民大会和元老院（Roman People and Senate）摆脱了恐惧，得到陛下的深谋远虑和宏图大略的引领之时，国事繁多关系重大，我不敢发表这些论建筑的文章，虽然这是根据广泛的研究*撰写而成的，唯恐因不识时务而贸然打扰，招致陛下敏锐心灵的鄙弃。

2. 不过，我看出陛下不仅关心社区生活和公共秩序的建立，也惦记着合适的公共建筑的营造，所以在陛下的推动下，不仅所有行省悉数归并，国家更有威信，而且公共建筑也体现了帝国的荣耀，令人瞩目。于是我想，我不能错过机会，应尽快为陛下出版这本论建筑事务的书，因为在这个领域中我第一个被令尊大人 [C.尤利乌斯·凯撒]*所赏识，我也是他的美德的忠实赞美者。因此，当奥林匹斯山众神将他迎入天界并将他的统治权移交给陛下时，我对他的怀念与忠诚也就自然传递给了陛下。于是，我被委以重任，和奥雷利乌斯（Marcus Aurelius）、米尼迪乌斯（Publius Minidius）、科尔内利乌斯（Gnaeus Cornelius）一道，装备弩机，修理各种武器，并和他们一起领到了一份俸给，最初是由陛下恩赐，后来在令姐*的建议下延续了下来。

3. 承蒙陛下厚爱，恩宠有加，我不再为余生的生计犯愁，便开始为陛下撰写此书。我看到陛下已建造了大量建筑物（图1），现在仍在建造，将来还要建造：兴建了公共建筑和私家建筑，全都配得上陛下的丰功伟绩，它们将代代相传。我制定了这些规程，完善了技术用语，若陛下过目，便可得知如何评价已建成的或将要建造的工程。因为在这些篇章中，我已为建筑学科制定了十分周全的基本原理。

第 1 章　建筑师的教育

1. 建筑师的专门技术要靠许多学科以及各种专门知识来提升。运用这些技能做成的所有作品，都要由他成熟的判断力进行评估。专门技术来自于**实践**与**理论**。[1] **实践**就是反复不断地训练双手，作品是要靠双手运用设计所要求的材料完成的；而**理论**则是熟练而系统地对完成作品的比例进行演示与说明。

---

1 文中黑体字在大多数维特鲁威抄本中为红字。

2．因此，那些努力获取实践性手工技能但缺乏教养的建筑师，往往事倍功半；而那些完全沉湎于理论和写作中的建筑师，则是在追逐虚无缥缈的幻影。只有那些完全掌握了这两种技能，或者说全副武装的建筑师，才能更快捷、更有力地达到他们的目标。

3．世间万物，尤其是建筑，可分为两大类，**被赋予意义者**（the signified）以及**赋予意义者** [22]
（the signifier）*。**被赋予意义者**是我们打算谈论的对象，赋予意义就是根据既定的知识原理进行理性的演证。因此我们可以看到，如果有谁想成为一名建筑师，就应该在这两方面进行练习。此外，他还应有天分，乐于学习 [该专业] 的各种科目。因为，有天分而无学问，或无天分又无学问，只能成为一个工匠。要有教养，就必须是位熟练的制图者，要精通几何学，熟谙历史，勤学哲学，了解音律，知晓医学，理解法律专家的规则，清晰掌握天文学和天体运行规律。

4．这里就说说为什么应该这样。一个建筑师应能识**字**，这样就可以阅读这一领域的文字材料以加强记忆。其次，应具备**绘图**的知识，可以得心应手地用例图来表现想要建造的作品的外观。**几何学**对建筑助益良多，首先它传承了圆规与直尺的技术，有助于实施现场的平面布局，画出直角线、水平线和直线。同样，利用**光学**知识，可将窗户的朝向设计得更合理。**算术**可用来计算工程开支，发展测量的基本原理。运用几何学的原理和方法，可使种种均衡问题迎刃而解。

5．建筑师应了解大量的**历史**知识，因为他常常会将装饰运用在建筑上。当人问起时，他应能够解释为何要运用某些母题。例如，他若要在建筑中采用身穿贵妇长袍（stolae）的女像——即所谓的女像柱（Caryatids）（图 2）* 来替代圆柱，并在它们上部安置上楣（cornices）与上楣底托石（mutules），他就可以向问及此事的人解释以下这条历史依据：卡里埃（Caryae）是伯罗奔尼撒的一个城市，它站在波斯人一边与希腊人为敌。后来希腊人赢得了战争，联合起来向卡里埃人宣战。他们占领了该城，屠杀男人，还要让居民蒙受耻辱。他们将有身份的妇人囚禁起来，不许她们脱去长袍，摘下首饰；不仅让她们在凯旋游行队伍中示众，还要永远承受耻辱的重负，为整座城市严重的不忠行为付出代价。所以当时的建筑师便将这些妇女形象做成承重构件纳入公共建筑中，这个远近闻名的卡里埃妇女受罚的故事便代代流传了下来。

6．斯巴达人在阿格西拉斯（Agesilas）之子 [波利斯（Polis）之子] 鲍萨尼阿斯（Pausanias）的率领下，在普拉塔亚战役（Battle of Plataea）中以少量军队击溃了庞大的波斯军团。在赢得了决定性胜利之后，他们建起了波斯式的门廊，这是为子孙后代树立的一座胜利纪念碑。这门廊自然是在为庆祝所缴获的战利品所举行的凯旋庆典之后建造的，作为胜利纪念碑而世代相传，资金则来自表彰公民勇气的战争奖赏。他们将波斯战俘的形象置于门廊中，这些战俘身着华丽的蛮族服饰，支撑着屋顶。他们高傲自大，受到严厉处罚，罪有应得。此外，这种做法可令敌人畏惧退缩，他们被斯巴达人的英勇气概吓得魂飞魄散；而公民们看到这英勇战斗的榜样会备受鼓舞，时刻准备捍卫自己的自由。在此之后，许多建筑师都采用波斯人的雕像来支撑下楣（epistyles）及其装饰，使建筑富于变化。还有其他类似的故事，建筑师必须有所了解。

7．**哲学** * 可以成就建筑师高尚的精神品格，使他不至于成为傲慢之人，使他宽容、公正、值得信赖，最重要的是摆脱贪欲之心，因为做不到诚实无私，便谈不上真正做工作；也使他不过分贪婪，不一心想着博得礼物或奖赏，注意维护自己的名誉，保护自己的尊严——这些就是哲学所提倡的。

再者，哲学还可用来解释"物性"（science），在希腊语中这被称作**自然哲学** *。有必要透彻了解这门学问，因为它有许多实际的用处，例如渡渠问题。自然的水压不同，这取决于所处理的水流是从山上迅速蜿蜒下泄的，还是沿缓坡向上提升的。只有通过哲学这门学问掌握了自然物性的人，才能平衡这些水压的冲击力。此外，要阅读克特西比乌斯（Ctesibius）*、阿基米德 *。或该领域其他作家的手册，如果不在哲学家的帮助下打好知识基础，便不能消化所读到的东西。

[23]

8．建筑师应该懂**音乐** *，以便掌握各种**规范的**和**数学的**关系，此外也便于调校石弩炮（*ballistae*）、弩机（catapults）以及 [小型弩机，叫作] 蝎型弩机（*scorpiones*）。在这些机械顶部的左右两边各有一个"半音"（hemitone）弹索孔，将皮筋绳索穿入，并以绞车和杠杆将其绷紧，绷到弩机制作者能听到皮筋绳索发出特定音高的弦音，方可用楔子将它固定住。将弩机的双臂扣上扳机，一旦发射，两边皮筋就应释放出一致的推力。如果它们发出的音调不一致，弩机射出的弹丸便不可能成直线。

9．同样，剧场中座位下方封闭放置的青铜缸——希腊人称之为**共鸣缸**（echea）*——是根据音高的数学原理放置的。这些缸沿着剧场圆弧形各区段成组地安放，便可以发出四度、五度直至双八度音程。* 这样，舞台上发出的声音就可在整个剧场设计中获得准确的定位，使声波在冲击**共鸣缸**时产生碰撞并放大，观者听起来更清晰悦耳。还有个例子：若不依靠音乐原理，便不可能造出水风琴以及其他类似的水力装置。

10．建筑师应知晓**医学***，它取决于天空的倾斜，希腊人管这叫作气候区*；还要知晓空气，知道什么地方有利于健康，什么地方隐藏着疾病；也要了解水的不同用途，因为不对这些进行研究，就不可能营造出健康的居所（图 3—5）。

建筑师也应了解**法律** *，尤其是涉及建筑事务的法律，包括界墙、天沟和排水沟的走向，采光以及供水。此外，其他同类问题建筑师也应加以了解，甚至在动手建房之前就要小心，不要在完工之后留给主人一桩诉讼官司。在与承包人和客户的交涉之中，确实应像立法者那样事事留心。因为如果法律条文写得很周全，就会使得各方受到契约限制而相安无事。

至于**天文学**，建筑师应知道东、西、南、北，天空、春（秋）分、夏（冬）至的基本原理，以及星辰的运行轨迹。缺乏这些知识就不可能理解日晷的基本原理。

11．因此，由于这样一种了不起的职业 * 必由丰富多彩的专业知识来装点，所以我不信任那些天真地声称自己如何如何的建筑师。只有一步一个脚印不断攀登，从小接受教育——首先是语文，以及技艺——的人，才能抵达巍峨的建筑圣殿。

12．对那些不懂行的人来说，人的天性能够学习如此大量的知识并能记得住，或许是不可思议的事情。但如果他们注意到这些学问是相互关联的，能够融会贯通，便会相信这是能够做到的。因为完善的教育＊就像一个人的躯体一样，是由各个部分所组成的。所以，那些从小就接受各类教育的人便能够认识到，各类文献都具有共同的特点，一切知识分支都是相通的，因此他们掌握各学科的方法就容易得多了。

从前有位建筑师叫皮特俄斯（Pytheos）＊，为普里恩（Priene）的密涅瓦神庙做了卓越的设计。他在文章中强调，建筑师通过学习和实践，应比那些在单一技能上独占鳌头的艺人更能驾驭所有技能和学科。但这其实是做不到的。

13．一位建筑师不应该也不可能成为像阿里斯塔科斯（Aristarchus）＊那样优秀的语文学家，但也不应该目不识丁；即便不能成为像亚里士多塞诺斯（Aristoxenus）＊那样有天分的音乐家，但仍应懂音乐；即便不是一个可与阿佩莱斯（Apelles）比肩的画家，也应擅长绘图术；倘若做雕塑达不到米隆（Myron）＊或波利克莱托斯（Polycleitus）＊的水平，也不应对雕塑技术一窍不通。再者，就算不能成为希波克拉底（Hippocrates）＊式的人物，也应掌握实际的医学知识。建筑师可能在某个单科学问方面不能出类拔萃，但还是应该掌握所有学科的专业技能。毕竟一个人不可能掌握所有学科的精华，因为凭一己之力要掌握和理解所有理论，几乎是不可能的。

14．并不是建筑师个人不可能完全掌握所有事物的真谛，因为即便是那些分门别类掌握了各种特定工艺细节的人，也不可能获取最高的赞赏。因此，如果说单个匠师——不是所有人，[24] 只是极少数——好不容易才能在某项技能上取得古往今来的卓越成就，那么建筑师要精通那么多技艺，不只是去干些重大的、令人惊叹的事情，那他又怎么可能对每门技艺了如指掌，超越所有勤奋钻研单门技艺的匠师呢？

15．因此，看来皮特俄斯在这方面是说错了，因为他没有注意到，每种独立艺术都是由两种要素构成的：**作品**本身，以及它背后的**理论**。一种要素是作品本身的制作，这是受过单项技能训练的人特别擅长的；另一种 [要素，即理论] 是任何有学识的人所共有的，如医师和乐师都了解人的脉搏节律的知识＊以及双脚运动的知识。然而，如果需要医治伤员或抢救垂危病人，乐师就不会出马，因为这是医生才能胜任的工作。同样，乐师能弹奏乐器使歌声悦耳动听，医师则做不到。

16．同样，天文学家和乐师会讨论一些共同的话题：行星的和声＊，方形间隔和三角形间隔，即 [音乐中的] 四度音程与五度音程。他们和几何学家谈论视觉，希腊语叫作 logos optikos（视觉规律），即光学知识，而在另一些学科中，只要讨论所及，许多事物或一切事物都具有共同的特性（图6）。但要着手将作品做出来，达到优美的效果，无论是灵巧的双手还是技能的运用，还得请在专门技能方面训练有素的人来做。无论是谁，只要对建筑所必需的各学科理论和单门学科的实践细节有中等程度的把握，就足以胜任，而且绰绰有余。如果需要的话，他便能对决定的事项做出判断和检验，并对不同的领域和技术做出评估。

17．但是有些人，大自然已赋予他们聪明才智、敏锐的判断力和优良的记忆力，他们精通几何学、天文学、音乐和相关学科，因而超越了建筑师的业务范围，成了数学家。他们可轻松地在此类研究领域内站稳脚跟，因为他们拥有一座储备精良的知识武库，拥有其他学科的飞弹。不过此种人殊为难得，曾经出现的有萨摩斯的阿利斯塔克（Aristarchus of Samos），他林敦（Tarentum）的菲洛劳斯（Philolaos）和阿契塔斯（Archytas），佩尔格的阿波罗尼奥斯（Apollonius of Perge），昔兰尼的厄拉多塞（Eratosthenes of Cyrene），叙拉古（Syracuse）的阿基米德和斯科皮纳斯（Scopinas）*。他们通过数学与自然哲学发明了各种测量方法，将讨论这些学问的著作传给子孙后代。

18. 并非世上所有民族都拥有这样的天才，他们寥若晨星，得归功于造物主的智慧。即便如此，建筑师还是必须靠多种技能才能完成他的任务。由于事业宏大无边，就一般常理而言，建筑师若无最高的智慧，能具有这些学科的中等知识水平也就可以了。我恳请陛下以及将要阅读本书的人，原谅我未能根据文体规则来写作。我努力将这些东西写下来，但我毕竟不是优秀的哲学家或演说家，也不是训练有素的文法家*，而是作为一个建筑师客串于文学。凭着我的技艺实力，以及书中所包含的理论体系，我承诺同时也希望，在以下的篇章中证明自己无疑是最具有权威性的，不仅对想要从事建筑的人是这样，对一切有学问的人来说也是如此。

第 2 章　建筑术语*

1. 建筑由以下六个要素构成：**秩序**（ordering），希腊语为 *taxis*（布置、排列）；**布置**（design），希腊语为 *diathesis*（安排、布局）；**匀称**（shapeliness）、**均衡**（symmetry）、**得体**（correctness）和**配给**（allocation），希腊语称作 *oikonomia*（管理、治理）。

2. **秩序*** 是指建筑物各部分的尺寸要合乎比例，而且部分与总体的比例结构要协调一致（图 7）。秩序的建立是通过**量**（quntity）来实现的，希腊语称 *posotês*（量、数）。量即是模数的确定，模数则取自于建筑物本身的构件。一座建筑作为一个整体适当地建造起来，其基础便是这些构件的单个部分（图 8）。

其次，**布置*** 是指对构件做出适当的定位，以及根据建筑物性质对构件进行安排所取得的优雅效果。布置的"种类"，希腊语为 *ideai*（种），有三种：**平面图法**（ichnography）（平面图）、**正视图法**（orthography）（立视图）和**配景图法**（scenography）。**平面图法**就是熟练地运用圆规和直尺，按比例在施工现场画出平面图；其次是**正视图法**，这是一种正面图形，要根据未来建筑的布局按比例画出；至于**配景图法**，则是一种带有阴影的图，表现建筑的正面与侧面，侧面向后缩小，线条汇聚于一个焦点。

[25]

这些设计图的绘制要依靠**分析**（analysis）和**创意**（invention）。**分析**就是要集中注意力，保持敏锐的精神状态，心情愉快地画出设计图；**创意**就是要使含糊不清的问题昭然若揭，积极灵活地建立起一套新的基本原理。这些就是关于布置的术语。

3．**匀称**（eurythmia）*是指建筑构件的构成具有吸引人的外观和统一的面貌（图9）。如果建筑构件的长、宽、高是合比例的，每个构件的尺寸与整座建筑的总尺寸是一致的，这就实现了外形匀称。

4．**均衡**是指建筑物各个构件之间比例合适，相互对应，也就是任何一个局部都要与作为整体的建筑外观相呼应。

恰如人体，匀称的形体是通过肘（cubit）、足（foot）、掌（palm）、指（digit）等小单元表现出来的，完整的建筑作品也是如此（图10）。例如，神庙的均衡源于圆柱的直径，或源于三陇板，或源于圆柱下部的半径；石弩机的均衡源于弹索孔，希腊人称之为 *peritrêton*（旋索孔）；船的均衡源于 U 形桨架 [的间距]，希腊人称这桨架为 *diapegma*（横杆）。* 同样，其他各种器物的比例均是根据其构成部件计算出来的。

5．接下来是**得体**（decor）*，指的是精致的建筑物外观，由那些经得起检验的、具有权威性的构件所构成。注重了**功用**、**传统**或**自然**，便实现了得体。希腊人称功用为 *thematismos*。奉献给雷电与天空之神朱庇特的神庙，或奉献给太阳神与月亮神的神庙，应建在露天，处于它们的保护神之下，便在功用上实现了得体，因为我们是在户外目睹这些神祇的征象和伟力的。密涅瓦、马尔斯和海格立斯的神庙应建成多立克型的，因为这些神祇具有战斗的英勇气概，建起的神庙应去除美化的痕迹。祭祀维纳斯、普洛塞尔庇娜（Proserpina）或山林水泽女神（Fountain Spirits）（即 nymphs）的神庙，用科林斯风格建造最为合适，因为这些女神形象柔美，若供奉她们的建筑造得纤细优美，装点着叶子和涡卷，就最能体现出得体的品格。如果以爱奥尼亚风格建造朱诺、狄安娜、父神利柏尔（Father Liber）以及此类神祇的神庙，就要运用"适中"的原则，因为他们特定的气质正好介于线条峻峭的多立克型和柔弱妩媚的科林斯型之间，取得了平衡。

6．若建筑物的室内堂皇壮观，门厅既和谐又雅致，就表现了传统的得体；如果室内装饰得很优雅，但入口门厅缺少高贵性和庄重性，就显得不得体了。同样，如果多立克型的上楣雕刻着齿饰，或三陇板出现于枕式柱头或爱奥尼亚型柱上楣之上，那就是将一种类型的特点搬到了另一种类型的建筑上，其外观效果显得很刺眼，因为这种建筑是根据一套不同的惯例来建造的。

7．如果做到以下这点，便可实现自然的得体：神庙地点一开始就要选在最有利于健康的地区，有合适的水源供应，尤其是建造供奉埃斯克勒庇奥斯（Asclepius）、健康之神（Health）以及掌管医治大众疾病的医药诸神的神庙。病人若从流行病地区迁移到一个卫生的环境中，用上卫生的山泉水，会很快得到康复。如此安排，相应的神祇便会因为地点的特性而获得越来越高的声誉。同样，在冬天，卧室和书房的光源应从东面而来，浴室和储藏室的光源应从西面而来，因为这一区域的天空不会因太阳的运行而有明暗变化，而是终日稳定不变。

8. **配给** * 是指对材料与工地进行有效的管理，精打细算，严格监管工程开支。如果从一开始建筑师就不想用根本找不到的或只有花大代价才能得到的材料，就要注意这一点，毕竟不是任何地方都能提供丰富的坑砂、毛石、冷杉、松木板材或大理石。不同的地方有不同的资源，[26] 将其运输到别的地方，既困难而且昂贵。在没有坑砂的地方，可以用河沙或海沙代替；若缺乏冷杉或松木板材，可以用柏树、杨树、榆木或油松。其他问题亦可用类似方法解决。

9. 若建筑物的设计是根据一家之主的习惯、经济条件或社会声望的不同而有所区别的，这便达到了另一层面的**配给**。城市住所要用一种方式来建造，而乡村农舍，因为要收割庄稼，就得用另一种方式来建造；放债人的住宅另当别论，富裕而老于世故的人的住房又有所不同。那些为政府统治出谋划策的位高权重的人物，其住所的设计也应适合于他们的活动。总之，建筑物的配给应做到适合于不同类型的人。

第3章　建筑的分类

1. 建筑分为三部分：**房屋建造**（construction）、**日晷制造**（gnomonics）和**机械制造**（mechanics）*。房屋建造又分为两部分，一部分是城墙构筑和公共区域中的**公共建筑**，一部分是**私人房屋**。公共**建筑**的配置，首先是**防御**，其次是**宗教**，再次是**公共设施**。**防御**建筑有一套基本原理，制定这些基本原理的目的是使城墙、碉楼和城门长久有效地抵御敌人的进攻；**宗教**建筑是为不朽神灵建造的神龛和神庙；**公共设施**则是设计公共场所为日常所用，如港口、集市广场、柱廊、浴场、剧场、步道，以及为同样目的设在公共区域的其他设施。

2. 所有这些建筑都应根据**坚固**（soundness）、**实用**（utility）和**美观**（attractiveness）的原则来建造。若稳固地打好建筑物的基础，对建筑材料做出慎重的选择而又不过分节俭，便是遵循了**坚固**的原则。如果空间布局设计的在使用时不出错、无障碍，每种空间类型配置得朝向合适、恰当和舒适，这便是遵循了**实用**的原则。若建筑物的外观是悦人的、优雅的，构件比例恰当并彰显了均衡的原理，便是奉行了**美观**的原则。

第4章　选择健康的营建地点

1. 以下这几点对于城墙的构筑来说是最为重要的：首先是选取一处健康的营造地点（图

11)*。地势应较高，无风，不受雾气侵扰，朝向应不冷不热温度适中。此外，应尽量远离湿地，因为当清晨太阳升起时，微风吹向市镇，夜间形成的雾气弥漫着，与湿地动物发出的有害气体混在一起阵阵袭来，会侵害居民的身体，使这个地方易于发生传染病。同样，如果城墙筑在海边，朝西或朝南，对健康也不利，因为夏季太阳升起时南面的天空温暖，中午炙热；同样的道理，如果朝西的话，太阳升起时天空变暖，中午热起来，晚上则变得酷热难当。

2．因此，由于冷暖变化不定，这类地方生长的东西就会被弱化，这种情形甚至在无生命的物体中也能见出。加盖的酒窖不应朝南或朝西，而应朝北，因为北面不会因季节改变而有冷暖变化，温度是恒定不变的。同样道理，谷仓如果朝阳，贮藏的谷物便会很快腐败；干鱼或水果若不是贮藏在背阳的地方，便不可能保存得长久。

3．当高温使得空气浓度下降，热气吸尽并破坏了物质的自然特性，它便融解和软化了物质，使其疲软到极致，这种现象是亘古不变的。我们可以通过铁看到这同样的现象。铁无论原本有多坚硬，将它放入炉中以火加热，便会完全软化，易于加工成各种不同的形状。而将这柔软灼热的铁浸入凉水中冷却，它就再次变硬了，恢复了原有的特性。

4．我们还可从以下事实看出情况的确是这样：在夏季，甚至在有益健康的地方而非瘟疫蔓延之地，万物只要生长在炎热的环境中，便会疲软无力；而在冬季，即便是可能发生严重瘟疫的地区，也是健康的，因为寒冷已将这些地区凝结固化了。当生命体从冷的地方移到热的地方时，便经受不了热而分解；当它们从热的地方移到寒冷的北方地区时，不仅不会变得更糟，[27]反而生长得更加强壮，这一点是毫无疑义的。

5．因此在规划城墙时，最好避开会使人体受到热气毒化的地区。根据希腊人所谓 *stoicheia*（元素）的基本原理，所有物体都是由一些基本元素构成的，这些元素便是热（heat）、湿（moisture）、土（earth）、气（air），它们以特定的比例相混合，便产生出世界上具有各种特性的生物。

6．因此，当热控制了生物的身体时，便破坏和瓦解了其他所有元素。某些地区，空气本身便造成了这种结果，它更多地驻留于露天水脉之中，而人体的自然气质与混合物却不容许这样。同样，如果湿气驻留于人体静脉之中，使其失去平衡，其他元素就如同液化后变质、被稀释，自然的合成效能便消解了。大风和微风中所含的湿气也会使人体受凉，造成不利后果。同理，人体中气与土的自然合成物若增加或减少，会使其他元素变弱：食物过剩弱化土元素，大气重量过剩则弱化气元素。

7．若有人想更深入地研究这些现象，便可留意鸟儿、鱼类和陆地野兽的天性，并以此考察它们组织结构的区别。鸟是一种混合物，鱼是另一种，陆地野兽与前两者又远不相同。鸟所含的土元素较少，湿元素适中，但含有大量的气元素。因此，鸟类的构成元素较轻，易于在空气中飞行，流动的空气使它们更易于飘浮于空中。另一方面，鱼具有水生的特性，这是因为它们含有少量的热元素，由大量气和土元素构成，而湿元素几乎没有。它们持续待在水中是那么自如，所以体内缺乏湿元素。若将它们捞出来放在陆地上，它们的生命便留在水中而不能存活了。同样，陆地上的野兽由于体内只有中等程度的气和热元素，土元素较少，有大量湿元素，湿量很大，故不能长时间在水中生活。

8．如果这些事物真如我所说的那样，如果我们可以凭感官觉察出动物身体是由这些元素组成的，进而断定若某个元素或另一元素过量或出了差错，它们便会生出毛病并分解，那么我便可以确定无疑地说，如果我们要寻找一个有益健康的环境来筑城，便要尽全力选择气温适中的纬度。

9．因此，我要强调以下这个观点：应重新找回古老的选址原则并付诸实施（图12）。* 我们的祖先在想要建城镇或兵营的地方，就用放养于该地的羊作牺牲，检查它们的肝脏（图13）。若肝脏变了色或有毛病，就再杀些羊，看看原先杀的那些羊是否因染上了疾病或食物中毒而遭到伤害。一旦他们对若干羊进行彻底检查，认定当地的水与饲料对肝脏有利，便在那里构筑要塞；若发现羊的肝脏有毛病，便认定这种地方出产的食物和水对人体是致命的，就要继续迁移，到其他地方去寻找各方面都有益健康的环境。

10．以下这个结论是站得住的，即土地可为人们带来健康的种种特性，是可以通过饲料和食物看出来的。也可以注意并记取克里特岛乡村的情况。沿波特里乌斯河（Pothereus）两岸分布着两个克里特人的群落，克诺索斯（Cnossus）和戈提纳（Gortyna）。羊群在河两岸吃草，但靠近克诺索斯那一边放养的羊群，由于土地贫瘠而脾脏肿大；相反，戈提纳这边的羊群则很正常。因此医生们便来研究这一现象，他们在这些地区发现了一种草，羊群吃了之后它们的脾脏会缩小。他们便收集这种草，将其制成药来医治羊群的脾病。克里特人称这种药为 *asplênon*，即"消脾药"。因此从食物或水来看，便可以确定一个地方的自然环境是健康的还是有害的。

11．如果城墙筑在靠近海边的湿地，朝向北方或西北方，而湿地又高于海岸，那就证明这城墙是根据合理的原理构筑的。挖掘水沟可以形成沿海岸的出水口，当暴风雨降临时，海水高涨，掀起巨浪涌入周围湿地，致使湿地的水翻腾起来，便不能维持正常的湿地生命。于是，所有从深水处游向海边的生物，都会被含盐度极高的海水杀死。位于山南高卢地区的湿地，的确可以作为这一现象的实例，如阿尔蒂诺（Altinum）、拉韦纳（Ravenna）、阿奎莱亚（Aquileia）周围的

[28] 湿地，以及处于同类沼泽地区的其他城镇，由于上述种种原因，是十分有益于健康的。

12．但是那些停滞不动的湿地，既无河道也无排水沟，如旁提那湿地（Pomptine Marshes）*，因滞止而腐烂，向周边地区散发着有害的瘴气。另有一例，在阿普利亚地区（Apulia）有一座城镇叫"老萨尔皮亚"（Old Salpia）*，是狄奥墨得斯（Diomedes）从特洛伊返回时兴建的，或者如一些著作家所说是罗得岛人厄尔皮阿斯（Elpias the Rhodian）所建。该城就位于上文所述这种地区，城中居民每年饱受疾病之苦，忍无可忍便去向执政官马库斯·霍斯蒂留斯（Marcus Hostilius）请愿，要求他为老百姓另选一处合适的地点重建城市。他答应了他们的请求，毫不迟疑，迅速做了深入调查，购得一处十分看好的沿海地产，并请求罗马元老院和平民大会（Senate and People of Rome）准许他们迁往此地。他建起了城墙，以抽签的方式分配土地，让每个市民依法抽签，并以此签

作为一塞斯特斯硬币的代币来购买土地。此项工作一经完成，他便挖掘排水口，将湖水排向大海，并将湖改造成了码头。所以，目前萨尔皮亚人从四里之外的老城迁过来，生活在健康的环境之中。

第 5 章　筑　城

1．一旦根据上述健康原理制定出了构筑城墙 * 的方案，这一区域是上等的，物产丰富可养育人口，筑起的通往河流或海港的道路便于将货物运上城墙，接下来就应开挖城墙基坑 *，原则是尽可能向下挖入坚硬的地层，并尽可能合理地沿着规划墙基的宽度挖，墙基应宽于地面的城墙。城墙应构筑得尽可能牢固。

2．同样，碉楼要向外凸出 *，这样在敌军攻城时就可以从碉楼的侧翼打击他们。要特别注意，确保不给攻城者留下轻易接近城墙的路径；壁垒（rampart）应环绕陡峭的山冈修筑 *，这样通向城门的道路就不是笔直的，且应靠左边（图 14 — 17）。如果城墙如此设计，那么进入城门的人的左侧贴墙，右侧便没有盾牌保护。再者，设防的市镇不应建成正方形，不应带有凸出的棱角，因为棱角保护了敌人，对城内市民不利。

3．关于城墙的厚度，我认为应该这样来定：两个全副武装的士兵对面走过应无困难。此外，在墙体构造中应置入经焦化处理的橄榄树的木筋 *，间隔尽可能密集，通过这些木筋（起到夹具作用）将城墙内外两面联结在一起，保持墙体长久稳固（图 18）。这种材料不会因天气或时间而腐烂或朽坏，将其埋入烂泥或沉入水中将永不腐朽并发挥效能。这些木筋不仅应置入碉楼之间的墙体，也应置入地下结构，以及所有按壁垒厚度构筑的隔墙中。利用这一原理夹紧城墙，它就不会很快变弱。

4．碉楼之间的间距不应超出一箭 * 的射程。这样，若在任一点上受到攻击，就可在碉楼两则用弩机或其他投射器的飞弹将其击溃。此外，应将碉楼内壁划分为若干间隔，与碉楼等宽，这样就可在碉楼室内架设木质过道（图 19）。这些过道不要钉死，若敌军占领了城墙某处，守城士兵便可隔绝这个区域；如果他们能足够快地采取行动，就能阻止敌人进入城墙或碉楼的其他部分，除非他们轻率行事。

5．碉楼应建成圆形或多边形的 *，因为正方形的碉楼很快会被敌军的攻城机械所摧毁。破城槌连续猛击可摧毁碉楼的棱角，但它若沿着曲线而行，只能起到楔子的作用，打入墙体，但不能捶击结构（图 16）。同样，如果与土壁垒联结起来，墙体与碉楼构成的要塞便会更加坚固，因为用撞槌、挖坑道或使用其他战争机械都不能成功地对其造成破坏（图 19）。

6．不过没有必要处处都建壁垒。只有在要塞之外地势较高处、有平坦通道抵达被攻击城　　[29]

墙的地方才需建壁垒。在这种地方，应先开挖壕沟，挖得尽量宽且深。墙基应沉入壕沟之下，应做得厚实，以便能轻松地地支撑土方。*

7. 在城墙基础的内侧应再做一个基础，要离外墙足够远，以便整个步兵大队可以在堆土之上集结进行防御，好像列成了战斗队形。一旦按照相互间的距离打好了基础，便应在其间筑起梳状的十字墙（cross walls），像锯齿一样排列，将外墙基础和内部基础连接起来。由于泥土重量分散到了小间隔中，便不会使某个地方承受全部的负荷，也不会因这庞大的结构导致城墙下部结构扭曲变形。

8. 至于城墙的构建及筑城所用的材料，并无严格的规定，因为我们不可能在每个地方都找到需要的任何资源。在有方石（squared stone）或裂片石（split stone）、碎石（rubble）、焙烧砖（burnt brick）、泥砖（mud brick）的地方，就该使用这些材料。不是任何地方都能像巴比伦那样，可以用丰富的沥青来代替石灰与沙，用焙烧砖砌造城墙。每个地区的建筑基地都有其独特性，也具有这同一类型基地的类似优越性，也就是说，使用当地材料也可以建成完美无缺、经久耐用的城墙。

第6章　朝　向

1. 城墙一旦竖立起来，接着就要将城里的面积划分为小块土地，并根据纬度（the regions of the heavens）来确定大街小巷的朝向。*安排要合理，要有预见性，小巷应避开盛行风吹来的方向。*因为如果风是凉的会伤害人，若是热的则有败坏作用，而湿的有毒。因此这些弊端应加以避免，也不应让许多聚落发生过的情况再次出现，例如莱斯沃斯岛（Lesbos）上的市镇米蒂利尼（Mytilene）建得堂皇而优雅，但环境很差。在这个社区中，南风吹来人们便生病，西北风（Corus）吹来人们便咳嗽，而北风吹来他们虽然恢复了健康，但因为太冷而不能聚集在街头巷尾。

2. 风是气流无节制无规律的运动（图20）。当热与湿相碰撞，撞击的震动使能量排出，形成一阵风。在风神埃奥罗斯（Aeolus）的青铜雕像上，我们可以看到情况的确如此。通过这类聪明的发明，我们也可以从隐匿的大气原理中抽绎出神圣的真理。制作一些中空的埃奥罗斯青铜球体，每个球上打一个小孔，将它们灌入水置于火上烧。它们在被加热之前完全没有呼吸，一旦达到了沸点，便在火上排出一阵强风。通过这小小的简单演示，就可以理解评估潜在于天空与风的性质背后的这一重大的、普遍适用的基本原理。

3. 如果风被遮挡住，就不仅可以营造出有益健康的环境，而且即便碰巧有些流行病因其他感染而爆发，有益健康的气候也会具有解毒或治疗的效果。因为风口已被关闭，温和的空气更适宜于治愈流行病。像上述那些地区，存在着一些难于治疗的疾病，如动脉硬化、咳嗽、肋膜炎、肺结核、消耗性疾病等。这些病不是靠药泻而是靠添加饮食治愈的。这些疾病很难医治，原因如下：首先是受了风寒，其次对那些体力被细菌耗竭的病人来说，空气骚动不安，风的搅动使空气稀薄，这稀薄的空气与风一道，排干了病体的体液，使其更加虚弱。

4．有人爱说风有四种，从昼夜平分线东边吹来的东风（Solanus），从南方吹来的南风（Auster），从昼夜平分线西边吹来的西风（Favonius），以及从北方吹来的北风（Septentrio）（图21、22）。不过，做过更详尽研究的人坚持认为，风有八种。这些人中最重要的是安德罗尼库斯·西里斯特斯（Andronicus Cyrrhestes），他甚至在雅典树起了一座八角形的大理石塔来证明这一点。[30] 在八角形的每个面上他都设计了风神的雕像，每位风神都面朝自己的风向。在塔的顶部，他安装了一根圆锥体柱子，其上放置海神特里同（Triton）的青铜像，他右手持权杖，这权杖设计得能随风旋转，总是指向盛行风吹来的方向。此刻吹什么风，他手中的权杖便处于下面风神雕像之上。

5．于是，在东风和南风之间我们看到了东南风（Eurus），在南风和西风之间是西南风（Africus），在西风与北风之间是西北风（Caurus）——许多人称其为科洛斯（Corus），在北风与东风之间则有东北风（Aquilo）。这似乎是了解风的数目、名称和风向的一种方式。

既已对这一主题进行了深入的考察，便要考虑如何建立理论，以便找到它们是在什么区域和地方生成的（图23）。* 6．在城市中央设置一个大理石水准点，若用直尺和水平尺对一块地面进行平整，则不需设置这水准点。在这个平面的正中央放上青铜日晷，在希腊这种日晷称为"阴影跟踪器"〔skiothêrês〕。正午前一小时，约上午的第 5 个小时，在日晷阴影末端标注一个点，打开圆规，以这个平面的中心点为圆心，过日晷阴影的标注点画一个圆。同样，在午后观察日晷阴影拉长的情形，当它触及这个圆周线时，午后阴影与早晨阴影的长度相等，也标注一个点。

7．用圆规以这两点为中心画两条弧线相交形成一个"X"，过该交点和圆心画一条直线至圆周，从而得到南北方位。然后，用圆规取整个圆周的十六分之一，以方位线的南端与圆相交之处为圆心，在其左右两边作标注点，北端亦如此。在这圆上的四个标注点之间画"X"形交叉线，以此法便得出南风和北风各占圆的八分之一。将圆的左右两边其余部分分为三等份，再将这八等份分配给各个风向，如图所示。这样就明确了，主干道和小街都应对准两种风向之间的夹角方向。

8．利用这些原理和区划，便可以使住房和街道规避风力的危害。因为，若将主干道设计成迎着风吹过来的方向，从苍穹吹来的强劲的风就会盘旋于街头巷尾，势头会愈来愈强劲。因此，街道的定向应该斜对着风来的方向，当阵风袭来时，住宅大楼的棱角便会将其分开、击退和驱散。

9．那些知晓许多风的名称的人或许会感到奇怪，我们为何说风的数量只有八种。但如果他们了解到，昔兰尼的厄拉多塞（Eratosthenes of Cyrene）发明了计算地球周长的方法 *，他分析了太阳运行的轨迹、日晷在春分秋分所投下的阴影以及天体轨道的交角，采用数学原理和几何学方法，算出地球周长为 252000 斯达地（stades），合 31500000 步（paces），并得出一种可见风占据了地球周长的八分之一，为 3937500 步，那他们就不会奇怪，一种风会在如此广袤的范围内吹拂、盘旋和后退，风力变幻莫测。

10．因此，在南风的左右，通常刮南偏东风（Leuconotus）和南偏西风（Altanus）；在西南风两边分别刮西南偏南风（Libonotus）和西南偏西风（Subvesperus）；在西风周围，有时刮西偏南风（Argestes），有时刮西偏北风（Etesian）；在西北风两边，刮西北偏西风（Circias）和西北偏北风（Chorus）；在北风周围刮北偏西风（Thracius）和北偏东风（Gallicus）；在东北风左右刮东北偏北风（Supernas）和东北偏东风（Caecias）；在东风左右有时刮东偏北风（Carbas），有时刮东偏南风（Ornithiae）；在东南风左右，则分别是东南偏东风（Euricircias）的东南偏南风（Volturnus）（图 21）。还有许多风的名称，源丁各个地方，或河流，或山间暴风雨。

11．一轮红日从地平线上浮现出来，照耀着空气中的湿气时，便吹起晨风。当太阳磅礴升起，排出阵阵气息，接着白昼来临。风仍然在刮着，太阳升起之后这风位于东南风周围，因为它来源于晨风〔*aurae*〕，所以希腊人便称它为 *euros*（偏南的东风）。据说 [在希腊语中]，由于这
[31] 同一种晨风的缘故，"次日"便称为 *aurion*（晨风之子）。

有些人否认厄拉多塞能推导出地球的真正尺度。但是，无论这尺寸是真是假，我们的论文中关于风起于何种方位的解说不可能是凭空捏造的。

12．就各种风的性质而言，尽管有诸般不同，但这样说足矣：各种风之间并无比例关系，只有风力或大或小而已。

我们已经简要阐述了这些事物，使之较易于理解。我想最好还是在本书的末尾提供两幅图，或希腊人所说的 *schêmata*（图形）。一幅表现各种风起源的方向，另一幅展示斜向街道和林荫路是如何避开有害气体的。

13．在一个平面上设置一个中心点，以字母 A 表示。将早晨的日晷阴影末端标为 B 点。用圆规以 A 点为圆心过 B 点画一个圆。将日晷放回到它的原先所在的位置，你一定会料到，日晷的阴影缩短之后还会再次延长，达到与早晨阴影相同的长度，并触及这个圆周午后之点 C。然后用圆规分别以 B 点和 C 点为圆心画圆弧成"X"形，为 D 点，然后画一条直线过 D 点和 A 点直到圆周，将这条线与圆周的交点分别标为 E 点和 F 点。该线指示南北方位。

接着以直线的南段与圆周的相交点 E 为圆心，用圆规量出圆周的十六分之一弦长，在该点左右的圆周上标出相交点 G 和 H。同样，在北面将圆规置于圆周与直线北段相交点 F 上，在左右标出 I 点和 K 点。然后画一条从 G 点过 A 点至 K 点的直线，再画一条从 H 点过 A 点至 I 点的直线。G 点与 H 点之间的区域就是 Auster 方位，即正南。同样，I 与 K 之间的区域即是 Septentrio 即正北的方位。对余下的部分进行平分：左边和右边分别三等份，东边圆周上等份点为 L 和 M，西边圆周上等份点为 N 和 O。画交叉线从 M 点至 O 点，L 点至 N 点。这样圆周上便有八个相等的风区。如果按此法画成，便形成了若干棱角，一个接着一个依次连接各区域间的标注点，从正南开始依次为：东南风（Eurus）与南风（Auster）之角为 G；南风与西南风（Africus）

之角为 H；西南风与西风（Favonius）之角为 N；西风与西北风（Caurus）之角为 O；西北风与北风（Septentrio）之角为 K；北风与东北风（Aquilo）之角为 I；东北风与东风（Solanus）之角为 L；东风与东南风（Eurus）之角为 M。当这些方位都设定好了之后，将日晷设置于这八角形的各个角之间，这就是指导次要街道划分的基本方法。

第7章 公共空间的定位

1．一旦小巷安排好，主街道确定下来 *，接下来就要说明如何为城市入口、公共设施、神庙、集市广场及其他公共场所选址了（图 11）。如果城墙靠近海边，那么广场的地点就应选在港口附近；若是内陆城市，广场就应居于城镇的正中央（图 25 — 27）。至于神庙，如果供奉的神祇被认为是专门保护该城镇的，如朱庇特、朱诺和密涅瓦，则应坐落于城中地势最高的地方，好处是可将全城尽收眼底。供奉墨丘利的神庙应位于集市广场上，伊西斯（Isis）和塞拉庇斯（Serapis）的神庙应建在市场上。阿波罗和父神利柏尔的神庙应邻近剧场。在没有运动场和圆形剧场的市镇中，海格立斯神庙应位于圆形竞技场附近。城外的马尔斯神庙应建在军事操练场近旁。同样，维纳斯神庙应坐落于港湾。

此外，埃特鲁坎人的先知们在他们的祭司戒律书中记载，维纳斯、伏尔甘和马尔斯神庙应建在城外，为的是不使性欲成为城中年轻人和已婚妇女的老生常谈。人们想通过举行礼仪和献祭的方式，将火神伏尔甘的精力召唤出城，城中建筑便会免于火灾。若在城墙之外荣耀战神马尔斯的神性，公民之间就不会有武力冲突。这样，马尔斯将确保城墙只是用于防御敌人，使城镇免遭战争危险。

2．同样，克瑞斯（Ceres）神庙也应建在城外，因为人们除了供奉祭品外一般无需出城。这 [32] 场所应保持高雅纯洁的宗教氛围，其他神庙的选址应有利于满足供奉神祇的要求。

至于神庙本身的构造及其比例体系，我将在第 3 书和第 4 书中解释其基本原理。在第 2 书中，我想先论述要为建筑物收集准备的建筑材料，以及建筑材料的性能和运用方法，然后再谈神庙的尺度、设计程序以及各种比例体系，并在后面各书中加以说明。

第 2 书
建筑材料

[33] # 前 言

1. 建筑师迪诺克拉底（Dinocrates）＊是马其顿人，他对自己的想法和才智满怀信心。在亚历山大崛起的年代他便开始为军队服务，雄心勃勃想要得到国王的赏识。他从家乡带来了邻人和朋友写给国王的将军和首相的推荐信，以便能接近他们。这些将军接受了他，他便彬彬有礼地请求他们尽快将自己引荐给亚历山大。将军们尽管嘴上答应了，但迟迟未办，等待着合适的机会。迪诺克拉底推测他们是在捉弄他，便自己想办法。他是个高大英俊的男子，五官端正，相貌堂堂。于是他便利用这天生的长处，将全身涂油，头戴杨树叶冠，左肩披着狮皮，右手挥一棍棒，大步流星走到法庭上，国王正在那里听取申辩。

2. 当众人注意到他的奇特打扮时，亚历山大也向这边看了过来。他被这个年轻人所打动，便命众人让出一条路让他走上前来，问他是谁。

"迪诺克拉底"，他答道，"马其顿建筑师，我能将陛下的想法和计划变为现实，与陛下的名声相称。例如我有一个计划，要将整座圣山雕刻成人的形象，左手擎着宏伟的城墙，右手持一祭酒钵，山上奔涌的条条河水将汇聚于此并流入大海"（图28）。

3. 亚历山大听了这想法很高兴，立即垂询这计划的性质——有耕地为城市提供日常所需的粮食吗？当国王得知粮食须从海上输入时，便说："迪诺克拉底，我欣赏这项别出心裁的计划，它使我着迷。但是依我看，若有人想在那里建一个殖民地，那他的判断力一定是有缺陷的。就像新生儿若没有奶娘的奶水便不被养育和成长一样，若城中没有耕地和农产品，城市便不可能发展。没有充裕的食物，城市便不可能养活大量人口，没有资源亦不能保护城中的人民。不过我还是要你跟随我，因为我想用你的才能。"

4. 从那以后，迪诺克拉底便跟随国王左右，从不分离，并随他前往埃及。在埃及，亚历山大注意到港口有天然防护之利，市场繁荣兴旺，麦田遍布全国，充分利用了尼罗河的巨大水资源，便命迪诺克拉底以他的名义规划亚历山大里亚城。

迪诺克拉底因面容俊美、体格健壮而得到举荐并享有特权地位。对我而言，陛下，大自然未恩赐我堂皇的形象，岁月也使我形容枯槁，虽说还健康但精力已然衰退。因此，在丧失了这些护身能力的情况下，臣仆正是想凭借自己的专业知识和写作博得陛下的赏识。

5. 在第1书中，我已论述了建筑师的所有职责以及这门艺术的[技术]术语，也论述了城墙及城内区域的划分，按照顺序接下来我要写神庙、公共建筑和私家建筑，以及建筑物应展现出的比例及均衡，并描述得明白易懂。我想首先要谈的不是别的，而是材料供应方面的问题，即采集材料以使建筑得以建成。这既关系到建筑的构造又涉及材料的普遍原理，也与已讨论过的材料的特定功能性质相关，还与已解释过的构成材料的自然元素有关。

[34]　　不过，在开始说明自然元素之前，我将谈谈构造的基本原理：它们发端于何处，这些发现是如何积累发展起来的。我将追寻古代科学最初的脚步，追随着先人的足迹，他们已经对人类

的初始状态及各种发现进行了研究，并将这些内容记述了下来。然后我将做出解释，正如这些文献教导我的那样。

第1章 各种技艺及建筑技艺的发明[*]

1.远古时期，人类生来就像出没森林、洞穴和丛林中的野兽一样，茹毛饮血，辛苦度日。那时有一个地方，生长着密集繁茂的森林，狂风袭来树木剧烈摇晃，树枝相互摩擦而起火。住在附近的人们被火焰吓坏了，逃之夭夭。但后来他们凑近时发现，火的热量对人体有极大的好处，他们将原木投入火中，将火种保存下来。他们呼唤着同伴，用手势表示火带来的好处。人群聚集在一起，喃喃低语，发出不同的声音。日复一日，他们将偶然间说出的词固定下来，后来又给较常用的词赋予了意义，便开始偶然说出句子，于是他们彼此间就有了交谈（图29）。

2.由于发明了火，人类的交往便开始了，他们聚在一起共同生活。许多人来到了一个地方，超越了所有动物，得到了大自然的馈赠：他们不再俯卧前进，而是直立行走了。这样他们便可以仰望壮丽的宇宙和星辰。出于同样的原因，他们能利用自己的双手和其他肢体，摆弄自己想要的东西。有些人用树叶制作覆盖物，另一些人则在挖掘洞穴。许多人模仿燕窝，用泥巴和小树枝搭建避身之所。日复一日，他们观察别人的住所，又有了新的想法，创造出更好的住房。3.由于模仿是人的天性，又易于教导，所以他们每天都在相互展示自己构造物的成功之处，以创新为荣，每天都在竞赛中锻炼聪明才智。随着时间的推移，他们取得了更大的成就。

他们先竖起带叉的树干，其间用树枝编结起来，整个抹上泥。另一些人待泥块干了之后用它们来砌墙，并用木头联结加固。为了防雨防热，他们用芦苇和带叶树枝盖顶。后来证明这些覆盖物经受不住冬天的暴风雨，他们便用模制黏土块做屋檐，并在斜屋顶上设置水落口。

附论当代棚屋

4.我们可以证明，这些事情已经由于上述原因而形成了惯例，因为甚至时至今日，外国人还在使用栎树枝和麦秆等材料来建房，如高卢（Gaul）、西班牙（Hispania）、路西塔尼亚（Lusitania）、阿奎塔尼亚（Aquitania）。本都山脉（Pontus）的科尔基斯人（Colchian nation），由于拥有丰富的森林资源，便将两棵整树平放于地面，左右各一根，留出间距相当于树的长度。然后将两棵树横向叠架在这两根树木的端部，将房屋中央的空间封闭起来，再在上面不断交替地架上树木，将四角固定住。他们建起树木的围墙如塔状，上下笔直，在这些原木之间的空隙处塞以陶片和泥巴。他们以同样的方法架设屋顶，截去原木两端使其逐渐缩短。在木墙的顶部，四边向内收缩，中央形成一个圆锥体的屋顶，并覆盖上带叶的树枝和泥浆。于是便创造出了带屋顶的塔楼 —— 一种蛮族风格。

5. 另一方面，弗利吉亚人（Phrygians）居住在平原地区，没有森林，木材匮乏。他们选择大自然中的小丘，向深处挖掘贯通中央的通道，并尽量扩展其内部空间。他们将木棍聚拢起来架在顶部形成圆锥形，上面覆盖稻草和剥了皮的树枝，在屋顶上堆起巨大的土丘。由此他们设计出了一种建造冬暖夏凉棚屋的方法。

有些民族将湿地芦苇捆扎起来搭建棚屋居所。出于类似的原因，有些地方的另一些民族也[35] 以此法建房。如在马西利亚（Massilia），我们注意到房屋是以泥土和稻草建的，屋顶无瓦。在雅典的阿雷奥帕库斯山（Areopagus）上，至今仍有一种古代房屋是以泥浆涂抹而成的。同样，在卡皮托利山（Capitol）上，罗慕路斯（Romulus）的住宅向我们展示了古代的建房方式，令人神往，堡垒防御区中的篱笆屋也是如此。

6. 从古代发明建房方法的种种迹象推测，我们便可确切得知事情是如何发生的。

建筑的发明，续

他们日复一日在实践着，使自己的双手在建房时完全熟练自如了。在机智创新的过程中，他们锻炼了自己的才干，习惯成自然地获得了精湛的技艺（arts）。于是，渗透着他们精神的行业得以形成，那些献身于这一行业的人便自称为木匠。这些事情在开始时便确立起来，而且大自然不仅赋人类以所有动物的感觉，也以观念和计划武装起他们的心灵，令所有造物臣服于人类的力量。所以，人类从建造房屋开始一步一步前进，进而掌握了其他的技艺和学科，并使自己摆脱了畜生般的粗野生活，走向高雅的人文境界。7. 然后，他们磨砺自己的精神，审视在不同技艺与工艺中形成的最重要的观念，开始完成真正的宅邸，而不再是房屋了。他们打下基础，建起砖墙或石墙，用栋木和瓦片盖上屋顶。除此之外，他们还在研究与观察的基础上不断进步，从随意的与不确定的看法，走向了稳定的均衡原理。

他们注意到，大自然所提供的资源是那么丰富，为建筑准备的材料是那样充裕，便悉心呵护培育它们，凭自己的技能使其更加丰富，以美的事物使生活更加雅致。因此我将尽其所能地讲述适合于构造的材料，说明它们的品质如何，它们的特性是什么。

8. 现在，如果有人质疑本书的顺序，认为所有这些信息都应放在一开始来讲，那我就要做出说明，这样他们便不会以为我偏了题。当我着手写作这部建筑全书时，我想在第1书中说明从事这门技艺需要具有什么样的知识和技能，从技术上对它的方方面面进行定义，说明它成了一种什么样的行业。因此在合适的地方我解释了一位建筑师需要具备些什么。在第1书中，我讨论了这一职业的责任，在眼下的第 2 书中，我将谈所要用到的自然材料。此卷不谈建筑起源于何处，只谈构造的源头，是根据哪些原理培育成熟的，是如何一步一步前进，达到精致优雅的境界的。

9．这就是本卷计划讨论的内容，位置与次序均是合适的。现在我将转向眼下的论题，说明适合于营造的材料供给，大自然是如何生产出这些材料的，它们的结构是通过何种元素的混合才得到调和的，这样读者便能轻松了解这些问题，不再模糊不清。* 如果没有各种元素最初的汇聚，任何种类的物质、躯体和物体都不可能产生；根据自然哲学家的理论是不可能对自然现象做出有效解释的，除非通过细致的推理来证明这些事物的内在起因，它们是如何、为何成为眼下这样的。

第 2 章　基本原理（图 30）*

1．泰勒斯（Thales）第一个提出水是万物之源。以弗所人赫拉克利特（Heraclitus）认为第一元素是火，他因写文章晦涩而被希腊人叫作"朦胧者"。德谟克利特（Democritus）和他的门徒伊壁鸠鲁（Epicurus）提出了原子论，我们称原子为"不可分的物体"，有人称之为"不可分割的物体"。毕达哥拉斯派的理论在火与水之外又加上了土和气。德谟克利特并没有给个别元素命名，而是提出了不可分割之物体的假说。他的意思是原子相互分开来是不会毁灭或解体的——它们也不可能再进行分割，永远保持着本身的实体性。

2．因此，由于万物均由元素组合而成，又化为无穷无尽的自然物体，所以我想应该说明它们的多样性、使用标准以及在建筑中所具有的特性。打算建房的人了解了这些信息，便能避免犯错误，为建房采办合用的材料。

第 3 章　泥砖砌筑墙体（图 31）*

[36]

1．我首先讨论泥砖，以及何种泥土可以制砖。制砖不可用沙质土或碎石土，也不能用松散的沙子，因为用这些材料制成的砖很重，而且当雨水溅到墙上便会分解垮塌。它们粗糙不平，掺入稻草也起不到黏合作用。应该用白色黏土或红土甚至是粗沙来制砖，因为这些土较轻，经久耐用，不会加重建筑物负荷，易于堆放。

2．制砖宜于在春季或秋季，这样干燥的速度可均匀一致。* 盛夏时节制的砖是有缺陷的，因为太阳暴晒砖的表皮，使其过早硬化，表面看上去干了，但内部未干，过后干燥收缩，已干的部分便会碎掉。所以，这些砖是有裂纹的、脆弱的。两年之前制的砖最合用，因为砖彻底干燥需要两年时间。若用未完全干燥的新砖砌屋，当灰浆抹上去并固结起来，下面的泥砖不能与灰泥保持相同的收缩率，便不能与灰泥结合在一起，从而造成起壳现象。因此灰浆便剥离于砖墙而立不住，从而碎裂。而随意砌造起来的墙壁本身也会开裂。因此，乌提卡（Utica）人在砌墙时只用完全干燥的、五年前制的砖，而且要经过行政长官的鉴定和认可。

3．有三种类型的泥砖。一种希腊人称为 *Lydian*（吕底亚砖），这是我们通常使用的，长一点五足，宽一足。希腊人还用为外两种砖建房，一种叫作 *Pentadôron*（五掌砖），另一种叫作 *Tetradôron*（四掌砖）。希腊人称一"掌"为一 *dôron*（礼物），因为赠人的礼物是用手掌递过去的。因此一块五掌砖的四边都是五掌长，而四掌砖便是四掌长。公共建筑是用五掌砖来建造的，私家建筑则用四掌砖。

4．与这些砖一起生产的还有半砖，砌墙的方法是：一面用整砖砌，另一面用半砖砌，当砌到一样的高度时，交替的砖面就联为墙体，半砖置于接缝处，使墙体稳固耐久，墙壁两面的外观都很漂亮。

西班牙那边有一市镇叫马克西卢亚（Maxilua），另一城镇叫卡列特（Callet），在亚洲有个城镇叫皮塔尼（Pitane），在这些地方人们制作并干燥的砖头如投入水中可以漂浮起来。之所以能浮起来，是因为砖土中含有浮岩。它是那么轻，一旦砖被风干固化，就不再吸收水分。由于这种砖质轻而多孔，不允许水分渗入，所以它们无论多重也必然会像浮石一样被水托起。这种砖极有用处，可用来筑墙，既轻又不会在暴风雨中分解。

第 4 章　混凝土墙体用沙

1．说到混凝土结构，必先对沙进行研究，确保沙适合与灰浆混合，没有任何泥土掺入。矿砂有以下几种类型：黑沙、白沙、淡红沙以及浅黑沙。在这些沙中，以那种能在手上搓出噼啪声的沙为上乘，因为土质沙粗糙度不足。又，若将沙子抛在一块白布上再将其抖落，未弄脏白布，又未留下土屑，便是合用的沙子。

2．如果没有沙矿可挖，就须从河床或砾石矿中筛取沙子。当然也可以到海滩上提取。不过这类沙子在构造中有如下缺点：它很难干燥，连续抹灰时墙壁也不能承受其重量，除非不时停止作业。它也不能用于顶棚。海沙尤其如此，因为在墙上抹灰时会渗出盐分，使墙面分解。

3．而矿沙施工时干得快，抹灰附着力强，也可用于顶棚抹灰，但也只是新沙矿出产的沙子才是如此。如果挖开的沙矿长时间暴露在外，经受日晒雨淋及冰冻，沙子便会分解成泥土。若将这类沙子与灰浆搅拌在一起，便不能起到将碎石黏合起来的作用，建筑便会因墙体承受不了重量而垮塌。

不过，即使新开采出来的沙子有这么多优点，但还是不能用于抹灰，这恰恰是因为它的密度太高，尽管掺入石灰和稻草，但干了之后还是会开裂，它的强度太大了。河沙尽管颗粒纤细不能用于构筑墙体，如 *opus signinum*（希尼亚式工艺），但在抹灰时用镘刀抹压便可使灰泥获得牢固的附着性。

第 5 章　用于混凝土墙体的石灰

1．既已说明了沙的供给，接下来我们就必须留意石灰，无论这石灰是用一般石灰石还是 *silex*（硬石灰石）烧成的。用于结构部分的石灰要用较硬的石头烧制，而多孔石头烧制成的石灰则可用作抹墙灰泥。石灰烧熟后，就加入沙。如果用矿砂，就将三份沙和一份石灰倒在一起；若用河沙或海沙，则两份沙配一份石灰。这样的混合比例才恰当。此外，若用河沙或海沙，就得将碎砖瓦片粉碎过筛，取三分之一份掺入，这会使灰浆更好用。

2．石灰吸收水分和吸附沙子便使砌体强化，其原因显而易见：石头也是由四种元素组成的。含气多的石头松软，含水多的石头紧密而湿润，含土多的坚硬，含火多的易碎。因此，如果我们将未烧制过的石灰石捣碎，与沙子混合起来用于建筑物，它就既不能凝固也没有结合力。但我们将其投入窑中，用烈焰焙烧，它便会失去原先坚硬的特性，强度也会丧失，留下大量的空隙。石灰石中的空气和水分被烧掉了，只有潜在的热量残留了下来，若将其浸入水中，在水完全吸收其热量之前，渗入石头空隙中的水便沸腾了起来。因此当烧制过的石灰石冷却时，水便不会吸收到它的热量了。

3．因此，无论石灰石有多重，若将其投入火炉并再次取出时，便不可能保持原有的重量。尽管它的体积没变，但已失去了三分之一的重量，因为水分已经被烧掉了。由于烧过的石头空隙很大，会将沙的混合物吸附进来并融为一体。当它们干燥后，便与碎石凝结在一起，形成了坚固的结构。

第6章　用于混凝土墙体的火山灰

1．还有一种粉末能天然地发挥奇特效能，它出产于巴亚（Baiae）地区的乡村，那里归维苏威山周边的市镇管辖。将这种粉末与石灰及碎石搅拌在一起，不仅可增加各种构造物的强度，而且（采用这种粉末筑起的）海堤可以在水下凝固。其原因显而易见：在这些山脉之下有熔岩和丰富的泉水，这种情况只有在地层深处有硫黄、明矾和沥青燃起烈焰才会出现。地下火焰和热气通过矿脉渗出，使土壤变轻，形成多孔凝灰岩并向上涌起，毫无水分。因此，当这三种成分［石灰、火烧碎石和火山灰］在烈焰高温下混合起来并接触到水分时，便会凝结起来，迅速固化。波浪和水的力量都不能将其分解。

[38]　　2．此种情况也表明，这些地方的地下深藏着火：在库马埃（Cumae）和巴亚的山区已开发了桑拿浴室，地下热蒸汽因火的强力穿透土地喷出地面，创造了相当便利的桑拿室。古人记载维苏威山下有大量火焰会突然冒出来，向周围乡村喷发。因此，这种被称为"庞贝石"的海绵石或浮石，似乎就是另一些种类的石头被烧成现在这种统一类型的石头的。

3．从该地开挖出来的这类浮石，并非任何地方都有。只有埃特纳山（Aetna）周边地区和希腊人称作"被烧焦的山"〔Katakekaumenê〕的密细亚（Mysia）山区，以及具有这些特性的地区才有出产。如果在这些地方挖掘便有温泉和热蒸汽涌出，或古人曾记载这些地方的原野被大火烧过，那就可以肯定，烈焰已将该地的凝灰岩和土地中的水分烧干了，正如石灰石在窑中被烧去水分一样。

4．结果，［在用火山灰在水下构筑结构体时，］所有被强行分开的各种物质立即便结合在一起。渴求水分的热量潜伏于这些不同类型的成分中，当充分吸收了水分时，便会一起沸腾并融合起来，迅速凝结为坚固的实体。

那么就出现了这样的问题：如果温泉很常见，就像埃特鲁里亚地区那样，为何那里却没有类似的粉末出现，采用这些粉末可使水下构造物以同样的方式凝固。这问题还有待探究。我幸好预料到读者会提出这个问题，现解释如下。5．每个地方或地区的土壤类型不同，有的地方含泥土多，有些地方是沙质土，有的地方是碎石土，还有些地方的地表由粗颗粒沙子构成。所以，每个地区的土壤都不一样，情况绝对是这样。特别是人们可以看到，意大利各个地区和埃特鲁里亚被亚平宁山脉所包围，几乎每个地区都不乏沙矿资源。但是亚平宁山脉以外濒临亚德里亚海的地区，就找不到一个沙矿，而在大海彼岸亚该亚或亚细亚的所有地区，我也举不出一个沙矿来。因此，同样的机缘不可能集中于每个地方使之拥有丰富的温泉资源。这一切都是造物主决定的，不以人类的意志[1]为转移，是一种随机的分布。

6．因此，在那些山脉不是土质而是松软物质构成的地方，火的力量通过矿脉排出烘烤着

---

1 从抄本读作 *voluptas*（意志、愿望），而非乔孔多本的 *voluntas*（享受、快乐）。

土壤。火烧去了一切松软脆弱的东西，只留下粗糙之物。因此，正如在坎帕尼亚地区一样，焦土变成了灰，埃特鲁里亚地区也是如此，烧焦的物质成了灰烬。这两种物质是建筑的上等材料，但一种适合于陆地建筑，另一种则适用于筑海堤。这种材料比土壤更结实，因为地下深处的热气已经将它的内部烧焦了。这种类型的沙称为"红土"，出产于若干地方。

第 7 章　用于混凝土墙体的石料 *

1．我已经陈述了石灰石和沙的多样性及各自的特性。按照顺序，接下来我要说明采石场，建筑所用方石和碎石便是在采石场开采并加工的，这些石料的品质也各有不同。有些石料较软：在罗马城周边地区[1]，像萨克沙·鲁布拉（Saxa Rubra）、帕拉（Palla）、费登纳埃（Fidenae）和阿尔巴（Alba）等地出产的石料即如此。有些石料不软不硬，如蒂布尔（Tibur）、阿米特纳埃（Amiternae）和索拉克特（Soracte）等地出产的石料。有的石料很坚硬，如 silex（硬石灰石）。还有不少其他种类的石料，如坎帕尼亚地区出产的红色与黑色凝灰岩，翁布里亚（Umbria）、皮切鲁姆（Picenum）和威尼蒂亚（Venetia）的白色凝灰岩，这些石料像木头一样可以用锯子锯开。

2．所有这些软石都有共同的优点，就是易于加工成石材。只要将它们用于有遮挡的地方，便可保持其强度不变，但若置于露天没有顶盖的地方，一旦冰霜渗入，石头便会开裂分化。同样，若用在海边它们就会损耗，被盐分腐蚀，也经受不了夏天的酷热。另一方面，石灰华（travertine）和所有同类石料能够经受各种应力，无论是重压还是恶劣天气的侵害；但它们怕火，一旦遇到火便炸裂粉碎，因为它们的自然成分中几乎无水，土也不多，但有大量的气与火。因 [39]此，由于这种石头的内部本来就几乎没有湿气与土的成分，若用强火在其顶部烧灼，将空气成分驱赶出来，火便会潜入石头内部，占据每条空虚的筋脉并燃烧起来，产生一种化合物，而且就像其本身的元素体一样炽热燃烧。

3．在塔尔奎尼（Tarquinii）的版图之内，有个叫安尼奇安（Anician）的地方有若干采石场，所出产的石料其色彩就像阿尔班山石（Alban stone）。那里的作坊大多分布在威西尼湖（Lacus Volsiniensis）和斯塔托尼亚县（Statonia）周围。这些石料有数不清的优点，暴风雪和火烧均不能伤害它们，且坚固耐久，这是因为在它的天然成分中，气与火的含量极低，水的含量适中，有丰富的土元素，肌理紧密而坚固，任恶劣天气和火力也无法伤害[2]。

4．费伦图姆城（Ferentum）周边的那些纪念碑是用这些采石场的石料制作的，便证明了这一

---

1 维特鲁威只认可一个 Urbs（城市，指罗马），其他城市称 civitates（公民团体、城市）或 oppida（城市）。

2 所有抄本都将 nocentur（伤害，被动态复数）读作 nocetur（伤害，被动态单数），因此可见将复数误作单数的错误早就进入了原典的传统之中。我们无法知晓这一错误是否是作者本人造成的。

点。大型雕像工艺精湛，小型雕像及花卉与莨苕纹雕刻精致优雅，尽管年代久远，但看上去如新落成的一般。同样，青铜匠师也在这些采石场的通风处制作模具，他们发现这些石料最适合用于青铜铸造。

如果这些采石场就在罗马城附近，所有工作最好都在这些作坊中完成。

5. 但如果因较近的距离必须要用萨克沙·鲁布拉和帕拉或其他附近采石场石料的话，要想完美无缺地完成工作，就应做好以下准备工作。

在决定开工建房时，要采用两年前的冬季而非夏季开采出来的石料。这些石料开采出来后应露天陈放。在这两年内，受到风雨侵蚀而损坏的石料可用于基础部分，其余未损坏的所有石料因为已经受住了大自然的考验，用于地上工程的建造便可经久。不仅方石结构应如此备料，碎石结构也应这样。

第 8 章　混凝土墙体及石造墙体的各种样式 *

1. 石造墙体有两种类型：一是 reticulatum（"网状结构"），现在大家仍在使用；另一种是古老的做法，称 incertum（"乱石结构"）。两者中网状结构较为美观，但易于开裂，因为它的接缝和连接处在各个方向上都是断开的。而乱石结构中的碎石相互交叠倾斜，虽然不太漂亮，但比网状结构更加牢固经久（图 32）。

2. 这两种墙体都应采用粒度极细的原料来构筑，以使墙面能饱含石灰与沙组成的砂浆并长久结合在一起。这些石料质软而多孔，它们吸收水分而使砂浆干燥。当掺入大量的石灰与沙时，墙面便含有较多水分而不会很快变得脆弱，而是被这两种物质牢固结合在一起。但是一旦碎石的多孔结构将水分从砂浆中吸出，石灰与沙子分离并被分解，碎石便不能与石灰与沙子相结合，就会致使墙体随时间推移而倾颓。

3. 这种情况的确可以在罗马城各处的大理石或方石纪念碑上见到。这些纪念碑的内部填充着碎石，砂浆因岁月流逝而变得脆弱，多孔的凝灰岩将其吸干，连接部位破损，致使结构分崩离析。4. 因此，若不想重蹈覆辙，就必须在墙体正立面的中部留出一个空腔，并用阿尼奥（Anio）石矿出产的凝灰岩方石或赤陶砖或裂片石（split stone）在其中砌一道两足厚的小墙，再用铁夹板和铅条将外墙面与内墙联结起来。这样墙体就不是胡乱堆砌的，而是秩序井然，永无缺憾。因为基础部分和连接部分相互固定在一起，接缝处合为一体，墙体就不会向外膨胀，正立面（被牢牢夹住）也不会向外倒塌。

5. 因此，希腊人的砖石墙体不可废弃（图 33）。他们不采用软碎石贴面的墙体构造法。他们不用琢石板（ashlar blocks）建房，而是用裂片石或硬石板（flagstone）做层层砌造，以交错的砌层使接缝结合为一体，正像他们用砖砌墙一般。由此他们使墙体获得了坚固持久的力量，永远不会垮塌。

希腊人砌筑的墙体有两种类型，一种是**整块丁砌式墙体**（isodomic），另一种是**假整块丁** [40] **砌式墙体**（pseudoisodomic）。6. **整块丁砌式墙体**所有砌层厚度相等，而**假整块丁砌式墙体**则石块排列相交错且砌层厚度不等。这两种砌法都很坚固，原因如下：首先，由于硬石板本身密度高而且坚实，所以不会吸干灰浆水分，可使其长期保持湿润状态；其次，由于墙体的基底已加工得平整且水平，灰浆便不会下陷，始终与墙壁厚度保持一致，永远结合在一起。

7. 另一种墙体构造法他们称作碎石空斗墙〔*emplékton*〕，我们意大利农民也采用此种方法。墙的正面是贴面的，其他各面则以灰泥涂抹，不加修整，接缝相交错。但是我们的人却急功近利，只将面板直立起来，在其间填充碎石与砂浆。这样墙体便仍分为三层：两层外壳，一层是填充料。

希腊人并不这么做，而是平铺石板，以纵向交替地砌入墙体，也不将中间的空腔填实，而是砌成厚重结实的双面墙体。他们始终采用贯穿两面的石块，且两个面都做修饰。他们称这些石块为横穿砌石〔*diatonoi*〕，可将墙体结合为一体以增强墙体的坚固性。

8. 因此，想根据这些意见考虑和选择墙体构造类型的人，便可了解到使墙体永不坍塌的基本原理。那些用软碎石构筑的结构，尽管精致漂亮，但随着岁月流逝，不能避免倾颓的危险。因此，当估价师被任命来评估界墙时，他们绝不会根据原先的造价来估价软碎石墙体。他们会看最初契约中所记的造价，每过去一年便扣除总金额的八十分之一，余下的金额就确定为墙的眼下价值。实际上他们已做出了这样的判断：这类墙的寿命不可能超出八十年。

9. 对于砖墙而言，只要它们屹立不倒，估价时就不会打任何折扣，总是按照当初的造价来评估。所以，在一些城市中我们可以看到，无论是公共建筑还是私家建筑，甚至皇家宫殿，都用泥砖来建造。首先是雅典城墙，与伊米托斯山（Mount Hymettus）和彭代利山（Mount Pentele）相向而立。同样，在位于帕特雷（Patrae）的朱庇特与海格立斯神庙（temple of Jupiter and Hercules）中，内殿也是泥砖建造的，尽管外部有石造下楣与圆柱环绕。在意大利的阿雷蒂乌姆（Arretium），有一堵老墙建得很棒。在特拉莱斯（Tralles），有一座为阿塔里德王朝（Attalid）的国王们建造的宅邸，总是被赐予城市大祭司作为住所。至于斯巴达，人们将镶嵌砖画从墙上切割下来，装上木框，拿去装饰公民议事厅（Comitium），以此荣耀瓦罗（Varro）和穆雷纳（Murena）的营造官职位（aedileship）。10. 克罗伊斯（Croesus）的宅邸是用泥砖建的，萨迪斯（Sardis）人已将它献给老人院（College of Elders）当作会议厅，这样他们的公民便可以在安宁闲暇中安度晚年。

附记：哈利卡纳苏斯之旅（图34）*

在哈利卡纳苏斯（Halicarnassus），强大的国王摩索拉斯（Mausolus）的宅邸处处用普罗科涅斯大理石（Proconnesian marble）来装饰，但也用泥砖构筑围墙，坚固恒久至今仍屹立不倒，以至于墙面灰泥被磨得光光的，如玻璃般透明晶亮。国王这样做并不是因为缺钱，他统治着整个卡里亚地区，赋税充足。

11．从下面这个故事我们可看出他在建筑上的聪明才智。他虽出生于米拉萨（Mylasa），但当他了解到哈利卡纳苏斯有天然要塞、适宜的集市和良港，便将自己的宅邸建在了那里。现在这一地址类似于一个弧形剧场。他在山下港口附近地势最低的地方开辟了市场，在半山腰剧场座位阶梯之间的过道处开辟了一条宽阔的大道，中央建起陵庙。他倾注了那么大的心血来营造，以至于这座陵庙被列为世界七大奇观之一。在山上城堡的中央有一座马尔斯神庙，内有一尊石首石肢木身像，出自莱奥卡瑞斯（Leochares）的高贵之手（有人认为是莱奥卡瑞斯制作了这雕像，有人则认为它是提谟修斯（Timotheos）的作品）。

[41]　　　在右边山顶上有一座供奉维纳斯与墨丘利的神庙，右手处还有一座萨尔玛基斯仙女喷泉（fountain of Salmacis）。12．人们错误地认为喝了这泉水便会感染性病。不过，我要毫不迟疑地说明此种错误的看法为何会通过流言而传遍全世界。他们说这泉水清澈甘甜，喝了泉水的人便会变得柔弱且不知羞耻，这是不可能的事。米拉斯（Melas）和阿雷瓦尼亚斯（Arevanias）一同率领移民队伍离开阿尔戈斯（Arges）和特洛曾（Troezen）定居于此地，当时他们必须驱逐野蛮的卡里亚人和利利格人（Leleges），结果这些人都被驱赶到山里，他们聚集起来，侵犯这一地区，残暴地袭击这些移民。后来，有个移民在泉边开了一家条件很好的客栈，想利用这优质泉水赚钱。在经营生意的过程中，这些野蛮人被吸引，他们便一个个从山上下来，加入到城市的社会生活中，逐渐改变了其粗野的生活方式，养成了希腊人的习性，心甘情愿地过上了文雅的生活。所以，这泉水的名气并非来自传播无耻性病的恶行，而是来自以人性魅力驯化野蛮精神的善举。

13．既然我已经说到了城墙，那么余下的便是勾勒出城镇的总体面貌。上文提到，维纳斯神庙与喷泉立于右边的山头，而左边山顶则建有国王摩索拉斯的宅邸，这是他自己规划的。地形很有利，向上可以看到右边的广场、港口以及整个蜿蜒伸展的城墙。在左边的城墙之下隐藏着一个秘密港口，没有人能看到或知道那里发生了什么事情，但国王可以从他的宅邸观察到那里的情况，了解到他的士兵与水手需要什么，而别人却浑然不知。

14．摩索拉斯去世后，他的妻子阿尔特米西亚（Artemisia）成了统治者，罗得岛人对于所有卡里亚城市都由一位妇女来统治这一点心怀不满，便开来了一支舰队要占领这个王国。这个消息报告给了阿尔特米西亚，她命令在这港口内埋伏一只舰队，隐藏着划手和水兵准备迎战，其余公民都部署在城墙上。当罗得岛人乘着装备精良的舰队而来并在主港口登陆时，她命令臣民们欢呼跳跃、佯装投降，罗得岛人便离船入城。正当此时，阿尔特米西亚率领她的舰队从小港出发，沿一条通向大海的水道驶进大港。接着她命令士兵们弃船 [并登上敌船]，将罗得岛人的舰队开到公海上。这时罗得岛人无路可退，被团团围住，就在广场上被砍头。15．阿尔特米西亚和她的士兵及划手开着罗得岛人的船只向罗得岛进发。当罗得岛人远远看到自己的舰队驶来并披挂着月桂树叶，便以为是在迎接自己的同伴凯旋，而实际上他们迎来的却是敌人。阿尔特米西亚占领了罗得岛，杀了统治者，在城中建起了胜利纪念碑。她委托人铸造了两尊青铜人像，一尊代表罗得岛城，一尊是自己。这后一座雕像表现的是她在罗得岛身上打下烙印，将之作为自己的奴隶。后来罗得岛人因宗教信仰之故而不能拆掉它——因为拆除一座曾献祭过的胜利纪念碑是亵渎神灵的——只得在周围建起一些建筑物将这座雕像围起来，同时设立一座希腊警卫室将其封锁起来，不让人看见，并下令说此处已被宣布为圣区，不得入内。

砖砌墙体

16．所以像这样强大的国王都没有轻视泥砖墙体建筑。他们有赋税与战利品，用碎石或方石结构甚至大理石建造是完全能办得到的。所以我觉得自己不应轻视砖砌结构的建筑，只要这些建筑能正确加盖屋顶。不过我将谈谈罗马人在城中建房所采用的不正确的结构类型，也会谈到这一现象的原因和理论问题。

17．法律不允许界墙厚度超出一足半，其他所有墙体也是如此，除了最狭窄的场地之外都采用这同样的厚度。不过，一足半厚的砖墙，除非是两层或三层砖的厚度，否则便不能承载一层以上的房屋。鉴于这样一座宏大的城市中有如此密集的人口，就必须建造无数的住房。因此平房不可能容纳城中如此众多的人口，建高楼便是权宜之计（图35）。* 采用石扶垛、砖砌与碎石工艺构造的墙体，可以建造多层建筑，上层隔成 [1] 若干房间以充分利用。各种不同类型的墙壁和屋顶使垂直空间成倍增加，罗马人便有了优良的居所，在法律上无后顾之忧。18. 现在理由就清楚了，为何罗马城中不可用泥砖砌筑墙体，因为空间有限。 [42]

如果计划在罗马城外用泥砖砌墙，问题在于如何保证墙体长久不开裂。在墙体的顶端，屋瓦下方，应做一足半高的陶砖墙体并向外挑出，像上楣一样，这样就可避免此种类型的墙壁会出现的缺陷。当屋瓦破裂或被风吹落时，在水顺瓦流下来的地方，赤陶保护层可使泥砖免受损害。19. 向外挑出的上楣可使流下的水远离墙面，从而保护整个墙体。关于陶瓦本身，不能立马判断将它用作结构材料是好是坏——只有将它置于屋顶，经受风雨和岁月的检验，才知道它是否结实。如果陶砖不是用上等黏土制的，或焙烧不充分，一旦砌入墙体并经受冰霜，便会显露出缺陷。所以，不能经受置于屋顶检验的陶砖，用来砌筑墙体亦不能稳固地承载负荷。

20．这就是用旧屋陶瓦砌筑的墙体具有可靠耐久性的原因。

半露木骨与木格结构

至于半露木骨墙体（Half-Timbering walls），我倒真希望它没有被发明出来。尽管这种结构有施工快捷、跨度大的优点，但也是灾祸的来源，而且是大灾祸，因为着火时它们会像火把那样易燃。因此应该明白，使用陶砖要比图方便冒险使用半露木骨结构合算些。甚至半露木骨墙体在

---

1 抄本读作 *dispertiones*（分配、分开）。

抹灰时也会产生裂缝，因为木头纵横交错。抹第一遍灰时，墙体吸收水分而隆起，干燥后便收缩；如此缩进并起皱，破坏了灰泥的牢固性。不过由于工程仓促，或资金不足，或下层架空等原因，迫使人们采用此法。应该这样做：要给木筋做上底脚，使其不触及底层地板（subfloor）或地面，否则时间一长便会腐烂。一旦下陷便会倾斜，使灰泥外表开裂。

我已尽其所能地说明了各种类型的墙体及其材料的制备，筑墙所用的砂浆，以及它们各自的优缺点。现在我将根据科学所证明的原理，讨论地板、顶棚以及所需制备的材料，使其能经久不衰。

第9章　木　材

1．木材的采伐应在初秋至开始刮西风之前这段时间进行（图36）。* 其中的道理就在于，春天所有树木开始孕育果实，经过了秋天和冬天，它们将体内的精力转移到了树枝和一年一度结的果实中。因为，当季节迫使它们空虚浮肿时，它们就变得没有分量，无力而虚弱，就像妇女的身体—— 一旦她们怀了胎，便不再受到重视，直到婴儿出生。当女奴被送去出卖时，怀了胎的也不能说是个健康人，因为她体内成长的胎儿将食物所提供的所有营养转为自身所吸收，越临近出生吸收力越强，母体便不可能很结实。婴儿出生之后，母体摆脱了生育后代的负担，开始通过其空虚而开敞的血脉吸收原先滋养另一生命体的营养，吸吮着汁液，逐渐变得强壮起来，恢复了原先的自然活力。

2．同样道理，秋天时树叶枯萎、果实成熟，树根开始吸收大地的养分，恢复过来，回到了原先强壮的状态。整个冬季强劲的寒风使树木更加紧密坚实，这一点上文刚刚讲过。这就是为何木材在这个季节采伐才合理的原因。3．不过伐树时应砍至树芯，让树液渗出，使木材干燥。这样，筋脉中多余的汁液便经断层流出，既可去除变质的汁液，又不会使木材腐朽变质。当树木干燥了，不再滴汁液，便可将它砍倒，这是使用起来质量最好的木材。

4．可以看一下截去了树梢的树木，便可知这一点是真实的。* 在树的底部打孔并截去多余的部分，树体内所含的多余而变质的液体便从这些开口流淌出来。当树木干燥之后，就会变得坚固耐久。树木中的水分如果没有出口，便凝结起来，在体内腐烂，造成内部的空腔，形成缺陷。因此，如果树木在未长老时便干燥了，仍然站立并存活着，将它们砍伐下来用作木材，并按照这些提示去照料，就能使它们在建筑中长久派上大用场，这是毫无疑义的。

5．树木的特性各有不同，如栎树（oak）、榆树（elm）、杨树（poplar）、柏树（cypress）、冷杉（fir）等尤其适合于建筑。栎树的功能不同于冷杉，柏树与榆树的用处也不一样。其他树木的天性也不完全相同。它们的主要元素特性构成了各种树木类型，每种类型自有其工程上的用

[43]

途。6．首先，冷杉中有大量的气与火，水与土则很少，它是由较轻盈的自然之力构成的，材质不重。它保持着直挺的自然形态，重压下不易弯曲，用作小樑是笔直的。不过，由于它含有较多的热，易于朽坏。再者，它易于燃烧，由于体内有稀疏的空气及开放的结构，所以它接纳火，并且的确会发出烈焰。

7．冷杉在被伐倒之前，它最接近土壤的部分通过根系吸收水分，所以水分很多，而且无节疤。而上部则由于树枝热量高，通过节疤向空中扩展，所以用斧子在12足高的地方砍下，就称作"棒槌木"（club wood），因为它的节疤很硬。这种树的最下部分被砍伐下来并剖开，去掉切口，便可用于制作细木家具，这种木头叫作冷杉木。

8．相反，栎树体内富含基本的土元素，水、气或火极少，埋入土木结构中能经久不坏。栎树木质紧密，没有疏松结构所具有的虚空，浸入水中不吸收水分。它见水便收缩，因抗拒而变形，所以用它制作的工件会开裂。

9．另一方面，冬栎树中所有元素含量均衡，实践证明在建筑工程中极其有用。不过，当它接触到水时，通过毛孔吸收水分，吐出气与火，便被湿力所毁坏。土耳其栎树和山毛榉（beech），水、火和土的混合比例相当，气的比例很高，若将水分吸入内腔便会迅速朽坏。白杨与黑杨，还有柳树（willow）、椴树（linden）和贞洁树（agnus castus），含火与气充分，水适中而土极少，这就构成了较轻的混合体，使用起来似有显著的刚性。但由于混合了土元素，所以并不硬，而且因结构疏松而呈明亮的白色，且柔顺易刻。

10．桤木（alder）生长在河岸边，似乎是无用之材，其实具有非凡的特性。它由大量的气与火构成，土不多，几乎无水。因此在沼泽地区的工地上，可将它们紧紧捆扎起来用作基础的基桩。它吸收本身所缺的水分，可保持长久不腐烂，承载结构的巨大负载，可使其完好无恙。这样，原本离开土壤便要毁坏的木材，被浸入水中便可永不朽坏。11．这种情况在拉韦纳随处可见，那里的所有建筑，无论是公共建筑还是私人建筑，其基础之下均有这种类型的基桩。另一方面，榆树与梣树（ash）含有大量水分，气和火元素微乎其微，并含有中等程度的土元素，使用时易于加工，这是因为含水多，木质不硬，易弯曲。同时，它们若随时间推移而干燥，或生长在阳光强烈的地方，便会失去体内水分变硬起来。由于它具有伸缩性，可使接合部牢固地连接在一起。

12．同样，鹅耳枥（hornbeam）含有少量火和土，却拥有最大限度的气和水，所以木质不脆。它的确最好用也易于处理，因此希腊人用它来做牛轭，称为"轭木"（他们称轭为 *zyga*）。柏树和松树（pine）也很重要，它们含丰富的水，其余各种元素的混合量相当，使用时因水分过多而易弯曲，但它们经久耐用，因为其体内的湿气有一种辛辣的性质，十分强烈，可防止腐菌与害 [44] 虫侵入。这就是用这些木材建造的工程能永久保存的原因。

13．雪松（cedar）与红松（juniper）也具有相同的性质和用途。柏树和松树产生松脂，而雪松则生出一种油脂，称作雪松油。用这种油擦拭物体，如莎草纸卷，便不会被虫蛀或发生霉变。这种树的叶子类似于柏树，但木头纹理是直的。以弗所神庙中的狄安娜雕像便是用此种木材雕刻的。在这座神庙和另一些高贵的神庙中，顶棚藻井也是用这种材料做的，因为它坚固耐久。这些树木主要生长于克里特岛、非洲以及叙利亚的一些地区。

14．落叶松（larch）无人知晓，除了波河流域以及亚德里亚海岸的居民之外。它不仅因汁液辛辣刺鼻而不会腐朽与被虫蛀，也不会招惹火苗。它是烧不着的，除非将它像石头一样与其他各种木头一起投入石灰窑中。即便如此，它也不会燃起火苗，不会烧成木炭，而是被慢慢消耗掉。因为在它的构成元素中，火和气极少，而水和土十分密集，没有毛孔可让火渗入。它将火的力量挡了回去，使自身避免很快受到火力的伤害。它的分量很重，不会漂浮于水面，所以运输时要将其装在大船上或冷杉木平底船上。

落叶松的发现

15．值得了解一下这种木材是如何被发现的。当神圣的凯撒统领着一支军队接近阿尔卑斯山时，他下令周围各村镇为他提供补给。这个地区有一座设防的城寨，叫拉里格努姆（Larignum）*，城中人仗着天然屏障不愿服从命令。这位大将军便命军队将它团团围住。城寨大门前有座塔楼，便是用这种木头交错搭建的，堆积得很高，就像堆起的火葬柴堆，这样他们便可在上面投掷利矢与石块。守军的唯一武器是标枪，而标枪因为太沉重，从城墙上不可能投掷得很远。当凯撒了解到这一情况，便下令逼近塔楼，投掷柴束和火把将它点燃。这些东西是士兵们迅速收集的。

16．堆积在木塔周围的柴束燃起了大火，火焰直冲云霄，士兵们以为他们就会看到整个建筑物轰然倒塌。但当火渐渐自然熄灭时，木塔却安然无恙，未受损伤。凯撒大吃一惊，下令在标枪投掷距离之外绕城挖掘壕沟。被围困的市民陷入恐慌而投降。凯撒询问这种不受火伤害的木头从何而来，市民带他看这种大量生长于这一地区的树木。由于这城寨叫作 Larignum，于是这木头便取名为 larch（落叶松）。

落叶松沿波河运往拉韦纳，那个地区的法诺（Fano）、佩萨罗（Pesaro）、安科纳（Ancona）等城市便获得了这种木材。若可能将此木运至罗马城，便可以在建筑工程中派上大用处——即便不是处处使用，至少可以用来做公寓建筑的檐部，阻断蔓延的火苗，使建筑免除危险。因为落叶松不会被明火和燃煤点着，也不会被烧成木炭。

17．这些树木的树籽与松树相似，木材高大用于制作橱柜绝不比松木板差。它的树液呈阿提卡蜜色，可治疗气喘病。

我已对各种木材类型、自然特性以及流传方式做了说明。接下来请允许我解释一下，在罗马为何用"高地生长"的松木作为室内装潢的木材，而那些称为"低地生长"的松木则被用来建造永世长存的建筑物。与此相关的是：树木的优点和缺陷何以取决于产出地的自然特性，以便考察者对这些事情具有更开阔的眼光。

第 10 章 树木生长地的重要性

1．亚平宁山脉起始于第勒尼安海，横亘于阿尔卑斯山与埃特鲁里亚边区之间，但山脊是一条曲线，这曲线的中心几乎触及亚得里亚海岸，接着又绕回去延伸至另一边的大海。它的弯 [45] 曲部分面向埃特鲁里亚和坎帕尼亚。较近处阳光明媚，因为那里总是朝向太阳运行的路线。远处的一边向着上海（Upper Sea）（亚得里亚海）倾斜下去朝向北方，被连续伸展的阴影和黑暗所环绕。生长在这里的树木长得极高，为湿润力量所滋养，筋脉吸收充沛的水分，通体浸透了过多的膨胀汁液。再者，当它们被砍伐下来剖成木料时，便丧失了机体的生命活力。它们干燥之后，筋脉仍然硬挺着，结果因多孔而使木材如海绵体般松软，所以用于建筑不能耐久。

2．而朝太阳轨迹方向生长的树木，因为筋脉不开放，水分被排干，变得很结实，因为太阳的照射不仅吸干了土壤的水分，也吸干了树木的水分。因此生长于阳光灿烂地区的树木，因密集的筋脉相互接近而木质坚实，没有水分所造成的疏松纹理。当这些树木被剖成木材时便可长期被派上大用处。因此，生长于阳光充足地区的低地树木，比阴暗高地的树木要好些。

3．我尽其所能想到了这些评估意见，已经阐明了建筑工程必须准备的材料，它们体内自然元素的组合与脾性，以及每种类型的优缺点，这一切都是建造者必须了解的。若能遵循这些规范，在对工程材料的选择上便会更加小心谨慎。既然现已阐明了材料制备问题，在接下来的一卷中，我将按顺序首先描述不朽诸神的庙宇建筑，它们的均衡与比例。

第 3 书

神　庙

[46] 前 言 对艺术技能的判断

1. 德尔斐的阿波罗，通过阿波罗女祭司宣示神谕说，苏格拉底是世上最聪明的人。苏格拉底说过的睿智而博学的言语也被记录下来。苏格拉底说，人的心灵应透明开敞，这样他们的情感就不会隐藏起来，而是可以检验的。是啊，要是上天听从他的意见，使人心清澈开敞可让人洞察就好了！那样的话，不仅可以对人的灵魂的种种优缺点做近距离的观察，而且也不用再靠那些无把握的判断来检验展示于我们眼前的各学科知识，真正有学识有智慧的人会得到人们的景仰，具有不可动摇的权威性。

但事情并不是这样安排的，而是根据大自然的意志而定的，所以人不可能对隐而不显的艺术知识状况做出判断，因为天分隐没于人类胸中的一片黑暗之中。尽管艺术家本人宣称自己有良好的判断力，但如果他们不富有，或未能因长期开作坊而为人所知，也不具备罗马集市广场上的那种公众影响力和公共论辩的技能，那他们在自己所声称的技能方面便不可能成为令人信服的权威。

2. 我们首先可以在古代雕塑家和画家的案例中看到这种情形。这些艺术家地位特殊，受惠于艺术赞助人，永远被后代所怀念，如米隆（Myron）、波利克莱托斯（Polycleitus）、菲迪亚斯（Phidias）、李西普斯（Lysippus）以及其他因自己的艺术而博得名声的人。* 当他们为大都市、国王或杰出公民制作作品时，也为自己赢得了巨大的名声。但是，那些与著名艺术家相比出力并不少、天分并不低、技能并不差的人，制作的作品也很优秀，但未能在普通公民中博得任何名声。他们被抛弃了，不是因为他们不卖力，也不是技艺不佳，而是运气不佳，如雅典的海吉阿斯（Hegias of Athens）、科林斯的基翁（Chion of Corinth）、拜占庭的博埃达斯（Boedas of Byzantium），以及其他许多人。* 画家也是如此，如萨索斯岛的阿里斯托梅尼斯（Aristomenes of Thasos）、基奇库斯（Cyzicus）的波利克勒斯（Polycles）和安德罗基德斯（Androcydes）、以弗所的安德隆（Andron of Ephesus）、马格尼西亚的忒奥（Theo of Magnesia）等画家。他们很勤奋，受过良好的训练，技术也不错，但由于个人贫穷，命运多舛，或在工程投标中被对手击败，前进的道路障碍重重。3. 由于缺乏公共意识而使艺术成就黯然失色，这是不奇怪的；至于通过社会关系的影响，违背诚实评价原则而获得项目批准，像经常发生的那样，这就令人无法容忍了。

因此，若像苏格拉底所说的，我们的感知能力和见解，我们对各种学科的知识是清晰明了、理解透彻的话，外界的影响和偏爱便不会起作用，所有委托工程便会自动分派给那些通过诚实可信的工作在某个领域中掌握最丰富知识的艺术家。但由于这些事情并不像我们想象的那样一目了然、不言自明，而且我注意到无知之徒的影响力超出了有学识的人，所以我决定不去与那些热衷于沿街兜售的人争辩，而是将这些意见发表出来，以展现我们这个行业的卓越性。

4. 因此，大将军陛下！我在第一卷中已向你说明了这门艺术，它所拥有的独特品质，以及建筑师应训练的科目；我也补充陈述了建筑师应获取这些技能的理由；接着我对建筑的主要分支做了分类，确定了各自的内容；然后，我根据理论原则解释了筑墙以及如何为城镇选择健康地点的问题，以作为必要的第一步；我列出了各种风的名称，以插图演示了每种风吹来的方位，并说明了如何安排城中主干道与大街小巷，这些就是第一卷的内容。在第二卷中，我延续着同样的脉络，谈了各种建筑材料：它们在工程中的各种用途和各自的自然特性。在这第三卷中，我将讨论不朽之神的神圣居所，对设计方法做出说明。 [47]

第 1 章　均衡的基本原理

1．一座神庙的**构成**基于**均衡**，建筑师应精心掌握**均衡**的基本原理。**均衡**来源于**比例**，希腊语称作 *analogia*（比例、对比、类比）。**比例**就是建筑中每一构件之间以及与整体之间相互关系的校验，比例体系由此而获得。没有均衡与比例便谈不上神庙的构造体系，除非神庙具有与形体完美的人像相一致的精确体系（图37）。

2．大自然是按下述方式构造人体的，面部从颏到额顶和发际应为 [身体总高度的] 十分之一，手掌从腕到中指尖也是如此；头部从颏到头顶为八分之一；从胸部顶端到发际包括颈部下端为六分之一；从胸部的中部到头顶为四分之一。面部本身，颏底至鼻子最下端是整个脸高的三分之一，从鼻下端至双眉之间的中点是另一个三分之一，从这一点至额头发际也是三分之一。足是身高的六分之一，前臂为四分之一，胸部也是四分之一。其他肢体又有各自相应的比例，这些比例为古代著名画家和雕塑家所采用，赢得了盛誉和无尽的赞赏（图37）。*

3．同样，神庙的每个构件也要与整个建筑的尺度相称。人体的中心自然是肚脐 *（图38）。如果画一个人平躺下来，四肢伸展构成一个圆，圆心是肚脐，手指与脚尖移动便会与圆周线相重合。无论如何，人体可以呈现出一个圆形，还可以从中看出一个方形。如果我们测量从足底至头顶的尺寸，并将这一尺寸与伸展开的双手的尺寸进行比较，就会发现高与宽是相等的，恰好处于用角尺画出的正方形区域之内。

4．既然大自然已经构造了人体，在其比例上使每个单独的部分适合于总体形式，那么古人便有理由决定，要使他们的创造物变得尽善尽美，并要求单个构件与整体外观相一致。因此，他们将所有类型的建筑，特别是诸神居所的比例序列传给后代，同时这些建筑的成功与失败也会永远流传。

完美数 *

5．他们还以同样方式收集人体各个部分的测量原理，这对任何工程来说似乎都是必要的，如指、掌、肘，并将这些测量单位组合成完美数，希腊人称为 *teleion* (齐全的宴席)。古人认定十为完美数，因为它是从双手手指为十来的。因双手手指数天生就是完美的，柏拉图便乐意说，由于这原因，十也是完美的数字，十是由那些希腊人称作 *monades* (单子) 的 [四个] 元素相加得出的。一旦它们达到十一或十二，由于它们超过了十 [并超出了四个一组的四]，便不再是完美数，直至达到下一个十。不妨说，最初的四个整数是完美数的构成元素。

6．不过，持反对意见的数学家说，六才是完美数，因为这个数中包含了六个单位，它们的比值又与数字六相吻合。六的六分之一（sextans = n/6）等于一；六的三分之一（triens = n/3）等于二；六的二分之一（semissis = n/2）等于三；六的三分之二（bessis = 2n/3）等于四；六的八分之五（pentemoiros = 5n/6）等于五，尽善尽美的数字便是六。现在，若再加上另一个单位，使数字向六的双倍增加，即给六加上它的六分之一（n + n/6），称作 *ephekton*(一又六分之一)，便

[48]

是七；到八时，给六加上它的三分之一（n + n/3），得到 sesquitertium （4：3），称作 *epitrios* (一又三分之一)；给六加上它的二分之一（n + n/2）便得到 9 个单位，产生 sesquialterum （3：2），称作 *hemiolios* (一又二分之一)。六加上它的两个六的三分之一（n + 2n/3）为十，得 bes alterum (另一个三分之二)，称作 *epidimoiros* (一又三分之二)。在十一中，由于六加上了五个六的六分之一（n + 5n/6），便有了六的六分之五，这称作 *epipemptos* (一又六分之五)。而十二是由两个整数六构成的（2×6；也就是 6+6），称作 *diplasios*，即"双倍"。

7．他们坚持认为六这个数字是完美数，还因为足是人体高度的六分之一，该数使得足的尺寸完整起来，乘以六便得出人体的高度。此外，古人观察到肘是由六掌或二十四指构成的。在这些观察的基础上，希腊城镇似乎制定出了一套规则，正如一肘为六掌，一德拉克马 (drachma) 银币的价值等于六枚相同印花的铜币，这铜币就像我们用的磅一样，他们称作欧布鲁斯 (obols)，并决定设四分之一欧布鲁斯面值的硬币，有些城市称 *dicalcha* (双铜币)，有些称 *tricalcha* (三铜币)，为一德拉克马的二十四分之一，其比率即是手指对应于手掌的关系。8．我们的祖先确定了古代数字，并发明了十磅的第纳里 (denarius) *，这就是我们的硬币至今仍称为第纳里的原因。四分之一第纳里为两点五磅，他们称为 *sestertius* (小银币)。后来他们发现六与十这两个数字都是完美的，便将它们加起来，得出最完美的数字（即十六）。这项发明源于足。如果一肘中扣除两掌，余下的四掌等于一足，每掌由四指组成，由此得出一足为十六指。同样，一第纳里铜币是由十六磅组成的。

9．所以，数字发明于人体四肢，各部分与整体之间存在着尺寸上的对应关系。如果承认这一点，那么我们便可认识到，创建了不朽诸神居所的古人，对建筑构件的形状和均衡进行调整，建立起了秩序，以便创造出部分与整体的恰当尺度。

第 2 章　神庙类型（图 39）

1．神庙的基本原理决定了其平面形式。最早出现的神庙是**前廊端柱型**（in antis），希腊语为 *naos en parastasin*（门柱内的庙宇）；接下来有**前廊列柱型**（prostyle）、**前后廊列柱型**（amphiprostyle）、**围廊列柱型**（peripteral）、**伪双重围廊列柱型**（pseudodipteral）、**双重围廊列柱型**（dipteral）以及**露天型**（hypaethral）。*

2．一座神庙，如果它的内殿墙壁前伸至立面，并在这两墙之间设置两根圆柱，这种神庙就称作**前廊端柱型**。圆柱之上应砌山墙，要根据本书中所规定的均衡要求来设置。这种神庙的实例可在命运三女神（Three Fortunae）的神庙中看到，在这三座神庙中，距科利纳城门（Porta Collina）最近的那座便是。

3．**前廊列柱型**神庙具有前廊端柱型神庙的所有特征，但在墙壁端部前面也有两根角柱。圆柱之上，像前廊端柱型一样也有下楣；两根圆柱，左边一根，右边一根。这种神庙的实例有位于台伯河岛上的朱庇特与法乌努斯（Jupiter and Faunus）的神庙。

4．**前后廊列柱型**神庙具有前廊列柱型的所有特征，此外，在神庙的后部也有相同类型的圆柱与山墙。

5．**围廊列柱型**神庙的前部与后部均有六根圆柱，两侧加上角柱各有十一根圆柱。圆柱与墙壁之间的距离要与柱间距等宽，环绕墙壁一周延至这排柱子的外沿，以便形成环绕内殿的通道，如赫莫多鲁斯（Hermodorus）设计的梅特卢斯柱廊（Porticus Metelli）中的朱庇特（Jupiter Stator）神庙，以及穆基乌斯（Mucius）设计的荣誉与美德（Honos and Battlecourage）神庙，位于马里亚纳（Mariana）附近，但它没有后门廊。*

6．**伪双重围廊列柱型**（pseudodipteros）神庙的设计是前后都有八根圆柱，两边包括角柱各有十五根。内殿的墙壁应正对着前面中央四根柱子。因此，内殿墙壁与柱列外沿之间的空间就应相当于两个柱间距再加一根圆柱。在罗马没有这种神庙的实例，但赫莫杰勒斯建造的马格尼西亚（Magnesia）的狄安娜（Diana）神庙 *，以及由墨涅斯泰尼斯（Menesthenes）设计的位于阿拉班达（Alabanda）的阿波罗神庙，便是这种类型的（图 40）。* [49]

7．**双重围廊列柱型**（dipteros）神庙的前后各有八根圆柱，但有两列圆柱环绕着建筑物，如多利克式的奎利诺斯（Quirinus）神庙，以及由切尔西弗隆（Chersiphron）建造的以弗所爱奥尼亚型的狄安娜神庙。

8．**露天型**（hypaethral）神庙前后各有十根圆柱，十分类似于双重围廊列柱型，但在室内上层有两列圆柱，完全独立于墙壁环绕着，形成一个通道，有如列柱廊庭院的门廊。神庙的中央部分是无顶的，向着天空敞开。神庙前后门廊均有折叠门。罗马也没有这种类型的神庙，但在雅典的奥林匹亚 [朱庇特] 神庙中，有一座八柱型的实例。

第3章　神庙的种类

1．神庙有五种，它们的名称是：**密柱距型**（pycnostyle），柱距很密；**窄柱距型**（systyle），柱距稍宽一点；**宽柱距型**（diastyle），柱距更宽；**疏柱距型**（araeostyle），柱距宽得离奇；**正柱距型**（eustyle），柱距布置得正好（图 41）。*

2．**密柱距型**的柱间距为一根半圆柱，如凯撒广场上的圣尤里乌斯神庙（temple of Deified Julius）和维纳斯神庙等其他一些神庙，都采用了类似的设计。

窄柱距型神庙的柱间距为两根圆柱粗细，而柱础底座的尺寸要与两个底座间的距离相等，例如石造剧场附近的骑士美德神庙（temple of Equestrian-Virtue）（命运女神神庙），以及根据这一原则建造的其他一些神庙。

3．这些类型的神庙在功能上都有缺陷。当贵妇们登上密柱距型神庙的台阶做祈祷时，她们不能相互挽着臂膀通过两柱之间，而必须排成纵队。再者，入口的景观也被密集的圆柱所遮挡，供礼拜的雕像也半隐半藏着，而且空间的局促使门廊周围的活动受到阻碍。

4．**宽柱距型**的柱间距为三根圆柱宽度，如阿波罗与狄安娜神庙。这种设计的困难在于，由于柱距宽阔，下楣有可能会断裂。

5．**疏柱距型**神庙是不可能用石材或大理石来做下楣的，必须用木梁架设于圆柱之上并环绕整座建筑。这些神庙的外形是扁平的，顶部沉重，低矮而散漫；而屋顶则装饰着埃特鲁斯坎风格的赤陶饰物或镀金青铜像，如大竞技场（Circus Maximus）附近的克瑞斯神庙（Temple of Ceres），庞培建造的海格立斯神庙，以及卡皮托利山上的神庙（Capitoline Temple）。

6．现在该描述**正柱距型**神庙的体系了，这种神庙最值得称道，它的基本原理得到发展，着眼于合用、美观和完善。它的柱间距应为圆柱直径的二点二五倍，而神庙前后的中央柱间距则为单根圆柱直径的三倍。所以这种建筑设计具有漂亮的外观，入口畅通无阻，具有实用性。通道环绕内殿，颇有庄重感。

7．这种建筑体系是这样发展起来的：如果神庙是四柱型（tetrastyle）的，它的正面就应划分为十一点五等份，台阶和台基的凸出部分不算在内；如果正面有六根柱子，就应划分为十八等份；如果是八柱型（octastyle），便应划分为二十四点五等份。无论神庙是四柱型、六柱型（hexastyle）还是八柱型的，都应取其一个等份作为基本单位，即作为**模数**（module）。这个模数就等于圆柱的直径。除中央那组柱间距之外，每组柱间距等于二又四分之一个模数。神庙前后柱廊的中央柱间距为三个模数宽。单根圆柱的高度为九点五个模数。这样计算，柱间距和圆柱的高度便有了合适的比例。8．在罗马并无此种比例的建筑实例，但在亚洲的特奥斯（Teos）则有六柱型的父神利柏尔神庙。

赫莫杰勒斯创立了这些均衡体系，他也第一个发明了八柱型或伪双重围廊列柱型神庙。他从双重围廊列柱型神庙的比例体系 [均衡] 出发，将内侧的一圈三十四根圆柱去掉，以此节省了成本与劳力。他创造了环绕内殿的通道空间，效果十分显著，丝毫没有损害建筑物的外 [50] 观。他的确保持了这一建筑的庄严性，使整体与局部相联系，同时又不使我们感到失去了多余的东西。

9. 于是，构建门廊、设置环绕神庙列柱的基本原理便发明了出来，使建筑呈现出严谨、庄重的面貌。此外，如有一大群人因倾盆大雨的袭击而被迫到廊下躲避，增加的空间就使他们有了宽大的场地，可在神庙内殿四周活动。这些意见便是对伪双重围廊列柱型设计的说明。因此可以看出，赫莫杰勒斯以其精确和丰富多样的技巧，在他的作品中取得了伟大的成就，并留下丰富的知识源泉，后人可从中汲取我们这一职业的基本原理。

10. 疏柱距型神庙的圆柱，其直径应为柱高的八分之一。在宽柱距型神庙中，圆柱的高度应为柱子直径的八点五倍。窄柱距型的柱高应是柱径的九点五倍。密柱距型则为十倍。正柱距型的柱高像窄柱距型一样，应为柱身底径的九点五倍。由此便可得出柱间距的比率，并以此运用于 [神庙的] 各个部分。

11. 圆柱之间的间隔越大，柱身的直径也必须越大（图 42）。如果疏柱距型神庙的圆柱直径相当于柱高的九分之一或十分之一，那么建筑就会显得很单薄、没有分量。因为，充盈于圆柱之间的大气本身会使柱子看上去显得没有那么粗。相反，密柱距型神庙的圆柱直径是高度的八分之一，由于柱间距紧凑狭窄，建筑的外观就会显得臃肿难看。

如此看来，应该完全遵循每种建筑类型的比例体系。此外，角柱必须做得比其他柱子更粗些，要粗五十分之一，因为四周空气的干扰使它们看上去比实际尺寸更为纤细。因此，在产生视错觉的地方，就要用推理来补偿。

12. 圆柱顶端柱颈的收分必须这样做：如果圆柱的高度在十五足以下，则底径应为六份，柱颈直径取五份（图 43）。又，如果圆柱高度为十五足至二十足，则底径就应分为六份半，柱颈直径取其中的五份半。再者，圆柱高度在二十至三十足之间的，底径分为七份，柱颈直径收为六份。圆柱高度介于三十与四十足之间的，其底径应分为七份半，而柱颈直径应收为六份半。对那些柱高在四十至五十足之间的圆柱，也应将底径分为八份，紧挨着柱头的柱颈直径应收为七份。若圆柱比这更高，则应根据这相同的原理对柱颈直径进行收分。

13. 还要对柱子的粗细进行调节，这是因为在一定距离范围内，我们的视线是从下向上看的。[1] 我们的眼睛总是在捕捉美的东西，如果不增加模数的比例以弥补眼睛失去的东西，并以此满足视觉的愉悦，那么呈现在观者面前的建筑物便会显得粗俗难看。在本卷的结尾处我将附上插图，介绍加粗圆柱中部的方法，希腊人称之为 entasis（卷杀），并说明如何以一种微妙悦人的方法来实施这种微调（图 44）。*

---

1 从卢克莱修，species 取"注视"或"瞥见"之义；有问题的一段从罗泽本读作 scandente oculi specie。

第4章 神庙的建造

1. 若能找到坚实的土地，就应深挖下去，并将基础筑入坚实的土壤中，同时要尽量适合
[51] 于建筑物的尺寸。整个工地都要用碎石砌筑得尽可能坚固。* 在地面以上，应在圆柱下面筑基
墙，厚度为圆柱设计直径的一倍半，以使建筑物下部更加稳固。所以这些基墙也称作"地面散
步者"（ground-walkers），也就是基脚（sterobates），它们负载着建筑物的重量。圆柱的柱础不应凸出
于坚实结构之外。在地平面上，基墙的厚度应保持一致，基墙之间的间隔要么筑成拱顶结构，
要么填上石夯实，以使其稳固。

2. 不过，若找不到坚实的土壤，建筑地点之下直到基岩都充满了松软泥土或湿泥，就应
尽量将这片区域的泥土挖出来、清除干净，并用接骨木、橄榄木或烧过的硬栎木桩基进行加
固，用机械尽可能密集地将木桩打入地下。用木炭填实桩基内的间隙，然后再用最结实的粗石
结构填筑基础。

基础筑到地面的高度，就应设置基座了。3. 圆柱应根据上述方法设置于基座之上：如果
是密柱距型就得根据密柱距型的比例来设置；如果是宽柱距型、窄柱距型或正柱距型，就应根
据我们已确立和记录的要求来设计与放置。疏柱距型神庙可自由安排比例，但围廊列柱型神庙
中圆柱的定位，无论建筑正面的柱间是几间，侧面的柱间都应是正面的两倍，这样神庙的长度
应是宽度的两倍（若将圆柱数目翻一倍就弄错了，因为这样便多出了一个柱间，也就是在侧面
多出了一个柱间）。

4. 神庙正面的台阶应永远是奇数（图45）。* 这样，如果抬起右脚上台阶，登上神庙仍然
是右脚。我认为，台阶的级高不应高于六分之五足，不低于四分之三足，这样上台阶就不会感
到吃力。台阶的级宽不小于一点五足，不大于两足。如果台阶环绕整座神庙，就应严格按照这
种方法来做。

5. 但是如果神庙的三面都有墩座墙，那么柱座（plinth）、柱础线脚、墩身（dado）、上楣和凹
弧饰（lysis），都应适合于柱础之下的基座。* 基座的水平处理，中部要用"高低不等的小板凳"
（scamilli impares）加高（图46）*，因为如果做到绝对水平的话，中间看上去就好像向下凹陷
似的。在本卷的末尾，将说明如何制作这些小板凳（scamilli）以取得这种效果。我们给出了图形
和实物，以展示设计方法。

第5章 爱奥尼亚圆柱的柱础、柱头和柱上楣

1.一旦上述工作完成，便可将柱础安装于恰当的位置上。符合均衡要求的完成方法是这样：包括柱座在内的柱础的高度相当于圆柱直径的二分之一。凸出部分，希腊人称作 *ekphorá*（抬出、泄露），应尽量伸出，柱础的长和宽应为圆柱直径的一点五倍（图47）。

2.如果柱础是要做成阿提卡式的，就要按下述方法进行划分：它的上部为圆柱直径的三分之一，其余部分则是柱座。柱础除柱座之外的部分，应划分为四等份，上圆凸座盘（upper torus）占一份，其余的三份应平分为下圆凸座盘（lower torus），以及带凸饰线脚（fillets）的圆凹座盘（scotia），希腊人称其为 *trochilos*（鳄鸟）。* 3.如果柱础要做成爱奥尼亚型的，其均衡的要求便是：柱础每条边的宽度应等于圆柱直径的一又八分之三，高度则与阿提卡式一样，柱座的高度也一样。[1] 柱座应为圆柱直径的三分之一，柱础的其余部分，不包括柱座在内，应划分为七等份，上圆凸座盘应占最上面的三等份，其余四等份应平均划分，其中一份为半圆线脚及凸饰线脚，构成了上圆凹座盘（upper trochilus），其余三份为下圆凹座盘，不过下部更大，好像要凸出到柱座的边缘。半圆线脚（astragals）为圆凹座盘的八分之一。柱础向外凸出的部分〔*ekphorá*〕应为圆柱直径的十六分之三。 [52]

4.一旦柱础完成并安装就位，前后门廊的中央圆柱就应依中轴线垂直竖立起来。接下来安装四个角上的柱子以及神庙左右两侧的柱子。圆柱靠内殿墙壁的一边应保持垂直，向外的一边要向内收，如前所述（图48）。以这种方法，就可根据合适的程序实施神庙结构中的收分模式。

5.一旦圆柱柱身竖立起来，就要说到柱头的基本原则（图49）。* 如果是爱奥尼亚型，就应遵循如下的均衡原理来做：无论柱身下部直径有多粗，柱顶板（abacus）的长与宽都要增加，增加幅度为直径的十八分之一。柱头的高度，包括它的涡卷，则是这一尺寸的一半。涡卷前端必须从柱顶板最外缘后退，后退幅度为柱径的三十六分之三。接下来，将柱头高度划分为九点五等份。6.在柱顶板的外口，沿着它的边缘向下划垂直线对应于涡卷的每一区域，这些线条称为 *cathetoe*（垂直线）。在九点五的等份中，一点五等份为柱顶板的厚度，其余八等份则为涡卷的高度。

接着，在沿柱顶板外缘向下划线后，还应从第一条线向内缩进 [九点五个等份中的] 一点五等份，划下另一条垂直线，然后将这些线条进行划分，柱顶板以下部分的高度是 [剩余的八等份中的] 四点五等份。涡眼的中心点应设在四点五等份和余下的三点五之间的分界处。以此点为圆心划一个圆，直径为八等份中的一个等份。这就是涡眼的大小，对应于测高线画涡眼的直径。然后从柱顶板下面的轴线顶端开始画圆弧，当弧线与轴线相交时逐次缩小相交点至中心

---

1 从诸抄本读作 *ita ut*，而非乔孔多本的 *ita et*。

点的距离，缩小幅度为涡眼半径，直至在柱顶板下方的轴线上完成涡卷形。*

7. 所以，柱头的高度为九点五等份，有三个等份与半圆线脚（astragal）之下的柱身顶部相交叠，余下的部分除了柱顶板和涡卷平楞槽（canalis）之外，应留给线脚（molding）。线脚应凸出于柱顶板的正方形之外，尺寸相当于涡眼的直径。柱头边上的饰带应远远凸出于柱顶板之外：若将圆规的一脚置于柱头中央，另一脚置于线脚的边缘，转动圆规，便会触及饰带的端部。涡卷轴不应比涡眼粗，涡卷本身应凹进，凹进的尺寸为其高度的十二分之一。这些便是此种柱头的均衡要求，适合于从最小的柱子到二十五足高的任何圆柱。大于这一尺寸的圆柱，其他部分的比例关系也应依据这同样的均衡要求，但柱顶板的长与宽都与圆柱底部尺寸相同再加上八分之一。因为圆柱越高收缩越少，所以随着柱头增高至顶点，在其比例关系中也要相应包含更多的凸出部分。

8. 至于用圆规画盘绕涡卷的形式和基本原理，将在本卷结尾处做出交代（图50）。圆柱的柱头制作完成后便可安装，但并非水平地安装，而是要依据一个统一的单位，使得上部构件重复下部基座凸起所增加的尺寸。设计下楣（epistyles）的基本原理如下：如果圆柱至少有十二至十五足高，下楣的高度就应是圆柱底径的二分之一。* 如果圆柱高度介于十五至二十足之间，就应将圆柱的高度分为十三等份，下楣高度为一等份。如果圆柱介于二十至二十五足，它的高度就应划分为十二点五等份，下楣为一等份。若圆柱介于二十五至三十足之间，便应分为十二等份，下楣为一等份。如果圆柱还要高，则按这相同的方式来决定下楣的高度。9. 因为，眼睛的一瞥*越投向高处，就越难穿透稠密的空气，于是视力便会衰减，被高位与强势所消耗，使感官不能确切地估计尺度。所以就必须增加比例体系中的构件尺寸。当建筑物在地势很高的工地上建造起来，或它们本身就很高大，其背后便存在着一种调整尺度的方法。

[53]

10. 下楣直接坐落在柱头上，它的宽度应与下面圆柱顶端的直径相等，而它的最上部的宽度则应相当于柱身底部的直径（图51）*。下楣的线脚应为总高度的七分之一，并稍稍向外凸出。* 下楣的其余部分，不算线脚，应划分为十二等份，下饰带板（fascia）为三等份，中饰带板为四，上饰带板为五。同样，下楣之上的中楣尺寸应比下楣小四分之一，但要想用小人像来装饰，就应比下楣高四分之一，这样雕刻便会令人印象深刻。线脚应为中楣高度的七分之一，它向外凸出的尺寸应等同于它的高度。11. 中楣之上应做齿饰（dentils），高度与下楣的中饰带板相同，向外凸出的尺寸应与其高度相等。

齿饰之间的间隔，希腊人称为 metopê（按：希腊文原意为"两眼之间的部分"；而中楣上位于两块三陇板之间的装饰板也用这同一个词，本书译为"陇间板"），应以如下方式来划分：齿饰的宽度应是它正面高度的一半，齿饰间隔正面凹进部分应为三分之二，线脚则为此部分总高度的六分之一。上楣的饰带板有线脚但没有挑口（sima），其尺寸等同于下楣的中饰带板，而有带齿饰的上楣向外凸出的量相当于从中楣到上楣线脚顶部的高度。无论如何，当它们高度相等时，向外凸出总是较为美观。12. 山墙之内山花的高度如下：上楣正面的整个高度，从线脚最外口开始，划分为九等份，其中一等份应设为山花顶点的中线，下楣和柱颈应与之相垂直而立。上面，向后倾斜的上楣应如下部一样设置，除了挑口。在上楣之上，挑口（希腊人称作 *epaietides*）应比上楣高八分之一。角上的山花顶饰（acroteria）应与山花中线等高，而中央的山花顶饰应比角上的高八分之一。

13．所有安装于圆柱柱头之上的构件，即下楣、中楣、上楣、山花、倾斜的上楣以及山花顶饰，都应向前倾，倾斜度为自身高度的十二分之一。这是因为，当我们立于任何一座建筑立面之前，眼睛会投射出两条视线，一条触及建筑物各个部分的下部边缘，另一条更长一些，能触及到各部分的顶部。当较长的视线投向建筑上部时，便会使它看上去好像是向后倾斜。但是如我们上文所述，若将立面上的构件做成向前倾斜状，在观看者的眼中便显得完全垂直了。

14．圆柱的柱槽（flutes）应为二十四条，它向内凹进，若将角尺置入槽沟内并转动，角尺的角便会触及柱槽左右边缘（图53）。* 柱槽的宽度应相当于柱子中部的卷杀所增加的部分，并且是根据我们所提供的图纸推导出来的。

15．在上楣上面安装的挑口（simas）之上，应沿建筑物的各个侧面安装雕刻狮首，每根圆柱上方都应有一只狮子，其余的狮首按一定间隔平均放置，以使其对应于屋顶上一块块波形瓦的中央（图54）。* 这些与圆柱对齐的狮首应有开口，以形成水落口，承接屋顶的雨水；而中间的狮首应是实心的，这样当雨水沿屋瓦倾泻下来进入水槽中，就不会在柱子之间溅出来，淋湿进入神庙的人。只有与圆柱相对的狮首才从口中喷出水来。

在本卷中，我已尽可能清楚地记录了爱奥尼亚型神庙的设计方法。在下一卷中，我们将叙述多立克型与科林斯型神庙的比例体系。

第4书

科林斯型、多立克型与托斯卡纳型神庙

[54] **前 言**

————

　　大将军陛下，我了解到有许多作家身后留下了一些建筑技术规程和评注书卷，但秩序杂乱，犹如一盘散沙。我就想，先着手从总体上对这门卓越的学科进行整理并建立完整的秩序，然后在每一卷中说明各类主题的特性。所以，将军陛下，我在第 1 书中向您说明了建筑师的职责以及建筑师应当学习的科目，在第 2 书中我讨论了营造所需的材料供给，接着在第 3 书中对神庙设计做了说明，还涉及各种神庙类型、每种类型有多少种类、各种建筑组件的搭配如何与对应类型相吻合。有三种神庙类型的比例表现出了最精妙的模数体系，其中我已经讲授了爱奥尼亚型的常规惯例。现在在这一书中，我将谈谈多立克型与科林斯型的基本原理，并说明它们的区别与特征。

第 1 章　均衡 * 的发现

————————

　　1. 除了柱头之外，科林斯型圆柱的比例体系与爱奥尼亚型并无二致，不过科林斯型的柱头高度使得柱子看上去在比例上更高挑、更细长。爱奥尼亚型柱头的高度是柱径的三分之一，而科林斯型柱头的高度则等于整个柱径。因此，科林斯型柱头要高出柱径的三分之二，所以显得更修长（图 55）。2. 圆柱以上的其他构件，可以根据多立克型或爱奥尼亚型的比例法则来设计，因为科林斯型的上楣或其他装饰物本身并无自己的既定法则。所以，可以为建筑物的上楣安排三陇板（triglyphs）与上楣底托石的布局，沿下楣排列圆锥饰；也可以根据爱奥尼亚的规则 *来设计，采用中楣浮雕饰带（sculpted frieze）、齿饰（dentils）和线脚。3. 由于引入了这第三种柱头，才有第三种建筑类型从前两种发展出来。这三种类型的名称都基于它们各自的圆柱形态：多立克型、爱奥尼亚型和科林斯型。其中，多立克型在古代最早出现的。

　　海伦之子多洛斯（Dorus）和仙女佛提亚（Phthia）统治着阿凯亚（Achaea）以及伯罗奔尼撒全境，他在古城阿尔戈斯（Argos）建了一座朱诺神庙，它的形状恰好就是此种类型的。此后，在阿凯亚的其他城市中，他还建起了一些相同类型的神庙，尽管那时它的均衡原理尚未形成。

　　4. 雅典人受到德尔斐神谕的激励，在希腊所有城邦认可的情况下，一次性就在亚洲建立了十三个殖民地。* 他们为这些殖民地物色首领，赋予伊翁（Ion）以至高无上的权威，他是克苏托斯（Xuthus）和克瑞乌萨（Creusa）儿子。德尔斐的阿波罗通过神喻宣布伊翁是自己的儿子。伊翁率领殖民者进入亚洲，占领了卡里亚（Caria）地区，并建起了以弗所（Ephesus）、米乌斯（Myus）（该城很久以前就被水淹没，爱奥尼亚人将神庙和选举权都移交给了爱尔兰人）、普里恩（Priene）、萨摩斯（Samos）、泰奥斯（Teos）、科洛丰（Colophon）、希俄斯岛（Chios）、埃里特拉埃（Erythrae）、福西亚（Phocaea）、克拉宗米纳（Clazomenae）、莱贝都斯（Lebedos）和迈利泰（Melite）。迈利泰的市民傲慢自大，其他城市便结成联盟向其宣战，并摧毁了这座城市。后来在那里建立的士麦那城（Smyrna），被接纳为爱奥尼亚联盟的成员，这得益于国王阿塔卢斯（Attalus）和王后阿尔西诺（Arsinoë）手下得力幕僚的帮助。5．这些城市驱逐了卡里亚人（Carians）和利利格人 [55]（Leleges）之后，立即按他们的领袖伊翁之名将该地区称作"爱奥尼亚"，并着手开辟神区兴建神庙。他们首先决定为泛爱奥尼亚人大会的阿波罗（Panionian Apollo）建一座神庙，就像他们曾在阿凯亚见到的神庙。他们称之为"多立克型"，因为他们最早在多利安人（Dorians）* 的城市中见过这种神庙。6．当他们决定要在这神庙里竖立起圆柱时，因为尚未掌握圆柱的均衡法则，便摸索着如何使圆柱既能承载重量、外表又美观的基本原理。他们用男人的脚印长度与圆柱的高度做比较，发现足是身高的六分之一，便将这种比值运用于圆柱上。无论圆柱底径是多少，他们都乘以六，作为圆柱高度，包括柱头在内。因此，多立克型圆柱展示出了男性身体的比例、强健与魅力。

7．后来，爱奥尼亚人又为狄安娜建造了一座神庙，寻求一种新型的神庙外观。他们将这种基于脚印测量的同一比值运用于女性苗条的身材上，并开始将柱径做成柱高的八分之一，这样圆柱外观便显得更加高挑。在柱子下部他们安置了一个 spira（礎墩），代替鞋子作为柱础。而柱头就像是秀发，两边下垂的涡卷如同挽起的发结，前面刘海处则装饰着线脚与垂花（festoons）。他们在柱身上通体雕刻凹槽，以模仿贵妇的长袍衣褶。这样一来，他们就根据两套不同的标准引出了圆柱的创意：一种是男性的，外观朴素无华；另一种是女性的，苗条华美而匀称（图56）。

8．后来的一代代人，审美判断力更优雅而精致了，他们喜欢更纤细的比例，确定了多立克型圆柱的高度为直径的七倍，爱奥尼亚型为直径的九倍。* 这种类型的圆柱之所以称为爱奥尼亚型，是因为它最早是爱奥尼亚人制作的。

科林斯型均衡的发明

第三种类型称为科林斯型，它模仿了少女的苗条身材。少女正值柔弱娇嫩的年华，四肢纤细，她们打扮起来更加妩媚动人（图57）。9．相传此种柱头是这样发明的 *：在科林斯有一位少女，出生于市民阶层，已到了婚嫁年龄，却因病而早逝。葬礼之后，她的乳母将她生前钟爱的小玩意 ¹ 收集起来，装在一个篮子里并放在坟头上。为了使这供品保存得长久些，她在篮子上盖了一片屋瓦。

这只篮子恰巧放在了一株莨苕的根茎上。当春天来临，被篮子长久压在下面中部的莨苕

---

1 将抄本中的 *poculis* 读作 *pauculis* 的变体形式，遵循了将 plostrum 读作 plaustrum 的惯例。

开始长出枝叶，卷须沿篮子周边向上伸展并向外卷曲。当卷须遇到瓦片棱角阻碍时，枝梢开始卷曲，最终在边缘处形成了涡卷。10. 卡利马库斯（Callimachus）因擅长优雅精美的大理石雕刻，被雅典人称作"katatexitechnos"（技艺精湛者）[1]。他途经此墓，注意到这只篮子被鲜嫩枝叶所包裹着的优美造型，十分喜爱这大自然创造的新颖形式。他以此为原型，为科林斯人创作了柱子的造型。他还确定了均衡体系，进而总结出科林斯型建筑的基本原理。

科林斯型的均衡

11. 以下便是获得这种柱头均衡效果的方法：无论圆柱的底径是多少，都应等于柱头加上柱顶板的高度（图58、59）。柱顶板的宽度应遵循以下的原则：（柱顶板）对角线长度应等于柱头高度的两倍，这样柱头的每个面就有了比例合适的外观；柱头每个面都应从柱顶板棱角向内做曲线凹进，凹进量为正面的九分之一；柱头底部与柱身顶部的直径相同，不包括它的平凸线脚（apophysis）和半圆线脚（astragal）；柱顶板的高度是柱头高度的七分之一。

[56] 12. 如果去除柱顶板高度，柱头其余部分的高度应划分为三等份，下部的叶饰占三分之一，中部的叶饰占三分之一，新茎（cauliculi）的高度也占三分之一。叶子从茎上生长出来，点缀在卷须线条上，并延伸到柱顶板的各个棱角。其间，在柱头中央柱顶板花饰的下面，还应雕刻一些较小的卷须纹。柱头四面的花饰大小应与柱顶板的高度相等。具备了这些比例关系，科林斯柱头就达到了标准。

不过，有些类型的柱头被安在了相同的圆柱之上，但有着不同的名称。我说不出它们的均衡特性，也不可能为此给各种圆柱类型命名。不过我认为它们的语汇取自科林斯型、爱奥尼亚型和多立克型并加以修改，它们的均衡经调整后被用来提升各类新型雕刻的精美效果。

第2章 建筑装饰

1. 这三种圆柱的起源和发明上文已经说过，我想现在应根据与它们相同的基本原理，谈谈这些建筑类型的装饰：它们是如何出现的，是依据什么样的基本原理和起源被发明出来的（图60）。*

一切建筑物中的木结构都是建立在圆柱之上的，有各种各样的名称。正如木结构的名称各

---

1 此读解来源于老普林尼：《博物志》34.92；手抄本作 *Catatechnos* = "thoroughly skilled"（技艺精通的）。

不相同，它们在建筑中的功能也不同。横梁（beams）架在圆柱、壁柱和壁端柱（antae）之上，托梁（joists）和铺板（decking）则属于地板结构。在屋顶之下，如果空间很大，就要有系梁（tie beams）和支柱（braces）；若空间不大不小，脊梁（ridgepole）和人字梁（principal rafters）就应凸出于屋檐边沿之外。在人字梁之上是檩（purlins），檩之上屋瓦之下的小椽（common rafters）应该充分挑出，以保护墙体。

2．因此，每一种构件都各有自己合适的部位、类型与次序。工匠们从这些构件以及木匠技艺中吸取精华，并将它们运用于石造神庙的构建上。他们以雕刻来模仿这些布局，乐意采纳这些创造。古代在一些地方建房的匠师们使托梁从内墙凸出于（建筑的）墙外。他们将托梁之间的空隙填实，在上部他们用精美的木件来装饰上楣和屋檐，使建筑更为美观，接着，他们决定将这些凸出于墙面之外的托梁锯掉，但结果并不美观，他们便在切口面前加上装饰板，这就是今天做成三陇板形状的东西。他们将装饰板涂上蓝色的蜡，这样托梁的截面就不显得刺眼了（图61）。

于是，多立克建筑上覆盖托梁截面的部分便开始采取三陇板和陇间板相交替的布局，陇间板介于三陇板之间。3．后来又有其他建筑师在不同的建筑上将凸出的横梁垂直延展至三陇板并截去凸出来的部分。正如三陇板源于横梁的布局，上楣底托石的原理亦是根据椽子的凸出部发明的。这一构件普遍出现于石造建筑与大理石建筑中，变成了斜切的形状，因为它们是对椽子的模仿，而且由于下雨的缘故，它们必须安装得有一定倾斜度。因此，多立克建筑上的三陇板、陇间板和上楣底托石便是来源于这些对木结构的模仿。

4．早先有作者错误地说，三陇板是对窗户的模仿，但这的确是不可能的。三陇板置于建筑的各个角落，位于圆柱中心线的上端，这些地方是不可能开窗的。的确，如果建筑物各个角上留有开窗的空间，那角落的接合处便会被破坏。再者，如果以为三陇板出现的地方曾有窗孔，那根据同样的原理，爱奥尼亚中楣上的齿饰也应占据窗孔的位置，因为在齿饰之间和三陇板之间的间隔，都被称为陇间板（metopes）。

希腊人将安装托梁和小椽的位置称为 opai（孔洞），而我们称这些空档处为"鸽子窝"〔columbaria〕。因此，介于两根屋顶横梁之间的空间，换句话说，也就是两个孔洞之间的间隔，希腊人就称作 metope（两眼之间的部分）。5．三陇板和上楣底托石的原理是为多立克型建筑发明的，同样在爱奥尼亚型建筑中，齿饰的安装也有其自身的基本原理。上楣底托石是为美化主椽的凸出部而设置的，在爱奥尼亚建筑中，齿饰也模仿了小椽的凸出部。在希腊建筑中，没有人将齿饰置于上楣底托石的下方，原因很简单，在大椽之下不可能有小椽（图60）。* 因此，实 [57] 际应置于椽与檩之上的东西——即便是模仿——如果放在了下面，就是对整个建筑原理的歪曲。所以，古代建筑师从不会认可将上楣底托石或齿饰做在屋檐上的做法，他们只设置单纯的上楣，因为大椽和小椽都不会沿着倾斜的立面设置。它们也不会简单地凸出来，而是必须向着天沟倾斜安装。

因为，他们认为没有任何理由做出一个实际不可能的图形来。6．为了以恰当的方式完成建筑物，他们所表现的一切就像事物本来的样子，来源于自然的惯例。他们所认可的是真实的事物，而对这些事物的说明则经过了检验，具备了真实可靠的基础。因此，古代建筑师将取自这些源泉的每种建筑的均衡及比例法则遗赠给了我们。我已遵循先例，讨论了爱奥尼亚型和科林斯型的惯例，现在我将简略地制订多立克型的比例体系，总结它的外观特征。

第 3 章　多立克型的均衡

1. 有些古代建筑师宣称，神庙不应做成多立克型，因为它的比例体系是错的、不和谐的。阿塞西乌斯（Arcesius）便是其中的一位，皮特俄斯（Pytheos）和赫莫格涅斯也这么认为。* 实际上，赫莫格涅斯曾得到建造一座多立克型神庙的大理石供应，但他改变了想法，将这座神庙建成了爱奥尼亚型，奉献给父神利柏尔。他这样做不是因为这种形制的多立克神庙不美观，或它的形式缺少尊严，而是因为多立克型在安排三陇板和其间的间隔方面多有局限和不便之处（图62）。*

2. 三陇板必须与圆柱的中轴线对齐，安装在它们之间的陇间板的宽度应与高度相等。但对于角落圆柱而言，三陇板偏离了圆柱中轴线而位于外侧。结果，角落上三陇板旁边的陇间板就不可能做成正方形，而是宽度比高度长出半个三陇板。若想使所有陇间板宽度一致，就必须将最边上的柱间距缩小半个三陇板的宽度。不过，无论是调整陇间板的宽度，还是压缩角落上的柱间距，效果都不能令人满意。因此，古代建筑师们都回避用多立克型比例体系来建造神庙（图 63 — 65）。

3. 现在我们将按顺序对多立克型比例体系进行说明。正如我们从先师那里所了解到的，任何想要投身这一事业并注意到以下原理的人，都得规划这些比例关系，这样就能万无一失地修建多立克风格的神庙。

多立克型神庙的立面，如果是四柱型的，就应将整个基座（stylobate）划分为二十七等份；如果是六柱型的，则划分为四十二等份（图 66）。其中的一个等份便可作为模数，希腊人称作 *embatêr*（矩尺、样板）*。一旦此模数确定下来，就可对整个工程的比例关系进行计算。

4. 圆柱的直径应是模数的两倍，圆柱包括柱头的高度是模数的十四倍。柱头为一个模数高，二又六分之一模数宽。柱头高度应分为三等份，其一为柱顶板及其线脚 *，其二为姆指圆饰（echinus）加上它的圆箍线（annulets），其三是柱颈（hypotrachelion）。圆柱应按第三书中关于爱奥尼亚型圆柱所说明的方式进行收缩。下楣的高度为一个模数，包括束带饰（taenia）和圆锥饰（guttae）。其中束带饰应为七分之一模数，束带饰下方的圆锥饰与三陇板对齐，而圆锥饰加上平条（regula）应向下挑出六分之一模数。同样，下楣底边的宽度应与柱颈顶端的直径相等。在下楣的上面，应交替安装三陇板和陇间板，正面高度为一点五个模数，宽度为一个模数。这些陇间板作如此划分，其目的是使三陇板与角落上的圆柱和中间圆柱的中轴线对齐。前后门廊的中央柱间距之上，应设置三块三陇板，其余柱间距上方则为两块。由于中央柱间距扩大了，人们可毫无阻碍地进入神庙，瞻仰神像。

5．三陇板的宽度应分为六等份，用尺子在三陇板的中部画出五个等份，左右两边各留半个等份。从正中央的"股骨"(thigh)（希腊人称它为 mêros）开始，沿着它下挖两道小凹槽，以角尺的尖角为准使其成直角。在其左右两侧，同样设置两根"股骨"，并使外侧的两道半凹槽朝向内侧（图 64）。

以此法将三陇板安装好后，其间的陇间板应做成高宽相等的正方形，在两端角落上为半个陇间板，即模数宽度的一半 *，并低于中楣的水平面。这样，陇间板、柱间距和顶棚藻井(coffers)的一切缺陷就能得到补救，因为它们都是用相同的单位制成的（图 63）。

6．三陇板的"柱头"(capitals，这里指三陇板顶端的条状装饰块，喻其位置和效果有如圆柱的柱头，)应为模数的六分之一。在这"柱头"之上，上楣应向外挑出三分之二个模数；上楣上下各有一条多立克型的线脚，因此上楣加上线脚的高度应为模数的一半。

其次，陇间板中间的那道贴边(viae)以及将来要安排圆锥饰(guttae)的上楣底面，应垂直于三陇板，以使得沿 [上楣底托石] 长边的六个圆锥饰和沿宽边的三个圆锥可让人看得见。* 余下的空间，由于陇间板比三陇板宽大些，所以就应留空不做装饰，或雕刻闪电图样，并沿着上楣的这条底边刻上线条，这线条叫作 scotia(凹形边饰)。建筑的所有其余部分，山花区域(tympana)、天沟和上楣，都应按照上文所述爱奥尼亚神庙的方式完成。

[58]

7．这比例体系是宽柱距型神庙所用的。若要建窄柱距型，即单三陇板式神庙（图 66）*，那么四柱型建筑的立面就应划分为十九点五等份，六柱型就要划分为二十九点五等份。8．取一个等份为模数，以此单元为基数，可对任何构件进行划分，如上文所述。所以，每一块下楣石块的上方都应安排两块三陇板和两块陇间板。在角落上尺寸要宽出半个模数，这就意味着这间距相当于半个三陇板。山花下面的中央柱间距应加宽到三块三陇板和三块陇间板，这样神庙便可为进入的人群提供更宽敞的空间，也可使神像获得壮观的效果。

9．圆柱上应开二十道槽。如果槽口是平面的，那就会有二十道棱角；若做成凹槽，就应该这样做：无论凹槽有多宽，都可用这宽度画一个四边相等的正方形，然后用圆规以正方形的中心画圆，使圆周与正方形的四个角相接。正方形与圆弧之间的部分就应是凹槽的凹进量。这便是符合多立克风格圆柱的开槽方法。10．至于在圆柱中部做卷杀，应采用第三书所述爱奥尼亚型圆柱的方法来完成。

第4章 神庙室内

科林斯型、多立克型和爱奥尼亚型的外观比例体系既已设定，就必须对内殿室内和前门廊的设置做出说明（图67）。

1. 神庙的长度应为宽度的两倍，内殿的长度比宽度长出四分之一，包括装门的墙壁在内。余下的前门廊的三个部分应延至墙壁端部（antae），这壁端厚度应与圆柱粗细一致。如果建筑物宽于二十足，那么两根圆柱就应竖立于两个壁端之间，标志着前门廊与柱廊之间的界限。壁端和圆柱之间的三个柱间，应用大理石或木头护板的胸墙（parapets）封起来，留出通向前门廊的通道。

2. 如果建筑物的宽度超出四十足，室内就应增加圆柱的数量，在壁端之间排成一行。这些圆柱的高度应与立面圆柱相同，但直径应根据下列原理缩小：如果立面圆柱直径是高度的八分之一，那内殿圆柱就应是高度的十分之一；如果立面圆柱直径是高度的九分之一或十分之一，内殿圆柱的直径就要按比例缩小。在一个封闭的空间中，圆柱被稍稍拉长是不会引起注意
[59] 的。如果嫌圆柱稍细，而室外圆柱开有二十道或二十四道槽，内殿圆柱就应开二十八或三十二道槽。柱身上实际被减去的东西，通过增加柱槽的数量看上去得到了弥补，因为圆柱的实际直径是看不大出的。这样，内外圆柱的直径就获得了平衡，尽管出于完全不同的理由。

3. 发生这种情况的原因是，眼睛在遇到更多更密集的刺激物时，会被迫走更长的路（图68）*。如果有两根圆柱直径相等，一根开了槽，另一根未开槽，取一根线绕柱测量，使线紧贴柱体。即使两柱直径完全相同，线的长度却不相等，这是因为凹槽与棱角的曲折增加了触及柱体的线的长度。如果情况如此，那么在建筑工程中，就应该在狭窄和封闭的空间之内采用较纤细的圆柱比例，因为我们可以对柱槽进行调整以作为辅助手段。

4. 内殿墙壁的厚度应与其他主要构件的尺寸相一致，如同壁端厚度要与 [外] 圆柱的直径相等。如果墙壁是以碎石工艺（rubble work）砌造的，就要采用尽可能细小的碎石。如果用方石或大理石砌筑，就应采用表面经过精确加工并统一的石料，因为砌块的接缝就位于下层石块的中央，可使任何完成的工程得以长久保存。要修整这些石块，以使它们凸起于基底与接缝之上，创造出明暗对比的悦目效果。*

第5章 朝 向

1. 不朽之神的神圣住所面向什么方位，应如此确定：在毫无阻碍并有足够选择余地的情

况下，神庙以及内殿中供奉的神像都应朝向西方。这样，携带着供品与牺牲走向神庙的人，就可以看到位于东面苍穹之下神庙内的神像。当他们做祷告时便既能看到神庙，又能看到天穹，而神像本身也好像冉冉升起并俯视着祈愿者和牺牲品，因为所有神的祭坛都必须朝向东方（图69）*。2．但如果神庙坐落的地点不允许这样安排，就应该做出调整，尽可能使人在神庙中能看到城墙。如果神庙建在河边，像埃及尼罗河畔的神庙，那就应面向河岸。同样，如果神庙建在公路附近，就应使它能被过路人注意到，并将过路人纳入神像的视野之中。

第 6 章 神庙的门与入口

1．其次，神庙的门和门框设计也有其基本原理，无论神庙是何种类型，入口只有三种：多立克型、爱奥尼亚型和阿提卡式。

根据这些基本原理可观察到多立克型的均衡（图 70）：位于垂直门框（doorjambs）之上的上楣，应与前门廊圆柱柱头的上沿处于同一水平线上。无论神庙从地面到顶棚有多高，都应划分为三点五等份，其中二点五等份为门洞的高度。而门洞本身则应划分为十二等份，其中五点五等份应与下面门洞的宽度相等，上部宽度则应向内收缩。这样，如果从底部测量，门洞的宽度达到十六足，收缩率就相当于门框的三分之一；如果门洞尺寸为十六至二十五足，收缩率就应为门框的四分之一；如果门洞为二十五至三十足，其上沿就应收缩门框的八分之一。2．更高的入口应作垂直设计。

垂直门框在顶部应向内收缩其厚度的十四分之一，门梁高度应与水平门框的厚度相等。线 [60] 脚为门框厚度的六分之一，向外凸出的部分应等于其厚度。这线脚带有半圆线脚（astragal），应雕刻成勒斯波斯式样（Lesbian manner）。中楣置于门梁线脚之上，高度与门梁相等，上面应雕刻多立克型的线脚以及勒斯波斯式的半圆线脚。最上面的[1]上楣应朴素单纯，刻一条线脚，向外的凸出量应与其高度相等。置于门框之上的门梁应左右挑出，其下部边缘是连续的，与线脚作斜切连接。

3．若门道要做成爱奥尼亚型的（图 71），入口的高度就应与多立克型相同，而宽度则可如此计算：将高度分为二点五等份，门洞最下缘的宽度应为一个等份。向内收缩的做法与多立克入口相同。垂直门框的厚度应为正面入口高度的十四分之一，线脚为门框厚度的六分之一。门框的其余部分，除去线脚之外，应划分为十二等份，其中三个等份做第一条带饰（fascia）及半圆线脚，第二条带饰占四等份，第三条带饰占五等份。这些框住门洞的带饰，也应带有半圆

---

1 抄本作 *sima*，蓬泰德拉版（Pontedera）作 *summa*；这里从罗泽本读作 *summa scalpatur*。

线脚。4．中楣的尺寸应严格按多立克型来做 [涡卷形托石]，又称作"肘"或"耳垂"，雕刻于左右两边，下部应与门梁下沿齐平，不包括叶子。在托石的正面，其厚度应相当于垂直门框厚度的三分之二，底部比上部细四分之一。

门扇的安装，铰链门梃（hinge stiles）相当于门洞宽度的十二分之一（图 72）。在左右门梃之间，每块门芯板应占十二等份中的三等份。5．横档（rails）的位置是：门洞高度划分为五个等份，其中两个等份归上横档，三个等份归下横档。中间的横档应位于门的中央之上，其余的则有上有下。横档的高度应为门芯板的三分之一，横档线脚为高度的六分之一。门梃的宽度为横档宽度的一半，门缝盖板（cover joint）为横档宽度的三分之二。垂直门框旁边的门梃应做成横档宽度的一半。但若是双折门，高度与上述相同，但宽度则应增加一扇门的开口。如果开口有四块门板，那么门高就应增加一扇门的高度。

6．阿提卡式的入口要按与多立克型相同的原理来做（图 70）。此外，门框之上线脚之下也应以带饰环绕。至于这些带饰的分布，如果门框不含线脚其宽度分为七等份，那么每条 [带饰] 占两等份。阿提卡式入口既不用花格板也不用双门扇，而是用折叠板，向外开启。

我已经就我所能涉及的范围，说明了多立克型、爱奥尼亚型和科林斯型建筑应根据何种神庙设计原理建造，并合于惯例。现在我将谈谈如何设计托斯卡纳型神庙。

第 7 章　托斯卡纳型神庙（图 73）*

1．建造神庙的场地，无论多长，都可划分为六个等份。神庙的宽度应为长度的六分之五。将神庙长度一分为二，后半部用作内殿的空间，前半部则用来设置圆柱。2．将宽度划分为十等份，左右两边各三个等份用作副殿，如果以侧殿代替副殿的话，则作为侧殿。余下的四等份作为神庙的中央部分。位于内殿和门廊前部的空间，以如下方式竖起圆柱：角落上的柱子应正对着墙壁端部，两根中间的圆柱应正对神庙中部与壁端之间的墙壁。在壁端和第一列圆柱之间，竖起第二列圆柱。

[61]　圆柱底径为柱高的七分之一，而柱高应为神庙宽度的三分之一。* 圆柱顶部的直径应按底径的四分之一收缩。

3．柱础高度为柱径的一半，下面应有一圆形柱座，高度为柱础的一半，在它的上面，座盘饰（torus）连带它的平凸线脚（apophysis）应与柱座完全等高。柱头的高度是其宽度的一半，柱顶板的宽度相当于柱底径。将柱头划分为三等份，三分之一为托板（plinth），它 [包含于] 柱顶板之内；三分之一为姆指圆饰（echinus）；最后三分之一为柱颈及其平凸线脚（apophysis）。

4．在圆柱之上架设组合式横梁，测量其高度的模数应适合于建筑物的规模。组合梁的架设要使梁的厚度与柱颈直径相等，并用垫片与夹板联结，其间要留有两指的空隙，否则横梁相互抵死不透气，便会发热而迅速朽坏。

5．在大梁和墙壁之上，上楣底托石（mutules）应向外挑出圆柱高度的四分之一，并在它们的表面安装护板（revetments）。在其之上安装木质或石质的屋檐山花壁面（tympanum）。在屋檐之上，架设栋木（ridgepole）、椽（rafters）和檩，使屋顶的倾斜度为其整个长度的三分之一。

第 8 章　圆形神庙（图 74）

1．还有圆形神庙的建造。有些圆形神庙是**单圈柱型**（monopteroe），立起柱子而不设内殿；另一些则称为**围廊圈柱型**（peripteroe）。没有内殿的圆庙设有平台 * 和台阶，其高度为直径的三分之一。圆柱竖立于基座之上，高度与左右两边基墙之间的基座直径相等。圆柱直径是柱头至柱础总高度的十分之一，下楣高度是柱径的一半。至于下楣之上的中楣等其他构件，则要根据论述比例体系的第三书来做。

2．如果神庙设计成围廊圈柱型，从基础向上就应设计两段台阶和一个基座，然后砌筑内殿的墙壁，从基座边缘向里缩进约总直径的五分之一。在墙上留出空间作为入口。这内殿的直径，不算墙壁和回廊在内，应等于基座之上柱子的高度。圆柱应遵循相同的均衡原理，环绕内殿排列。

3．建造中央屋顶的基本原理是：无论整座建筑的直径是多少，圆庙的高度应为直径的一半，花饰不包括在内。花饰高度相当于圆柱柱头的高度，它的角锥饰（pyramid）不计入。其余事项，均应按前述的均衡与比例体系来做。

混合型神庙与新类型（图 75、76）*

4．此外还有其他类型的神庙，采取相同的比例体系，与其他类型的设计结合在一起。位于弗拉米纽斯竞技场（Circus of Flaminius）中的卡斯托尔（Castor）神庙以及两片神林之间的复仇之神（Veiovis-between-two-Groves）神庙就如此，而神林的狄安娜（Diana Nemorensis）神庙是个更典型的例子，在门廊前厅的左右两侧增加了圆柱。以这种式样建造的第一批神庙有竞技场中的卡斯托尔神庙，雅典卫城上的神庙，还有在阿提卡苏尼乌姆（Sunium）的密涅瓦（Pallas Minerva）神庙。所有这些神庙的比例都完全一样。内殿的长度为宽度的两倍，而且也与其他神庙一样，通常位于正面的东西都搬到了侧面。

5．有些设计者将托斯卡纳型圆柱的设计运用到科林斯型或爱奥尼亚型建筑的处理上，在门廊前厅壁端向前凸出的地方，他们安放成对的圆柱正对着内殿墙壁。这样，他们便创造出一种托斯卡纳与希腊建筑共通的体系。

6．还有人将神庙墙壁移至圆柱之间，腾出原先柱廊所占的地方，为内殿创造出宽阔的室

[62]　内空间。不过，他们保留了其他所有的比例与均衡，创造了一种新型的神庙——伪围廊列柱型（pseudoperipteros）。

这些类型的神庙经过调整以满足献祭仪式的需要。不应按照同样的原理为所有神祇建造神庙，因为每位神祇都有自己特定的神圣仪规。

7．我已如古人传授给我的那样解释了所有神庙设计理论。我已逐条逐项地考察了他们的设计结果和均衡效果，尽我所能地在我的著作中表明，它们的形式在哪些方面是不同的，它们之间是按何种标准相区别的。现在，我将讨论不朽之神的祭坛，使其具有合适的设置以满足祭祀的需要。

第 9 章　祭　坛

1．祭坛应面向东方，位置应低于神庙中的神像，这样献上供品和牺牲的人便能向上仰望神祇。由于神祇的高度不同，祭坛应设计得适合于每位特定的神祇，显示其尊严。高度的设定，朱庇特以及所有其他天界诸神的祭坛要尽量高些，而灶神（Vesta）、土地神（Earth）和海神（Sea）的祭坛则应放置得低一些。按照这些说明行事，合适的祭坛设计便会在规划过程中浮现出来。

本卷已经对神庙的结构做了说明，接下来我们将介绍公共建筑的规划。

第5书

公共建筑

[63] 前　言

1．大将军陛下，有些人著书立说阐发自己的思想和研究成果，卷帙浩繁而文体平淡，但他们的著作极具权威性。就本书而言，崇高的文体显然能提高本书内容的权威性，但这并不像人们想象的那么简单。写建筑文章不像写历史和诗歌。历史书天生就引人入胜，总是维持着人们想了解新东西的不断变化着的预期；而诗歌＊则讲究韵律、音步、优雅的措辞，不同读者轮番朗诵＊，多样化的表现流畅地引导着我们的兴趣，直至整部作品的结束。2．对于建筑文章的写作而言，这是办不到的，因为根据这门艺术的需要而发明的术语读者并不熟悉，它们使语言变得晦涩费解。这些词开始时就含义不明，日常用法也不明确。除非有人将权威人士论此主题的大量文章进行压缩，以简洁清澈的句子进行概括，否则这些烦琐冗长的文章便会搅乱读者的心智。

因此，当我使用这些深奥名称以及源自建筑构件的比例时，会做出简要说明，以便记忆。这样读者便能较为迅速地汲取信息。3．需要强调的是，我注意到城市中挤满了忙于公共及私人事务的人＊，所以我决定写得尽可能简明扼要，以便大家可在有限的闲暇时间阅读，并迅速把握要点。

毕达哥拉斯及其追随者决定利用立方体的原理来书写他们的理论书。他们认为，一个立方体是由216行[1]组成的，所以一篇文章应该不超过三个立方体。＊

4．一个立方体是由六个正方形的面组成的物体，这些平面的长与宽相等。当它被抛出去时，落下的一面（只要不去碰它）便保持着稳定不动的状态。这类似于将骰子掷向游戏板。毕达哥拉斯派似乎是从骰子获得了[文学的]立方体图像，因为像骰子落下的任何一个面的特定行数，将会产生稳定不动的记忆。希腊喜剧诗人用插入合唱队歌声的方法将戏剧划分开，并用这种立方体原理划定戏剧的各个部分，让演员在间歇时不用说台词。

5．我们的祖先已观察到，这些做法是那么自然，顺理成章。我也明白自己必须撰写许多罕见而冷僻的内容，所以我想写得简短一些，以便读者易于接受，这样内容就易于理解了。我已组织起论题的结构，使想要寻求信息的人不必到零散的片断文章中去收集——相反，他们能在一部全书的各卷中找到关于他们感兴趣领域的解释。

因此，陛下，在第3书和第4书中，我已展示了神庙的诸种原理，在这一书中，我将说明公共场所的布局。首先我将叙述集市广场的选址，因为行政长官是在这些地方对公私事务行使职权的。

---

1 此处经乔孔多校订，抄本读作 250。

第1章　集市广场、巴西利卡 [64]

1．希腊人将集市广场的平面设计成方形，在广场上建有极其宽敞的双层柱廊（图77）。他们用密集的圆柱以及普通石头或大理石的下楣来美化柱廊，并在上层铺设步道。不过意大利的城市不应如法炮制，因为咱们从祖先那里继承了在集市广场上举行角斗比赛的传统 *。2．出于这一原因，在表演场地的周围就要安排较宽的柱间距。在环绕的柱廊中设置钱庄，上层则布置观景台。下层上层均要正确布置，以方便观众，并带来征税收入。

集市广场的规模应视人数而定，其面积既不要过紧以致施展不开，也不要过大而显得门可罗雀。宽度应为长度的三分之二。平面应为长方形，其设计要能有效地展示宏大壮观的场景。3．上层圆柱应比下层圆柱缩小四分之一，因为下层柱子要承重，应比上层圆柱更加结实。这也是因为我们应模仿事物生长的天性，就像向上渐细的树木，如枞木、柏树和松树等。[1] 这些树木从树根以上长得较粗壮，在向上生长的过程中自然均匀地收缩，直到树梢。如果说事物生长的本性是如此，那么一座建筑物上部构件的高度和厚度比下部相应缩减，也就是正确的决定。

4．巴西利卡的位置应选在市场近旁最温暖的地方，这样生意人便可在那里汇聚，免却了坏天气带来的不便。选址的宽度应不小于长度的三分之一，不大于二分之一，除非这地点受到限制，迫使建造者采用另一种比例体系。如果这地点比较长，就要将哈尔基季基式门廊（Chalcidian porches）置于两端，就像尤利乌斯巴西利卡（Basilica Julia）和阿奎利亚纳巴西利卡（Basilia Aquiliana）那样。

5．巴西利卡的圆柱高度应等于柱廊的宽度（图78）。中央空间无论有多大，都应在三分之一处划出柱廊区域。上层圆柱应小于下层圆柱，如前所述 [3∶4]。上下两层圆柱之间的护栏（parapet）*应该比上层圆柱高度小四分之一，这样漫步于这巴西利卡楼廊上的人就不会被那些商人看到。下楣、中楣和上楣的设置在比例上应与圆柱相称，如我们在第三书中所说明的那样。

6．诚然，巴西利卡的布局可以达到端庄优雅的最高境界。我本人曾在法诺（Fano）（即Colonia Julia Fanestris）设计过这类建筑物，并监管了它的施工建造（图79、80）*。这座建筑的比例和均衡是按以下方式构成的：介于圆柱之间的中央大殿，一百二十足长，六十足宽。环绕着中央大殿的柱廊，圆柱与墙壁之间的距离为二十足宽。圆柱的高度统一，包括柱头在内高五十足，直径五足。圆柱后面的壁柱高二十足，宽二又二分之一足，厚一又二分之一足。它们支承着横梁，而横梁则承载着柱廊的上部结构。在这些构件之上有第二套壁柱，十八足高，二足宽，一足厚。这些壁柱也支承着横梁，承载着椽子和柱廊顶棚[2]，最上面是主屋顶。7．横梁

---

1 Tapering trees（"向上渐细的树木"）是拉丁语 arboris teretibus 的英译，这或许是弗兰克·格兰杰的洛布版中译得最好的短语。
2 抄本作 porticum，这里从乔孔多本，读作 porticuum。

跨过圆柱和壁柱，横梁之间的区域，即沿柱距的区域留给了窗户。沿着中央大殿的宽边排列的圆柱，包括左右角柱，为四根；沿长边靠市场最近的圆柱，也包括了角柱，为八根；对面包括角柱是六根，因为中央两根圆柱没有安装，它们会挡住奥古斯都神坛前廊的视线，而这神坛就置于巴西利卡墙壁中央，面朝市场和朱庇特神庙。8. 这神坛中的法官席（tribunal）的形状为半圆形，弦长为四十六足，向内弯曲十五足，这样法官面前的人便不会干扰在巴西利卡中做生意的人。

[65]

在圆柱之上，架设横梁环绕整座建筑。横梁由三根固定在一起的两足厚的原木构成，从每边第三根圆柱折向内部，延伸至凸出于神坛前廊的墙壁端部，而壁端则与触及左右两边的半圆形相接。9. 在横梁之上，用三足高的墩柱作为支撑构件，与圆柱的柱头相垂直，每边边长均为四足。上面再架设向外倾斜的横梁，这横梁即为两根两足厚的原木。再上面是带有脊柱（king posts）的系梁（tie beams），安装得与圆柱柱身、壁端柱以及前门廊墙壁相对应，形成巴西利卡室内上方的屋脊，以及这神龛前廊中央上方的第二个屋脊。

10. 因此，这双折屋脊[1]的设计，使得室外的屋顶和室内的顶棚呈现出漂亮的外型。此外，去除了下楣的装饰，对护栏和上层圆柱进行分配，就省却了我们的劳力和烦恼，极大地降低了总体费用。诚然，连续使用圆柱支撑屋顶横梁，虽大大增加了工程开支，但也会提高建筑的权威性。

第2章 集市广场的其他特色

1. 国库、监狱和元老院应建在毗邻集市广场的地方，不过这些建筑的比例要与广场本身相协调。当然，元老院尤其应建得能够提高城镇和城市的威望。如果元老院要建成方形的，那么无论它的边长是多少，其高度都应为边长的一倍半。另一方面，如果要建成长方形的，就要将长和宽相加再除以二，作为从地面至顶棚藻井的高度。2. 此外，墙壁中部应以精美的木雕或白色灰泥檐板环绕，位置要恰好在半腰处。没有这些檐板，元老院中的辩论之声向上扩散，听众便听不清楚。一旦墙壁有了檐板环绕，从下面传上去的声音在消散于空气中之前被滞留住了，就能让人清楚听到。

---

1 读作 *testudinatum*（龟背型屋顶），费斯图斯（Festus）在第 212 页上说，*testudo*（龟背型）是指四坡屋顶，而 *pectinatum*（梳子式屋顶）为两山墙坡顶。

第 3 章 剧 场

1．一旦集市广场布置好了，就该为剧场选定一个基址，这是在诸神节庆期间观看娱乐节目的场所。这地点应尽可能有益健康，要根据我曾在第 1 书中关于规划健康城墙的要求去做。娱乐中的观众与他们的配偶子女从头到尾都坐着，他们耽于享乐，静止不动的身体因为愉悦而毛孔张开，很容易伤风。* 若这些风从沼泽湿地或其他不卫生的地方吹来，便会将有害的气体吹入观众的身体。因此，如果在剧场选址上稍加注意，种种缺陷便可免除。2．也要确保它的南面不受阳光直射，因为当阳光洒满剧场的圆谷，空气被剧场曲率封闭住热量不能消散，便形成热的涡流。当空气温度上升到白热程度，便开始燃烧、沸腾，从而消耗掉观众体内的水分。因此，要特别避免有缺陷的地点，选择有益健康的地点。

3．如果基址选在丘陵地带，便很容易处理基础工程，但若必须在平地或湿地打基础，那么要按照第 3 书中关于神庙基础的说明进行加固，构筑地下结构（图 98）。

在基础之上，阶梯式座位应从地下结构向上砌筑，以石块或大理石为材料。4．剧场环向走道（transverse aisles）的尺度要对应于剧场的总高度，过道背墙的高度绝不应超出其宽度。如果做得较高，就会逐退声音，将声音抛出剧场上部之外，话语声的末梢就不能清晰地到达坐在过道以上的上层座位的听众耳中。简而言之，要这样确定高度：如果从最低的台阶向最高的台阶引一条线，这条线应触及每个台阶的边缘，即每个直角。这样声音就不会被阻碍。 [66]

5．通道应设计得多而宽敞。不要将通往剧场上层的通道与通往下层的通道混合起来。* 要使通道直接连续地连接剧场各处而不折回，这样散场时人群就不会大量聚集。每个地段都应有分开的出口。

要注意这基址本身不会使声音弱化，这也很重要。应选择在声音传播最为清晰的地方建造剧场。如果所选基址不会阻碍声音的共鸣，那就完美了。6．声音是一股流动的气息，触及听觉而被感知。[1] 它以无穷尽的圆圈形式运动，恰如石块扔入水中，圆形波纹不停地向外扩散。* 这些波纹从中心点向外运动，直至在这一过程中被局部的收缩所阻碍，或有某些障碍物阻止水波纹形成完满的图形。一旦有障碍物干扰，第一波水纹便反弹回来，搅乱了图形。7．声音也是如此做圆形运动，但在水面上水纹的圆圈是做水平运动，而声音在做水平运动的同时还逐步地向上传。因此，只要第一声波未遇障碍物干扰，第二声波以及其后的声波便不会被扰乱，正如水中的波纹一样，所有声波都会无回声地传入观众的耳朵，无论是坐在最下层座位还是最上层座位的观众。8．因此，那些老建筑师们追循着大自然的足迹，研究声音的运动，完善了阶梯式剧场看台。他们利用规范的数字理论和音乐原理，探究舞台声响如何才能更清晰更悦耳地抵达观众的耳朵。古人给琴弦之声加上青铜琴马或弯角共鸣箱，乐器便获得了清晰的声响，同样，他们还根据和声学原理，创立了剧场的计算方法，使声音得到放大。

第4章 和声的基本原理 (图80) *

1. 和声学 (harmonics)[2]，即音乐理论，是一门晦涩难懂的学问，当然对不懂希腊文的人来说尤其如此。不过要解释这门学科，我们就必须使用希腊语，因为和声学的某些概念没有拉丁语名称。我将尽可能清晰地解释亚里士多塞诺斯 (Aristoxenus) 的著作，包括他的示意图和对音符的定义，这样认真阅读的人便更容易理解了。

2. 声音由于音高的变化而改变，时而变得锐利，时而变得沉重。* 声音运动有两种方式，一种是连续的，一种是间歇的。连续的声音没有边界，是连贯的，也没有明显的终止处。但音与音之间的间隔仍是清晰的，就像我们谈话中所说的 "slow" "looks" "flows" "stokes"。* 音高从何处开始至何处结束完全感觉不出，但是[3] 听起来它是从高变到低，从低变到高。当声音以间歇方式运动时，情况则完全相反。在这种情形下，当乐音被调节时，先是牢牢固定在一个音高上，接着处于另一个音高的界限之内，乐音就改变了。这样反复调节、起起落落，乐音听上去便是可变的[4]，就像我们唱歌时使歌声上下起伏，创造了乐音的变化。因此，当乐音以此方式凭借着音程上下运动时，其开始和中止之处出现于清晰的声音界限之内，而位于其间的乐音就被音程模糊了。

3. 有三种变调 (modulation，按：该词指乐音变化运动的意思，并不是近代意义上的 "转调"，这里权译作 "变调") 类型，第一种希腊人称为**微分音变调** (enharmonic)，第二种称为**变化音变调** (chromatic)，第三种是**自然音变调** (diatonic)。**微分音变调**设计得有条不紊，所以其歌声特别庄重威严；**变化音变调**精致细腻，与变化音变调的变调十分接近，可引起更为细致的快感；**自然音变调**由于发生于大自然中，音程之间有一定距离，则更易于被听者所理解。在这三种类型中，四音列的排列是不同的，因为微分音变调的四音列有两个全音和两个**四分之一音** (dieses) (**四分之一音**即四分之一音符；因此半音就包含了两个四分之一音)。在变化音变调类型中，两个半音顺序排列，第三个音程跨三个半音。在自然音变调类型中，两个全音彼此相邻，接下来一个半音占据了四音列的其余部分。因此，这三个变调 [音阶] 类型的四音列都是以两个全音和一个半音为基准，但是将四音列分别置于它们各自的类型中来看时，它们的音程便具有不同图式。4. 因此，大自然对声音中的全音、半音以及四音列的音程做出了区分，用定量测量的方法限定它们的时值，通过某些明显的调式 (modes) 来确立它们的特性。制作乐器的工匠们采用大自然确立的比例来完善乐器的构造，设计出它们最终的结构，着眼于乐器能否有效地奏出和谐的乐音。

5. 音符在希腊人那里称作 *phthongi* (声音、乐音)，每种类型 * 有十八个音符。其中八个音

---

1 罗泽本作 *tactu*，格兰杰本作 *etactu*，赫尔曼本作 *&actu*；本书校读为 *e tactu*。
2 从罗泽本读作 *harmonice*，抄本作 *harmonia*。
3 格兰杰本作 *sed quid*，赫尔曼本作 *sed quod*，本书读作 *sed quod*。
4 乔孔多本作 *inconstans*，格兰杰本和赫尔曼本作 *constans*，本书读作 *inconstans*。

符在三种类型中均是固定的，另十个音符在相互间协调时都是可动的。

固定音符位于可动音符之间，它们包含了四音列单元，根据每种类型的差别，四音列内的音保持不变。这些音符称为：（1）音阶底部附加音（*proslambanomenos*），（2）最上弦最高音（*hypatê hypaton*），（3）最上弦中间音（*hypatê meson*），（4）中间音（*mesê*），（5）最下弦连音（*nêtê synêmmenon*），（6）次中间音（*paramesê*），（7）最下弦分离音（*nêtê diezeugmenon*），（8）最下弦最高音（*nêtê hyperbolaion*）。 [67]

在四音列中，可动音符是位于固定音符之间的音符，根据变调类型的不同位置有所变化。它们的名称是：（1）次最上弦最高音（*parhypatê hypaton*），（2）食指弦最高音（*lichanos hypaton*），（3）次最上弦中间音（*parhypatê meson*），（4）食指弦中间音（*lichanos meson*），（5）第三弦连音（*tritê synêmmenon*），（6）次最下弦连音（*paranêtê synêmmenon*），（7）第三弦分离音（*tritê diezeugmenon*），（8）次最下弦分离音（*paranêtê diezeugmenon*），（9）第三弦最高音（*tritê hyperbolaion*），（10）次最下弦最高音（*paranêtê hyperbolaion*）。6．这些音符由于变动而获得了不同的比值，它们相互间的音程和距离增加了。

因此，次最上弦（*parhypatê*）这个在微分音变调类型中离开最上弦（*hypatê*）的四分之一音，在变化音变调类型中变成一个离开最上弦的二分之一音。微分音变调类型中的食指弦（*lichanos*）距离最上弦一个二分之一音，但当它被移入变化音变调的音阶中时，它的音程便增加到两个二分之一音。在自然音变调类型中，食指弦与最上弦相隔三个二分之一音。因此，这十个音由于位置在不同变调类型之间转换，便创造了三种不同的变调。7．四音列有五种。第一种最低沉，希腊人称作最低音列（*hypaton*）；第二种处于中间状态，称为中间音列（*meson*）；第三种是连接的，叫作连音列（*synêmmenon*）；第四种是分离的，叫作分离音列（*diezeugmenon*）；第五种是最尖锐的，希腊语称作最高音列（*hyperbolaion*）。

人声可以把握的谐和音程希腊人称作 *symphoniae*，有六种：四度（*diatesseron*），五度（*diapente*），八度（*diapason*），八度 + 四度（*disdiatesseron*），八度 + 五度（*disdiapente*）以及双八度（*disdiapason*）。8．它们以数字为名，是因为当固定于单一音符边界之内的声音转而离开——到达并穿过四度音程，便称为"经由四"，即 diatesseron（四度）；当它达到并穿过五度音程就称作"经由五"，即 diapente（五度）；达到六度音程为"经由所有"，即 diapason（八度）；达到八又二分之一度音程，为"经由所有并经由四"，即 diapason et diatesseron（八度 + 四度）；达到九又二分之一度音程，为"经由所有并经由五"，即 diapason et diapente（八度 + 五度）；跨越十二度音程，为"双重经由所有"，即 disdiapason（双八度）。

9．如果乐音是由绷紧的琴弦发出来的，或是嗓音的歌唱，两个音程之间就不可能造成和声，三度或六度或七度也不能造成和声。但是正如上文所述，四度音程、五度音程等直至双八度音程的和声具有与声音本性相一致的范围，它们因音符的联合而形成了和声，音符在希腊称作"声音"，即 *phthongi*（声音、乐音）。

第5章 共鸣缸，剧场中的扩音器 (图 82)

1. 有了这番研究成果，便可根据数学原理造出合乎剧场规模的青铜缸。要使这些缸在被触及时能相互间发出四度、五度直至双八度音程，然后将它们放进剧场座位之间专设的小共鸣室之内。要根据音乐的基本原理来放置，不要碰到墙，四周和上方要留有空间。要将它们倒过来放置，在共鸣缸朝向舞台那边的下部，置入一个楔子，高度不低于半足。在这些小室的对面，沿地脚留出开口，两足长，半足高，朝向下层座位。

[68]

2. 要按照以下方式来安放共鸣缸。如果剧场规模不大，可划定剧场高度中点的一个水平区域，在这个区域以十二个等份间距设置十三个拱顶共鸣室。这些共鸣缸——即刚才说到的青铜缸——音高调为最下弦最高音，并将它们首先安放在这条曲线两端的共鸣室中；从两端倒数第二个共鸣室中，应放置调为四度音至最下弦分离音的青铜缸；倒数第三共鸣室发四度音至次中间音；倒数第四室发四度音至最下弦连音；倒数第五室发四度音至中间音；倒数第六室为四度音至最上弦中间音；中央一缸为四度音至最上弦最高音。3. 通过这种装置，从舞台发出的声音——好像是从剧场中央发出的——向外盘旋着，碰撞着一个个中空青铜缸，增加了声音的清晰性，并加强了音调的和谐效果。

不过，如果剧场规模较大，高度就应划分为四等份，设置三个水平区域来建共鸣室——一个为微分音变调共鸣室，一个为变化音变调共鸣室，一个为自然音变调共鸣室。从底层先建成的区域开始，放置调为微分音变调的共鸣缸，做法如上文有关小型剧场部分所述。4. 在中间区域，首先在两端放置调为变化音变调类型的最高音的共鸣缸；倒数第二对共鸣室中放置调为四度音程的共鸣缸，这样它们便发出变化音变调的分离音；倒数第三对共鸣室应发出变化音变调的连音；倒数第四对为四度音程，调为变化音变调的中间音；倒数第五对是另一个四度音程，调为变化音变调的最低音；倒数第六对为次中间音，这个音在变化音变调中有和声效果：五度音与变化音变调的最高音的和声，以及四度音与变化音变调的中音的和声。5. 中央共鸣室不放任何东西，因为在变化音变调类型的乐音中，没有其他 [音符的] 性质可与其余音构成和声。

在最上层区域的共鸣室中，先在两端放置调成自然音变调类型的最高音的共鸣缸；倒数第二对为自然音变调类型的四度音程，放置调为分离音的共鸣缸；倒数第三对为自然音变调类型的连音；第四对为四度音程，调为自然音变调类型的中间音；第五对是另一个四度音程，调为自然音变调类型的最低音；第六对也是一个四度音程，调为音阶底部附加音。中央一室调为中间音，因为该音符具有以下和声关系：八度音与音阶底部附加音，以及五度音与自然音变调类型的最低音。6. 如果你想方便地把握所有这些内容，请注意书后的图表，这是根据音乐的基本原理画的。亚里士多塞诺斯满怀奉献的热情设计了这图表，以类型对调音进行划分。他为我们留下了这份遗产。任何留意到他的理论的人，都能轻易地运用大自然的这些基本原理去设计剧场，增强音响效果以愉悦观众。

7．现在或许有人会反对说，罗马每年都要建无数剧场，但是我们刚才描述的这些规定都没有实施于这些工程。他弄错了，因为木结构的公共剧场都建有若干层，必然会产生共鸣效果。*在这方面，我们的确可以去观察一下里拉琴（lyre）歌手，当他们想用一个更高的调子演唱时，会转向舞台上的那些木门，借助于这些门所提供的和声共鸣效果。不过，如果剧场是用较坚硬的材料，即用砖石或大理石建造的，便不可能产生共鸣，那就应该配备**共鸣缸**了。* 8．要问哪座剧场中配置了共鸣缸，在罗马我们举不出任何实例。但我们可以在意大利各行省以及许多希腊城市中找到这样的例子。在这方面，我们确实可举出穆米乌斯（Lucius Mummius）*作为权威。他在夷平科林斯剧场之后将共鸣缸装船运回罗马，作为战利品的一部分献祭于月亮神庙。此外，许多曾在大城镇中设计过剧场的机智的建筑师做成陶缸，也以同样方法来调音，并根据相同的原理进行配置，取得了极佳的效果。

第6章　剧场设计

1．以下说明如何配置剧场本身（图83）。不论剧场底层的周长是多少，确定中心点并划圆，画四个间距相等的等边三角形内接于该圆（占星家就是用这相同的三角形计算出了星宿的音乐和谐）。在这些三角形中，取一个三角形，它的边距离舞台最近。在这区域中，切开圆弧线，安排舞台背景（scaenae frons），从此处画一条平行线通过圆心，这就将布景前部的舞台与乐队演奏席划分开来。2．所以这舞台就建得比希腊人的更深，因为所有艺术家都在上面表演。*另一方面，乐队演奏席是专为元老院议员保留的座位。舞台高度不应超过五足，这样坐在乐队演奏席中的人便能看到所有演员的姿态。

剧场观众席呈楔形，应按如下方法来划分。以环绕着圆周的三角形尖角来确定楔形座位区之间台阶上升至第一道横向通道的走向。上层楔形观众席与下层错开安排。

3．位于剧场底部确定台阶方向的三角形尖角数量是七个，其余的五个尖角标出了舞台的位置。中央那个尖角的正对面应是宫殿大门，左右两个角则标示出通往来宾席的入口位置，而两个最外侧的角则面对着旋转侧翼*的通道。

向上通往观众席的台阶（台阶上安装座位），其高度不低于一掌，不高于一足又六指。台阶的宽度不小于两足，不大于二又二分之一足。4．柱廊建在最上一层台阶之上，屋顶要与布景建筑处于一条水平线上，因为声音会均匀地增大并达到最上层座位和屋顶。如果剧场不是水平的，那么无论何处低下去，声音便会在这个点上中断，因为它最先达到那里。

5．至于乐队演奏席的尺寸，无论最底层台阶之间的直径有多大，取直径的六分之一。在剧场两端，紧挨着入口处，按照这个尺寸将下层观众席垂直切去一部分，并在所切之处设置入口通道的过梁。*这样通道的拱顶便有足够的高度。

6. 舞台的长度应是乐队演奏席直径的两倍。舞台水平线以上的基座（podium）的高度，包括它的上楣和上缘线脚，应该是乐队演奏席直径的十二分之一。在基座之上，圆柱，包括柱头和柱础在内，其高度应是这同一直径的四分之一。上面的护墙〔pluteus〕以及它的波状线脚和下层的上楣，应是基座尺寸的一半。护墙之上的圆柱应比下层圆柱小四分之一。这些圆柱之上的下楣和装饰应是圆柱高度的五分之一。如果有第三层舞台背景（episcaenos），那么上层护墙是中层护墙的一半，上层圆柱应比中层圆柱缩短四分之一。这些圆柱的下楣和装饰同样是圆柱高度的五分之一。

7. 然而，不可能将这些比例体系应用于根据每条原则与每种效果建造的所有剧场，这要靠建筑师留意，必须以何种尺度寻求均衡效果，根据基地的性质或工程的规模来做判断。剧场无论大小，有些尺寸应做成相同的，这是由功能决定的：如一排排座位、横向走道、基座、过道、楼梯、舞台、主宾席（tribunals），还可能出现为了确保功能不得不背离比例的情况。如果工程材料短缺也会造成这种情况，如大理石、木头或其他征集的材料。所以，做适当的增减就是题中之意，只要不鲁莽行事，而是凭良好的感觉去做。如果建筑师有经验，尤其是如果他头脑

[69] 灵活，有创造力，这当然是可以做到的。

8. 布景建筑有其自身的基本原理，应按如下步骤建造：中央大门要装饰得如皇家大厅一般，左右两边的来宾席〔hospitalia〕的门要安排在布景区的旁边。希腊人称这些地方为 *periaktoi*（旋转侧翼），因为装有可旋转的三角布景装置。每个装置有三套不同的画面，当某出戏

[70] 要变换布景时，或当一位神灵在电闪雷鸣中显现时，便可旋转这布景，将该出现的画面朝外。与这些地方相并排的布景板正面，应在舞台上再现一个从集市广场来的入口，以及一个从城外来的入口。

舞台布景有三种类型*：一是悲剧，一是喜剧，一是森林之神滑稽短歌剧（Satyric）。它们的装饰不一样，要根据不同的原理进行构思。悲剧布景用圆柱、山墙、雕像和其他庄重的装饰物来表现。喜剧布景看上去像是带有阳台的私家建筑，模仿了透过窗户看到的景色，是根据私家建筑原理设计的。森林之神短歌剧的背景装饰着树木、洞窟、群山，以及所有乡村景色，一派田园风光。

第7章　希腊剧场（图84）

1. 希腊剧场并不是按照这相同的原理建造的，因为希腊剧场不像拉丁剧场底层圆周内接

了四个三角形，而是内接三个正方形。取最靠近布景建筑的正方形的边切开圆弧，这个区域便划定为舞台的界限。从此区域至圆周最外之点画一根平行线，便是背景建筑的基线。画一条线与舞台区域相平行，过乐队演奏席中心点，在那里[1]左右与圆周线相交，标出表示每个半圆终止的点，用圆规以右边的点为中心画圆，从左边角的间隔画到舞台的左侧。同样，用圆规以左边的点为中心画圆，从右边角的间隔画到舞台的右侧。2．根据这一设计，便设定了三个点，因此希腊人的乐队演奏席较为宽敞，背景建筑深深凹进，而舞台则较浅。他们称舞台为 *logeion*（"对白的场所"），因为悲剧和喜剧演员在台上表演，其他艺术家则在乐队演奏席中参与表演。这就是希腊人将他们的艺术家分成**戏剧演员**（scenic）或**舞台演员**（thymelic）的原因。这"对白的地方"高度不低于十足，不高于十二足。位于楔形观众席之间的径向台阶，上行至第一条环形走道，其走向应依据三个正方形的角来定。从该环形走道往上，各条径向台阶应再次对准楔形观众席的中线设置。再往上，只要设置环向走道，都要以相同方式错开径向台阶，增加环向走道的数目。

第 8 章　剧场的选址

1．既然已凭着巨大的耐心和专业技能实施了所有这些程序，现在最重要的事情就是要小心谨慎地选择一个地点，使声音徐徐传播，不受阻碍，不会产生回声让人听不清楚。有些地方会自然而然地阻碍声音的运动，希腊人称声音不谐和的地方为 *katêchountes*（声音相对抗之地）；使声音消散开来的地方，他们称作 *perêchountes*（声音四散之地）；产生回音的地方则称作 *antêchountes*（声音回返之地）。也有使声音谐和的地方，他们称为 *sunêchountes*（声音和谐之地）。在**不谐和**的地方，声音先升高，接着遇到坚硬物体表面的阻碍升得更高，当它被挡回，发生偏移并落下来时，便会阻止其他声音的升起。在**消散**的地方，声音因循环而被压缩，在中间高度上被消解，由于听不到话语的尾音而使含义不明。在**共鸣**的地方，声音一旦接触到坚硬的物体表面，被撞击便产生回响，复制出同样声音，使人听上去词尾有重复音。在**谐和**的地方，声音从下部增强，向上升起逐渐放大，使人听上去精确而清晰。因此，如果谨慎选址，便可使剧场的音响效果大为改善。至于这些插图，可以通过以下区分来识别：基于正方形的图遵循了希腊惯例，基于等边三角形的图则是拉丁剧场。任何人采用这些指导意见，便能建成完美无缺的剧场。

---

1 抄本作 *quae*，本书从菲兰德本作 *qua*。

[71] **第9章 柱 廊**

1．在布景建筑的后面应设置柱廊＊，这样当突然下雨中断演出时，观众便可在剧场之外有个地方可以聚集，演员也有了排练的空间，比如庞培柱廊以及雅典的那座位于剧场和父神利柏尔神庙附近的欧迈尼斯（Eumenes）柱廊。走左边出口的人可进入大厅，这是地米斯托克利（Themistocles）用石柱建造起来的，上面架着船桅杆和帆桁，这是波斯战争的战利品。这柱廊烧毁于米特拉达梯战争（Mithridatic War），之后阿里奥巴尔赞国王（King Ariobarzanes）进行了修复。还有士麦那（Smyrna）的斯特拉托尼斯神庙（Stratoniceum），以及特拉莱斯（Tralles）的那座位于大型运动场之上、背景建筑两边的柱廊。在拥有诚实建筑师的所有城市中，剧场周围都建起了柱廊和步道。

2．柱廊应该成双地安排，外侧应建有带下楣的多立克型圆柱，以及根据变调原理[前面已详述]做的装饰物。柱廊的宽度，从外柱底部到内柱，从内柱到封闭柱廊通道的墙壁，都应恰好等于外侧圆柱的高度。内柱应比外柱高出五分之一，但应设计成爱奥尼亚型或科林斯型的。

3．圆柱的比例和均衡并非遵循我曾叙述过的神庙的基本原理，因为在诸神的神圣区域，神庙应具有威严庄重的尺度，而柱廊和其他此类建筑外观则应显得轻灵一些。

因此，如果圆柱是多立克型的，那么包括柱头在内的高度就应划分为十五等份，以一个等份作为模数，整座建筑的设计将以此为基础。圆柱的底径应为两个模数，柱间距为五又二分之一模数，圆柱高度不算柱头为十四个模数，柱头高度为一个模数，宽度为二又六分之一模数。工程其余部分的尺寸应按我在第4书中所述的神庙尺寸来做。

4．另一方面，如果圆柱做成爱奥尼亚型的，那么圆柱的柱身除柱础和柱头之外，应划分为八又二分之一等份。取一等份作为圆柱的直径。柱础及其柱座应设定为半个直径，柱头的做法与第3书中所述相同。如果柱廊是科林斯型的，柱身与柱础的设计如爱奥尼亚型，柱头如第4书中所述。采用"高低不等的小板凳"的方法调整基座曲率，可参见第3书中的记述。柱上楣结构、上楣以及其他与圆柱相关的事项，已在前几卷中说过了。

5．柱廊之间的中央空间以及露天天井应以花坛点缀，露天的步道对健康极其有利：首先是对眼睛有利，因为当人们在锻炼时，绿色植物所发出的精细轻灵的气体吹入体内，可以明目，吹去眼中浓密的湿气使视力清澈、看东西清晰。此外，环绕这步道运动会使身体发热，空气吸走四肢的湿气，驱散超过身体所能承受的东西，降低肿胀感。

6．以下情况是能够观察到的，即在那些水源被覆盖起来的地方，或地下有沼泽洪水的地方，便没有迷蒙的雾气升腾。而在露天的空间中，一旦太阳升起，阳光照耀着雾气笼罩的世界，便搅动起潮湿多水之地的湿气，将它凝聚起来，向上吸走。因此，有害的体液在露天环境中从身体中吸出，就像是阳光在云端将湿气从地球上吸出，我想宽敞华美的步道无疑应该在城市中的户外和露天环境中建造起来。

7．以下就是使步道保持干燥永不泥泞要做的事情。在这基址处尽量向下挖，将其掏空。

左右两边设置排水沟，并在朝向步道的墙体中插入向排水沟倾斜的管子。做好之后填入木炭，上面铺上沙子并整平。由于木炭具有自然渗透性，又安装了导水管和排水沟，积水便可排掉。这样，步道就能保持干燥，不会积水。

8. 此外，这类建筑在需要时往往当仓库使用。在城市遭到围攻的情况下，几乎所有必需品都要比木材来得容易：盐很容易事先运来，谷物很快便会由公私机构聚集起来，如果用完了，可以用蔬菜或肉类或干豆补充缺口。要用水则可以掘井或从屋顶收集雨水。我们生火做饭，木头必不可少，而木头的供应很困难也很麻烦，因为运起来很慢，消耗量很大。* 在这种非常时刻，开放步道，按部族给居民发放配给物。因此，露天步道有两大优越性：和平时期这是一个有益健康的处所，战时又是一个安全之地。所以，这些步道不仅建在剧场的舞台布景建筑的后面，也建在众神的神庙区域之内。规划这些步道，可为城市带来极大的益处。现在这些事项对我们来说已讲得足够详尽了，接下来将对浴场设计做出说明。 [72]

第 10 章 浴 场（图 86）

1. 首先，要选择尽可能温暖的地点，即背对北风和东北风的地方。这样，在冬天阳光便会从西面照进热水浴池（复数 caldaria / 单数 caldarium）和温水浴池（复数 tepidaria / 单数 tepidarium）。如果受地点条件所限，至少让阳光从南面照进来，因为洗浴的高峰时间一般是从中午到傍晚。还要注意将男女热水浴室串联起来，安排在同一区域，这样它们就可以共享为若干浴池加温的同一个炉子。火炉之上应安装三个青铜水槽，一个为热水浴池，一个为温水浴池，一个为凉水浴池（frigidarium）。要按以下方式安装：有多少热水从温水浴池流入热水浴池，就要有同样多的凉水注入温水浴池。此外，浴池房间的顶棚可以由这共用的火炉来加热。2. 下面介绍一下热水浴池挑空式地板的做法（图 87）。首先在地面铺设一又二分之一足的瓷砖，朝向加热炉倾斜，这样火焰便易于在这挑空的地板下方循环。在地面用八指瓷砖砌起若干地垄，在上面铺设两足瓷砖。这些墩柱高度为两足，要用掺和了发丝的黏土黏合，其上再铺两足的瓷砖以支撑地面。

3. 如果拱顶用砖石结构效果会更好。不过若用木梁来建顶棚，就要在下面悬吊一个赤陶顶棚，以下说明如何做。先做好铁棍或铁弧，将它们吊在梁上的铁钩上，尽可能相互紧紧固定住。这些铁棍或铁弧应排列整齐，可将扁平陶片安装于任意两根铁棍之间，并安装到位。以此法完成整个顶棚，使它悬挂在铁棍上。天花板上部接缝处应抹上掺发丝的黏土，朝向地面的下部表面要先敷以掺陶粉的石灰，然后用灰泥或石膏抹光。* 如果热水浴室的顶棚做成双层的，则效果更佳，因为蒸汽的水分不会腐蚀屋梁的木头，而是在这双层顶棚之间盲目地徘徊。4. 浴场的大小是由入浴者数量决定的（图 86），以下是设计方法。无论浴场的长度是多少，宽度是长度的三分之一，除了为浴池和水池设置的凹室之外。尤其是浴盆应建在窗户下方，这样站在它周围的人就不会因投影而使光线变暗。为浴盆设置的凹室应足够宽敞，这样第一批入浴者占了位置，其余的人可以舒适地站在旁边等候。浴池介于墙壁与池壁之间，其宽度应不小于六足，这样它的下层台阶和台石就占两足。

5. 斯巴达式桑拿浴室和发汗浴室 * 应连接到温水浴室。无论它们的宽度是多少，上达起拱处的高度应该是相同的。在圆顶中央开一个圆眼窗，悬置一块青铜盾牌并以链条相连，通过调节盾牌的高度，便可获得最合适的温度。桑拿室应建成圆形，这样火焰和蒸汽的热效力便可沿着弧形墙壁均匀地从中央弥漫开来。

[73] # 第 11 章　角力学校（图 88）

1. 现在我想是时候来说一下建造角力学校的传统，并说明希腊人是如何做的 *，尽管这不是意大利人的风俗。在角力学校建筑之内，应建造正方形的周柱廊，周长为两个斯达地，希腊称之为 *diaulos*（马蹄形双跑道）。这柱廊的三边应建单柱廊，第四边朝南，应建成双柱廊，这样遇到风雨，雨水便不会溅进内部区域。2. 在余下的三边柱廊中，应建造宽敞的谈话间（复数 exedrae/ 单数 exedra），设有座位，以便哲学家、演说家或其他乐于研究的人能坐下来讨论问题。在双柱廊中应设置以下设施。中央设一 *ephebeum*（体操房），这是一间特大的谈话间，设有坐椅，它的面宽比进深长三分之一。右边有一个皮革制成的拳击袋，接着是一间尘浴室（dust bath），它的一边的柱廊角落上有一个凉水池，希腊人称之为浴室、澡堂（*loutron*）。在体操房左边是涂油室（oiling room），再旁边是一间凉水浴室，从这里有一条通道通向位于柱廊角落的蒸汽房（*propnigeum*）。从凉水浴室区域向内，应设置一间加拱顶的发汗浴室，长是宽的两倍，它一边的角落上应有一间斯巴达桑拿浴室，其设计如前所述。桑拿浴室对面应有一间热水浴室。上述便是妥善安排角力学校布局的方法。

3. 在室外，规划三条柱廊：一条供从围廊列柱型中庭出来的人使用，左右两条设置为跑道。其中朝北的一条应建成双柱式，尽可能宽敞。另外两条 [1] 应为单柱廊，这样靠近墙壁和接近圆柱的地方就有了不小于十足宽的边道，中央部分挖出以形成台阶，向下降一又二分之一足，达到水平区域，其宽度不小于十二足。这样，打扮华丽的人就可以穿着他们的街头服装绕着边道走，不致碰到锻炼时全身涂油的运动员。

4. 这种门廊希腊人称作 *xystos*（带顶柱廊），因为希腊运动员在冬季是在有顶的运动场内训

---

1 从佩罗本读作复数，抄本为单数。

练的。在两边带顶柱廊和双柱廊的近旁，应设计露天步道，希腊人称之为 *paradromides*（平行边道），我们称其为 *xysta*（园内林荫道）。在这里，运动员整个冬天都可以在[希腊式]带顶柱廊的外面进行有益的锻炼。这些[拉丁式]园内林荫道应建在两个柱廊之间，种有树木或梧桐树林，树木之间应以尼希亚式工艺（opus signinum）铺就小径和休息场所。在带顶柱廊的后面，应是一个赛跑场，如此设计，可使大量观众舒适地观看运动员的竞技。

第 12 章　港　口 （图 89）

1．我已对城内必需的公用设施以及恰当的建造方法做了充分说明，而如何建造合适港口这一主题就不能再拖延不谈了。现在就来说明港口如何保护船只，以抵御恶劣的天气。假如是天然良港，拥有陆岬和向外伸出的海角，那么向内蜿蜒的曲线和岬角就形成了天然海港，功能最佳。在港口周围要建起仓库和船棚，铺筑从仓库通往市场的道路。两侧应建起塔楼，可以用机械放出铁链。

2．不过，如果我们找不到天然港口的地点，也找不到适合保护船只免受风暴袭击的地方，就必须这样做：若没有河流阻碍，就可在一边修建船只停泊处，在对面筑起防波堤、石堤或土堤。以下是设计海港港区的方法。水下的石造结构要掺入一种土（火山灰），可取自从库马埃（Cumae）降至密涅瓦海岬的那个地区。将这种土与砂浆搅拌起来，比例为二比一。3．然后，将用铁链捆住的橡木板沉箱沉入水下事先标好的区域，并牢牢固定住。接下来，站在沉箱内小横梁上[1]将水下沉箱底部整平并清淤，倒入砂浆碎石，搅拌方法如前所述，直至沉井空间完全填满。这里所描述的地方拥有大自然的馈赠。 [74]

4．不过，若因大海波涛冲击摇晃使得支撑物不能将这些沉箱固定在一起，那就要在陆地上或海岸边建造一个码头，要尽可能建得结实。这码头应建一个平台，其尺寸不小于它表面大小的一半；剩下的靠近岸边的部分，其表面应向上倾斜。沿着水边和码头各边，用一又二分之一足的瓷砖砌起一道护栏，与刚才提到的平台表面等高；这倾斜的区域应填上沙子至胸墙的边缘和水平区域的高度。在这块水平区域上，以砖石结构建造一个同等大小的墩子，建成之后，应让它干燥不少于两个月。然后将护住沙子的砖边去除，沙子被海浪带走，使得墩子倒入海中。采用这些方法，无论什么地方需要，防波堤便可在海水中构建起来。

5．在那些没有火山灰的地方，就用以下方法来建造。将木板制作的双沉箱绑在一起，用铁链环绕，并将其竖立于要圈定的地方，用芦苇编篮，装入黏土，填入两个沉箱之间。当这结

---

1 此段问题很大，抄本作 *cx trastilis*，本书读作 *ex trastillis*（小型的 *transtrum*；Lewis and Short 此词之下；参见格兰杰本此处）。

构被尽可能密实地填满时，就要用水螺旋（water screws）、水轮和转筒（drums）将沉箱框住的地方清除干净，让其干燥。在围住的区域内应挖地基，如基础打在泥土中，应挖空并干燥到结实，要比即将筑的墙体更厚一些，然后填入碎石、石灰和沙的搅拌物。6．如果地基松软，就要打桩加固，用烧制过的桤木或橄榄木作桩，然后填入木炭，如我们上文说过的剧场与城墙基础的做法。最后用方石块筑起一堵石墙，接合面尽可能长，这样就可将中间的石块结合在一起。接下来，墙体间的空隙用碎石或砖石砂浆填上。这基础便十分坚固，在上面甚至可以建一座塔楼。

这些工程一旦完成，以下便是建造船篷的方法。首先，船篷应朝北，因为南边热，东西容易腐烂，还会招来蠕虫、白蚁等害虫，使其存活并得到滋养。由于有火灾危险，所以这是最后一种用木头建造的建筑物。船篷大小不限，应以体积最大的船只尺寸来建造，这样当大船进入船篷时就有足够的场地安放。

在这一卷中，我已经记述了城市公共场所发挥功能所必需的种种设施，这是我所想到的。在下一卷中，我将讨论私家建筑的功能以及它们的均衡尺度。

第6书
私人建筑

[75] **前 言**

1. 苏格拉底式的哲学家亚里斯提卜（Aristippus）* 经历过一次海难，他在罗得岛海边精疲力竭，但当他看到海滩上画的一些几何图形时，便向自己的伙伴宣告："让我们心怀最美好的希望吧，我看到了人类的足迹！"于是，他立即动身前往罗得岛上的城市。他径直来到了运动场（gymnasium），在讨论了哲学之后，他获得的赠礼不仅对他自己绰绰有余，还能为同伴们提供衣物和其他生活必需品。后来他的同伴们要回家了，问他想带什么口信回去。以下就是他嘱咐他们回去报告的事情：应该使孩子们具备某种素质，并给他们上路的盘缠，这样即便遇上海难也能完好无损地幸存下来。

2. 因为这些是生活的真正保障，无论是酷烈的命运风暴、政治动荡还是战争蹂躏，都是不能损害的。同理，泰奥弗拉斯托斯（Theophrastus）* 敦促人们要获得良好的教育而不要只盯着钱，他这样说道：一个有教养的人在异国他乡也不会是个陌路人，即便在失去了家产和亲人时，也不会失去朋友。他是所有城邦的公民，面对多舛的命运从容淡定，毫不惧怕。有些人认为增强自身力量靠的是好运保佑而不是靠学识（learning），他们将会发现自己游走在变化多端的小路上，被动荡不安的生活所困扰。

3. 的确，伊壁鸠鲁（Epicurus）也说过许多这样的话：命运之神的恩惠很少光顾智者，不过她给予智者的礼物是最了不起的，即智慧的心灵和想象力所能驾驭的东西。许多其他哲学家也都说过类似的话。

同样，撰写了早期喜剧的希腊诗人也在舞台上表达了同样的看法，例如欧克拉提斯（Eucrates）、喀翁尼得斯（Chionides）、阿里斯托芬（Aristophanes），尤其是阿勒克西斯（Alexis）*，他说，由于以下原因，雅典人是值得赞扬的：希腊法律强令孩子要侍奉他们的父母，但雅典人说，并非所有父母都拥有这种权利，只是那些培养孩子有一技之长的人才有这种权利。因为，命运女神所赐予的一切礼物很容易会被她取走，而知识加上理智是从不会被取走的，一直会稳定地保持到生命的最后一刻。

4. 因此，我要向双亲表达我心中无限的感激之情，他们本着雅典法律的精神让我接受训练，使我掌握了一门技艺。而这门技艺，若未接受过文学和综合学科的教育，是不可能掌握的。* 因此，双亲的关怀和博学老师的教导，使我的知识储备不断扩大。给予我阅读乐趣的既有文学书，也有技术读物 *，我将这些财富储存在心里，这就是最大的回报：不需要拥有更多的东西，真正的财富就是不索取任何东西。

但或许有些人对这些素质不以为然，认为智者是有钱人。所以许多人拼命为之奋斗，不择手段并施以钱财，他们也变成了名人。5. 但是，陛下，我从未利用我的技艺牟取钱财，而是要通过它挣得最微薄的收入和最好的名声——而不是钱财与恶名。因此到目前为止，我的工作没有什么名气，但我希望这些书卷的发表会使后人对我有所了解。

所以我不为大多数人所知也不足为奇。其他建筑师四处游说招揽建筑工程，但我遵循着师傅的传统，接受顾主请求便是承担一份责任，不自己去揽活。一个诚实的人会因谋求不正当的东西而脸红，人们是向那些给予好处的人，而不是接受好处的人献殷勤。我们想一想，一个要拿出自家世袭财产以满足某个祈求者的心愿的人，他会有何怀疑呢？难道他不会认为做这件事是在为他人谋利益谋好处吗？ 6．因此，我们的祖先会将他们的项目交给这样的建筑师：首先，他们已被证实是出生于好人家＊；其次要调查他们是否有教养，并做出最佳判断，将工程交给天生朴实谦逊的人，而不是傲慢无礼、胆大妄为之徒。至于工匠，他们只训练自己的孩子与亲戚，教育他们做好人。把这样的大工程的经济责任委托给好人，就不会有后顾之忧。 [76]

但是，我看到这般重要的职业却被那些无知之徒和外行滥竽充数，他们不但缺乏建筑知识，也不懂构造技术。所以我不禁要赞扬那些户主，他们只相信自己所读到的东西，动手为自家建造房屋。倘若必须委托给业余爱好者去做，在开支方面也是自己做主，根据自己而非他人的意愿行事。7．没有人试图在家里从事制鞋、蒸绒或更简单的手工艺，除了建筑之外。因为以此为业的人被虚妄地称作建筑师，并非凭实际的技能。这就是我想尽量详尽记述建筑内容及其支配性原理的原因。我想这对所有民族而言都会是广受欢迎的礼物。

在第 5 书中我记述了公共建筑的建造方法，在此卷中我将说明对私人建筑＊的各种考量及其均衡尺度。

第 1 章　纬度与民族

1．如果你首先考虑到建筑要建在世界的什么地区和纬度＊，就能够正确地确立这些 [均衡关系]（图 90）。在埃及、西班牙、本都（Pontus）和罗马等地，都必须根据各地的鲜明特点建造各种不同类型的建筑物。因为在这个世界上，有的地方土地被太阳运行轨迹所覆盖，有的地方远离阳光，还有的地方离太阳不远不近。因此，苍穹是沿地球的星座圈＊确立的，太阳运行轨迹自然地倾斜，而且具有不同的特性＊，所以建筑的位置就应根据地区的特性和苍穹的不同性质来定。

2．坐落于北方天空下的建筑，应完全加盖屋顶，尽可能封闭起来，朝向较为温暖的地区，但不要完全敞开。相反，南方地区处于太阳暴晒之下，热浪滚滚，建筑物就应较为开敞，朝向北面或东北。因此，无论大自然如何夸张，都可以用技艺来补救。其余地区，建筑的位置也同样要作调整，以符合因宇宙倾斜造成的天空方向的变化。

3．这些现象可以与大自然联系起来感受与思考，也能在人的四肢和身体上观察到。有些地方，太阳散发的热量适中，使身体保持着完全平衡的状态。但在太阳接近地面、掀起热浪的地方，体内的水分补充便被夺走并燃烧掉了[1]。相反，在寒冷的地区，由于人群远离南方，热就不会将他们身体中的水分耗尽。天空中湿润的空气将更多的水分注入人体，赋予人们高大的体格和深沉的嗓音。这就是生长在北方的人体型高大、皮肤发亮、红发挺直、蓝眼睛、血量充沛的原因——因为天空中有大量的水分和寒气。4. 那些离南轴最近的民族，易受太阳运行轨迹的影响，发育成熟时仍然个头矮小，皮肤黝黑、头发卷曲、黑眼睛、双腿细弱[2]、血液稀薄，这是因为受到了太阳的伤害。由于血液稀薄，他们在抵御敌军进攻时较为胆小怯懦，但他们十分耐热，因为他们的四肢是在高温中养育的。生长在北方的民族遇到高温时便虚弱无助，但由于他们血液丰沛，抵抗敌军进攻则毫无惧色。

5. 不同民族的嗓音也各不相同。东西方的终点环绕在赤道周围，将宇宙划分为上下两个
[77] 部分，似乎有条自然平衡的环行线，数学家称作 *horizon*（地平线）。因此，要将这一点牢记心中。如果画一条线，从北方地区的边缘至南轴上缘，再从南轴画第二条斜线，向上至超越北天区星座之外的中枢顶端，我们将会毫不含糊地注意到，天穹的形状是一个三角形，就像那种希腊人称作 *sambykê*（三角竖琴）的乐器（图90）。* 6. 位于最下部中枢附近的地区，处于沿中轴[画]的一条线的最南端，居住于那片天空之下的民族[3]，由于离苍穹的距离短，发出的嗓音弱而且极尖[= 高]，就好像竖琴上最靠近角上的弦发出的声音。沿这条线分布的其他民族，直到希腊中心地区，嗓音随着纬度的变化变得越来越沉[= 低]。以同样的方式，从中心点向上到遥远的北方，处于苍穹最高点下方的那些民族，发出的音调更加低沉。由于宇宙是倾斜的，调节了太阳的温度从而产生了和谐，宇宙的整个图式便尽可能如交响乐般构建了起来。

7. 因此，生活在中轴线南极与北极之间的民族，他们说话的声音音高适中，就好像是音阶上的中间音符。如果我们向北走到达北方，会发现生活在那里的人们因为距苍穹较远，发出的声音带有潮湿的声调，处于最上弦中音、最上弦最高音或音阶底部附加音的范围内，大自然迫使他们发出较沉重[较低]的声音。同理，当我们从中心点向南走，生活在那里的民族嗓音较尖细、音调最高，相当于最下弦和次最下弦的音。

8. 低沉的音来自于大自然中潮湿的地方，较尖锐的音则来自于酷热之地，这是事实。这种现象可以通过以下实验观察到：取两只高度相等、敲起来发出一致音调的杯子，放在同一窑中焙烧。取出后将其中一只浸入水中，再将水倒掉，然后敲敲这两只杯子。经过这番处理，它们发出的声音便有了很大的不同，重量也不同了。同样，人类生来外形相同，与宇宙有着同样的关联*，但有些民族由于他们的国家气候炎热，便发出尖锐刺耳的嗓音，而另一些民族则因大量湿气发出最低沉的音调。

9. 再者，南方的民族，由于空气稀薄、气候炎热而思维敏捷，脑筋动得较快也较有成效。而北方的民族沉浸于稠密的空气之中被湿气所冻结，由于空气的阻碍，思维慵懒迟钝。这种现

---

1 从 H 本作 *coloribus*，格兰杰与迪尤尔亦如此。
2 抄本作 *validis*，本书从乔孔多本作 *invalidis*。
3 这是个非常费解的句子，意思是"居住在沿中轴线的最南角附近之区域下方的民族……"。

象可以通过蛇观察到。一旦热量将蛇体内的寒湿之气驱逐掉，它的活动便十分迅速敏捷，但在秋冬时节随气候变化而冷却，它们就变得僵硬麻木、不能动弹。因此，毫不奇怪，炙热的空气使人类思维变得敏锐，而寒冷的空气则使之变得较为迟钝。

10．尽管南方民族思维敏捷、创意无限，但由于他们的魄力已被太阳吸走，所以一旦让他们展示一下自己的力量，他们便会放弃。而那些出生于寒冷地区的民族，随时准备面对武力进攻，勇气十足毫不畏惧。但由于他们头脑呆滞、不灵活，常不动脑子铤而走险，所以就不能实现他们的战术。

因此，大自然已将这些现象安排于宇宙之中，使所有民族的体质各不相同。在整个地球的范围内，这宇宙中心的所有地区，罗马人都拥有自己的版图。11．意大利民族平衡地（in equal measure）*具备了南北方人的品质，分享了他们的体格以及英勇豪迈的精神魄力。正如木星运行于炽热的火星和冰冷的土星之间而冷暖适中，意大利也同样处于南方和北方之间，分享了它们各自的秉性，具有平衡中庸、所向无敌的特点。她审慎行事，击败了强大的野蛮人和足智多谋的南方人。神圣的智慧使得罗马人的国家成为一个杰出的、平衡的地区，这样她便能够控制整个世界。

12．如果天体运行的交角（inclination of the heavens）形成了不同的地区，创造出了不同思维方式、[78] 不同体格和体质的各种民族，那么我们就应毫不犹豫地根据各自的特点，为各民族制定建筑的基本原理——因为我们掌握了大自然巧妙而合时的范例。

我尽可能准确地说明了不同地点的特性，这些特性是大自然根据最高原理设计出来的。我也说了如何根据太阳运行的轨迹和天体运行的交角决定建筑的特质，以适合于人群的身体特点。现在，我将简略地说明各类建筑的均衡尺度，既作总体介绍，又分别详述之。

第 2 章 比例与光学的重要性

1．建筑师应倍加关注的莫过于使建筑的每个构件在比例体系中具有精确的对应关系。因此，一旦确立了均衡的原则、计算出尺寸，接下来就要靠有才华的建筑师的特殊才能，选定基址、设计建筑物的外观或考虑它的功能，还要通过增减做出调整。因为比例体系中有些东西需要增加，有些则需要减少。这样便可做到设计正确，使建筑外观不留下缺憾。

2．有一种建筑物看上去好像近在眼前，另一种似乎相隔遥远；还有一种像是建在封闭之地，再有一种如建在开阔地。在这些情况下要决定如何做，靠的是良好的判断力。因为人的视觉并非总是产生真实的效果，心灵的确经常被视觉判断所欺骗。例如在舞台布景上，人们看到了圆柱的投影、露出的上楣底托石以及具有立体感的雕像，可这些画面无疑是用直尺画出来的平面图形。同样，在船上桨在水中是直的，但看上去却像是折断了：水面以上的部分看上去是直的（的确也是直的），一旦没入水中，则呈现出漂动不定的图像，透过晶莹纯净的水映出水面并晃动着，看上去桨就像是折断了。3. 这要么是物像对我们的视觉造成了冲击，要么如物理学家所说是我们眼睛发出光波的行为所致，无论何种原因，我们的眼睛都似乎做出了错误的判断。

4. 因此，如果真实的事物看上去是虚假的，许多事物不同于我们所见的样子，那么我想，无疑就要根据地点的这些特性和具体要求进行增减——但这样做应注意使建筑中不缺少任何东西。做调整不单要以标准的方法为基础，而且必须以对地点的准确判断为前提。5. 首先是要确立均衡的体系，而这体系又必须兼容任何变化。接下来确定将要建造的房屋的长与宽的最低限度。尺寸确定之后，就要落实正确的比例关系，这样建筑的外观形态便会完美地呈现于观者眼前。当然我会说明以何种方法才能达到这般效果，但首先我将谈一下内庭以及如何建造。

第3章 内 庭（图91）

1. 住宅内庭可分为五种类型，分别叫作**托斯卡纳型**、**科林斯型**、**四柱型**（tetrastyle）、**分雨型**（displuviate）、**覆顶型**（testudinate ="龟背型"）。**托斯卡纳型**内庭，中庭（atrium）的横梁 [之间] 有倒悬的托梁和天沟（gutters），从墙角向内延伸至屋梁的交叉处，椽子向下倾斜形成中央天井开口（central compluvium），以便汇集雨水。**科林斯型** [内庭]，横梁及天井开口的做法相同，但从墙壁向内伸出的横梁落于一圈圆柱之上。**四柱型**内庭，在梁的转角处下面有圆柱支承，其结构实用性最强也最完善，因为圆柱既不需承载巨大的压力，也不会被托梁压得喘不过气来。2. **分雨型**内庭，向外倾斜的椽子承载着屋顶的框架，排出雨水。这在冬季是最有用的，因为直立的天井开口不会妨碍阳光照亮餐厅。但是如果不加维护它们便成为一大麻烦，因为四周墙壁上安装着收集雨水的管道，当雨水流向天沟时，如果管道接水太慢造成堵塞，就会泡烂[79] 灰泥和墙壁。**覆顶型**内庭适合于上部没有巨大压力的建筑物，为上面的楼层提供了充足的生活空间。

3. **中庭**（atria）（图92）的长宽比例有三类。第一类按以下方法设计：将长度划分为五等份，宽度占三等份。第二类，将长度划分为三等份，宽度为两等份。第三类，画一个正方形，它的各边与宽度相等，再画一条对角线，无论多长即是中庭的长度。4. 中庭的高度，上至横梁的底边，应等于长度减去四分之一；这余下来的四分之一即是横梁之上的藻井及中央开口框子的高度。

关于左右两边的**厢房**（alae）*，如果中庭的长度为三十至四十足，那么它的宽度应定为长度的三分之一。中庭长四十至五十足，那么应分为三又二分之一等份，其中一个等份为厢房的宽度。如果中庭的长度为五十至六十足，厢房宽度占四分之一。中庭长度为六十至八十足，就应划分为四又二分之一等份，其中一份为厢房宽度。如是八十至一百足，则划分为五等份，其中一份即为厢房合适的宽度。厢房横梁的架设高度等于厢房的宽度。

5．至于**堂屋**（tablinum），如果中庭的宽度为二十足，刨去这宽度的三分之一，余下的部分便是堂屋的宽度。如果中庭宽度为三十至四十足，其宽度的一半为堂屋的宽度。如果中庭宽四十至六十足，则应划分为五等份其中两个等份为堂屋的宽度。小中庭与大中庭不能共用相同的均衡原则。如果我们将大中庭的比例运用于小中庭的设计，堂屋和厢房将会显得过小，不能发挥功用。另一方面，如果我们用小中庭的比例体系来设计大中庭，则这些附属房间将会显得空空荡荡、尺寸过大。所以我想为确保功能及美观起见，中庭尺寸的基本原则应该准确地记下来。6．堂屋的高度，上至横梁，应等于其宽度再加八分之一。顶棚藻井（coffering）的高度应为宽度的三分之一再加上横梁本身的高度。小中庭的入口取决于堂屋的宽度，减去三分之一；大中庭入口的宽度应为堂屋宽度的二分之一。陈列雕像（祖先像）及其装饰品的高度，应相当于厢房的宽度。

至于入口宽度与高度之比，要采用第4书中说明的比例体系做：多立克型的入口就按多立克型门的比例做；爱奥尼亚型的入口则按爱奥尼亚门的说明做。天井开口的宽度不小于中庭宽度的四分之一而不大于三分之一。它的长度应根据中庭的长度计算。

7．**围廊列柱型内庭**（Peristyle courtyards）（图 93）* 为横向布局，其宽度应比进深长出三分之一。圆柱高度应等于周柱廊的宽度。柱间距应不少于三根、不大于四根圆柱的直径。不过如果圆柱做成多立克型的，就要采用我曾在第4书中就多立克型神庙所说明的模数，根据这些模数和三陇板的比例来设置这些圆柱。

8．关于**餐厅**（triclinia），无论宽度几何，长度应是宽度的两倍。所有长方形的封闭房间都应按以下比例设计：将长与宽相加，取其二分之一作为房间的高度。如果设有谈话间（exedrae）和正方形主厅（oeci），其高度应为宽度的一又二分之一倍。**画廊**（picture galleries）如谈话间一样，应该设计得比例宽大。**科林斯型主厅**（Corinthian oeci）、**四柱型主厅**（tetrastyle oeci）以及所谓的**埃及式主厅**（Egyptian oeci），其比例原理与餐厅相同，但是由于包括圆柱在内，空间应设计得更加宽敞。

9．科林斯型主厅与埃及式主厅是有区别的。科林斯主厅中单根圆柱落于墩座或地面，圆柱之上有细木或灰泥做的下楣和上楣。此外，在上楣之上建有拱形藻井顶棚。在埃及式主厅中， [80] 圆柱之上有下楣，从下楣至周边墙壁安装托梁，托梁之上铺设地板，这样就有了一道环绕的露天回廊。同时，在下楣的上方应树起第二道圆柱，与下层圆柱对齐，但应缩短四分之一。下楣上部区域以及这第二排装饰，都应用藻井顶棚来装饰，窗户应安排在上层圆柱之间，所以更像是巴西利卡而不是科林斯型餐厅。

10．还有些主厅，希腊人称为西济库姆式厅（Cyzicene），它们不属于意大利习俗。这种厅朝北，特别是面向花园，中部有折叠式的门。这些主厅既长又宽，足可放入两组相互面对的三卧榻式餐席（单数 triclinia，复数 triclinium，指设有三个卧榻的餐桌），周围仍有走动的余地。主厅左右两边都有折叠式的窗户，这样在餐桌旁的卧榻上就可以透过窗户看到花园。这种主厅的高度是其宽度的一又二分之一倍。

11．建造这类建筑物必须遵循所有比例体系，这样才可不受地点影响完成工程。窗户若未被高墙遮挡就很容易处理，但如果被拥挤的建筑或其他限制性条件所堵塞，就要借助创造力和判断力对比例体系进行增减，以便能获得与按真正均衡要求施工相同的优雅效果。

第4章 房间的朝向

1．现在我将说明各具特点的建筑类型应朝向什么方向，才能适合于它们的用途和所处区域。**冬日餐厅**和**浴室**应朝向冬日夕阳，因为这样可利用黄昏的阳光，夕阳充分照耀还可产生热量，可使该地区在傍晚时分温暖起来。**小卧室**（cubicula）＊和**书房**（libraries）应朝东，因为上午的阳光使室内明亮，再者书房中的藏书也不会朽坏。朝南或朝西的书房，书籍会因虫蛀和受潮而损坏。潮湿的风吹来会引起并助长蛀虫和湿气。它们的潮气排泄出来，便会污染书卷，[霉菌]使其变色。

2．**春日餐厅**与**秋日餐厅**应朝东。餐厅向东延展，窗户迎着强烈的阳光。当太阳向西运行时，餐厅的温度变得适中。**夏日餐厅**应朝北，因为天空的这一区域不像其他方位那样在夏至时分变得十分炎热。北面由于背离太阳轨道，总是非常阴凉，如果使用朝北的餐厅，便会给人带来健康和愉悦。这相同的朝向，也适合于画廊和织锦工、刺绣工和画家的作坊，由于北面光线保持恒定不变，就不会改变他们作品的品质。

第5章 得 体（Decor）

1．朝向问题处理好之后，就要注意根据什么原理建造私人建筑中一家之主的个人区域和公共区域，还要考虑到外人的来访。**个人区域**就是那些未经邀请不得入内的地方，如小卧室、餐厅、浴室以及其他具有这类功能的房间。**公共区域**无需邀请便可进入，如前厅（vestibules）、大厅（cavaedia）、周柱廊（peristyles），以及任何具这些功能的房间。

因此，对于那些中等收入的人来说，豪华的前厅、书房和中庭是不必要的，因为他们是要外出拜访他人以履行自己的职责，而不是让别人来登门拜访。

2．那些务农的人，在他们的大门庭院里应建有马厩与棚屋，家中应设有地窖、谷仓、储藏间和其他与储备必需品相关的设施，而不需一味维持优雅的外观。同样，放债者和收税官的公共房间应较为宽敞美观，并确保安全，但律师和演说家的公共房间则应更为优雅宽大，能召开会议。那些最优秀的公民，拥有令人尊敬的头衔和行政职位，为市民履行自己的职责，所以门厅应建得高大气派，中庭和周柱廊应最为宽敞，繁茂的花园和宽阔的步道优雅精致，与他们高贵的身份相称。除了这些之外，还应有书房、画廊和巴西利卡，并装备得类似于豪华的公共建筑。因为在这些人物的家中，经常是既要审议公共事务，又要对私人事务做出判断和裁决。* 3．因此，若建筑物是根据这些原理着手建造的，并符合第1书中关于正确设计中所述的各类人物的身份，那他们就没有什么可挑剔的了，因为任何事情做起来就会轻松自如，完美无缺。再者，这些基本原理不仅适用于城市中的建筑物，也适用于乡村建筑，除了以下这一事实：在城里，中庭习惯上挨着入口，而在乡下和乡镇建筑中，周柱廊在先，接下来是中庭，有墁铺了地平的柱廊环绕着，从那里可看到角力学校和步道。

至此，我已尽其所能地全面论述了城市建筑的基本原理，现在我将说明如何规划乡村建筑并使之便于使用，以及根据什么基本原理来进行设计。

第 6 章　乡村建筑（图 95）*

1．关于健康的地点，首先是要对别墅坐落的地区进行勘查，如第1书中确定城墙选址所述内容。别墅的大小，应根据土地面积和农作物供给量来决定。庭院的大小则应根据牛的数量以及需要养多少对牛来决定。在农村，厨房要设在最温暖的地方，牛栏应建在厨房近旁。食槽要朝向火炉并朝向东面，这样牛就朝向阳光和火，毛发不会变得蓬松杂乱。同样，对地形与朝向有经验的[1]农夫认为牛只应朝向太阳升起的方向，而不应朝向其他任何方向。2．牛栏宽度应 [81] 不少于十足，不多于十五足，这样每对牛所占位置便不小于七足。浴室也应挨着厨房，这样繁重的洗涤工作所使用的设施就不会过远。橄榄油压榨房（olive press）也应靠近厨房，这样存取橄榄就很方便。酒窖应与它相连，窗户朝北。如果窗户开向其他方位，酒窖中的酒被阳光加热便容易变质。3．储油间则应朝向温暖的南面，因为油不能受冻，在温暖的条件下才能保持液态。这些房间的大小应依照收成总量和储罐数量而定。如果储罐的容量是一库莱乌斯（culleus）（91

---

1 GH 本作 *inperiti*；菲兰德本作 *periti*。

升），那就应占据直径四足的空间。橄榄油压榨机如果不是用一根螺杆来旋转，而是以手杆和压力杠杆来压榨，房间尺寸就应不小于四十足，操作压榨机的人就有足够的余地；其宽度应不小于十六足，这样工人在操作时就有足够的空间施展动作。如果此处要放两台压榨机，其宽度为二十四足。

4. 绵羊和山羊的羊圈面积应足够大，使每只羊的空间不少于四又二分之一足，不多于六足。谷仓（granaries）应该抬高[1]，面向北面或东北，这样谷物便不会受热，而是在微风吹拂之下保持较低的温度，利于长期保存。朝向其他方向则会滋生象鼻虫或其他小生物，毁坏谷物。别墅中特别温暖的地方应用作马厩，只要不朝向火炉，因为若将役畜关在近火之处，它们的毛发便不再光滑。5. 同样，马槽要置于厨房外的露天处，朝东，这是有益的，因为早晨将牲畜牵入马槽，它们在晴朗的冬日天空下面向太阳吃食，毛发会变得更加油亮。谷仓、干草仓、斯佩尔特小麦（spelt）仓，以及面包烤箱，应建在别墅外面，以防火灾。如果想使别墅的外观更加精致，就应根据均衡的手法来设计，这些先前在城市住宅部分中已经说过了，只要不妨碍乡村住宅的便利性即可。

自然采光（图 96）

6. 应当注意的是，所有建筑物都应具有良好的采光，但显然在别墅中这一点不难办到，因为没有邻居的墙壁遮挡光线。而在城里，共用的墙壁很高，场地狭窄，有许多障碍物，使得有些地方陷入黑暗之中。

以下便是测试环境的方法。沿需要采光的地方引一条线，始于墙的顶端，延伸到光线需要照射到的地方；从那里抬头向上看，如果可以看到一片开阔晴朗的天空，那么这个地方便能毫无阻碍地采光。7. 但是，如果横梁、过梁或者托梁位于其间，那么就得在高处开窗，使光线照射进来。简言之，在建筑中任何可清楚看到天空的地方都应保留开窗的空间。按此法行事，建筑物将总是拥有良好的采光。的确，像餐厅之类的房间是极需要光线的，过道、坡道走廊以及楼梯间也是如此，因为人们经常会搬运重物通过楼梯从一个房间走到另一个房间。

我已尽自己所能地描述了乡下人的建筑布局，建造者不会不理解。现在我还将粗略地说明一下如何根据希腊人的惯例来规划建筑物，这样读者就不会对此类建筑物一无所知了。

---

1 格兰杰译为"铺设有混凝土地面"，可能是依据 H 本作 *sublinata*，我们从 G 本作 *sublimata*。

第 7 章　希腊住宅（图 97）

1．希腊人不用中庭*，也不建中庭。住宅从前门进入，穿过狭窄的走廊。走廊的一侧是马厩，另一边是门房。紧接着，他们设置内门。在这两组门之间的地方，希腊人称作 *thyrôreion*（前厅）。接着便是进入 *peristyion*（周柱廊）的门。这周柱廊的三边有列柱，朝南的一边有两个墩柱 [82] 相距甚远，支撑着上面的横梁。墩柱之间的距离减去三分之一便是这门廊的进深。有人将这个地方称作 *prostas*（走廊、柱廊），有人称为 *pastas*（门廊）。2．这些门廊之内有大型的主厅，家庭主妇和她的羊毛纺织女工坐在里面。*prosta*s 的左右两边是小卧室（cubicula），一间称作 *thalamos*（内室、寝室），另一间称作 *amphithalamos*（厢房）。在这主厅的周围，柱廊之下，安排着日常的房间和小卧室，也有仆人的住处。这个区域称 *gynaeconitis*（女眷区）。3．与这些相连的是较大的住宅*，装饰着更华丽的周柱廊，其中有高度相等的四个门廊。门廊或者朝南，圆柱更加高大。这种带有一个高高门廊的周柱廊，称作罗得岛式（Rhodian）。这些居所设有气派的前厅和高贵的入口，周柱廊的门廊装饰着灰泥雕塑和壁画，并镶嵌着藻井。在朝北的门廊中，有西济库姆式（Cyzicene）餐厅和画廊，朝东有图书室，朝西的门廊中设有谈话间，朝南的设有方形主厅。这些地方十分宽敞，可以轻易摆放四套床榻，仍有宽大的空间以供服务和娱乐。4．男人们的宴会在这些主厅中举行，因为女眷在家中和男人一起用餐不是他们的习俗。[1] 所以，这些带周柱廊的居住区称作 *andronitides*（男人区），男人在这些区域中活动，与女人不接触。

此外，左右两边还安排了小住房，有自己的入口，有便利的餐厅*与卧室，所以客人登门时不进周柱廊，而是领入来宾区。当希腊人变得更讲究更富有时*，便用珍藏的餐具来装备餐厅和卧室，招待客人。第一天会邀请他们进餐，接下来向客人分发鸡肉、鸡蛋、蔬菜、水果和 [83] 其他农产品。因此，画家们便在他们的画作中模仿送给客人的这些东西，称这种画为"款待图"（hospitalities），即 *xenia*（对客人的殷勤款待）。于是，那些尽管作为客人的一家之主，却好像并没有离家的感觉，因为他们住在来宾区，享有充分的私密性。

5．此外，在两个周柱廊和来宾区之间有走廊相连，称作 *mesauloe*（中厅），因为它们位于"两座大厅中间"，而我们称之为 *androus*（过道）。但令人惊讶的是，它在希腊语和拉丁语中都不是一个恰当的术语。*因为希腊人用 *andrones* 称主厅，那里一般是男人举行宴会的地方，女人不进去。还有许多其他词，希腊语和拉丁语相类似，如 *xystus*、*prothyrum*、*telamones* 等。希腊术语中的 *xystus* 指宽大的门廊，运动员冬季在那里进行训练。我们称户外步道为 *xysta*（园内林荫道），而希腊人则称为 *paradromides*（平行边道）。希腊语中的 *prothyra*（门的前部）指的是大门前面的门厅，而我们所谓的 *prothyra* 希腊人叫作 *diathyra*（便门）。6．同样，如果男性雕像承载着上楣或上楣底托石，我们称其为 *telamones*（男像柱）——历史书中找不到如此称呼的原因——而

---

1 我写成这样，IDR 本将 *maribus* 校读为 *moribus*。

希腊人称之为 *atlantes*（代替石柱的巨人像）。在历史上，阿特拉斯（Atlas）被描绘成肩扛宇宙的巨人，他第一个看到宇宙，智慧超群、聪明过人，所以日月的运行轨迹和所有天体旋转的基本原理才得以传递给了人类。由于他发挥了这般作用，所以画家和雕塑家将他表现为肩扛苍天的样子。他的女儿们，即阿特兰蒂得斯（Atlantids），我们称 Vergiliae（七姐妹星团，即昂星团），希腊人称 Pleiades（七仙女），已被奉入苍天星座的行列。7. 我举这些例子不是要说明命名习惯和语言习俗的改变，但我想还是应对此作出说明，以使爱好学问的人对此有所了解。

我已经根据意大利样式和希腊人传统来做建筑设计的惯例做了说明，也对每种建筑类型的比例关系进行了记述。由于先前我已论述了建筑之美和正确的做法，现在让我们来谈谈完善的建筑结构，以及如何将建筑设计得经久耐用，没有缺陷。

第8章　构造：分散压力的拱券、基础结构、挡土墙

1. 在地平面上规划的建筑物，只要按前几书中所述的建造城墙和剧场的方法做基础，便可以经久耐用，毫无问题。但如果要建造地下室或拱顶地窖 *，建筑的基础就应比上层结构做得更厚实。上层墙体、墩柱和圆柱应与下层垂直对齐，居于正中，并完全与下面的坚实结构相对应。如果墙壁与圆柱落于下部无支撑的跨度之上，就不可能永远保持稳定。

2. 此外，如果门心柱设置在过梁之间，与墩柱或壁端柱相齐平，就不会出现裂缝。如果石过梁 [1] 或木横梁承载着砖石结构，它们的中部会被压弯，最终使这脆弱的结构分崩离析。另一方面，如果门心柱安装并楔入到位，过梁就不会被压弯，或不会损坏砖石结构。

3. 同样，要确保拱券将墙壁的重量分解到楔形拱石上 *，并使它们位于开口上方并居中。因为，如果以楔形拱石发券，而这些拱石从木横梁或石过梁上部起拱，首先是木头不会弯曲，因为它的重量已被分解；其次，一旦木头出现裂纹也便于更换，不需要竖起柱子来支撑。

4. 同样，如果建筑物建在墩柱之上，拱顶用同心的楔形拱石构成的拱券封闭起来，那么最外侧的墩柱就应造得比其他墩柱更宽一些，这样楔形拱石承载着墙壁的重量并沿着拱石接缝产生向心推力，同时对下面的柱子产生侧推力时，墩柱便有力量抵抗得住这楔形拱券的压力。* 所以，若各个角落上的墩柱建得粗大，便能抵挡住楔形拱石的侧推力，从而使建筑保持稳定。

5. 一旦所有这些程序在建造过程中得以实施，就急需确保所有砖石结构绝对垂直，任何部分都绝不可倾斜。最要紧的是基础工程，因为泥土填入其中会带来大量问题。冬天泥土的重量不可能总是和夏天相同，冬天泥土吸收丰富的雨水，重量增加而体积膨胀，会使砖石结构破

---

1 从 GH 本作 *limina*。

裂或凸起。6．为了预防此类毛病的出现，要按以下方法做：首先，墙体的厚度要根据填土量来确定；其次，应建起扶垛（buttresses）或加强构件与墙体牢固地结合在一起。扶垛相互之间的距离应等于基础的高度，厚度应与基础厚度一致（图99）。扶垛的下部应向外伸出，与基础的厚度相同，接着像台阶一样后缩，直到顶部成为与墙体同样厚的一个凸出部。再者，还应在朝向填土方向的内侧砌筑扶垛，与墙体联为一体，形同锯齿。每个"齿"的凸出部与墙体之间的距离等于基础的高度，齿的厚度则与墙体厚度相等。7．此外，从内墙角处沿两边墙体量出一段和基础高度相等的距离，并标上记号，然后砌筑一道斜向墙体将这两点相连，再从这斜墙中部筑另一道斜墙至外墙角。这些"齿"和斜墙能抵挡和分散压力，防止回填土的分量全部压在墙体上。

8．我已说明了完美无缺的工程应如何实施，以及在实施过程中如何采取预防措施（若要更换屋瓦、横梁或椽子，就没有必要如上述那样担心，因为无论这些后做的构件有怎样的缺陷，更换起来是很容易的）。至于那些被认为是不结实的建筑构件，我已经说明了用什么方法可使它们经久耐用，以及如何安装。9．建筑师控制不了可用材料的确切类型，因为不是所有地方都出产所有类型的建筑材料，这在上一卷已做过说明。此外，业主有权决定是用砖、混凝土还是方石建造，可随其所愿。因此，对所有建筑工程的检验应以如下三条为标准：卓越的工艺，奢华的造价和布置的品位。*当一座华丽的建筑树立在人们眼前，铺张奢华受到赞扬，这归功于业主；如果建筑以卓越的工艺建成，工匠的水准就得到了认可；但若建筑呈现出均衡和谐的效果，以及大师般的率性之美，那么荣耀则归于建筑师。10．这些区分很合理，因为建筑师有了他们的帮助，既可听取从事作业的工匠的建议，又可听取业主的忠告。所有人，不光是建筑师，都知道如何识别好东西，然而外行与建筑师之间的区别就在于：外行直到建筑落成之后才能看出效果，而建筑师对完成的和未完成的项目都能了然于胸。在项目实施之前，他就可决定建筑在美观、功能和得体方面会是什么效果。

我已论述了我认为对私家建筑以及建造方法有用的内容。至于这些建筑的最终完成，我将在下一卷中讲述，并说明如何才能使它们外观优雅，完美无缺，经久耐用。

第 7 书
建筑装修

[85] # 前　言

1. 我们的祖先不仅有智慧，而且重实用，通过论文写作的形式将他们的思想传递给子孙后代。这样，这些思想不致泯灭，随着时代的推移积累起来，出版成书，一步一步达致最高的学术境界。我要向那些著作家表达无限的而非一般的感激之情。他们并没有心怀嫉妒地让自己的思想归于沉寂，而是小心谨慎地通过记忆流传下来，保存在著作中。2. 诚然，假如他们没有这么做，我们便不知道在特洛伊发生过什么事迹，不知道泰勒斯（Thales）、德谟克利特（Democritus）、阿那克萨哥拉（Anaxagoras）、色诺芬尼（Xenophanes）以及其他物理学家是如何思考大自然的 *，不知道苏格拉底、柏拉图、亚里士多德、芝诺、伊壁鸠鲁等哲学家 * 为人类制定了何种生活法则，也不知道克洛伊斯（Croesus）、亚历山大等国王有过怎样的英雄业绩 *，除了我们的祖先之外，没有人知道他们出于何种原因编纂规诫，发表于文章之中，令子孙后代永远铭记。

3. 我们要感谢这些著作家，而那些盗窃别人著作作为自己作品发表的人，则应该受到谴责。那些在作品中不依靠自己思想，而是以嫉妒之心粗暴对待他人作品和荣耀的人，不仅要受到批评，而且由于不信神地生活着，甚至应该被当作罪犯起诉。确实，据说古人对做这些事情的人也没有从轻发落。这些案例已流传下来，讲一下它们在法庭上的结果是恰当的。4. 阿塔罗斯王朝的国王们（Attalid kings）体验到文学的多重魅力，在帕加马 * 建起规模宏大的图书馆以满足所有人的阅读乐趣。同样，托勒密满怀热情，雄心勃勃地努力奋斗，在亚历山大里亚建成了图书馆。他做出了最大的贡献，但认为这还不够，除非他亲自照料、经营，才能确保图书馆藏书增加和扩展。所以他举行纪念缪斯和阿波罗的竞赛，为公共作家的获胜者设立奖金和荣誉，就像经常为运动员颁奖那样。

5. 奖项已经确定，竞赛日期临近，需要挑选擅长文学的人担任裁判，对竞赛做出评估。国王从城里选了六个人，而第七个胜任者还未找到。国王便将这个问题交给图书馆管理人员，请他们推荐一个称职的人。他们告诉国王，有一个叫作阿里斯托芬（Aristophanes）* 的人，他怀着巨大的热情，极其勤奋地每日读书不辍，依次浏览了图书馆的每一本藏书。到举行竞赛时，设立了裁判席，这位阿里斯托芬在指定的座位上坐下来。6. 第一批诗人被带入场内进行比赛，他们朗诵自己的作品，如果所有观众认可某个作品，便向裁判发出信号示意。于是，当这些裁判被逐个问及观点时，其中的六个裁判异口同声地说，他们要将一等奖颁发给那位他们注意到的最讨观众喜欢的诗人，二等奖则颁给亚军。但当问到阿里斯托芬时，他却提出一等奖应授予那位最不受观众欢迎的诗人。7. 国王和在场的所有人对这一提议表示出强烈的不满。他站起身来请求发表意见，得到应允。等到全场安静下来，他告诉观众，他选择的是唯一一位真正的诗人——其他人朗诵的都是别人的诗句。以他看来，裁判所关注的应该是原创作品，而不是剽窃之作。

人们惊愕不已，国王仍有疑惑。于是，阿里斯托芬凭着自己的记忆，历数书橱中的一卷又 [86]
一卷书，将文本与朗诵的段落进行比较，迫使这些剽窃者不得不坦白。在这种情况下，国王便
命令以盗窃罪对他们提起公诉。国王宣布他们有罪，取消了他们的比赛资格，同时赠给阿里斯
托芬许多礼物，并任命他为图书馆馆长。

8．若干年过去了，佐伊鲁斯 (Zoilus)* 从马其顿来到了亚历山大里亚，得了一个绰号叫"荷
马之鞭" (Homeromastix)。他在国王面前朗读他写的书《反伊利亚特》(Against the Iliad) 和《反奥德赛》
(Against the Odyssey)。托勒密得知荷马这位诗人之父、一切文学的先驱者，在缺席的情况下遭到辱
骂，又了解到他的作品获得了所有民族的赞赏，却遭到此人的批判，但他强忍愤怒，不动声
色。其间，佐伊鲁斯在这个王国待了一阵子，经济吃紧，最后向国王乞求赏赐。9．据说国王
回答说，荷马一千年前就死了，却滋养了成千上万的人。同样，任何声称自己是最高天才的人
都应既有能力养活自己，也有能力养活他人。总之，有各种各样的传说。有的说佐伊鲁斯以忤
逆罪被判死刑，有些著作家说他被"爱姊者" (Philadelphus，即上文提到的埃及国王托勒密二世的别号) 钉
上了十字架，有的说他在希俄斯岛 (Chios) 被乱石砸死，还有人说他在士麦那 (Smyrna) 被放在柴
堆上活活烧死。无论他实际上遭遇何种命运，都是罪有应得。否则，如果有人指控那些不可能
到场亲自为自己著作辩护的人，就得不到任何处罚。*

10．陛下，我既没有篡改别人的著述而在文章中换上自己的名字，也没有为了寻求别人的
认可而去诽谤他人的作品。相反，我无限感激所有著作家，因为他们以卓越的智慧和才能，编
纂了丰富的、各种不同类型的古代资料，我们从中汲取知识，就好像从泉眼喝到甘泉，并使之
为自己的事业服务，这样我们写作起来就会更雄辩、更熟练。我们依赖这样的著作家，便敢于
制定新的原则。

11．因此，我认识到这是他们迈出的第一步，为我的研究做了准备。我要从这一点开始，
汲取他们的经验，继续前进。在雅典，在埃斯库罗斯 (Aeschylus) 创作悲剧[1]时，阿加萨霍斯
(Agatharchus) 最早为剧场工作，并撰写了一篇关于剧场布景的论文。* 德谟克利特和阿那克萨哥
拉受他启发，也撰写了相同主题的论文，论述了如何将从既定中心点发出的光波与眼睛的视线
自然地对应起来，以便能够在布景绘画上精确而非含混地再现建筑物的外观。这样，即便景物
画在一个直立面上，看上去也是有些部分向后退缩，有些部分向前凸起。

12．后来，西伦勒斯 (Silenus) 发表了一卷论多立克均衡的书，泰奥多勒斯 (Theodorus) 发表
了论萨摩斯岛上的多立克型朱诺神庙的论文，切尔西弗隆 (Chersiphron) 和梅塔格涅斯 (Metagenes)
发表了论以弗所爱奥尼亚型狄安娜神庙的论文，毕特奥斯发表了论普里恩密涅瓦神庙的论文；
同样，伊克蒂诺 (Ictinus) 和卡皮翁发表了论雅典卫城多立克型密涅瓦神庙的论文，福西亚的
泰奥多勒斯 (Theodorus of Phocaea) 发表了关于德尔斐圆形神庙的论文，菲洛 (Philo) 发表了论神庙

---

[1] 维特鲁威选用的"deceo"一词，是希腊词 *didaskô*（即"创作一出戏剧"）的直译。抄本中的"ad scaenam fecit"很可能是希腊语
（*ta kata skênên* 或某个类似短语）的另一直译。

之均衡以及军械库的论文，这军械库建于比雷埃夫斯港（port of Piraeus）；赫莫格涅斯（Hermogenes）发表了论马格尼西亚的伪双重围廊列柱型狄安娜神庙，以及泰奥斯（Teos）论父神利柏尔圆形神庙的论文；除此之外，阿塞西乌斯（Arcesius）发表了论科林斯型的均衡以及论爱奥尼亚型的埃斯克勒庇奥斯神庙（Asclepius）的论文，此神庙位于特拉莱斯，据说也是他亲手建造的；同样，萨提鲁斯（Satyrus）和皮特俄斯（Pytheos）发表了论摩索拉斯陵庙（Mausoleum）的论文，此陵庙被认为是他们所建。的确，好运带来了最大的、最高的奖赏。* 13．他们的技艺博得了最高的赞扬，名传千载，[那些技能]也使他们的想法得以完满实现。各位艺术家承担了建筑各立面的建造任务，他们相互竞争，为了整体的装饰效果，也为追求个人的声誉：莱奥哈雷斯（Leochares）、布里亚克西斯（Bryaxis）、斯科帕斯（Scopas）、普拉克西特莱斯（Praxiteles）以及——有人认为——还有提谟修斯（Timotheus）。他们的艺术中所展示的卓越技能，使其作品名声大振，位列世界七大奇观。*

14．除了他们之外，还有许多人虽不太出名，但也论述了关于均衡的种种规则，如内克萨里斯（Nexaris）、塞奥基得斯（Theocydes）、德谟菲洛斯（Demophilos）、波利斯（Pollis）、莱奥尼达斯（Leonidas）、西拉尼翁（Silanion）、梅兰波斯（Melampus）、萨那库斯（Sarnacus）以及欧福拉诺（Euphranor），更不用说曾写过机械书的那些作者，如迪亚德斯（Diades）、阿契塔斯（Archytas）、阿基米德、克特西比奥斯（Ctesibios）、宁福多鲁斯（Nymphodorus）、拜占庭的菲洛（Philo of Byzantium）、迪菲洛斯（Diphilos）、德谟克莱斯（Democles）、卡里阿斯（Charias）、波利伊多斯（Polyidos）、皮尔霍斯（Pyrrhos）以及阿格西斯特拉图斯（Agesistratos）。*

在他们的文章中我注意到那些有用的东西，并将其全部吸收进一个整体之内，这是因为我认识到希腊人出版了太多论述这一主题的书卷，而我们自己却写得太少：福菲乌斯（Fufius）[1]出过一卷书，令人惊叹；瓦罗（Terentius Varro）在他的《学科要义九书》（*On the Nine Disciplines*）中专门有一书论建筑；塞普蒂米乌斯（Septimius）写过两卷。* 15．迄今为止，还没有一个人就这一内容写过多于一两卷的书，尽管我们的祖先是伟大的建筑师，并能用优雅的文体写作[不亚于他们的建筑]。因为在雅典，建筑师安蒂斯塔特斯（Antistates）、卡拉埃斯克罗斯（Callaeschros）、安蒂马基德斯（Antimachides）以及波里诺斯（Porinos）[2]为奉献给奥林匹亚朱威（Olympian Jove）的神庙奠定了基础，那时皮西斯特拉托斯（Pisistratus）正在建这座神庙，在他去世之后，此工程因民主政治的干扰搁浅了。* 大约四百年后，安条克国王（King Antiochus）许诺出资继续此项工程，设计了巨型内殿（cellas）、双柱廊，并根据某种比例体系安装下楣以及其他装饰物。设计者是罗马公民科苏提乌斯（Cossutius），他技艺高超、学识渊博，以建筑师的身份行事，卓尔不群。此建筑宏伟壮丽，不仅在普通人中有口皆碑，精英人士也常提及。

16．有四个地方保存了[全部用]大理石建造的神庙设计，这些神庙大名鼎鼎，以它们的

---

1 GH 本作 *Fuficius*，但参见福菲乌斯·卡伦勒斯（Q. Fufius Calenus），他是公元前 61 年的护民官，凯撒在高卢和西班牙的使节。
2 H 本作 *Pormos*，G 本作 *Porinos*。

保护神命名，创意优异而富有远见，在诸神的宝座[1]中间享有盛名。第一处是以弗所的狄安娜神庙，是由克洛索斯的切尔西弗隆（Chersiphron of Cnossos）和他的儿子梅塔格涅斯（Metagenes）建造的，后来据说是由神庙中的一个奴隶德米特里乌斯（Demetrius）和以弗所的帕埃奥尼乌斯（Paeonius）完成的。也正是这个帕埃奥尼乌斯，与米利都的达夫尼斯（Daphnis of Miletus）一道修建了米利都的阿波罗神庙，也是按照爱奥尼亚型的均衡尺度来做的。* 伊克提努斯（Ictinus）采用多立克型手法，给位于埃莱乌西斯（Eleusis）的克瑞斯与普洛塞尔庇娜（Ceres and Proserpina）神庙的巨大内殿 * 盖上了屋顶，不用外部圆柱支撑，大大增加了举行神圣礼仪的空间。17. 后来，法勒伦的德米特里乌斯（Demetrius of Phaleron）在雅典掌权时，菲洛（Philo）在这座神庙前面沿立面竖起了圆柱，使它成了一座前廊列柱型（prostyle）神庙。这样就扩大了门廊的空间以容纳新入教者，赋予此座建筑极大的权威性。在雅典，正如我们先前提到的，据记载科苏提乌斯（Cossutius）负责设计了奥林匹亚神庙（Olympium），大规模采用了模数体系以及科林斯型的比例与均衡体系——但没有找到他关于此项工程的论文。我们缺失的建筑论文也不仅仅是科苏提乌斯的那一篇，穆基乌斯（G. Mucius）的论文也没有流传下来，他凭自己的学识为马略（Marius）建成了荣誉和美德神庙（Temple to Honor and Battle-courage）*，根据恰当的艺术原理，确立了内殿、圆柱和下楣的均衡。的确，若这座神庙是用大理石建造的，其华丽的外表与巨额花费能与艺术上的精美相匹配，那它就能名列最重要的建筑作品之列。

18. 由此可以看出，我们古人中的伟大建筑师并不比希腊少，而且有更多的建筑师存在于活生生的记忆中。他们中发表论文的只有少数，所以我想我不能保持沉默，应该有条不紊地将各种建筑问题记述于各卷书中。由于我已在第 6 书中记载了私人建筑的基本原理，在接下来的第 7 书中，我将制定出最终完成建筑并使其既美观又经久的基本原理。

第 1 章 铺筑地面 (图 100)

1. 首先我将从碎石地坪垫层（rubble subpavement）开始讲起，这是装修的第一步，因为它包含了建筑维护和坚固性的最高原则。若要铺筑地面，首先应确保土地完全密实，然后平整地面，铺上碎石垫层。地面全部或部分填上土后，应用夯具（leveller）仔细将泥土夯实。如果地板是由托梁托起的，便要注意，凡是无须砌至建筑物顶端的墙都不要从地面以下砌上来，而应使木底板悬空于墙之上。因为如果结实的墙体一直砌到地板之下，当地板木梁干燥或开始下沉时，坚硬挺直的墙体就必然会沿着木梁两边使地面出现龟裂。2. 同样还要注意，不要将冬天的橡木

---

1 从乔孔多本作 *sessimonio*。

横梁与普通橡木混起来使用，因为一旦普通橡木梁吸收了水分，便会扭曲，使地面以下出现裂缝。若找不到冬天的橡树而必需要用普通橡木来做，就要将它们剖成窄条。木料越薄，越易于用钉子固定。*然后在横梁两端，用钉子钉上两根拉条（braces），这样横梁就不会因扭曲而使角上的接合处变形。用土耳其橡木、山毛榉木和桦木做的东西都不能经久。当上层的木底板（decking）铺设好之后，就应铺上蕨草或稻草，以防木结构被石灰损害。

[88]　　3．在底层（underlayer）之上要铺上碎石，石块不小于拳头大小。底层铺好后，如果铺设这地坪垫层的碎石是新的，就要将其以三比一的比例与石灰相混合；如果是用过的碎石，混合的比例则为五比二。然后要安排十个人合伙用木棍将这些垫层捣实。捣实后其厚度应不小于一 *dodrans*（四分之三足）*。在其上，应铺一层碎陶核心层，按三比一的比例与石灰混合，其厚度不小于六指。地面做在这核心层之上，无论是用碎块拼镶工艺（opus setile）还是用马赛克镶嵌工艺，都要铺得方整、水平。

　　4．当地面铺好并做出坡度之后，就应按以下方法作磨光处理：如果是碎石拼镶工艺，其边缘，无论是菱形、三角形、正方形还是六角形*的，都不应凸出，每条拼缝都要保持通缝。如果地面是马赛克镶嵌工艺铺设的，要注意所有镶嵌块都要朝向同一方向铺设，如果铺得高度不一致，就不可能正常进行打磨作业。若地面用蒂布尔人字砖砌工艺（Tiburtine herringbone tile work）铺设，就应小心操作，确保既不隆起，又没有尖脊，成为一个整体，打磨成一个水平面。*将地面粗磨和细磨之后，要在上面撒上大理石粉末，再用石灰与沙罩面。

　　5．在露天场所做这种地面，再合适不过了。地板托梁受潮膨胀，干燥则收缩，会下陷和沉降，变化时便引起地面开裂。此外，冰和霜冻也使它们不能经久。但如果必须要做，按以下方式做则可使地板托梁之上的地面尽可能不出现裂纹：在铺设好木底板之后，在上面铺设另一层木底板，方向与第一层成直角，用钉子钉牢，这样就为托梁提供了一个双层的骨架。接着将[两份]新碎石与一份陶粉混合起来，再按二比五的比例加入石灰。6．将这[拳头大小的石块]底层铺筑完成后，再铺地坪垫层，捣实之后厚度不少于一足。在这核心层铺好之后，应铺设两指的镶嵌块地面，其坡度为每十足两指*。如果材料搅拌均匀，而且磨得很平整，就不会产生裂纹。为了保护灰泥免受冰霜拉力影响，每年在冬季到来之前，可使它吸足橄榄油压榨残液，这样它就不会吸收冰霜。

　　7．保险起见，更加明智的做法是在地坪垫层之上铺两足砖，与下面的灰泥黏结起来，这些砖的每道边缘都应留一指宽的缝。当这些砖黏合在一起时，在这些缝内填上油灰，一旦压紧，这些连接处便挤在一起。这样，缝中的油灰干燥固化，可防止水或任何东西渗入接合处。这一层铺设好之后，在上面铺设核心层，用木棒捣实。最后铺上表层的大型镶嵌块或"人"字形陶砖，如上所述。*如果地面以此法来做，就不会很快坏掉。

第2章 抹灰工艺

1. 现在我们要中止对地面处理的介绍，来谈谈抹灰工艺了（图101）。* 如果上好的块状石灰在使用之前很久便已做了熟化处理，就适宜于做抹灰。将块状石灰置于窑中稍加焙烤，经过一些天便会熟化，残留的液体被汽化，焙烤达到均匀度。在整个过程中石灰若没有被熟化，而只是最近才焙烧就被使用，则会产生水泡，因为其内部还隐藏有生石灰的颗粒。如果这些颗粒未能均匀熟化就使用，便会瓦解和破坏灰泥工件的表面效果。2. 合理地做好了石灰熟化，并仔细做好制备工作之后，便可拿锄头将坑中熟化的石灰砍碎至它的硬核，就像砍柴一样。如果锄头遇到颗粒，说明石灰还没有制备好；如果锄头在石灰中搅动感觉又干燥又细腻，就说明 [89] 石灰已经弱化和烧熟了。当石灰既稠密又彻底烧熟，像胶一样附着于工具上，就表明石灰完全炼制好了。接着就可以准备脚手架，安装房间的顶棚，除非打算在顶棚装饰藻井。*

第3章 顶 棚（图102）

1. 现在谈谈顶棚的建造方法，以下就是要做的事情。排列直板条，间隔不大于两足。最好是柏木条，因为银杉会很快变质，腐烂并老化。将这些板条排列成圆拱形，其接合部用一道木链牢牢固定住，或用铁钉将其牢牢钉在屋顶之下（如果是屋顶的话）。这些木链应用既不会腐烂又不会老化，也不会因受潮而损坏的木头来做，也就是用黄杨木（boxwood）、杜松木、橄榄木、橡木（栎木）、柏木等类似木头，除了普通橡木之外，因为它会变形，使工件产生裂缝。

2. 木板条固定好之后，用一条西班牙金雀花纤维编织的绳索，将敲打过的希腊芦苇捆在这些板条上，按设计要求做。随后在顶棚抹上石灰与沙混合而成的砂浆，这样便可封住屋梁或屋顶上渗漏下来的任何东西。如果找不到希腊芦苇，可将狭窄的沼泽芦苇扎起来，并用绳线相互系紧，调整为适当的长度与厚度，两个系结之间的间隔不小于两足。用绳索将芦苇束捆在木板条上，如前所述，钉入木销子。其他一切都按所述方法准备。3. 顶棚安装和编织起来之后，就在朝下的一面抹上灰泥，撒上沙子，然而用白粉或大理石粉磨光。

顶棚磨光之后，就要做屋顶线脚（crown moldings）了。要尽量做得纤细精致，因为如果做得很大，它便会因自身重量掉下来，不能保持在原位上。人们总想最后在线脚中掺入石膏粉（gypsum），不过它的成分应是过筛后颗粒均匀的大理石粉，这样各部分的干燥就不会有先后，而是以统一的速度干燥。同样也要避免我们祖先的顶棚设计，因为线脚悬于沉重的上楣之上是有危险的。

4. 有些顶棚线脚是平滑的，有些则带有装饰。在放置火烛或灯盏的房间，顶棚线脚应是平滑的，这样易于打扫。在夏季房间和谈话室中，不大会有烟尘，也无烟煤妨害，就应做装饰。白色的工件以雪白的效果为美，但也易从本建筑和周边建筑那里吸收烟尘。

5．顶棚线脚安装好之后，应给四周墙壁抹灰，要抹得尽量粗糙 *，待灰泥快要干时，再抹上数层砂浆，这样墙壁的各个面横向齐平，竖向垂直，墙角可呈直角。这样做能让画壁画的灰泥表面看上去完美无缺。待灰泥干燥后，抹上第二道和第三道灰泥。掺入沙子压平，压得越结实，画上去的湿壁画就越完美，或经久。6．除了粗抹的灰泥之外，抹砂浆也不少于三道，接着应抹上掺入大颗粒大理石粉末的灰泥，并抹平整，材料应调匀：操作时砂浆不会附着于抹子上，工具可以自由地来回抹。抹好了大颗粒大理石粉灰泥并干燥之后，就要抹上另一道中等颗粒的粉末灰泥。完成之后，均匀地撒上沙子，再抹精细大理石粉末的灰泥。

7．墙壁以三道砂浆和三道大理石粉末进行了加固，就不会出现裂纹和其他瑕疵。用泥抹子 * 向下压实，使墙壁具有结实的底子，并以雪白的大理石粉磨光，涂上颜料并最后抛光时便会展现辉煌的色彩。仔细将颜色画在潮湿的灰泥 * 上，它不会晕散开来，而是永久地待在那里，因为石灰的水分已在窑中烧掉，已被弱化而且多孔，其孔隙会吸收所接触到的任何东西。当各[90]种具有不同性质的颗粒或原子混合物与之结合时，便一下子固结起来。其中石灰与这些成分发生作用，干燥后还原了，便具有了这些成分的种种特性。8．于是，正确制作的灰泥既不会随时间流逝而变得粗糙，颜色也不会在被擦拭时脱落，除非在涂色时漫不经心，涂在了干燥的灰泥上。所以，若如前所述在墙壁上抹灰，它便具备了完美的、漂亮的、经久的品质。如果只抹一道砂浆和一道大理石细泥，灰泥层就太薄了，易于破损，因为它不够结实，厚度也不够，经不住打磨。9．这就像一面贴了银箔的镜子，只能反射出模糊的、微弱的映像，而一面用固态合金做成的镜子，能以强力打磨得很光亮，映照出闪闪发光的图像，使观者看上去十分清晰。同理，画在薄底子上的湿壁画不仅会开裂，而且很快便褪色。而那些厚实的湿壁画，由于画在结实的砂浆与大理石泥浆的底子上，并下工夫打磨，所以不仅有光泽，而且实际上也将墙上的图像反射给了观看。10．希腊灰泥匠不仅根据这些原理创作了经久不衰的作品，而且还这样做：他们安置好砂浆槽，将石灰与沙子倒入其中，找来十人的工作团队，用木杵舂捣砂浆。在这组工人起劲地干完之后，再使用这砂浆。有许多人将老墙面切割下来当作镶嵌面板使用，而湿壁画上本身就镶有装饰板和镜子，外观效果十分动人。

11．但是，如果要在半露木骨墙（half-timbering）上抹灰，便不可避免地会沿垂直和水平木条出现裂纹（因为将灰泥抹在木格上时，木头必然会吸收水分，干燥收缩时便会使灰泥出现裂纹）。以下便是避免此情况发生的方法：将整面墙封上灰泥之后，首先在整个工作面加一道芦苇，用木贼属植物〔*Equisetum*〕制成的栓子加以固定。* 然后抹第二道泥。如果先前那层芦苇是横向铺设的，那第二层就应纵向铺设。最后再抹上砂浆层和大理石灰泥层，如上所述。这样有双层连续的芦苇层并用垂直的草杆固定住，就不会有剥落[1]和开裂的情况发生。

---

1 从乔孔多本作 *segmina*。

第4章 潮湿地点的抹灰工艺 (图103)

1. 我已介绍了干燥地方的抹灰工艺，现在我将叙述在潮湿地点如何完成抹灰工作，使之经久而不开裂。首先，底层房间粗面抹灰不用砂浆，而要用碎陶渣，抹至地面以上三足的高度，这样灰泥便不会被潮气毁坏。但是如果整面墙壁总是潮湿的，那就要在这堵墙的后部再建一堵薄墙，两墙相隔的距离可在这工程允许的范围内。在两墙之间做一道排水沟，其高度要低于房间地面，并在开敞处设置滴水孔。在向上筑墙的过程中，在墙上要留出透气孔，因为若湿气不通过这些上上下下的孔排出，就会弥漫于整个新造的墙体。这些工序完成之后，再抹粗灰底，平整后再抹灰泥和磨光。

2. 如果这一地点不允许筑墙，就做排水沟，沟的开口通向某处露天空间。然后在水沟边缘的一侧搭上两足砖〔bipedales〕，在另一侧砌八寸砖〔bessales〕的墩子，以使每个墩子上可搭住两块砖的砖角。这些墩子[1]离开墙壁不超过一掌距离。在其上面，应将乳头砖 * 直立起来固定在墙壁上，从底部一直到顶部，朝向内里的一面衬涂沥青，以便防水。这样，这墙体从底部到顶棚之上的顶部都可通风。3. 然后，用石灰水粉刷墙壁，这样灰泥就不会抹不上去。因为砖在窑中焙烧后很干燥，不能吸入粗浆泥，也不能将粗浆泥吸附住，除非刷上石灰水将每种 [91] 成分粘住，迫使它们结合在一起。用陶粉取代沙子，抹上粗灰泥，接下来可按照上述有关抹灰的说明完成余下的工序。

正确的绘画方法：冬日餐厅

4. 要在墙壁上绘画，就必须遵循墙壁自身的正确原理，以使墙壁装饰具有高贵性，与地点和建筑类型的特色保持一致。在冬日餐厅内，纪念性绘画和精致的灰泥浮雕及线脚装饰没有任何意义，因为这些装饰会被火炉的烟尘和灯盏的煤烟所损毁。这些房间中的镶板要涂成黑色，排列于墙裙之上，以赭石色或朱红色镶边。如果建造拱顶并做简单装饰，则采用希腊人装修冬日餐厅地面的形式，效果也很漂亮，更不用说经济实用了。5. 这样，就要将餐厅的地面向下挖大约两足深，将土壤夯实之后，铺入碎石或碎陶的垫层，并做成斜坡，安装开口（通气孔）通向排水沟。然后在压实的炭层上再铺半足厚的碎石和石灰搅拌而成的砂浆，依直尺和水平尺取准，将最上层用磨石打磨，使之呈现出黑色地面的外观效果。这样，在人们用餐时，因产生口角而导致酒从杯中泼溅出来或从口中吐到地上，就会很快干掉，而那些在席间斟酒的人，即便光着脚伺候，走在这种地面上也不会受凉。

---

1 GH 本作 eae，本书作 hae（Llc）。

第5章　　正确的绘画方法：综述

1．在剩下的房间，即春季、秋季和夏季用房以及门厅与周柱廊中，古人也以真实的现象为基础，确立了某些可靠的绘画原理。因为一幅画应是某个实际存在的或可能存在的事物的图像，如具有确定实体的人物、建筑物、船舶等，其实例可以在仿作中看到。根据这一原理，古人开创了在灰泥上作画的先河，首先模仿各种大理石面板的砌墙效果，接着模仿上楣的纹理和砌筑效果，以及赭石色镶嵌板的各种设计图样 *。2．后来他们进展到一个新阶段，也模仿建筑物的外形、圆柱及山花之间的投影。而在像谈话室这样的开敞空间内，由于有宽阔的墙壁，他们便以悲剧、喜剧或森林之神滑稽短歌剧的风格来画舞台布景。由于步道很长，他们便以各种各样的风景画来装饰，创造出已知不同地区独具特色的图像。他们画港口、海角、海岸、河流、泉水、海峡、神庙、圣林（sacred groves）、山脉、畜群、牧羊人；他们在纪念性绘画中描绘某些地方；还有诸神的形象，功妙安排的神话故事，如特洛伊之战或尤利西斯（Ulysses）在田野中游荡，以及根据自然规律所创造出来的其他题材（图 104）。

3．但是，这些以真实事物为范本的绘画，现如今却遭遇了堕落的趣味。现在湿壁画中画的不是确定事物的可信图像，而是些怪兽。芦苇取代圆柱竖立起来，小小的涡卷变成了山花，装饰着弯曲的叶子和盘涡饰条纹；枝状大烛台高高托起小庙宇，在这小庙宇的山花上方有若干纤细的茎从根部抽出并一圈圈缠绕着，一些小雕像莫名其妙地坐落其间，或者这些茎分裂成两半，一些托着长着人头的小雕像，另一些却长着野兽的脑袋（图 105）。

4．既然这些事物并不存在或不可能存在，而且从未存在过，所以这种新时尚就造成了这样的一种局面，即糟糕的鉴赏家反倒指责正当的艺术实践为缺乏技能。拜托请告诉我，一根 [92] 芦苇真能承载一个屋顶，一只枝状大烛台真的能搁住一尊小雕像，或者从根与茎或小雕像身上真的能开出花儿？但人们看到这些骗局时，从来不会批评它们，而是从中获得了快乐。他们也从不留心这些东西可不可能存在，心灵被孱弱的判断标准所蒙蔽，便认识不到还存在着符合于权威和正确原理的东西。那些不模仿真实事物的图画不应得到认可，即便经过艺术加工画得很优雅；也没有任何理由立即对它们表示赞赏，除非它们的主题未受干扰地遵循着正常的基本原理。

5．事实上，在特拉莱斯（Tralles），阿拉班达的阿帕图里乌斯（Apaturius of Alabanda）以其优雅手艺装饰小剧场的舞台背景（scaenae frons），称作 ekklêsiasterion（议事厅）中的一部分，上面画了圆柱、雕像，支承着柱上楣的半人半马怪（centaurs）、圆形屋顶，以及山花的尖角和装饰有狮头的上楣（所有这些东西安装在屋顶排水沟上都是有道理的）。* 此外，在舞台背景之上，他还画了 episcaenium（舞台背景之上的增高部分），有圆庙、神庙门廊、半山花以及种种建筑图画。这舞台布景由于其高浮雕的效果迷住了所有人的眼睛，人们众口一词地赞美其作品。这时数学家利金尼乌斯（Licymnius）走上前来，说道：6．"在人们眼中，阿拉班达人在所有政治事务方面拥有足够的智慧，但只是由于些许缺陷被当作傻瓜，即缺乏分寸感。因为在他们的运动场中，所有雕像表现的都是为案件作辩护的律师，而将掷铁饼者、跑步者、赛球手的雕像竖立在集市广场上。雕像地点设置得不恰当，给这座城市赢得了判断力低下的坏名声。现在我们注意一下，这建筑布景并没有将我们变成阿拉班达人或阿夫季拉人（Abderites）。你们当中谁家的住房或圆柱山花建在房顶瓦片上？这些东西应置于托梁或横梁上，不应搁在屋瓦上。因此，如果在图画中我们认可实际上不存在的东西，那我们就与那些因此类缺点被人看作傻瓜的城市为伍了。"

7. 阿帕图里乌斯不敢作答，拆除了舞台布景。当他根据真实的原则做了修改之后，利金尼乌斯立即认可了其经过纠正的作品。也只有不朽的诸神才能设法让利金尼乌斯起死回生，纠正这种错乱之症以及我们壁画家的反常做法！但是揭示出虚假的推理为何会战胜真理，并不算离题：古人花费劳动和精力进行竞争，要赢得人们对其技能的认可，但现在 [壁画家们] 是靠铺陈色彩和优雅外形来寻求人们的认可；曾几何时，工艺上的精益求精使那些作品声誉日隆，而现在极度的夸张却使工艺不再有人问津。8. 在古人中间，我们看到有谁不是将朱砂当作药品那样吝啬地使用？而现如今朱砂被到处滥施，出现在几乎所有墙壁上。除此之外，还有孔雀石绿、紫色、亚美尼亚蓝——这些颜色即便涂鸦，看上去也具有灿烂夺目的效果。由于这些颜料很昂贵，受到法律限制，所以用不用由顾主说了算，承包商作不了主。

我已花了足够长的篇幅谈论壁画作业中的反常做法，这些做法是可以避免的。下面我将谈谈施工所需的材料。关于石灰，开篇时已谈过，下面我将记述与 [粉末状] 大理石相关的事宜。

第 6 章 大理石粉

1. 各地出产的大理石类型都不一样。有些地方的岩块含有明亮的颗粒，像盐粒一样，将这些岩石击碎磨成粉末，对抹灰工程是极有用的。在找不到这些资源的地方，也可以利用石匠加工时丢弃的小块大理石，即他们所说的边角料。将其击碎、磨成粉末并过筛后，也可用于工程。在另一些地区，如马格尼西亚与以弗所交界的地方，可以挖掘到现成可用的大理石粉，没有必要研磨和过筛，因为这种粉末与手工研磨过筛的石粉同样精细。

第7章　颜　料

1. 有些地区可以找到某些天然颜料并开采出来，但有些颜料是调配成的，需经过处理，或将各种不同成分按特定比例调和起来，才能为抹灰工程所用。首先我将讨论那些天然颜料，如赭石，希腊人称作 *ôchra*（黄赭石）。眼下，这种颜料可在包括意大利在内的许多地方找到，但是最上乘的阿提卡赭石（Attic ochre）已经找不到了。这是因为，雅典用他们自己的奴隶挖掘矿井以探找银矿，如果他们找到了一条矿脉，便像开采银矿一样开采赭石，所以古人使用大量赭石画壁画。

[93]

2. 各种红色颜料虽然也可从许多地方大量开采出来，但最上乘的只有极少地方出产，如本都（Pontus）的锡洛普（Sinope）、埃及、西班牙的巴利阿里群岛（Balearic Islands）以及利姆诺斯岛（Lemnos）。罗马元老院和平民大会（Senate and People of Roma）承认了雅典人开采赭石矿的获利权，作为他们收入的一部分。

3. 白垩（white chalk）叫作 Paraetonium（帕雷托尼姆白垩），因产地而得名。同样，铅白称为 Melinum（米洛斯铅白），因为据说铅白矿就位于基克拉泽斯群岛的米洛斯岛（Cycladic island of Melos）上。

4. 绿垩也有若干地方出产，但最好的出自士麦那（Smyrna），希腊人称之为 *theodotion*（狄奥多图斯绿垩），因为最早发现这种绿垩的人叫 Theodotus（狄奥多图斯）。

5. 雄黄（即砷硫酸）希腊语为 *arsenikon*（砷酸），由本都地区开采。同样，红砷也可在若干地区找到，但质量最好的红砷矿是在本都的锡班河（Hypanis）附近。

第8章　朱　砂

1. 现在我将解释朱砂（硫化汞）的性质。据最早的记载，朱砂发现于以弗所地区的奇尔比亚原野（Cilbian fields），这种颜料和它的性能都很神奇。其岩块在被加工成朱砂之前，于如铁矿那样的矿脉中开采出来，但颜色更红一些，裹着红粉末。当它被采掘出来后，在铁器的敲击下会流出很多汞液，矿工们会将其立刻收集起来。

2. 这些大块的矿石被收集之后，由于其中渗透了水分，便被投入铸造厂的火炉中进行干燥。它们在炉火的焙烧下冒出烟气，一旦这些烟气再次沿炉床边凝聚起来，便可发现是由汞构成的。将矿石清除后，这些汞液不能被聚拢，因为汞珠太小，但可扫入一个水桶中，它们便相互合并起来，最后一起倒入更大的汞堆之中。如果有四舍克斯塔里乌斯（sextarii）（= 两升）＊ 的汞，将其倒出来后，就可得到相当于一百磅的汞。

3. 如果将汞倒入其他桶中，放入一块重一百磅的石头，这石头便会浮于表面。石头不能以自身的重量压缩液体的体积，也不会占据液体的体积。取走这块石头，放入少量金子，金子则不会漂浮而是沉底。因此不可否认，物质的重力并非是重量问题，而是材料类型问题。

4．现在汞可以用来做许多事情。没有汞便不能给银和铜镀金。将金线编织进布料和衣服中，年久磨损便不再能用。可将这些旧布放入陶盆，置于火上焚烧。衣服被烧成了灰，将这些灰烬倒入水中后加入汞，汞便会吸附所有黄金碎屑并迫使它们和自身合为一体。将汞水倒入一块布上，然后用手拧绞，水被拧出，汞因为是液体也会从布缝中流出，布中留下的便是经浓缩而聚合起来的纯金。

第9章　朱砂的加工

1．现在我将回到朱砂的加工上。矿石干燥之后，用铁杵将其捣碎，通过反复浸洗和烧烤，颜料得以提取，杂质则被留下。由于去除了汞，朱砂呈现的天然品质已经失去，性质变得柔和而脆弱。2．因此，将朱砂画在室内灰泥上，可保持色彩不褪色；但画在开敞的房间，画在周柱廊或谈话室或其他太阳光或月亮光照射到的场所，朱砂就会褪色，色彩饱和度会丧失，变成黑色。当［凯撒和安东尼的］秘书法贝里乌斯（Faberius）让人为他坐落于阿文蒂尼山（Aventine）上的宅邸画优美的壁画时，在周柱廊以及所有墙壁上都使用了朱砂。三十天后，墙上便出现了斑驳难看的色彩，所以他立即改用了其他颜料。

3．如果有人更仔细一些，想使朱砂色彩保持不变，那么在画好壁画并干燥之后，就应该用刷子刷上一层腓尼基蜡。刷前要用火将蜡熔化为液态，加少许油调和；然后将炭火装入一只铁盆，先近距离地烘烤墙壁使蜡融化以使其均匀；接着用蜡烛和干净的亚麻布抛光，就像保养 [94]
未上色的大理石雕像那样。4．在希腊这就叫"上光"〔*ganôsis*〕。* 于是这一层腓尼基蜡便形成了一道屏障，既避免了月亮光也避免了太阳光直接照在画面上，盗走壁画的色彩。过去惯常设在以弗所矿区的作坊，现在被迁到了罗马，因为这种类型的矿脉已在西班牙地区发现了，矿石从那里的矿区运往罗马，由承建商进行加工。这些作坊就位于福罗拉（Flora）神庙和奎利诺斯（Quirinus）神庙 * 之间。

5．朱砂掺入石灰，便成了假货。如果要检验朱砂是不是真货，可以这样做：取一根铁条，将朱砂涂在上面，放到火里去烧，直至铁条烧红。当铁条的颜色从通红变成黑色时，将它从火中取出。铁条冷却后，如果恢复到原来的颜色，就证明朱砂是没有瑕疵的；如果铁条仍然是黑色，就说明朱砂是次品。

6．我已经讨论了我所能想到的有关朱砂的所有问题。孔雀石绿是从马其顿进口的，从靠近铜矿的地方开采出来。亚美尼亚蓝和印度靛青，其名称便说明了它们出产于何处。

第10章 混合颜料

1. 现在我将介绍那些经过加工和通过将不同类型的成分混合起来，从而改变了颜色并获得其色彩特性的颜料。首先我将讨论黑色颜料——画壁画需要大量黑色颜料——这样就可以了解到工匠们是如何用合成材料制备黑色颜料的。2. 先建造一个类似于斯巴达桑拿浴室的工房，精心抹上大理石灰泥并磨光。在这个房间的前面建一座小火窟，开一条通道通向斯巴达桑拿浴室。处理通道嘴子时要特别小心，务必避免火焰向外溢出。将树脂置入窑中焚烧，火力会驱使炭黑散发出来，通过通道进入斯巴达桑拿浴室，全部附着在四周墙壁及拱顶曲面。将树脂收集起来，一部分与胶调和制成墨水，而灰泥匠会用剩余的部分与胶水混合起来画壁画。3. 若手边没有这些材料就得根据需要想办法，因为工期不等人。焚烧灌木枝和油松薄片，烧成木炭后将火熄灭。将木炭倒入研钵，加入胶水进行研磨，便可制成壁画家使用的黑色颜料。这种颜料并非没有它的魅力。4. 同样，如果将葡萄酒的酒糟置于窑中干燥和焚烧，再用胶水调和，用来画壁画，[这混合物] 所产生的色彩，甚至比标准的黑色颜料更为柔和。酿制的葡萄酒越好，酒糟制成的颜料色彩就越接近靛蓝色，而不是标准的黑色。

第11章 蓝色颜料

1. 蓝色颜料的配方最早于亚历山大里亚发明。后来，维斯托里乌斯（Vestorius）在普泰奥利（Piteoli）地区也开始生产这种颜料。* 蓝色颜料的故事以及它是如何发明的，说来很神奇。首先将砂与泡碱华（flower of natron）（一级硝酸钾）放在一起研磨，磨到如面粉那样精细；然后用粗锉将铜锉成木屑状，将先前磨好的沙子撒在铜屑上，直至它们紧密结合在一起；接着用双手将其搓成球状，合为一体，使其干燥；最终将这些干燥后的球放入陶瓷罐并置入窑中，铜和砂在火的焙烧之下白热化，结成一体并相互交换气汗，改变原先各自的属性。随着它们的天然性质融合起来，便产生出一种蓝色。

2. 烧赭石（burnt ochre）对画壁画相当有用，它可通过如下方式加工：将优质赭石块投入窑中烧至白热化，然后用醋淬火，于是它的颜色就变成了紫色。

第 12 章　铅白和铜绿

1．在这里介绍一下铅白和我们称作"锈"的铜绿的制备方法是合适的。罗得岛人将树枝放入桶中，加入没过树枝的醋，然后加入铅块，并盖上桶盖使气味无法散发。一段时间后，他们打开桶盖，发现铅块已经产出了白颜料。用同样的方法放入铜条，他们又做出了铜绿，人称"铜锈"。将铅白置入窑中用火烧，它就改变了颜色，变成了红砷（red arsenic）。人们是在观察了偶然的火烧现象之后才认识到这一点的，而这种颜料要比从矿山开采出来的颜料有用得多。

第 13 章　紫色颜料

1．我将开始谈紫色颜料，它在所有色彩中最珍贵、最有名，也最好看。紫色是从一种海洋软体生物中提取出来的，这种生物可以制成紫色染料。人们想起紫色都会感到其神奇特点不逊色于任何其他自然现象，因为任何地方出的紫色都各不相同，它是在太阳运行轨迹的作用下天然调和而成的。2．在本都和高卢[1]地区采集的这种生物颜料是黑色的，因为这些地区离北方更近些。而到了西北地区，我们会发现它是蓝色的。在东西方昼夜平分点上所采集到的则是紫色。然而，从南方地区提取出的颜料则呈橘红色，所以在罗得岛以及其他距太阳最近的地区，人们从事着这种颜料的商业化生产。3．将这种贝类软体生物收集起来，用铁刀片将其剜开，其创伤处会流出紫色的分泌物，如眼泪一样，将其摇晃后倒入研钵进行研磨加工。由于这种颜料是从海洋软体生物的贝壳中提取出来的，所以被称为"牡蛎紫"。由于它含盐分很高，所以很快便会干透，除非用蜂蜜浇在上面。

第 14 章　替代性颜料 [95]

1．紫色颜料也可以用茜草根染垩土的方法制成，还可以用胭脂虫粉（胭脂虫栎，*Ouercus coccifera*）来做。* 这种植物也可以制成其他颜料。如果壁画家想模仿阿提卡赭石，他们便将

---

1 抄本作高卢，罗德（Rode）校订为 Galatia（加拉蒂亚）。

晒干的黄堇菜投入锅中加水煮沸，再将它倒在亚麻布上，用手将水拧入研钵，这时水已呈紫罗兰色。将垩土倒入钵中捣碎，便制成了阿提卡赭石颜料。2．以同样的方法制作蓝莓色，掺入牛奶，即可得到漂亮的紫色。同样，因孔雀石绿价格昂贵而不能使用的人，可以在淡黄木犀草（*Reseda luteola*）* 中加入蓝色颜料，作为深绿色使用。他们称之为"染色"绿。同样，由于靛青稀缺，可以用菘蓝〔*Isatis tinctoria*〕给塞利鲁斯垩土（Selinuntine chalk）或者宝石匠的胶泥染色。这种菘蓝希腊人称作 *isatis*（大青属植物）*，他们创造了一种与靛青相仿的颜料。

3．绘画要想设计得结构完善，应遵循这些基本原理，采用这些颜料。在本卷中，我已就所能想到的绘画的基本原理和颜料性能做了长篇记述。在以上 7 卷之中，已经对实施 [建筑设计] 的所有工艺与标准进行了阐述。在下一卷中，我将介绍关于水的内容：如何在没有水的地方找水，如何挖沟引水，以及如何检验卫生与合适的用水。

第8书

水

[96] **前 言**

1. 米利都的泰勒斯（Thales of Miletus），为七贤之一，声称水是万物的基本元素。赫拉克利特（Heraclitus）称基本元素是火，而这位贤者的祭司们说是水和火。阿那克萨哥拉的一个追随者欧里庇得斯（Euripides）则提出，基本元素为空气与土。雅典人称这位哲学家为"演员"。他说，上天的雨水反复给大地授精，大地便孕育了所有人类和生物，作为她在这个世界上的子孙后代。他还说，当时间的必然性迫使其后代分解时，它们便回归于她，而那些由空气产生的东西一定会返回到天空；它们不会消弭于无形，只是通过分解而变形，还原到原初的特征。但是毕达哥拉斯、恩培多克勒（Empedocles）、埃庇卡摩斯（Epicharmos）以及其他博物学家和哲学家提出，基本元素有四个：空气、火、土和水。自然形态使它们相互依存，创造出每种物质特有的品性。*

2. 我们确实观察到，不仅所有造物都是由这些元素产生的，而且若没有这些元素，任何事物都得不到滋养，都不能成长，也不能维持自身的生命。没有气息的注入，身体不可能存活，除非空气注入身体，引起了连续不断的呼吸与收缩；若没有相应的热量供应，身体便没有生命活力，不能稳定地直立，也不可能获得消化食物能量的温度；如果得不到土地食物的滋养，身体的各个部分便会垮掉，因为身体中土元素的正常成分被剥夺了；如果动物缺乏水的能量，它们便会干掉、失血，它们的液体元素便被吸干。3. 因此，神决定，对各个民族来说必不可少的东西，是那些得到它既不困难又不昂贵的东西，而不是珍珠、黄金、银子之类的东西，因为这些东西身体不需要，自然也不需要。没有这四种元素，凡人的生命便没有保障，所以神便将它们倾倒于整个世界，让人唾手可得。于是，若凑巧身体缺少了呼吸，就有了**空气**，为的是补救这种缺失，提供缺少的东西。太阳的热力也是如此，随时帮助我们，而**火**的发明使生命更有保障。同样，**土地**的果实十分诱人，满足了无限的食欲，为动物提供食物，维护并滋养着它们。水提供了无穷无尽的必需品以及饮品，所提供的服务就更令人高兴，因为它们是免费的。[1]

4. 埃及祭司惯常的做法进一步证明，世间万物均是由水的能量所构成的。他们举行严格的宗教仪式，将水装在水罐中运到圣区和神庙中，然后拜倒在地，举起双手朝向上天，为发现了水而感谢神恩。

由于博物学家、哲学家和祭司也断定万物由水的能量构成，所以我想，由于在前7卷中已阐明了建筑的基本原理，在此卷中讨论以下内容将是恰当的：如何寻找水源，如何根据发现地的特征判断水的特性，用何种方法输送水，如何对水进行检验。因为水对于生命与幸福，对于日常所用，都是必不可少的。

---

1 这双关语是维特鲁威的原话（按：gratify，动词，意为"使高兴"，其形容词形式"gratis"意为"免费的"，故是双关语）。

第1章 寻找水源

1．如果有露天流淌的泉水，那么水的处理就比较容易。但如果没有水喷涌而出，那就要寻找地下水源并将水汇集起来。

以下是测试水源的方法：在太阳升起之前，趴卧在寻找水源的地方，面朝下，将下巴搁在 [97] 地上撑住，勘查这些地区。由于下巴保持不动，这样视线就不会游移抬高，而是以算好的高度，在明确的范围内对那些地区所处方位进行观察。* 若可以看到湿气盘绕向上升入空中，就在那里挖掘，因为这种迹象在干燥地区不会产生。

2．寻找水源也应注意水源所在地及水的类型，因为只有某些类型的地区才有水。黏土地区水源稀少微薄，水源不深，水的味道也不是最好的。在多碎石的砂质土中，水也很稀少，但可在较深处发现，水质混浊苦涩。在黑土地地带，可以找到渗出的水流和水滴，这是由冬天暴风雨汇集而来的，流向高密度坚实之地并滞留下来，这些水的味道极佳。在砾石中等大小的地带，尽管不太确定[1]，但仍可找到水脉。这些水的味道也是令人心旷神怡的。在粗砂、细砂的砂石地带，水的供给较为可靠和稳定，水的味道也很不错。在红石灰华地带，水源丰富，品质良好，但易从气孔流失或融化掉。在山脚下以及硬石灰石〔*silex*〕地带，水资源相当丰富，水流淌不息也更清澈，更有益健康。露天旷野中发现的泉水，是含有盐分的、温热的、苦涩的，除非它们是从山上流入地下，再从平坦地带喷涌出的。在这类地方，上面有树荫笼罩，则提供了悦人的山泉。

3．在刚才所说的那种类型的土地上，可以找到生长的植物，这就是有水的信号：细长的灯心草、野生的柳树、赤杨、羊荆、芦苇、常春藤之类的植物，在没有水分的地方不可能生长。这些植物一般生长在常年有水的池塘边，这些池塘在整个冬天收集雨水，收集的速度比周边的乡村更快，因为它们有更长久的蓄水能力。当然，将它们作为地下水的信号是不可靠的，不过在那些地区，在那些土地上——不是池塘——这些信号天然出现了，它们并不是人工种植的，标志着在那儿可以找到水。

4．在这些地方，一旦有了 [有可能] 找到水的迹象，以下便是验证的方法。挖一个坑，每边不小于三足，深度不小于五足。[2] 黄昏时分，在坑中放一只船形容器或一只盆。无论你放入什么容器，都要用油涂抹内面，并将其倒扣着，再用芦苇或树叶将坑盖住，最后用泥土覆盖。第二天将坑打开，如果容器内有水滴和渗流，这地方就会有水。

5．同样，若将未经焙烧的黏土罐放入坑内，用相同的方法将其覆盖上，如果此地有水，打开坑时容器就会是湿的，它已开始吸收水分。如果将羊身上剪下的羊毛置于坑中，次日便可

---

1 乔孔多本作 *Non certae*，抄本作 *non incertae*。
2 菲兰德本如此，出自维特鲁威文本的摘要；抄本为空（*vacant codices*）。

拧出水来，这也表明此处有水。预备一盏灯，加满灯油点亮，置入坑中并盖好，如果次日灯未熄灭，依然有些灯油，灯芯也未烧尽，而且灯本身是潮湿的，就表明这个地方有水，因为一切热量都吸收水分。还可以在这坑中点火，一旦泥土被烤得过热并烧焦，便散发出水汽，这说明该地方有水。

6. 有意识地进行验证后，若发现有上述的迹象，就可以在这个地方打一眼井。如果找到了地下水位，就可在此井附近打若干口井，所有井通过地下水沟 * 指向某一个地方。尤其在山区和北方地区可以打出这些水井，这些地区可找到更甘甜、更有益健康、更丰沛的水。因为这些地区背阳，而且树木繁茂多叶，山区本身又被树荫遮蔽，阳光不可能直接照射在地面上，所以水分不会蒸发。

7. 山谷接纳大量雨水，而且由于森林茂密，树荫和山阴笼罩，积雪长时间不化。之后，[98] 融雪经地脉过滤，流入大山最深处，从山间喷涌而出。相反，一马平川之地不可能蕴藏丰富的水源。那里即便的确有水，也不可能有益健康，因为阳光强烈而没有东西遮阴，夺去了平原表面的水分，使之沸腾并将它汲干。即使可看到一些水，大气所产生出的任何轻灵的、精致的和对健康稍有益的东西，也在天空的威力作用下消散了，而那些最凝重、最粗劣和最苦涩的东西则被留在了平原上的泉水之中。

第 2 章　雨水，河水

1. 同样，雨水的水质更有益健康，因为它是由一切泉水中最轻灵、最精细的物质构成的，经过风暴中大气运动的过滤，液态化后降落到了地面。此外，雨水不可能大量流入平原，而是流入山区或附近地区，因为早晨升起的太阳将这离开了大地的液体向上驱赶，它们离开地面，将其上部的大气推向天空。在运动过程中，它们离开的位置便形成真空，所以在后面带起了强烈的气流。

2. 这强烈的气流掀起不断加强的阵阵狂风，以其爆炸力量将湿气推向四面八方。凝聚在泉水、河流、沼泽地以及大海上的湿气被狂风卷起，汇集起来，吸足了太阳的热量[1]，于是云高高升起。湿气由气流承载着，到达山区，与群山发生碰撞而分散开来，由于其水分饱和、重量增加，便化为阵阵暴风雨，倾泻到大地。

3. 水蒸气、云和湿气产生于大地，其理由如下：土地内部有热能、飓风和寒气，还有大量的水。因此，当升起的太阳照耀在夜间冷却的地球上时，阴影下刮起阵风，云雾在潮

---

1 GH 本作 *tempore*，E 本作 *taepore*；C^ch 本和大多数编者作 *tepore*。

湿的地带形成并上升。接着太阳加热了整个大气，并依照这相同的原理将大地的湿气向上提升。

4. 举浴室为例。热水浴室的顶棚之上不可能有水源，那里的空气被来自炉嘴的火力蒸汽过度加热了，便将水分从地面提升上来，一起进入顶棚的穹窿之内，并将它保持在那里，因为热蒸汽总是向上升的。开始时，空气不会让水落下去，因为含水极少，但是当水分越聚越多，达到一定的重量时，水便 [像喷泉一样] 洒到了洗浴者的身上。同样，天空中的大气吸收了太阳的热量，于是便吸收各个地方的水分并向上提升，将它们汇聚起来赶入云中。因此，被加热了的土地便散发湿气，就像人体受热出汗一样。

5. 风是这一现象的征兆。生成于最寒冷地区的风，即北风 (Septentrio) 和东北风 (Aquilo)，其由于干燥而变得稀薄，向大气吹来阵风。另一方面，南风 (Auster) 和其他风在太阳运行的轨道上发起了进攻，它们相当湿润，总是带来雨水，因为它们是在热带地区被彻底加热后才到达这里的，从所有地方摄取水分并提取上来，再将雨水倾泻于北方地区。

6. 河流的水源可以证明我们所说的情况，因为在地球的内部（正如地理学家所说的以及他们在著作中所描述的那样），大部分的水源以及最大的水源产生于北方地区。* 印度的恒河与印度河发源于高加索山脉；在叙利亚有底格里斯河与幼发拉底河；在亚洲本都地区有博里斯特尼斯河 (Borysthenes，今第聂伯河)、锡班河 (Hypanis，今布格河) 以及塔拉伊斯河 (Tanais，今顿河)；在科切斯 (Colchis) 有帕西斯河 (Phasis，今里奥尼河)；在高卢有罗纳河 (Rhodanus)；在凯尔特人的地区有莱茵河 (Rhenus)；在山南高卢 (Cisalpine Gaul) 有蒂马沃河 (Timavus) 和波河 (Padus)；在意大利有台伯河 (Tiber)；在毛鲁西亚 (Maurusia)（我们称为毛里塔尼亚）有第里斯河 (Dyris)，它发源于北方的阿特拉斯山 (Mount Atlas)，然后向西流向埃庇塔波鲁斯湖 (Lake Eptabolos)，在那里它改名为阿格河 (Agger)。接着，河水从埃庇斯塔波鲁斯湖经南方地区，从荒寂的山脉下流入所谓的沼泽地 (The Swamp)，环绕着南埃塞俄比亚人的王国麦罗埃 (Meroë)。从这些沼泽地出发，水流蜿蜒而行，穿过阿斯坦索巴河 (Astansoba) 与阿斯托波阿河 (Astoboa) 等许多河流，穿过重山，到达 [第六] 瀑布。它越过瀑布继续向前，进入埃勒凡蒂斯 (Elephantis) 和赛伊尼 (Syene，即今阿斯旺)之间的北方地区以及埃及境内的底比斯的乡村——在那里，它被称作"尼罗河"。* 7. 尼罗 [99]河的源头位于毛里塔尼亚，这一事实首先可以从以下情况推导出来：阿特拉斯山的另一侧还是其他河流的发源地，它们也流入西部大洋，那里除了河马之外，还出产獴、鳄鱼以及其他同类野兽。

8. 因此，大地上所有大大小小的河流都发源于北方，而非洲地处南方。因暴露在太阳运行的轨迹之下，水分深藏于地下，水源罕见，河流稀少，因此人们便会下结论说，朝向北风或东北风的水源要好得多，除非它们起源于有硫黄、明矾或沥青的地方，因为在这种情况下水质就改变了，不是热就是凉，流出的水带有糟糕的气味和味道。

9. 温泉没有自身独特的属性，但凉水在其流淌过程中，遇到炽热的地方便开始沸腾，一旦被完全加热，便通过孔隙从地下流出来。因此，水不可能长时间保持热度而会很快冷却。而如果水天然就是热的，就永远不会冷却，不过它的味道和颜色也不会恢复，因为其稀薄的性质被污染、搅浑了。

第3章　泉　水

1. 不过，也有些温泉流淌出味道绝佳的水来，喝起来是那么爽口，以至于卡墨奈泉（Camenae）和马奇亚渡渠（Aqua Marcia）中涌出的水也不会让人再惦念。* 这些泉水出自天然，是这样形成的：在大地深处，火焰在明矾、沥青和硫黄的作用下燃烧起来，将上面的土地加温至白热化，其散发出的蒸汽至上层区域。于是，若这地点有甘甜的泉水涌出，它们便会遇到蒸汽后在土地的孔隙中沸腾起来，这样流出来的水就带有纯正的味道。*

2. 有一些凉泉水气味和味道都不好。这些泉水源自大地深处，流经炽热地带，又流过深厚的土壤到达地表，带有变质的味道、气息和颜色，就像沿蒂布尔蒂纳大道（Via Tiburtina）旁的阿尔布拉河（Albula），以及阿尔代亚（Ardea）地区的凉泉，它们带有相同的气味。人们说这种泉水被"硫化"了，还有其他一些地区也是如此。* 这些泉水尽管是凉的，但看上去好像在沸腾着，这是因为它们流经地下炽热地带，水与火汇聚于一处，产生了剧烈的碰撞与冲突。它们吸收了阵阵强风，然后又被压缩的风力吹胀起来，沸腾着从泉眼大量涌出。这种泉水没有出口，被岩石封闭着，在小山顶旁的石缝中鼓动起阵阵强风。*

3. 因此，那些以为在与这些山丘高度相同的地方有[1]水源的人，开始将水坑挖大，那就大为上当了。这就像一个青铜容器，给它注入水，但不要注满，而是注入三分之二的容量，然后盖上盖子，当触及火的高温时，水被烧开。由于水原来处于自然的稀薄状态，现在因煮沸而有力膨胀，不仅充满了容器，而且一阵阵地将盖子向上顶，似乎将要漫出。当掀开盖子，水的膨胀力便散发于空气中，水又回落到原来的水位。同样，当泉水被压缩在有限的空间中时，沸腾的水从表面阵阵喷涌，而一旦大面积暴露出来，便平息下来，恢复到平衡状态。随着水变得稀薄，它们的呼吸也停止了。

4. 当然，所有的温泉水都有医疗效果，因为处于不利健康状态下的水一旦被煮沸，就具备了另一种性质，而取代了自身原来的性质，可以发挥疗效。因此，含硫黄的水可以彻底加热人体，烧去人体中的有害体液，从而消除肌肉的紧胀感。富含明矾的泉水，当接触到因麻痹或其他疾病而虚弱的四肢时，便进入毛孔，以热力驱赶寒气，从而使四肢康复。喝入含沥青质的泉水，通常也可以祛除内脏的疾病。5. 有一种含亚硝酸质的泉水，如平纳·韦斯蒂纳（Pinna

---

1 从乔孔多本作 *posse habere*，抄本作 *fosse habere*。

Vestina)、库提利阿（Cutiliae）等类似地方的泉水，喝了之后可以通便。当泉水通过消化道时，也 [100] 可以治疗淋巴结核肿大。

不过，尽管开采金、银、铁、铜、铅等矿产的地方都有充沛的水源，但这些水都有毒，还含有硫黄、明矾和沥青。喝了这样的水，这些物质便进入人体，透过静脉渗透开来，侵蚀肌肉和四肢，使其硬化肿胀。[1] 于是，肌肉肿大膨胀起来，长度收缩，使人要么患上痛风，要么得关节炎，这是因为他们的静脉孔隙都被十分坚硬密实且冰冷的物质所渗透。6．这种水的外观[2]*看上去不太透明，水面漂浮着紫玻璃色的残渣。在雅典尤其可以看到这种水，因为在卫城和比雷埃夫斯港（port of Piraeus）都安装有喷泉。正因为上述缘故，没有人喝这些喷泉的水，只是用它来洗东西或做其他用途。他们喝井水，因此避开了泉水的缺陷。在特洛曾（Troizen）这个问题回避不了，因为除了基布得利泉水（Cybdeli）之外，找不到任何其他的水源类型。*因此，该城中的所有人，至少是绝大多数人，腿脚都有毛病。另一方面，在奇利奇亚（Cilicia）的塔尔苏斯城（Tarsus），有一条河叫作奇得诺斯河（Cydnos），痛风患者将双腿浸泡在河水中，病痛便会消除。

7．还有许多其他类型的水具有各自的特性。例如在西西里有一条河叫希梅拉河（Himeras），其从发源地流出之后便分为两条河，向北流淌的河由于穿过富含甜液的泥土，味道极其甜美；而另一条河流经盐矿地区，则味道苦涩。同样，在帕雷托尼姆（Paraetonium）通往朱庇特·阿蒙神庙（Jupiter Ammon）的路边，以及在卡西乌斯（Casius），在临近的埃及，都有沼泽湖泊，含盐分极高，以至水面漂浮着盐的结晶。在其他许多地区，泉水、河流和湖泊流经盐矿，水中必然会带有盐分。

8．有些水源流经矿藏丰富的地脉，喷出的水略带油，如在索利（Soli），这是奇利奇亚地区的一个镇子。那里有条河叫利帕里斯河（Liparis），在河中洗澡或游泳浑身会沾满油。同样，在埃塞俄比亚（Ethiopia）有一个湖，在湖中游泳的人会被涂上油。在印度有一个湖，在清澈的天空之下产生大量的油。在迦太基（Carthage）也有一口泉，水面漂浮着油，散发出一股柠檬皮碎末的香味，人们还将羊放在这油中浸洗。在扎金索斯岛（Zacynthus）上，以及在都拉基乌姆（Dyrrachium）和阿波罗尼亚（Apollonia）的周边地区，有些泉眼喷出大量的沥青和水。在巴比伦，有一个很大的湖叫作阿斯法尔蒂蒂斯湖（*limnê asphaltitis*）[3]，即"沥青沼泽"，水面漂浮着液态的沥青，塞米拉米斯（Semiramis）用这种沥青和陶砖筑起了巴比伦的城墙。在雅法（Joppa）、叙利亚和努米底亚阿拉伯（Numidian Arabia），有规模庞大的湖泊大量出产沥青，邻近的居民将沥青运走。

9．然而，这种现象并不奇怪：那里发现了许多硬沥青矿。水的力量冲破了沥青质的土地，将沥青提取后带出。当水流淌到地面，便与沥青分离。

在卡帕多基亚（Cappadocia）有一个大湖，位于马扎卡（Mazaca）和蒂亚纳（Tyana）之间的大道旁。

---

1 从 H 本和 Granger 本作 *eademque*，将中性复数的 ea 看作主语，假定这单数动词是希腊语或一个希腊习语的拉丁译名。
2 *aquae* 为与格。这段话仍然有毛病。
3 抄本作 *limnea spartacis*，苏尔皮西乌斯（Sulpicius）本作 *asphaltis*，肖特（Schott）本更正为 *asphaltitis*。

如果将芦苇或别的东西的下半部浸入湖水，次日将其取出，这取出的部分就变成了石头，而水面以上的部分依然如故。10．在弗里吉亚 (Phrygia) 的赫拉波利斯 (Hierapolis)，有大量的湖水在沸腾，人们挖沟将水引到周围的花园和葡萄园中。一年之内，水沟内便形成了石头外壳，于是每年沟渠左右两侧便形成陶质的堤岸。之后人们便引入水源，并用这些外壳在田野上围起农田。这像是天然形成的，因为在这种水出现的地方和土地上，有一种类似于凝乳的液体四处蔓延。当水

[101] 与这种液体混合，从地下喷涌而出时，在太阳与空气的作用下便凝结起来，形成如盐滩上可见到的情景。11．同样，从土地中涌出的带苦液的泉水，本身便有强烈的苦味，就像本都的锡班河 (Hypanis)。这条河从发源地流淌四十里，水的味道极甜美，但当它到达了距河口一百六十里的地方，有一条小溪汇入其中。这是一条极小的溪水，它的汇入使这条大河变得苦涩，因为河水已被他们开采红砷矿的那种土地类型及地脉所过滤，完全变苦了。

12．由于土地具有不同特性，河水便有不同味道，这一点我们也可以通过水果看出。如果果树或葡萄藤或其他植物的根，不是靠吸收带有某种特性的土壤的液体结出果实，那么所有地方所有区域出产的东西，味道就该一模一样了。想一想吧，莱斯沃斯岛 (island of Lesbos) 出的所谓 *protropum* (头酒) 的葡萄酒，迈欧尼亚 (Maeonia) 的卡塔科梅尼特葡萄酒 (Catacaumenite wine)，吕底亚的特摩利特葡萄酒 (Tmolite of Lydia)，西西里的马穆蒂鲁姆葡萄酒 (Mamertinum)，坎帕尼亚的法莱尔尼安葡萄酒 (Falernian)，出产于特腊契纳 (Terracina) 和丰迪 (Fundi) 之间地区的卡埃库布姆葡萄酒 (Caecubum)，以及产于所有其他地方的众多不同类型不同特色的葡萄酒。* 只有当土地的水分带着它独特的味道进入植物根部，才会有这些葡萄酒。水分滋养着树木，通过树木到达树梢，将特定地方的特殊味道灌注于特定类型的果实中。

13．当水分变成各种类型的液体时，如果土壤相同而非各有不同，那么叙利亚和阿拉伯地区的芦苇和灯心草等所有植物就不会有香味，就不会有含香味的树木，就不会有结胡椒子的胡椒和结出团块果实的没药树，也就不会有唯独生长于昔兰尼 (Cyrene) 芦苇之间的罗盘草。所有植物都会从任何地方生长出来，种类相同。但由于天穹是倾斜的 *，太阳的能量因运行轨迹或近或远而不同，这就造成了土壤和水的性质的多样性，其与特定的地区相一致。如果太阳的能量没有改变各种土壤类型的性质，这些不仅出现在植物中，也出现于牛羊群中的现象就不可能发生。14．例如，在维奥蒂亚 (Boeotia) 有凯菲索斯河 (Cephisos) 和梅拉斯河 (Melas)，在卢卡尼亚 (Lucania) 有克拉提斯河 (Crathis)，在特洛伊有桑索斯河 (Xanthus)，在克拉宗米纳 (Clazomenae)、埃里特拉埃 (Erythrae) 和拉奥迪卡埃亚 (Laodicaea) 的乡村则有泉水。如果要沿着那些河流饲养畜群，就得每天给家畜饮水。羊肉无论有多白，但在某些地方却呈灰色，有些地方的羊肉呈褐色，而在其他地方则是黑色，如乌鸦一般。因此，当具有某种特性的水进入家畜体内，便复制了自身的染色性质。在特洛伊乡村，红色的羊和灰色的羊均出生于一条河的近旁，据说伊利昂 (Ilium) 人将此河称作 *Xanthus* ("金黄色的河流")。

15．此外，还可以发现致命的水。这些水流经的土壤中含有有毒的树液，所以就具有毒性。在特腊契纳 (Terracina)，尼普顿 (Neptune) 喷泉据说就像这种水，不知情的人喝了会丧命。据

说古人已将此泉堵上。在色雷斯的克罗布斯（Chrobs）有一个湖，不仅喝了湖水会死，在湖里洗澡也会毙命。在色撒利（Thessaly）也有喷涌而出的泉水，连羊都不去喝，任何动物也都不接近它。在这喷泉旁边有一棵树，开紫色的花。

16．在马其顿情况也正是如此。在埋葬欧里庇得斯的地方有两条溪水从山的两侧流淌下来，旅行者们在其中一条的岸边休憩和野餐，因为水质极佳；而另一侧的那条却无人问津，因为据说那里的水会致命。在阿卡迪亚（Arcadia）有个地方叫诺纳克里斯（Nonacris），那里的水冰凉刺骨，是从山间石缝中滴出的。这水被人称为 *Stygos hudôr*，即"冥河之水"。任何容器，无论是银器、青铜器或铁器，盛了这种水便会爆裂和溶解。没有任何容器能盛放并将它贮存起来，除了骡蹄。据说，安提帕特（Antipater）曾用骡蹄盛着这种水，经他儿子伊俄拉斯（Iollas）之手带到了亚历山大驻扎的行省，用它杀死了国王。17．在阿尔卑斯山地区的科提乌斯王国（Cottius）有一条河，人若喝了河水便当场毙命。在法莱里城（Faliscan countryside）的乡下，在科内图斯平原（Campus Cornetus）上的坎帕纳大道（Via Campana）旁，有一片圣林，林中有泉水涌出，在那里到处散落着鸟儿、蜥蜴和蛇的骨骸。

有些泉水带有酸性，如林克斯图斯（Lyncestus）以及意大利的瓦利努斯（Velinus）、坎帕尼亚的泰阿努姆（Teanum）等地的泉水。人喝了这种水，便可化解膀胱结石。18．这似乎是自然而然发生的事情，从这些土壤中流过的水脉，便沾染上了它的酸性。而这些水进入人体，遇到结石，[102] 其沉积物便会被分解。从以下情况我们可以观察到，这些东西为何会被酸分解：如果将一个鸡蛋放入醋中浸泡一会儿，蛋壳便会软化和分解。同样，将易弯曲而极沉重的铅放入一个容器中，倒入醋浸泡，再将这容器盖好并密封起来，铅就会溶解，这就做成了铅白颜料。

19．出于同样的原因，虽然铜的质地更为坚固，但用同样的方法来处理也会分解，形成铜绿。珍珠也一样，硬石灰石〔*silex*〕也是如此。无论是铁还是火都不能使石头融化，但是将其放在火上加热，再将醋洒在上面，它们便会分解融化。因此，我们可以看到这些现象在眼前发生，便可以推想出同样的原理，患有胆结石的人可以利用酸的类似性质来治病。

20．还有一些泉水像是和葡萄酒混合在一起，如帕夫拉戈尼亚（Paphlagonia）的泉水，喝了这水的人即便没有喝葡萄酒，也会醉得东倒西歪。在意大利的埃奎科利（Aequicoli），在阿尔卑斯山区的梅杜利亚部族（Medulli）中，有一种水会导致甲状腺肿大。[1]

21．而在阿卡迪亚，有一座著名城市叫克莱托（Clitor），在该城的乡下有一个流淌着水的洞穴，喝了此水的人便不会再喝葡萄酒。此泉旁边的石头上刻着一首希腊铭体诗（Epigram），说的是这水不宜洗浴，它是葡萄树的仇敌，因为在这泉边墨兰波斯（Melampus）通过献祭治好了普洛透斯（Proetus）三位公主的疯病，使她们恢复神智。以下便是刻在那儿的那首 [希腊文] 铭体诗：

> 牧羊人啊，若你在正午时分赶着羊群，心情压抑，

---

1 字面意思为"这水使喝了它的人喉咙肿大"。

口干舌燥，来到了克莱托城的远郊，

捧起泉水，[喝了它，令你神清气爽，]

让你的所有羊儿在这里歇息，有水中仙女相伴。

可不要动洗浴的念头，也不要让你的皮肤浸于水中，

以免微风在你喝醉时伤害于你。

从这葡萄树所憎恨的泉水逃开吧，英雄墨兰波斯曾在泉水中

使普洛透斯的女儿们摆脱了疯病，使她们神智清楚。

他将净化的秘方沉于这泉中，

那时他从阿尔戈斯来，要去往乱石嶙峋的阿卡迪亚山巅。

22．在凯阿岛 (Cea) 上也有一眼泉，不知情者喝了它的水会变成傻子。在泉水旁也刻有一首短诗，其大意是：饮这泉水会很快活，但饮者的心灵将变成石头。这首 [希腊] 诗是这样写的：

泉水涌出了清凉的饮品，多么甜美，

而喝了它的人，心灵将变成石头。

23．在波斯人的都城苏萨 (Susa)，有一眼山泉，喝了它的水的人牙齿会脱落。在这泉边也刻有一首短诗，大意如下：这是绝佳的洗涤用水，但如果喝了它，牙齿便会齐根断掉。希腊文短诗是这么写的：

你在此看到的这泉水更加危险，可用来洗东西；

使用者若将双手冲洗干净，便会安然无恙。

但若将这泛着气泡的水喝进你的空食道，

或只是用你的嘴唇去碰它一下，

就在这当天，你吃东西时，所有牙齿将被连根拔起，

滚落在地上，留下你的颚部空空如也。

24．有一些地方的泉水，能使出生在那里的人具有极佳的歌唱嗓音，如塔尔苏斯 (Tarsus)、马格尼西亚 (Magnesia) 等地，还有扎马 (Zama)。扎马是一座非洲城市，朱巴国王 (King Juba) ＊用两道城墙将它封闭起来，在城中建起王宫。距那里二十里开外是伊斯穆克镇 (Ismuc)，该镇的田地是用一种难以置信的边界来划分的。尽管非洲是野兽尤其是蛇的"母亲"和"保姆"＊，但 [103] 这座镇子所属的土地没有一只野兽出生，而且若将任何野兽放到那里，它便立即死去。不仅如此，那里的土壤若移到其他地方去，也是致命的。据说巴利阿里 (Balearics) 也有这种土壤。不

过它还有更神奇的特点，以下便是我听来的。

25．马西尼萨（Masinissa）*之子盖尤斯·尤利乌斯（Gaius Julius）拥有这镇子的所有土地，他追随老凯撒在军中服役。他曾来我这里做客，在日常的接触中，我们很自然会讨论学问。有一次我们的话题转向了水的力量和特性，他向我透露说，他的土地上有些泉水可使出生在那里的人拥有美妙的嗓音。因此，他们总是去购买海外的俊美少年和成熟姑娘来与本地人交配，这样宝宝生下来不仅具有绝佳的嗓音，也有着漂亮的外表。

26．由此我们看到，大自然使各种迥然不同的现象具有丰富多样的特征。于是，鉴于人体中有部分比例是土构成的，再者人体中的液体有多种类型——血液、奶、汗、尿、泪，那么在土 [这是我们的身体] 的微小颗粒中，若存在着这些液体味道的差异，以下这些现象就不足为奇了：在广袤大地上的确可以发现数不清的、多种多样的汁液，当水的力量流经各类土地的脉络，到达了掺杂汁液的源头，水就变得多种多样，与各种类型相一致。这就是地点的差异和地区与土壤的不同特性所造成的结果。

27．我自己亲眼见过这些现象，其余情况是我在希腊书籍中看到的。以下便是这些著作的作者：泰奥弗拉斯托斯（Theophrastos）、提麦奥斯（Timaeus）、波塞多尼奥斯（Posidonios）、赫格西亚斯（Hegesias）、希罗多德（Herodotus）、阿里斯提得斯（Aristides）以及梅特罗多勒斯（Metrodorus）。*这些作家拥有卓越的观察力和无限的热情，他们在著作中宣布，地方的特性、水的特质以及天空朝向的性质，是根据天体运行的夹角形成的。以他们为榜样，我在此卷中已记述了关于水的多样性的丰富资料。根据这些意见，人们可以更容易地选择水源，并能够将这些水源引入城镇以供使用。

28．在所有事物中，似乎没有任何东西像水这样必不可少，因为自然界的所有生物，如果被剥夺了粮食作物，还可以用灌木或肉食或鱼类等其他东西作为食物来维持生命。但若没有水，不仅动物的身体，任何其他食物都不能生产、保存和制备。因此，应该竭尽全力寻找和选择水源，以维持人类的健康生活。

第 4 章　检验水质

1．以下便是检验和确认泉水的方法。如果泉水是露天流淌的，在开始汲水之前，观察和留意生活在这泉水周围的人们的体格。如果他们身体健康、肤色红润光洁、双腿结实、眼睛清澈，那么这水便出色地通过了检验。如果要挖一眼新泉，将这水撒一些到科林斯瓶*或上好的青铜容器中，如果水没有在容器上留下斑点，它就有一流的水质。同样，如果将青铜壶中的水烧开，冷却后再倒出，壶底若没有泥沙积淀，那么这水也已通过了检验。2．将绿色蔬菜放入陶罐，加上水置于大火上煮，便可显示水质是否上佳，有益健康。同样，如果将来供生活之用的水是清澈透亮的，水源处没有苔藓或者灯芯草生长，也没有受到任何污染源的侵染，保持着纯净外观，就可以根据这些迹象认定这水是优质的，是最有益健康的。

第5章　水平测量：地平仪

1. 现在我将说明将水导入房屋和城墙的方法，其基本原理是水平测量。水平测量可以使用测平仪（diopters）、水平仪（water levels）或地平仪（chorobate）*，不过地平仪效率最高，因为测平仪和水平仪可能会出错（图107）。

[104] 地平仪是一根长约二十足的横杠，两端有粗细一致的垂脚，成直角相连，在横杠与竖脚之间加上斜杠，用铰链装配起来*，并画上垂直线。在横杠两边悬挂铅锤，一端一个。将横杠架设起来，如果两端的铅锤同时并且同尺寸地触及垂直线，就表明这个装置是水平的。2. 如果有风的干扰，挂线左右摇摆不能给出清晰的读数，就在横杠朝上一面的直尺上刻出一道五足长、一指宽、半指深的槽，并将水注入槽内。若水均匀地触及槽的上缘，就可知这地平仪是水平的。已知地平仪是水平的，便可知地面的倾斜度了。

3. 任何读过阿基米德著作的人或许会说，用水不可能测出真正的水平来*，因为他认为水并不是水平而是球面的，与地球一样有一个中点。但不论水是平面的还是球面的，事实依然是，如果直尺的左右两端相互水平，那么这直尺中盛的水便处于水平状态。如果它向一端倾斜，直尺内水槽较高一端的边缘就不会有水。无论在槽内倒入多少水，水在中央都会形成凸起的曲面，但两端则是相互水平的，这是事实。在本卷正文之后将画出地平仪的图样。

如果坡度很陡，水流就较容易操纵；如果水道高低不平，就必须在下部砌筑支柱。

第6章　供　水

1. 输水道有三种类型（图108）：砖石砌筑的露天水渠、铅管、陶管。各种类型的基本原理如下：水渠的砖石结构要砌筑得尽可能坚固，输水道的底部应有一定的斜度，每一百足起坡不小于半足[1]。*砖石结构的上部应砌成拱形，尽量使太阳光照不到水。水到达城墙处，应修建一座蓄水池（castellum aquae）*。在蓄水池近旁，再修筑一座有三个水槽的蓄水池以接纳水。在这蓄水池之内铺设三组管道，平分到三个相互串联的水槽。将它们串联起来，这样外侧两个水槽的水满了，便可溢入中央水槽。

2．中央水槽应连接所有公共水池和喷泉的管道系统。外侧的水槽，一个连接浴场供水管道，浴场每年都为罗马平民大会提供税收；另一个水槽的管道通向私家住宅，这样公众就不会有缺水之虞。因为如果公民个人有自己从同一水源接出的水管，他们就不会使用公共供水了。这就是我这样分配的原因，那些将水引入自家住宅的人，可以通过纳税的方式来分担公共承包商的输水费用。*

3．如果城墙与水源之间有山相隔，就要这么做：挖掘地下隧道，并根据刚才所说的方法对输水道进行水平测量（图109）。如果山是石灰华山或是石头山，那么水渠便可穿岩而过；如果是土山或砂土山，那么在隧道中就要砌筑墙壁、上加拱顶，以此法导水。每两个气井之间应相隔一个阿克图斯（actus）（即120足）。*

4．如果用铅管导水，首先应在水源处筑一座蓄水池，管道的直径应根据供水量大小而定。*从这座蓄水池铺设管道系统至城墙内的蓄水池。铅管铸造的长度应不短于十足。

如果铅管规格为一百指，那么每根管子的重量应为1200磅；如果是八十指的管子，应为960磅；五十指的管子600磅；四十指的管子480磅；三十指的管子360磅；二十指的管子240磅；十五指的管子180磅；十指的管子120磅；八指的管子100磅；五指的管子60磅。铅管规格的名称来源于铅板的尺寸，即弯成管子之前是多少指。于是，宽五十指的铅板，做成管子后便称为五十指管，其余依次类推。

5．用铅管输水应按以下方式做。如果水源朝城墙方向往下走，其间没有高山阻隔而只有深谷，那么就必须筑起砖石支撑结构将管道提升至水平面，即恰好与隧道和水渠处于同一水平面。如果短距离内有迂回的可能，就得将管道绕过这低陷处。但如果谷地很宽，管线就应顺着斜坡铺设。当输水管到达谷底时，不要架在砖石结构上将其抬高，落差应尽可能拉长，尽可能和缓。这就形成了"腹"*，希腊人称之为 coelia，即肚子。当水流到达对面的上坡时，由于有了长长的"腹"，水压便会逐渐增加，水就会被推上坡顶。 [105]

6．如果谷地没有做"腹"，也没有砌筑支柱将输水道提升至水平面，而是将水管铺设得如"膝盖"般弯曲，水就会向外喷出，使管子的接缝破裂。"腹"还应有所扩张[2]，这样水压就可以得到缓解。*

因此，根据这些说明用铅管系统导水的人，就能够从水源地至城墙间做出漂亮精准的坡

---

1 从 GH 本作 semipede。

2 这里我写作"collaxaria"（放宽、扩大），以替代抄本的 colliviaria。Collaxaria 是个 hapax（生僻字），但至少在这上下文中可以说得通。其他的校订（如 colluviaria、collentaria、colliquiaria、columbaria）放入这上下文中都不合适，可能除了 collentaria 之外。维特鲁威这里说的是通过增加管子的容积〔laxamentum〕来降低"腹"底部的水压。

度、下降、回旋、"腹"和上升全都可以达到这种效果。

7．每隔两百阿克图斯 * （合24000足）设置一座蓄水池是有用处的，这样如果某处管道出现裂缝，便不至于毁掉整个系统，而且很容易查出问题出在何处。不过，这些蓄水池不要设置在下坡处，也不要设置于"腹"的平坦处和上坡处，也决不要设置在谷地，而是要设置在连续平坦的地面上。

8．如果我们要控制工程造价，就要这么做：制造陶管，管壁厚度不少于两指，但管子的一端要做成舌形，以便可以套入另一根管子相互接合起来。其接缝处应用油调和生石灰勾填，而且在"腹"的向下倾斜处，在"膝盖弯曲"的地方，放置一块阿尼奥凝灰岩（Anio tufa）。在石块上打孔，并将下坡的最后一根管子套入这石块。"腹"的第一根管子也是如此。同样，在对面上坡处，"腹"的最后一根管子应固定于阿尼奥石块中，而上坡的第一根管子也应以同样方式安装。

9．按此法安装，管道的水平面就不会随"腹"的上升与下降而错位。水道中会产生巨大的压力，甚至大到使石头崩裂，除非在水源处让水舒缓而节制地流淌，在膝盖弯曲处或其他拐弯处要进行捆绑或用沙压住。这个系统的剩余部分，都应像铅管那样铺设。此外，在第一次从水源处引水时，要事先在管道接缝处撒灰，这样如果管子尚未封妥，灰便会将缝隙封起来。

10．陶管有以下优点：首先，如果管道系统有裂缝，无论出现在哪里，任何人都可以修补它。其次，从陶管流出的水比铅管的更有利于健康，因为铅似乎是有毒的 *，铅所产生的铅白据说对人体有害。如果从铅中产生的东西是有害的，那么铅本身无疑也是有害健康的。11．我们可以举制铅工人为例，他们面色苍白，倾倒铅水时铅挥发出来，蒸汽沉浸于铅工的四肢，日复一日夺去他们血液中的活力并将其燃烧。因此，如果我们讲究健康的话，就应尽量不要用铅管导水。陶管流出来的水味道较好，这一点在日常烹饪中是很明显的。人们的餐桌上堆满了银制餐具，但还是用陶器来烹饪，为的是保持上好的口味。

12．如果没有可供我们引水的水源，就必须掘井。在掘井方面，要重视系统的方法：的确，要有洞察力和高超的技巧，应考虑基本的科学原理，因为泥土的类型是多种多样的。就像世间万物一样，泥土是由四种元素构成的。首先含有土本身，其次是有水源，来自水的湿气。泥土中同样有热，热生成了硫、明矾和沥青。土中还含有大量气体，当这些带有浓重气息的元素通过泥土孔隙渗透到井中，挖井工人一旦吸入这些气味，其自然力 [1] 便会使人窒息。如果工人不迅速逃离，便会死在这工地上。

[106]

13．怎样才能阻止这种情况发生呢？方法如下：可以将一盏点亮的灯送入井下，如果灯仍然亮着，那么下井便没有危险；如果灯光被气体的力量所熄灭，那么就应在井的左右两侧挖气井，这样气体便会通过像鼻孔一般的气井消散。完成了上述工序并且挖到水时，就应在井壁砌筑护墙，以便水脉不被阻断。

---

1 抄本作 *ut*，从罗泽本作 *vi*。

14. 如果土地坚硬或水脉过深，就必须利用水硬水泥（hydraulic cement）〔*opus signinum*（希尼亚式工艺）〕从屋顶或其他高处收集雨水，以满足供水。以下就是制作希尼亚式工艺 * 的方法：首先要预备最纯净最粗糙的沙子，还要将坚硬的石灰石敲碎，重量不超过一磅，与石灰一起搅拌成砂浆，搅拌力度越大越好。五份砂对两份石灰。

15. 通向贮水箱的沟槽，要用包着铁皮的木棍下挖至事先规划的水平面，并用石灰处理。* 墙壁用石灰处理之后，留在中央的泥土就要清空，直至墙壁底部。在这些东西都被清理至水平面之后，地面就要用石灰处理，做到预定的厚度。如果贮水箱可以做成一对或三个一组，就可以连续进行过滤，使水更加卫生、味道更好。因为若浮于水中的泥能在一处沉淀下来，水会变得更清而没有异味。否则，就必须加盐过滤水。

在此卷中，我已经叙述了水的性质和多样性、水的用途，以及引水和检测水的方法。在接下来的一书中，我将充分论述日晷和时钟的基本原理。

第 9 书
日晷与时钟

[107] # 前　言

1．为了表彰那些赢得了奥林匹克运动会、德尔斐运动会、科林斯地峡运动会以及纳米恩运动会（Olympic, Pythian, Isthmian, and Nemean Games）的著名运动员，希腊先人给予他们莫大的荣誉，不仅在大庭广众之下授予他们棕榈枝、花环以及赞美之辞，而且当他们凯旋时，还用四马战车载着他们穿过城墙回到家中。他们余生享受养老金待遇。当我注意到这件事时感到惊讶，这同样的荣誉——或更大的荣誉——却没有授予著作家，因为他们为所有民族带来了无数有用的东西，并代代相传。* 就此说来，或许应设立一项更名副其实的奖励制度，因为运动员通过锻炼使自己的身体更强健，而著作家写书供人们学习，使人们思想敏锐，不仅强化了自己的心智，也增进了所有人的智慧。2．常胜不败的克罗顿的米洛（Milo of Croton）*，还有诸如此类的优胜者们，他们活着的时候在同胞们中出类拔萃，除此之外为人类带来了什么好处呢？毕达哥拉斯的宝贵训诫，还有德谟克利特、柏拉图、亚里士多德等先哲的宝贵教导，都是从日常生产劳作中总结出来的，不仅为他们的同胞，也的确为所有的民族带来了常新的硕果。从小便享受丰富学识滋养的人，能培养出最佳的判断力，他们在自己的城市中建立起教化习俗、公平正义和法律，任何社区没有法律就不可能安全稳定。3．由于有智慧的著作家为人类预备了如此丰厚的私家与公共赠礼，我由此得出结论，不仅应授予他们棕榈叶和花环，的确还应表彰他们的胜利。应做出决定，将他们供奉在宝座之上，位于诸神之列。

他们的发明创造已改善了人们的生活，我将列举其中一些实例，由此可以看出，荣誉应归于这些著作家。4．首先，我将举例柏拉图众多极其实用的发现之一，正如他所说明的（图110）。* 有一块正方形的基址或田地，各边长度相等，如果要使它的面积成为原来的两倍，就需要有一种数字，这种数字通过计算是求不出的，只有画出一系列精准的线条才求出。* 以下便是对这个问题的证明：有一块正方形的土地，十足长十足宽，面积一百平方足。如果需要使它的面积翻倍，成为一块二百平方足的土地，同时保持各边同长，那么这正方形的边长应该是多少。通过计算是不可能求出此数的，因为如果边长定为十四，那么将边长相乘便得出 196 平方足；如果边长为十五，会得出 225 平方足。5．因此，答案靠数字是求不出的。

但就在这原先边长为十足的正方形内划一条对角线，将它分为面积相等的两个三角形，然后再以这条对角线为边长画一个正方形。于是，无论先前较小的正方形中的对角线所划定的两个三角形的尺寸是多少，每个三角形的面积均为五十足；同理，在较大的正方形中创建出四个同等大小、平方足数量一样的三角形。这种倍增方法是柏拉图发明的，参见图示。*

6．同样，毕达哥拉斯发明和证明了角尺（set square）的原理，但没有将它做出，而工匠们则以极大的努力做出了角尺，但做得不精确。那么，便可根据毕达哥拉斯所传授的原理及方法，按以下方式着手进行改善 *：取三根直尺，一根三足长，一根四足长，一根五足长。将它们拼[108]在一起，使其端部相互接触形成一个三角形，便做成了一个完美的角尺板。如果单个的正方形分别用这些边的尺子来画，那么三足的一边便有九平方足的面积，四足的一边有十六平方足，五足的一边有二十五平方足。7．因此，边长为三足与四足的两个正方形的面积之和，就相当于以边长为五足所画出的正方形的面积。在毕达哥拉斯作此发明之时，无疑是缪斯女神引导着他，据说他还向缪斯女神献上祭品以示感恩。

这种比例在许多事务和测量中都有用处，在建筑物中建造楼梯也是如此，有助于计算倾斜度。8．如果将最上部的托梁到下面地板之间的楼层高度划分为三等份，那么楼梯坡面的合适长度便是五等份。所以，无论在托梁与地面之间的三等份尺寸是多少，楼梯水平的长度为四等份。如果按此程序来做，便可正确地计算出台阶的位置。此项设计也将给出图例。

9．至于阿基米德，尽管他有无限的智慧，发明了许多神奇的东西，但其中有一项尤为奇特，似乎表明了他的无穷独创性。希伦 (Hieron) 在叙拉古 (Syracuse) 地区取得了巨大的王权之后，局势好转，他便决定在神庙中向不朽的诸神献上一顶还愿金冠，这是自然而然的事情。* 他包下了工匠的工钱，并（亲自）将黄金分毫不差地称给了立约人。这位承包者精巧熟练地按时完成了这件作品。此作品得到了国王的认可，承包人似乎也已用完了原先所提供的所有黄金。10．后来，有人告发说在制作金冠的过程中，一部分黄金被转移，掺入了同等分量的白银。受到如此捉弄，希伦十分恼怒，但又不知如何揭穿这种盗窃行为，便请求阿基米德为他出主意。

在接受这一委托之时，阿基米德碰巧去了浴场，在那里他顺台阶走进浴池。他注意到，身体浸入浴池多少，便有多少水溢出浴池的边缘。当他理清来龙去脉，欣喜若狂，立刻跳出浴池，赤身裸体奔回家，向所有人宣布自己已找到了这一问题的答案——他一边跑一边不断用希腊语大叫："我明白了！我明白了！"〔*Eurêka! Eurêka!*〕

11．据说，他根据自己的发现制作了两个金属块，一块是金的，一块是银的，重量与王冠相同。做好之后，他在一只大盆中注满水，将银块投入其中。与银块体积相等的水从盆中溢出来。接着他将银块捞出，用一罗马升 (one-sextarius) * 的有柄水罐 [相当于 1/2 升] 作为量具给盆中补足溢出的水，像先前那样使水与容器的边沿齐平。在这一过程中，他发现一定重量的银相当于一定度量的水。12．接着他以同样办法将金块沉入装满水的盆中，捞出金块后同样补充进水。这时他发现，容器中的水并没有溢出那么多，需要补充的水很少，其减少的量恰好是金块体积小于银块的量，而金块与银块的重量是相等的。之后，他将水盆再次注满水，将王冠投入水中。他发现，捞出王冠后补充的水要比同等重量的金块多，因为王冠比金块占去了更多体积的水。于是他用扣除法探测出在这王冠中掺入银的分量，揭穿了承包人明目张胆的盗窃行为。

13．现在，让我们将注意力转向他林敦的阿契塔斯 (Archytas of Tarentum) 和昔兰尼的厄拉多塞 (Eratosthenes of Cyrene) *，因为他们利用数学启迪了许多受欢迎的发现。因此，正如他们的其他发明受人赞赏一样，在以下这件事上，他们的灵感也受到人们的称赞：他们每人以各自不同的方法，实现了阿波罗在德洛斯岛 (Delos) 上发布的一则神谕，即如果将那座各边尺寸相等的阿波罗祭坛扩建两倍大，岛上的人便可以从一则古代咒语中解脱出来。14．阿契塔斯承担了这项任务，他画了一张半圆柱体的图[1]，厄拉多塞则利用一种叫比例中项线段仪（mesolabe）的器具，达到了同样的目的。

[109]　15．他们博学多才、知识广博，当我们注意到这些事物并想到它们的功效时，自然会对这些发明创造留下深刻的印象。我想到了许多此类情况，尤其赞赏德谟克利特论自然的那些书卷，以及那篇题为《手工制作的问题》〔cheirokmêtôn〕的论文。在此文中，凡是经他亲自验证过的基本原理，他就融蜡于其上，用图章戒指盖上印记。[2]*

16．因此，这些人的思想不仅可改善我们的行为，也可为各年龄段的所有人服务，而运动员的成就以及他们的身体，在短时间内便老朽了。的确，在他们处于巅峰状态时，以及在这之后，对人类的生存发挥不了什么作用，不能跟圣人的思想相提并论。尽管荣誉既未授予著作家的行为，也未授予著作家的卓越发现，但他们的心灵仰望着高远的天空，持续建造着人类记忆的阶梯，直至永远。不仅他们的思想，还有他们的形象，必将代代相传，为后人所知。因此，那些心中充满文学乐趣的人，不会不敬奉诗人恩尼乌斯（Ennius）的画像，就如他是一位神祇。读了阿克齐乌斯（Accius）的诗篇而心中充满忘我喜悦的人，不仅会感受到他的语词的力量，也会感觉到他的形象就伴随在身旁。

17．同样，许多出生于我们记忆之中的人，似乎要与卢克莱修（Lucretius）讨论科学问题，好像他本人就在那里，或者与西塞罗（Cicero）讨论修辞术。一代又一代人与瓦罗（Varro）谈论着拉丁语*。同样，那些酷爱学问的人，与希腊哲人一起对许多事物沉思默想，好像在与他们窃窃私语。总之，智慧的著作家的思想并非表现在身体上，而是随着年岁变老而越发丰盛。当他们进入到我们的思考和讨论中时，比那些实际在场的人都更具权威。18．因此，陛下，信赖这些著作家吧，采纳他们的思想和意见吧。我已经写了数卷书：前7卷关于建筑，第8卷关于水。在此卷中，我将解释日晷的基本原理，人们是如何利用时针的投影，通过观察天穹中太阳射线的特性而发现这些基本原理的，以及采取哪些方法可以使太阳射线延长或缩短。

第 1 章　宇　宙（图 111）

1．以下这些事项已由神的智慧所预设，所包含的伟大奇迹令思索它们的人惊叹不已，即这样一个事实：日晷指针在春（秋）分点的投影长度，在雅典、亚历山大里亚、罗马是不同的，

---

1 菲兰德本如此，EGH 本作 *cylindrorum*。
2 苏比朗（Soubiran）将这段污损的文字读作 *ut signaret cera molli siqua esset expertus*。

在普拉森提亚（Placentia，拉丁语，意大利北部城市名，即今波河畔的皮亚琴察）和世界上所有地区也都不同。*所以，日晷的设计随地点的不同必定会有很大变化。日行迹（analêmma，复数为 analêmmata，指地球仪上表示太阳日倾斜度的刻度，通常穿过赤道，呈拉长的 8 字形）的形状是由春（秋）分点的投影长度决定的，以此为基础，可根据地区和日晷指针的投影来确定时间的划分。日行迹（图 114）这条基本原理，源于对太阳运行轨迹和冬至时日晷指针投影拉长现象的观察。利用建筑和罗盘的基本原理便可发现它对世界的影响。

2．宇宙是包罗大自然万物的体系，天穹亦如此，由星宿以及行星运行轨迹组成。它以地球的两极为轴心，不停地环绕大地与海洋旋转着。大自然的力量就像建筑师一样行事，她设置了中枢作为中轴，一端位于天穹之顶，远离陆地与海洋，处于北方诸星之外；另一端就在其对面，处于南方地区的陆地之下。就在这些中枢的周围，她安装了一些小轮，它们环绕着轴极旋转着，如同在车床上一般。希腊人称轴极为 poloi [1]，天穹以此为中心永远旋转着。因此，大地及海洋的中部自然就被置于中心地区。

3．这些事情已由大自然布置停当，所以在北半球就有了较高的中轴，位于陆地之上，而南半球的中轴设置得较低，被地球所遮挡。*此外，在南北之间的中间部分，有一条宽宽的环形带 [2]，装点着十二个星座 *，横向排列，向南倾斜。每个星座的图形都展示了一个取自大自然的图像 *，其图形的轮廓由位于这条环带的十二个相应区域中的星星勾勒而成。于是这些发光的星体，与天穹以及其他星座一起，组成了壮观的阵容，永不停息地旋转着，按照天穹的曲率完成它们的运行轨迹。4．在一年中不同的时间，所有被创造出来的这一切，有的能看见，有的看不见。在这些星座中，有六个与天穹一道漫游于地球上方 *，其他星座则在地球下方穿行，被地球的阴影所遮挡。于是，天上总是有六个星座向前行进，爬升至地球上方。由于天穹向下旋转，迫使最后一个星座向下运行，所以这个星座的一部分无论大小如何，便隐藏于地球的下方；而它对面的一个星座的相应部分，由于同样的旋转而出现，向上攀升，穿越[天空的] 开阔区域，从黑暗中浮现出来，进入光明的天穹。这同一种力量既影响着东方，同时也影响着西方。

[110]

5．这些星座的数量有十二个，每个星座占据天穹的十二分之一，它们永远由东向西旋转着。而月亮、水星、金星、太阳，还有火星、木星 * 和土星，则沿着相反的轨道穿过这些星座，由西向东越过天穹，沿着不同等级的环路运行，好像处于一座楼梯上的不同点。月亮大约每二十八天零一个小时通过它的环路，当返回到它最初出现的星座中时，便完成一个太阴月。6．太阳一个月通过一个星座空间，也就是天穹的十二分之一。太阳在十二个月中走过十二星座的距离，当它返回到出发星座时，便完成了一个旋转年。换句话说，在十二个月中月亮绕行十三次，太阳只绕行一次。

---

1 乔孔多本如此，肯定是正确的，因为 polos 是 cardo 的希腊文对应词。EGH 本作 pasde。
2 读作 lata 而非 delata。

正如水星和金星沿着太阳射线的轨迹运行就像环绕着一个轴极，当它们完成绕行旅程时，便向后退行，减慢了前进的速度。它们滞留在星座之间停步不前（图112）*。7. 通过对金星的观察可以最清晰地了解这一点。金星跟随着太阳，日落后便出现在天空中，闪耀着明亮的光芒，它被称作 Vesperugo，即黄昏之星。有时它跑在了太阳前面，在太阳之前升起，这时它被称作 Lucifer，即启明星。这些行星经常数日待在一个星座中，有时则迅速进入另一个星座。因此它们待在单独星座中的天数不一致，但无论耽搁多久，都会以较快的步伐跳过那些星座，将时间弥补回来，以完成正常的运行行程。所以，尽管它们可能会滞留在若干星座中，但若有必要，它们便会摆脱昏睡状态，快速恢复正确的绕行路线。

8. 水星的路径跨越天穹的圆周，穿行于各星座间，每三百六十天便返回到公转之初它出发的那个星座，因此它的路径被冲抵，在每个星座中的时间平均为三十天左右。9. 金星若摆脱了太阳射线的阻碍，便以三十天通过一个星座空间。如果它在单个星座中所花费的时间少于四十天，那么当它静止时停留于一个星座的时间依然是四十天。因此，当它完成了在天穹中的整个环绕行程时，便再次进入它当初出发作四百八十五天环行的那个星座。

10. 火星通过诸星座空间要用六百八十三天左右的时间回到出发点。尽管它通过有些星座很迅速，但当它停顿时便会补足天数。木星逆着天穹旋转的方向以极为平稳的步伐行进，要花三百六十天时间通过单个星座，在十一年零三百三十天之后中止，返回到十二年之前出发的那个星座。而土星则以二十九个月零几天的速度通过一个星座空间，在二十九年零一百六十天左右之后复现于三十年前出发的那个星座。从这一事实可知，土星离天穹的尽头不远，它环绕天穹的进程比较慢，这是因为它绕行的路线相应较长一些。

11. 那些走在了太阳路径之外按自己的轨迹运行的行星，当它们将要进入与临近太阳所处的相同的三角形（trigon）时 *，便不再向前运行，直到太阳离开那三角形而进入另一星座。[111] 有些人认为，这种情况之所以发生，如他们所称，是因为当太阳在远处时这些行星被遮蔽了，它们在一片漆黑中沿着昏暗的轨道穿过了这段距离。但我们认为情况并非如此。因为太阳的光辉清晰可见、蔚为大观，整个宇宙没有黑暗，这些行星即便后退或滞留下来，我们也能看得见。12. 所以，如果我们处在遥远的地方都能看到，那为何要断定黑暗会阻挡这些行星的神圣光辉呢？

这一推论使我们更好地认识到，沸腾的热力唤起一切物质，将它们拉向自身。正如我们看到果实由于热的作用从地里向上生长，更不用说水蒸气从泉水升腾起来，顺着彩虹飘上云端了——出于同样的原因，强烈的阳光放射出三角形的射线，拉近了尾随它的行星，好像在驾驭着、抑制着它们，阻止那些跑在它前面的行星进入另一个星座，并强迫它们往回走。

13. 或许需要解释一下，太阳为何以自己的热量去抑制那些离自己五个星座之远的行星，而不是隔两三个星座的较近行星呢？我将说明这情况是如何发生的。太阳的射线是以等边三角形的线条向着宇宙放射的。这就意味着它的射线直接延伸到第五个星座，不多也不少。确实，如果太阳的射线以扩展波纹的形式充斥着整个宇宙，而不只是以三角形作直线扩展，就会使较近的所有星座燃烧起来。希腊诗人欧里庇得斯似乎已经注意到了这一点，因为他说，距离太阳较远的东西燃烧得更剧烈，却使离它较近的东西保持着适中的温度。以下就是他在戏剧《法厄同》(*Phaethon*) 中所写的：

> 赫利奥斯 [Helios] (希腊神话中的太阳神) 燃烧了远处的东西，却使近处的东西保持着
>
> 不温不火。

14．因此，若这种现象的基本原理以及古代诗人的证言，全都证明了这相同的结论，那么我认为就不应该否定我们上面所写的内容。

木星的飞行轨道介于火星与土星轨道之间，它的行程比火星大，比土星小。其余的行星也如此，距离天穹的边界越远，其运行轨道离地球就越近，飞行速度就越快。因为每颗绕行圆周较小的行星，往往是在处于较高位置的行星下方通过，然后超过它。15．同样道理，如果将七只蚂蚁放在陶工转盘上，并围绕转盘中心点刻上许多凹槽，从最小的到最外围，一圈比一圈大，蚂蚁便被迫在这些凹槽中绕行。接着，使转盘向相反的方向旋转起来，这些蚂蚁就必须逆着转盘旋转的方向前进。离中心点最近的凹槽中的蚂蚁肯定会较快地完成它的环行，而通过转盘最外围环路的蚂蚁，即便走得相当快，只是由于圆周尺度的缘故，走完环路也要慢得多。这些行星也一样，它们逆着宇宙的运动轨迹行进着，完成它们的运行轨道，但由于天体的旋转，每天的时间在回转，它们便被加倍地拖回去。

16．这或许就是有些行星不冷不热，有些行星滚烫，有些行星冰冷的原因：一切火焰都具有向上升腾的特性，因此，太阳以射线燃烧着它上方的以太 (ether)，将火星轨道途经之处的以太烧得白热化。所以太阳的热量将金星烧得滚烫。土星由于邻近宇宙边缘，接触到了天穹的冰冻地带，所以它极度寒冷。因此，由于木星轨道介于这两颗行星之间，所以可以看出，它的温度是最调和、最适中的，这是由于它们的冷暖在中间地带相遇的缘故。

关于十二星座带，七行星的反向运行和它们的运行轨迹，以及它们在各自轨道上通过一个个星座的基本原理和数目，我已做了说明，这些是从我的老师那里学到的。现在我将谈谈先人传授给我们的关于月亮盈亏的知识。

第 2 章 月 亮

1．贝罗索斯（Berosus）从迦勒底城或迦勒底国来到亚洲 [小亚细亚]，披露了迦勒底学派的学问 *，他声称：月亮是一只球，一半是明亮的白色，一半是天蓝色。它沿自己的轨迹运行，[112]

从太阳的球形下方通过，然后便被太阳射线和热量控制住，并由于它自身的光的特性而向着太阳的方向转动。在太阳球体的召唤下，月亮面朝上方，而它的下半部分并不明亮，和空气颜色相似而显得阴暗。当月亮与太阳的射线成一条直线时，整个明亮的一半便保持朝上，这便称作"第一天的月亮"。

2. 月亮朝向天穹的东部行进，摆脱了太阳的引力，明亮部分最边缘的极细一线向着地球放射出光辉，这便称为"第二天的月亮"。随着一天天地退隐与旋转，便是第三天、第四天的月亮。到了第七天，太阳西沉，月亮占据天空中部东西居中的区域。而且，由于月亮距太阳的距离为天穹范围的一半，所以它的光亮部分便转向了地球。不过，当整个宇宙位于太阳与月亮之间时，西沉的太阳正对着东方升起的月亮，于是月亮便撤离到离太阳射线最远的地方，即在第十四天时，月亮放射出满盈圆盘的光辉。余下的天数，月亮逐日亏损，直至太阴月期满，它的旋转与运行路线再次受到太阳吸引，屈从太阳圆盘与射线，形成了每个月份的白昼格局。

3. 现在，我将叙述伟大的数学家萨摩斯的阿利斯塔克（Aristarchns of Samos）* 解释月亮盈亏的学说。月亮本身不发光，而是像一面镜子从太阳那里接受光辉，这 [在他的理论中] 并不是什么秘密。因为在所有七颗行星中，月亮环行的圆周最小，离地球最近。因此，每个月在太阳通过的前一天，月亮处在日盘与太阳射线之下部，被遮蔽住而变暗，当月亮与太阳在一起时，便称为新月。接下去是第二天，月亮与太阳相会合，只露出一丝弯弯的边线。当月亮从太阳退出三天的距离，便逐渐增大并明亮起来。因此，月亮一天天后退，第七天时离太阳的距离大约为广阔天穹的一半，它的半边发光，也就是朝向太阳的那一半是明亮的。4. 第十四天时，当月亮离太阳的距离为整个天穹的直径时，就变成了满月，在太阳西沉时分升起，因为广阔的宇宙处于它的对面。此时月亮接受整个日轮的照耀。第十七天太阳升起时，月亮被迫向西方行进。第二十一日，太阳升起，月亮大致占据天穹的中央区域，朝向太阳的部分仍是明亮的，其余部分则是黑暗的。同样，月亮日复一日地持续着它的旅程，在第二十八日那一天从太阳射线的下方通过，便走完了各月的行程。

第3章 太 阳

1. 现在我将谈谈太阳在单个月份中通过星座时，是如何延长和缩短了白昼和小时的长度的 *。太阳在进入白羊座（sign of Aries）之后，横越第八度 *，便是春分。金牛座（Taurus）的前半部分从昴星团（Pleiades）伸出来，当太阳推进到金牛座的尾部以及昴星团时，它的行进路线穿过了比宇宙的一半还要长的间距，向着北部前进。随着昴星团上升，太阳从金牛座进入双子座（Gemini），升至地球以上更高处，便增加了白昼的长度。接着太阳离开双子座进入巨蟹座（Cancer），而巨蟹座占据的天穹部分最短。太阳抵达巨蟹座第八度时，便是夏至日。它继续前进，到达狮子座（Leo）的头部和胸部，而狮子座的这些部位仍位于巨蟹座的范围之内。2．太阳从狮子座的胸部和巨蟹座的边界处走出来，便缩短了白昼的长度和环路，回复到进入双子座时的相同轨迹。*接着，太阳跨过狮子座进入室女座（Virgo），来到她衣裙的褶皱处，将圆圈收紧，与它前往金牛座的环路长度相匹配。它通过衣裙褶皱处走出室女座，天秤座的前半部分正好占据着那个空间。在天秤座的第八度，就是秋分。这轨迹就等于白羊座所占据的环路。3．随着昴星团下降，太阳进入天蝎座（Scorpio），向南推进，缩短了白昼的长度。当它通过天蝎座时，便已经进入人马座（Sagittarius）的大腿处，每日飞过的行程更为短促。当它离开人马座大腿时，便进入了摩羯座（Capricorn），在此座的第八度，它横越了天空最短的跨度。由于白昼最短，所以这些天被称为 *bruma* [1]（一年中最短的日子）以及 *dies brumales*（意义同前）。接着便离开摩羯座进入宝瓶座（Aquarius），增加了白昼的长度，相当于人马座。离开宝瓶座，它进入双鱼座（Pisces），在温和的西风（Favonius）吹拂下，它设定了长度与天蝎座相等的行程。于是，太阳在固定的时间段绕行着，穿越了这些星座，拉长或缩短了白昼与小时和长度。

[113]

第 4 章　位于升起之太阳右侧的星座

1．现在我将谈谈另外一些星座，它们的轮廓由行星所组成，位于星座带的左右两侧——即天穹南北两侧。北天区星座（North），希腊人称为"大熊座"〔*Arktos*〕或"螺旋"〔*Helikê*〕，有"卫士"〔*Boötes*〕（即牧夫座）随其后。距离不远处，形成了室女座，在她左肩上有一颗明亮的星，我们称之为"酿酒的先驱"（Forerunner of the Vintage），希腊人称之为 *Protrugetê*（主管葡萄酒的酒神）。她手中拿着的谷穗（Ear of Grain）*更加明亮。在大熊卫士（即牧夫座）的膝盖中部，有一颗鲜亮的星*，称作大角星（Arcturus），被供奉在那里。

2．在北方区域的绝顶处，沿着双子座的足底有御夫座（Charioteer）（**Auriga**），位于金牛座的牛角尖上，实际上他的脚底位于金牛座的左角尖上。御夫座手上的星称为仔羊星（Kids），而雌羊星（She-Goat）就位于他的左肩上。[2] 在金牛座和白羊座的上方是英仙座（Perseus），昴星团在英仙座的步幅下方向右行进，而白羊座的头部则向左行。英仙的右手靠在仙后座（Cassiopeia）的图形上，左手挥舞着戈耳工（Gorgon）的头于金牛座的上方，并将其置于仙女座（Andromeda）的脚下。

---

1 Bruma 是 *brevima* 的缩写形式，而后者本身又是 *brerissima* 的缩写形式。

2 H 本作 *appellantur*、*manus*，本书读作 *appelluntur*、*manui*。

3.仙女座位于双鱼座上方，她的胃部与飞马座（Horse）的腹部都位于双鱼座中北鱼背鳍上。[1]飞马座腹部那颗最明亮的星，将它自身与仙女座的头部划分开来。仙女座的右手被设定于仙后座（Cassiopeia）图像的上方，而左手则与双鱼座中的北鱼相并排。同样，宝瓶座的图像位于飞马座的马头上方。马的耳朵恰好触及持宝瓶者的面颊。[2]

仙后座位于中部。在摩羯座之上很高的地方，是天鹰座（Eagle）和海豚座（Dolphin），在它们后面的是天箭座（Arrow），从那里出来有天鹅座（Bird）（Cygnus），它的右翅正好触及仙王座（Cepheus）的手与他的节杖，左翅则位于仙后座上方。4.飞马座的胃部固定在天鹅座尾巴下方[3]。接下来，在人马座、天蝎座和天秤座（Libra）图像的上方，巨蛇（Serpent）以它的吻尖触到了北冕座（Crown）（Corona Borealis）。但就在北冕座中部的近旁，蛇夫座（Serpent-handler）（Ophiuchos）手握巨蛇，左脚踏着天蝎座的整个脸部。在离蛇夫座头部不远处是武仙座（kneeler）的头部。很容易区别蛇夫座和武仙座的头顶，因为它们的轮廓并不是由暗淡的星星勾勒出来的。5.武仙座的脚支撑在天龙座（Serpent）（Draco）的太阳穴上，而天龙座盘绕的曲线将小熊座包进来——它也被称为北极星（Northeners）。海豚座的曲线略穿过这些星座。天鹅座喙部的对面是天琴座，它高高在上。在牧夫座和武仙座的肩膀之间是北冕座。

北圈内有两个熊座（Bears），它们背部相向，胸部朝外。小熊被希腊人称作"狗尾星座"〔Cynosura〕，大熊称作"绕极旋转的星座"〔Helikê〕。它们脑袋一动不动彼此远望着，尾巴画得朝向对方的头部。确实，它们的尾巴都画得超出了对方头部，向上翘着。

6.另有天龙座（Draco）据说延伸到了这两个熊座的尾巴之间，在这天龙座中有一颗星称为北极星（Pole Star）*，它位于较大的北极星（即大熊座）的头部附近，发射出光芒。与天龙座离得最近的这个北天区星座，头部完全被天龙座的曲线盘绕，小熊座的头部连同这一切被嵌进了〔天龙座〕的弯曲的身躯之中，接着这天龙又一路延伸将小熊的脚围绕着。在这里它向内弯曲，使自己的身躯双倍延长，尾部上翘，从小熊座头部之处偏转来，朝向大熊座，到达它的口鼻及右脑门处。仙王座的脚部位于小熊座尾巴上方，有些星在这里构成了一个等腰三角形*，角尖位于白羊座的上方。小熊座和仙后座中的许多星星，相互混杂在一起。

[114]

我已经说明了哪些星座列于升起之太阳的右侧*，介于北方星座带之间。现在，我将描述分布在升起之太阳左侧并位于南方的星座。

---

1 这段保存下来的文字有严重的问题，抄本为"*Item pisces supra andromedam et eius ventris et equique sunt supra spinam equi cuius ventris lucidissima stella finit ventrem equi et caput andromedae*"，我们则读作"*Item supra pisces andromeda，et eius ventris et equi sunt supra spinam aquilonalis piscis. Lucidissima stella finit ventrem equi et caput andromedae*"。

2 本书作此解读，抄本作 *equi ungulae attingunt aquarii genua，equi auriculae attingunt aquarii genas*。

3 与菲兰德本同读作 subiecti，抄本作 subtecti。

第 5 章 位于升起之太阳左侧的星座（图 113）

1．首先是位于摩羯座下方之双鱼座中的南鱼座，它朝向鲸鱼座（Whale）（Cetus）的尾巴。从这个区域至人马座之间是空白。天坛座（Incense-burner）位于天蝎座的尾刺之下。半人马座（Centaur）的前部临近天秤座和天蝎座。在半人马座的手中，握着一个星座的图像，那些通晓星座的人称它为豺狼座（Beast）。长蛇座（Hydra）沿着室女座、狮子座和巨蟹座伸展，它向回扭转着，将星星的线路纠在一起。在巨蟹座的区域它抬起头，以身体的中部托起接近狮子座的巨爵座（Cup），并将它的尾巴放置在乌鸦座（Crow）待的地方，就在室女座手下。它肩上的星星都同样明亮。

2．在下方，沿着长蛇座的腹部，也恰恰就在它的尾巴底下，是半人马座。在巨蟹座和狮子座旁边是南船，称为天舟座（Argo），它的船首隐藏了起来，但桨和舵却呈现出来，可以看到。这条小船的船尾和大犬座（Dog）的尾巴尖相连。小犬座（Little Dog）跟在长蛇座头部对面的双子座（Twins of Gemini）的后面，大犬座则跟在小犬座的后面。猎户座（Orion）横在下方，被金牛座[1]的蹄子压着，他左手握着一根棍棒，并用另一只手举起棍棒朝向双子座。3．在他的脚下，大犬座紧紧跟在天兔座（Hare）的后面。鲸鱼座位于白羊座和双鱼座的下方，从它头部至双鱼座之间，有些星星稀稀落落地分布着，希腊人称之为鱼叉（Harpoons）。向内一段距离，蛇的身体打成了一个紧紧的结，正好触及鲸鱼座的头顶。波江座（Eridanus）这条河向前流淌着——繁星点点——从猎户座的左脚起源，不过这水流被人们想象成是从宝瓶座倾倒出来的，流淌于南鱼座的头部和鲸鱼座的尾部之间。

4．大自然和神的智慧设计了这些星座，在天穹上勾画出它们的形状。我已经对星座做说明，正如自然哲学家德谟克利特乐意于对它们做出描述，不过也只限于那些凭我们的双眼能观察到的升起与落下的星座。北极星环绕着它们的轴心旋转着，既不落下，又不从地球下面穿过，而南方的中枢由于宇宙倾斜的缘故而处于地球的下方。那些看不见的星座在那里环绕运行着，它们不可能在地球的东方升起。由于地球的干扰，这些星座的构形不为人知，老人星（Canopus）*便是这一事实的证据。这颗星所在的这些区域是不为人知的，但那些曾抵达埃及最遥远地区和接近大地尽头之边界的商人们，却报告说它是存在的。

---

1 抄本读作 Centaurus。

第6章 天文学的历史

1. 我已经讲授了有关宇宙环绕地球旋转、十二星座的排列以及在南北半球布局的内容，以使之一目了然。天穹旋转，太阳以相反的路线穿过众星座，日晷指针投影在昼夜平分点上。在此基础上，我们可推究日行迹的图形。2. 占星术（astrology）关注于另一些事情，例如十二星座、五行星、太阳和月亮对人类生活规律的影响。在这方面，我们必须求助于迦勒底人的理论，因为他们创造了用占星术算命的体系。占星家可凭借这一体系，根据星相的推演来解释过去与未来发生的事件。* 那些从迦勒底来的人，在这些事项上极其聪明与智慧，将他们民族的种种发现遗赠给我们。他们中的第一位是贝罗索斯，他定居于科斯岛上的科斯城（Cos），在那里他开办了一所学校。在他之后，安提帕特（Antipater）继续研究这一课题，又有阿基那波鲁斯（Achinapolus）遗留给我们根据妊娠时间而非出生时间来算命的占星术原理。3. 米利都的泰勒斯（Thales of Miletus）、克拉宗米纳的阿那克萨哥拉（Anaxagoras of Clazomenae）、萨摩斯的毕达哥拉斯（Pythagoras of Samos）、科洛丰的色诺芬尼（Xenophanes of Colophon）、阿夫季拉的德谟克利特（Democritus of Abdera）等人做了长期思考，将自然科学的基本原理遗赠给我们，凭借这些原理可对自然现象进行治理，同时也使我们了解到这些现象是如何发生的，产生了怎样的影响。在他们发现的基础上，欧多克索斯（Eudoxus）、欧几莱蒙（Euclemon）、卡利波斯（Callippus）、默冬（Meton）、菲利波斯（Philippus）、喜帕恰斯（Hipparchus）、阿拉托斯（Aratus）* 等人在占星术理论和天文计算表 * 读数的基础上，发现了星座的升起和降落，并将有关这些现象的解释传给了后来的一代又一代人。* 这些先哲们的发现，应得到今人的赞赏，他们像是受到了神的智慧的指引，煞费苦心地发现这些，但他们似乎依然还在事先预测着即将到来的时代迹象。由此，必须对他们的辛勤研究表示尊重。

[115]

第7章 绘制日行迹（图114、115）

1. 在这些科目中，我们现在必须将白昼逐月缩短和拉长的基本原理单列出来做出说明。太阳在昼夜平分时通过白羊座和天秤座，如果我们将日晷置于罗马所在的纬度 *，日晷指针长度为九等份，那么太阳的投影便为八等份。同理，在雅典无论日晷指针多长，划分为四等份，投影占三等份。在罗得岛，比率则为七比五，在他林敦为十一比九，在亚历山大里亚为五比三，而在其他每个地方，根据大自然的规律，所见到的日晷指针在昼夜平分时的投影长度都各有不同。

2. 因此，无论日晷设置在何处，那个地方昼夜平分时的投影长度都是确定的，例如在罗马，指针长度为九，投影便占八。在一个平面上刻画一条线，在这平面的中部竖起一根小柱，借助角尺使它呈"直线"〔pros orthás〕垂直立住，这便称作日晷指针。用圆规从这条平面线段的端部至日晷指针的底部分出九等份。将第九等份处设定为中心点，标上字母 A。将圆规置于中心点展开至这条平面线段，在那里标上字母 B，旋转圆规画圆，这便称为子午线。3. 接下来，在平面线条至日晷指针轴心的九等份中取八份并将其标于平面线段上，并标注字母 C，这便是昼夜平分时的日晷指针的投影。从这个分界处以及 C，画一条线过中点 A，昼夜平分时的太阳射线将落在这里。将圆规从中心点伸出至平面线段之后，再在左右标记出两个相等的边。在圆周上，左边标上字母 E，右边标上字母 I。从中心点引一条线，将这两个相等的半圆一分为二。这条线数学家称为水平线（horizon）。4. 然后，取整个圆的十五分之一 *，并将圆规的中点置于圆周线与昼夜平分时太阳射线相交之点上，标上字母 F，左右两边各标上 G 和 H。从 G 和 H 引线过圆心一直画到平面线段上，标上字母 T 与 R。字母 I 位于字母 E 的对面，从那里引线过圆心与字母 A 处的圆相切。* 在字母 G 的对面为字母 A 与 M，在 C 与 F 和 A 的对面是字母 N[在字母 R 与 H 对面有字母 L]。[1] 5. 然后，从 G 至 L、从 H 至 M，画两条弦。下面的这条弦属于夏天部分，上面那条为冬季。在中间字母 O 与 P 之处平分这两条弦，标出各自的中心点。画一条线过 O 与 P 以及中心点 A 到圆周线，标上字母 Q 和 Z。这就是垂直相交于昼夜平分时太阳射线的垂直线 pros orthás（直线），在数学上这条线称为 axon（轴线）。将圆规展开至直径最远处，以这相同的中心 [O、P] 为圆心画半圆，一个半圆为夏季部分，另一个为冬季部分。6. 在这两条平行线与水平线相切之处，右边标上字母 S，左边标上字母 Y。从字母 S 画一条线平行于 axon 直至右边的半圆，标上字母 V。同样，从 Y 引一条平行线至左边的半圆，为 X。这些平行线称为 loxotomus。然后，用圆规以昼夜平分时太阳射线与 [GH] 线段相交之点，也就是字母 D 点为圆心画圆，画至夏至太阳射线与圆周线相交之点，即字母 H。从昼夜平分时的中心点，超过夏季的间隔，画出月周期的环路，称为 menaeus（"一个月的"）。这便是获得日行迹图形的方法。

7. 画好这一结构图，并按上面详述的内容画好冬季、夏季、昼夜平分以及每月的线段之后，还要依照日行迹的形式，刻画出时间刻度。除以上这些形式之外，还有许多不同类型的日晷，都可以根据这些创造性方法划分刻度。不过，所有这些图形以及描绘都是一致的，即昼夜平分点和冬至点、夏至点的白昼，都同等地划分为十二个部分。因此，我并不是由于偷懒而省略了这些事项，而是以免写得过于冗长使读者感到厌烦。不过，我还是要说明一下是谁发明了各种各样的日晷。眼下，由于我自己不能发明任何新的日晷类型，也认为将别人的发明据为己有而提出来的做法是不正当的，所以，我将简单地谈一谈前人留传给我们的各种日晷类型 *，　[116]以及它们都是由谁发明的。

---

1 这一句按理是应该有的，但文中阙如。

第8章 日晷与水钟

1. 据说迦勒底人贝罗索斯（Berosus）发明了将方石切割成半圆石块，并将其下部切割得符合于地球倾斜度的方法。而半球型，或称为 *scaphê* 型日晷的发明，则要归功于萨摩斯的阿利斯塔克（Aristarchus of Samos），他还发明了平面圆盘型日晷。蜘蛛型日晷（Spider）是天文学家欧多克索斯（Eudoxus）发明的，有人说是阿波罗尼奥斯（Apollonius）发明的。像座型日晷（Plinth）或银柜型日晷（Coffer）是叙拉古的斯科皮纳斯（Scopinas of Syracuse）发明的，在 [罗马人称] 弗拉明尼乌斯竞技场（Circus of Flaminus）的地方还有这样一座日晷实例。帕门尼翁（Parmenion）发明了"检测型日晷"，狄奥多西（Theodosius）和安德里亚斯（Andrias）发明了"全天候日晷"，帕特罗克勒斯（Patrocles）发明了斧型日晷（Axe），狄奥尼索多罗斯（Dionysodorus）发明了锥型日晷（Cone），阿波罗尼乌斯发明了箭袋型日晷（Quiver）。上面提到的人还发明了其他各种类型的日晷，如蜘蛛－锥型（Spider-Cone）、中空像座型（Hollowed Plinth）以及面北型日晷（Antiboreus）（"与北方相对"）。此外，还有许多制作移动式或悬挂式日晷的方法，记载在书面材料中流传下来。若想在他们的著作中找到更多的资料，只要能理解如何设置日行迹就可以了。

2. 这同一批著作家还发明了装配水钟的方法，其中最重要的是亚历山大里亚的克特西比乌斯（Ctesibius of Alexandria），他还发现了自然气息的力量和气体力学的基本原理。对有兴趣了解这些事项是如何发现的人来说，这是有价值的。克特西比乌斯出生于亚历山大里亚，父亲是一个理发师。他机敏过人，又十分勤奋，据说他以机巧的发明为乐事。例如，他让人在他父亲的店铺里挂了一面镜子，用一根隐蔽的绳索拉动一个平衡物使之可以自由升降，以下便是他设置这套机构的方法。3. 他在过梁后面安装了一个木槽并装上滑轮，然后沿着木槽拉一根绳子至角落，在那里他装上 [垂直的] 小管子，在管子中他放入一个铅球沿着绳索下降。于是，当这铅球落下通过狭窄的管子时，重量压缩着空气；当它猛地降落到底部，压缩得密度很高的空气通过管口被强力推出，在管口遇到外部空气的阻碍时便发出响亮的声音。4. 克特西比乌斯观察到了空气的冲击力和气流排放所造成的声响效果，便以此为开端进行构造，第一个发明了水力机械。

于是他研制了喷水机和自动机 *，各种类型的玩具，其中有水钟装置（图116）。他先做[117]了一个管口，是用黄金或穿孔宝石做的，因为这些材料不会被水冲刷，也不会因腐蚀而堵塞。5. 现在，水均匀地流过这个管口，将一个倒置的钵提升起来，制钟匠称这种钵为 *phellos*（软木盘）或 *tympanum*（鼓轮）。将一根杆子固定于这个浮块上，它的另一端带齿，与旋转鼓轮上的齿相咬合。这些小齿前一个推动后一个，从而产生精微的旋转与运动。同时，以同样方式将另一些杆子与鼓轮上的齿轮咬合在一起，由动力推动而旋转，便可产生各种不同的功效：移动雕像，翻转门柱，抛掷石块或卵石，吹响喇叭以及其他娱乐活动。6. 再者，还可以在一根圆柱或壁柱上标出时间刻度——一座小雕像从底部升上来，用一根竿子依次指示全天的时刻。

白昼的缩短或延长，必须逐日逐月地用增加或去掉楔子的方式进行校正。*要按如下方式做一个活塞，以便对水进行调节：做两个芯体，一个是实心的，一个是空心的，要在车床上加工，使它们能相互套入。将它们装在同一根竿子上，可相互套叠和分离，使水流或强劲或平缓地流入水箱中。于是，按照这些基本原理，这架装置，也就是在冬季可用的以水驱动的时钟，便可以装配起来。

7. 但另一方面，用增加或去除楔子的方法来补偿白昼的缩短或延长也是有问题的，因为楔子常常出错。可以按以下方式来装配水钟：时间刻度应横着刻画在一根小柱上，就像是取自日行迹，每个月的线也要刻在这小柱上。这根小柱应做得可以旋转，这样当小柱旋转时，朝向手持魔杖的小雕像的那一面（这小雕像出现时用魔杖指向时间刻度）便会不停地允许每个月时间的缩短与延长。

8. 冬天用的钟还可以做成另一种形式，这些钟被称作"拾取器"(pickup)*，其制作方法如下（图117）：以青铜格栅的形式，根据日行迹的图形标出时刻，从中心排列至边缘。环绕着划定月份间隔的标尺画圆。在这格子的后面有块圆盘，盘上画出宇宙图和星座圈。十二星座的轮廓应画得不同心，一个大点，一个小点。在这块盘子背后的中央，装上一根旋转轴，将一根软链绕在这青铜轴上。在一端挂上浮块或软木，水可将其浮起；另一端系小配重的沙袋，与浮块重量相同。9. 于是，水将浮块向上托起多少，配重的沙袋便降下多少，这样使轴转动起来，轴带动圆盘旋转。

这个圆盘的旋转，有时会使星座圈的大半部分指示出时间边界，有时则使其小半部分指示时间边界。因为每个星座都有自己的月份，所以孔的配备要使得每个月都有自己相应的天数，在其中有一个球指示着时间的跨度——在时钟里这个球一般都装饰成太阳的图像。*10. 这个球从一个孔穿过另一个孔，完成了旋转月份的循环。而且，正如太阳穿越星座运行，拉长或缩短了白昼的时间，时钟里的这个球，逆着这个鼓盘的中心点旋转，逐点前进，就像是在某些季节中，逐日地越过较宽阔的跨度。在另些季节中其越过较窄的跨度，通过月份的划分创造出了小时与白昼的视觉图像。

至于进水的调节，要系统地计算，其方法如下。*11. 在时钟的内部、面板的后面，安装一个水箱，通过一根管子将水注入水箱，底部应做成凹陷形。在这个点上固定一个鼓盘，带有一孔，水通过这个孔流进凹陷处。在此内部装上一个小轮，它应有榫和卯眼相互接合，以使得小鼓盘像一个阀一样，当它在大鼓盘中前后移动时，能紧凑并柔和地转动。大鼓盘的轮圈上应以相同的间隔标上三百六十五个点，而小鼓盘的边缘应装上一个小舌，舌尖指向这些点子。在这个小轮盘上应钻一个其口径经过校准的孔。水将通过这个孔从大鼓盘流入小鼓盘。这就是调节水流的方法。12. 由于大鼓盘的轮圈上刻有天空星座的图像，所以它必须是静止不动的。在大鼓盘的顶部应有巨蟹座，直接与底部摩羯座相对。在观看者的右边是天秤座，左边是白羊座，其余星座分布于它们之间的广阔空间之中。应根据在天空中看到的图形进行绘制。13. 于是，当太阳位于摩羯座时，小轮盘的指针每天触及大鼓盘这部分的摩羯座的一 [118]

个个点子，在垂直角度之处，就获得了水流的力量，推动着水从小轮盘的孔中猛冲出来进入水箱，水箱接纳了水。当水箱短时间内盛满了水时便终止了，于是就缩短了白昼与小时的长度。随着每天的旋转，当小轮盘上的指针前进到宝瓶座范围的点子时，出水口因强劲的水流而偏离了垂直线 [1]，减缓了水的喷出。因此，由于水箱承接了流速不急的水流，便延长了小时的间隔。14．当小轮上的孔逐步上升达到宝瓶座和双鱼座的点子，触及白羊座的第八度时，由于喷水速度适中，便指示出与昼夜平分点相吻合的时刻。从白羊座经金牛座和双子座到巨蟹座第八度的最高点，这个孔随着鼓的旋转向上回升、徘徊数月，丧失了它的力量，因此水流速度更慢，扩展了它在徘徊期间所占据的空间，在巨蟹座内延长了夏至时的小时。当它偏离了巨蟹座，通过狮子座和室女座到达天秤座第八度的点子时，它回转过来并渐次掠过它们，缩短了时间的间隔。于是它在到达天秤座时再一次仿效了昼夜平分点的小时。15．接着，这个孔越来越垂直向下，通过天蝎座和人马座的间距，返回到它的环路，走向摩羯座的第八度，由于快速的水流而恢复到冬至时缩短的小时。

我尽可能适当地记载了调校时钟的方法与实践，以使其易于运用，现在剩下的便是讨论机械及其基本原理。为了完整而全面地对建筑做出说明，我在下一书中将开始写这方面的内容。

---

1 从罗泽本读作 *discedens*，而不是抄本的 *discendens*。

第10书

机　械

[119] # 前　言

1. 在那座著名的希腊大城市以弗所，据说有一条前人定下的法律，执行起来十分严厉，毫不偏袒。一个建筑师，在接受了某项公共工程的委托任务时，必须事先承诺按工程预算行事。一旦将预算提交给了法官，他便要拿自己的财产作抵押，直至竣工。工程结束后，如果实际开支符合预算，就颁发特别法令对他进行嘉奖；若超出预算，超出的部分在总预算的四分之一以内，其差额部分由公共财政提供，他本人不必承担任何罚金；若超出了四分之一，那就要从他自己的资产中拿出钱来弥补这差额。

2. 但愿不朽的诸神制定的这条法律也为罗马平民大会所采纳，不仅适用于公共建筑，也适用于私家建筑！这样，滥竽充数的人便不会胡作非为逍遥法外，而那些深谙高深学问之精妙的人，便会毫不迟疑地来承担建筑实践的任务。户主们也不会无休止地浪费开支，甚至耗尽财产。建筑师们由于害怕受到处罚，在计算与报价上会更加谨慎和到位。这样，户主便可以在预算之内建造房屋，或只是追加少许费用。对那些能为工程筹集 40 万 [塞斯特斯]（sesterces，古罗马货币单位）的人来说，如果他们乐观地预计，最多再多拿出 10 万即可建成，那他们的权益便有了保证 *；而那些必须增加一半或更多费用的人，就会被迫完全放弃。他们希望破灭，钱财浪费，经济上破产，精神上垮掉。

3. 这个问题不仅涉及建筑，也关系到法官们给节庆活动的资助，包括那些集市广场上的角斗士和剧场的表演者。对于这些事项，不允许有任何犹豫和拖沓，必须强令在一定的期限内完工，包括看台的座位、天棚 * 的搭建，以及所有根据舞台传统所设计的机械设备。这些事情需要受过良好教育的心灵细心体察和创造，因为没有机械学方面的良好基础，就不能灵活运用其他各种学科的知识 *，没有一样能做成。

4. 所有这些传统都流传了下来并得到了公认，所以在承担这些项目之前，认真细致地制定出必要的程序便是完全适宜的。由于我们没有法律和惯例确保项目的实施，而且每一年执政官和市政官（praetors and aediles）* 都要为节庆活动配备机械装置，所以，大将军陛下，我以为在前几书说明了所有的建筑事项之后，在眼下这最后一书中，按照主题的顺序制定机械的基本原理，是正合时宜的。

第 1 章　基本原理（图 118）

1. 机械是由一系列木工构件组合而成的装置，具有移动重物的非凡功能。机械的系统动作是靠有条不紊的圆的旋转来实现的，希腊人称之为 *kuklikê kinêsis* ——"圆周运动"*。

有一种用来登高〔*scansorium*〕*的机械类型，希腊人称为 *akrobatikon*（攀爬器具）；另一种机械利用压力〔*spirabile*〕工作，他们称之为 *pneumatikon*（气动机）；第三种是用来拖拉重物的，希腊人称之为 *baruoison*（螺旋起重机）。[1] * **登高**机械，即是将木头竖直向上固定住，再绑扎横木，这样便可以安全登高，监管工程。而**气动**机械，则是空气受压力驱动形成打击，借助于器具之力，即 *organikôs* 发出音响。2．牵引机是拖拉重物的机械，可将重物提升起来并放置到位。大体上，登高机械需要的是大胆而不是技能，用链条、横梁、交织的捆绑材料以及支柱捆扎而成。气动机械的动能来自于空气压力，凭借精妙的技艺产生迷人的效果。不过，正是牵引机在大工程中拥有最大、最充分的用武之地，这种机械也可以赋予谨慎的使用者以最强大的力量。[120]

3．在这些机械中，有些是作机械性运动，即 *mechanikôs*（机械地，希腊语，副词），有些作器具性运动，即 *organikôs*（器具地，同前）。*机械与器具之间的区别是，机械必须有许多工人来操作，也就是说，必须有巨大的动力才能使它们发挥作用，比如石弩炮（ballistae）和压榨机；而器具则由一个熟练工人娴熟操作便可完成任务，例如转动 scorpion（蝎型弩机）或 anisocycles（大小不等的圆，可能指齿轮系统）*。因此，实际上了解器具和机械的基本原理都是必要的，没有它们任何事情都不可能毫无阻碍地做下去。

4．一切机械装置都是由大自然创造和发明的，宇宙的旋转便是其导师。首先，让我们注意并观察一下太阳、月亮和五颗行星的绵延不断的性质。如果它们未相互配合旋转，光明和黑暗便不会始终交替进行，也不会有谷物的成熟。因此，当我们的祖先观察到这是怎么回事时，他们便从大自然中撷取实例并模仿它们。在这些神圣[范例]的刺激下，他们使得生活越来越便利。于是，他们制造机械，使它们旋转起来，还制造了一些器具。在实践中他们发现有用的东西，便借助于研究、工艺和传统，一步一步细心地加以改进。

5．让我们首先将注意力转向出于需要而发明的东西，如衣服，如何操作器具将织物中的经线与纬线相交织，穿上它不但可以保护身体，而且也可以打扮得漂亮动人。确实，就耕牛和所有其他畜力来说，如果没有牛轭与犁的发明，我们就不会有丰盛的食物。如果没有绞盘、杠杆以及横杠来制造压榨机，我们就永远不会有闪闪发亮的油料，也不会有葡萄树的果实供我们快乐享用。若没有发明陆地上的二轮马车或四轮马车，海上的运货船就没有办法运输这些东西。6．发明了用尺子和秤进行检验的方法，以便公平交易，这使我们的生活免除了罪孽。机械装置的原理的确不可尽数，那些看似没有必要讨论的、像是日常唾手可得的东西，如磨子、铁匠的风箱、旅客大车、二轮车、车床等，在日常生活中被广泛使用着。所以，我们将首先说明那些不常遇到的东西，以便为人们所熟悉。

---

[1] 抄本作 *baruison*，本书读作 *baruoison*。抄本的这一读法经 Voss 校订为 *baroulkon*，因此所有现代版本都印成这样。*baroulkos* 后来出现在不同的上下文中（如 10.1.3 中 anisocycle，见该处注释），这表明 Voss 的讲法不完全正确，因此，抄本的读法或许应认真对待。

第2章　起重机与卷扬机 （图119）

1. 首先我们将讨论建造神庙和公共建筑必须预备的机械。以下便是制造方法。

根据重物的大小预备两根木头，将它们垂直竖起，并用扣子将顶部固定，下部分开；再用绳索将顶部系紧并缠绕，使其保持直立；接着在木头顶部绑上一个滑轮组，有人称之为 *rechamus*，这滑轮组中装有两个滑轮，应绕小轴旋转。将起重缆绳穿过上滑轮拉下来，再穿过下滑轮组的滑轮，然后将它拉上去至上滑轮组的下轮，固定于它的轮眼上。将缆绳的另一端拉入这机械的底部。

2. 在这叉开的两根木头后部的平地上安装轴座，将绞盘头固定其中，这样轴便旋转地更加顺畅。在靠近绞盘头的地方钻一对小孔，要经过计算，使得杠杆能够穿进孔内。然后在下 [121] 滑轮组上绑上带齿的铁钳，设计得要能与穿孔的石头相配合。当缆绳的下端系紧在绞盘上，绞盘随着杠杆转动，缆绳便在绞盘上缠绕并抽紧，便可将重物提升起来，在建筑物上安装到位。3. 此类机械 *，由于它依靠三个滑轮动作，故称作 *trispastos* （三轮滑车）。而如果下面滑轮组中有两个滑轮转动，在上部有三个滑轮，便称为 *pentaspastos* （五轮滑车）。

如果为了吊起更加庞大的重物而要装备起重机械，就必须用更长更粗的木头，并运用相同的基本原理，将上部扣紧，在底部安装旋转绞盘 （图120）。这些做好后，接着安装固定绳索，使它们处于松弛状态，并将控制绳索系于这架机械肩部以上较远的地方。将固定绳索拉下来，如果无处打结，就向下挖，并将木桩斜向插入，再在周围填土夯实，将控制绳索系在木桩上。* 4. 用绳子将一个滑轮组捆扎于起重机的顶部，从这滑轮组引一根绳索向下至绑在木桩上的滑轮组，穿过滑轮后拉回到顶部的滑轮组并绕于滑轮上，再向下拉回至机械底部的绞盘并扎紧。绞盘由杠杆推动，开始旋转。竖起这架起重机毫无危险之虞。接着在各处安装固定绳索和控制绳索，将其系于木桩上，这架机械便更加稳当。滑轮和起重缆绳要照上述方法来装配。

5. 然而，若工程构件体积庞大并十分沉重，就不能依靠绞盘，而应按照用轴座固定绞盘的相同方法，在中央安装一根轴，轴的中部带有一个大鼓盘，有人称之为轮盘，有的希腊人称之为 *amphiesis*，另些希腊人称为 *perithêkin*。6. 在这些机械中，制作滑轮组的方式与上述不同、另有其法，即上下都要安装两排滑轮。所以，起重缆绳要穿过下滑轮组的轮眼，将缆绳收紧使其两端相等，用细绳沿下滑轮组捆绑拉紧，使这起重缆绳的每个部分都固定住，不致左右滑动。接着将这缆绳的绳头拴至上滑轮组，从外侧穿绕于它的下滑轮，再次拉下来，从内侧与下滑轮组的滑轮相连接，最后从左右两边将缆绳拉至起重机头部，绕于上滑轮。7. 将缆绳从外侧穿过，向下拉至轴上鼓盘的左右两侧，并固定住。将缠绕于鼓盘上的另一根缆绳拉至一架绞盘机。这根缆绳由于绕在鼓盘和绞盘上，可以等量地放出起重缆绳，这样便能平缓地、安全可靠地提起重物。如果将一个较大的鼓盘安装在中部或偏于一边，而不用绞盘机，便可将它当作踏车来使用，可以更快地完成任务。

8．还有另一类机械相当机巧，可以加快工程进度，但只有老手才能使用（图121）。将一根木头直立起来，然后将控制绳索在四个方向上张开＊并固定。将两个轴座安装在控制绳索下方，再用绳索将一个滑轮组绑在轴座的上方，在滑轮组之下装上一根两足长、六指宽、四指厚的木棍。在此安装滑轮组，这滑轮组中并排装有三排滑轮，这样便有三股起重缆绳拴在这架机械上。将这三股缆绳拉回至下滑轮组，从内面穿过其最上一排的滑轮，接着将缆绳导向上滑轮组，穿过最下一排滑轮，从外向内穿。9．再将缆绳拉下来，从内向外穿过第二排滑轮，引向上滑轮的第二排滑轮。穿过去后返回到底部，从底部拉回到起重机的头上，穿过最上面一排滑轮后返回到机械的底部。在这机械的底脚处安装第三套滑轮组，希腊人称之为"引导滑轮"，即 *epagonta*，而我们则称为 *artemon*。固定于机械底脚上的这个滑轮组有三个滑轮，将缆绳穿过滑轮，交给工人们拉着。以此方式，便要有三排人拉，不用绞盘便可很快将一件重物拉到顶。

10．这种机械被称为 *polyspastos*（多组滑车），因为它有许多组旋转滑轮，使用起来最轻松最快速，而且只竖起一根独柱具有这样的优越性：将它倾斜，便可按人们的意愿向前或向左右两侧移动，将重物堆放到位。

上述所有类型的机械不仅可以满足已大致描述过的目的，也可以用来给船舶装货或卸货。[122]有些机械是直立的，有些则是水平安装在旋转吊臂上的。同样，在地面上不用直立的木柱，但采用这相同的原理，只要调节缆绳与滑轮，便可以将船拖上岸。

11．这里介绍一下克尔西弗隆（Chersiphron）的精巧机械将是合适的（图122）。他要将圆柱的柱身从采石场运到以弗所的狄安娜神庙，但由于柱子太重和乡村道路松软，不能用大车来运，就怕车轮深陷，所以他尝试了以下运输方法：将四根粗木牢固地装配起来，其中两根与石柱柱身长度相等，两根作为横档置于其间。将铁制枢轴像销子一装入粗木的两端。在枢轴处装上木框将其控制住，并用锡板包住木框端部。装入木轴承中的铁枢轴可以灵活转动。套上牛拖动柱子向前，铁枢轴便在木框内不停地旋转。

12．他们以此方式运完了所有圆柱的鼓形石块。在运下楣石块时，克尔西弗隆之子梅塔格涅斯（Metagenes）采用运柱身的方法来运下楣。他做了一些直径为十二足的轮盘，将下楣两端装入轮盘中央，并根据同样的技术将枢轴和支座安装在它们的端部。于是，当牛拖动这些四指粗的木头时，支座中的枢轴使轮盘转动。装入轮盘中的下楣石块就像一根轴，它按时抵达了建筑工地，正如柱身那样。在这方面还有另外一例，就是用石碾子压平体育场的跑道。这种手段一般不用，除非距离不远，从采石场到神庙不超过八里路，一马平川、没有山丘。

13．在我们的记忆中，阿波罗巨像＊的台座因年代久远而开裂，人们唯恐雕像倒下摔碎，便从同一个采石场订制了一个台座。一个叫帕科尼乌斯（Paconius）的人接下了这份合同。＊这台座十二足长，八足宽，六足高。帕科尼乌斯很自负，并没有照梅塔格涅斯的方法做，而是决定以相同的原理制造一架机械，属于另一种类型。14．他制作了一些直径为十五足左右的轮盘，将石头的端部装入这些轮盘中，再用两指厚的板条包在这石头上，从一个轮盘到另一个轮盘全都包上，板条间隔仅为一足。然后他在这些板条上缠上绳索，套上牛拉绳索。这样装配好了之后，绳索拉动轮盘旋转，但未能沿着道路作直线拉动，而是不断偏向一侧。这就必须重新将器具放直，将牛牵回来再向前拉。帕科尼乌斯浪费了金钱，最后竟然亏了本。

15．下面我要偏离正题，谈谈采石场是如何被发现的。皮克索达鲁斯（Pixodarus）是个牧羊人，生活在采石场地区。以弗所的公民计划用大理石建造狄安娜神庙，并决定到帕罗斯（Paros）、普罗科涅索斯（Proconnesus）、赫拉克利亚（Heraclea）或萨索斯（Thasos）* 去寻找大理石。当时他正在放羊。有两只公羊在打架，以角相向，一只羊猛力向前冲，但因角度偏斜没有击中对方，羊角撞上了岩石，迸出洁白的石片。据说皮克索达鲁斯将羊群撇在山上，带着石头碎片一路跑进了以弗所城。此时造神庙的大理石问题迫在眉睫。于是，他们当场发布命令，给予他特殊的嘉奖，还将他的名字改为 Evangelus，即"带来福音的人"。今天的法官每月一次动身前往那个地方，向这位"带来福音的人"献上祭品，不这样做他就会被罚款。

第 3 章　机械运动的两种类型

1．关于牵引机械的基本原理，我已就自己认为最关键的内容做了简要的叙述。至于它们的运动与功效，则是由两种像元素一般结合在一起的不同现象最终产生的。一种现象是直线运动，希腊人称之为 eutheia（直线）；另一种现象是圆周运动，希腊人叫作 kyklotê（圆周）。但事实是，[123] 没有圆周运动的直线运动，或没有直线运动的旋转，都不可能将重物提升起来。*

我将做出解释以使这一点易于理解。2．小轴是作为滑轮的轴心安装的，而滑轮则装在滑轮组中。将一条缆绳穿绕于滑轮，垂直拉下来，固定于绞盘。转动推杆便可将重向上提起。绞盘的枢轴 [字面意思为"中枢"] 像轴一样伸入轴座，将推杆装入绞盘的孔内，推动它上端做圆周运动，就像架在车床上一样。它们旋转起来，便可提升重物。

还可用一根铁棍来对付一件众多人手抬不动的重物。将铁棍像杠杆一样置于重物下方，并延伸于一条直线支点上，希腊人称这支点为 hypomochlion （支轴），即"地栓"。将铁棍的尖舌插入重物下部，凭一个人的力量将端部向下压，便能撬起重物。3．杠杆从支点伸入重物下方的部分较短，较长的一端离支点较远，支点起到轴心的作用。将杠杆长端往下压，通过支点便形成了圆周运动，这就使重物的重量被少量人手的压力抵消了。

同样，如果将铁杠的舌端插入重物下面，不将它的顶端往下压，而朝相反方向往上提，那么铁杠的舌部抵在地上，好像地面就是重物，而重物的这个角便起到了支点的作用。这样便可移动重物，虽然不如向下压的方式容易，但还是可以移动的。如果将杠杆舌部放在支点上，并插入重物下面，但杠杆头部离中点较近，那么施加压力便不可能撬起重物，除非如前所述，在杠杆长度与杆头压力之间取得平衡。

4．这种现象也可以在秤上看到，秤叫作 *staterae*（衡具）。如果秤的提手 [起支点作用] 离悬挂秤盘的一端较近，那么秤杆另一边的秤锤便会逐点移向相反一端，如此而直到顶端。于是秤锤便凭借微小的、不对等的重量，产生了它那一头的可观力矩，使秤杆处于水平状态，并达到了平衡。[1] 分量微不足道的秤锤远离轴心，它自身的移动便使它可以压住更沉重的分量，使它所在的那边秤杆从下往上平缓抬起。

5．大型货船的舵手操纵着舵柄，希腊人称之为 *oiax*（舵柄），运用其技艺的基本原理处理着压力问题。他转动着一个轴就好像用一只手的力量使船只转向，即便船上堆满了大量沉重的商品和供给品。* 当帆张开到桅杆的一半高度时，船不能快速航行，但若将帆桁拉到顶，船便会更加有力地向前行进，因为风鼓起帆并不是在接近桅座处，桅座是轴心所在，而是更接近于离桅座较远的桅杆的顶部。6．正如将一根杠杆插入重物底部，如果在中部向下压，便会遇到抵抗，移动不了重物，但如果在杠杆的顶端向下压，就易于撬起重物。帆也是如此，如果升至桅杆中部，效果便不明显，但若将帆系于桅杆顶端，远离轴心，即便没有强风，在相同的微风吹拂下，由于压力作用于帆的最上部区域，从而使船更加有力地向前航行。

桨也是如此，用皮带将桨固定于桨架上，用手推拉划动，桨叶的末端将泡沫翻腾的水波推离轴心，突如其来的运动迫使船只直线前进，船头划破纯净的水面。

7．再者，沉重的货物由四至六个搬运工抬，它处于抬杠的中心点时是平衡的，所以根据一贯的分工原则，每个劳力的肩上应分担整个重物的均等部分。将系重物的皮带系于抬杠的中点，并用销子固定住，这样皮带便不会向一边移动。如果皮带被推离了中心点，重量便压向较近的那一边，就像秤在称重时秤杆上的重量向外移动一样。

8．同理，用皮带将轭具套在牲畜之间的中央，它们便承担着均等的负重。而在牲畜体力不平衡的情况下，一头体力较强的牲畜压迫了另一头，就应移动牵索，将轭具的一边加长，这样便有助于那头较弱的牲畜。因此，无论是抬杠或轭具，如果承重皮带不是位于中部，而是偏到一边，只要离开了中心，就会使一边短一边长。根据这一原理，抬杠或轭具的左右两端都是以承重皮带所处位置为轴心旋转，长边画的圆大一些，短边画的圆小一些。9．但是，就像小轮子转起来较为生硬和困难一样，如果轴心到顶端的间距较小，那么抬杠和轭具就会更沉重地压在搬运工或牲畜的肩上，而离中心点的间距较远，便会减轻拖拉重物的人或牲畜的负荷。 [124]

由于这些 [机械] 是围绕着中心通过延伸和旋转作运动的，所以，大车、四轮马车、轮子、螺旋桨、蝎型弩机（scorpions）、石弩炮、压榨机等其他机械也都根据相同的原理作直线或圆周运动，达到各自的目的。

1 GH 本作 *parte perficit*，本书读作〔*sua*〕*parte perficit*，并且从弗勒里（Fleury）读作 *examinationem*。

第4章 提 水

1. 现在我将说明为提水而发明的器具，以及各种类型的提水设备是如何制造的。首先我将讨论鼓盘式水车 (drum)（图 124）。鼓盘式水车不可能将水提得很高，但它的确能迅速提取大量的水。在车床上加工一根轴，或依圆规来做，轴的两端包上铁皮。在轴的中部要装一个用木板拼装起来的鼓盘。将这轮盘直立起来，轴两端下面有铁护套。鼓盘是中空的，内部有八块横隔板，装配时要使它们既与轴相连，又与鼓盘圆周的最外圈相连。2. 将木板固定在鼓盘一圈的轮缘上，留出半足的开口用来进水。同样，在轴附近每个小水舱的一侧打孔。将这架器具涂上沥青，就像造船一样，便可由人脚踏使其运转了。鼓盘通过轮缘上的缝隙汲入水，然后由轴旁的孔将水放出来。轴的下方有一木桶与一个水槽相连。于是，这个机械便可为园林灌溉，或为调节盐场水位提供充足的水源。

3. 如果需要将水提得更高，也应采用同样的原理，做法如下：将一个轮盘安装在一根轴上，这轮盘要足够大，以满足所要求的高度。环绕轮盘的外沿装上方形水斗，用沥青和蜡将缝隙封住。当踩踏者转动轮盘时，装满了水的斗被抛向顶端；当它们向下返回时，便自动将水倒出，倒入盛水池中。

4. 如果要将水供应到更高的地方，那就用一对铁链缠绕在同一轮盘的轴上并垂下至水面，挂上青铜斗，每只斗可盛一加仑（congius，古罗马容量单位，约等于 3 1/2 公升）的水（图 125）*。轮盘旋转起来，使得链条跟着轴上下循环将水斗送至顶端。当它们经过轴的上方时被迫翻转，将所盛的水倾倒进水池中。

第5章 下击式水车 (图 126)

1. 根据与上述相同的原理，可以造出河里的水车。环绕水车的边缘安装一圈划水板，它们在汹涌河水的冲击下向前走，驱动水车旋转，将河水提上来，向上送入斗中。这些水车的旋转靠河水本身的力量驱动，而不是人力踩踏，输送工作所需之水源。

2. 这一相同的原理也可使水磨旋转。*除了要在轴的一端安装一个齿轮之外，其他构件完全相同。将它垂直安装，也就是装在轴的边缘处，以和轮子相同的速率旋转。在它旁边安装一个较大的带齿轮的轮盘，水平放置，以便两相配合。轮盘的齿与轴齿相咬合，驱动水平轮盘的齿，使磨石做圆周运动。将一支漏斗悬挂在这机械上，给磨石供应谷粒，通过旋转，面粉就磨出来了。

第 6 章　螺旋式提水机（图 127）

1．还有一种螺旋式提水机，可以提升大量水流，但不能像水车那样提得那么高。* 以下　[125]
便是实施方法：取一根横木，它的长度有多少足，它的厚度就有多少指。将这木料加工成正圆
形，借助圆规将圆周划分为八等份，并使木头两端的等份点相互之间完全做到水平对应。在整
根木头上刻画圆周线，其纵向间隔等于圆周长的八分之一。将这木头水平放置，从一端等份点
向另一端对应的等份点画纵向直线，确保这些线条完全水平。这样便得到了间隔相等的直线和
圆周线。纵线与横线相交形成交叉线，并有了交叉点。

2．仔细画好线之后，取一根细柳树条或割开的贞洁树 (agnus castus)的木条，蘸上液体沥青，
固定于交叉线所形成的第一个点上。将枝条斜着拉向下一个纵线与圆周线的交叉点，并以此
法一排一排做下去，使枝条压在一个个点上并缠绕着，扣在每个交叉线上。这样当枝条到达
了第八个点并固定住时，又再次对齐曾经固定的第一个点上。于是，无论枝条斜着穿过八个
点的距离是多少，它也沿着纵向延伸，走向第八个点。同理，对于整根木头的长度和周长而
言，枝条应斜向固定，穿过直径八个分区中的每一个，形成螺旋线路环绕木头，准确模仿海
螺的自然形态。3．用另一些枝条蘸上液体沥青，沿相同的轨迹附着于其他枝条上，将它们的
厚度堆叠至最大限度，达到这旋转体长度的八分之一为止。

用浸透了沥青的木板条覆盖螺旋形的槽，将其包起来，并用铁皮箍紧。这样它们便不会
因水的力量而解体。这旋转体的两端用铁包住。在这螺旋式提水机的左右安装立柱，并在两
端设横桁。将铁制的轴孔设置于横桁中，装上枢轴。这样以人力踩踏便可驱动这螺旋提水机。
4．将机器在斜坡上竖立起来，其角度相当于毕达哥拉斯直角三角形，也就是说，如果长度分
为五等份，螺旋式提水机的头部就应抬高至三等份，从立柱到最低处的孔占四等份。关于制作
指导以及这机械本身的形式，本卷后面一并有插图说明。

第 7 章　克特西比乌斯的水泵

我已经尽可能清晰地描述了木制提水机械是以何种基本原理制作完成的，它们的旋转运动
源于何种现象，这些为我们提供了无穷尽的便利。这样人们便会对这些事项更加熟悉。

1．现在就来演示克特西比乌斯的机械，它可将水导向高处。这种机械要用青铜制造。在
它的底部有一对圆筒，稍稍分开而立，管子连接起来形成分叉状，汇合于它们之间的一个水
箱。在这水箱上的管子出水口处，应装上圆盘形阀门，当阀门关住时，便可防止由压力推进水

箱中的水外泄。

2．在这水箱之上安装一个倒漏斗状的罩子，用扣子扣住，并以锲子固定，以防被进水掀开。在它的上方安装一根称作"喇叭"的管子，就位于这架机器的顶上。两个圆筒也有圆盘形阀门，装在这些管子底部开口的上方。

3．接着在车床上加工好活塞并涂上油，从上部装入圆筒，端部装上活塞杆与杠杆，压缩[圆筒内]现有的空气和从上面进入的水。由于阀门堵塞了管口，活塞的压力推动水通过管子出口进入水箱。水在水箱中又增加了少许额外的压力，最终被迫向上通过"喇叭"。用这种方法，便可将低处水池中的水抽上来为喷泉供水。

4．但据说这还不是克特西比乌斯发明的唯一的奇妙工艺，他的确发明了许多其他东西以及各种类型的工艺。这些工艺显示，当用水力和空气驱动时，便产生了从大自然借鉴而来的效果，如利用水的运动使"画眉"发出叫声，或者"戽斗爬升机"[1]，或者能吸水和饮水之类的活[126] 动小雕像，还有其他娱乐我们眼睛和耳朵等感官的东西。5．在这些东西当中，我选择了我认为是最实用最必要的发明。我想，我在前一卷中已谈了钟，在这一卷中我应谈谈压缩水的问题。对克特西比乌斯的机巧发明感兴趣的人，可以在他本人的著作中找到其余的机械，即并非为实用而只是为娱乐所设计的机械。

第8章 克特西比乌斯的水风琴（图129）

1．不过，我不会略去有关水风琴以及与此相关的理论内容，所以，我会尽可能简洁地来谈，将这些内容写进书中。* 打好一个木头底座，在上面安装一个青铜箱子[2]。在底座的左右两边竖起立柱，安装成阶梯形式，在其中装入带活塞的青铜圆筒。活塞要在车床上进行精密加工，并包上羊皮，中央装上铁棒，用弯管接头连接到杠杆。在圆筒的顶部表面钻孔，直径约三指。在孔附近的枢轴上，装上青铜制作的海豚，它们口中衔着链子，链子上挂着的圆盘落入圆筒的孔中。2．在盛水的青铜水箱中安装节气室（throttle），它就像一只反转的漏斗。在它的下面嵌入一些约三指高的方块，它们在节气室的边缘与青铜水箱底部之间保持着均等的空间。在节气室颈部的上方，安装着一个小气室，它支撑着这乐器的主体部分，希腊人称这个部分为 *canon musicus*（缪斯的法则），即"音规板"（musical measure）[3]。如果这乐器是四音列（tetrachord）的，沿着它的长度便有四道槽；如果是六声音阶（hexachord），则有六道槽。如果是八声音阶（octochord），

---

1 从卡列巴特和弗勒里，将 *angubatae* 视为希腊词 ἀγγοβάται。
2 抄本作 *aram*，本书从孔孔多本读作 *arcam*，尽管这两种读法（"箱子"）的意思其实是一样的。
3 抄本即是如此写的。*canon* 的拉丁化拼写表明了，这个从异国引入的术语已经当地化了，就像 xystus、andron 等词一样。

便有八道槽。3．在每道槽内装上一个带铁把手的音栓，当旋转把手时，便打开了气体从小气室进入槽中的出口。音规板也开有与气槽相通的气孔，横向排列，与上板的排气孔相对应。这上板在希腊语中称为 *pinax*（木板、木案）。在音规板和上板之间安装滑片，以相同方式打上孔。它们也应涂上油，以便能轻易地插入与拉出。这样它们便可以堵住这些孔。这些滑片被称作 *plinthides*（小石条）。它们前后移动，堵住一些孔，打开另一些孔。4．滑片有铁钩固定并与琴键相连[1]，而且只有触动风琴键才能使滑片不断移动。在上板出气孔的上方，即压力通过气槽逸出的地方，用胶粘上环，再将风琴管的簧片固定在这些环上。再者，从圆柱形气筒到节气室的颈部有一套管子相连，并通往小气室的出气孔。管子上装有圆盘阀门，在车床上加工而成并安装到位。当小气室接纳了压缩空气，阀门便堵塞了排气孔，不允许气体再返回去。5．于是，当活塞的杠杆被提起时，它便驱动活塞向下到达圆筒的底部，安装在立柱上的海豚衔着的圆盘阀便落进了气筒之中，这一过程往气筒中填充了空气。当活塞杆连续而有力地拉回气筒中的活塞时，圆盘阀依然堵着气筒的上孔，所产生的压力推动聚积在那里的压缩空气进入管子。空气顺着管子冲进节气室，并通过节气室的颈口进入小气室，杠杆运动越有力，空气便压缩得越紧密，流入滑片开口，给气槽内充满气体。

6．于是，用手按动琴键便连续地驱动滑片前后运动，堵上一些气孔，打开另一些气孔，风琴便发出了声响，奏出符合音乐法则的各种不同的音调。

我已尽了最大努力完成这项任务，以书面语言将深奥的知识说清楚。但这不是一个简单的 [127] 主题，也不易为所有人理解，除了那些在此种工作中有实践经验的人。但若有人对我写的内容不能理解，当他将来熟悉了这种乐器便会发现，我已经依次对所有相关内容做了仔细而准确的讲述。

第 9 章 计程器（图 130）

1．现在我们要将论述的重点转向一种不停工作的装置 *，实际上它是古人传给我们的，设计得十分精巧。无论是坐四轮马车走在公路上，还是坐船在海中航行，通过它我们可以知道已经走了多少里路。

它是这样工作的：四轮马车车轮的直径为四足，在车轮的某个位置上做一个记号，当车轮开始从这个点前行，便指示着车轮沿路面滚动，当转回到出发时的这个点时，车轮便走过了一段距离，即十二足半。* 2．依此方式做好之后，将一只鼓盘固定在轮毂之内，它应有一个单

---

1 从德拉克曼（Drachmann）读作 *coracia*。

齿从其边缘凸出来。在其上方，将一个框架牢固地安装在车厢旁边，并在这框架内的边缘处装一只旋转鼓盘，架在车轴上。将这鼓盘的边沿加工成齿轮，齿数为四百，均匀排列，与下鼓盘的齿相咬合。此外，在上鼓盘的一侧应装一排齿凸出于其他齿。3．接着，在这些东西上方安装一个水平鼓盘，以相同的方式做成齿轮，并装入另一个框架中，以使它的齿与第二只鼓盘一侧所装的齿相咬合。在这最后一只鼓盘上打孔，孔的数量依马车一日中可走的里程数为准，多点少点都无大碍。将小圆石放入所有这些孔中。在这只鼓盘的 *theca*（盒子、套子、盖子），也就是它的框架上打一个单孔并挖一道小槽，已放入鼓盘孔中的小圆石在转到了这个地方时，便会一个接一个落入槽中，并落入安装在槽下车厢内的一个青铜容器中。

4．于是，当在转动的车轮驱使下鼓盘与其一起旋转时，每转一圈，这鼓盘便以齿的推力推动它上面的那个鼓盘向前运动。这导致下鼓盘转四百圈，上鼓盘转一圈，而附着于它侧面的那排齿便会驱动平面鼓盘向前走一个齿。现在，下鼓盘转四百圈，上鼓盘转一圈，前进的距离便为一千零五足——也就是一里路（a mile）。因此根据这一原理，有多少卵石落下，其响声便宣告走过了多少里路。将底部的卵石收集起来，其数量便表示了日行里程的总数。

5．可以用同样的方式将这些装置安装在海上航行的船舶上，有些局部会有变化，但基本原理相同。取一根轴横贯船体左右，端部凸出于船体之外。轴两端装上木轮，其直径为四足半，轮缘上安装划水叶片，并使轮缘可触及海水。在船的中部和轴的中心点处安装一个鼓盘，在它的侧面装一排单齿凸出来。在此处竖起一个框架，框内装另一个鼓盘，带有四百个统一规格的齿，与轴上鼓盘的齿相咬合。此外，再在第二个鼓盘的一侧安装另一个单齿，凸出于其曲线之外。6．在其上部，安装另一框架与第一个框架相连，在这框架中装入一只水平鼓盘，以同样方式做齿。固定于第二个鼓盘侧面的齿要与这水平鼓盘的齿相咬合，这样这些齿便驱动水平鼓盘上的一个个齿，使它每转一圈形成一个圆。在水平鼓盘上打孔，孔中装上小圆石。在这鼓盘的小盒中，也就是它的构架上挖一个孔并开一道小槽，从封闭状态中释放出来的小石子，便会顺着这小槽跌落到一个青铜容器中，能听得到响声。

7．于是，当船要么凭着划桨，要么借助风力启航时，水轮上的叶片逆向接触到海水，被这推力向后推动，使水轮旋转起来。水轮旋转带动轴，轴又驱动鼓盘，鼓盘的齿每转一圈便是一个整圆，推动第二个鼓盘上的一个个齿，使这个鼓盘做渐次的圆周运动。当水轮在它的叶片推动下转了四百圈时，第二个鼓盘转一整圈，它会以侧面独齿的推力驱动水平鼓盘上的齿。因此，水平鼓盘每转一圈，便会将小石子带入孔中，它们通过小槽落下去。这样，海上航行的里程便可既通过声响又通过数目表示出来。

[128]

第 10 章 弩 机 (图 131)

我已详尽讨论了在和平安宁的年代,为实用和娱乐目的而设置的机械。1．现在我将演示为了抵御危险,出于安全考虑而发明的机械,也就是蝎型弩机 (scorpions) 和石弩炮 (ballistae)＊,以及制造这些机械的比例体系。

2．这些器械的一切比例都源于这器具射出箭矢的预定长度。＊机头 (capital) 上有弹索孔,扭力皮筋通过这孔拉紧,遏制着弩臂。孔的尺寸为箭矢长度的九分之一。弹索孔 [的直径] 又决定了机头的高度与宽度。机头上下的木档,被称作"穿孔木档",即 peritrêta (钻了孔的),其厚度相当于一个弹索孔的直径,宽度为一又四分之三孔径,端部的厚度为一又二分之一孔径。左右立柱,除去榫舌,高度为四个孔径,厚度为八分之五孔径,榫舌为孔径的一半。从侧立柱到弹索孔的距离为四分之一孔径,从弹索孔至中间立柱的距离也是四分之一孔径。中立柱的宽度是一又四分之三孔径,厚度为一个孔径。3.箭矢从中立柱的开口射出,其间距为四分之一孔径。机头一圈的四个角的前端和侧面,要用铁板或青铜销子和钉子进行加固。射槽,希腊人叫 syrinx (芦笛),它的长度是十九个孔径。固定于射槽周边的小边栏,有人称为 bucculae (脸颊),长度也是十九个孔径,高度与厚度为一个孔径。还要装上两根额外的杆子,将绞机装入其中,它们的长度为三个孔径,宽度为半个孔径。颊板 (称作"小长凳",也有人称为"小盒子")的厚度为一个孔径,高度为半个孔径,以鸠尾榫接合。绞机的长度为四个孔径,厚度为十二分之五孔径。爪子 (claw)的长度为四分之三孔径,厚度四分之一孔径,轴座尺寸相同。触发器或"扳手"的长度为三个孔径,宽度和厚度为三个孔径。4．滑道的长度为十六个孔径,厚度为四分之一孔径,高度为四分之三孔径。

立于地平面上的立柱基座为八个孔径,立柱下面的柱基为四分之三孔径,厚度为八分之五孔径。立柱到榫的长度为十二个孔径,宽度为四分之三孔径,厚度为四分之三孔径。有三根撑子,长度为九个孔径,宽度为半个孔径,厚度十六分之七孔径。榫头长度一又二分之一孔径,柱子上面的机头 (＝万向节)的长度为两个孔径,檐口饰的宽度为四分之三孔径,厚度为一孔径。

5．尾部的小柱,希腊语为 antibasis (抵抗、抵住),[长] 八孔径,宽四分之三孔径,厚八分之五孔径。下支柱长十二孔径,宽与厚与小柱相等。在小柱上方有一个轴座,也称为"垫子",长二又二分之一孔径,高一又二分之一孔径,宽四分之三孔径。

绞机的把手为二又二分之一孔径,厚度为半个孔径,宽度为一又二分之一孔径。手柄的长度包括枢轴在内为十个孔径,宽度半个孔径,厚度也是 [半个孔径]。弩臂的长度为七个孔径,厚度在根部为十六分之九孔径,顶端为十六分之七个孔径,曲率为八个孔径。

这些 [器械] 要按照这些给定的比例来装配,并在此基础上酌情增减。如果机头做得高度大于宽度 (称作 anatona,即"绷紧"),弩臂的长度就必须缩短,因为机头的高度使得张力

较为缓和，而短臂则使射出更加强劲。如果机头做得比刚才说的短（称作 *catatonum*，即"放

[129] 松"），由于力量大，弩臂就应做得稍长一些，这样可以较轻松地将它们拉回。用一根五足长的

杠杆四个人可以撬动一个重物，而用一根十足长的杠杆做同样的工作两个人就够了；同样，在

一台弩机上，长弩臂拉回比较容易，越短则越难拉。

第 11 章　石弩炮（图 132）

1. 我已经给出了制造弩机的基本原理，以及如何装配弩机的部件与零件。然而，制造石弩炮的基本原理是不同的，装配方式也不同，但效果相同。有些弩机利用杠杆和绞车的原理来拧绞，有些利用滑轮组和滑车，有些利用绞盘，还有采用带齿鼓盘的。不过，必须根据这架机器计划发射的石块重量来做，否则制造不了任何石弩炮。因此，它们的基本原理不是任何人都能了解的，除非具备了几何学、数学以及乘法等原理的基础知识。

2. 石弩炮的顶部构件上要打孔，绳索穿过孔洞拉张，用妇女头发或皮筋编织的绳索更好，尺寸要适合于石弩炮计划发射的炮弹重量，比例则要以重力为基础。因此，为了使那些即便不懂几何学的人也能在危险的战争期间不致因计算问题而耽搁使用，我将叙述经过亲身实践而确切知晓的，以及我的老师传授给我的相关内容，并对希腊人所采用的求得重力与模数比例关系的基数做出充分说明。

3. 如果一架石弩炮是要发射两磅重的石块，机头上的弹索孔的直径就应为五指 *；如果石块重量为四磅，孔径便为六指；如果是六磅，孔径为七指；十磅重，八指；二十磅重，十指；四十磅重，十二又四分之三指；六十磅重，十三又八分之一指；八十磅重，十五指；一百二十磅重，一足又一指；一百六十磅重，一又四分之一足；一百八十磅，一足又五指；二百磅，一足又六指；二百四十磅，一足又七指；三百六十磅，一又二分之一足。

4. 弹索孔的孔径一旦确定下来，就要装配一个菱形件，希腊语称为"穿孔件"〔*peritrêtos*〕，它的长度为二又四分之三孔径，宽度为二又二分之一孔径。在中央画一条线将它一分为二。划分好之后，将这个图形的外部进行收缩，使它变成菱形，在钝角处收缩率为长度的六分之一，相当于宽度的四分之一。将弹索孔设置在由锐角收缩而形成的曲度所构成的区域，将其宽度向内收缩，收缩率为六分之一孔径。将弹索孔加长，加长率相当于张紧杆〔*epizygis*〕的厚度。孔被开出后，要将其边缘打磨光滑，使其具有柔和的曲线。

5. 将这菱形件的厚度设定为一个孔径。套环[长度]为两个孔径，宽度为一又十二分之五孔径，厚度除了将要安装进这弹索孔的部分之外为四分之三孔径，外侧宽度则为半个孔径。

立柱的长度为五又十六分之三孔径，孔的曲率为半个孔径，厚度为十八分之十一孔径。在

宽度的中部环绕着弹索孔，其厚度应该增加，如图所示。连接木条[1]宽五分之一孔径，厚五个孔径，高四分之一孔径。

6. 离装弹平台（mounting table）最近的木条长度为八个孔径，宽度与厚度为半个孔径，榫头为两个孔径，厚度为一个孔径，木条曲率为四分之三孔径。前部的木条宽度与厚度一致，长度取决于它的曲率以及立柱曲率的宽度。上木条的尺寸与下木条相同，平台木条为半个孔径。

7. 梯架的挡板为十九个孔径，厚度为四分之一孔径。槽的宽度为一又四分之一孔径，高一又八分之一孔径。梯架的前部即最靠近弩臂的部分，与平台相连接，其总长度应划分为五部分。其中两部分为 [触发器盖子]，希腊人称之为"海龟"（chelônion）；它宽十六分之三孔径、厚四分之一孔径、长十一孔径半。其爪子凸出量为半个孔径，鸠尾榫凸出四分之一孔径。位于绞车上称作前横挡（transverse front）的构件，为三个孔径。

8. 内部的横档（rungs）宽度为十六分之五孔径，厚度为十六分之三孔径。触发器盖子装入梯架挡板内，用鸠形榫头连接，宽四分之一孔径，厚十二分之一孔径。沿梯架安放的方形木 [130] 块，厚十六分之七孔径，端部为四分之一孔径。绞车鼓盘直径应与爪子相同，到掣转杆处应为十六分之七孔径。9. 支撑臂（braces）的长度为三又四分之一孔径，底部宽度为半个孔径，顶部厚十六分之三孔径。

基座被称作"炉床"，或 eschara（灶），长度为八个孔径；次基座四个孔径，厚度和宽度均为一孔径。立柱在其高度的一半处连接在一起，宽度和厚度均为半个孔径，长度与弹射孔 [的直径] 没有比例关系，视实际需要而定。弩臂的长度为六个孔径，厚度在其根部为八分之五孔径，端部为八分之三孔径。

我已采用了最为实用的方式制定出石弩炮和弩机的比例体系，现在我将就我所能以书面语言表达的范围，详细说明如何用皮筋和头发拧绞而成的绳索对这些机械的绷紧度进行调节。*

第 12 章　调谐作战机械（图 133）

1. 取几根长长的粗木头，在顶部装上轴座，并装上绞车。于木头之间的间隔处，在木头上凿孔以安装弩机的机头，并以楔子固定，这样机头在绷紧过程中便不会移动脱位。接着将青铜垫圈装入机头，插入小铁棒，希腊称作 epizygides（炮用缚绳铁杆）。2. 将弹索的端部穿过机头的弹射洞，并穿至另一边，固定并缠绕在绞车上。这样，当用杠杆将弹索拉伸到绞车上时，用手弹拨，每根绳索都发出相应的音调。接着加楔子将它们固定于弹索孔处，使其不能松开。然

---

1 Regula est：施拉姆（Schramm）所补，原典中有阙文。

后将它们拉到机头的另一边，用手杆在绞车上收紧，直至它们发出相同的声调。以此方式用楔子将其绷紧，便可根据听觉对弩机的音调进行调整。

关于这些事项，我已经尽其所能做了叙述。余下来我还要讨论攻城机械，以及将军们如何借助于这些机械战胜敌人、保卫城市。

第13章　迪亚德斯与他的攻城机械

1. 首先，用于进攻的 [破城] 槌据说是这样发明的 * ：迦太基人在加代斯（Gades，即Cádiz）（加的斯）* 附近安营扎寨，要攻打其要塞。他们占领了一座堡垒，想要摧毁它。由于他们没有破城的铁器，便抬来一根大木头，以手托住，用木头的一端猛击城墙上部，这样他们便逐层地摧毁了整座要塞。

2. 后来，有一位来自提尔（Tyre，今名苏尔，黎巴嫩南部省沿海城镇）名叫佩夫拉斯梅诺斯（Pephrasmenos）的工程师，受到这一行为的基本原理的启发，将一根船的桅杆支起，在一端悬挂上另一根木头，如同一杆秤。将这木头向回拉，再猛力向前推去，便击倒了加迪塔尼（Gaditani）的城墙。接下来，另一位迦太基的格拉斯（Geras），首次制作了一个下面装有轮子的木底座，在上面竖起一个由立柱与横梁构成的框架，吊起一只破城槌。他用牛皮盖住框架，这样处于这器械近旁破城的人便可得到更好的保护。由于这机械运动速度十分缓慢，他第一个称其为"撞槌乌龟"（tortoise for a ram）。

3. 这是迈向此类机械的第一步。后来，阿敏塔斯（Amyntas）之子菲力（Philip）围攻拜占庭 *，色萨利人波利伊多斯（Polyidos the Thessalian）又发展出了若干种类型，使用起来更加方便。迪亚德斯（Diades）和卡里阿斯（Charias）追随亚历山大南征北战，从波利依多斯那里学到了专业知识。

于是，迪亚德斯又在他的著作中展示了他所发明的移动式攻城塔楼。他运着这些可拆卸的机械随部队一道前进。他还发明了钻孔机械及攀爬机械，可以用这种机械架设一条水平通道上达城墙。还有拆墙用的抓钩（"乌鸦"），有人称它为"鹤"。4. 他还使用了 [他自己发明的] 一种有轮的撞槌，并在著作中介绍了制造的基本原理（图 134）。

他说，规模最小的攻城塔楼的高度不应低于六十肘、宽度不小于十七肘，相对于底部，最上部应向内收进五分之一。塔楼 [每边] 的立柱，在底部应为四分之三足，顶部为半足。塔楼应建十层，每层开窗。

5. 一座大型的攻城塔楼高一百二十肘，宽二十三又二分之一肘，同样收进五分之一，底部 [每边] 立柱为一足，顶部为半足。他将这攻城塔楼造了二十层，每层都有一个三肘 [宽] 的廊道。他用生皮将这些廊道覆盖起来，以免受到攻击。

[131]

6. "撞槌乌龟"的组装也可根据这相同的方法来进行（图135）。它的跨度为三十肘，高度除了山墙外为十三肘。山墙高度从平台到顶部为十六肘。山墙在天棚的中部向上凸起不少于两肘，由三层组成。顶层安装着弩机和石弩炮，下层装载着大量的水，用来扑灭敌方火攻燃烧的火。这里也安装了一个撞击机械，希腊人称作 *kriodochê*（撞槌架）。在这架子上有一个滚筒绕轴旋转，上面用吊索挂一个撞槌，将它向后拉动并向前抛去，便可获得显著效果。这架机械也像攻城塔楼一样，包裹着生皮。

7. 他还在著作中对钻孔机做了说明：这种机械外形如同一只乌龟，但在它的立柱之间装有一道槽，就像弩机或石弩炮一样。槽的长度为五十肘，高一肘，其中安装了一个横向绞车，槽中装着加了铁头的横木。在头上左右两边，有两个滑轮，借助着这些滑轮前后运动。在槽的下方紧凑地安装了滚轴，以使横木的运动更快更有力。在装入槽中的横木之上，环绕着槽安装有密集的拱架以固定生皮，将机械包裹起来。

8. 他认为，没有必要去写 [拆墙的] 抓钩，因为他认为这种机械没有实际用处。至于攀爬吊桥，希腊人称作 *epibathra*（梯子），以及可登船的航海器具，我看到他是执意允诺要写的，但 [实际上] 却从未对它们的基本原理做出说明。

我已经陈述了迪亚德斯所写的有关机械以及如何制造它们的内容。现在我将说明从我的老师那里学到的、我认为是有用的机械。

第 14 章　维特鲁威和他的老师的攻城机械（图 136）

1. 为填埋壕沟而制造的龟式机械（借助它便可接近要塞）应按以下方法制造。将底座组装起来，这称作"炉床"，即希腊语 *eschara*（灶）。底座为正方形，边长二十一足，中间有四根横挡。又有两根横挡将它们固定住，厚半足，宽半足。这些横挡之间相隔半足。在横挡间隔处下方装有脚轮，希腊语称作"大车的脚"，即 *hamaxopodes* [1]，轮轴被包在铁板之内，可在脚轮中旋转。这些脚轮经过调节，带有关节和插孔，可插入杠杆助其转向。因此，无论前进或后退、向左或向右，或不走直角而走斜线，通过调节脚轮都能朝着特定方向前进。

2. 在这底座之上，安装两根横木，每边凸出六足。在这些凸出的端部安装另外两根横木，正面凸出七足，其宽度如底座。在这个框架之上竖起连接立柱，高九足，不包括榫头，每边厚度为一又四分之一足，它们之间相隔一又二分之一足。在顶部，用带榫的横梁将这些立柱固定。横梁之上，用铰链将撑杆相互连接起来，上升到九足的高度。在撑杆的上方架设一根栋梁，并

---

1 乔孔多本作 *hamaxapodes*，抄本作 *anaxopodes*。

将撑杆与栋梁连接起来。

[132] 　　3．用板条将这些构件前后牢牢固定住，并盖上木板，最好用棕榈板。[1] 如果没有棕榈板，就采用其他最实用的木材，除松林和桤木之外，因为它们易碎且易于着火。在所有这些木板之上覆盖柳条格栅，要将新砍下的枝条尽可能紧密地编织起来。然后将双层的生兽皮缝合在一起，装填上用醋泡软的海藻或稻草，将整个机械覆盖起来。这样便能抵御石弩炮的攻击和火攻。

第15章　更多的攻城机械

　　1．还有另一种龟式机械具有上述所有特征，只是椽子有所不同。它有一圈护墙以及雉堞板环绕，其上还有倾斜的檐部，上面用镶板和兽皮封闭起来并牢牢固定住。再上面，铺上掺毛发的厚黏土，要厚到火不可能伤害到这架机械。如果需要的话，这些机械还可以装上八只车轮，但这必须视地形而定。

　　为挖掘坑道而装备的龟式机械——希腊文中称作"挖掘者"〔oryges〕，也具有上述特征，但它们的下部做成了三角形。这样，当箭矢从城墙上射来其就不会受到正面的打击，而是使箭矢滑向侧面，身处其中进行挖掘的人便得到了保护，免除了危险。

　　2．我想再说一下拜占庭的赫格托尔（Hegetor of Byzantium）制造的龟式机械及其基本原理，应该不会不合时宜（图137）。* 它的底座长六十三足，宽四十二足。在立柱中，有四根安装在架子之上，与一对横木装配起来，每根高三十六足、厚四分之一足、宽一又二分之一足。底座上有八个轮子，可供调遣转移。轮子的高度为六又四分之三足，厚三足。它们是用三层木头做成的，每层用销子连接，并用冷作铁板套装起来。3．这些轮子在脚轮中旋转，这些脚轮也被称作"大车的脚"〔hamaxopodes〕。

　　底座之上，水平横梁表面的上方，竖立起高十八足、宽四分之三足、厚八分之五足的立柱，间距为一又四分之三足。立柱之上架起一圈横梁，将整个构架组合在一起。这些框木宽一足，厚四分之三足。再往上是撑杆，上升至十二足高度。撑杆上安装一根栋梁，将这些撑杆的结合点联结起来。撑杆上覆盖着横向板条，遮盖住下面的所有部件。

　　4．在小梁上也有一个中央平台，安装着蝎式弩机和弩炮。竖起两根组合式的立柱，每根高四十五足、厚半足、宽两足。顶部用一根带榫横梁连接，在半腰处用另一根横梁连接，并用铁板固定住。将另一根木头安装在立柱和横梁之间的上部，穿上螺栓，用铁板夹牢。在这个木框架中，安装两个用车床加工的小滚轴，系上绳索，以控制撞槌。

---

1 与卡列巴特与弗勒里一样，读作乔孔多本的 palmeis。

5．这根滚轴装有破城槌，在它的上方安装一圈护栏，装备得如同一座碉楼，这样两个士兵可以安全地站在那里瞭望，报告敌军动向。这机械的破城槌长一百零四足，尾部宽一又四分之一足，头部由于各边的收分，宽一足、厚四分之三足。

6．破城槌前端装有一个熟铁做的尖嘴，像战船上用的那种。将四块大约十五足的铁板装在木头上。拉四根缆绳从头到尾将这根木头固定住，每根缆绳八指粗，就像在船上将缆绳从船头拉向船尾系住一样。将这些缆绳系紧，横向打结，绳结之间的间隔一又四分之一足。整个破城槌用生皮包裹。7．悬挂破城槌的绳索端部系有四道铁链，也用生皮包裹起来。

这破城槌的凸出部装有一个木板盒子，十分结实，其中挂着一张 [攀爬] 网，当其展开时，人便可顺着结实的网索稳稳当当地登上城墙。

这架机械可朝六个方向运动：前进、后退，向左、向右，还能倾斜做俯仰动作。将它竖立 [133] 起来，其高度足以摧毁高约一百足的城墙。由于具有机动性，所以它能覆盖左右两侧不少于一百足的范围。它的重量为四千塔兰特（talents），合四十八万磅，由一百人操控。

第 16 章　防御手段

1．关于蝎式弩机、轻弩机、石弩炮，以及龟式机械和移动式塔楼，我已就本人认为是最有效的、是何人发明的、应如何装配等内容做了说明。诸如梯子、起重机等设备的说明较为简单，我认为不必再写，士兵们通常会自行制造这些东西。

这些机械不可能到处都能派上用场，使用方法也不尽相同，因为要塞与要塞是不同的，正如不同的国家实力也不同一样。诚然，针对勇敢与大胆的民族应采用某种方式来装备机械，对小心谨慎的民族要用另一种方式，而对胆小怕事的民族则又要采用其他办法了。2．所以，若有人想要采纳这些指导意见，就要对多种多样的机械加以选择，并付诸实施制备某种装备，那么这里就已经有了不少有用的材料。他可以毫不迟疑地设计符合环境和地点需要的任何机械。

另一方面，我关于防御的方法未在文中说明，因为进攻的部队是不会根据我们对防御方式的描述来装备他们的攻城机械的。他们往往会采取灵活快速的临时性策略，将机械弃之不用便完成了任务。据说这种情况就发生在罗得岛人身上。

3．罗得岛的一位建筑师狄奥格内图斯（Diognetus）具有高超的专业技能，由此获得了国库支付给他的荣誉年俸。当时有一位从阿拉多斯（Arados）来的建筑师，名叫卡利亚斯（Callias）。他来到罗得岛后做了一次演讲，展示了一个要塞城墙的模型。他在城墙之上安装了一个带万向节的机械，用它抓起正在向城墙推进的一座攻城塔楼，并将它放到要塞内部。罗得岛人看了以后赞叹不已。他们取消了狄奥内图斯的年俸，将这礼遇转送给了卡利亚斯。*

4．就在这时，国王德米特里乌斯（King Demetrius）——人称波利奥尔克特斯（Poliorcetes），即"攻城者"，因其脾气固执，准备攻打罗得岛，并携雅典著名建筑师埃庇马库斯（Epimachus）与他同行。埃庇马库斯花费巨大代价、动用大量劳力，装配起一座攻城塔楼，高一百二十足、宽六十足，又用山羊皮和生牛皮进行加固，使其能够经受住三百六十磅石弩炮投射弹的打击。这架机械本身重三十六万磅。

当罗得岛人要求卡利亚斯制造一架机械以抵御这座攻城塔楼，并如他所许诺的那样将它抓到城里来时，他说他办不到。5．因为并非所有东西都能根据同样的原理造出来。有些大体量的东西可以取得与小模型相同的效果，而有些东西是完全不可能做出模型的，建造它们必须首先考虑尺度。有些东西在模型中看似完全可行，但规模扩大时则等于零，就像我们在下例中见到的情况：可以用钻子钻一个孔，直径为半指、一指或一又二分之一指，但如果我们要用同样的方法钻一个一拃的孔，就钻不了，因为能打半足或更大孔的钻孔机是不可思议的。6．因此，小尺寸的模型看似可以做成大尺寸的实物，罗得岛人正是沿着这种思路上了当，并对狄奥格内图斯施以无礼与伤害。所以，当他们看到敌人在一味地挑衅、准备用这台战争机械夺取他们的城市、城市灾祸即将发生时，他们便拜倒在狄奥格内图斯的脚下，央求他拯救自己的祖国。

[134]　　7．一开始他说不行。但出身高贵的少女、年轻人（Ephebes，指希腊刚成为公民的男青年）和祭司们一道前来恳请，他便应允了，但提出以下条件：如果他成功地缴获了这架战争机器，其便归他所有。协议达成了，他在这架机器将要接近这座城市的地方，在城墙上戳了一个洞，并通过公共告示和个人呼吁的方式，命令所有人将污水、烂泥等尽其所有地统统倾倒入洞中，再通过闸门排放到城墙的前面。由于这个地方在夜晚倾倒了大量的水、烂泥和污秽之物，所以当第二天那攻城塔楼逼近时，在接近城墙之前便在烂泥中打转，搅出了一个污水坑，停在那里动弹不了，进退不得。于是，当德米特里乌斯看到他已经被狄奥格内图斯的智慧所击败，便带领其舰队撤退了。

8．于是，狄奥格内图斯的聪明才智使罗得岛人摆脱了战争，人们以公众的名义感谢他，将一切荣誉与花环都授予他。狄奥格内图斯将这攻城机械拖进城里，竖立在一处公共场所，刻上了这条铭文："狄奥格内图斯将这件战利品作为礼物献给公民。"所以，在防御方面应准备就绪的首要是谋略，而并不是过多的机械。

9．同样，在希俄斯岛（Chios）上，当进攻者在船上安装起所谓的 sambucae，即"攻城吊桥"时，希俄斯人在夜间将泥土、沙子和石块堆在城墙前面的海水中（图138）。* 第二天早晨，当敌人想要接近城墙时，他们的船因遇到水下障碍物而搁浅，既接近不了城墙又退不回去，在原地遭到火弩箭的袭击，被大火所吞噬。

在阿波罗尼亚也是如此。这座城市遭到攻击，进攻者计划挖掘坑道，神不知鬼不觉地潜入城里。不过，他们的警卫还是将情况报告给了阿波罗尼亚人。* 得知这一消息，他们非常害怕，没了主意、精神沮丧，因为他们既拿不准敌人出现的时间，又不知他们出现的地点。

10．当时的建筑师是亚历山大里亚人特里福（Trypho the Alexandrian），他在城内布置了若干条隧道，有些挖到城墙外边，直至超出弩箭的射程之外，并在每条隧道中悬挂上青铜钵。其中有一条隧道正对着敌人挖掘的坑道，那些悬钵在锄头铁铲的碰撞下当当作响。通过这种方式，他便得知对手想在何处挖掘隧道潜入城中。一旦得知了敌军的行进线路，他便做好准备，在青铜钵中注满开水和沥青，将其从上面泼到敌人的头上。他还在另一些钵中装满人的粪便等秽物以及滚烫的沙子。到了夜里，他挖开许多通向敌方坑道的孔洞，将青铜钵所盛之物倾倒进去，杀死正在挖掘的所有敌军。

11．同样，当马西利亚（Massilia）（即马赛）遭围攻时，开挖的坑道有三十多条。马西利亚人放心不下，便将城墙前的一圈壕沟挖得更深，降低了它的水位（图139）。*结果，敌方坑道的所有出口都挖进了壕沟。在那些不可能挖壕沟的地方，如在城墙内侧挖一个大大的坑，就像一个鱼塘，正对着敌方坑道的方向，从港口和井口引水将它灌满。于是，当坑道突然间打开时，强大的水流奔涌而进，将所有支撑的木头连根拔起，大量的水和坑道的垮塌将困在其中的所有人掩埋。

12．接着，敌人在城墙附近正对他们的地方垒起一个土丘，并砍伐树木将作战地势垫高，他们就用石弩炮发射烧红的铁棒，将整个工事点燃。当一台"撞槌乌龟"接近城墙将要破城时，他们便抛下一根套索。一旦撞槌被绞入套索中，转动安装在绞盘上的鼓盘，便可将撞槌头拉上天，防止它接触到墙体。最后，他们用火镖枪和石弩炮弹摧毁了这台机械。

所以，被围攻的城市的胜利并不是靠机械，相反，是建筑师运用聪明才智与各种各样的机械作斗争，使城市获得了自由。

在本卷中，我已对和平时期和战争时期的各种机械的基本原理进行了全面的说明。这些是我所能提供的，也是我认为最有用的。在前9书中，我已经收集了关于建筑类型及其构件的资料，这样，建筑艺术的全部内容以及各个分支在这10书的篇幅中得到说明。

[维特鲁威的第10书成功告竣。感谢神。[1]]

全书结束

---

1 在 HLPfhEGbchpWV S 诸抄本中为：*Finis*。

评注

评注：第1书

[135] **凯撒大将军**（**Imperator Caesar**）（**1. 前言.1**）

大将军（imperator）意指某位得胜凯旋并声称自己具有神授威力的军事统帅。在奥古斯都统治时期，该词还没有"皇帝"的意思，但已超越了统帅的含义。公元前44年3月C. 尤利乌斯·凯撒被暗杀之后，屋大维（那时18岁）便立即自称为C. 凯撒（而且常称为"*divi filius*"，即神圣的 / 被神圣化的凯撒之 [养] 子），从不称自己为屋大维（Octavian），以便强调他继承了尤利乌斯·凯撒的整个政治遗产，也包括他的保护关系。屋大维只是在公元前27年才被授予"奥古斯都"的头衔。

广泛的研究（**1. 前言.1**）

这大概表明维特鲁威不仅凭借他年轻时所接受的教育，还依靠终身不间断的阅读。

令尊大人（**1. 前言.2**）

指C. 尤利乌斯·凯撒，那时他已被神化了。

令姐（**1. 前言.2**）

这里大概指屋大维娅（Octavia），奥古斯都的胞姐，为缔结政治同盟（公元前40 — 前32）而嫁给了安东尼（M. Antonius）。她在屋大维娅柱廊中设立了图书馆以献给儿子马凯鲁斯（Marcellus）。屋大维娅不仅是重要的艺术保护人，在政治上也很活跃，甚至在屋大维与安东尼之间起着关键的作用（例如她安排了公元前37年的他林敦协议（pact of Tarentum），恢复了他们之间的同盟关系，避免了内战）。给建筑师维特鲁威这样不太重要的委托人当说客，对她来说是平常之事。

被赋予意义者以及赋予意义者（**signified and the signifier**）（**1.1.3**）

此两种表达似取自伊壁鸠鲁哲学，尤其是他的自然哲学，意指一切科学研究都必须从对术语做出清晰界定入手。

"伊壁鸠鲁认为，物理学研究要从采纳一种调查方法入手"，而调查的首要规则便是"要拥有与所使用的语词相对应的概念"[1]，也就是定义术语。维特鲁威了解并赞同伊壁鸠鲁哲学（例如原子论），他是通过卢克莱修的教诲诗《物性论》（*De Rerum Natura*）（9. 前言.17）熟悉这一哲学

---

1 阿斯米斯（E. Asmis）：《伊壁鸠鲁的科学方法》（*Epicurus' Scientific Method*，伊萨卡与伦敦，1984），19—20。

的。塞克斯都·恩披里柯 (Sextus Empiricus)（公元 2 世纪晚期）[1] 指出，斯多噶派 (Stoics) 确认了言说的三个术语："有意义之物"〔to semainon〕，或"语音"〔phonê〕；"被赋予意义之物"〔to semainomenon〕，也称"所言之物"〔to lekton〕；以及外部参照点（to tygchanon，"所发生的事情"）。而伊壁鸠鲁派只承认"语音"和"所言之物"。由此恩披里柯将斯多噶派与伊壁鸠鲁派区别开来。[2]

在现代批评中，这些短语一般被用来表达诸如 fabrica（实践）和 ratiocinatio（推论）[3] 之间的对立，或对"被动的"建筑作品本身的研究与建筑"主动地"表现的东西 [4] 之间的区别等观念。维特鲁威更为直截了当地谈了这个问题。被赋予意义者（quod significatur）是讨论的实际对象，例如建筑物等等，而"赋予意义者"（quod significat），即是人们进行讨论时要用的一套术语。

历史故事：少女像 / 女像柱与波斯人（1.1.5—6）（图 2）

一则 historia（历史故事）就是一段 excursus（题外话），是对题材的说明，这是修辞写作和中等教育中的典型内容。在修辞作文中，excursus（题外话）或 egressio（离题话）是一段描述，在引入论点之后起到松弛读者精神的作用，可以出现在 argumentatio（论证）之前，也可以现于其后。在中等教育中，它包括了内容广泛的文学记忆（因此用诗歌的形式来写教诲性和科学性著作十分常见，也很有用，如卢克莱修的《物性论》）。语文学家（grammaticus）会以一段讲读（praelectio）来介绍一篇新文献，这讲读包含了最基本的读解，后面是说明材料，其主要形式是神话。[5] 维特鲁威还给出了这种历史起因的若干其他实例：圆柱类型的起源（4.1.1—10）；telamones/Atlantes（男像柱）（6.7.6）。

卡里埃（Caryae）（斯巴达附近阿卡迪亚地区的一个城镇）大概被毁于公元前 479 年，作为对"通波斯行为"（Medizing）的惩罚。这一事件含混不清，或未见记载，可能与公元前 368/367 年斯巴达人毁灭卡亚镇的事件混为一谈，当时卡亚人站在留克特拉（Leuctra）的忒拜人（Thebes）一边。[6] 有人已提出，这一混淆之所以发生，是由于卡亚人支持忒拜"勾起了"一个世纪之前波斯战争期间投靠敌方行为的记忆。[7] 普拉塔亚战役（Plataea）（公元前 479）是维奥蒂亚（Boeotia）的决定性战役，它结束了波斯战争，但是统帅鲍萨尼阿斯（Pausanias）的父亲是克莱翁布罗托斯（Cleombrotus），不是阿格西拉斯（Agesilas）。[8] 另有一位鲍萨尼阿斯（公元 2 世纪的旅行家）[9] 记载了

---

1 《反对数学家》（Adversus mathematicos），8.11—12。
2 阿斯米斯：《伊壁鸠鲁的科学方法》（伊萨卡与伦敦，1984），26。
3 弗勒里：《维特鲁威，〈建筑十书〉》，i（巴黎，1990），70。
4 佩拉蒂 (F. Pellati)："Quod significatur et quod significat. Saggio d' interpretazione di un passo di Vitruvio." Historia 1 (1927), 53—59。
5 昆体良 (Quintilian)：《论演说家的教育》（Institutiones Oratoriae），1.8.18—21。见克拉克（M. L. Clarke)：《古代世界的高等教育》（Higher Education in the Ancient World，伦敦，1971），23—24。
6 色诺芬（Xenophon)：《希腊史》（Hellenica），6.5.25。
7 普洛默（H. Plommer)：《维特鲁威与女像柱的起源》（Vitruvius and the Origin of the Caryatids），《希腊研究杂志》（Journal of Hellenic Studies，99，1979），97—102；色诺芬，《希腊史》，7.1.28。
8 谢弗（H. Schaefer)：《保利实用古典古希腊罗马科学百科全书》（Paulys Realencyclopädie der Klassichen Altertumswissenschaft），8.4.2565—2578，在词条 Plataea 以下。
9 鲍萨尼阿斯：3.10.7。

斯巴达的波斯柱廊装饰着特征鲜明的波斯人雕像（例如败将马多尼奥斯 [Mardonius]），但在迪迪马或以弗所，他们已被附着于圆柱之上，或雕刻成人像柱，其表现手法如古风式人像柱。

[136]　　女像柱已知在公元前 6 世纪出现于希腊建筑中，在整个希腊化时期持续传播，用作家具装饰和青铜镜架。在维特鲁威的时代，阿格里帕（Agrippa）的战神广场上的万神庙中就有女像柱[1]，正如奥古斯都广场（Forum Augustum）柱廊的女儿墙有女像柱一样。[2]

　　该词指当作圆柱来使用的独立女性雕像，第一次出现于拉丁文中。它通常指古典建筑中的所有女像柱，但这些女像柱可能并不具有古代的含义，即公民（有身份的妇人）因背叛或懦弱被惩罚的记忆。[3] 维特鲁威的起源论比最早的女像柱滞后了一个世纪。厄瑞克忒翁神庙门廊的女像柱类型显然不能称作女像柱，而只是 korai（"少女像"）。奥古斯都广场上的"女像柱"是厄瑞克忒翁神庙女像柱的仿制品，可能与被惩罚的图像志毫无关系，但是根据韦森贝格（B. Wesenberg）所言，这些女像柱的意义主要在于将建筑物带往奇幻之境，当作可辨认的"希腊"艺术作品，以证明这广场是"ex manubiis"（用战利品）建造的。[4] 大多数女像柱，或至少那些广为复制的厄瑞克忒翁类型的女像柱，可能只应称作"Korê/korai"（少女像）。

　　因此，维特鲁威的"历史故事"或许是一个时代误置（anachronism），也就是说，它的意义是在装饰物发明之后附会上去的。这些博学的含义在多大程度上被广泛接受与理解，是有争议的。[5]

哲学与自然哲学（1.1.7）

　　及至希腊化时期，哲学通常分成两支：道德哲学和自然哲学。

　　公元前 2 世纪晚期和前 1 世纪，在罗马的一些圈子中，希腊哲学变得很时髦，出现了三个主要的思想流派：斯多噶派、伊壁鸠鲁派和复兴的学园派（柏拉图主义）。帕奈提奥斯（Panaetius）（公元前 180 — 前 110）将斯多噶派带到罗马，公元前 144 年之后他受到了西庇阿（Scipio Aemilianus）的庇护。到了公元前 1 世纪，罗马斯多噶派的领袖是罗得岛的波塞多尼奥斯（Posidonius of Rhodes）（公元前 135 — 前 50），他是西塞罗和庞培的朋友。早在公元前 173 年，伊壁鸠鲁派就曾被短期逐出罗马，但在加达拉的菲洛德慕（Philodemus of Gadara）（约公元前 110 — 前 35）的

1 老普林尼：《博物志》，36.38："阿格里帕的万神庙雕刻是雅典的第欧根尼所做，这神庙圆柱上的女像柱是一流的，山花上的雕像也是如此，尽管由于它们所处位置太高而不大有名。"（Agrippae Pantheum decoravit Diogenes Atheniensis. In columis temple euius caryatides probantur inter pauca operum, sicut in fastigio posita signa, sed propter altitudinem loci minus celebrata.）
2 奥莫勒（Th. Homolle）：《女像柱的起源》（L'origine des Caryatides），《考古学评论》（Revue Archéologique），5.5（1917），1—67；维克斯（M. Vickers）：《波斯波利斯与厄瑞克忒翁神庙的女像柱：通波斯与受奴役的图像志》（Persepolis and the Erechtheum Caryatids: The Iconography of Medism and Servitude），《考古学评论》（1985，1），3—28；普洛默（H. Plommer）：前引书。
3 里克沃特（J. Rykwert）提出可能存在着另一种混淆：将卡亚城毁灭的故事与附近阿尔忒弥斯神庙（Artemis Karneia）的庄重的少女舞蹈混为一谈。里克沃特：《圆柱之舞》（The Dancing Column，MIT Press，1996），135。
4 韦森贝格：《奥古斯都广场与雅典卫城》（Augustusforum und Akropolis），《罗马德意志考古研究所年鉴》（Jahrbuch des Deutschen Archäologischen Instituts in Rom，99，1984），161—185。
5 其他人认为这个故事与所描述的时代有关，即波斯战争，如维克斯（Vickers）："波斯波利斯与厄瑞克忒翁神庙的女像柱：通波斯与受奴役的图像志。"《考古学评论》（1985），3—28。普洛默（上引书第 368 栏）认为，当时有两种类型的"女像柱"加到了装饰作品中：一种是维特鲁威所描述的被惩罚的妇女；另一种是参加斯巴达阿尔忒弥斯（Artimis Caryatidis）节庆的跳舞女子，这可能就是普拉克西特列斯（Praxiteles）取自那个时代创作的一种新型群像主题（老普林尼：《博物志》，36.23）。

女像柱/Korai（1.1.5－6） [137]

雅典，厄瑞克忒翁神庙

叙拉古，希腊化祭坛

奥古斯都广场，献祭于公元前2世纪

图2 女像柱/Korai（Maidens）（1.1.5－6）

领导下，这一学派仍十分流行，他受到了凯撒岳父大人卡尔普尼乌斯·皮索（L. Calprunius Piso）的庇护。学园派的影响也很普遍，西塞罗年轻时代曾跟从这个流派的两位领袖人物学习，即菲洛（Philo）和安条克（Antiochus）。

一般而言，哲学教育的实际目的是戒除贪念，在面临不幸的时候保持心灵的平静，对斯多噶派和伊壁鸠鲁派来说尤其如此。西塞罗的《论责任》（De Officiis）是一本论公民责任的人文主义权威手册，先于《建筑十书》十年写成，使用了许多与维特鲁威相同的语言来叙述精神、尊严以及摆脱贪欲的高贵品行，这便是研究哲学的好处。[1]

物理学或自然哲学大体就是我们所说的自然科学。一般而言，在公元前 5 世纪晚期和前 4 世纪（随着希波克拉底以及亚里士多德著作的面世），自然哲学和其他专门的学问一道（如医学），与道德哲学区分开来，尽管这一区别从未得到充分认可。"科学"甚至医学，在某种程度 [138] 上一直被认为是哲学的组成部分，直到古代末期。维特鲁威显然阅读了卢克莱修的《物性论》，并接受了书中有关原子论自然哲学的观点。他也采用了相同的分析与描述术语（例如 genus 和 ratio）。对卢克莱修而言，"physiologia"（自然哲学）是基础性的科学。[2]

克特西比乌斯（1.1.7）

亚历山大里亚的克特西比乌斯（Ctesibius of Alexandria）（活动于约公元前 270），曾写过机械发明方面的论文，是一位气体力学工程师。他的论文是维特鲁威所论及的若干机械类型的主要资料来源之一。（7. 前言.14；9.8.2；9.8.4；10.7.4；10.7.5）

阿基米德（1.1.7）

叙拉古的阿基米德（约公元前 287 — 前 212）是古代最著名的几何学家／数学家之一，撰写过若干论题的权威著作，包括杠杆与平衡（即静力学基础）的论文。（1.1.17；7. 前言.14；8.5.3；9. 前言.9 — 10）

建筑师应该懂音乐……调谐石弩机、弩机以及蝎型弩机（1.1.8）

这种具有高超技术的古代弩机（在 10.7 中做了描述）是一种带有独立弹索的双臂扭力机械。要确保拉力均匀、直线弹射，双臂就必须有一致的拉力，而这一点是靠"调谐"弹索实现的（即，音调一致就意味着张力一致——实际上希腊词 tonos 就包含有"音调"和"张力"这两层意思）。[3]

---

1 《论责任》，1.61，68，69，72。

2 梅里尔（A. Merrill）：《论卢克莱修对维特鲁威的影响》（Notes on the Influence of Lucretius on Vitruvius），《美国哲学学会会刊》（Transactions of the American Philolgical Association，35，1904），17。

3 参见埃贝林（H. L. Ebeling）：《受过音乐训练的耳朵在古今战争中的价值》（The Value of a Musically Trained Ear in Modern and Ancient Warfare），《古典周刊》（Classical Weekly，25，1935），79。该文叙说了第一次世界大战期间，一位奥地利士兵用贝壳听子弹处于弹道高峰时发出的音调，便能测定出打枪的位置。转引自弗勒里：《维特鲁威，〈建筑十书〉》，i，87。

共鸣缸（1.1.9）

见 5.4 和 5.5 评注。

四度、五度……双八度音程（1.1.9）

希腊术语分别为 diatesseron（四度）、diapente（五度）、disdiapason（双八度）。见 5.4.1 评注。

天空的倾斜……气候区 [以及四元素化学]（1.1.10）（图 3—5）

在《建筑十书》整本书中，"气候区"（*climata*）相当于现代的纬度平行线。关于它们在地图绘制中的历史发展，见图。气候区是早期科学理解自然地理的有力工具，因为一旦不同地区的纬度确定下来，人们便会对它们的自然特点进行比较，以弄清自然面貌在多大程度上依赖于纬度。因此，气候区是地区科学评估体系中的重要组成部分，而现代的气候概念则是对此含义的合逻辑的扩展（气象学家常提及五个主要气候带：两个极地、两个温带和一个热带）。

天空的倾斜〔*inclinatio mundi*〕指黄道的倾角，这是维特鲁威书中出现次数最多的科学口头禅之一。它的含义远远超出了天体几何学。在恩培多克勒的化学理论中，尘世中只有四种元素（土、气、火、水），它们的不同组合便造成了所有地球现象的多样性。这些元素自然而然地拥有自己的位置（土最低、最重，其次是水、气、火。因此，火或被加热的空气生性向上升，而土则通过水而下沉）。不过，天球（即引导行星运动、由第五元素以太组成的天体）的旋转，造成了月下界的/地球上的元素的紊乱与混合。这种旋转打破平衡，重要的是太阳沿着黄道运行产生了四季（月亮运行与潮汐的关系也是显而易见的）。因此，"天空的倾斜"（inclination of the heavens）几乎也就是以下这一说法的简短的、科学的表达方式，"导致了月下界多样性的力量"。

医学（1.1.10）

希腊的专业医师将理性医学引入罗马是在公元前 2 世纪和前 1 世纪。医学在罗马帝国是一个职业，而罗马帝国则几乎是希腊同胞的唯一旅居地。在罗马，医学受到极大的怀疑（加图将这个行业视为是一场阴谋，被征服的希腊人想以此法将征服他们的罗马人一个个暗杀掉）[1]，其中部分原因便是管理家庭医疗事务已成为 *paterfamilias*（户主）的职责。[2] 迟至老普林尼和科卢梅拉时代，仍可看到以这种情绪讨论医学的情况。到了公元前 1 世纪晚期，专业医师被人们普遍接受，但同时还存在着巫医、助产士、草药师、接骨师以及其他人提供的非科学的健康服务。

古代的理性医学认为，健康与疾病取决于人体四种元素（或"体液"）之间、人体与环境

---

1 《论农业》（*De Agri cultura*），2.7。

2 杰克逊（R. Jackson）：《罗马帝国的医师与疾病》（*Doctors and Diseases in the Roman Empire*，伦敦，1988），9—10。

[139] "气候区"：地图绘制

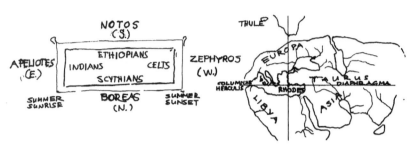

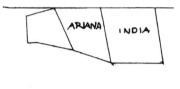

埃福罗斯（Ephorus）（活动于公元前 400 年左右）的长方形世界地图，以示意图的形式收入《科斯马斯基督教风土志》（Christian Topography of Cosmas Indicopleustes，6 世纪，Vat. Gr. 699 fol. 19r）。

梅桑纳的狄凯阿科斯（Dicaearchus of Messana）的世界地图复原图，约公元前 300 年，在罗得岛纬度上有一道"隔膜"。
[根据奥雅克（Aujac）：《地图绘制的历史》（History of Cartography，芝加哥，1987）图 9.2.绘制]

厄拉多塞（Eratosthenes）的"斯弗拉吉德斯"框格的复原图
[根据奥雅克：《地图绘制的历史》第 1 卷（芝加哥，1987）图 9.6.绘制]

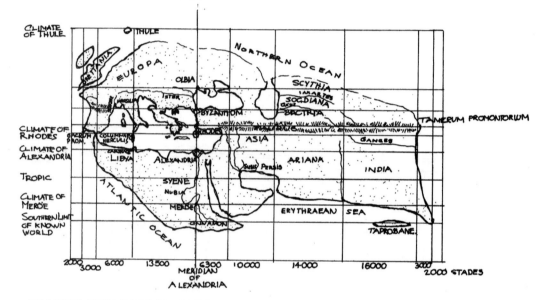

厄拉多塞利用气候区以及贯穿于地球上已知重要城市（例如亚历山大里亚）的子午线确定世界地图上各地区的位置
[根据史密斯（Wm. Smith）：《古代地理学图集》（Atlas of Ancient Geography，伦敦，1874）图版 1 绘制；收入布朗（L. Brown）：《地图的故事》（The Story of Maps，纽约，1949）第 51 页]

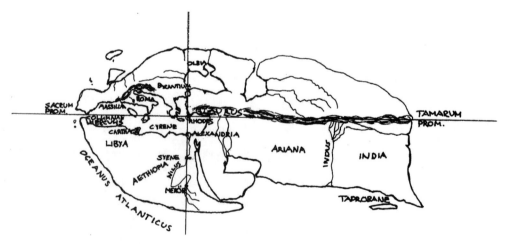

人居世界复原图，根据斯特拉博（Strabo，约公元前 9—前 6）
[根据邦伯里（E. H. Bunbury）：《古代地理学的历史》（History of Ancient Geography，1—2，1883；多弗重印于 1959，2，第 228 页对页上的地图）绘制]

图 3 "气候区"：地图绘制（1.1.10）

巴门尼德（Parmenides）的地球划分为五个环带（约公元前 480）。（参见斯特拉博：2.2.1－2）

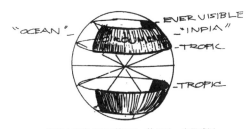

亚里士多德（公元前 385－前 337），由天球划定的五个"鼓盘状"环带

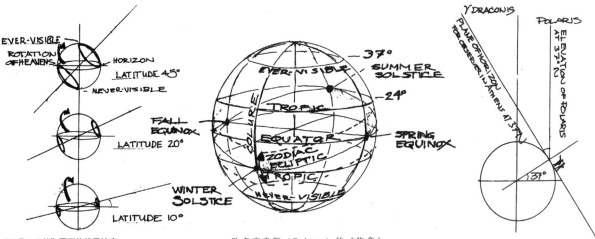

"总是可见的"圆环依赖于纬度
（在赤道上，在一个 24 小时的时间段内，整个天空都是可以看见的，但超过 12 小时便什么也看不见了。在极地，只有半个天空能看到，但却是持续可见的。）

欧多克索斯（Eudoxus）的《物象》（Phainomena）（公元前 408－前 355? 前 400－前 347?）中的天－地球体；由索利的阿拉托斯（Aratus of Soli，公元前 315－前 259）所描述。

纬度与地平线之上的极地正视图相等

马洛斯的克拉特斯（Krates of Mallos，约公元前 150）
地球上的四个可居住区域，以及（下图），可能是克拉特斯地球的图像，出现在公元前 44 年的一枚 L.埃米利乌斯·布卡（L. Aemilius Buca）硬币上。

罗得岛的波西东尼乌斯（Posidonius of Rhodes，公元前 135－前 51）将地球划分为七个环带，包括赤道温带。（斯特拉博 2.3.7）

狄奥多西乌斯（Theodosius）(约公元前 150－前 70)，北极夏至时一天 24 小时的证明。《球面几何学》（Spherics）；《论可居住的处所》（On Inhabitable Place）。

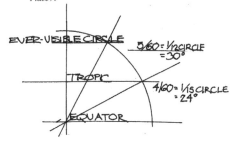

罗得岛的格米勒斯（Geminus of Rhodes，活动于公元前 70 前后），赤道与总是可见的圆环的标准位置，《天象导论》（Introduction to Phaenomena）。

图 4 "气候区"：测量地球（1.1.10）

[141]　"气候区"与纬度（1.1.10）

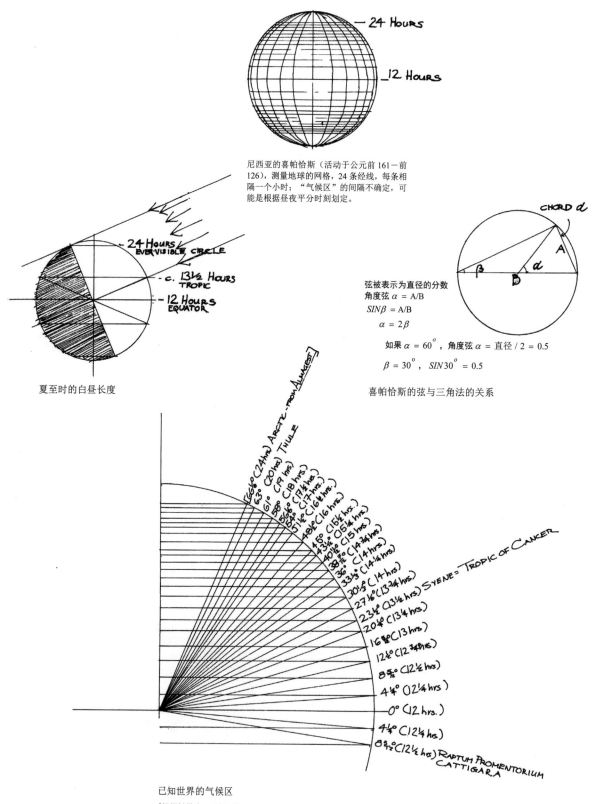

尼西亚的喜帕恰斯（活动于公元前 161－前 126），测量地球的网格，24 条经线，每条相隔一个小时；"气候区"的间隔不确定，可能是根据昼夜平分时刻划定。

夏至时的白昼长度

弦被表示为直径的分数

角度弦 $\alpha = A/B$

$SIN\beta = A/B$

$\alpha = 2\beta$

如果 $\alpha = 60^{o}$，角度弦 $\alpha =$ 直径 / 2 = 0.5

$\beta = 30^{o}$，$SIN30^{o} = 0.5$

喜帕恰斯的弦与三角法的关系

已知世界的气候区

［根据托勒密：《地理学》（1.23）绘制］

图 5　"气候区"与纬度（1.1.10）

之间平衡与否。治疗便是对人体内部的四种体液进行调整，对人体与环境进行调整（也包括"气候区"、风、水、空气等）。因此，建筑，甚至天文学（它形成了"气候区"）几乎是医学的一种延伸，有助于调整人体和环境之间的关系。

理性医学文献已经为维特鲁威提供了特别有用的范例，因为它们既包括了科学理论，也（往往）包括对经验观察和医术的实际评价。在公元前 2 世纪和 1 世纪，存在着若干对立的学派。"理性主义者"或"教条主义者"的学派，继承了公元前 3 世纪亚历山大里亚希罗菲卢斯 [142] （Herophilus）和埃拉西斯特拉图斯（Erasistratus）的先进的解剖研究，致力于医学的理论思考，试图运用自然哲学的基本原理发现疾病"隐藏的原因"。"经验论者"则反对探讨隐藏的原因，而是注重于读解可见的迹象，避免严重干扰自然功能，将医治局限于已知成功治疗案例的范围之内。第三个学派是"方法论者"，在维特鲁威生活的时代由特米森（Themison）（公元前 1 世纪）和特萨卢斯（Thessalus）（公元 1 世纪初）所创立，以弗所的索拉鲁斯（Soranus of Ephesus）（公元 1 世纪）将它发扬光大。他们宣称，其他学派将医学弄得很复杂，这是没有必要的，所有疾病都缘自人体的"紧张"与松弛；治疗"从方法上来说"应遵循这一假设。这一学派尤其流行于罗马贵族阶层，总体上是因为他们主张简单行事。其他学派包括基于斯多噶理论的"精气论者"（pneumatists）和比蒂尼亚的阿斯克列皮阿德斯（Asclepiades of Bithynia）（活动于公元前 90 — 75），后者反对四"体液"而赞成原子论。[1]

法律（1.1.10）

与建筑相关的罗马法律，分为若干类：[2]

❖ 建筑契约。[3]

❖ 维护公共财产或共有财产。这些法律规定了维护共同财产（界墙、露台墙）、控制可能造成损害的排水沟流水量、消除街道垃圾等责任。帕加马的城管员铭文（Astynomoi inscription）完好地记载了五花八门的法律，这是希腊化时期的一组雕刻，在公元 2 世纪时重刻并依然有效。在希腊，市政官员称作 *astynomoi*（城管），他们检查条例的执行情况，而在罗马，这一任务落在称作 *vicomagistri* 的地区长官身上，他在市政官的领导下工作。[4]

1 林贝尔（David C. Lindberg）：《西方科学的开端》（*The Beginnings of Western Science*，芝加哥，1992），124；劳埃德（G. E. R. Lloyd）：《亚里士多德之后的希腊科学》（*Greek Science After Aristotle*，纽约，1973），88—89。

2 福格特（M. Voigt）：《罗马建筑法律》（Die Römische Baugesetze），《萨里森科学院，哲学—历史集》（*Sächsische Akademie der Wissenschaften*，*Philosophisch-Historische Klasse*，55，1903），175—198。格罗斯（D. F. Grose）：《共和时期的罗马城市管理》（*The Administration of the City of Rome Under the Republic*，哈佛大学，博士论文，1975）；小安德森：《罗马建筑与社会》（*Roman Architecture and Society*，巴尔的摩与伦敦，1997），68—113 各处。

3 小安德森（J. C. Anderson，Jr）：《罗马建筑与社会》（巴尔的摩与伦敦，1997），68—75。

4 马丁（R. Martin）：《古希腊的城市规划》（*L'Urbanisme dans la Grèce antique*，巴黎，1975—2），《城市规划条例》（*Règlements d'urbanisme*），48—74。关于帕加马城管员铭文，是保存最完好的财产法的证据，法文翻译，58—59。参见费特尔（H. Vetters）：《罗马时代的建筑规章》（*Die Römerzeitlichen Bauvorschriften*），收入《研究与发现》（*Forschung und Funde*，B. 诺伊奇编纪念文集，因斯布鲁克，1980），477—485。

❖ 分区／营建规章。奥古斯都在《罗马城建筑规章》（*Lex Iulia de modo aedificiorum urbis*）中对于建筑物高度与材料做了规定[1]，该法律是要对想入非非的建造者兴建危险的多层住房加以限制。

❖ 维特鲁威说得很明白，建筑师还必须对付"空气权"或采光权。

❖ 法律文本也证明存在着一个类似的行业，*agrimensores*（土地丈量师），他们必须处理土地类型等级、边界、欺诈和归还等事宜。[2]

这样一种了不起的职业〔*disciplina*〕（1.1.11）

Professio（职业）为有偿的技能或职业赋予了伦理的内涵。维特鲁威稍稍早于该词的第一次使用。*Disciplina* 是他使用的含义最切近的对等词，一般指某种技能或知识体系。最早提到 *professio* 并将道德内涵赋予技能或手艺的文献之一，是一篇医学论文，即拉古斯（Scribonianus Largus）（公元 1 世纪初）的《论疗法》（*On Remedies*）。后来提到这个词的还有帕特库鲁斯（Velleius Paterculus）（1.16.2），塞尔苏斯（Celsus）论医学的著作（1. 前言.11）；昆体良关于文法学家的著作（《演说家的教育》（*Institutiones Oratoriae*），1.8.15），以及科卢梅拉（Columella）（1. 前言.26）。希波克拉底著作全集中最早的医学论文，并没有将伦理规范或给予人性之爱作为医疗服务的动机。[3]

完善的教育〔*encyclios enim disciplina*〕（1.1.12）

关于 *encyclios disciplina*，或 *artes liberales*，见本书导论。

皮特俄斯（1.1.12）

普里恩的皮特俄斯（*Pytheos of Priene*），公元前 4 世纪中叶普里恩雅典娜（即"密涅瓦"）神庙的建筑师，约公元前 340 年。他也是哈利卡纳苏斯的莫索拉斯陵庙（Mausoleum at Halicarnassus）的建筑师，约公元前 353 — 前 351 年（1.1.15；4.3.1；7. 前言.12）。

阿里斯塔科斯（1.1.13）

萨莫色雷斯的阿里斯塔科斯（Aristarchus of Samothrace），约公元前 215 — 前 143，亚历山大里亚图书馆馆长，分析语法的创立人之一。

亚里士多塞诺斯（1.1.13）

塔拉斯（Taras）（他林敦）的亚里士多塞诺斯（Aristoxenus），约公元前 350？，亚里士多德的

---

1 斯特拉波（Strabo）：《地理学》（*Geography*），5.3.7。
2 迪尔克（O. A. W. Dilke）：《罗马土地测量员》（*The Roman Land Surveyors*，牛顿阿伯特，1971），63—65。
3 埃德尔施泰因（L. Edelstein）：《希腊医学中的伦理学》（The Ethics of Geek Medicine），收入同一作者的《古代医学》（*Ancient Medicine*，巴尔的摩与伦敦，1967，1987），319—348；337—339。

学生，古代最著名的音乐理论作家（5.4.1）。

阿佩莱斯（1.1.13）

科洛丰或科斯岛的阿佩莱斯（Apelles of Colophon or Cos）（活动于公元前 4 世纪末期），古代最著名的画家。

米隆（1.1.13）

雅典的米隆（Myron of Athens）（活动于约公元前 480 — 前 450），著名的早期古典雕塑家，《掷铁饼的运动员》（*Discobolus*）的作者。

阿尔戈斯的波利克莱托斯（1.1.13）

与菲迪亚斯（Phidias）同为古典盛期最著名的雕塑家，《法式》（*Canon*）一书的作者。他的一尊雕像和解释该雕像比例的此书，对古代比例理论产生了巨大影响。参见 3. 前言.2。

希波克拉底（1.1.13）

科斯的希波克拉底（Hippocrates of Cos）（约公元前 460 — 前 377），实有其人，但有些朦胧不清，"希波克拉底著作全集"与他相关联，为希腊理性医学的奠基著作。

医师和乐师都了解人的脉搏节奏的知识（1.1.15）   [143]

在没有精准计时器的情况下，音乐理论便是测量或描述节奏的最准确的方法。人们用音乐节奏的概念来分析脉搏，诊断健康状况。卡尔西登的希罗菲卢斯（Herophilus of Chalcedon）为此奠定了基础，他是公元前 3 世纪亚历山大里亚高级医学研究的创建者之一。正如加伦（Galen）指出的："乐师将 *arsis* 与 *thesis*[音级的上升和下降，即强拍与弱拍] 进行比较，根据某些确定的时段安排来建立他们的节奏，同样，希罗菲卢斯假定，动脉的扩张对应于 *arsis*（强拍），而收缩则对应于 *thsis*（弱拍）。"[1] 这就为分析脉搏提供了数学基础，就如同分析节奏一样。

天文学家和乐师讨论着一些共同的东西（1.1.16）

希腊化时期的许多知识领域分享着共同的方法，包括对基于欧几里得几何学的图形的信赖。见图 6。

行星的和声（1.1.16）（图 6、90）

后来所谓的"天体的音乐"（music of the spheres）原先是毕达哥拉斯宇宙论的一个概念，它表

---

1 屈恩（C. G. Kuehn）：《加伦全集》（*Claudii Galwni Opera Omnia*，莱比锡，1821—1833），卷 9，464；劳埃德（G. E. R. Lloyd）：《亚里士多德之后的希腊科学》（*Greek Science after Aristotle*，纽约，1973），79—80。

达了这样一个观念：行星轨道的间隔是根据音程来分隔的 [1]，乐音是由结晶球体的旋转产生的，音高取决于球体的转速，转速则取决于距宇宙中心的距离。外层的天体转得较快，产生较高的音。[2] 天体的声响产生了强有力的和声，我们听不到，因为它是浑然一体的，我们已习以为常。

萨摩斯的阿利斯塔克（1.1.17）

天文学家（约公元前 310 — 前 230），激进的日心说倡导者。

他林敦的菲洛劳斯（1.1.17）

毕达哥拉斯学派的一位哲学家（卒于公元前 390 前后？）。

他林敦的阿契塔斯（1.1.17）

几何学家和数学家（约公元前 450 — 前 360），本书 9.8.1 中提及他是某种日晷类型的发明者，在 9. 前言.14 中提及他是双倍立方体几何证明的发现者。

佩尔格的阿波罗尼奥斯（1.1.17）

古代最先进的数学家之一（约公元前 262 — 前 190），曾论述了圆锥截面所产生的复杂曲率。他是一种日晷类型的发明者（9.8.1）。

昔兰尼的厄拉多塞（1.1.17）

亚历山大里亚图书馆管理人（约公元前 184 — 前 192），古代最伟大博学的人之一。由于在所有领域中他是第二个最有学问的人，但领袖人物阙如，故被称作"Beta"（希腊字母表中的第二个字母）。

叙拉古的斯科皮纳斯（1.1.17）

此书若不提到他则无法证实此人的存在。在 9.8.1 中将他列为一种日晷类型的发明者。

演说家〔*rhetor*〕，文法家（1.1.18）

文法家和演说家是教师的两个层次：*grammaticus*（文法家）教年纪较小的学生（12 — 15 岁），*rhetor*（演说家）教专业修辞学，所获报酬较多。西塞罗：《论责任》2.19.79；在戴克里先于 301 年颁布的价格法典中为 250 对 200 第纳里（denarii，罗马银币）：*Ed. Pret.* 7.70.71。

---

1 这是一个众所周知的观念，来源于公元前 6 世纪迦勒底的巴比伦人（Chaldaean Babylohians）。后来人们继续了这一说法，但更多是作为一种哲学的或诗歌的观念，而非科学的观念。老普林尼在公元 1 世纪提出这源于毕达哥拉斯，《博物志》，2.84。

2 阿弗罗狄西亚的亚历山大（Alexander of Aphrodisias）：《亚里士多德形而上学评注》（*Commentary on Aristotle's Metaphysics*），542a，5—18；译文收入科埃纳与布拉金（Coehna and Brabkin）：《古希腊科学资料集》（*A Source Book in Greek Sciencc*）（剑桥，马萨诸塞，1948），96。亚里士多德：《论天》（*De Caelo*），2.13。

"……讨论某些共同的东西"（1.1.16）　[144]

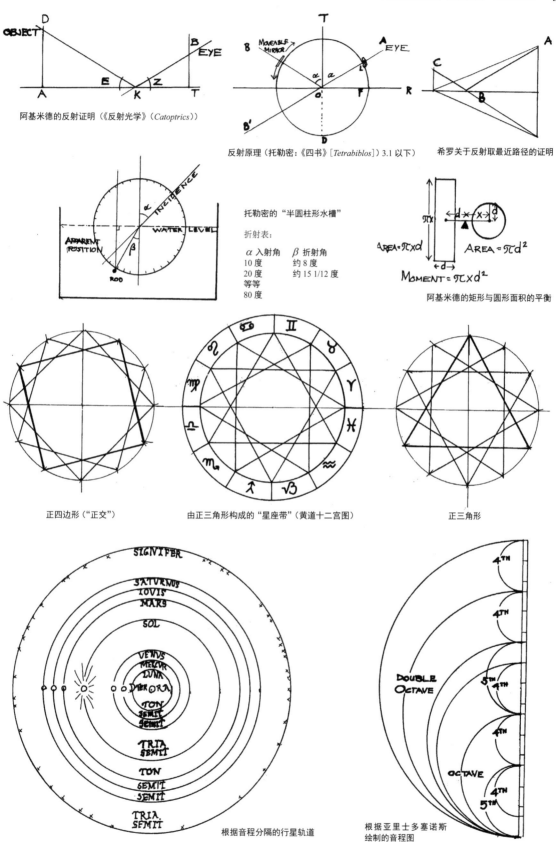

图 6　"……讨论某些共同的东西"（1.1.16）

[145]   建筑的要素（1.2.1—9）

排列

秩序

布置

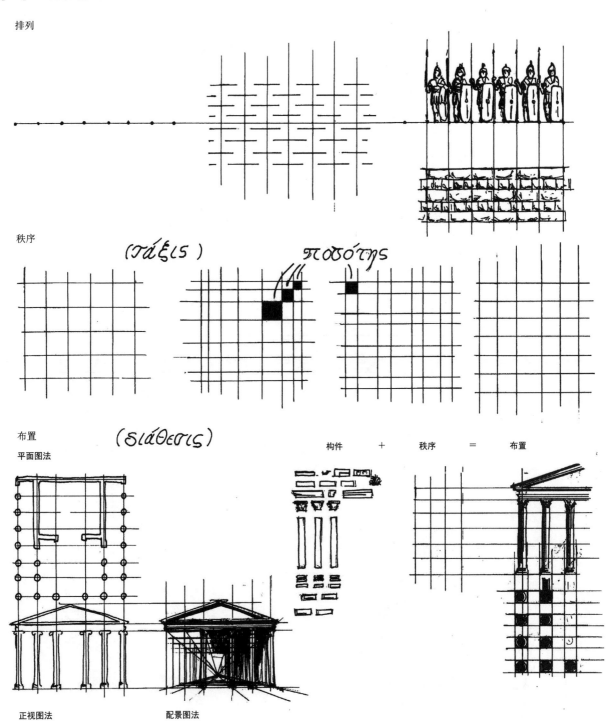

图 7　建筑的要素：排列、秩序、布置（1.2.1—9）

建筑的要素（1.2.1－9）　[146]

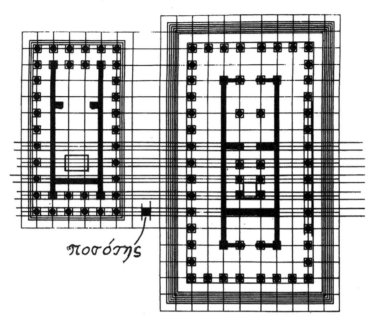

普里恩，雅典娜神庙（左，约公元前 340，皮特俄斯建造），
迈安德河畔的马格尼西亚，阿尔忒弥斯神庙（右，约公元前 220，赫莫杰勒斯建造）
［根据库尔顿（J. J. Coulton）：《工作着的希腊建筑师》（*Greek Architects at Work*，
康奈尔，1977)图 23 绘制 ］

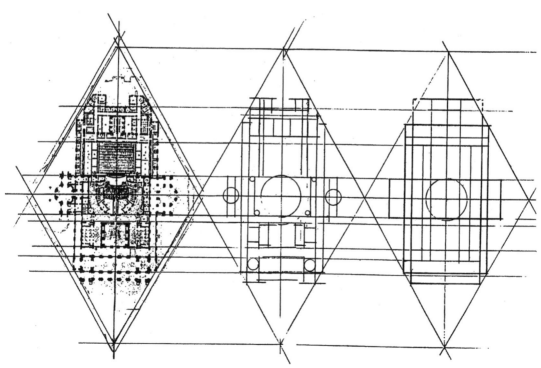

巴黎歌剧院的总平面图分析

图 8　建筑的要素：秩序网格（1.2.1－9）

[147]　建筑的要素（1.2.1—9）

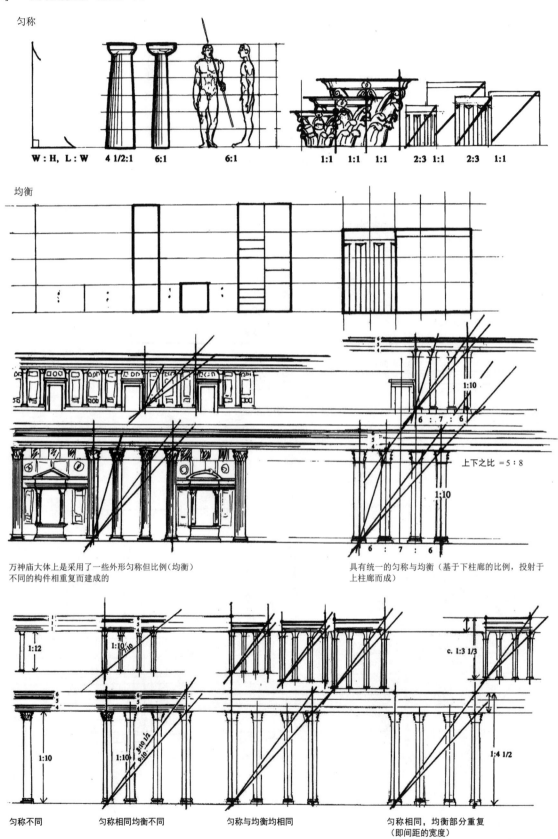

图 9　建筑的要素：匀称、均衡（1.2.1—9）

自然与设计中的均衡（1.2.4）　[148]

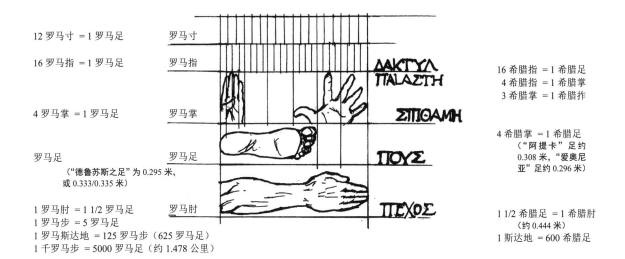

12 罗马寸 = 1 罗马足	罗马寸		16 希腊指 = 1 希腊足
16 罗马指 = 1 罗马足	罗马指	ΛΑΚΤΥΛ ΠΙΑΛΑΣΤΗ	4 希腊指 = 1 希腊掌
			3 希腊掌 = 1 希腊拃
4 罗马掌 = 1 罗马足	罗马掌	ΣΠΙΘΑΜΗ	
罗马足	罗马足	ΠΟΥΣ	4 希腊掌 = 1 希腊足 ("阿提卡"足约 0.308 米，"爱奥尼亚"足约 0.296 米)
（"德鲁苏斯之足"为 0.295 米，或 0.333/0.335 米）			
1 罗马肘 = 1 1/2 罗马足	罗马肘	ΠΕΧΟΣ	1 1/2 希腊足 = 1 希腊肘 （约 0.444 米）
1 罗马步 = 5 罗马足			1 斯达地 = 600 希腊足
1 罗马斯达地 = 125 罗马步（625 罗马足）			
1 千罗马步 = 5000 罗马足（约 1.478 公里）			

对于波利克莱托斯的《法式》（*Canon*）的近似解释，基于持矛者和亚马孙族女战士
［根据施托伊本（H. von Steuben）：《波利克莱托斯的法式》（*Der Kanon des Polyklet*，蒂宾根，1969）图 10、16 绘制］

多立克型圆柱
［根据维特鲁威的描述绘制］
（4.3.3－4）

两个浆架之间的间距

"两个浆架之间的间距"，为三层桨大帆船项目所作的分析图
［科茨（J. F. Coates）绘，收入《三层桨大帆船项目》（*The Trireme Project*，Oxbow，专题论文，31，牛津，1993）图 F4］

弩炮机头设计，基于弹索孔模数
（维特鲁威：10.11.1－9）

图 10　自然与设计中的均衡（1.2.4）

建筑术语（1.2.1—9）（图7—10）

这个部分中的术语主要从哲学或理论文献（尤其是对修辞的讨论，也包括音乐理论）改编而来，但这些概念的基础却是实际的设计活动。"修辞学的五个部分"[1]包括 inventio、dispositio、elocutio（有各种译法，如雄辩、装饰或风格）、memoria（记忆训练），以及 pronuntiatio（实际的演讲，带有手势等等）。维特鲁威采用了其中的两个术语〔inventio 和 dispositio〕，但整个体系似乎是他自己创造的，从本质上来说他是要创造出一些基于设计活动的术语。eurythmia（匀称）和 symmetria（均衡）这两个术语借用于希腊美学文献，匀称可能来自音乐与视觉艺术。[2]

[149] 设计活动严格的线性顺序，在这里或许更多意味着一种文学惯例，而不是对标准实践的思考。通览《建筑十书》全书，维特鲁威也十分重视要将他的著作安排得有条不紊，次序井然（in ordine）[3]，他注重合理的线性表达，将各个方面的分析纳入各个组成部分之中，这是公元前1世纪分析性和资料性著述的一个共同特色。[4]

秩序（1.2.2）（图7）

秩序〔ordinatio，希腊语 taxis〕，似乎从一开始便要受到某种几何学体系的约束，这个体系控制着后续的设计。所以建立秩序通常就是模数设计（不一定用网格），包括了确定模数的数量，以及将各个部分统一于总体的均衡〔symmetriae〕。[5]

布置〔dispositio〕（1.2.2）（图7）

布置（dispositio，希腊语 diathesis）[6] 好像说的是设计的下一个阶段，即在划分的或细分的"秩序"网格上，安排（布置）主平面图（和立视图）的各种要素（墙壁、门、柱子）。维

---

1 第一次提到这些修辞学组成部分的，是西塞罗约于公元前99—前88年间撰写的论修辞学的青年读本《论创造能力》（De Inventione），这表明在那时这已成规范。肯尼迪（G. Kennedy）：《新编古典修辞学史》（A New History of Classical Rhetoric，普林斯顿，1994），120。参见西塞罗：《论演说家》，1.79。维特鲁威在 9. 前言.17 中特别说明他已读过西塞罗论修辞术以及瓦罗论拉丁语的著作。

2 eurythmia 这个词似乎是古代唯一用在建筑领域中的。弗勒里（P. Fleury）：《维特鲁威，〈建筑十书〉》i，112；法卢斯：《关于模数理论》（Sur la théorie de la module），255—256；贝克（L. Bek）：《优雅的景色。作为罗马城市景观美学基本原理的一个希腊化修辞概念》（Venusta species. A Hellenistic Rhetorical Concept as the Aesthetic Principle in Roman Townscape），ARID，14（1985），142—143。

3 2.7.1；2.10.3；4.1.1；10. 前言.4。

4 明晰的秩序是公元前1世纪许多行业说明文作者的主要关注点。他们常常感到，在自己的领域中看到的是一堆乱七八糟的知识，其实践也毫无规则可言。西塞罗曾经谈到人们对修辞学最初的心血来潮："起初，他们确实完全忽略了方法，因为他们以为明确的训练课程或艺术规范是不存在的，习惯于凭天生的能力与反应去获取技能。"（《论演说家》，1.14）萨顿（E. W. Sutton）、拉克姆（H. Rackham）英译：洛布古典丛书（伦敦，1988）。第一批修辞学手册，如马库斯·安东尼乌斯（Marcus Antonius）的书（公元前2世纪晚期）并没有形成整体的技术术语体系。肯尼迪（G. A. Kennedy）：《新编古典修辞学史》（普林斯顿，1994），113。

5 这一概念源于拉丁词 ordo（排列）的原始含义。ordo 指的是织机上重复排列的经线，它们与纬线相交织。在所有情况下，ordo 都意味着有条不紊的序列性或连续性，含有强烈的完美的意味。正是这种线性的重复将某个军队级别或社会阶层、一道砖石砌层或一块织物牢固结合在一起。维特鲁威以世俗方式使用这个词，与通俗拉丁语用法保持一致，指物体彼此相邻形成一条直线。在《建筑十书》中，维特鲁威用 ordo 指一排圆柱（3.2.6；3.2.7）；砖石的彻层（2.8.4；2.8.6）；由北至南排列的国家顺序（6.1.6）；垂直安装的滑轮（10.2.5）；还有若干次指他在《建筑十书》中井井有条的论述顺序（2.7.1；2.10.3；4.1.1；10. 前言.4）。该词还有一个通常的意义，他一定知道，即排成一行或一列的士兵（希腊词 taxis 也有同样的含义）。他还在理论层面上使用这个词，如为一座神庙的各个部分"建立秩序"（3.1.9），将托斯卡纳型神庙的布局转变为科林斯型神庙的"秩序"（即平面类型），以及像他的祖先教导的那样实现神庙的秩序和均衡。这个词丝毫没有"柱式"（即横梁式结构类型）的含义。

6 字面意思是放下，放置。

特鲁威从绘图的角度讨论了布置。"平面图法""正视图法"和"配景图法"肯定是指平面图、立视图和具有表现力的（投影式）透视图。维特鲁威将绘图作为 *dispositio* 的附加物来讨论，是因为这种设计活动实际上含有用建筑的可见构件〔*membra*〕给无重量的、有序而抽象的 *ordinatio-taxis*（秩序）网格穿上衣服的意思。

将 *ordinatio*（秩序）和 *dispositio*（布置）综合起来，听上去就像是 *parti*（建筑总图，法语）的概念，20 世纪的设计师通过 19 世纪晚期巴黎美术学院的传统设计遗产，对 *parti* 这个概念已很熟悉（图 8）。[1] *parti* 现在被当作基础性的几何制图或图式，是某项特定设计的基础，随着设计过程的进展它持续塑造着确定下来的东西。

在维特鲁威的书中，这个观念较为简单，显然被看作一个模数网格（尽管不必严格局限于此）。这网格听上去很像希腊化时期爱奥尼亚神庙设计的传统，其规范是由赫莫格涅斯制定的，维特鲁威可能就是在这一传统中被训练出来的。[2]

维特鲁威主张，布置靠的是**分析**和**创造**，即对场所进行分析，并做出创造性的安排或布置以符合于实际需要。据此，便可将布置解释为做出实际设计决定的关键（即摆放或"布置"墙、柱、门等）。在 1.3.2 中，维特鲁威再一次使用这个词，说实用性取决于"空间的布置"。

匀称（1.2.3）（图 9）

在古代艺术批评中，"匀称"〔*eurythmia*〕是一个长期有争议的术语，不过它最基本的含义很简单，就是"好的形状"（good shape），最早出现时[3]涉及像"合身的"盔甲这样的实际判断，后来扩展至更多关于美的讨论，如对视觉调整的解释[4]（"*Rhythnos*"意指形状，引申到舞蹈时才变成动态形状，即可识别的运动模式）。后来的以及现代的解释得出这样的结论，说 eurythmy 的基本含义是"悦人的外观"（即维特鲁威书中的 *venusta species*）。这经常被用来暗示，symmetry（均衡）控制外观是通过数学比例，而匀称（eurythmy）则是通过直觉的非数学的修正使外观柔和化。[5] [150]

---

1 严格说来，这里加在巴黎歌剧院平面图之上的图形，并不是巴黎美术学院的那种 *parti*（建筑总图），而是对构图方式，即 *composition pure* 的一种分析。到了 19 世纪晚期，*parti* 似乎已经意味着最初对空间"网络"（即"循环"）起作用的方式做出选择（prindre parti = 扮演某种角色，采用某种立场）。这是一个对平面图后续发展具有生发性的观念，但可将它视为一种前几何学的观念。平面图通过以下概念发展起来："分配"（distribution），即对空间量进行相应的分摊；"布置"（disposition），即空间秩序的发展；以及"构图"（composition），即绘出一个连贯统一的整体形状。在当今的建筑学院中，*parti* 通常指基础几何学，但往往是捉摸不定的，当设计进行下去时它就被变更了。见桑顿（David Van Zanten）：《巴黎美术学院的建筑构图，从佩西耶到加尼耶》（Architectural Composition at the Ecole des Beaux-Arts from Charles Percier to Charles Garnier），《巴黎美术学院的建筑》（The Architecture of the Ecole des Beaux-Arts，MIT Press，1977），112—324。
2 豪（T. N. Howe）：《萨迪斯的一座帝国早期伪双周柱廊型神庙》（An Early Imperiall Pseudodipteral Temple from Sardis），《美国考古学杂志》（American Joural of Archaeology，90，1986），45—68；同一作者，《萨迪斯阿尔忒弥斯神庙的基座曲率与希腊化末期传统神庙设计的终结》（The Stylobate Curvature of the Artemis Temple at Sardis and the End of the Hellenistic Tradition Temple Planning），收入《外观与本质：古典建筑的精雕细琢：曲率》（Appearance and Essence：Refinements of Classical Architecture：Curvature，宾西法尼亚大学，1997）。
3 色诺芬（Xenophon）：《回忆苏格拉底》（Memorabilia），3.10.10—12（公元前 4 世纪初）。
4 梅卡尼库斯（Philo Mechanicus）：《机械力学概论》（Syntaxis），4.4。
5 有关资料评论的一个极好的综述，见波利特（J. J. Pollitl）：《希腊艺术的古代眼光》（The Ancient view of Greek Art，纽黑文，1974），167—180。

在维特鲁威的书中，该词获得了一种十分特殊的含义。对他而言，它似乎就是对各个构件内在或固有比例关系的确定，即如他所说的长与宽、高与宽的比例。毕竟，这些内在的比例关系赋予了各构件以其自身的特征（即它们的"形状"）。因此，多立克型圆柱的 1∶6 的比例（底径与高度之比）便赋予这种圆柱"男子汉"力量的特征，从而便产生了匀称的效果。若将比例改为 1∶7，便可获得较"优雅"的效果。因此，在维特鲁威的书中，eurythmy（匀称）包含有几何学的成分，它源于设计行为，但不像 symmetry（均衡），并不以模数重复为特征，可以为获得非理性的、审美直觉的、"悦人外表"的效果，来选择长度与宽度等等的比例，而不是将它们相互整除。

均衡（1.2.4）（图 9）

均衡（symmetria，可通约性）指一座建筑的所有构件，不仅具有其自身特殊的比例关系（形状或匀称），而且这些比例体系之间也要有可通约性或公约数，将所有的部件结合成一个整体。例如一块三陇板，一般自身的比例（匀称）为 2∶3，一块陇间板为 1∶1，但是当它们一起出现在同一个柱上楣上时，为了均衡的效果便要求三陇板的 3 等于陇间板的 1。在 1.3.2 中，维特鲁威给出了 commensus（"共享尺寸"）一词作为拉丁语的代名词。

古代的均衡观念，如希腊词（以及它的拉丁语对应词），特别包含有这样的含义，即要求均衡关系必须是真正可测量的。非理性的几何学关系，如正方形的对角线或"黄金分割"，并非是严格意义上的"sym-metrical"，即可通约的、可表达为固定整数的比率。

分析实例（图 9）：例如，众所周知万神庙室内的上下柱梁（"柱式"）之间是分离的，各有不同的比例，而且并非垂直对齐。[1] 它们同样都划分为四根圆柱为一组的单元，但下层柱式的柱上楣接近圆柱高度的 1/5，上层柱式的柱上楣则为柱高的 1/3；下层四柱单元的宽度大致与圆柱高度相等；而在上层，每个单元的宽度则为圆柱高度的 1 又 1/3。换言之，纠正贝尔尼尼的说法 [2]，如果圆柱和壁柱在上下柱式中都具有相同的比例，那么就得说，这两个柱式匀称相同，而均衡却不同。如果上层柱式的所有比例都与下层相同（即高度与圆柱及柱上楣高度之比，高度与柱间距之比），那就可以说它们具有相同的均衡和匀称，但还是存在着两种明确的、尺度不同的均衡体系。如果上下层均衡体系之间存在着某种可通约的关系，例如上层柱式的所有尺度是下层的 3/5，那么就可以说两者拥有同一种均衡。

总结：匀称指控制构件"形体匀称"的内在比例，而均衡则表示所有匀称的单个形体的线性尺度间相互联系的、可通约的关系；ordinatio grid（秩序的网格）将它们统统组合在一起以

---

1 马德（T. Marder）：《贝尔尼尼与亚历山大七世：17 世纪对万神庙的批评与赞扬》（Bernini and Alexander VII：Criticism and Praise of the Pantheon in the Seventeenth Century），《艺术通报》（Art Bulletin，71，1989）628—645；洛尔克（W. Loerke）：《重新解读哈德良圆形神庙的室内正视图》（A Rereading of the Interior Elevation of Hadrian's Rotunda），《建筑史家协会杂志》（Jounal of the Society of Architectural Historians，49，1990），22—43。

2 马德说贝尔尼尼反对去除不搭调的上层柱式，其理由是它具有与下层柱式相同的"euritmia"（匀称）与"simmetria"（均衡），因此他第一个认识到了上层四柱单元是尊从了下面四柱单元的比例关系，但比例是不一样的。这意味着被归于贝尔尼尼的这种解释与这里所说的并不是一回事。马德：前引书，1989。

获取均衡效果，而布置〔*dispositio*〕则是将建筑物的实际构件放置于这网格之中。

人体……匀称……基于肘、足、掌；石弩机的均衡；船的均衡源于 U 形桨架（1.2.4）（图 10）

这些全都是模数设计的实例，维特鲁威将它们追溯到人体肢体的常用测量单位。多立克型圆柱底径的确切术语不是 *embatêr* 便是 *embatês*，两者含义几乎没有任何区别。[1]

得体（1.2.5）

得体（decorum，*decor*）通常指事物要像其应有的样子，要像通过历史进程流传下来的样子。但对维特鲁威来说，历史是一个经许多代人积累的鉴别与发现过程。只有通过检验并获得普遍的认可，事物才能以"行之有效的手段"〔*probatis rebus*〕为人们接受。

对西塞罗而言，得体就是思维、姿态和言语要与人的年龄、身份和行为相谐调。[2] 这是一 [151] 种自我约束，旨在得到他人的赞同。换句话说，也就是得到普遍的认可，而普遍认可则是权威性的组成部分。在西塞罗的书中，关注他人的意见代表了一种社会义务之网，它作为关卡和天平，对罗马上层社会的家族野心进行限制。但在维特鲁威的书中，这样一种对他人活动与成就的相互关注，是文明生长的一种积极力量。[3]

维特鲁威将 *decor*（得体）细分为三个方面。**功能**（或规定，*statio*，希腊文 *thematismos*）是传统所制定的，这多少是正式的书面文字；**传统**（或习俗，*consuetudo*）是普遍为人采用并习以为常的东西（*tradere* 强调传承的方面，所以 tradition 和 treason 有着共同的词根）。因此，"前厅"和"室内"的优雅程度，或三陇板未出现在枕式（爱奥尼亚型）柱头之上，这些都是惯例使然，并非是谁规定的现象。**自然**在维特鲁威笔下就是指大自然。因此，得体的这三个方面就是：(1) 正式的文化规则，(2) 在一种文化中为人们所默认的东西，(3) 大自然明确规定的东西。

配给（1.2.8）

配给〔*distributio*〕很简单，一般指对成本与材料的实际管理。奇怪的是，配给的第二个方面，即建造房屋的花费要适合于业主的身份地位这一点并未归于 *decor* (得体) 之下。在某种意义上是这样，但一般而言，分配就是关于工程总预算的考虑，主要是由两个因素决定：材料和委托人的需求。

---

1 此两词均源于希腊词 *embainô*，意为"步入"（step into），经希腊文献所证实。该词的基本意思可以追溯到这样一个观念：建筑物的底平面相当于它的"脚印"。这个观念在字面上体现于 *ichnographia* 和 *vestigium* 这样的词中。这一术语的手抄本传统写法，在维特鲁威的书中两次得到证实，但完全是含糊不清的：在 1.3.4 中它作 *embatere*，在 4.3.3 中则为 *embates*。大多数当代编辑从乔孔多本，作 *embatêr*。罗泽（Rose）校订为 *embat*，此前则有科洛齐（Angelo Colocci）在他的乔孔多本的复制本注释中已做了这样校订：BAV，Stampati，R. I. III. 298（I）。

2 西塞罗：《论责任》，1.110 以下；1.126—140。写于公元前 44 年秋天。这些段落列出了行为举止、着装等类型，分别适合于不同的年龄、身份和目的，正如维特鲁威书中的这个段落，说明了一座贵族宅邸中如何设计才是合适的。

3 正如孔特（G. B. Conte）所指出的："总是在关注他人想什么，并注意不伤害他们的情感，这是密集的社会义务之网所产生的一个结果。罗马上流社会的成员发现他们自己深陷于这张网中。"孔特：《拉丁文学史》（*A History of Latin Literature*），索洛多夫（J. B. Solodow）译（巴尔的摩，1994），197—198。维特鲁威在 2.1.1—9 中通过人类艺术兴起的历史进一步表述了这一点。

建筑的分类 [或应用]（1.3.1—2）

就"建筑"这个话题，维特鲁威提出了三种平行的分析体系。这种为同一主题提供若干平行分析的习惯做法贯穿于《建筑十书》全书。在第 10 书中，他分别对机械类型或运动类型做出三种分析（10.1.1—3；10.3.1—6）。在这三个相邻的段落中，他又提出建筑的三个次类：1.2.1—9；1.3.1；1.3.2。

选取有益健康的营建地点（1.4.1—1.5.1）（图 11）

有关古代论城市选址的文献相当可观，大多以卫生、农业耕地、防御和商贸等实际考虑为主。[1] 在希腊、埃特鲁斯坎和罗马文明中，新城市的奠基也要举行重大的仪式。

维特鲁威在第 4 章至第 7 章中所讨论的在兴建新殖移民区或城镇过程中要考虑到的几乎所有因素（风、健康选址、防御、公路、港口等），其实正是体现了元老院一般管理官员及其专业工作班子的特定职责。维特鲁威在《建筑十书》中罗列了城镇规划的所有活动，这表明至少在他的眼中，建筑师才是主要专业人员，而非 *agrimensor*（土地丈量师）或 *mensor*（测量员）。他们的主要职责是为实际的选址工作提出建议。

从公元前 4 世纪开始，在新征服地区建立罗马公民的殖民区成了罗马的一项基本国策，直至维特鲁威时代依然是建筑活动的一部分。[2] 新建城镇的管理工作通常被交托给高层的行政长官（即 *tresviri colniae deducendae*），他们往往位居元老级（例如阿西尼乌斯·波利奥 [C. Asinius Pollio]，一个凯撒派，公元前 40 年的执政官，前 39 年在罗马建立了第一座"公共"图书馆，就设在重建的自由宫 [Atrium Libertatis] 之内。他曾是一位土地官员，有公元前 42 年曾负责将菲利皮 [Philippi] 的退伍军人安置在意大利北部曼图亚附近的地区）[3]。他们的职责是选址、划定地界、将周围地区细分成配给土地、登记新居民、起草并颁发基本章程、任命第一批官员。一般每个定居者可领到城里的一块宅基地和周边地区的一块农田。这些土地官员在执行公务中拥有全权处置权，或称 *imperium*，他们带领着一班训练有素的 *agrimensores*（土地丈量师）、*finitores*（助理土地官员或"划界员"），可能还有建筑师。土地分配记录要公示，可能是采取法国南部阿劳西奥城（Arausio）（即奥朗日）的百亩法土地石刻平面图的形式公布的。有一个青铜地图的复制品保存在这个地区的主要城市档案馆中，另一复制品可能寄存于罗马档案馆（Tabularium in Rome）。[4]

[152]

---

1 亚里士多德：《政治学》（*Politics*），7.10.1330a；色诺芬：《回忆苏格拉底》，3.8.9；沃德－珀金斯（J. B. Ward-Perkins）：《古代希腊与意大利城市：古典时代的城市规划》（*Cites of Ancient Greece and Italy : Planning in Classical Antiquity*，纽约，1974），40；马丁（R. Martin）：《古希腊的城市规划》（*Urbanisme dans la Grèce antique*，巴黎，1956），38 以下。

2 有关此内容的综述及批评性讨论，见沃德－珀金斯：上引书，附录 1、2，37—40；卡斯塔尼奥利（F. Castagnoli）：《古代直角型城市规划》（*Orthogonal Town Planning in Antiquity*，剑桥与伦敦，1972），180—197；布朗（F. E. Brown）：《科萨》（*Cosa*）2（《罗马美国学院论文集》[*Memoirs of the American Academy in Rome*] 26，1960），9—19。

3 建立一个公民土地所有者的殖民地，就意味着这土地原先无所有者，或已经被征用。正是曼图亚的人口重新安置，剥夺了维吉尔祖传地产。维吉尔：《牧歌》（*Eclogute*），9.27—29。

4 迪尔克（O. A. W. Dilke）：《罗马土地丈量师》（*The Roman Land Surveyors*，牛顿阿伯特，1971），112—113，63—65；《希吉努斯·格罗马蒂库斯》（*Hyginus Gromaticus*，Blume 编辑），1.196。

因此我要强调以下这个观点……古老的选址原则……（1.4.9）（图12、13）

维特鲁威提到占卜术或观察分析动物内脏的技巧，尤其是肝脏（内脏占卜），这是古意大利的普遍做法，《埃特鲁斯坎占卜规则》（*Etrusca Disciplina*）就是专门记载这种做法的书。[1]肝脏含有人体1/6的血液，故被视为生命之源，因此在举行献祭礼的任一特定时刻，都可作为当下世界的一面镜子。随着时间的推移，祭司发展出了一套将肝脏外观与外部事件"对应起来"的学问，并经过整理编撰，形成了如《埃特鲁斯坎占卜规则》这样的传统，并训练祭司，批准他们进行占卜。使这一传统得以保存下来的主要资料是皮亚琴察的一块公元前3世纪的青铜肝脏模型，大概是用来授课的，以及古代晚期著作家卡佩拉（Matianus Capella）的著作。[2]

因此，占卜规则是凭借分析观察的传统，以及关于人体与环境之间存在关联的假定而得以形成的，这些规则与后来理性医学有一些共同特征。卜凶吉并不单单是仪式问题，其结果往往是不确定的，必须做出仔细的评估或重新再来。一种占卜方式（对肝脏或肠子的解读）可能会取消另一种解读，或得出相反的结果，如对空中飞鸟的解读。[3]老加图也劝告人们在购买乡间别墅时，考察一下那个地方居民的外貌。[4]

在罗马土地丈量师的实践与伊特鲁里亚-拉丁式的占卜活动之间，也有某些相似之处。[5]丈量师和占卜者都将他们的视线"四等分"，往往像是面向西方，都是通过前后左右而不是东南西北划分土地。

占卜仪式（或技术）的第一步是 conregio，从字面上讲就是确定区域，相当于确定 *templum*（鸟卜之地）或为占卜划出场地。[6]占卜师会选择视野清晰的高地[7]，用 *lituus*（魔杖），即无疖的棍棒在他面前的地上画一个图形，将他的视野分成左右〔*sinistra et dextra*〕与前后〔*postica et antica*〕。在做这划分时他也注意观察地平线上的物体。[8]这图形有一个外部边界，构成这 *templum*，其实就是"切出"的或划定的一个区域，瓦罗介绍说，它应有一圈围栏，

---

1 在伊特鲁坎，《占卜规则》记录于亚麻编织物的书上，似乎特别注重根据雷声、闪电、肝脏和鸟的预兆以及牺牲的特征来进行占卜。在共和国晚期，关于埃特鲁斯坎起源与实践的观点，记载于西塞罗的著作、所谓的维吉娅（Vegoia）预言书、凯基纳（A. Caecina）的著作以及由维里乌斯·弗拉库斯（Verrius Flaccus）竖立于普勒尼斯特（Praeneste）的罗马历（宗教历表）中。

2 卡佩拉：《论墨丘利与语文学的结合》（*De nuptiis Mercurii et Philologiae*），收入图林（C. Thulin）：《卡佩拉的上帝与皮亚琴察的青铜肝脏模型》（*Die Götter von Martianus Capilla und die Bronzeleber von Piacenza*，吉森，1906）。参见普菲费希（Ambros Josef Pfiffig）：《埃特鲁斯坎宗教》（*Religio Etrusca*，格拉茨，1975）。

3 见里克沃特（J. Rykwert）：《市镇的观念：罗马、意大利和古代世界的城市形态人类学》（*The Idea of a Town. The Anthropology of Urban Form in Rome*, Italy and the Ancient World，普林斯顿，1976），44—49，51—58。

4 《论农业》（*De Agri cultura*）1。

5 沃德-珀金斯：《古代希腊与意大利的城市》，38—40；里克沃特：《市镇的观念》（伦敦，1976），44—49，51—58。弗朗蒂努斯（Frontinus）和格罗马蒂库斯（Hyginus Gromaticus）特别说到，建立 Limites（土地疆界）的做法来源于对太阳行程的观察和《埃特鲁斯坎占卜规则》的占卜活动。格罗马蒂努斯（Thulin 编辑）：131；弗朗蒂努斯（Thulin 编辑）：10。

6 瓦罗：《论拉丁语》（*De Lingua Latina*），7.8。*templum* 一词，源于印欧词根，意为"切割"，原指从俗世"切出"的一块圣地。这 *templum* 包括有一部分土地、天空和地平线，还可能包括一个祭坛〔*ara*〕、神坛〔*fanum*〕或一座建筑（*aedis sacra*，即"神圣的建筑"），也可能不包含这些。维特鲁威总是小心翼翼地使用 *aedis sacra*（圣殿）这个术语指称造好的神庙，但这似乎显得有些老套。与他同时代的西塞罗，使用语言精确讲究，一丝不苟，他使用 *templum* 一词，就如同我们使用"temple"一样，就是指宗教建筑。

7 不过也不总是如此。有时占卜仪式就在罗马集市的集会场所前部进行。另一方面，西塞罗曾记载说，凯利乌斯山（Caelian hill，罗马七丘之一）上的公寓建筑被拆毁，是因为它挡住了卡皮托利山（Capitoline）上的 *auguraculum*（占卜场地）的视线，尽管它们相距1.5公里。《论责任》，3.66。

8 瓦罗：《论拉丁语》；李维：1.18。

[153]　城市选址

（健康的地点，1.4.1—12）；防御和周边地区（1.5.1）；小块土地的分配、港口、神庙等（1.7.1—2）

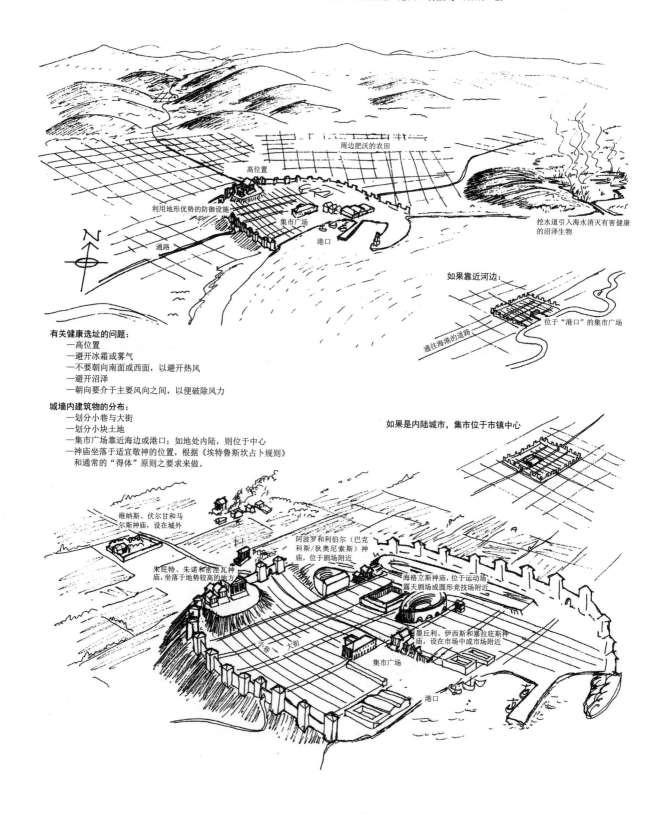

有关健康选址的问题：
　—高位置
　—避开冰霜或雾气
　—不要朝向南面或西面，以避开热风
　—避开沼泽
　—朝向要介于主要风向之间，以便破除风力

城墙内建筑物的分布：
　—划分小巷与大街
　—划分小块土地
　—集市广场靠近海边或港口；如地处内陆，则位于中心
　—神庙坐落于适宜敬神的位置，根据《埃特鲁斯坎占卜规则》
　　和通常的"得体"原则之要求来做。

图 11　城市选址（健康的地点，1.4.1—12）；防御和周边地区（1.5.1）；
小块土地的分配、港口、神庙等（1.7.1—2）

土地丈量与占卜（"古老的原理"）（1.4.9）　[154]

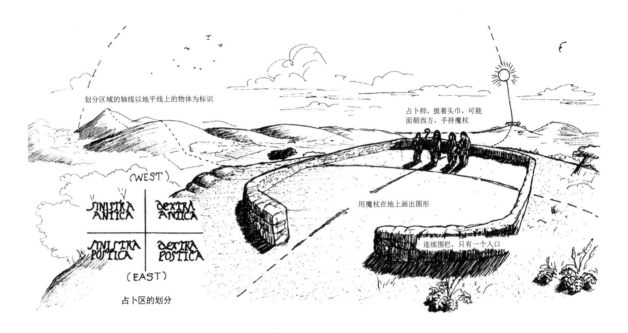

占卜区的划分

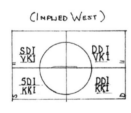

一个测量网格的四个百亩法测量地块
［根据希吉努斯·格罗马蒂库斯（Hyginus Gromaticus），收入迪尔克
（O. A. W. Dilke）：《罗马土地丈量师》（The Roman Land Surveyors，
伦敦，1971）；《罗马土地丈量师》（Gli agrimensori di Roma antica，
博洛尼亚，1988，图26）绘制］

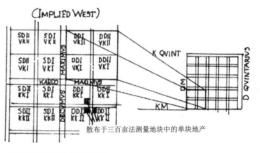

散布于三百亩法测量地块中的单块地产

排列百亩法测量地块的方法
［根据格罗马蒂斯，收入迪尔克：《罗马土地丈量师》（伦敦，1971）；《罗马土地丈
量师》（博洛尼亚，1988，图26—28）绘制］

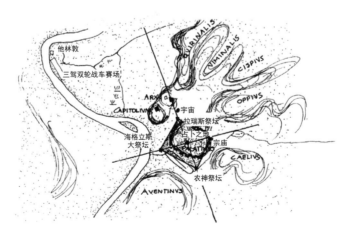

"方形的罗马"？？
（"正方形的"罗马或"四等份"的罗马）（塔西佗《编年史》12.24等）

图12　土地丈量与占卜（"古老的原理"）（1.4.9）

[155]　土地测量与占卜：源于埃特鲁斯坎传统？

皮亚琴察的青铜肝脏（公元前 3 世纪）

用于 *haruspices*（内脏占卜师）的教学？
［罗兰（I. D. Rowland）转录］

将皮亚琴察的青铜肝脏解释为：
它代表了各种神灵与各个特定的天空区域之间的关联

［根据帕洛蒂诺（M.Pallottino）：《埃特鲁斯坎人》（*The Etruscans*，
哈蒙兹沃思，1975）第 165 页绘制］

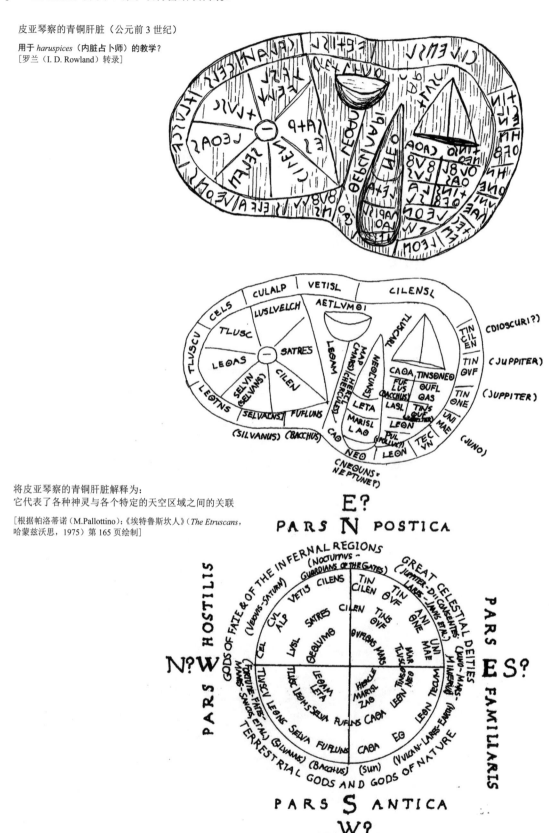

图 13　土地测量与占卜：源于埃特鲁斯坎传统？

仅有一个入口。[1] 占卜师站在两条交叉线的 *decussis*（交叉点）之后的一段距离，披着头巾，凝视前方。[2] 占卜仪式的下一步便是在四界之内观察事件（通常是鸟的飞行），并对其做出评判。[3]

在土地丈量中，将侧量仪 (*groma*) 放置在测量区域的中心点，先要进行占卜，就如罗马社会中举行最严肃的仪式一样。而且测量区与 *templum* 一样，有着同样明确的称谓：以 *cardo*（南北轴线）和 *decumanus*（东西轴线）对测量区域进行正交划分，并用"南北轴线的这一边""南北轴线的那一边"〔*kitra kardinem*，*ultra kardinem*〕[4] 和"东西轴线右边""东西轴线左边" [156] 〔*sinistra decumani*，*dextra decumani*〕这样的术语对小块土地进行识别。[5]

旁提那湿地（1.4.12）

罗马南部沿海有瘴气的低洼湿地，阿皮亚大道 (Via Appia) 从该地区穿过。

萨尔皮亚（1.4.12）

萨尔皮亚城可能建于公元前 2 世纪，在同盟者战争 (Social Wars) 之前。这场战争发生于公元前 89 年，或甚至就发生在公元前 29 年前后，那时维特鲁威正在写作。[6]

城墙（1.5.1—8）（图 14—19）

第 5 章第一节是工程师拜占庭的菲洛 (Philo of Bazantium)（公元前 2 世纪）的《机械学概论》

---

1 瓦罗《论拉丁语》，7.13。
2 丈量师弗朗蒂努斯和希吉努斯以及历史学家李维都说，占卜师面向西方，是因为日月沿此方向运行；瓦罗说占卜师面向南方。弗朗蒂努斯也说，这就是"一些建筑师"已写了神庙应朝西的原因。（希腊神庙通常被认为是朝东）希吉努斯·格罗马蒂库斯（Thulin 编辑）：131；弗朗蒂努斯（Thulin 编辑）：10；李维：1.18；瓦罗：《论拉丁语》，7.7。
3 *conspicio* 是占卜师的观察，而 *contumio* 便是对事件的评价。完整的仪式称作 *contemplatio*，指准备 *templum*（鸟卜之地）的过程。罗慕路斯（Romulus）在罗马 *inauguratio*（鸟卜）中为赢他的竞争对手里姆斯（Remus），是因为他站在帕拉蒂尼山上更高的位置，看到了更多的秃鹫，而里姆斯则站在阿文蒂尼山（Aventin，罗马七七丘之一）上。普鲁塔克（Plutarch）：《罗慕路斯传》（*Romulus*），35；哈利卡尔那索斯的狄奥尼修斯（Diongsius of Halicarnassus），1.79。
4 *citra* 和 *cardo* 既可拼作"k"，又可拼作"c"，这种词拉丁语中为数不多。在土地丈量记录中是用"k"。
5 *cardo* 即是地球轴，指南北轴线，因此丈量师就像占卜师一样，沿东西轴线面朝"西方"。历史学家将这种正交体制的存在追溯到罗马城的创建，即有争议的 *Roma Quadrata*（罗马方城）的神话，据说是由罗慕路斯在帕拉蒂尼山周边规划的，尽管此区域的形状（圆形还是方形）不能确定。恩尼乌斯（Ennius）：费斯图斯（Festus）所引，Ouadrata Roma 条之下；普鲁塔克：《罗慕路斯传》（*Life of Romulus*），9；哈利卡那索斯的狄奥尼修斯：1.79；塔西佗（Tacitus）：《编年史》（*Annals*）12.24；瓦罗：收入索利努斯（Solinus），1.17—18。塔西佗给出了它的四个角落，即牲口市场（Foarum Boarium）上的海格立斯大祭坛（Ara Maxima Herculis），大竞技场谷地中的农神祭坛（altar of Consus），帕拉蒂尼山东北角上的宗庙（Curiae Veteres），以及罗马集市广场上尤图尔娜水池（Lacus Iuturnae）附近的拉瑞斯（Lares）祭坛。见蒂布勒（E. Tübler）：《罗马方城与宇宙》（Roma Quadrata und Mundus），《罗马通报》（*Romische Mitterlungen*，41，1926），212，218；巴萨诺夫（V. Basanoff）：《帕拉蒂诺山的边界》（Pomerium Palatinum），《山猫之眼科学院论文集》（*Memorie dell'Accademia dei Lincer*，6.9，1939），3。关于理论的发展，即认为罗马方城的某些面貌可能保存于后来城市的平面中，例如沿弗拉米尼亚大道（Via Flamina）一线，见梅奥格罗西（P. Meogrossi）：《表明了城市复原的古代地形测量学和考古复原》（Topografia antica e restauro archeologico indicatori per il recupero della città），收入《保存与恢复城市的历史》（*Mantenuzione e recupero nella città storica*），M. M. Segarra Launes 编辑，罗马会议，1993 年 4 月 27—28 日，81—89；同上，《介于帕拉蒂诺山与大竞技场谷地间的直线地形测量；罗马大理石平面图宏大设计的比例与规则》（Allineamenti topografici tra Palatino e valle del Colosseo；ragioni e vegole del disegno reale della *Forma Urbis*），收入《古罗马宇宙之城》（*La ciudad en el mundo romano*），第十四届国际古典考古大会，2，塔拉戈纳，1993 年 9 月 5—11 日（塔拉戈纳，1994），277—280。
6 明加齐尼（M. Mingazzini）：《意大利科学、文学与艺术百科全书》（*Enciclopedia Italiana Treccani*），30，493，Salpia 条之下；卡拉巴（E. Carraba）：《萨尔皮亚的重建》（*La refondazione di Salpia*），《雅典娜神殿》（*Atheneum*，61，1983），514—516；里翁蒂诺（A. Riontino）：《标杆》（*Canne*，特拉尼，1942），200 以下。

（*Mechanical Syntaxis*）中第 5 书的浓缩版，后者通常被视为一部论要塞的独立论文。[1] 维特鲁威推荐的防御工事的内容符合希腊化时期要塞的一般实践，但明显偏爱于较有创意的或实验性的想法，而不是最标准的形式。

基坑……向下挖至坚硬的地层（1.5.1）（图 18）

菲洛也对这些内容做过介绍，而且公元前4世纪就有了火炮[2]，为支持火炮就要有坚固的基础，这些内容就更有必要加以考虑了。相当常见的做法是，在其底部砌筑两三层外露的墙体或碉楼并稍做扩展，使基础比上部墙体宽一些，以增加敌方挖坑道的难度。

碉楼应向外凸出（1.5.2）（图 15—18）

建造碉楼的目的是为了用轻型弩炮或弓箭清除左右两侧的掩体，也为了用远程弩炮扫清城墙前方的区域。实现后一个目标要求有一定的高度，而实现前一个目标则从前面发射即可。

没有轻易接近城墙的路径……环绕陡峭的山冈修筑（1.5.2）（图 14、15）

将要塞沿着高丘的山脊布置，以使防御工事对着战场而非城区，这种做法常被认为具有希腊特色，但希腊化时期的罗马殖民地也这么做（例如建于公元前 273 年的科萨城）。不过，罗马殖民地通常不得不建在平地上，因为显然要更多地考虑应能方便地进入公路网或港口（例如公元前 2 世纪后期和前 1 世纪波河流域的那些殖民区，或建于公元前的奥斯蒂亚 [Ostia]）。

通向城门的道路就不是笔直的，而是靠左边（1.5.2）（图 15、17）

这种情况并不常见，但在若干希腊遗址和少数罗马遗址中已得到证实，见图。[3]

在墙体构造中应放置……木棍（1.5.3）（图 18）

这一点听上去相当奇怪，或许是创造性地结合了希腊化时期幕墙（Curtain）和凯撒曾描述过的高卢墙（*murus gallicus*）的做法。[4] 这种想法后来在罗马帝国时期被采纳，运用于北方前线木质或石质要塞墙体的筑造中（例如莱因兰的国境线），[5] 见图。

---

1 原典、译文和评注，见加朗（Y. Garlan）：《希腊攻城术研究》（*Recherches sur Poliorcétique grecque*，B. E. F. A. R. 223，巴黎，1974），279—404。
2 温特（F. E. Winter）：《希腊要塞》（*Greek Fortifications*，多伦多，1971），327。
3 安德烈埃（W. Andreae）：《哈特拉》（*Hatra*）II，《德意志东方学会科学文库》（*Wissenchaftliche Veröffentlichungen der deutschen Orientgesellschaft*，莱比锡，1912），图 26。
4 《高卢战纪》（*De Bello Gallico*），7.23。
5 巴茨（D. Baatz）：《凯尔特人影响了罗马防御工事？》（Keltische Einflüsse auf Römische Wehrbauten？），收入《罗马军队的建筑与弩机》（*Bauten und Katapulte de Römischen Heers*，斯图加特，1994），59—65。

城市选址："壁垒应环绕陡峭的山冈修筑"（1.5.2） [157]

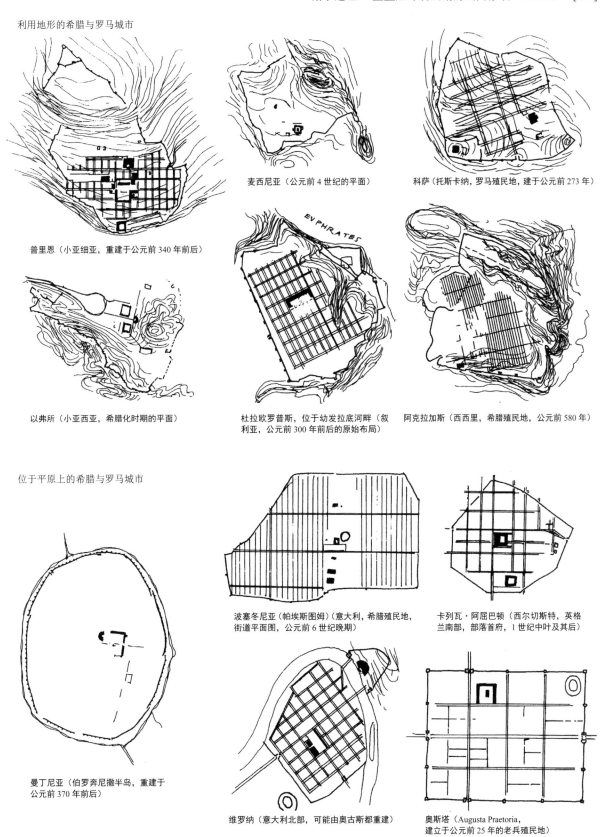

利用地形的希腊与罗马城市

普里恩（小亚细亚，重建于公元前 340 年前后）

麦西尼亚（公元前 4 世纪的平面）

科萨（托斯卡纳，罗马殖民地，建于公元前 273 年）

以弗所（小亚西亚，希腊化时期的平面）

杜拉欧罗普斯，位于幼发拉底河畔（叙利亚，公元前 300 年前后的原始布局）

阿克拉加斯（西西里，希腊殖民地，公元前 580 年）

位于平原上的希腊与罗马城市

曼丁尼亚（伯罗奔尼撒半岛，重建于公元前 370 年前后）

波塞冬尼亚（帕埃斯图姆）（意大利，希腊殖民地，街道平面图，公元前 6 世纪晚期）

卡列瓦·阿屈巴顿（西尔切斯特，英格兰南部，部落首府，1 世纪中叶及其后）

维罗纳（意大利北部，可能由奥古斯都重建）

奥斯塔（Augusta Praetoria，建立于公元前 25 年的老兵殖民地）

图 14　城市选址："壁垒应环绕陡峭的山冈修筑"（1.5.2）

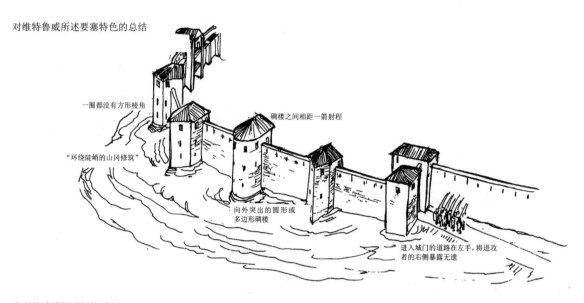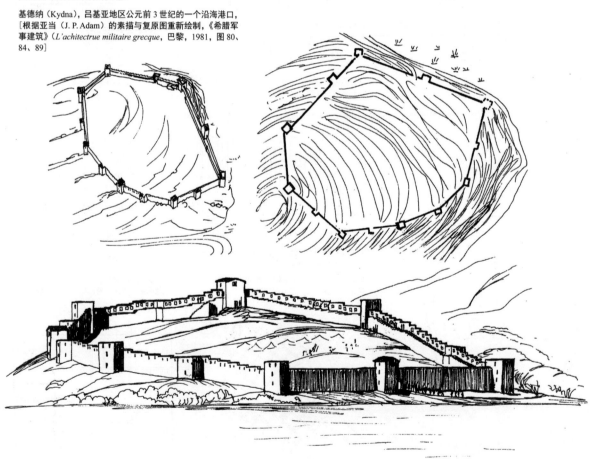

[158]　　要塞：(1.5.1—8)

对维特鲁威所述要塞特色的总结

一圈都没有方形棱角

碉楼之间相距一箭射程

"环绕陡峭的山冈修筑"

向外突出的圆形或
多边形碉楼

进入城门的道路在左手，将进攻
者的右侧暴露无遗

典型的希腊化时期的要塞：

基德纳（Kydna），吕基亚地区公元前3世纪的一个沿海港口，
[根据亚当（J. P. Adam）的素描与复原图重新绘制，《希腊军
事建筑》(*L'achitectrue militaire grecque*，巴黎，1981，图80、
84、89]

图15　要塞：对维特鲁威所述特色的总结；典型的希腊化要塞（1.5.1—8）

要塞：（1.5.1—8）　[159]

作为炮台的碉楼
[根据麦克尼科尔（McNicoll）：《希腊世界要塞构筑的历史》（*Fortification dans l'histoire du monde grec*，巴黎，1986）图158，以及亚当：《希腊军事建筑》（巴黎，1981）图74绘制]

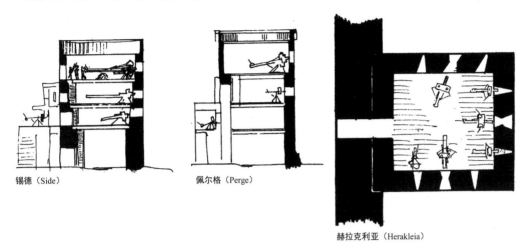

锡德（Side）　　佩尔格（Perge）

赫拉克利亚（Herakleia）

圆形与多边形碉楼
[根据亚当：《希腊军事建筑》（巴黎，1981）图29、32、43、44、65，以及麦克尼科尔：《希腊世界要塞构筑的历史》（巴黎，1986）图159绘制]

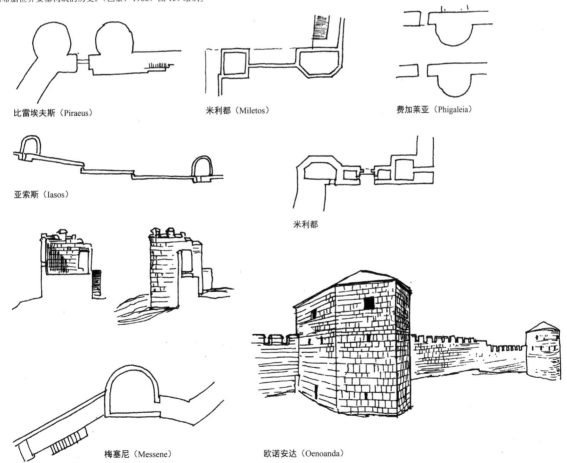

比雷埃夫斯（Piraeus）　　米利都（Miletos）　　费加莱亚（Phigaleia）

亚索斯（Iasos）

米利都

梅塞尼（Messene）　　欧诺安达（Oenoanda）

图16　要塞：作为炮台的碉楼；圆形与多边形碉楼（1.5.1—8）

[160]　　要塞：（1.5.1—8）

各种城门的设计

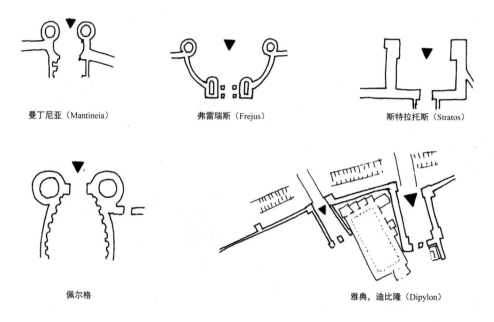

曼丁尼亚（Mantineia）　　　弗雷瑞斯（Frejus）　　　斯特拉托斯（Stratos）

佩尔格　　　　　　　　雅典，迪比隆（Dipylon）

靠左边的大门通道，将敌军右侧暴露在外

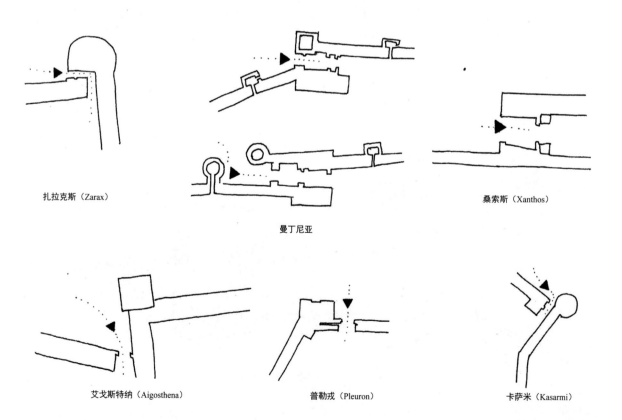

扎拉克斯（Zarax）　　　　　　　　　　　　　　桑索斯（Xanthos）

曼丁尼亚

艾戈斯特纳（Aigosthena）　　　普勒戎（Pleuron）　　　卡萨米（Kasarmi）

图 17　要塞：各种城门的设计；靠左边的入口通道（1.5.1—8）

要塞：（1.5.1—8） [161]

墙基应筑于"坚硬土层"之上

"墙基应宽于地面的城墙"

"阶梯"嵌入基岩以便筑起升高的基础

赫拉克利亚至拉特摩斯
（Herakleia ad Latmos）

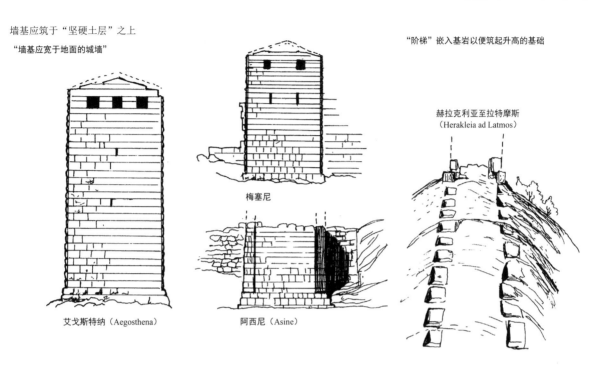

梅塞尼

艾戈斯特纳（Aegosthena）

阿西尼（Asine）

希腊化时期的碎石填充墙体（大概就是 emplektom）

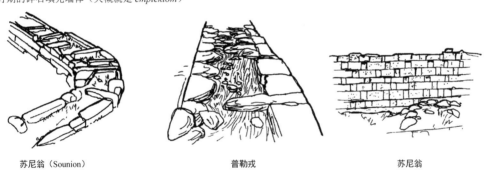

苏尼翁（Sounion）

普勒戎

苏尼翁

加木棍的墙体

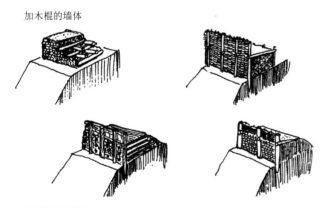

各种"高卢城墙"
［根据奥杜茨（Audouze）和比希森许兹（Büchsenschütz）：《凯尔特欧洲的市
镇、村庄和农村》（*Towns, Villages and Countryside of Celtic Europe*，伦敦，1991）
图 49 绘制］

萨尔堡（罗马兵营，公元 2 世纪，约 125/139）
［根据巴茨（D. Baatz）：《凯尔特人影响了罗马的防御建筑？》
（*Festschrift Dehn*，1969），收入《罗马军队的建筑与弩机》（*Bauten
und Katapulten des römischen Heeres*，斯图加特，1994），60，图
1 绘制］

图 18　要塞：墙基筑于坚硬土层之上；希腊化时期的碎石填充墙体；加木筋的墙体（1.5.1—8）

[162]　　要塞：（1.5.1—8）

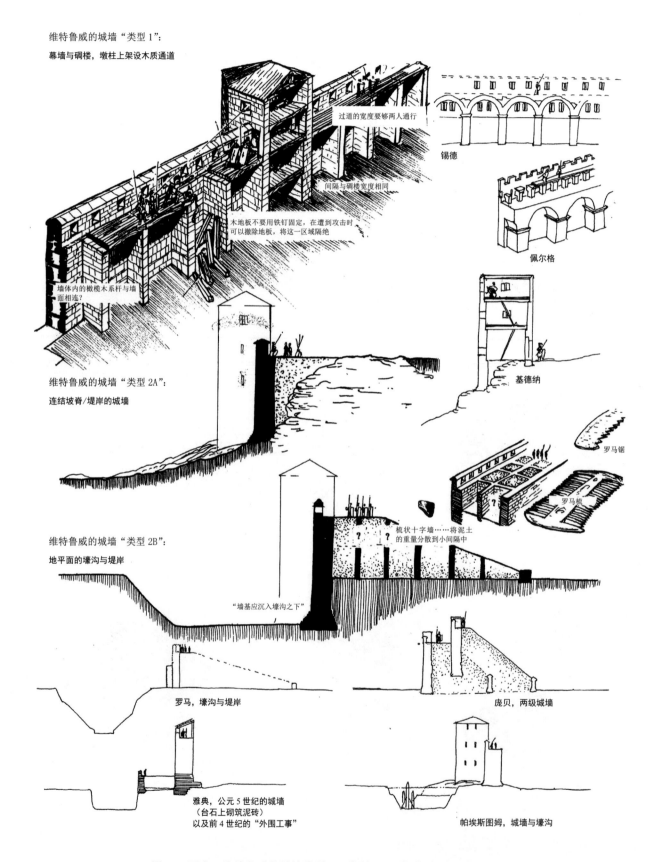

维特鲁威的城墙"类型1"：

幕墙与碉楼，墩柱上架设木质通道

过道的宽度要够两人通行

锡德

间隔与碉楼宽度相同

木地板不要用铁钉固定，在遭到攻击时可以撤除地板，将这一区域隔绝

佩尔格

墙体内的橄榄木系杆与墙面相连？

基德纳

维特鲁威的城墙"类型2A"：

连结坡脊/堤岸的城墙

罗马锯

罗马梳

维特鲁威的城墙"类型2B"：

地平面的壕沟与堤岸

梳状十字墙……将泥土的重量分散到小间隔中

"墙基应沉入壕沟之下"

罗马，壕沟与堤岸

庞贝，两级城墙

雅典，公元5世纪的城墙
（台石上砌筑泥砖）
以及前4世纪的"外围工事"

帕埃斯图姆，城墙与壕沟

图19　要塞：维特鲁威的城墙类型1，类型2A，类型2B（1.5.1—8）

碉楼之间的间距……一箭的射程（1.5.4）

便携式弓箭的射程约 30—40 米，这在希腊化时期是碉楼间通常的距离。[1] 菲洛推荐 100 肘（150 足，约 46 米）。[2] 在有些地区这间距可能大得多，如罗得岛为 330 足左右（一架弩机的有效射程约在 300—400 米）。[3] 凯撒在围攻阿莱西亚（Alesia）时碉楼间距为 80 足（24 米）。[4] [163]

碉楼应建成圆形或多边形（1.5.5）（图 16）

在希腊化时期，碉楼一般建为方形，但各种多边形及圆形碉楼也很常见，如位于梅塞尼（Messene）、奥诺安达（Oenoanda）或曼丁尼亚（Mantinea）等地的碉楼。菲洛推荐用多边形碉楼和斜向通道。[5]

如果将它们与土壁垒联结起来……要塞便会更加坚固（1.5.5）；不过处处都建壁垒则是不合理的……（1.5.6—7）（图 19）

前一句话听上去像是一道山脊护墙（类型 2A）；第二句话是一道土背墙，如罗马的"塞尔维乌斯城墙"（Servian wall）（类型 2B）。

划分为小块土地（1.6.1）

一般而言，一个新殖民地周边的农田是以"百亩法"（centuriation）划分为规则的小块土地，拉丁语一般称作 Limitatio（分界），并将这些小块土地分配给移民，或直接将地产登记在案。使用规则的网格测量田地的做法，至少可追溯到公元前 6 世纪意大利南部的希腊殖民地（例如梅塔蓬图姆 [Metapontum]）。每块以"百亩法测量的"（centuriated）地块从一个朝向各个基点的中央水准线开始，正如维特鲁威所叙述的，而且土地丈量师们建议网格本身要始终朝向基点。但情况往往不是这样，相毗邻的百亩法测量的地块的朝向稍有不同，如波河流域和阿劳西奥（奥朗日）周边地区。《土地丈量文集》（Corpus Agrimensorum）中的练习给出了许多实例，说明了丈量师必须对百亩法网格进行调整，以适应像水流或山脉这些障碍物对土地的阻断。显然，并不是一个地区的所有土地都是以百亩法来划分的。除了百亩法测量的田地之外，有的土地虽经测量但被"排除"于百亩法之外，还有些土地则不作测量。希吉努斯·格罗马蒂库斯（Hyginus Gromaticus）主张，如果一个百亩法测量地区的实际边界与百亩法不相符合，就应该划出去。土地丈量练习表明，地产的边界总是被划分成近似的简单矩形和三角形，以使它们可以测量。那幅出自于梵蒂冈图书馆中的一本抄本的插图（Ms. Pal. Lat. 1564），展示了一块测量区域，已做了测量但被"排除"，以及两块殖民区的边界，即尤利亚（Iulia）殖民区和曼图亚（Mantua）殖民区（可能不是实际的曼图亚城）。[6]

---

1 在维特鲁威的书中，"sagitta"（箭、矢）是指便携式弓箭还是指弩机，不太清楚。
2 菲洛：5.89。
3 加朗（Y. Garlan）：前引书，359，注 45b。
4《高卢战纪》，7.72.4。
5 菲洛：5.82；5.89。
6 迪尔克（O. A. W. Dilke）：《希腊与罗马地图》（Greek and Roman Maps，伊萨卡，1985），94—95，图 15。

[164]　风的物理性质（1.6.1—3）

风源：热与水汽之间的冲突（例如，火盆上的烧锅）

亚历山大里亚的希罗的气转球：蒸汽机旋喷

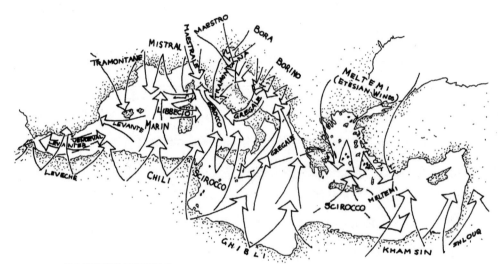

地中海地区当地风的现代名称
[根据普赖尔（J. H. Pryor）：收入《古希腊罗马战舰的时代》（*The Age of the Galley*，伦敦，1995）第 211 页上的插图绘制]

回旋：投掷之后由后面持续力量所驱动的运动

图 20　风的物理性质（1.6.1—3）

天文点和天文带所划定的风向（1.6.4－13）　　[165]

太阳在以下某一天的行迹：

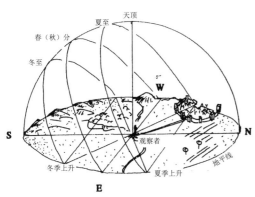

地平线的太阳分区

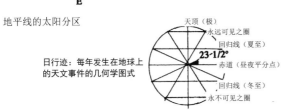

日行迹：每年发生在地球上的天文事件的几何学图式

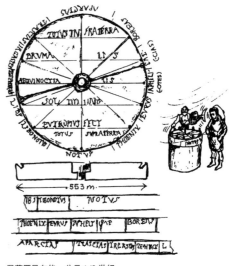

佩萨罗风向仪，公元 1/2 世纪
[根据迪尔克：《希腊与罗马地图》（科内尔，1985）图 21 绘制]

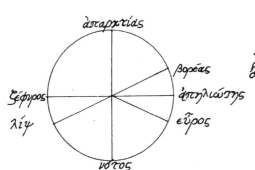

希波克拉底著作集《论七日的周期》（*Peri Ebdomadon*）
[罗舍尔（W. H. Roscher）编辑，收入德雷鲁普（H. Drerup）编：《古代史研究》（柏林，1913）6.3－4]

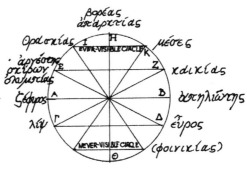

亚里士多德：《天象论》（*Meteorologica*，2.6.363a）

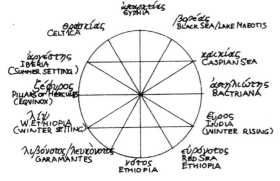

罗得岛的蒂莫斯特尼斯（Timosthenes of Rhodes）的风向图（公元前 3 世纪），列出了风所产生的处于这个世界"外圈"的地区。
[阿加特穆斯（Agathermus）：《地理学图集》（*Geographicae informatio*），2.7；根据奥雅克（Aujac）：《制图史》（*History of Cartography*，芝加哥，1987），图 9.3，153 绘制]

蒂莫斯特尼斯风向图的风带对梅桑纳的狄凯阿科斯（活动于公元前 326－前 296）的以罗得岛为中心的地图的影响。
[根据奥雅克：《制图史》（芝加哥，1987），图 9.2 绘制]

图 21　天文点和天文带所划定的风向（1.6.4－13）

[166]　　以罗盘的象限／卦限划分的风向（1.6.4—13）

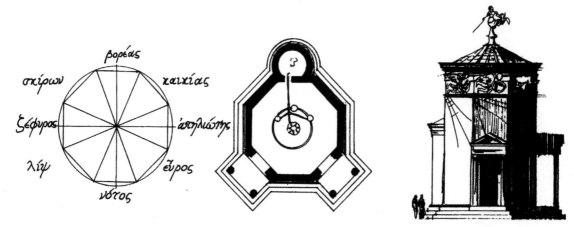

根据安德罗尼库斯·西里斯特斯所描述的各个风向（左），以及风向塔（中、右），该塔由安德罗尼库斯建于雅典集市，作为风向标\日晷和水钟（公元前 2 世纪末 1 世纪初）

[根据斯图亚特与雷维特（Stuart and Revett）：《雅典古物》（*Antiquities of Athens*，伦敦，1759/1765），图版 ii，iii 绘制]

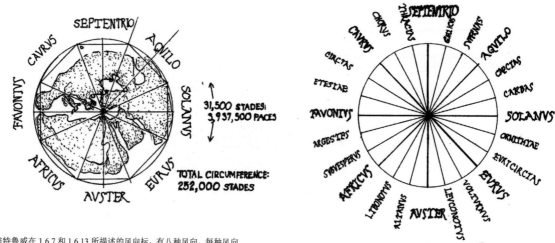

维特鲁威在 1.6.7 和 1.6.13 所描述的风向标，有八种风向，每种风向占据"地球周长的 3937000 罗马步"（根据厄拉多塞计算的周长）

根据维特鲁威 1.6.10 描述的风向图，有外加的居间风向

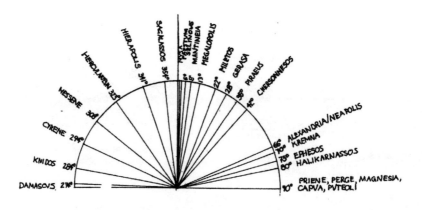

古典时代和希腊化时代城市的"街道"朝向

[依据格肯（H. von Gerkan）：《希腊城市规划》（*Griechische Stäteanlagen*，柏林和莱比锡，1924）图 71 绘制]

图 22　以罗盘的象限/卦限划分的风向（1.6.4—13）

风与朝向（1.6.1—3）（图20—22）

在古代，风被人们看作是由特定季节所驱动的一种强有力的、集中的气流。[1] 这种观念显然源于对诸如地中海地区各种风的某些特征的观察。像夏季的西洛可风（scirocco）或寒冷干燥的法国北风（mistral），这些风往往在某个季节从某个方向吹来。物理学理论也证明了这一点。在土—气—火—水的化学理论中，风被视为热与湿相冲突的产物，正如汽转球中沸腾的水产生了蒸汽。[2] 因此不难想象，风是由某些季节驱动的，实际上产生于地球的特定地点或区域，这种冲突便是在那里发生的。[3] 风是从一个特定地方推出来的观念，也符合于亚里士多德的动力学概念。在惯性概念尚未产生的情况下，他声称，一个被抛出的物体在它脱手之后还持续运动，是因为它受到了后面被替代的空气所产生的前冲力的不断推动。[4]

风是通过"地平线"（horizon）的划分来识别的。[5] 较为普遍的方法是以冬至（夏至）的来临作为划分。维特鲁威，以及雅典的风向塔，采用规则的划分法。维特鲁威将这两种方法合并起来，在1.6.5中提及"冬季的东风"（winter east），这可能是东南风（SE）的一个修辞性同义词。接着在1.6.6—8中，他将这些风置于一个八角形，或真正的东南风（SE）的两侧，等等。

维特鲁威关于朝向的建议不同于其他多数古代作家关于这个问题的观点。亚里士多德可能 [167] 根据希波克拉底的著作，建议有益健康的地址应选在开阔地带，暴露在风中。[6] 在维特鲁威之后三个世纪，奥里巴修斯（Oribasius）在一篇对加伦（Galen）的评注中特别讲到，街道应朝向基点（cardinal points），因为最强劲的风是从那里吹来的，这样风便可以毫无阻碍地吹过街道。[7] 而维特鲁威则认为，风正对着城市街区的棱角吹，会消散并停歇下来。他这个结论的科学道理显然是，静止的空气可"增强"病弱个体的体格。这符合他总的自然科学理论，这种理论宣称，流动的空气和热气会减损人体的"体液"。亚里士多德和色诺芬主张朝南，而维特鲁威则要人们当心南面的朝向和炽热的风。

---

1 老普林尼记载了曾论述过风的二十多位著作家。《博物志》，2.117。

2 汽转球（aeolipile）从公元前3世纪开始便当作实验仪器或教具使用，这已得到证实，见拜占庭的菲洛：《论气动机械》（*Pneumatica*），57，Carra de Vaux 编辑。最著名的汽转球是亚历山大里亚的希罗（Hero of Alexandria）（1世纪晚期）设计的，其实是一台旋喷蒸汽机，而且是古人所拥有的最接近于蒸汽机的机械。希罗：《论气动机械》，2.11；施密特（W. Schmidt）：《亚历山大里亚的希罗：出版物和自动舞台》（*Herons von Alexandria Druckwerke und Automatentheater*，莱比锡，1899）。

3 这一观念一直存在到18世纪，那时旅行家 ten Rhyne 相信他在好望角的桌山（Table Moumtain）上空的云彩中发现了强劲的西南风之源正"倾注"于大气之中。转引自法林顿（B. Farrington）：《希腊科学》（*Greek Science*，诺丁汉，1944、1949），263。

4 亚里士多德：《物理学》（*Physics*），4.8，参见佩德森（O. Pedersen）、皮尔（M. Pihl）在《早期物理学与天文学》（*Early Physics and Astronomy*）中的讨论（伦敦与纽约，1974），120—125。亚里士多德认为，运动有三种类型：一是自然运动，这是本质属性，地球要下沉至宇宙中心，火要上升至天球的边缘；二是受力运动，即一只手给予一块石头的运动；三是生物的自发运动。受力运动要求有持续不断的力作用于一块处于运动中的石头，因为石头自然的、本质的运动会使它向下沉。这被称为 *antiperistasis theory*（即向对立面转化的理论／回旋理论？）。兰普萨库斯的斯特拉托（Strato of Lampsacus）批评了这种理论，但古代无一人接近于惯性概念，直至公元500年前后菲洛波努斯（John Philoponus）对回旋论提出了驳议（《亚里士多德〈物理学〉评注》，*Commentary on Aristotle's Physics*，641.13ff.）。

5 "Horos"为希腊语，意思是"边界"，所以在天文学术语中"horizon"意指我们观看天空之视界的界限或边界。

6 《政治学》，7.11.10，1330a。希波克拉底：《格言》（*Aphorisms*），3.4—5；《空气、水和地点》（*Airs，Waters and Places*，Littré 编辑），vol.2，20。若利（R. Jolly）：《希波克拉底》（*Hippocrates*，巴黎，1964），26 以下。

7 奥里巴修斯（Daremberg 编辑）：2.318 以下。

设置一个大理石水准点……[测量与百亩法]（1.6.6 — 13）（图 23、25 — 27）

维特鲁威演示了在 *amusium*（风向盘）上找到正北方位的方法，这直接来自于测量实践。这一程序记载于论专业测量的文集中，称作 *Corpus Agrimensorum*（《土地测量文集》）。[1] 维特鲁威所说的基于两个阴影的方法，是著作家希吉努斯·格罗马蒂库斯给出的，他对此做了描述后，接着又给出了一种更精确的方法，使用三个阴影。[2] 老普林尼给出了一种较为简便粗糙的方法，不很精确。[3]

利用称作 groma（测量仪）的仪器，可将中央基准点扩展为网格。[4] 通过测锤线可以测出笔直的距离，并用 10 足长的带铁头的测量杆〔*decempeda*〕进行测量。测量对角线可以检查准确与否。[5] 地产边界用界石和地块之间的土沟或堤坝来标明。这种简单的正交几何学自然更适合于正方形区划，尽管不是所有百亩法测量地块都是正方形的。测量单位是阿克图斯（actus）（合 120 足，或一头牛拉犁在调头之前所走的单程），两平方阿克图斯便是一个尤格努姆（*iugerum*），两尤格努姆便是一赫瑞迪翁（*heredium*），即是一块可继承的地产；100 赫瑞迪翁构成一个百亩（a *century*），这就是基本的土地划分单位，即每边长 20 阿克图斯，或 400 平方阿克图斯。[6]

厄拉多塞发明的测量地球周长的方法（1.6.9）（图 24）

厄拉多塞有效地创立了数学地理学（即根据经度和纬度为地区定位），在此领域中他的主要成就之一是关于地球周长的计算。[7] 这一理论基于以下四个假设：赛伊尼（Syene）（即现代阿斯旺）位于巨蟹座的回归线上（接近，约 35′N；在夏至阳光会照射进一口深井，因此太阳位于正上方），赛伊尼与亚历山大里亚位于同一条子午线上，两地之间距离为 5000 斯达地（stades）；太阳射线是平行的。当太阳位于赛伊尼的正上方时，亚历山大里亚日晷指针的投影便为 7 又 1/5，或正好为一个圆的圆周的 1 又 1/5。因此，地球的圆周是 50×2000 斯达地，或 250000 斯达地。厄拉多塞将这一数字改为 252000 斯达地，以使它能被 60 整除。如果厄拉多塞使用的斯达地单位是埃及斯达地，合 157.5 米，周长便为 39690 公里，其误差便在现代值的百分之一范围内。[8] 这就得出每度合 700 斯达地。

---

1 《罗马土地测量文集》（*Corpus agrimensorum romanorum*），C. Thulin 编辑（莱比锡，1913；重印，斯图加特，1971）。

2 马丁内斯（G. Martines）：《格罗马蒂库斯的科学：〈土地测量文集〉中的天文地理学训练》（La scienze dei Gromatici：un esercizio di geografia astronomica nel *Corpus Agrimensorum*），收入《土地丈量：罗马世界中的百亩法与殖民地》（*Misurare la terra：centuriazione e coloni nel mondo romano*，罗马，1985），23—27。三阴影测量法显然基于立体几何学。

3 《博物志》，17.76—77。

4 在古代的 groma（测量仪）是主要测量器具，该词源于希腊词 gnomon（分度规，角度计），大概传给了埃特鲁斯坎人（以 r 代替了 n；迪尔克，1971/88，31）。这网格的精确性，取决于仪器上直角的精确性以及仪器设置的精确性。直角的精确性总是可以用一个 3—4—5 的三角板来检测，自古埃及时代以降人们便了解这种技术了。合理的精确设置方法是将测量仪的尖头插入地下，距离基准点的 decussis（十字交叉线）一段距离，与支撑臂的长度相等地；然后晃动支撑臂，使中央测锤坠子处于十字交叉线的上方；接着校正测量仪，这样轴杆便平行于测锤线。

5 阿克图斯（actus，拉丁语，土地丈量单位）对角线，测量师用 170 足的近似值（实际对角线长度为 169.706 足）。

6 关于土地测量，见迪尔克上引书（1985），88—101；迪尔克（1971/1988）：各处；亚当（J. P. Adam）：《罗马建筑》（La Construction romaine，巴黎，1988），22。

7 塔拉马斯（A. Rhalamas）：《厄拉多塞地理学》（La géographie d'Eratosthène，马赛，1921），128—164。主要的古代资料是克莱奥梅德斯（Cleomedes）：《论天体的圆周运动》（De motu circulari）（希腊文：Kuklikê theoria tôn meteôrôn），1.10。

8 希腊斯达地（stadion）通常为 600 希腊足，但就实际的长度很不确定性，甚至足数也不确实；维特鲁威所用的一罗马斯达地合 625 罗马足或 125 罗马步（一罗马步 /passus= 两步或五罗马足），所以 252000 斯达地 =31500 罗马里〔mille passus〕。若以一罗马足为 0.2957 米计，地球周长便是 46572 公里。见斯科普（Jakop Skop）：《希腊人的赛马场》（The Stade of the Greeks），《测量与绘图》（Surveying and Mapping，10，1950），50—55；迪克斯（D. R. Dicks）：《喜帕恰斯的地理学片断》（The Geographical Fragments of Hipparchus，伦敦，1960），42—46。

利用风向图来规划城市朝向 [168]

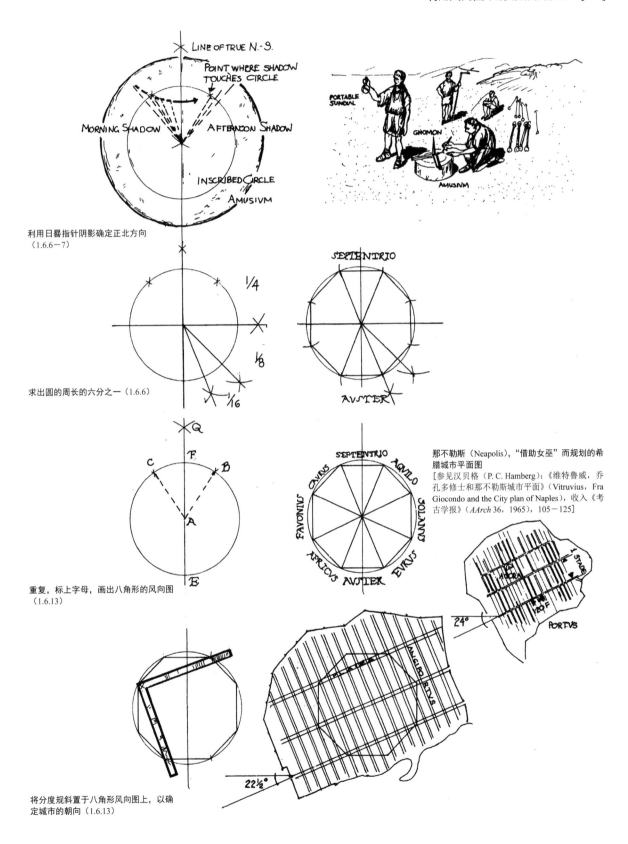

利用日晷指针阴影确定正北方向
（1.6.6—7）

求出圆的周长的六分之一（1.6.6）

重复，标上字母，画出八角形的风向图
（1.6.13）

那不勒斯（Neapolis），"借助女巫"而规划的希腊城市平面图
[参见汉贝格（P. C. Hamberg）：《维特鲁威，乔孔多修士和那不勒斯城市平面》（Vitruvius，Fra Giocondo and the City plan of Naples），收入《考古学报》（AArch 36，1965），105—125]

将分度规斜置于八角形风向图上，以确定城市的朝向（1.6.13）

图23　利用风向图来规划城市朝向（1.6.6—7；1.6.13）

[169]　厄拉多塞对地球周长的测量（1.6.9）

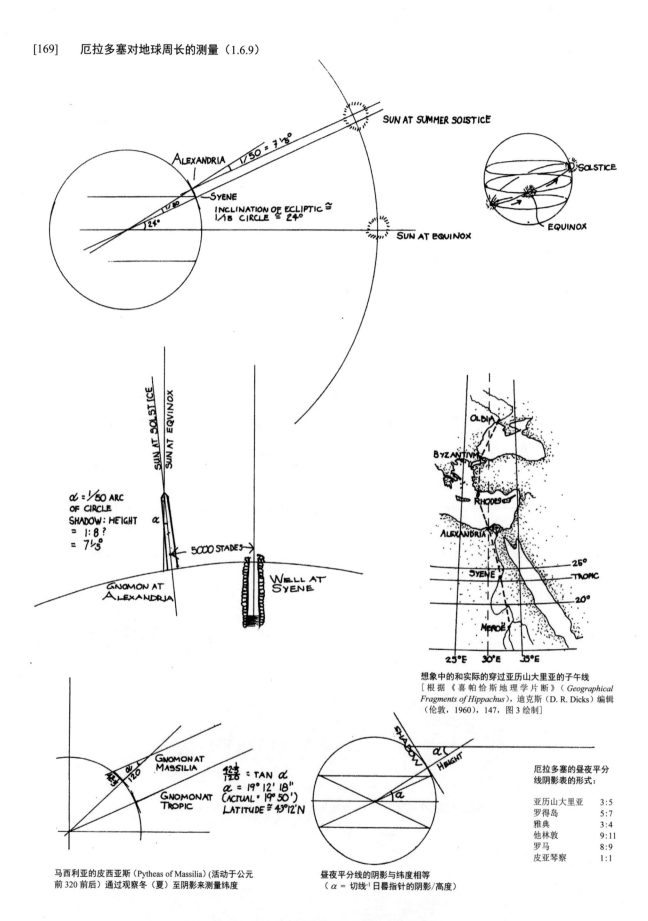

想象中的和实际的穿过亚历山大里亚的子午线
［根据《喜帕恰斯地理学片断》（*Geographical Fragments of Hippachus*），迪克斯（D. R. Dicks）编辑（伦敦，1960），147，图 3 绘制］

马西利亚的皮西亚斯（Pytheas of Massilia）（活动于公元前 320 前后）通过观察冬（夏）至阴影来测量纬度

昼夜平分线的阴影与纬度相等
（α = 切线⁻¹ 日晷指针的阴影/高度）

厄拉多塞的昼夜平分线阴影表的形式：

亚历山大里亚	3:5
罗得岛	5:7
雅典	3:4
他林敦	9:11
罗马	8:9
皮亚琴察	1:1

图 24　厄拉多塞对地球周长的测量（1.6.9）

土地测量与划界（百亩法划界） [170]

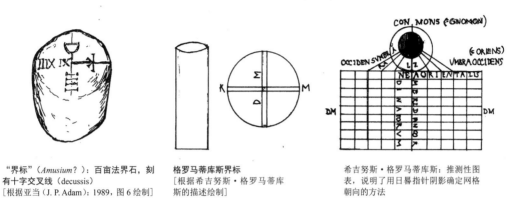

"界标"（*Amusium*？）：百亩法界石，刻有十字交叉线（decussis）
[根据亚当（J. P. Adam）：1989，图 6 绘制]

格罗马蒂库斯界标
[根据希吉努斯·格罗马蒂库斯的描述绘制]

希吉努斯·格罗马蒂库斯：推测性图表，说明了用日晷指针阴影确定网格朝向的方法

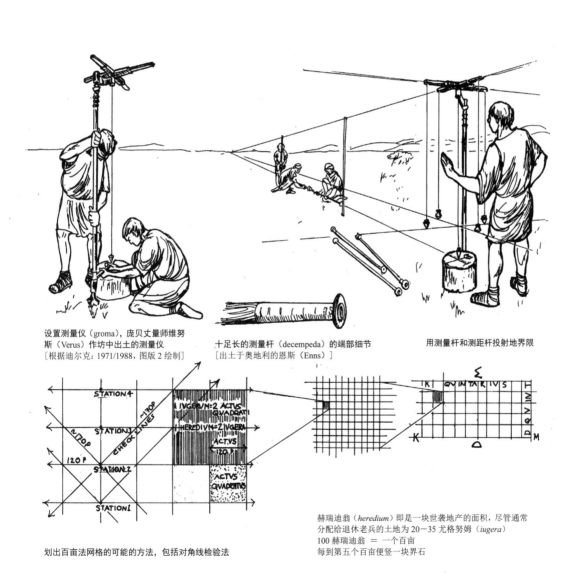

设置测量仪（groma），庞贝丈量师维努斯（Verus）作坊中出土的测量仪
[根据迪尔克：1971/1988，图版 2 绘制]

十足长的测量杆（decempeda）的端部细节
[出土于奥地利的恩斯（Enns）]

用测量杆和测距杆投射地界限

划出百亩法网格的可能的方法，包括对角线检验法

赫瑞迪翁（*heredium*）即是一块世袭地产的面积，尽管通常分配给退休老兵的土地为 20—35 尤格努姆（*iugera*）
100 赫瑞迪翁 ＝ 一个百亩
每到第五个百亩便竖一块界石

图 25　土地测量与划界（百亩法划界）：方法

[171]　土地测量与划界（百亩法划界）

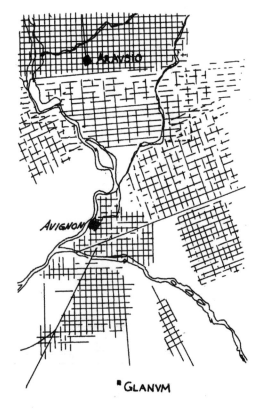

奥朗日—阿维尼翁地区八种不同的百亩法系统的略图
[根据迪尔克：《罗马土地丈量师》（伦敦，1971）；《罗
马土地丈量师》（博洛尼亚，1988）图 45 绘制]

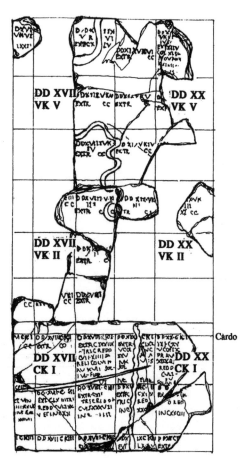

阿劳西奥（奥朗日）的地籍界石地图
地籍图 B，约 77 年前后
[根据迪尔克：1971/1988，图 48 绘制]

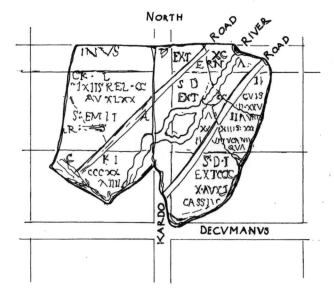

阿劳西奥地籍图局部（左图）（地籍图 A，残片 7）。此局
部展示了附近主要的东西轴—南北轴交叉部的一个区域，
有一条河，河两边为公路

缩写：
EXT（R）—*ex tributario*，即免除贡赋，只适用于高卢人
REL COL—*reliqua coloniae*，留给殖民地的土地，不分给
　　　　　退伍老兵，而是用于出租
RP—*rei publicae*，国有土地
SUBS—*subseciva*，介于边界与百亩地块之间未分配的土地

[根据迪尔克：1971/1988，图 13、16 绘制]

图 26　土地测量与划界（百亩法划界）：实例

土地测量与划界（百亩法划界）：实例　　[172]

以百亩法划分的土地与"被排除的"土地以及边界，
两块相邻的殖民区（曼图亚和尤利亚殖民区）
希吉努斯·格罗马蒂库斯所述土地测量练习的插图，
《土地测量文集》[根据迪尔克：《罗马土地丈量师》
（伦敦，1971）；《罗马土地丈量师》（博洛尼亚，1988）
图 15 绘制]

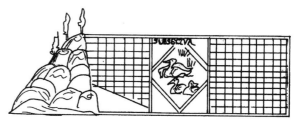

被沼泽与山丘阻隔的测量地块
阿根尼乌斯·乌尔比库斯（Agennius Urbicus）所述土地测量练
习的插图，抄本 Arcerianus A

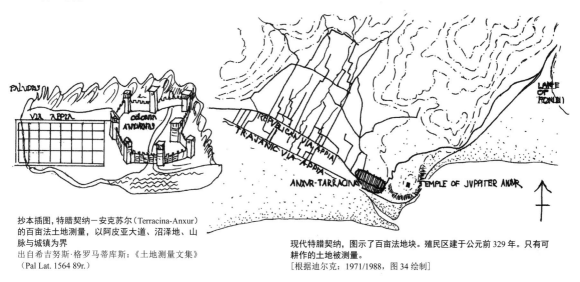

抄本插图，特腊契纳－安克苏尔（Terracina-Anxur）
的百亩法土地测量，以阿皮亚大道、沼泽地、山
脉与城镇为界
出自希吉努斯·格罗马蒂库斯：《土地测量文集》
（Pal Lat. 1564 89r.）

现代特腊契纳，图示了百亩法地块。殖民区建于公元前 329 年。只有可
耕作的土地被测量。
[根据迪尔克：1971/1988，图 34 绘制]

波河流域两个不同百亩法地块，介于帕尔马（Parma）与雷焦（Reggio）之间。帕尔马
周边部分，似乎利用了城西艾米利亚大道的部分作为它的东西向轴线（decumanus）。
[根据迪尔克：1971/1988，图 41 绘制]

图 27　土地测量与划界（百亩法划界）：实例

亚历山大里亚－赛伊尼"子午线"一般只被认为是近似值，往往被看作向南扩展至麦罗埃 (Meroë)，向北扩展到罗得岛、拜占庭和奥尔比亚 (Olbia)。通过天文学方法测量经线长度是不可能的，因为其前提是要知道绝对时间，而绝对时间的精确度量直到 18 世纪研制出天文钟才有可能[1]。因此在古代的制图术中，纬度相对准确，但经度则依赖于船位推测和陆上的距离测量。

小巷……主干道（1.7.1）（图 14、23）

[173] 选用"街道"与"小巷"〔*plateae and angiportus*〕这样的术语，意味着一种长方形的而非正方形的街区系统，有大小街道，这听上去又像是一种 *per strigas*（条状）布局，被看作希腊城市规划或受希腊影响的意大利南部地区和坎帕尼亚地区城市布局的一大特色（例如帕埃斯图姆）。不过，希腊化时期有些希腊城市，其街区平面接近于正方形（普里恩与米利都），而罗马早期殖民地并未沿用希腊化时期的长方形街道样式，如科萨（建城于公元前 273），直至维特鲁威所处的年代（例如迦太基的重建，约前 35—前 15）。[2]

在罗马城市规划中，整齐的、接近方形的城区规划最终占据了主导地位，这可能是受到土地丈量师的影响。百亩法网格并不是城市网格的扩展，反之亦然，除了如波河流域等地，测量网格与城市网格共用艾米利亚大道 (Via Aemilia) 作为方便的东西向轴线 (*decumanus*)。应注意到，维特鲁威在书中从未说这城市实际上是八角形的。八角形只是为城市确定方位的工具，而不是规定它的形状。根据他关于防御工事应建在高地上的说法（1.5.2）可知，城市的形状应对该地点进行评估后才能确定，并不是事先决定好的或一成不变的。

---

1 在赤道线上，一秒钟的误差导致约 1/2 公里的位置误差。

2 沃德－珀金斯（Ward-Perkins）：《古代希腊与意大利的城市》（*Cities of Ancient Greece and Italy*），28。尽管这平面可能早至公元前 146 年。卡斯塔尼奥利（Castagnoli）：1971，图 50，依据达万（P. Davin）：《突尼斯杂志》（*Révue Tunisienne*，1930），73 以下。

评注：第2书

迪诺克拉底与亚历山大（2. 前言.1—4）（图 28）

迪诺克拉底[1]与以弗所阿尔忒斯神庙建造的最后阶段以及亚历山大里亚的城市规划[2]都有关联。亚历山大似乎了解圣山（Mount Athos）是个光秃秃的多石半岛，群山高耸（达 2033 米），没有可耕作的土地，几乎没有河流（仅有的河流是下暴雨时形成的"间歇溪流"，不下雨时便成了干涸的河床）。南部海角处的高山生成强风，对古代海员造成极大危险，因为所有船只一般都必须贴着视线所及的海岸航行。所以，薛西斯（Xerxes）于公元前 480 年挖了一条运河穿过地峡，便是值得一为的事，这样他的舰队可避开危险的风暴。在此十年之前，大流士的舰队有一部分便在这海角处倾覆。亚历山大里亚作为一座新城，规划于公元前 332/331 年，位于尼罗河卡诺珀斯河口的一个近海岛屿上，后来成为希腊化时期的埃及首都，在各个方面都是希腊化世界最辉煌最成熟的城市。该地点易于防守，有极佳的海港，通过尼罗河可进入富饶的内地。尽管此地纬度很低，却以微风习习益于健康而闻名于世，过去和现在都是这样。[3]

各种技艺及建筑技艺的发明（2.1.1—9）（图 29）

人类各种技艺兴起的 *historia*（历史、传说）源于科学－哲学的写作传统，相当于古代的人类学，可追溯到德谟克利特和希波克拉底公元前 5 世纪的著作。[4] 维特鲁威的解释可能大多来源于卢克莱修，他的写作早于维特鲁威之前 25 年。[5] 狄奥多罗斯（Diodorus Siculus）是维特鲁威的同时代人，他在自己所撰写的世界史的开篇也讲述了这个故事。[6]

---

1 老普林尼：《博物志》，34.42；博伊斯（B. M. Boyce）：《麦克米伦建筑师百科全书》（*Macmillan Encyclopedia of Architects*，伦敦，1982），i，词条 Dinocrates 之下，533。

2 关于亚历山大里亚，参见申诺达（S. Shenouda）：《普林斯顿古典遗址百科全书》（*Princeton Encyclopedia of Classical Sites*，普林斯顿，1976），词条 36 之下；以及皮尔逊（B. A. Pearson）：《牛津近东考古学百科全书》（*Oxford Encyclopedia of Archaeology in the Near East*），词条 Arexandria 以下，69，附有参考文献。亚历山大里亚是古代第一座以在世的人而非神的名字命名的城市。

3 斯特拉伯（Strabo）：17.1.7。

4 赖因哈特（K. Reinhardt）认为这种理论最早源于德谟克利特 [《赫尔墨斯》（*Hermes*），47（1912），492 以下]，法林顿（B. Farrington）则进一步认证了这一点，《希腊科学》（*Greek Science*，诺丁汉，1944/1949），82—85。如果此说法是正确的，那么从公元前 5 世纪，这一历史通过卢克莱修与原子论思想联系起来，就顺理成章了。人类技艺的兴起在公元前 5 世纪是一个为人熟知的 *topos*（传统论题）。埃斯库罗斯（Aeschylus）在《被缚的普罗米修斯》（*Prometheus Bound*）中记载，人类曾"像昆虫一般生活在暗无天日的地下洞穴之中，不知道制砖和木匠手艺"，但现在住在造得很漂亮的房屋里，能观星象知未来（《被缚的普罗米修斯》，436 以下）。索福克勒斯（Sophocles）在《安提戈涅》（*Antigone*，332 以下）的一个著名段落中咏道，世上奇异的东西有许多，但没有一样如人这么不可思议，能将暴风或骡子的力量为己所用。古人将技艺看作一套步骤（一套程序），用以获得某种预定的结果，即对某个物体或自然活动的控制。许多这类关于技艺的概念的出现应归功于公元前 6 世纪爱奥尼亚哲学家。参见法林顿（1944/1949）：46—47，136—137。

5 卢克莱修《物性论》中的相关章节，大致是从 5.925 至 5.1105。关于火源于树木摩擦产生的火花，出自卢克莱修：5.1091—1104；关于语言的起源，5.1028—1090。维特鲁威在 9. 前言.17 中说，他怀着赞赏之情阅读卢克莱修。

6 狄奥多罗斯：1.7—8。

[174]　迪诺克拉底与亚历山大（2.前言.1—4）

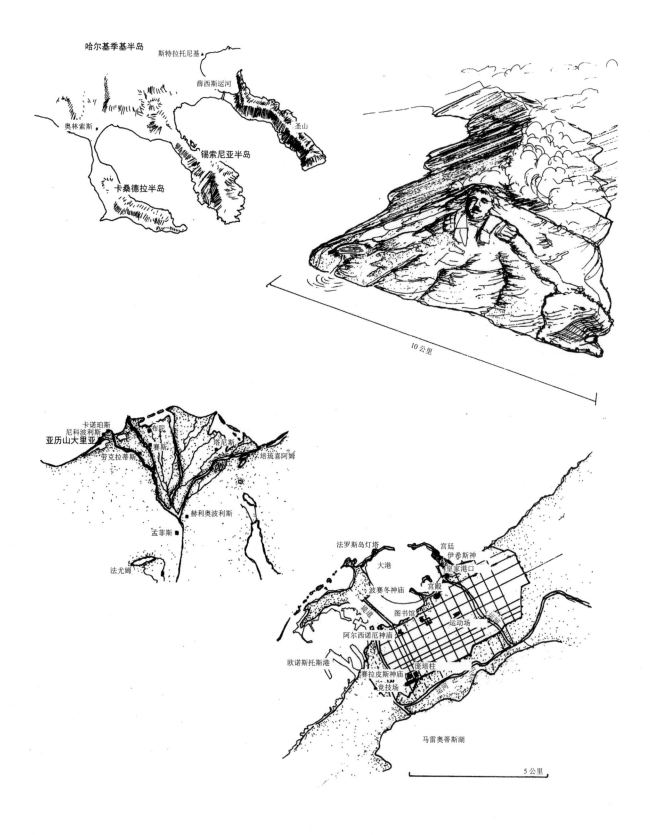

图28　迪诺克拉底与亚历山大（2.前言.1—4）

传说：建筑的发明（2.1.1－7） [175]

1. 远古时期，人类就像森林、洞穴和丛林中的野兽一样生活着……

2. 火是树木相互摩擦而产生的……

3. 人类发现了火的好处后便聚集在一起，试图分享他们的发现，用手势进行交流，这导致了语言的发明

4. 有些人开始用树叶制作覆盖物……
另一些人则在大山下面挖掘洞穴……
许多人模仿燕窝，用泥巴和小树枝搭建住所……
他们观察别人的住所……
竖起带叉的树干，将泥块晾干，芦苇和带叶树枝的屋顶……
用模制泥砖做倾斜的屋顶。

学会使用工具……

维特鲁威：科尔基斯人的伐木小屋（本都地区，小亚细亚北方坡地草木繁盛）

维特鲁威：弗利吉亚人的茅屋，小亚细亚西北平原

几何时期椭圆形住房的遗迹，出土于雅典最高法院（Areopagus of Athens）（约公元前 879 年）
[根据施韦策（B. Schweitzer）:《希腊几何艺术》（*Greek Geometric Art*，科隆，1969；纽约，1971），以及《赫斯珀里亚》（*Hesperia*，2，1933，554）图 3 绘制]

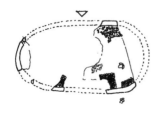

帕拉蒂尼山，挖有树桩洞的茅屋复原，发现于母神神庙和奥古斯宅邸附近。（维特鲁威提到一座大概是类似的茅屋，即卡皮托利山上的罗慕路斯宅邸）
[根据达维科（G. Davico）:《古代文物》（*Monumenti Antichi*，41，1951）130.绘制]

图 29　建筑的发明（2.1.1－7）

[176]　　天空与大地的化学理论（2.2.1—2）

五种元素的自然位置，以及恒星球的运动所推动的四种世间元素的混合

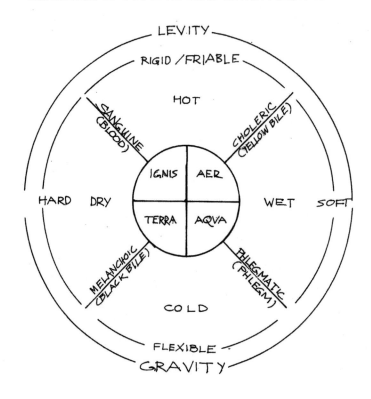

图 30　天空与大地的化学理论（2.2.1—2）

它们的结构是通过何种元素的混合才得以调和的（2.1.9）

这是根据四元素化学理论所做的陈述。这种理论按照四种元素的混合来分析物体的稳定性。参见"导论：解释维特鲁威"，以及 1.1.10 的注释。

基本原理（2.2.1—2）（图30）

前苏格拉底的一代代哲学家发展了一套土—气—火—水的化学理论，公元前 6 世纪和前 5 世纪，爱奥尼亚的自然哲学家最早对这些问题进行了思考。地球上的一切东西都是这四种元素的不同组合，这个假设被认为是毕达哥拉斯派所提出的，并由恩培多克勒（Empedocles）和亚里士多德以确定的形式加以概括。其实，这个假设解决了以下两种观点的冲突，一是认为世界处于永恒不断的变化之中（赫拉克利特），一是认为世界静止不变（普罗塔哥拉 [Protagoras]）。这一发展进程，并非像维特鲁威这里所说的是累积性的，原子论者德谟克利特和伊壁鸠鲁实际上处于这一传统之外，在古代科学中仍是少数派的研究方法。维特鲁威追随着卢克莱修，将两个方面综合了起来。 [177]

综观《建筑十书》，维特鲁威常常利用科学的土—气—火—水的地球化学逻辑。[1] 在古代，"化学"其实并不是一个独立的领域，而是作为一个整体，与宇宙学、天文学、地球物理甚至生物学（医学），以及地理学结合在一起，其辩证要义完全依赖于哲学。[2] 这一体系声称是包罗万象的，因为它可根据"化学的"土—气—火—水的原理来解释生命体和无生命体的性质，如人的生病与健康现象，建筑石材的经久性或易脆性等，甚至解释气象学、动力学和宇宙学的现象。

化学与宇宙学 / 天文学

亚里士多德关于宇宙的概念[3]是统一而自足的（维特鲁威使用的 *mundus* 一词，其含义包

---

1 1.4.1—10 解释人体的体力与腐败现象。
　1.5.3 经焦化处理的橄榄树木棍置入墙体不会腐烂（说明没有化学变化）。
　1.6.1—12 建筑选址的风向生理学。
　2.2.1 早期科学的基本原理及历史。
　2.3.2 泥砖——没有化学问题。
　2.5.2 砂浆。
　2.6.1—6 火山灰、地质学与化学。
　2.7.2 建筑石料。
　2.8.2 网状砌筑工艺（opus reticulatum）的优缺点。
　2.9.1—2.10.2 木材的各种类型。
　第 3 书和第 4 书（论神庙）不涉及化学问题。
　5.3.1 人们坐在剧场里静止不动，身上的"毛孔张开"。
　5.9.5 门廊的设置，人体在锻炼时因运动而发热，空气吸出四肢的湿气使身体虚弱。
　6.1.1—11 取决于气候区（即纬度）的各种生理学类型。
　6.2.2—3 光学作为窗户配置的基础。
　7.3.1；7.8.3；7.11.1；7.13.1—2 颜料。
　第 8 书，泉水，多有涉及，断言泉水的多样性源于"天空的倾斜度"。
　9.1.12 行星的逆行运动被解释为热的吸引力所致。
　10.（机械）无化学问题。
2 正如维特鲁威在 1.1.7 中的说的那样。
3 通过亚里士多德可以最好地理解这一广为传播的方法，主要表述于他的《论天》（*On the Heavens*）之中。关于希腊科学的概括与讨论，见彼德森（O. Pedersen）与皮尔（M. Pihl）的《早期物理学与天文学》（*Early Physics and Astronomy*，伦敦 / 纽约，1974），ch. 11，141—152；库恩（T.Kuhn）：《哥白尼革命》（*The Copernican Revolution*，剑桥，马萨诸塞州，1957），78—95；林贝格（D. C. Lindberg）：《西方科学的开端》（*The Beginnings of Western Science*，芝加哥，1992），51—83。

括地球与宇宙）。它是一个充满连绵物质的球体，没有虚空（"自然憎恶虚空"）[1]；空间与物质拥有共同的边界，因此根据定义，宇宙终止于恒星球（stellar sphere），它的外部不存在任何东西。

宇宙由球体同心嵌套而构成，外部是恒星球，内部是地球。在亚里士多德的理论中，有五十五个球体，其基础是欧多克索斯（Eudoxus）和卡利波斯（Callippus）的球体，这些球体解释了星星、行星、太阳和月亮的各种独立运动。所有这些天体相互触及，由这些星星的外部球体所驱动。

天界的所有球体（即自月亮以外的球体）是由第五种物质组成的，即"以太"（aether），亚里士多德认为它是一种结晶式的固体，纯净而无变化，这便解释了人们看到的天空为何是恒定不变的。

相反，月下界（即地球）是由四元素所组成的，或如亚里士多德所认为的，是一种连绵的原始物质，具有四种以不同方式相混合的、可以感知到的特性（大多数物理学家以及像维特鲁威这样受到相同传统教育的人，一般都相信四元素说。维特鲁威也信奉原子论，承认虚空的存在，不承认空间充满了实体的概念）。在没有外部推动的情况下，这些元素会安顿于四个同心外壳系列之内，土居中央，火位于顶部挨着天界，水与火则填在居间的位置上。

这四种元素都具有一种天然秉性，即朝某个方向运动，这取决于它们的"重力"（重）和"轻薄"（轻）的性质。这些被视作绝对的力，要将元素推向它们的"自然"球体，这一点可以在以下这些现象中观察到：岩石通过水向地球中心运动，火凭借空气向着地球之外运动。不管怎样，所有四元素都会返回它们的自然位置。

不过，恒星球传递给宇宙的运动，使得地球上的所有元素总是被固定住，所以人们从未见到过它们的纯粹状态。恒星球的脉冲穿越一切动人的水晶球体的结构，直至月球将其传向地球，古人很容易便能观察到月球对潮汐所具有的强烈的影响。因此，天空的运动造成了月下界的多样性。[2]

[178] **地球化学体系**

地球上的所有物体，都被看作是四种基本元素不同比例的混合物，从未被看作是以纯然状态出现的。亚里士多德曾宣称，四元素是由物质实体的四种可感觉到的特性结合而成的：[3]

主要性质	次要性质	元素
干	冷	土
冷	湿	水

---

1 连绵不断的物质以及"憎恶虚空"（horror vacui）的观念，并未被广泛接受。德谟克利特的原子论坚持认为，虚空与物质都存在着，兰普萨库斯的斯特拉托（Strato of Lampsacus）是亚里士多德在雅典吕克昂学园（Lyceum）的第二位继承者，他通过空气弹性试验，证明了虚空的存在。亚历山大里亚的希罗在《气体力学》（Pneumatics）一开篇便记载了此事。见法林顿（B. Farrington）：上引书，173—177。

2 当维特鲁威反复使用"天空的倾斜"〔inclinatio mundi〕这个短语说明地球多样性时，他既指纬度（"气候区"）也指黄道的倾角，它造成了季节变化，以及行星轨道永不重复的组合（参见第9书关于天文学的进一步评注）。

3 彼德森／皮尔：上引书，144。其术语主要来自于公元前5世纪晚期的希波克拉底医学。

湿	热	气
热	干	火

每种元素只是两种特性的混合体，一为主，一为次；一种元素不可能包含两个相对立的特性，比如火与冷。其次，变化是由某种媒介（某种"充分的原因"）的干预来解释的，它改变了特性的主次关系，使某种元素变成为另一种元素。于是，以火烧水，是将水中的主要特性冷逐出、以湿代之，火就变成了新的次要性质，这就是热水，同时也得到了气。

在公元前 3 世纪斯多噶派哲学家的体系中，每种元素具有一种特性，诸元素被划分为积极的与消极的[1]：

性质	元素	
热	火	
		积极的
冷	气	
干	土	
		消极的
湿	水	

生命涉及积极的元素热和气，它们结合起来构成了神妙的 *pneuma*（元气），这种生命力将整个世界凝聚起来，存在于和被动或腐败之力的永恒张力之中。

维特鲁威应用化学的基本原则

现代学者一般认为，化学在古代科学中是最贫弱的一门，它几乎与实验无关[2]，对可观察到的性质定义含糊，预见能力差。医科专业是一种发达的知识分支，它最依赖于化学知识，但同时也受其局限性的制约。尽管医生一般都接受了四元素理论，但从撰写《论古代医学》（*On Ancient Medicine*）的作者的那个时代，（公元前 5 世纪？）到加伦（Galen）的时代（2 世纪中叶），四元素理论还是在这一行业中引发了怀疑论。《论古代医学》的作者攻击所有"试图以某种假设为基础来行医"的人[3]，而加伦则警告说，用调理元素的方法治病是困难的，因为要认识这些元素的纯粹状态难上加难。[4] 因为难于以可靠的、可预测的方式处理化学概念，所以在公元前 1 世纪和公元 1 世纪出现了一些非教条的、以经验为依据的医学学派。

当时人们试图利用四元素化学作为一种可预测的分析与描述工具，在这方面除了医学文献之外，维特鲁威的书是我们最好的知识来源之一。他明确认为，物体是四种元素以不同比例相结合的产物，而不仅仅是两种元素的结合。世间一切物体（*corpora*，既指生命体又指无生命体）的特征，都是由四种元素在其体内的"调和"〔*temperatura*〕（即混合或黏附）所决定的。

---

1 彼德森／皮尔：上引书，144。其术语主要来自于公元前 5 世纪晚期的希波克拉底医学，147—148。

2 维特鲁威清楚表明他是熟悉实验思想的。他曾指出，焙烧石灰石，水分便被烧了出来，因为它丧失了 1/3 的重量；当然，若将石灰石碾碎，便不能再与任何东西结合的；2.5.2。

3 法林顿：前引书，70。

4 《论混合物》（*On Mixtrues*），1.5。

维特鲁威对人体抱有科学兴趣，其目的是要维持人体的强壮或健康，或（像医生那样）通过改变人体特性去变更它。*temperatura* 在拉丁语中的字面意思是调节或使成比例，也就是使混合物获得一致性或稳定性，或对极端的东西进行调整，确保人体体质安然无恙。这样一种化学理论，暗示着它的确可能改变某一物体的 *temperatura*（调和状态），但其结果却是一个不同的物体。

总的来说，根据维特鲁威的叙述，一个物体当它与自身所缺乏的物质结合起来，便可得到加强；当它接触到自身已富含的物质并被其渗透，即产生不调和；若将它从可供给它天性所缺之物的环境中移走，便会使它腐败。

❖ 因此我们惊讶地读到，鱼的体内含有大量的火和相当数量的气和土，几乎没有水。它能生活在水中是因为环境为它提供了所缺之物；它在陆地上不能存活，是由于它们体内的水太少了。

❖ 陆生动物的体内含有适中的热与气，土很少，但水很多。它们能生活在陆地上，是因为体内几乎没有土；它们入水会死，是因为体内的水太多了。

❖ 桤木（Alder）（多气与火，少土与水）作为湿地的打桩材料可永久不腐，是因为环境提供了土与水，但若暴露于空气之中，只能保存很短时间，因为它已有了太多的气。

❖ 软石，如凝灰岩（tufa），含有大量的水和气，因此在雨水中它会因过量的水与气而融解；但石灰华（travertine）则含有多量的火与气，极少的土与水，它能抵御暴风雨，但经不住火烧。

[179]　上述例子说的是维持物体不腐烂，同样的原理也适用于改变物体的 *temperatura*（调和状态）以创造出新的稳定物体。对维特鲁威而言，物质似乎是由颗粒（原子）组成的，因此含有虚空。所以一些类型的渗透物，如热便会去除某种物质，留下虚空，造成物体的"紊乱"。虚空的出现使得变异的物体处于不稳定状态，特别脆弱，或渴望着与其他物质结合起来。

❖ 因此用火焰烧石灰石制作石灰（2.5.2），在烧制过程中留下了虚空和过量的热隐含其中。将石灰投入水中它便抛弃了热（水是冷的，也是湿的），急切地要与砂或任何混合材料结为一体。

❖ 最上等的沙子是火山地区经过历练的沙子，这种沙子中的水和多数土已被驱逐出来。会有过量的热，因此渴望着再度与水和土结合。

❖ 壁画的道理也是如此（7.3.1），正是石灰的"虚空"使它渴望与颜料相结合。

❖ 贴面的粗石墙体（"混凝土"）是不结实的，因为凝灰岩碎石长时间慢慢将砂浆中的"汁液"〔sucus〕吸出来；使用大量的砂浆可使混凝土更加结实，但维特鲁威暗示说，吸收汁液的过程会无限期延续下去，因此就化学原理而言注定会衰败。

❖ 落叶松（2.9.14）没有毛孔，所以不会燃烧或下沉。

在生命体中，*venae*（"血管"或"毛孔"）受热张开，例如体育锻炼或在剧场中全神贯注于娱乐时。因此，剧场和柱廊必须建在有益健康的地点，因为毛孔张开会使我们易于受到外来"导致机能失调"（distempering）的物质的影响（5.3.1）。

冷热变化使人体虚弱，因为这 *temperatura*（调和状态）只适应于一种条件，冷与热总是要么将气或水逐出物质组织的毛孔，要么使其滞留其中。[1] 一般而言，热是一种引力，将其他东西拉向它自身，如云中的水分或浴室中的蒸汽。维特鲁威甚至在天体中也观察到了这种吸引力，当代更有经验的物理学家也不一定能观察到。他还利用热的吸引力解释行星的逆行运动（9.1.12）。

另有一些物理特性与元素的存在或缺失相关联。气是柔和的，水显然是潮湿的，土是硬的，火是刚性而脆弱的。因此，冷杉是刚性的（含有大量气与火，几乎没有水与土），但易燃、易腐朽。它易燃是由于有大量的火，易腐朽是因为如果火被冷（即水）逐出，它便被"提纯"，布满了虚空，不再结实。

维特鲁威通过他所受到的教育和阅读获取了对物理世界的看法，例如他阅读赫拉克利特的书，但这些看法很不可靠。即便是结实"稳定"的物体，也是各种敌对与互补的物质的混合物，共存于相互平衡的张力之中。任何不平衡将导致腐败，处于另一种状态。稳定性的获得，靠的是物体与其环境之间保持平衡性，或对物体做"滋养"或"维护"。

《建筑十书》中，有些部分包含了这些离题的"化学"内容，在文体上这些部分与医学论文最为相像，尤其是那些教条主义诸学派（Dogmatic Schools）的论文。这些论文或许就是维特鲁威的主要资料来源，启发他将化学理论进行调整并运用于建筑。

泥砖砌筑墙体（2.3.1—4）（图31）

对维特鲁威而言，"砖"〔*later*〕即指泥砖，尽管有时他将 *later coctus*（烧制砖）与 *later crudus*（生砖）区分开来。维特鲁威的砖块砌式基本上与4世纪的塞尔维乌斯城墙是一致的。[2]

春季或秋季（2.5.2）

弗龙蒂努斯（Frontinus）说，建造的季节是从4月至9月，天气最热时停工。[3]

混凝土墙体用沙（2.4.1—3）

沙不宜用来做泥砖（泥砖通常是用极细的河泥制作的）：

[h]arena, harenosus：沙，多沙的。(*harena fluviatica, fossicia, marina*[河沙、矿砂、海沙])

calculosa：多石的。

glarea：卵石、砾石、大概比 *calculosa* 大一些。

---

1 6.1.4：在赤日炎炎的地区，人体中的水分被剥夺；而在气候寒冷的地区，水汽不排干，身体便会肿胀。

2 卢格利（Lugli）：《罗马建筑技术》（*La tecnica edilizia Romana*，罗马，1957），530。

3 弗龙蒂努斯：《论罗马城的供水问题》，123。

（*lutum*：黏土）；*lutum sabulosum*：也是多沙的、沙质黏土。

宜作泥砖的材料：

creta：白黏土，但有时是白垩；垩质黏土？该术语也指制作烧制瓷砖的材料。

terra：更含混的术语，可以指从细土、黏土到泥的任何材料。

terra cretosa albida：白色黏土（白土）。

rubrica：红土，大概指一种红色黏土。

sabulo：通常指砂砾，但维特鲁威将它包括在宜于制泥砖的材料之列，所以肯定是一种黏土／淤泥。

sabulo masculus：浓厚黏稠的淤泥？

这里的解释是想说明，这些术语可以将相对精细的材料与最精细、最粗糙的材料区分开来：*creta*（黏土），*lutum*（黏土），*rubrica*（红黏土？），*sabulo*（淤泥），*terra*（土、泥），*harena*（沙），*calculi*，卵石，*grarea*（石子），砾石。

cabunculus：煤渣。

用于混凝土墙体的石灰（2.5.1—3）

calx：石灰。将石灰石转化为石灰的基本工艺就是将碳酸钙（石头中含有足够多成分的碳酸钙才值得煅烧）煅烧成氧化钙：

[180]
$$CaCO_3 \rightarrow CO_2 + CaO$$

加入水（"满足"石灰的"渴望"），将这工艺颠倒过来，其实就是制造人工石灰膏（氢氧化钙）：

$$CaO + H_2O \rightarrow CaOH$$

将沙与其他材料掺入时，氢氧化钙则形成了各种各样的硅酸钙、铝酸盐、硅铝—高铁酸盐以及碳酸盐。今天正如古代一样，混凝土的化学变化十分微妙（并未被人们完全理解），混合物中十分细微的变化都可能破坏其强度。因此维特鲁威强调混合物比例的重要性，并对材料加以限定：

沙：石灰

如果是"开采出来的"矿砂，3：1。

如果是河沙或海沙，2：1；或再加一份陶粉（参见下文的 *opus signinum*）。

如果是火山灰，2：1（在这里他没有给出配方，但在5.12.2中介绍一种用于水下的砂浆时给出了配方）。

在露天情况下（7.1.5），2 份石砾[1]，1 份碎砖瓦〔testae〕，2 份石灰。

用于混凝土墙体的火山灰（2.6.1—6）

参见前注。

用于混凝土墙体的石料（2.7.1—5）

saxum album：白石，大概指石灰石。也可能指大理石或石灰华，尽管维特鲁威特别提到 *mamor*（大理石）约 21 次，并区分了石灰华。

Tiburtina〔*lapistiburtinus*〕：石灰华（一种多孔沉积石灰石），他说这是一种中硬度的石头，同时还提到阿米特纳埃（Amiternae）出产的某种石灰石，以及索拉克特（Soracte）出产的某种凝灰岩（2.7.1，2.7.2）。

tofus：凝灰岩。

saxa rubra（萨克沙·鲁布拉）：红凝灰岩，可能产于阿尼奥石矿。

Palla：不明石矿，可能也是指阿尼奥石矿。

Alba：*lapis albanus*（阿尔班石），"白榴凝灰岩"，出产于甘多尔福堡（Castel Gandolfo）附近，深灰色，耐火。

费登纳埃（Fidenae）、阿米特纳埃（Amiternae）、索拉克特（Soracte）（山），均为罗马附近的知名地点。

silex：这是最维以捉摸的术语之一，在现代意大利语中指火山岩，一种玄武岩。有人将它解释为燧石[2]，但燧石尽管作为榴状物生成于垩土层中，它们本身却是一种沙岩硅酸盐，不能用来煅烧石灰（燧石置于火中往往会爆裂为锋利的石片）。因此，该术语可能自古代以降就已经转而指一种全然不同的材料了。卢格利将其解释为"*Lapis duris*"，即硬石，尤其用于多角形砖石墙体。[3]在维特鲁威的书中，*silex* 可以是煅烧上等石灰的材料，用来构筑要塞城墙（1.5.8）；一种构筑墙芯的耐久材料，相当于烧制砖或凝灰岩方石（2.8.4）；一种可替代方石的墙体材料，与"硬石"交替使用（2.8.5）；一种 *caementa*（砾石），用来构筑水槽（马赛克工艺，8.6.14）。这表明，*silex* 是一个含义模糊的词，没有现代对等词，但可能是指一种硬质石灰石，可以切割成方形板材（不像燧石或玄武岩），但非常坚硬，经常用作裂片石（split stone）。

materia 也是一个很灵活的术语，可指砂浆或木材，也可指一般材料。

要想翻译这类术语，其主要问题就在于，一种文化不可能真正认识到另一种文化所能认识

---

1 *rudus*，石砾、碎石。在第 7 书中还有一些特殊用途的砂浆和灰泥配方，奇怪的是这些配方中遗漏了沙。

2 卡列巴特（L. Callebat）、弗勒里（P. Fleury）：《维特鲁威〈建筑十书〉技术术语辞典》（*Dictionnaire des termes techniques du De Architectura de Vituve*，希尔德斯海姆、苏黎世，1995），该词条之下，36；格兰杰：《维特鲁威建筑十书》（剑桥与伦敦，1933），97，翻译为 "lava"（火山岩），并指出在拉丁姆地区四条河流中开采 *silex* 这种材料，由 "火山岩总管"（*procurator ad silices*）负责。

3 卢格利：《罗马建筑技术》（*La tecnica edilizia romana*，罗马，1957），46。

[181]　　[泥]砖（*LATERES*）（2.3.1—4）

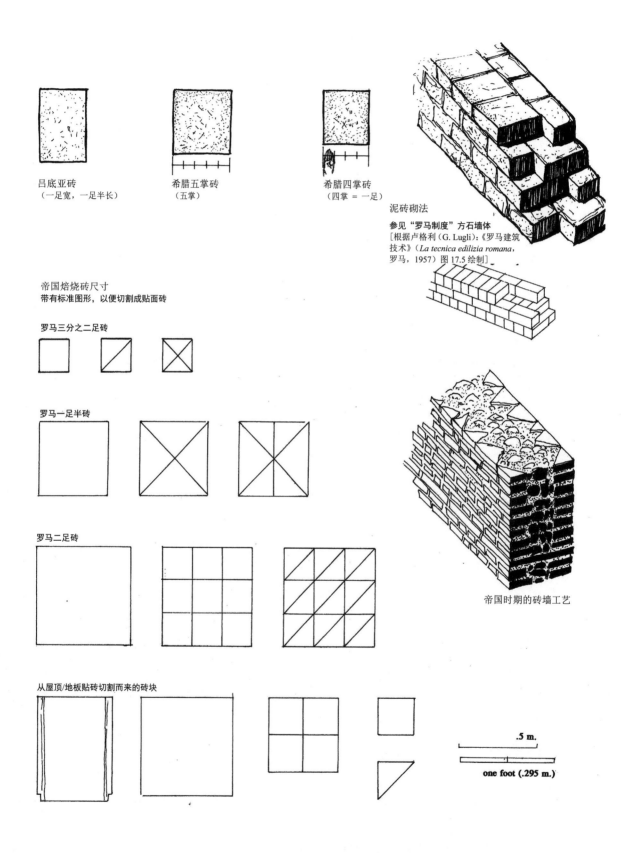

吕底亚砖
（一足宽，一足半长）

希腊五掌砖
（五掌）

希腊四掌砖
（四掌 = 一足）

泥砖砌法
参见"罗马制度"方石墙体
［根据卢格利（G. Lugli）：《罗马建筑
技术》（*La tecnica edilizia romana*，
罗马，1957）图17.5绘制］

帝国焙烧砖尺寸
带有标准图形，以便切割成贴面砖

罗马三分之二足砖

罗马一足半砖

罗马二足砖

帝国时期的砖墙工艺

从屋顶/地板贴砖切割而来的砖块

.5 m.

one foot (.295 m.)

图31　[泥]砖（*Lateres*）（2.3.1—4）

面层（2.8.1－4）　[182]

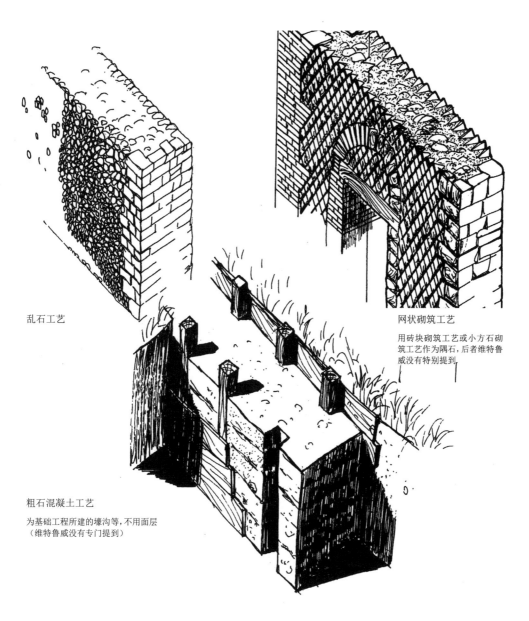

乱石工艺

网状砌筑工艺

用砖块砌筑工艺或小方石砌
筑工艺作为隅石,后者维特鲁
威没有特别提到

粗石混凝土工艺

为基础工程所建的壕沟等,不用面层
（维特鲁威没有专门提到）

附加大理石/方石，以支撑墙体：

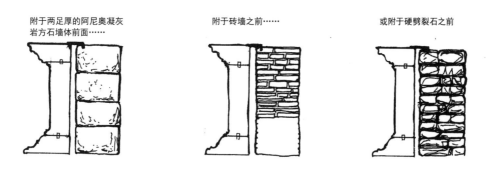

附于两足厚的阿尼奥凝灰
岩方石墙体前面……

附于砖墙之前……

或附于硬劈裂石之前

图 32　面层（2.8.1－4）

[183]　"希腊人的砖石墙体"（2.8.5-7）

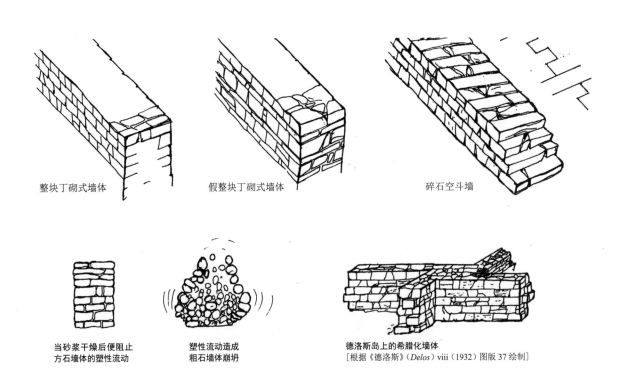

整块丁砌式墙体　　　　假整块丁砌式墙体　　　　碎石空斗墙

当砂浆干燥后便阻止　　　塑性流动造成　　　　德洛斯岛上的希腊化墙体
方石墙体的塑性流动　　　粗石墙体崩坍　　　　［根据《德洛斯》（Delos）viii（1932）图版37绘制］

传统的解释

整块丁砌式墙体　　　　　　　　　　　　　假整块丁砌式墙体

碎石空斗墙

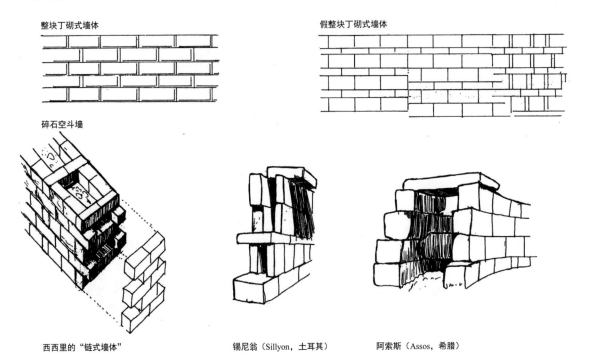

西西里的"链式墙体"　　　　锡尼翁（Sillyon，土耳其）　　　　阿索斯（Assos，希腊）

图33　"希腊人的砖石墙体"（2.8.5-7）

的区别。古代的形态学大体而言是视觉性和触觉性的，因此，普泰奥利（Puteoli）周边出产的火山沙是红色的，其他地方也出这种材料，不过常被人忽略，因为它们是黄色的。[1] 因此，某些类型的燧石（selce）使人们看上去或感觉就像是某种坚硬的蓝色石灰石，而"silex"或许是指一类石头，而我们会将这些石头更清楚地区分开来。

混凝土墙体及石造墙体的各种样式（2.8.1—10，16—19）（图32、33）

structura 这个术语，这里一般译成 rubble work（毛石墙体），在整部《建筑十书》中它指 [184] 不同类型的小型石造墙体。这种墙体类型，而非大型的方形琢石，似是维特鲁威首要的参考框架。

caementa：粗石，"混凝土"的粗骨料，往往是拳头大小的凝灰岩，但经常是 selce、石灰华或其他任何手头的材料。

opus caementicium（粗石混凝土工艺）：指粗石混凝土墙芯而并非整个墙体，尤其指任何以"粗石"构筑的"墙体"。[2]

opus incertum（乱石工艺）：字面意思是"不确定的"工艺，一种不规则的图式，砌筑得较慢，但他说这种墙体可以防止裂纹的蔓延。乱石工艺为墙体提供了基本的饰面，从公元前3世纪晚期最早的"混凝土"开始，直至公元前1世纪中叶。实际上它的发明就是通过砌筑砂浆粗石墙并将面石修饰整洁而实现的。

opus reticulatum（网状砌筑工艺）：用（约4—10厘米的）标准规格的角锥形小石块排列成规则的网状图样，在公元前60—前55年的庞培剧场中首次得到证实。从公元前60年前后起，隅石和拱券往往用小块凝灰岩砌筑，在奥古斯都时代开始用砖。[3]

structura testacea：陶土墙体[4]，或陶砖墙体（2.8.18），或防水地板（7.1.4，7.1.7，7.4.3，7.4.5）。在帝国时代，它就成了我们所知道的罗马"混凝土"的标准砖饰面。维特鲁威的术语清楚表明，正是用更为经久的材料——碎陶片来替代软质的小块凝灰岩网格，砖面混凝土才得以"发明"。他的分析性的讨论和提示也清楚表明，在他写作的那个十年中，正在进行着对混凝土面饰的重新评估和改进。[5] 在提比略（Tiberius）时代，砖面混凝土成了标准做法。

opus signinum（希尼亚式工艺）：[6] 在现代考古学中，此术语意指加入高比例碎陶片的砂浆，以使其能够防水。维特鲁威知道这种砂浆（2.5.1；7.1.5），在公元1世纪时

---

1 但到了维特鲁威的时代，罗马周边地区出产的同一种沙便被从普泰奥利进口的沙子所取代。沃德·珀金斯（J. B. Ward-Perkins）：《罗马建筑》（Rman Architecture，哈蒙兹沃思，1970），247。老普林尼：《博物志》，16.202。

2 卢格利认为，像 opus caementicium、opus reticulatum 等诸如此类的术语，应该指整个墙壁体系。因此，一堵以"opus reticulatum"（网状砌筑工艺）砌筑的墙，就意味着墙面是网状的，而它的墙芯则是 caementicium（粗混凝土）的。似乎更有可能是，维特鲁威以这些术语特指墙壁的特定部分。因此，任何特定的墙壁都是 opera（工艺）的组合，由建筑师斟酌处理。卢格利：《罗马建筑技术》（罗马，1957），47—49。

3 卢格利：《罗马建筑技术》（罗马，1957），505—508。

4 Testaceus（陶土）一般指制作砖瓦的材料，即用陶土做成 teguela（砖瓦）的形式。维特鲁威没有用 opus testaceum（砖块砌筑工艺）这个术语。他的确提到了 opus figlinum（5.10.3），意思为"陶器工艺"（指悬挂式陶瓦顶棚），也提到 spicatum/tiburtinum，意为人字形地面。

5 值得注意的是，在今天的罗马遗迹中，表面装饰的网状石灰华往往被深深地侵蚀，而坚硬的砂浆仍然凸出来。

6 字面上的意思是以希尼亚手法砌筑的墙体。希尼亚（Signia）是拉丁姆山区的一个小镇，位于罗马西南。

[185]　　哈利卡纳苏斯（2.8.10—15）

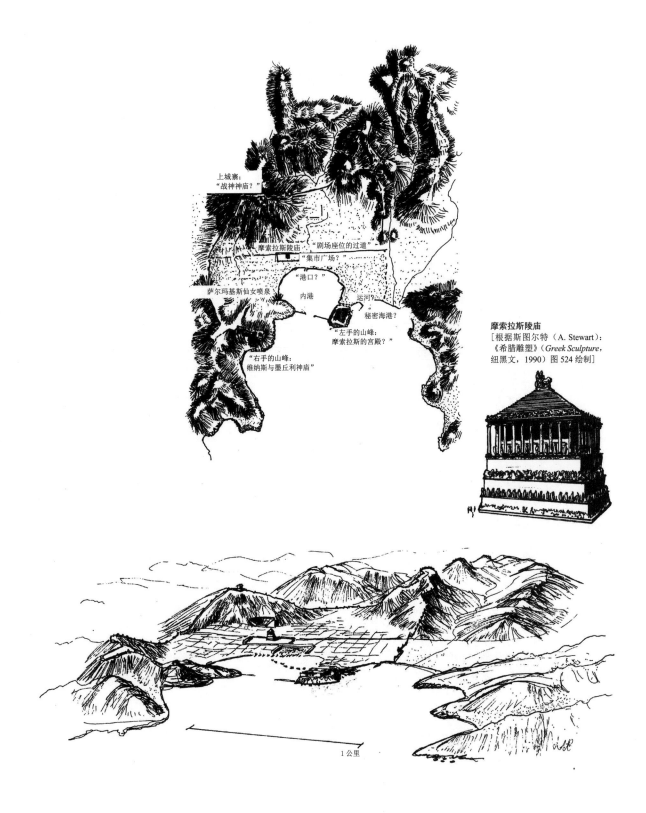

图34　哈利卡纳苏斯（2.8.10—15）

"高楼的权宜之计"（2.8.16—20） [186]

共和晚期罗马苏布腊区（Subura）一幢
大楼的复原图

维特鲁威：泥砖墙体，用陶砖砌筑上楣
（2.8.19）

庞贝：粗石混凝土工艺（Opus Caementicium）
墙体，以石墩柱加强[即所谓的非洲工艺（opus
Africanum）]
[根据奥弗贝克－毛（Overbeck-Mau）：《庞贝》
（Pompeii）图 262 绘制]

捆扎灌浆工艺

图 35 "高楼的权宜之计"（2.8.16）

[187]　伐　木（2.9.1）

砍伐树木，建造宿营地
（出自图拉真纪功柱）

用绳索搬运原木
（出自波尔多考古博物馆所藏的一块浮雕）

图 36　伐木（2.9.1）

这种做法在整个帝国所有水硬材料的运用中变得十分常见，但他没有使用专门术语来称呼它。对他而言，*opus signinum* 即指掺了 "silex" 的混凝土砂浆；他推荐以此法修建贮水箱（8.6.14），这一事实表明，对于防水构造而言此工艺也是合适的。

isodomun（整块丁砌式墙体），*pseudoisodomum*（假整块丁砌式墙体），以及 *emplekton*（碎石空斗墙）：一般均被看作是琢石墙体，后一个术语争议颇大。关于 *emplekton* 的传统解释，是将它与一些通行的、被证实确有的希腊化琢石墙体技术联系起来，尤其是要塞墙体，但也有柱廊之类大型建筑墙体。人们往往将它看作一种中空墙，在两个琢石墙面之间填上泥与碎石墙芯，用长长的露头石间隔着贯穿墙体。[1] 然而，维特鲁威书中的关键性工作短语是 "他们不用方石来建造时……" 便是如此砌筑墙壁（整块丁砌式墙体等）。[2] 实际上，这整个部分（1.8）谈的是小型石砌墙体，即用各种材料，从泥砖到粗石所砌筑的墙体（法语 *petit appareil* 符合这含义），而不是大型琢石墙体。[3] 因此，维特鲁威采用 *emplekton* 这个术语似乎指的是砌于水平表面的两个面板（即并非是面饰）[4]，两个面的露头石和横砌石相交错，并无真正单独的墙芯，间或有超长的横穿砌石〔*diatonoi*〕延伸贯穿于整堵墙。在公元前 2 世纪和前 1 世纪初期，德洛斯岛（Delos）是地中海地区最热闹的中心海港，从 197 年之后意大利商业社区便在岛上占据了主导地位，该岛上大多数建筑物的墙壁都与此相类似，基本上是用石板以砂浆砌筑，其砌石的图形按现代说法，可称之为乱砌琢石（random ashlar）。

哈利卡纳苏斯（2.8.10—15）（图 34）

哈利卡纳苏斯是一座爱奥尼亚希腊城市，自公元前 6 世纪由卡里亚王朝统治。这个王朝成了波斯帝国统治下的总督，人口是爱奥尼亚希腊人和卡里亚人混居（据维特鲁威记载，希腊人曾经驱逐了卡里亚人，但由于当地泉水质量太糟糕又退了回去）。当摩索拉斯（Mausolus）成为卡里亚总督（公元前 377—前 353）并将首都从米拉萨（Mylasa）（一座内陆城市）迁至哈利卡纳苏斯时，该城便具有重要地位。他重建了城墙，将若干个城镇的居民迁至该地，并开始兴建他的陵墓，即 "摩索拉斯陵庙"(Mausoleum)。他的姊妹后来也成为他妻子的阿尔特米西娅二世（Artemisia II)（死于公元前 350 年)继承了他的王位，她最终建成了这座陵庙。她还抵御了罗得岛人的进攻，

---

1 劳伦斯（A. W. Lawrence）：《希腊建筑》（*Greek Architecture*，哈蒙兹沃思，1975），230；F. E. 温特：《希腊要塞》（*Greek Fortification*，多伦多，1971），135—137。有些作家认为，这种中空墙是罗马贴面混凝土的范型，因为这些墙体的泥砂浆通常是精心制作的，有时掺入石灰，因此，经过一个逐渐净化过程，希腊化的碎石芯体加面饰的做法便成了罗马石灰砂浆碎石的做法（例如兰普雷希特 [H. -O. Lamprecht]：《粗石混凝土工艺》[*Opus Caementitium*，杜塞尔多夫，1987]，21；瓦恩 [R. L. Vann]：《小亚细亚罗马建筑研究》[*A Study of Roman Consturction in Asia Minor*，博士论文，科内尔，1976]；韦尔肯斯 [M. Waelkens]：《小亚细亚地区对罗马建筑技术的采纳》[The Adoption of Roman Building Techniques in Asia Minor]，《希腊世界中的罗马建筑》[*Roman Architeture in the Greek World*，伦敦，1987]，94—102）。汤姆林森（R. A. Tomlinson）提出，*emplekton* 只是指墙壁的 "编织" 外观（汤普林森：《碎石空斗墙与希腊建筑结构》[*Emplekton* Masonry and Greek Structura]，《希腊研究杂志》[*Journal of Hellenic Studies*，81，1961]，133—140）。卡尔松（Lars Karlsson）最近提出，维特鲁威是指一种主要是在西西里要塞上通用的一种希腊化墙体结构，这种要塞建有一种虚拟墙，每隔 10 足左右就以露头石贯穿墙芯，他称之为 "墙体之链"（"masonry chain"）（卡尔松：《叙拉古霸权时代的要塞技术与石造塔楼，公元前 402—前 211》[*Fortification Techniques and Masonry towers in the Hegemong of Syracuse*，402—211B. C.，斯德哥尔摩，1992]，67—95）。老普林尼（《博物志》，36.171—172）给出了一段描述，显然就是维特鲁威所述内容的学术性校订本。他看出了这段描述的一些错误，声称 *diatonicon*（内部填满碎石的墙）意指墙芯由碎石所塞满，而不是维特鲁威书中所说的石块从墙的这一面贯穿到另一面，而墙内无碎石芯体。

2 *sed cum discesserunt a quadrato* 明确指方石。

3 这种技术也可以与粗面石构造〔*nostri rustici*〕相比较，这一事实进一步证实了维特鲁威是指小型石墙，不是大型面饰方石。因此，*isodumum* 和 *pseudoisodomum* 以及 *empliekton* 指的是小型石砌墙体。

4 *plana conlocantes* 并非指进行表面修饰，只是砌一道边以做出一个水平表面。

维特鲁威在 2.8.14—15 中对此做了唯一的记载。

[188]　　维特鲁威对于该城地形的描述也是重要的古代原始资料。在所提及的建筑中，只有陵庙可以确定其位置。阿尔特米西娅的第一港口或称内港，显然就是今天的内港，但外港大概只是开放性的锚地，通过一条穿过宫殿地峡的秘密运河与第一港口相连。[1] 陵庙的形式——高高的台座顶端建有柱廊——是公元前 5 世纪晚期在小亚细亚西部非希腊土地上发展起来的（例如位于桑索斯 [Xanthos] 的涅瑞伊得斯纪念碑 [Nereid monument]），并成为古典时代地中海地区最有影响力的希腊化建筑形式之一。

　　该城的城墙、摩索拉斯陵庙以及主要街道——维特鲁威将它比喻成剧场过道——的位置是可以确定的。他叙述的其他部分，如果其中的第一个部分是从卫城看过去，便是与这一地点是相吻合的：萨尔玛基斯仙女喷泉以及维纳斯与墨丘利（阿佛洛狄忒与赫耳墨斯）神庙可能就位于海港的西角上（向南边看过去的右手山顶上），直到今天那里还有新鲜的水源从海底涌出；而宫殿一定就位于中央海岬上，即左边的山峰。那个秘密的海港或许就是较为开阔的东部海港的一部分[2]，以一条穿过宫殿地峡的运河与另一港口相连接。

建高楼便是权宜之计（2.8.17）（图 35）

　　现已证实，多层的 *insulae*（公寓楼，底层为商铺，上层为客房）早在公元前 218 年就在罗马兴建了，李维告诉我们，一头失控的牛从牲口市场（Forum Boarium）一座房屋的三楼跌落下来。[3] 公元前 27 年奥古斯都颁布法律，对建筑物的高度进行限制，这便是维特鲁威批评性论述的部分背景。这预示了在公元 64 年大火之后，尼禄命令建筑物表面都要贴上耐火砖的情况。[4]

开始刮北风（2.9.1）（图 36）

　　初春时节刮北风。见贺拉斯的《歌集》（*Carmina*）1.4.1。老普林尼自信地断言，2 月 18 日开始刮北风（《博物志》2.122）。

截去了树梢的树（2.9.4）

　　arbusta 可以指树，也可指灌木，尤其是那种在葡萄园中与葡萄树间种的矮树，往往是榆树。

拉里格努姆（2.9.15）

　　这是围攻拉里格努姆战役的唯一资料来源，要么发生在高卢战争中，要么发生在内战期间，凯撒未曾提及。

---

1 比恩（G. E. Bean）：参见《普林斯顿古典遗址百科全书》（*Princeton Encyclopedia of Classical Sites*，普林斯顿，1976），375—376；阿克加尔（E. AKurgal）：《土耳其古代文明及废墟》（*Ancient Civilizatim and Ruins of Turkey*，伊斯坦布尔，1978），248—251。

2 参见亚历山大里亚独立的封闭式皇家海港。

3 李维：44.16.10。

4 塔西佗（*Tacitus*）：《编年史》（*Annals*），15.43；斯特拉博（Strabo）：5.3.7（235）。

评注：第3书

米隆、波利克莱托斯、菲迪亚斯、李西普斯（3. 前言.2）

这是一份标准名单，按年代顺序列出了最著名的古典艺术家，根据色诺克拉底（Xenocrates）的记述而流传下来，只是缺了常见名单中的勒佐的毕达哥拉斯（Pythagoras of Rhegium）和雅典的普拉克西特利斯（Praxiteles of Athens）。

雅典的海吉阿斯、科林斯的基翁、拜占庭的博埃达斯……（3. 前言.2）

维特鲁威暗示了这是一份不太有名的艺术家的名单。在其他文献中得到证实的艺术家有海吉阿斯（Hegias）（或 Hegesias，Hagias）——他是菲迪亚斯的师傅或徒弟 [1]，基翁 [2]，米亚格鲁斯（Myagrus）[3]，博埃达斯（Boedas）[4]，波利克勒斯（Polycles）[5]，以及马格尼西亚的忒奥（Theo of Magnesia）[6]。

大自然……构造人体……为三个著名的画家和雕塑家所采用（3.1.2）（图37）

这一段谈的是阿尔戈斯的波利克莱托斯和《法式》（Canon）（希腊语 *Kanôn*），以及受它启发的其他论比例的文献。《法式》既是波利克莱托斯创作的一尊雕像的标题，也是他撰写的一篇论文的题目。此文大概作于公元前 5 世纪的第三个 25 年间，其目的是演示 *symmetria*（均衡）的运用，或从理论上证明理想的人体比例体系。[7] 加伦对该文的内容做了最好的概括，他是公元 2 世纪一位知识渊博的医师。加伦转述了斯多噶派哲学家克里西波斯（Chrysippus）的观点，即健康是身体中的构成元素处于谐调状态的结果，接着说道："美……并非存在于 [身体的] 构成要素的可通约性之中，而是存在于各个部分的可通约性之中，例如手指与手指，所有手指与手掌及腕（腕关节），它们与前臂、前臂与臂膀之间的可通约性。事实上就是任何部位之间的可通约性，就像波利克莱托斯的《法式》中所写的那样。"[8] 斐洛·梅卡尼科斯（Philo Mechanicus）加了一条意见，或许直接引自《法式》："完美凭借许多数字从细小处产生。"（perfection[*to eu*, the good [189]

---

1 老普林尼：《博物志》，34.39，34.78。

2 保萨尼阿斯（Pausanias）：10.13.7。

3 老普林尼：《博物志》，34.91。

4 同上书，34.66，34.73。

5 他可能是在公元前 2 世纪后期活跃于罗马的希腊画家蒂马基德斯（Timarchides）的儿子。

6 老普林尼：《博物志》，35.144。

7 在希腊语中，*Kanôn* 是建筑师与其他人员使用的木尺。波利克莱托斯论文书面版本大概是一本作坊手册，十分详尽地解释了比例体系。该文似是古代最著名的美学论文。见波利特（J. J. Plooitt）：《希腊艺术的古代眼光》（*The Ancient View of Greek Art*，纽黑文，1974），14—22。该文抄本已亡佚，但有若干古代文献涉及它的内容，如老普林尼：《博物志》，34.55；卢奇安（Lucian）：《论外国人的死亡》（*De morte peregrina*），9；尤其是加伦（Galen）：《论分寸》（*De Temperamentis*），1.9。

8 译文，波利特（Pollitt）：上引书，15。

excellent]arises *para mikrôn*[from the small]through many numbers.）[1] 关于这句话的确切含义，有许多争议（见图），但从 *para mikrôn* 这一短语以及加伦描写的修辞顺序来看[2]，应有一种基于某个最小构件或若干构件的模数，或者有某种从最小至最大的确定部件的模数序列。

在公元前 4 世纪经李西普斯修正的波利克莱托斯的法式，人体趋于细长（例如，足与身高之比为 1∶7 而非 1∶6）；他是在实践中强调 *symmetria* （均衡）的最后一批雕塑家之一。*symmetria* 与 *eurythmia*（匀称）相对应，匀称讲究的是"优雅悦人的外观"（即从直觉出发对比例进行修正）。大体而言，色诺克拉底在公元前 4 世纪建立起书面艺术批评的传统，他是曾接受李西普斯学派训练的一位雕塑家，正是通过他，均衡的概念才得以进入到普通文学中，成为一种基本的批评工具。

现代有关 *canôn* 的解释仍然悬而未决[3]，不过总的看法是，必须将细小的局部作为模数，通过某些数学或几何学的运算而产生其他所有的主要尺寸。例如，托宾（R. Togin）提出了一种"平面"法（"areal" method），每条线段都画成正方形，其对角线便是下一条线段的长度。[4]

人体的中心和中点……（3.1.3）（图38）

维特鲁威人体图像的著名难题便是这样一个事实：人体的臂膀和腿都有独立的支点，因此当旋转形成四个圆弧时，四个圆心中没有一个圆心是处于"肚脐"位置的（伸展开的臂膀内切于正方形，通常的确如此）。不过，四肢实际旋转的情况与维特鲁威所描述的图像完全相符，因为关节本身的位置以及臂膀与腿的位置是活动的。维特鲁威明白，他只是说人体大致接近于几何学的理想，因为他说"在某种程度上〔*quemadmodum*〕人体可以呈现出一个圆形图式"。

完美数（3.1.5—6）

几乎可以肯定完美数字的概念（*teleios*，与拉丁语 *perfectus* 的意思相同：完成的，一个已完成的过程）为毕达哥拉斯数字神秘论（公元前 6 世纪晚期）中的一部分。关于何为完美数，大致有两种不同看法。10 这个数字无疑与原初毕达哥拉斯理论（即"古人"，公元前 6 世纪）相关联[5]，它是数字 1、2、3、4 相加之和，组成了 *tetraktys*（每边四个数的三角形）。这个图形

---

1 《机械学汇编》（*Syntaxis*），4.1.49。波利特：上引书。关于试图从已知波利克莱托斯雕像罗马复制品推究《法式》一书内容的尝试，见托宾（R. Tobin）：《波利克莱托斯的法式》（The Canon of Polykleitos），《美国考古学杂志》（*American Journal of Archaeology*，79，1975），307—320；或施托伊本（H. Von Steuben）：《波利克莱托斯的法式》（*Der Kanon des Polyklet*，蒂宾根，1969）。参见施托克尔（F. W. Schlikker）：《希腊化时代至维特鲁威时代关于建筑之美的概念》（*Hellenistische Vorstellungen von der Schönheit des Bauwerks nach Vitruv*，柏林，1940），55.60。

2 加伦是位训练有素的作家，以自己的散文风格而自豪。

3 代尔斯（H. Diels）：《古代技术》（莱比锡，1914），14 以下；费里（S. Ferri）：《希腊雕塑"法式"新解》（Nuovi contributi esegetici al "Canone" della scultura greca），《雅典考古研究所杂志》（*Rivista dell'Istituto Archeologico di Atene*，1920），133 以下；雷文（J. E. Raven）：《波利克莱托斯与毕达哥拉斯学说》（Polyclitus and Pythagoreanism）；舒尔茨（D. Schulz）：《论波利克莱托斯的法式》（Zum Kanon Polyklets），《赫尔墨斯》（*Hermes*）23（1950），200—220；洛伦茨（Th. Lorenz）：《波利克莱托斯》（*Polyklet*，威斯巴登，1972）；施托伊本：《波利克莱托斯的法式》（蒂宾根，1969/1975）。

4 托宾：《波利克莱托斯的法式》，《美国考古学杂志》（*American Journal Of Archaeology*，79，1975），307—321。

5 亚里士多德：《形而上学》（*Metaphysics*），M8，1024 a，32—34。

常用测量单位（3.1.1－9） [190]

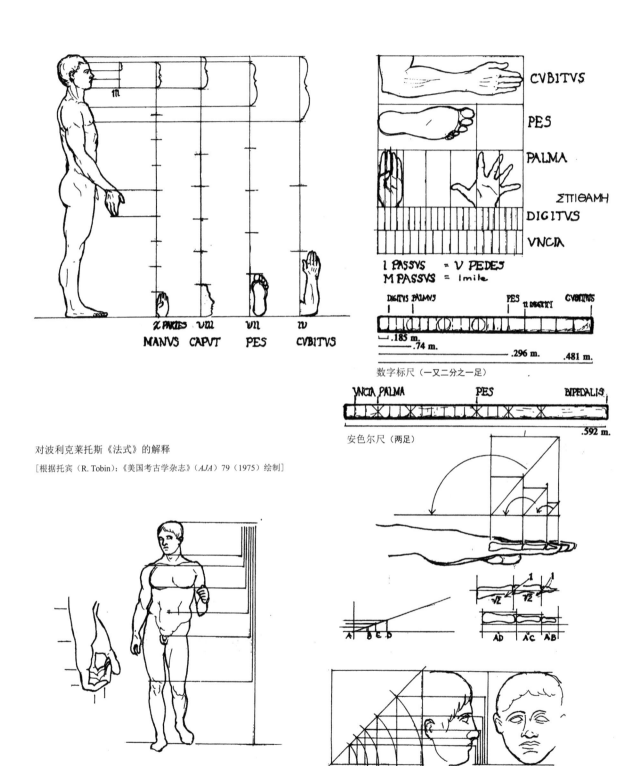

对波利克莱托斯《法式》的解释

［根据托宾（R. Tobin）：《美国考古学杂志》（AJA）79（1975）绘制］

图 37 常用测量单位（3.1.1－9）

[191]　完美的人体图形（3.1.1—4）

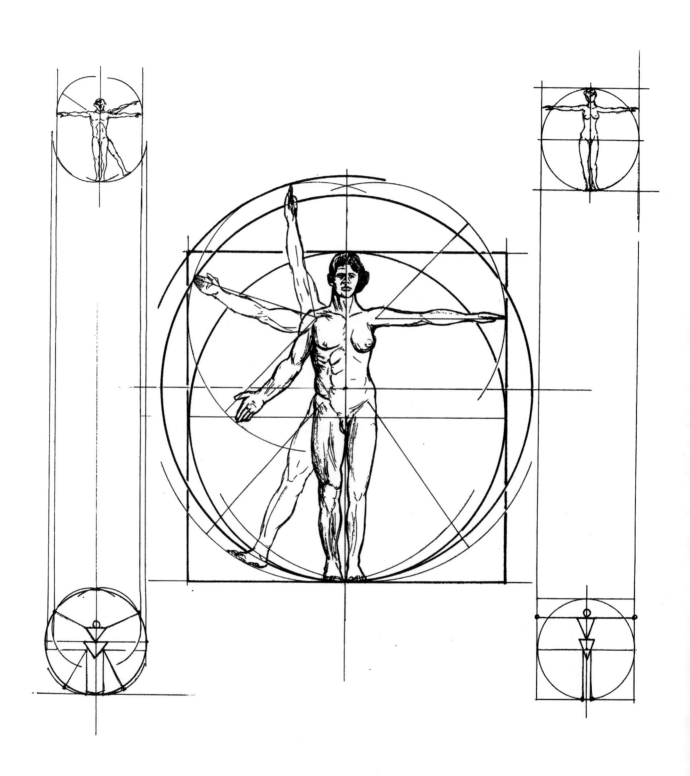

图 38　完美的人体图形（3.1.1—4）

是毕达哥拉斯学派"最神圣的誓言"，以及"健康的基本原理"[1]：

$$
\begin{array}{ccc}
& 1 & \\
1 & & 1 \\
1 & 1 & 1 \\
1 & 1 & 1 & 1
\end{array}
\qquad
\begin{array}{cccc}
& 1 & & \\
& 2 & 3 & \\
4 & 5 & 6 & \\
7 & 8 & 9 & 10
\end{array}
$$

在这三角形中的数字也构成了主要音程的比率：五度音程（4：3），四度音程（3：2），以及八度音程（2：1）。这三角形中包含着一个内切六边形（因此包含着其他完美数），它的中心为 5，居于 1 与 10 之间的中点。

另一种传统（"数学家们"）认为，6 是完美数，这也可以追溯到毕达哥拉斯的传统，但在菲洛劳斯（Philolaos）、柏拉图或亚里士多德的断简残篇（关于毕达哥拉斯理论的最早文献）中都未曾提及。最早的定义出自欧几里得，约公元前 300 年（7.Def.22），因此很可能只存在于纯数学沉思之中。一个完美数就是这样一个数：它相等于自身各部分，即包括了 1 在内的所有因数的总和：

$$6 = 1 + 2 + 3$$
$$28 = 1 + 2 + 4 + 7 + 14$$
$$496 = 1 + 2 + 4 + 8 + 16 + 31 + 62 + 124 + 248$$

尼科马科斯（Nicomachus）只知道有四个完美数：6，28，496，8，128（还有其他的，接下去便是 33，550，336）。维特鲁威确定其组成部分为 1 至 12，他的说明略显笨拙，一个专业数学家不会这样，但或许这就是他说明 6 的因数的方式。[2]

16 是完美数的观念或许是维特鲁威自己的修辞发明，以对常见事件的观察为依据，不一定是深厚的数学传统的一部分。[3]

十磅的第纳里银币（3.1.8）

维特鲁威所用的术语是 *as* (阿斯)（复数为 *asses*），这里译为"磅"。在希腊与罗马货币中，硬币值是基本的重量单位，两个体系的单位相类似。罗马的 *unciae*（盎司，12 盎司等于 1 阿斯）[192] 同时也是线性测量单位（寸，12 寸等于 1 足）。在建筑中数字线性测量（16 指等于 1 足）更为常见，在维特鲁威书中也是如此。

据普林尼记载，在汉尼拔（Hannibal）入侵的危机中，第纳里的价值从 10 阿斯变成了 16 阿

---

1 士麦那的提奥（Theo of Smyrna）：93，17—94.9；卢奇安：《论健康的失落》（*De Lapsu in salutando*），5；两者均收入希思（Heath）：《希腊数学史》（*A History of Greek Mathematics*，牛津，1921），I.75。这三重交织的三角形，或称作五角星（pentagram），即五角星形图样，是健康的主要象征符号，也是毕达哥拉斯派成员间的主要识别标志。阿里斯托芬注释者（Scholiast on Aristophanes）：《云》（*Clouds*），609；卢奇安：《论健康的失落》，5.1.447—8，雅各比茨（C. Jacobitz）编。

2 这段话有时被看作后人所加。

3 6 和 10 这两个数字以及它们的算术派生数字，在公元前后 1 世纪的罗马建筑实践中是常见的（即简单的分数或倍数：3，12，24；5，20 等）。琼斯（M. Wilson Jones）：《设计罗马科林斯柱式》（Designing the Roman Corinthian Order），《罗马考古学杂志》（*Journal of Roman Archaeology*，2，1989），62。

斯。[1] 维特鲁威这里的观点似乎是，这种价值的重新确定是数学－哲学思考的结果，或是与这种思考相一致的。他将希腊的 *obolos*（银币）与罗马的 *as*（铜币）相等同，尽管第纳里与德拉克马（drachma）的价值大体相当。

希腊

4 tricalcha（4 特里卡尔卡）= 1 obolos（1 银币）

1 obolos（1 银币）= 1.04gr., Aeginetan（1.04 埃伊吉克），0.73gr., Aeginetan（0.73 雅典克）

6 obolos（6 银币）= 1 drachma（1 德拉克马）

100 drachmai（100 德拉克马）= 1 mna（1 米纳）

60 mna（60 米纳）= 1 talent（1 塔兰特）（6000 drachmai）（6000 德拉克马）

罗马

1 uncia（1 盎司）= 0.27—27.5 克

12 uncia（12 盎司）= 1as（1 阿斯）（原先 = 1 磅，88 克，公元 2 世纪中叶逐渐贬值为 55 克，到公元 2 世纪晚期则不足一半）

[4 quadrantes（4 个 1/4）= 1 阿斯]

[3 trientes（3 个 1/3）= 1 阿斯]

4 asses（4 阿斯）= 1 sestertius（1 个大银币）（原先 2 又 1/2 阿斯 = 1 sestertius（大银币），"semis tertius" 的缩写，意为 2 又 1/2 阿斯）

4 sestertii（4 个大银币）= 1 denarius（1 个第纳里）（16 阿斯，原先为 10 阿斯）

[2 quinarii（2 奎因纳里）= 1 denarius（1 个第纳里）]

25 denarii（25 第纳里）= 1 aureus（1 金币）

6000 denarii（6000 第纳里）或约 25000 sestertii（25000 大银币）= 1 talent（1 塔兰特）

神庙的类型（3.2.1—8）（图 39、40）

在《建筑十书》中，维特鲁威始终用 "pronaos"（前廊）和 "posticum"（后廊）这两个术语用来指前后柱廊内的空间，而现代人则倾向于将这两个词的意义限定于指墙壁端部、前廊圆柱以及内殿（"前殿" [pronaos] 和 "后殿" [opisthodomos]）矮墙之间的空间，这尤其取决于希腊神庙的平面布局。但在维特鲁威的书中这些术语更加灵活，或很少特指，它们可指周柱廊包括的所有前后空间，也可指由墙壁端部与壁间圆柱所限定的空间。

---

1 老普林尼：《博物志》，33，42—46。公元前 213/212 年的价值变化实际上相当复杂，争议颇多。普林尼报告降低到了盎司〔*uncia*〕，纳里从 10 变为 16 阿斯，很有可能发生在 2 世纪后期，大约在格拉古兄弟（the Gracchi）的年代。萨瑟兰（C. H. V. Sutherland）：《罗马硬币》（*Roman Coins*，纽约，1974），45—47。

赫莫多鲁斯……穆基乌斯（3.2.5）

此建筑（据称）是罗马第一座全大理石的希腊风格神庙。它的建筑师，萨拉米斯（塞浦路斯）的赫莫多鲁斯，也是马尔斯神庙的建筑师，以及 *navalia*（船棚）的建造者，活动于公元前146—前110年前后。[1] 关于罗马建筑师穆基乌斯，见 7. 前言.17 评注。

赫莫杰勒斯（3.2.6；以及 7. 前言.12）

建筑师，建造了位于马格尼西亚的阿耳忒弥斯（狄安娜）神庙，以及小亚细亚西部特奥斯的狄奥尼索斯（即父神利柏尔）神庙。见 7. 前言.12 评注。[2]

墨涅斯泰尼斯建造的位于阿拉班的阿波罗神庙（3.2.6）

小亚细亚西部的一座小型伪双重围廊列柱型神庙（pseudodipteros），建于公元前 2 世纪；墨涅斯泰尼斯（Menesthenes）大概是赫莫杰勒斯的一个学生，未见有其他文献提及。

神庙的种类［"外观"］（3.3.1—13）

"*Species*"一般指视觉形象或面貌，即视觉外观效果，因此在这里大体与建筑物的正视图（elevation）同义。

看待维特鲁威著作是如何给出比例体系的，有两种方式：一种是直径是统一的，降低圆柱高度而增加柱距或跨度；二是高度不变，增加圆柱的直径而缩小跨度。维特鲁威采用了后一种方法，对结构做优先考虑，见图。

第 3 书和第 4 书合在一起呈现出维特鲁威的体系，这就进一步意味着，当圆柱加粗，柱头和柱础相对于圆柱总高的比例就更高，柱身更短。其原因是，柱础和柱头两者都是圆柱底径的固定分数，当圆柱变化（即底径相对于总高的比例加大），柱础和柱头相对于总高度明显变得更大了。[3] 当这一规则在公元 1 世纪时确定下来时，实际的做法已经完全不同了，变得更便于操作：柱身一般确定为圆柱总高度的 5/6，不论圆柱多粗。[4] 柱头与柱础的高度仍可能有变化，但如果柱头较高，那么柱础就必须低一些，反之亦然。

在维特鲁威的体系中，柱上楣的高度，正如柱颈（hypotrachelium）收分的程度一样，取决于绝对尺寸而非比例。

---

1 格罗斯（P. Gros）：《赫莫多鲁斯与维特鲁威》（Hermodorus et Vitruv），《罗马法兰西学院文集·古代卷》（*Mélanges de l'Ecole Française de Pome. Antiquité*，85，1973），137—161。
2 关于新近的讨论以及较早的文献目录，见赫普夫纳（W. Hoepfner）：《赫莫杰勒斯的建筑及意义》（Bauten und Bedeuten des Hermogenes），载《赫莫杰勒斯与希腊化盛期建筑》（*Hermogenes und die Hochhellenistische Baukunst*，美因茨，1990），1—34。
3 这一点是琼斯（Mark Wilson Jones）指出的，《设计罗马科林斯柱式》（Designing the Roman Corinthian Order），《罗马考古学杂志》（*Journal of Roman Archdiaeology*，2，1989），60—61。这里的图取自于他的图 12。
4 琼斯：上引书。

[193]　**卷杀（3.3.13）（图 44）**

　　在维特鲁威的书中，没有提到制作 *entasis*（卷杀）的方法，因为他完全依靠一幅图来说明，这图原先附于第 3 书的书卷抄本末尾处。流传下来的抄本中没有一个本子附有这幅图。

　　entasis 在希腊文中的意思是拉紧或弯作弓形，因此基本含义很清楚，指某种隆起的曲率。这是希腊多立克型圆柱从公元前 6 世纪初、爱奥尼亚型圆柱从公元前 4 世纪晚期就已具备的特征。一些 3 世纪的草图表现了制作这曲率的最有可能采用的方法，它们刻画在迪迪马阿波罗神庙的未完工的墙壁上（如果墙壁做过装修这些图就会被抹去了）。[1] 这草图画了一根室外柱廊的圆柱，水平尺寸与原物相同，但垂直高度缩减到 1/16（即垂直划分的每一指代表一足）。该图还画出了柱础的上圆凸座盘（upper torus）、圆柱的喇叭形缘饰（flare）、柱颈收分的圆锥形柱体，以及柱体外侧的圆弧。这个圆弧给出了卷杀的曲线，大体处于垂直线中心点至收分线之间。实际的圆柱制作只要将垂直方向的每一指转换为足即可。通过这种倍增法，圆弧便被拉伸为椭圆形，卷杀的实际曲率亦如此。

　　另有一种更简单的获取卷杀的做法，似从公元 1 世纪起应用于罗马的圆柱制作[2]，即根据以下两条线对圆柱进行大致的切削：一条线从圆柱底径，即位于喇叭形缘饰之上，画至柱身顶部半圆线脚（astragal）的喇叭形缘饰（大体是垂直的）；另一条线从柱颈（即柱顶直径，位于喇叭形缘饰之下）至下面的半圆线脚。这两条线的交切点，便形成了圆柱上部的一个截头圆锥体。这两条线的连接处会在人们的视觉中变得自然平滑起来。

基础（3.4.1—4）（图 45）

　　早期希腊与埃特鲁斯坎的建筑基础，都是沿每条柱廊以及所有墙体的下部砌筑结实的琢石墙体，但这里所说的基础则代表了共和晚期帝国大多地区的标准做法：独立的琢石墩柱基础，承载着圆柱之下的集中荷载，而粗石混凝土砌块或加拱顶的地下室使圆柱稳固，所有这些都筑于木排或混凝土基础（stuctura）之上。在土质柔软的地方，采用木桩于基础之下也是相当常见的做法。打桩机也较常见，甚至可以将它置于木排之上浮在水面作业。木炭（和羊毛）的使用在文献中得到证实，如以弗所古风式的阿耳忒弥斯神庙的基础。[3]

　　纪念性建筑所关注的是，如果不是固定不动的建筑物，它便应装配成一个统一的整体。在不用砂浆砌筑的石造建筑中，任何装配的差异都会导致墙壁与上楣石块的接合处出现明显裂缝，造成大石块不能被下部构件均匀负载，或不能均匀承载上部构件，最终导致墙体崩裂。在罗马神庙中，地下室可以用作地窖，罗马国库将它的储备保存于罗马广场上的萨图恩神

---

1 哈塞尔伯格（L. Haselberger）：《迪迪马神庙新近发现的工作草图》（Werkzeichnungen am jüngern Didymaion），《伊斯坦布尔通报》（*Istanbuler Mitterlungen*，30，1980），192—215；作者同上，《关于新近发现的迪迪马阿波罗神庙的著作的报告》（Bericht über die Arbeit am jüngeren Apollontempel von Didyma），《伊斯坦布尔通报》，33（1983），123—140。

2 琼斯在 1993 年 4 月 2—4 日宾夕法尼亚大学威廉姆斯讨论会上提交的一篇论文中提出此观点。出版物见《形相与本质：古典建筑的视觉微调：曲率》（*Appearance and Essence：Refinements of Classical Architecture：Curvature*，费城，1997）。

3 老普林尼：《博物志》，36.95。巴梅尔（A. Bammer）：《新发现的以弗所阿耳忒弥斯神庙建筑》（*Die Architektur des Jüngeren Artemisions von Ephesos*，威斯巴登，1972），3。

神庙的类型（3.2.1－8） ［194］

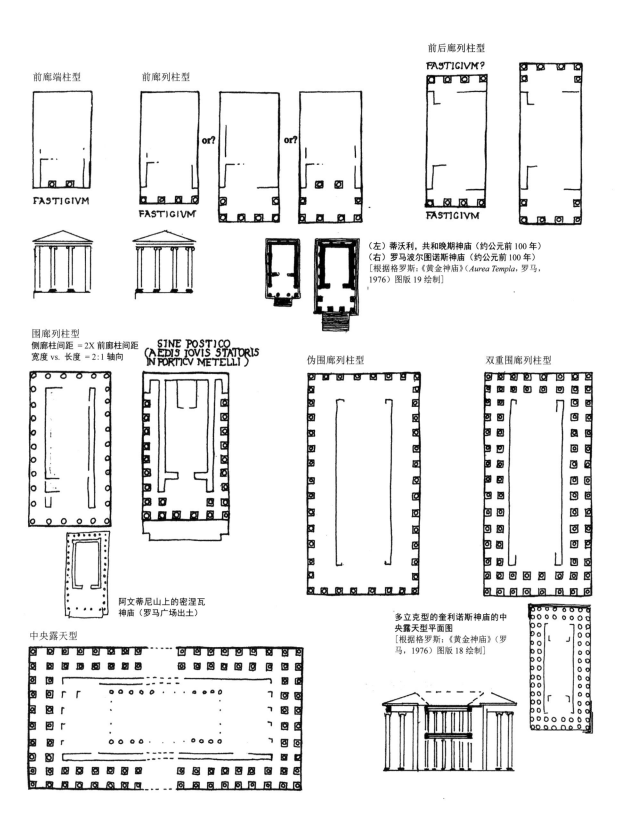

图 39　神庙的类型（3.2.1－8）

[195]　　赫莫格涅斯与皮特俄斯传统中的希腊化爱奥尼亚型神庙

（上）迈安德河畔马格尼西亚，阿耳忒弥神庙，归为赫莫格
涅斯所建，约公元前 220 年
（上中）普里恩，雅典娜神庙，归为皮特俄斯所建，约公元
前 340 年
（上右）特奥斯，狄奥尼索斯神庙，归为赫莫格涅斯所建，
约公元前 200 年？
（右）迈安德河畔马格尼西亚，集市，宙斯神庙，约公元前
220/200 年？
（最右）普里恩，集市，宙斯神庙，公元前 4 世纪晚期？
［出自赫普夫纳（W. Hoepfner）：《赫莫格涅斯的建筑及意
义》，收入《赫莫格涅斯与希腊化盛期的建筑艺术》（美因
茨，1990），1—34，图 11、17、32］

图 40　赫莫格涅斯传统中的希腊化爱奥尼亚型神庙

神庙的种类（"外观"）（3.3.1—13）　　[196]

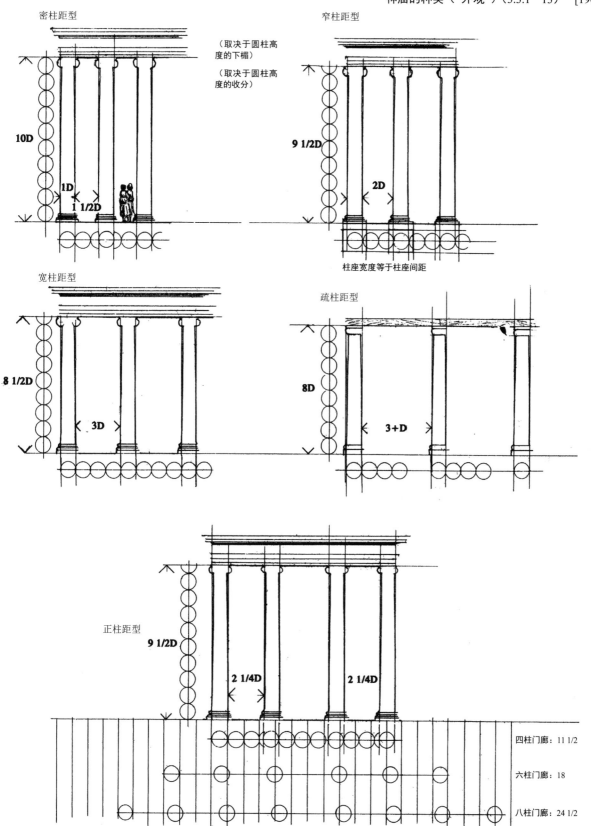

密柱距型

（取决于圆柱高度的下楣）

（取决于圆柱高度的收分）

10D

1D

1 1/2D

窄柱距型

9 1/2D

2D

柱座宽度等于柱座间距

宽柱距型

8 1/2D

3D

疏柱距型

8D

3+D

正柱距型

9 1/2D

2 1/4D　　2 1/4D

四柱门廊：11 1/2

六柱门廊：18

八柱门廊：24 1/2

图 41　神庙的种类（"外观"）（3.3.1—13）

[197]　"柱间距越大，柱身的直径也必须越大……"（3.3.11）

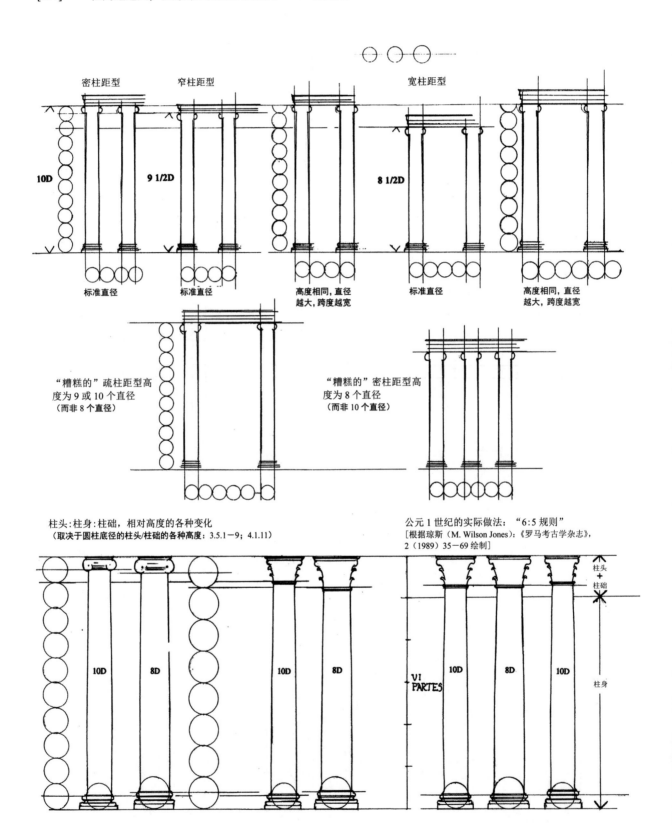

图 42 "柱间距越大，柱身的直径也必须越大"（3.3.11）

柱颈收分取决于圆柱的高度（3.3.12）　[198]

按恒定的模数（底径），变化尺度

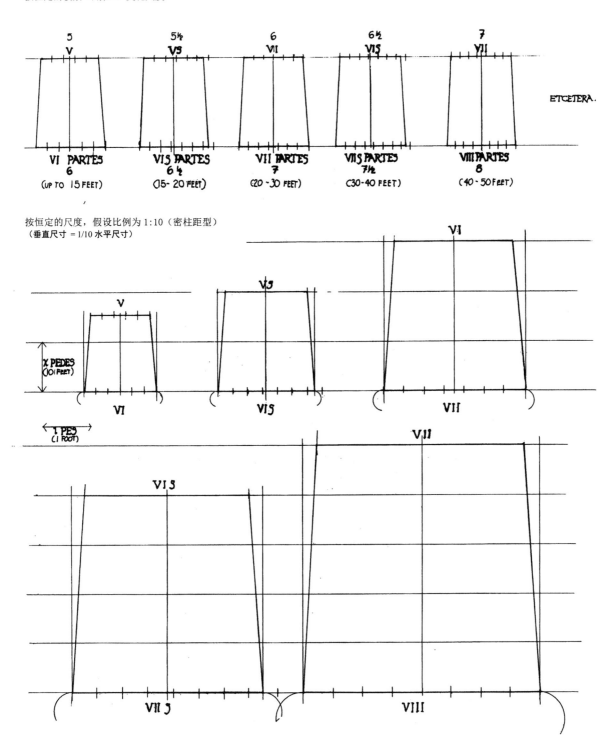

图 43　柱颈收分取决于圆柱的高度（3.3.12）

[199] 卷杀（*Intentio/Contentio* = 调整张力）（3.3.13）

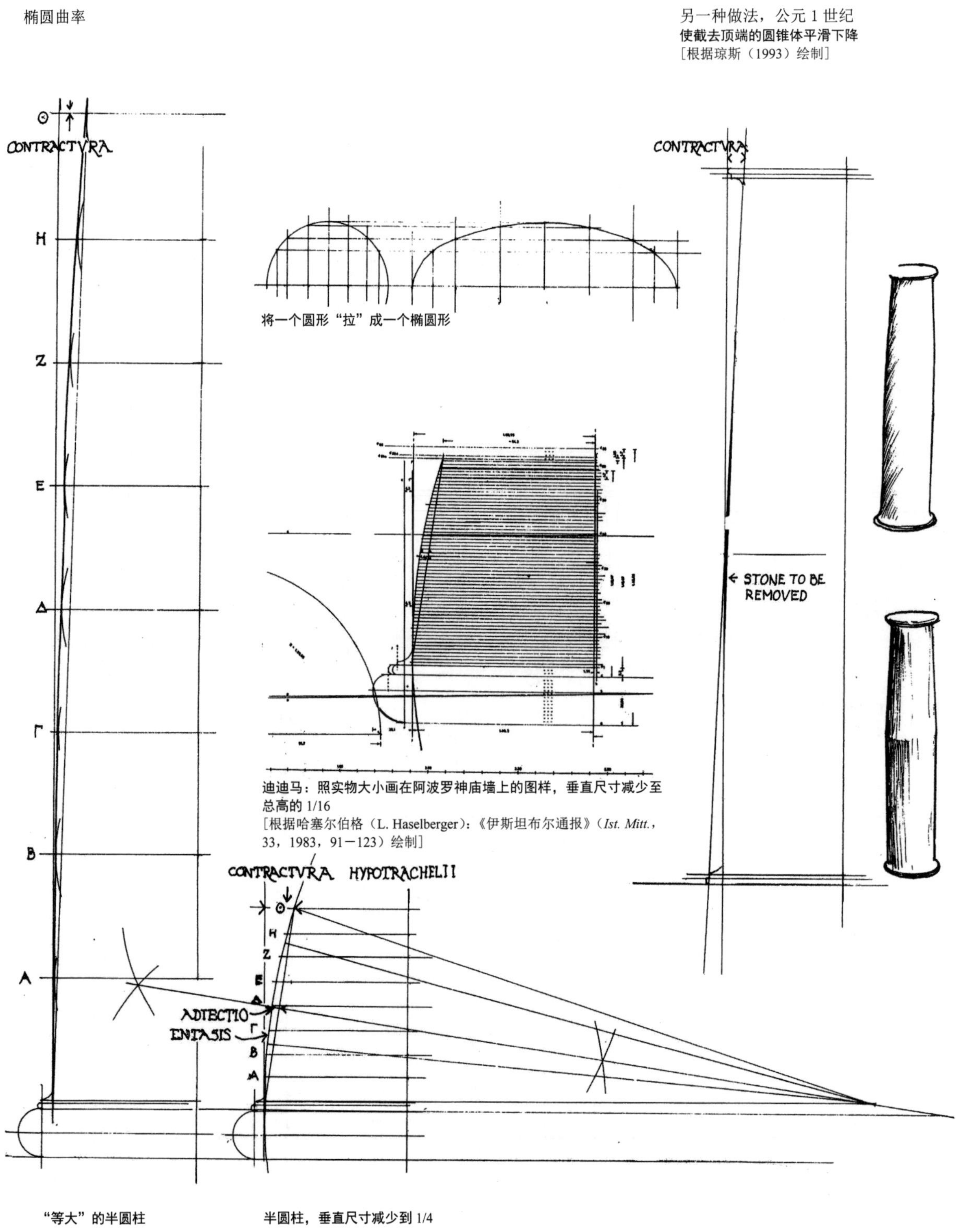
椭圆曲率
另一种做法，公元1世纪
使截去顶端的圆锥体平滑下降
［根据琼斯（1993）绘制］
Θ
CONTRACTVRA
H
Z
E
Δ
Γ
B
A
CONTRACTVRA
将一个圆形“拉”成一个椭圆形
STONE TO BE REMOVED
迪迪马：照实物大小画在阿波罗神庙墙上的图样，垂直尺寸减少至总高的1/16
［根据哈塞尔伯格（L. Haselberger）：《伊斯坦布尔通报》（*Ist. Mitt.*，33，1983，91—123）绘制］
CONTRACTVRA HYPOTRACHELII
Θ
H
Z
E
Δ
ADIECTIO
ENTASIS
Γ
B
A
“等大”的半圆柱
半圆柱，垂直尺寸减少到1/4

图44 卷杀（*Intentio/Contentio* = 调整张力）（3.3.13）

基础 / 基座（3.4.1－2，3.4.4） [200]

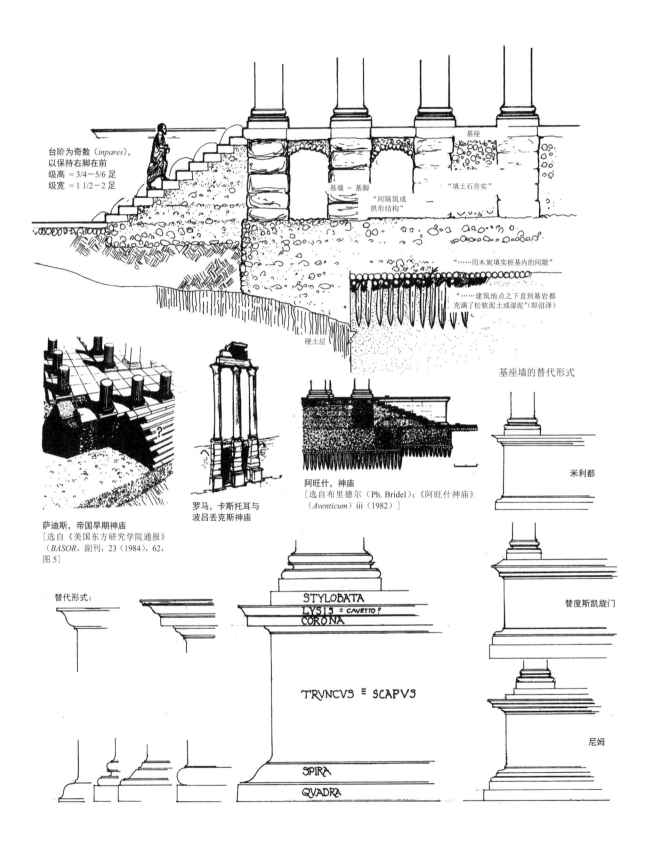

台阶为奇数（*inpares*），
以保持右脚在前
级高 = 3/4－5/6 足
级宽 = 1 1/2－2 足

基座

基墙 = 基脚

"填土石夯实"

"间隔筑成
拱形结构"

"……用木炭填实桩基内的间隙"

"……建筑地点之下直到基岩都
充满了松软泥土或湿泥"（即沼泽）

硬土层

萨迪斯，帝国早期神庙
［选自《美国东方研究学院通报》
（*BASOR*，副刊，23（1984），62，
图 5］

罗马，卡斯托耳与
波吕丢克斯神庙

阿旺什，神庙
［选自布里德尔（Ph. Bridel）：《阿旺什神庙》
（*Aventicum*）iii（1982）］

基座墙的替代形式

米利都

替度斯凯旋门

尼姆

替代形式：

STYLOBATA
LYSIS = CAVETTO ?
CORONA

TRVNCVS = SCAPVS

SPIRA

QVADRA

图 45 基础/基座（3.4.1－2，3.4.4）

[201]　高低不等的小板凳：基座曲率（3.4.5）

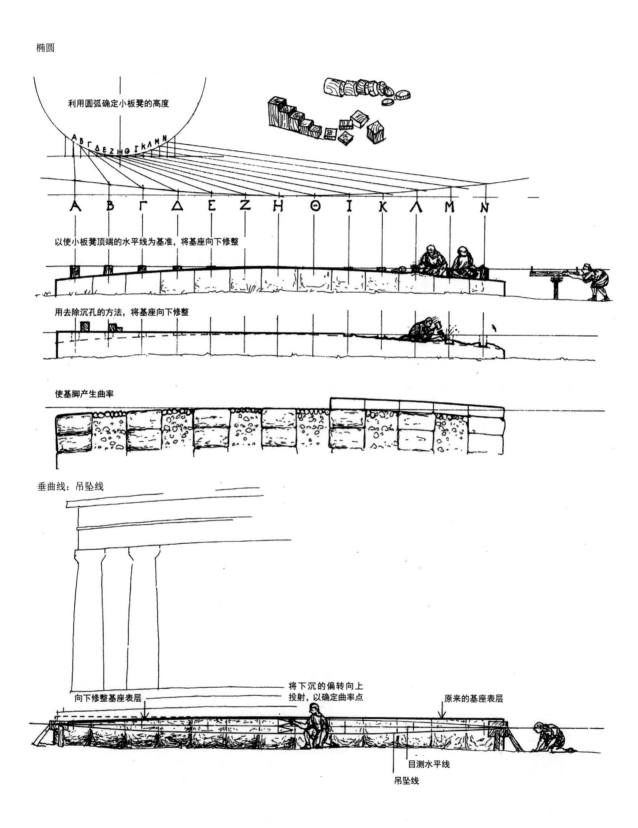

椭圆

利用圆弧确定小板凳的高度

以使小板凳顶端的水平线为基准，将基座向下修整

用去除沉孔的方法，将基座向下修整

使基脚产生曲率

垂曲线：吊坠线

向下修整基座表层　将下沉的偏转向上投射，以确定曲率点　原来的基座表层

目测水平线

吊坠线

图 46　高低不等的小板凳：基座曲率（3.4.5）

庙（Temple of Saturn）地下室中，造币厂则将资产囤积于卡皮托利山（Capitoline）上的朱诺神庙（Juno Moneta）之中。

正面的台阶永远是奇数（3.4.4）（图45）

罗马文学中有若干证据可证明，迈右脚进门象征着幸运或对神圣场所的敬意，即使它只是一间屋子。[1]

柱座、柱础线脚、墩身、上楣和凹弧饰（3.4.5）（图45）

维特鲁威书中列出了实践中基座形式的若干种变体，见图。

高低不等的小板凳：基座的曲率（3.4.5）

"*scamilli impares*"（或 *inpares*）的字面意思是"高低不等的小板凳"，这些小板凳是一种控制曲率的水平测量工具。[2] 在垂直测量中，整个操作程序的起点是一条水平线或一个水平面，用测量员的水平尺确定。如果将一组高低不等的小木块排成一行，它们很可能列于水平线之上，两端的级差或"高度不等"便可以控制一条曲线的曲率。

当然，曲率可以随意调节，但如果遵照迪迪马神庙墙上的圆柱卷杀素描所提示的程序去做——将圆形拉伸为椭圆形——将小木块各自的高度控制在用圆规画出的圆弧以下，便可以做成一套方便的小板凳。

有若干制作曲率的方法（见图）：将基座向下修整，直至所有小木块表面处于水平状态；或在水平基座石块上打沉孔，再向下修整石块直至去除这些沉孔。[3] 可用柔性木棍或铅丹将点子之间的曲率处理平滑，这通常是对基座的最后修整。[4] 维特鲁威说的是在基座上进行修整，但如果将曲率做在基础上（即"stereobates"），便可以减轻工作量。 [202]

第二种方法的根据是西西里塞杰斯塔（Segesta）的希腊神庙，也就是将吊坠线所标出的垂线反转过来（见图）。[5]

维特鲁威说，这种工艺只适用于基座及其上部结构。在希腊神庙中，曲率通常是在下面的基础上就已确定了，有时甚至是在挖基础壕沟时就已确定。

---

1 维吉尔：《埃涅阿斯纪》（*Aeneid*），8.302；佩特罗尼乌斯（Petronius），30.5；贺拉斯（Horace）：《书札》（*Epistles*），2.2.37；斯塔提乌斯（Statius），《诗草集》（*Silvae*），7.172。

2 此观点由布尔诺夫（Bournof）首先提出，由古德伊尔（W. H. Goodyear）重申，《希腊视觉微调》（*Greek Refinements*，纽黑文、伦敦和牛津，1912），114。

3 这后一种技术最近在克尼多斯（Knidos）的一座公元前4世纪的建筑基座上得到了证实。班克尔（Hansgeorg Bankel）在《形相与本质：古典建筑的视觉微调：曲率》（费城，1997）一书收入的一篇文章中提到这一点。附带地说，这种技术类似于复制雕像的"定点"技术：先从原作上取点，然后运用体积测量法在复制件的原始石头上钻孔，直至有足够多的间隔，可凭肉眼来加工。

4 如莱巴迪亚（Lebadeia）与德利亚（Delian）建筑铭文上所表明的。邦加德（J. Bundgaard）：《出自莱巴迪亚的建筑契约》（The Building Contract from Lebadeia），《古典与中世纪》（*Classica et Mediaevalia*，8，1946）。

5 梅尔滕斯（D. Mertens）：《塞杰斯塔神庙的曲率制作》（Herstellung der Kurvatur am Tempel von Segesta），《莱茵地区博物馆》（*Rheinisohes Museum*，81，1974），107—114；同一作者，《塞杰斯塔神庙与古典时期希腊西部地区的多立克型神庙艺术》（*Der Tempel von Segesta und die dorische Tempelkunst des griechischen Westens in klassischer Zeit*，美因茨，1984），34—35，增刊21。

柱础……下圆凸座盘以及……圆凹座盘（3.5.2）（图 47）

柱础之上的喇叭形缘饰（*flare*）的凸出量是没有专门规定的，这就影响到柱础除下圆凸座盘之外其他构件的凸出量，因为圆凸座盘必须与柱座（plinth）垂直对齐。在"爱奥尼亚"式柱础中（用现代常用说法即阿提卡－爱奥尼亚型），有若干种在圆凹座盘上设置束带线脚（fillets）与半圆线脚（astragals）的替代形式。

柱头（3.5.5—8）（图 49）

关于柱头，维特鲁威从未表达过涡卷之间的平楞槽（canalis）是笔直的意思，尽管到了公元前 1 世纪，这种形式在整个希腊化世界中大体成了标准做法。他也没有指定平楞槽相对于"波纹线脚"（cymatium）的高度（以现代常用说法，"波纹线脚"一般是指垫饰或拇指圆饰）。推测拇指圆饰高度的唯一方法是假定它的向外凸出量等同于它的高度，一如其他波纹线脚。对于最小型的圆柱来说，上端直径为 15 个单位，那么波形线脚 / 拇指圆饰就等于柱座每边再各加上一个单位（19 + 2 = 21），它的凸出量和高度就应为 2 又 1/2。当然这会根据圆柱的总高度改变，因为大型圆柱收分较少，拇指圆饰的凸出量也较小。因此维特鲁威的意思可能是：不要使拇指圆饰与涡卷平楞槽的尺寸固定不变。[1]

画圆弧（3.5.6）

"tetrans"（四等份）的意思是将一个平面一分为 4——两条直线相交叉——所得到的任一图形。"*summa tetrans*"的意思是将圆规置于上轴（垂直线）画弧，但这并不能奏效，因为两弧在垂直与水平方向上的切线并不能相遇。见图。[2]

应注意到，维特鲁威设计的涡卷螺旋线相当短，只有两圈，而希腊化时期的柱头通常有两圈半甚至三整圈。螺旋宽度的缩减也是常见的，而维特鲁威的设计却保持着恒定的宽度。在维特鲁威的体系中，只要改变柱头垂直划分的算法就可以改变设计图形。八等份的划分可将半径折合为四个单位（每 1/4 为半个单位，画 8 个 1/4 等于两整圈）；十等份就可绕两圈半，等等。

眼睛的一瞥（3.5.9）

见 4.4.3 评注。

---

1 在小亚细亚希腊化晚期的柱头上，平楞槽高于拇指圆饰，在罗马帝国早期情况则相反。宾格尔（O. Bingöl）：《小亚细亚希腊化与罗马时期的爱奥尼亚型标准柱头》（*Das ionische Normalkapitelle in hellenistischer und römischer Zeit in Kleinasien*），《伊斯坦布尔通报增刊》（*Istanbuler Mitteilungen Beiheft*，20，1980），149 以下。

2 这就是哈德良别墅出土的一块奥尼亚柱头残片上可见到的圆规的四个点的位置。格罗斯（P. Gros）编：《维特鲁威〈建筑十书〉第四书》（巴黎，1992），165，图 32；乌布拉克（M. Ublacker）：《哈德良别墅的海上剧场》（*Das Teatro Marittimo in der Villa Hadriana*，美因茨，1985），第 38 页对页的图。

"阿提卡式"柱础（＝阿提卡爱奥尼亚型）（3.5.2）　[203]

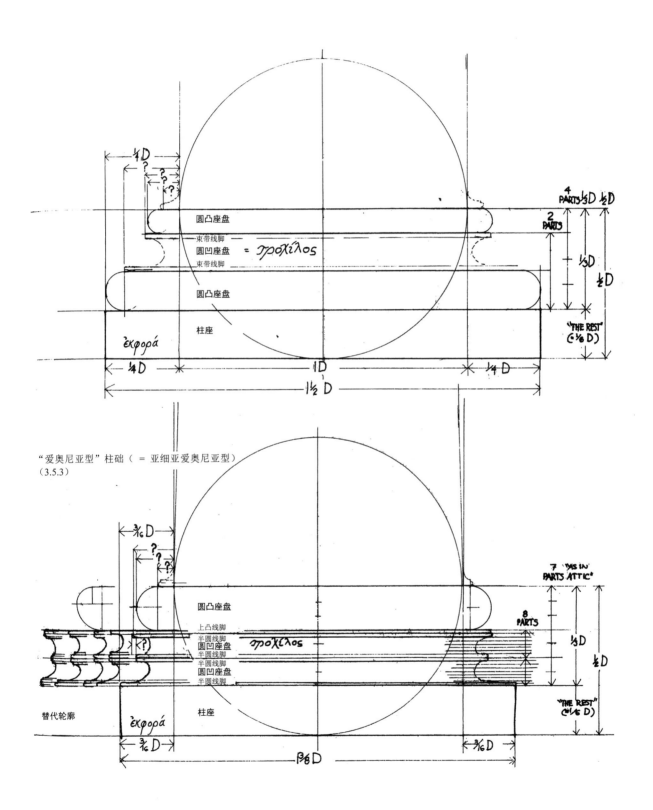

圆凸座盘

束带线脚
圆凹座盘 ＝ προχίλος
束带线脚

圆凸座盘

柱座

ἐκφορά

¼D

"爱奥尼亚型"柱础（＝亚细亚爱奥尼亚型）
（3.5.3）

圆凸座盘

上凸线脚
半圆线脚
圆凹座盘
半圆线脚
圆凹座盘
半圆线脚

替代轮廓

ἐκφορά

柱座

图 47 "阿提卡式"柱础（＝阿提卡爱奥尼亚型）（3.5.2）

[204]　　圆柱的侧脚（3.5.4）

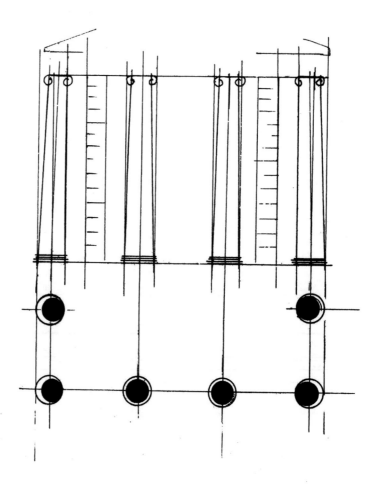

圆柱倾斜以及基座曲率的总体效果

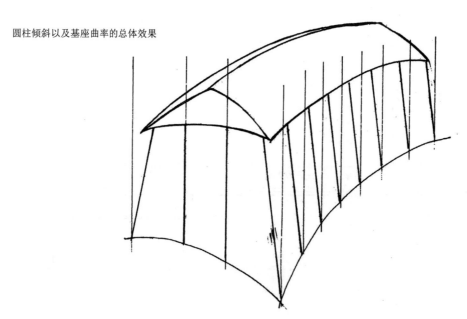

图 48　圆柱的侧脚（3.5.4）

"叶枕式"柱头（＝爱奥尼亚型）（3.5.5－8）　[205]

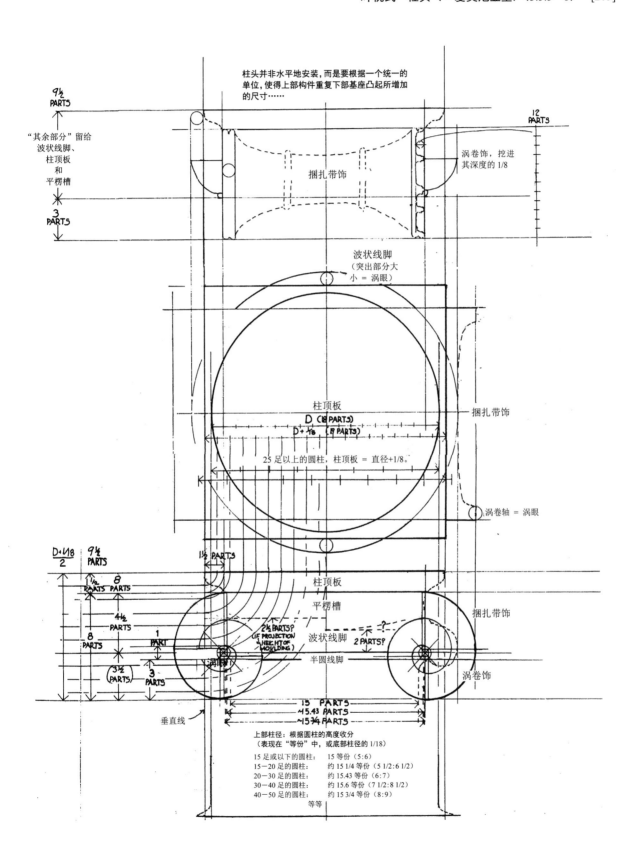

图 49 "叶枕式"柱头（ ＝ 爱奥尼亚型）（3.5.5－8）

[206]　关于将涡卷弧线回转起来的问题（3.5.6，3.5.8）

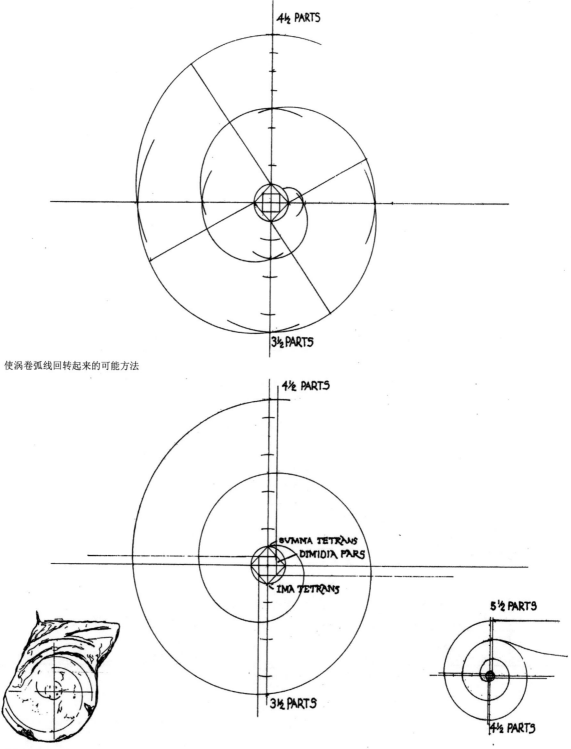

使涡卷弧线回转起来的可能方法

哈德良别墅出土的爱奥尼亚型柱头海边剧场，带有圆规点子
［根据于布拉克尔（Ueblacker）和格罗斯：收入格罗斯编《维特鲁威》（iii，巴黎，1990）图32 绘制］

图 50　关于将涡卷弧线回转起来的问题（3.5.6，3.5.8）

爱奥尼亚型下楣（3.5.8—11） [207]

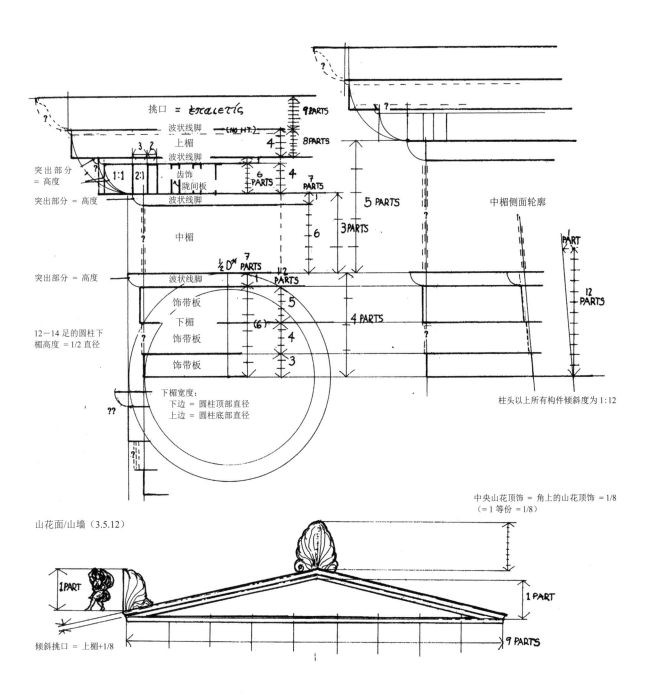

山花面/山墙（3.5.12）

图 51 爱奥尼亚型下楣（3.5.8—11）

[208]　　下楣高度（比例）基于圆柱高度（3.5.8）

按不同的尺度，恒定的模数（圆柱底径）
窄柱距型或正柱距型的均衡（9 1/2 柱径）

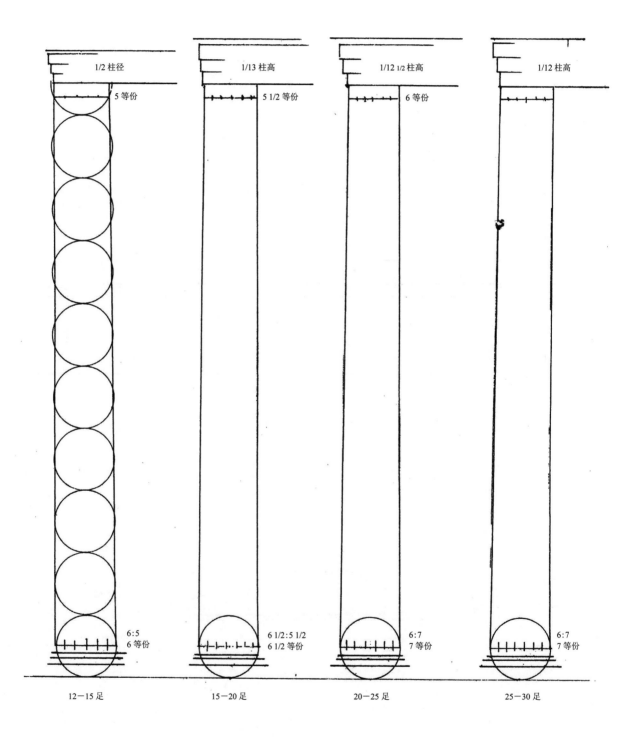

1/2 柱径

5 等份

1/13 柱高

5 1/2 等份

1/12 1/2 柱高

6 等份

1/12 柱高

6:5
6 等份

6 1/2:5 1/2
6 1/2 等份

6:7
7 等份

6:7
7 等份

12—15 足

15—20 足

20—25 足

25—30 足

图 52　下楣高度（比例）基于圆柱高度（3.5.8）

圆柱的柱槽（3.5.14） [209]

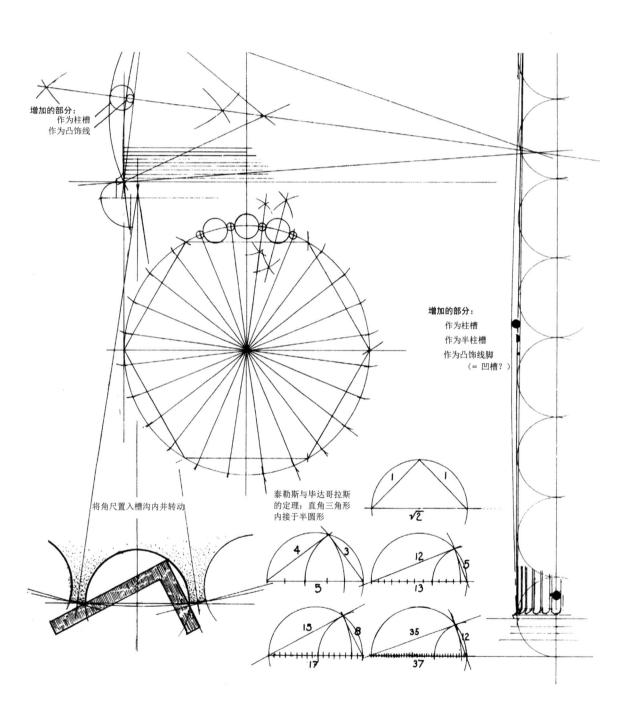

增加的部分：
　　作为柱槽
　　作为凸饰线

增加的部分：
　　作为柱槽
　　作为半柱槽
　　作为凸饰线脚
　　　（= 凹槽？）

将角尺置入槽沟内并转动

泰勒斯与毕达哥拉斯
的定理：直角三角形
内接于半圆形

图 53　圆柱的柱槽（3.5.14）

[210]　　挑口与狮首水落口（3.5.15）

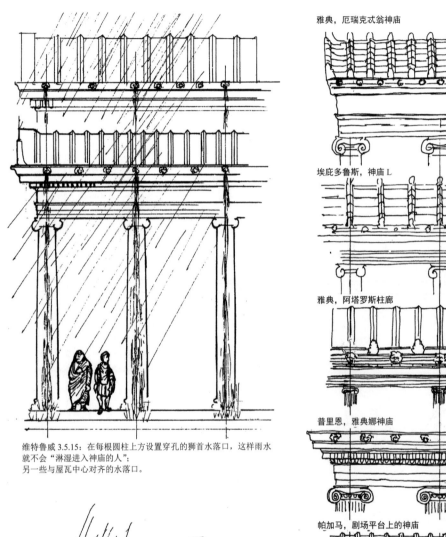

古典及希腊化时期的挑口与水落口实例

雅典，厄瑞克忒翁神庙

埃庇多鲁斯，神庙 L

雅典，阿塔罗斯柱廊

普里恩，雅典娜神庙

帕加马，剧场平台上的神庙

帕加马，雅典娜柱廊

维特鲁威 3.5.15：在每根圆柱上方设置穿孔的狮首水落口，这样雨水就不会"淋湿进入神庙的人"；
另一些与屋瓦中心对齐的水落口。

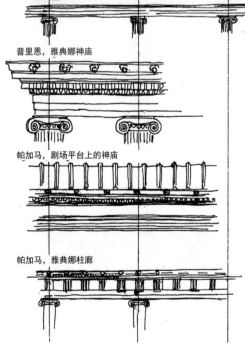

图 54　挑口与狮首水落口（3.5.15）

下楣（3.8.10）（图51）

在柱上楣结构中，维特鲁威没有指定齿饰（dentils）的波状线脚（cymatium）是应包括在指定的高度之内还是另加上去；似乎前一种情况更有可能，因为后一种情况会产生很高的齿饰线。通常他将这顶冠线脚包括在这一层的高度之内。他也没有规定中楣以及下楣的中饰带板（middle fascia）的位置。

线脚（3.8.10）

在这里，*cymatium*（波状线脚）译成了"molding"（线脚）。维特鲁威似乎未在勒斯波斯式波状线脚（Lesbian cymatium）或圆凸线脚（ovolo）之间做出区分，因为他将几乎所有的线脚都称作"cymatia"。"cymatium"似乎是他描述任何剖面为曲线形的大型线脚的一般术语。如果指半圆线脚（astragal），他一般会说明。只有在描述入口时（4.6.2），他才规定了 cymatium 的剖面形状：门框上的线脚为勒斯波斯式半圆线脚；上楣底线脚为多立克型勒斯波斯半圆线脚。

圆柱的柱槽（3.5.14）（图53）

[211]

像通常一样，维特鲁威并没有说明如何将一个圆划分成 24 等份。在许多情况下，不断进行尝试，对圆规和分线规进行调整，就可以对一个给定的尺寸进行多次划分。不过在这里，从一个六边形开始并逐步对它的各个边进行对分，便可以做到这一点。[1]

维特鲁威这里的意思似乎不可能是指柱槽的宽度与圆柱卷杀的 *adiectio*（增加部分）相同。如果卷杀与柱槽一样宽，那么曲率就会凸出于垂直线之外并再向内收回，产生一种类似于雪茄烟的曲线。[2] *stria* 据说是指"柱槽"或"沟槽"，但它也有"褶子"或"折子"的意思。它的意思与 *stringo*（拉紧）相关，意为束紧、限制、给弓绷上弦。因此该词不一定指沟槽或深度，即我们所说的柱槽，而是指突脊，即我们所谓的凸饰线脚（fillet）。如果确定卷杀的方法类似于迪迪马素描所示的方法，那么 *adiectio* 就更有可能等于柱槽之间的凸饰线脚的尺寸。[3]

维特鲁威（3.1.13）并未说明卷杀的 *adiectio*（增加部分）的量，但在这里他说其制作方法展示于第 3 书末尾的素描中。*adiectio* 大概就是加到圆柱"中部"向上渐细（收分）线条的一个量。如果 *stria* 的意思是指柱槽的凸饰线脚，那么素描就表明了这是一个增加的量（就像是我们给出的图中的黑色小圆点），可以将这个量加到圆柱向上渐细的部分而又不使这曲线凸出于垂直线之外，也就是说，位于圆柱中部的小圆点正好处于垂直线和向上收分（contractura）线条之间。

---

1 实际上，一旦熟练掌握了分规，便可以获得极精确的效果。因此，通过熟悉"作假"手法，便可以进行精确的多次再分，这是几何学理论所不能解决的。毕竟，建筑师所画的大多几何图形，只需要基本准确，不要求具有理论上的精确性。

2 将 stria（凹槽）解释为等于 flute（柱槽），在很大程度上说明了文艺复兴直至 18 世纪流传广泛的圆柱传统，即向外隆起，然后向内收分。

3 舒瓦西（Choisy）和克拉里奇（A. Claridge）将 stria 解释为凸饰线脚（fillet）；格罗斯（P. Gros）坚持认为 [正确，译者注] 该词肯定指柱槽的槽沟。见哈兹尔伯格（L. Haselberger）：《关于新近发现的迪迪马阿波罗神庙的著作的报告》，《伊斯坦布尔通报》，33（1983），96；克拉里奇：《阿德里亚诺神庙》（*Tempio di Adrianlo*，罗马，1982），28；格罗斯：《维特鲁威，〈建筑十书〉》iii（巴黎，1990），199。

将角尺置于柱槽之内转动，对柱槽的轮廓截面进行控制，这就是对米利都的泰勒斯（公元前 6 世纪初）的定理中一个推论的功能演示：所有内接于圆的三角形，以直径为斜边，均为直角三角形。

在挑口上……应雕刻狮首（3.5.15）（图 54）

维特鲁威指定水落口的安装要与 *tegulae*（瓦）以及圆柱的中心线对齐，这就要求屋瓦在某种程度上要符合于柱廊的均衡体系，但没有规定每个开间要铺多少瓦，或每行瓦是否都必须有一个水落口。希腊化时期有些挑口和水落口型制与维特鲁威的提法相符，但有些水落口是与 *imbrices*（瓦脊）而非瓦本身对齐，而大多数则将水落口开在各个开间的中央，也有位于圆柱正上方的。[1]

赤陶瓦一般宽一足，但规格各异，尤其是在共和晚期。对于纪念性建筑而言，会有特殊的要求来采用赤陶瓦或大理石瓦。水落口往往不是对应于瓦的中央，而是与瓦脊（上覆瓦）对齐。但在较小型的希腊化建筑上（例如柱廊），水落口则与瓦的中心对齐，这种做法是相当普遍的。

1950 年代，美国古典研究院（American School of Classical Studies）对雅典阿塔洛斯柱廊（Stoa of Attallos）进行了复原，结果发现，将狮子舌头向前伸出是很要紧的，这样可将水抛出上楣之外；而无舌的水落口，如实际做成的那样，水从口处流淌下来便会留下污迹。

---

1 对于屋瓦与挑口水落口型制的考古复原，往往难于找到遗存下来的建筑物，所以在学术出版物中，这些复原图的绘制通常是没有把握的。

评注：第 4 书

均衡的发现 [纹样的发明]（4.1 — 2）

维特鲁威对建筑形式起源的历史分析呈现了两个方面：每种类型的均衡或比例，以及形式的语汇（*ornamenta* 或 *membra*）。均衡（4.1.3 — 8）是从对某些人体比例特征的选择性分析和推演提炼出来的（维特鲁威只关注于修长的比例）；而形式语汇则来源于对木构建筑结构（多立克型与爱奥尼亚型，4.2）或植物图像（科林斯型，4.1.8 — 10）的基本原理所做的分析与概括。

科林斯型……本身并无自己的既定法则……可以……安排……三陇板……也可以……爱奥尼亚的规则（4.1.2）（图 55）

早在公元前 5 世纪，多立克型与爱奥尼亚型这两种类型一出现，便有了"混合柱式"，即在多立克型柱上楣上装饰齿饰，或将多立克型柱上楣置于爱奥尼亚型圆柱之上（例如他林敦的赤陶浮雕）。在希腊化时期，这两种特色是相当普遍的选择，尤其是小亚细亚帕加马柱廊的上 [213] 层。在罗马，"混合柱式"不太常见，但在坎帕尼亚地区却很流行，那里可能是维特鲁威的故乡，即便是纪念性建筑也是如此（例如约公元前 100 年，帕埃斯图姆的集市广场神庙（Forum Temple）的第二建设阶段。[1]

雅典人……建立了十三个殖民地（4.1.4 — 5）

这一记载将公元前 1000 年前后"爱奥尼亚人"迁徙的传说，与亚历山大继承者之一的色雷斯的利西马科斯（Lysimachus of Thrace）将军的历史事迹结合了起来。

泛爱奥尼亚人大会的阿波罗（4.1.5）

这座象征爱奥尼亚人同盟的神庙坐落于以弗所与米利都之间的米卡利山（Mt. Mycale）北面的某个地方。[2]

后来的一代一代人，审美判断更优雅更精致了……（4.1.8）（图 56）

这种有关趣味发展的说法实际上是与希腊建筑史相吻合的：公元前 5 世纪，多立克型圆柱

---

1 从技术上来说，集市广场神庙并不是科林斯型的，其柱头外形是科林斯型的，混合了多立克型柱上楣与齿饰，柱础也是极其折中的：凸出部（flare）之上有一个圆凸座盘。克劳斯（F. Kraus）、赫尔比希（R. Herbig）：《帕埃斯图姆的科林斯型 – 多立克型的集市广场神庙》（*Der Korinthisch-dorische Tempel am Forum von Paestum*，柏林，1939）。关于混合柱式，见劳特尔（H. Lauter）：《希腊建筑》（*Die Architektur des Hellenismus*，达姆施塔特，1986），257—259 等各处；克莱尔（H. Knell）：《维特鲁威的建筑理论》（*Vitruvs Architekturtheorie*，达姆施塔特，1991），50—51。

2 希罗多德：1.143；斯特拉博（Strabo）：14.1.20。

[212] "科林斯型圆柱看上去比爱奥尼亚型更修长"（4.1.1）

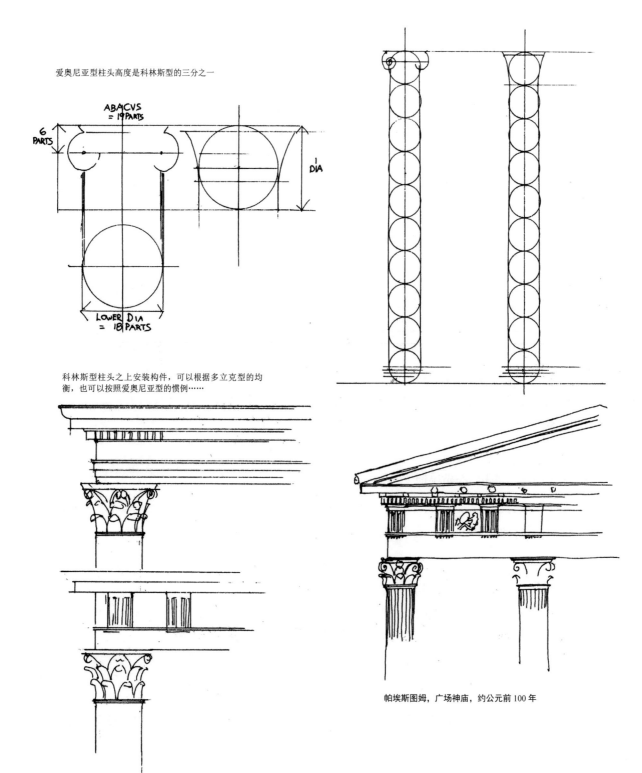

图 55 "科林斯型圆柱看上去比爱奥尼亚型更修长"（4.1.1）

从类型（*Genus*）到均衡（*Symmetria*）（4.1.3－8）　　[214]

多洛斯在阿尔戈斯建了一座朱诺［赫拉］神庙，它的形状恰好就是此种类型的……

最早的爱奥尼亚人很想建造一座献给泛爱奥尼亚人大会的阿波罗的神庙，并采用与"多立克型"相同的类型。他们探求宜于承重的圆柱的基本原理，测量了男人的脚印，发现其尺寸是身高的六分之一。

后来的一代一代人的审美判断力更优雅更精致了，他们喜欢更纤细的比例，确定了多立克型圆柱的高度为直径的七倍……

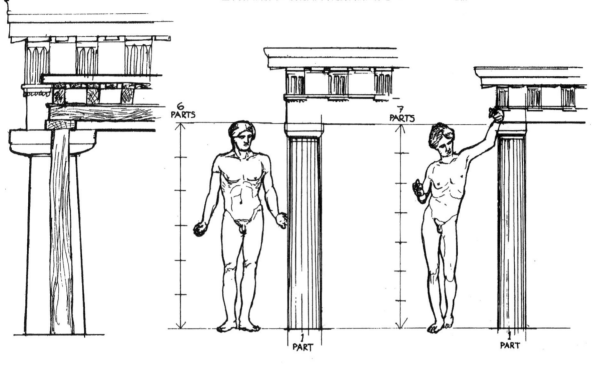

爱奥尼亚类型……

后来，爱奥尼亚人寻求一种新的外形，运用了女人修长的比例，将直径做成柱高的八分之一……

后来若干代人更发达了……将爱奥尼亚型圆柱的高度做成了直径的九倍。

图 56　从类型（*Genus*）到均衡（*Symmetria*）(4.1.3－8)

[215]　　科林斯型的起源（4.1.8—11）

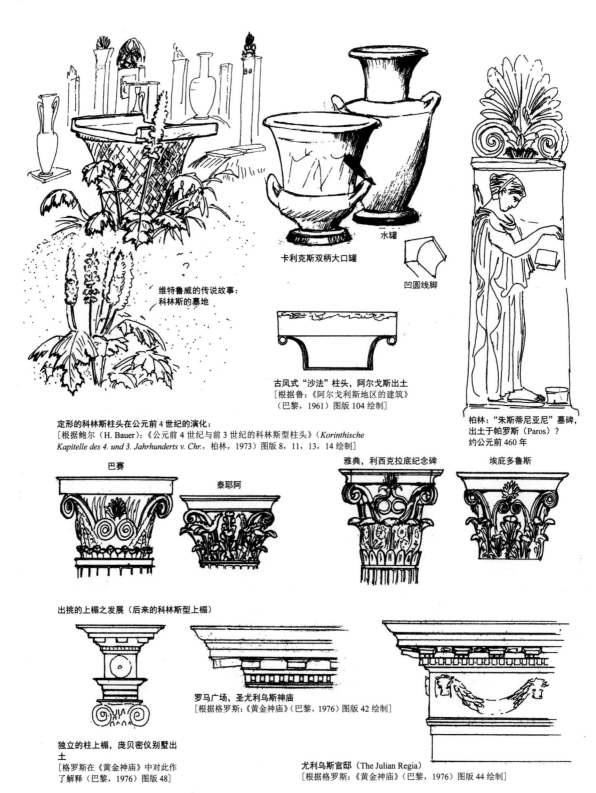

维特鲁威的传说故事：
科林斯的墓地

水罐

卡利克斯双柄大口罐

凹圆线脚

古风式"沙法"柱头，阿尔戈斯出土
[根据鲁：《阿尔戈利斯地区的建筑》
（巴黎，1961）图版 104 绘制]

柏林："朱斯蒂尼亚尼"墓碑，
出土于帕罗斯（Paros）？
约公元前 460 年

定形的科林斯柱头在公元前 4 世纪的演化：
[根据鲍尔（H. Bauer）：《公元前 4 世纪与前 3 世纪的科林斯型柱头》（*Korinthische
Kapitelle des 4. und 3. Jahrhunderts v. Chr.*，柏林，1973）图版 8，11，13，14 绘制]

巴赛

泰耶阿

雅典，利西克拉底纪念碑

埃庇多鲁斯

出挑的上楣之发展（后来的科林斯型上楣）

罗马广场，圣尤利乌斯神庙
[根据格罗斯：《黄金神庙》（巴黎，1976）图版 42 绘制]

独立的柱上楣，庞贝密仪别墅出
土
[格罗斯在《黄金神庙》中对此作
了解释（巴黎，1976）图版 48]

尤利乌斯官邸（The Julian Regia）
[根据格罗斯：《黄金神庙》（巴黎，1976）图版 44 绘制]

图 57　科林斯型的起源（4.1.8—11）

科林斯型柱头的均衡（4.1.11－12） [216]

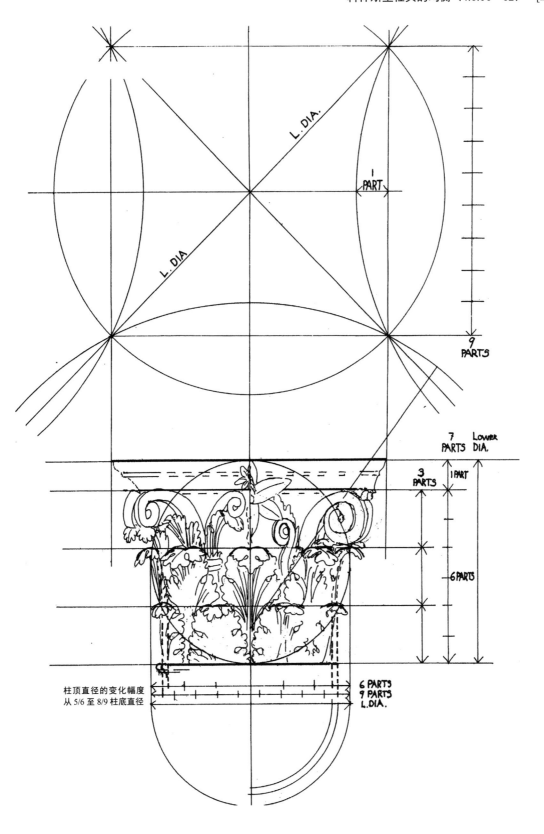

图 58　科林斯型柱头的均衡（4.1.11－12）

[217] 共和晚期与奥古斯都时代的科林斯型柱头

[出自威尔逊·琼斯：《设计罗马科林斯型柱头》(Designing the Roman Corinthian Capital)，收入《罗马不列颠学院论文集》(*PBSR*，59，1991) 图 2，这里的复制图尺度不同]

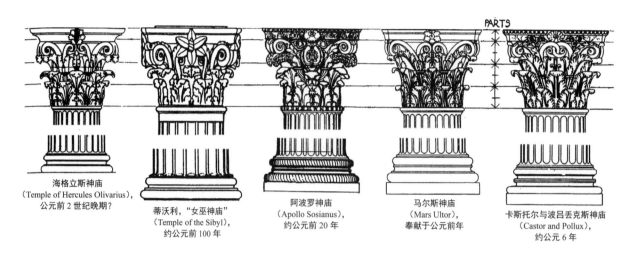

海格立斯神庙
(Temple of Hercules Olivarius)，
公元前 2 世纪晚期？

蒂沃利，"女巫神庙"
(Temple of the Sibyl)，
约公元前 100 年

阿波罗神庙
(Apollo Sosianus)，
约公元前 20 年

马尔斯神庙
(Mars Ultor)，
奉献于公元前年

卡斯托尔与波吕丢克斯神庙
(Castor and Pollux)，
约公元 6 年

"不过，有些类型的柱头被安在了相同的圆柱之上，但有着不同的名称。我说不出它们的均衡特性，也不可能为此给各种圆柱类型命名。不过我认为它们的名称取自于科林斯型、爱奥尼亚型和多立克型，它们的均衡经调整被运用于提升各类新型雕刻的精美效果。"（4.1.12）

庞贝出土的一组柱头
（引自毛）

索伦托（Solunto），约公元前 200 年
[选自比利亚（A. Villa）：《索伦托的柱头》
(*I capitelli di Solunto*，罗马，1988)]

帕拉蒂尼山上的奥古斯都宅邸，完成与
未完成的状态
[选自威尔逊·琼斯：《罗马不列颠学院论
文集》，59，1991，图 17]

图 59 共和晚期与奥古斯都时代的科林斯型柱头

的高度是底径的 4 又 1/2 至 5 倍；到了公元前 4 世纪和希腊化时期，比例上升到 6：1 甚至 7：1。[1]
这一发展过程也与公元前 4 世纪人像艺术中发生的变化相对应。[2]

此种柱头类型的发明 [科林斯]（4.1.9 — 10）（图 57）

已知最早的科林斯柱头出自巴赛的阿波罗神庙（Apollo Epikourios at Bassae）（公元前 5 世纪末 4 世纪初）的室内柱廊上，在此神庙中，圆柱或许被当作象征性的偶像来崇拜。这种柱头的发明，似乎是将篮子（kalathos）简单的钟形与某种茛苕叶和卷须纹样结合在了一起，而这种纹样在公元前 5 世纪晚期的雅典墓碑上十分流行。[3] 如果巴赛的阿波罗神庙，或至少该神庙的室内，的确是雅典建筑师伊克蒂诺（Ictinus）设计的 [4]，那么维特鲁威将科林斯柱头的发明归功于雅典雕塑家卡利马库斯（公元前 5 世纪晚期）便反映了历史事实（Katatêxitechnos 的意思是"技艺精湛者"，有些抄本读作 catatechnos，意为"技艺精通者"[5]）。Corinthian 这个名称可能并不是指地点，而是指最初被附着于青铜器上的叶子。[6] 在巴赛，这种柱头最早的形式作为一个构造单元，并不很一致，后经过改进和分析提炼，最终获得了"确定的"形式。这一过程贯穿于公元前 4 世纪，到埃庇多鲁斯圆庙的室内柱头出现的那个时期，便大体完成了（公元前 4 世纪末）。[7]

起源……装饰（4.2.1 — 6）（图 60、61） [218]

维特鲁威所处的时代当然要比多立克型和爱奥尼亚型圆柱起源的实际时间要迟得多，比

---

1 可以对维特鲁威的图式做出的唯一更正是，约公元前 600—前 570 年的第一代多立克型建筑，其特色不仅在于建有希腊历史上最粗的圆柱，而且也是最细的圆柱（即比例幅度最大）。

2 即人像的高度从 6 倍于足增加到 7 倍。这被解释为是李西普斯从总体上改变波利克莱托斯《法式》的均衡体系的一部分。同时，李西普斯被看作是雕刻与绘画中利用均衡控制人体比例的最后一位代表人物，他实现了向重感觉性胜过清晰测量的转变，这种感觉性强调的是"匀称"（eurythmy）的概念，即令人愉悦的动态或优雅效果。见施利克尔（F. W. Schlikker）：《从维特鲁威看希腊化时期建筑美的概念》（*Hellenistische Vorstellungen von der Schönbeit des Bauwerks nach Vitruv*，柏林，1940），72—95。

3 关于这种源起的观点，见鲁（G. Roux）：《公元前 4 世纪与 3 世纪阿尔戈利斯地区的建筑》（*L'Architectre de l'Argolide aux quatrième et troisième siècles avant J. C.*，巴黎，1961），第 12 章，359—367。关于圆柱作为崇拜偶像，见雅罗里斯（N. Yalouris）：《关于巴赛阿波罗神庙的若干问题》（Problems Relating to the Temple of Apollo Epikourios at Bassae），《第十一届世界古典考古学大会文件汇编》（*Acts of the XI Iuternational Congress of Classical Archaeology*，伦敦，1978），89—104。这花篮是个相对简单的发明，因为它实际上是一个旋转的凹圆线脚（rotated cavetto），或旋转的古风式沙法柱头（sofa capital），鲁：上引书，图 104。它的外形与一种普通型双柄大口罐相同。

4 保萨尼阿斯：8.41.9。

5 保萨尼阿斯的抄本确实提到了这个绰号，1.26.7。老普林尼却没有这么确定，见《博物志》，34.92。

6 科林斯是希腊整个古代时期的青铜器制作重心，Corinthian 一词意指一般意义上的青铜器。罗马屋大维乌斯柱廊（Porticus Octavi）（由屋大维乌斯 [Gn. Octavius] 建于公元前 174 年，可能就在后来的梅特卢斯 / 屋大维娅柱廊旁边）之所以被提及是一座科林斯型的柱廊，是因为柱头用镀金青铜叶子遮护了起来。老普林尼：《博物志》，34.7.1。维特鲁威可能知道这座建筑，因为它是战神广场上所建造的第一批壮丽的新柱廊之一。维特鲁威的书是最早使用 Corinthian 一词来描述此类柱头的第一手文献。其他文献有：斯特拉博：4.4.6；老普林尼：34.7.2；保萨尼阿斯：8.45.4；阿特纳奥斯：5.205.C，引用了卡利色诺斯（Kallixenos）（公元前 2 世纪）描述托勒密四世的游船。从上下文中，维特鲁威第一个试图将这个术语确立为一种称呼是很有可能的，尽管从普林尼的话来看，该术语长期被人们用来描述屋大维柱廊（Porticus of Octavius）（科林斯型柱廊，意思是青铜柱廊）。

7 严格说来，在学术性的文献中，并没有将埃庇多鲁斯的柱头当作"正常的"柱头提及，因为其中央的卷须并没有触及柱顶板，但还是取得了基本的比例和效果：叶子和卷须其实是非常纤弱的，被纳入一个密集的三层向上加宽的团块之内，给人一种有力支撑的错觉。泰斯阿（Tegea）以及利西克拉底纪念碑（Lysicrates Monument）代表这一发展的中间阶段。它们表明，正如早期多立克神庙那样，演变并不是逐渐的（字面上的一步接着一步朝单一方向演化），而是在找到最终解决方案之前，思索着各方面的问题：如太高的问题，太短的问题，等等。关于科林斯型柱头在公元前 4 世纪的演化：见鲁（Roux）：上引书，第 12 章，359—387；鲍尔：《公元前 4 世纪和 3 世纪的科林斯型柱头》（*Korinthische Kapitelle de 4. und 3. Jahrhunderts vor Christus*，柏林，1973），《德国考古研究所》（*DAI*）副刊 3；海尔迈尔（W. D. Heilmeyer）：《科林斯型标准柱头》（*Korinthische Normalkapitelle*，海德堡，1970）；黑斯贝格（H. von Hesberg）：《论共和晚期科林斯柱式的发展》（Lo sviluppo del ordine corinzio in etá tardo-repubblicana），收入《罗马共和晚期与帝国初期的装饰艺术》（*L'art decoratif à Romeà la fin de la République et au début du Principat*，罗马，法兰西研究院 [EFR，1981]），19—53。

这更早提及它们"起源"的文献付诸阙如。从我们的考古学证据来看，多立克型出现于公元前600年前后，爱奥尼亚型大致同时或稍后。根据维特鲁威的分析，多立克型与爱奥尼亚型只是对同一结构序列的两种不同的表达：多立克型将横梁（*transtra*，或 *trabes*）的端部暴露在外，使人字梁（*cantherii*）凸出来，将底边修去以形成上楣底托石（mutules）；爱奥尼亚型不让横梁与人字梁露出来，而将 *asseres*——即普通椽子——凸出来，以形成齿饰（dentils）。

在建筑史中，多立克类型的起源是最具争议的问题之一。在现代学术中，主要有三种理论取向。[1] 一是木结构起源说，可追溯到维特鲁威。在现代考古学理论中，这种学说假定这套语汇是根据公元前 7 世纪石基木廊结构的建筑制定出来的，因此没有任何遗迹保存下来，直至公元前 600 年前后第一座石造多立克神庙出现在我们的证据中。[2]

第二种观点笼统地汇集了各种进化理论，假设多立克型的"装饰"是通过对早先母题进行稳步地、累积性的修正而逐渐发展起来的，如迈锡尼的"分裂式玫瑰花"（split-rosette）或迈锡尼的垫式柱头（cushion capital），可能与某些木结构形式结合在一起。

第三种观点认为，多立克类型是突然之间创造出来的，或许就出现在公元前 620/600 年的一个雄心勃勃的建筑工程上，是对所谓"原多立克型"的埃及柱廊的模仿与修改。人们长期以来注意到，这种柱廊与多立克型很相像，十分神奇（见图）。人们对这种埃及柱廊在两个方面做了修改：在柱顶板下面插入了一个垫子；将圆弧饰上楣划分为清晰的垂直与水平表面，并发明了一种装饰性的、具有韵律感的图案以装饰表面区域。

对于现代理论来说，维特鲁威所论述的这个起源问题是极重要的媒介。[3] 正如维特鲁威一样，争论的各方都承认，这在很大程度上是关于"构造含义"的性质问题，即多立克型在某种意义上是结构的一种表达，或一种提示。这三种理论中的第一种，某种程度上还有第二种，假定结构的逻辑表现源于实际的结构。这在相当的程度上就是维特鲁威所设想的东西，尽管他似乎也强调分析性的抽象设计，与模仿相对立。第三种理论，即模仿埃及的理论，提出了更令人困惑的观点，即结构的表现来源于并非从结构形式派生而来的形式。

对爱奥尼亚型建筑的讨论同样如此，只是讨论范围不如多立克型那么大。爱奥尼亚型最初的特定形式的出现只是稍稍迟于多立克型，年代为公元前 6 世纪初。[4] 它似乎已被创造成各种母题的集合体，而在这里，程式化的植物母题是从近东和小亚细亚采集而来的。

很简单，在大椽之下不可能有小椽（4.2.5）（图60）

维特鲁威说，在他那个时代科林斯型圆柱没有特定的或唯一的柱上楣形式（4.1.2），这是

---

1 以下是豪（T. N. Howe）的概括，见《多立克柱式的发明》（The Invention of the Doric Order，博士论文，哈佛大学，1985，大学缩微胶片）。

2 格尔坎（A. von Gerkan）最充分地阐发了这一假说，为所有构件寻找木工之源。《多立克型梁架结构的来源》（Die Herkunft des dorischen Gebälks），《罗马德意志考古研究所年鉴》（Jahrbuch des Deutschen Archäologischen Instituts in Rom），63—64（1948—1949）。这里的图示是对他研究方式的概括。

3 自从 15 世纪末期之后，维特鲁威的木结构起源理论为大多数建筑师所熟知，不过直到 18 世纪中叶时，即当现代性开始质疑古典柱式的权威性时，起源问题才成为一个争论的热点话题。

4 格鲁本：《最古老的爱奥尼亚型大理石涡卷柱头》（Das älteste ionische marmorne Volutenkapitell），《伊斯坦布尔通报》（Istanbuler Mitteilungen，39，1989），161 以下。

"类型"的结构起源及其"装饰"（4.2.1—6）　[219]

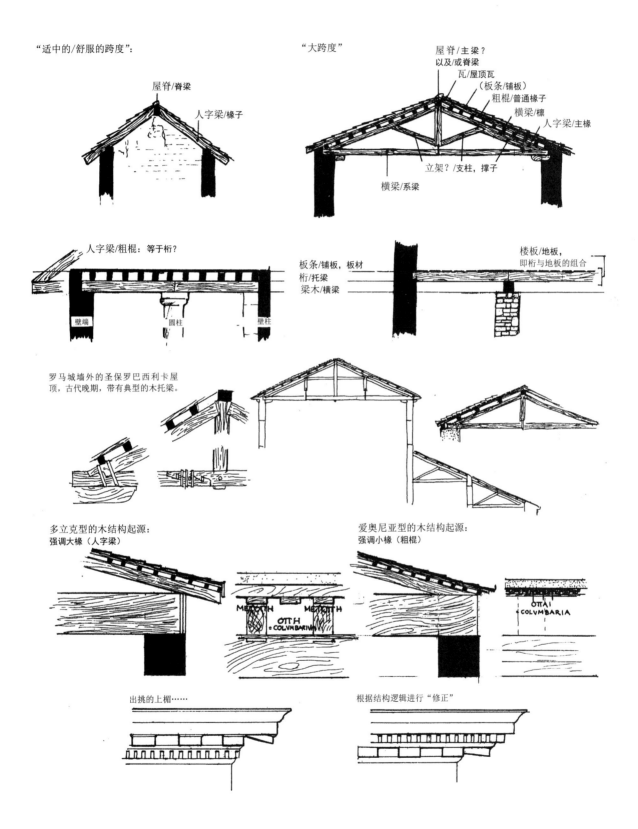

图 60 "类型"（*Genera*）的结构起源及其"装饰"（*Ornamenta*）（4.2.1—6）

[220]　　多立克型的起源（4.2.2—4）

维特鲁威的木结构起源理论

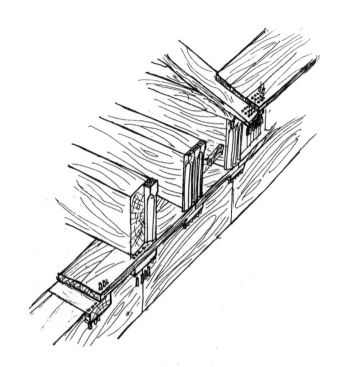

对于埃及柱廊的适应性模仿

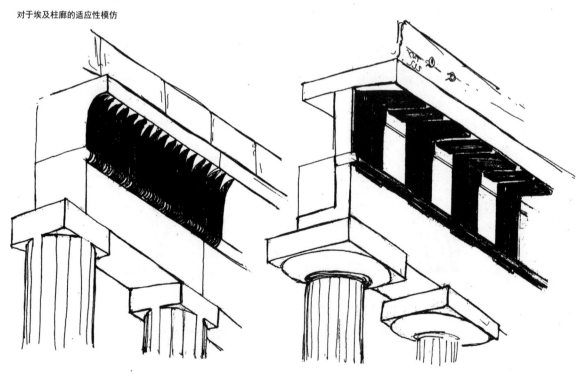

图61　多立克型的起源（4.2.2—4）

完全正确的。这话听上去像是要专为科林斯型发展一种上楣类型（即所谓的托饰 [modillion] 或出挑的上楣 [console cornice]）。[1] 这种托饰或出挑的上楣，带有双涡卷形的托架，直接位于上楣之下，齿饰之上，不过它是在公元前 40 年代与 30 年代发展起来的。长方形的托架或托石出现于公元前 150 年前后，是多立克型上楣底托石的一个变体，主要出现在帕加马柱廊的爱奥尼亚型的上部楼层，并于公元前 1 世纪初出现在罗马灰泥饰（以及第二壁画风格）之中。在公元前 30 年代和 20 年代，这种托架与双涡卷形托石（从门框改造而来）一道首次出现在第二次三头统治时期和帝国初期初建或重建的一些纪念性建筑上，例如罗马广场上的圣尤利乌斯神庙、帕拉蒂尼山上的大母神庙（Magna Mater），以及罗马广场上的卡斯托尔神庙、萨图恩神庙与孔科尔德神庙。混合式柱头也是在这一时期发明的。[2] 雅典风向塔（Tower of the Winds）内部的上楣几乎就遵循了维特鲁威这里提出的建议。[3]

阿塞西乌斯，皮特俄斯……赫莫格涅斯（4.3.1）

除了维特鲁威的书以外没有文献提及阿塞西乌斯。维特鲁威还将特拉利斯（Tralles）的一座神庙以及一篇论科林斯型均衡的文章归于他所作（7. 前言.12）。皮特俄斯：1.1.12；1.1.15；7. 前言.12。赫莫格涅斯：3.2.6；3.3.8；3.3.9；7. 前言.12。

在安排三陇板上的不便之处（4.3.1）（图 62）

这就是所谓的多立克型角落矛盾。这个问题的产生是由于形式规则具有内在的矛盾：陇间板必须是正方形，圆柱必须与上面的三陇板中心对齐；在角落上，两侧的三陇板必须相接，下楣必须与下面的圆柱中心对齐；下楣通常要比三陇板宽，所以在角落上三陇板与下楣便不可能对齐。要解决这一问题，要么将位于角落单元的陇间板加宽，要么将角落单元的圆柱间距缩小。

只有当下楣的宽度与三陇板相等时才不会有矛盾。维特鲁威似乎给出了错误的方案：为使中楣的构件保持相等，柱间距的实际收缩就应相当于三陇板宽度与下楣宽度之差的一半。但只有在下楣等于三陇板的两倍时，才会相当于三陇板宽度的一半。[4] 维特鲁威提出了非同寻常的

---

1 斯特朗（D. E. Strong）：《罗马广场上的卡斯托尔神庙》（The Temple of Castor in the Forum Romanum），《罗马不列颠学院文集》，30(1962)，1—30；《关于早期罗马科林斯型的若干意见》(Some Osbservations on Early Roman Corinthian)，《罗马研究杂志》(Journal of Roman Studies，53 [1963]，73—84；《早期组合式柱头的一些实例》(Some Early Examples of the Composite Capital)，《罗马研究杂志》50（1960），119—128。黑斯贝格（H. von Hesberg）：《希腊化时期以及早期帝国时代的托石上楣》（Konsolengeisa des Hellenismus und der frühen Kaiserzeit，美因茨，1980）。

2 斯特朗：《组合式柱头的一些早期实例》，《罗马研究杂志》50（1960），119—128。组合型柱头也出现在第二格式的壁画上。如果第二风格壁画是从亚历山大里亚发展起来的，那么这种形式中的一些创意就可能来自于亚历山大里亚建筑。

3 此建筑由一位近东商人安德罗尼库斯·西里斯特斯（Andronicus Cyrrhestes）（即西罗斯的安德罗尼库斯 [Andronikos of Kyrrhos]，西罗斯是以弗所附近的一个小镇）所建，可能建于维特鲁威写作的 20 年之内（约公元前 50—前 37）。它几乎遵循了维特鲁威的序列，但在上楣之下安装了托石，在上楣以上挑口以下做了齿饰。斯图尔特与雷维特（Stuart and Revett），劳伦斯（A. W. Lawrence）在《希腊建筑》（Greek Architecture，哈蒙兹沃思，1973）中给出了插图，图版 133A，以及第 137 页。

4 ……除非 "dimidia latitudine"（宽度的一半）这个短语可以当作近似值来讲。他自己提出的均衡（4.3.7）导致了小于三陇板宽度一半的情况。分裂式陇间板（split metope）的实际宽度是半个三陇板（半个模数），小于柱颈的收分。如果遵照他的这些详尽的指示行事，要做的事就很清楚了：竖沟要与圆柱的 "四分"（tetrans）对齐，陇间板对应于剩下的部分，也就是说，半个模数小一点。他后来（4.3.4）将这个重要标准陈述得很清楚："这些 [陇间板] 做如此划分的目的，是使它们（三陇板）与角落上的圆柱和中间圆柱的中轴线对齐。"因此，"半个三陇板"这个短语可能是有意识增加语言效果，并非是形式上的草率。

建议，可以利用角落上的分裂式陇间板（split metope）来解决这个难题，这在希腊建筑中似乎并无先例，而且在罗马的大型建筑中也没有已知的继承者。类似的实例只存在于灰泥雕塑或绘画作品中。

embatêr（模数）（4.3.3）

见评注 1.2.4。

[柱顶] 线脚（4.3.4）

像在第 3 书中一样，维特鲁威使用了 *cymatium*（波状线脚）一词指若干不同类型的线脚，通常是圆凸线脚（ovolo）或反曲线脚（cyma）。这里将该词简单地译成"molding"（线脚）。

模数宽度（4.3.5）（图 63）

维特鲁威所想到的似乎是未做收分之圆柱的模数宽度。

贴边（4.3.6）（图 64、65）

这是描述多立克型的一个主要特征，但至于上楣底托石只是在三陇板之上才有，还是在陇间板上也有，则不太清楚。在同时代的多立克型建筑上，有些上楣只是在三陇板之上有上楣底托石（马凯鲁斯剧场，埃米利亚巴西利卡），它们之间有宽大的间隔（大概就是这"贴边"），通常装饰着花环。

单三陇板建筑（4.3.7—8）（图 66）

这意味着，在每个开间的中央以及每根圆柱的上方（即两块陇间板之间的跨度）安排一块三陇板。

眼睛会被迫走更长的路 [光学]（4.4.3）（图 67、68）

在第 3 书和第 4 书中，有六个地方提到出于外观的考虑必须对形式进行调整：

3.3.12：柱颈收分。

3.3.13：卷杀……出于两个原因，一是眼睛"捕捉美"，二是我们需要增加眼睛已失去的东西从而"迎合它"〔*blandimur*〕。

3.4.5：利用"高低不等的小板凳"获得基座曲率，其目的是纠正因视错觉造成的向下塌陷的〔*alveolatus*〕的外观效果。

3.5.8—9：较高的圆柱要用较高的下楣。在较高的圆柱之上"眼睛的一瞥……很难穿透稠密的空气，于是视力便会减退，被高度与强度所消耗，使感官不能确切地估计尺度"。

多立克型角落收缩的问题（4.3.1－2） [222]

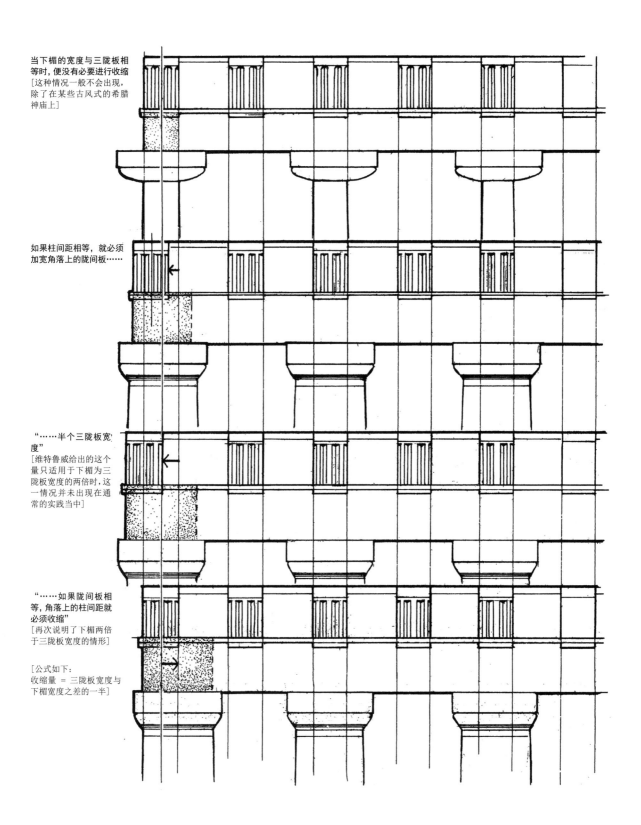

当下楣的宽度与三陇板相等时，便没有必要进行收缩
[这种情况一般不会出现，除了在某些古风式的希腊神庙上]

如果柱间距相等，就必须加宽角落上的陇间板……

"……半个三陇板宽度"
[维特鲁威给出的这个量只适用于下楣为三陇板宽度的两倍时，这一情况并未出现在通常的实践当中]

"……如果陇间板相等，角落上的柱间距就必须收缩"
[再次说明了下楣两倍于三陇板宽度的情形]

[公式如下：
收缩量 = 三陇板宽度与下楣宽度之差的一半]

图62　多立克型角落收缩的问题（4.3.1－2）

[223] 多立克型的均衡（4.2.4－6）

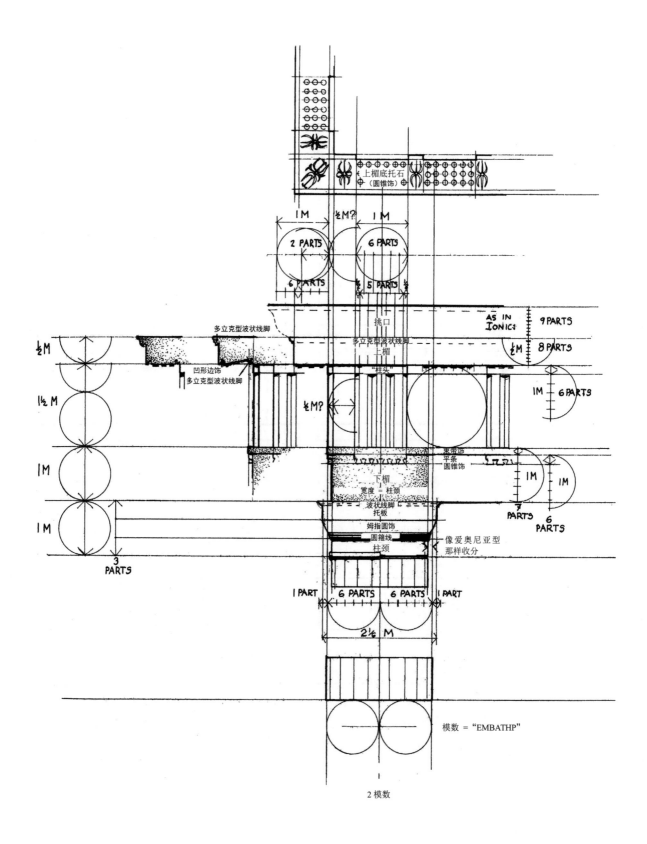

图 63　多立克型的均衡（4.2.4－6）

多立克型三陇板（4.3.5−6）　[224]

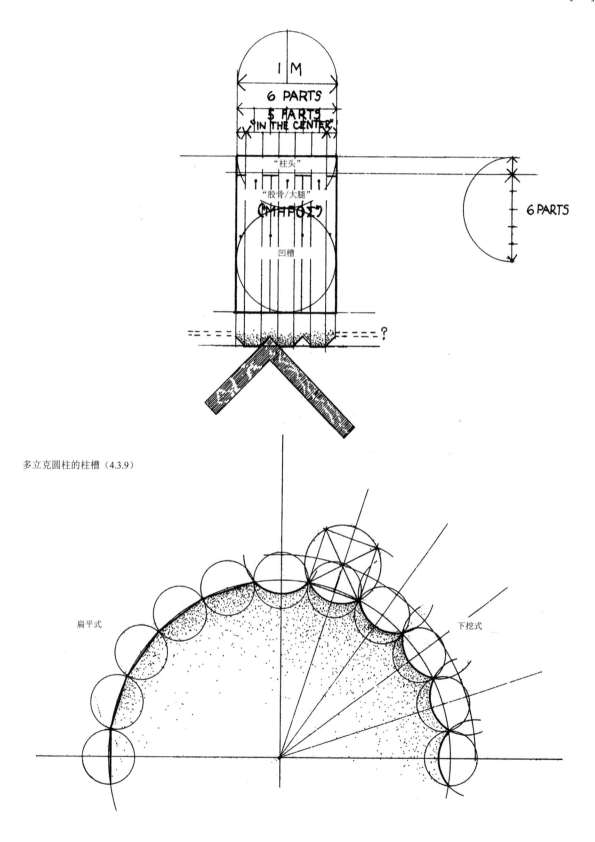

多立克圆柱的柱槽（4.3.9）

图 64　多立克型三陇板（4.3.5−6）

[225]　共和晚期和奥古斯都时代多立克型实例

共和晚期六种多立克柱上楣
［根据托贝尔曼（F. Töbelmann）：《罗马柱上楣》（*Römische Gebälke*，1，海德堡，1923）图 20、23－27 绘制］

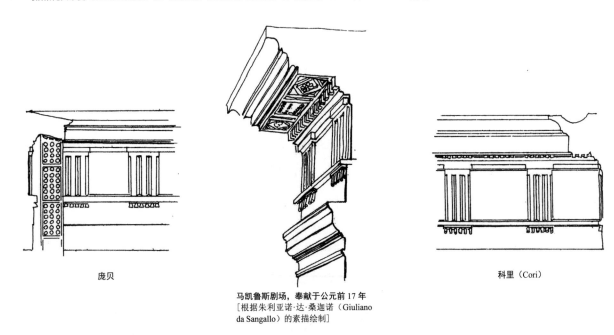

庞贝

马凯鲁斯剧场，奉献于公元前 17 年
［根据朱利亚诺·达·桑迦诺（Giuliano da Sangallo）的素描绘制］

科里（Cori）

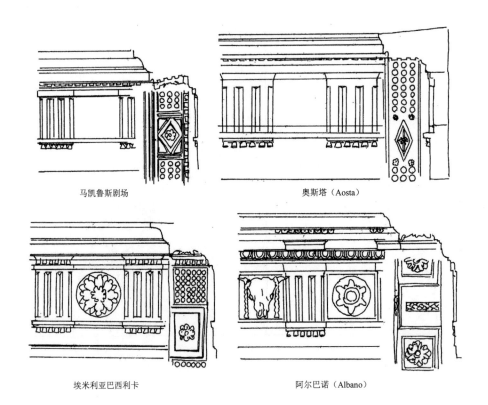

马凯鲁斯剧场

奥斯塔（Aosta）

埃米利亚巴西利卡

阿尔巴诺（Albano）

图 65　共和晚期和奥古斯都时代多立克型实例

宽柱距型多立克型的均衡；窄柱距型多立克型的均衡（4.3.3）　　[226]

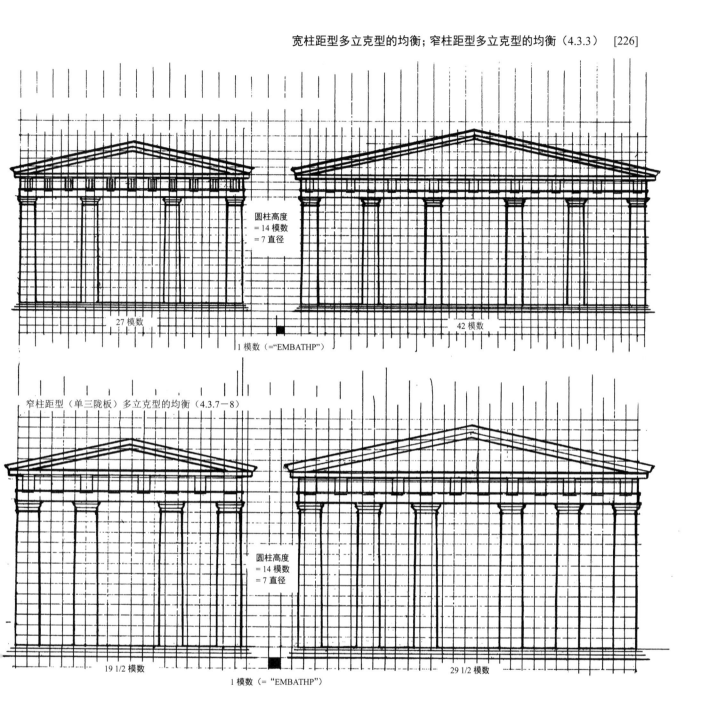

图 66　宽柱距型（双三陇板）多立克型的均衡；窄柱距型（单三陇板）多立克型的均衡（4.3.3）

[227] 神庙室内（4.4.1—4）

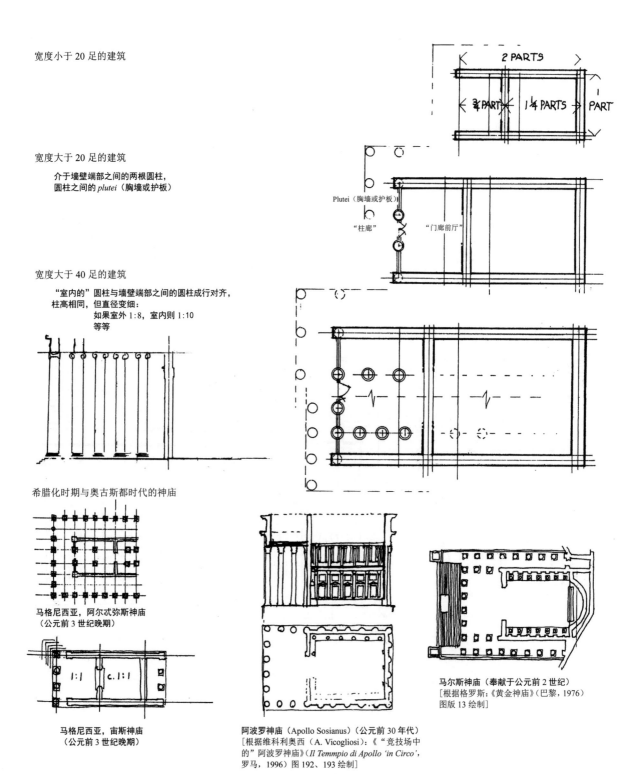

宽度小于 20 足的建筑

宽度大于 20 足的建筑

介于墙壁端部之间的两根圆柱，
圆柱之间的 *plutei*（胸墙或护板）

宽度大于 40 足的建筑

"室内的" 圆柱与墙壁端部之间的圆柱成行对齐，
柱高相同，但直径变细：
如果室外 1:8，室内则 1:10
等等

希腊化时期与奥古斯都时代的神庙

马格尼西亚，阿尔忒弥斯神庙
（公元前 3 世纪晚期）

马格尼西亚，宙斯神庙
（公元前 3 世纪晚期）

阿波罗神庙（Apollo Sosianus）（公元前 30 年代）
［根据维科利奥西（A. Vicogliosi）：《"竞技场中的" 阿波罗神庙》（*Il Temmpio di Apollo 'in Circo'*，罗马，1996）图 192、193 绘制］

马尔斯神庙（奉献于公元前 2 世纪）
［根据格罗斯：《黄金神庙》（巴黎，1976）图版 13 绘制］

图 67　神庙室内（4.4.1—4）

视觉微调（4.4.2－3） [228]

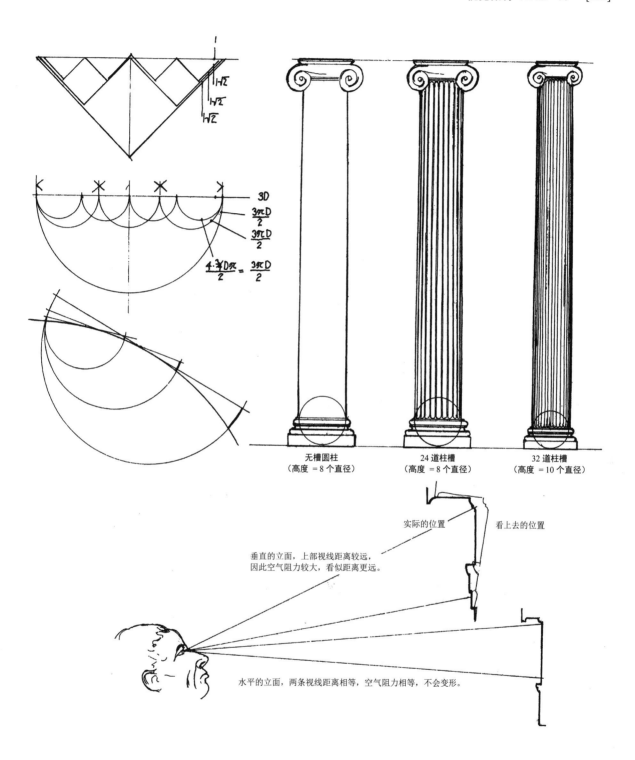

无槽圆柱
（高度 = 8 个直径）

24 道柱槽
（高度 = 8 个直径）

32 道柱槽
（高度 = 10 个直径）

实际的位置　看上去的位置

垂直的立面，上部视线距离较远，
因此空气阻力较大，看似距离更远。

水平的立面，两条视线距离相等，空气阻力相等，不会变形。

图 68　视觉微调（4.4.2－3）

4.4.2—3：在室内，如果圆柱的高度增加，便要增加柱槽的数量。"……实际被减去的东西看上去增加了……因为眼睛在遇到更多更密集的刺激物时，会被迫走更长的路。"

3.5.13：下楣、中楣、上楣、山花区域、前倾式下楣以及山花顶饰（即圆柱之上的所有构件）：正面均应向外倾斜其高度的1/12。

维特鲁威提到的所有视觉微调，都以某种方式在许多希腊与罗马建筑上得到了验证。[1]不过，他给出的视觉微调的解释来源于他关于光学的一般知识。

早期光学，即原子论者德谟克利特（约公元前460—前370）断言，视觉的产生是物体发射极细的雾状微粒被眼睛接收所致。对柏拉图来说，眼睛中的火与太阳光掺和在一起，创造了[229]一种介质，接收来自物体的"运动"，并将其传递给眼睛。亚里士多德则反对这些理论的物质基础，他声称空气或水是一些潜在的透明介质（黑暗时是不透明的），当接触到火时则变成透明状态。根据这一理论，光并非是颗粒的发散，而是这种介质的状态。色彩是光亮与黑暗的混合。许多光发出红色，绿色较少，紫色最少。因此在彩虹上，红色处于里侧，即最接近太阳的一侧，具有的光线最多。[2]

欧几里得光学（约公元前300年）成为主导性的传统，并使光学实际上成为数学的一个分支。这种理论假设视觉是人眼所发射出的直角光波的结果，从而创造了一个"视觉锥体"（cone of vision），眼睛就位于顶端。欧几里得传统相对来说并不关心眼睛是否真的放射出光线，"视觉锥体"本质上只是一个方便的几何学前提。因此，欧几里得光学将经验归纳为几何学问题。

欧几里得光学本身主要研究的是透视几何学，以及诸如一个物体相对于眼睛的距离所呈现的外观尺寸等问题。其中有一个假设称，即一个物体的外观尺寸取决于观察它的角度；另一假设称，一个被观察的物体的位置基于（或取决于）它在视觉锥体中的位置——也就是说，视觉锥体中较高的射线所涵盖或观察到的物体，距离观者更远。欧几里得光学的另一个部分是反射光学（镜子的科学），研究反射与折射的几何学。

在建筑中，第一代多立克型石造建筑就已经运用了视觉微调（曲率几乎看不出）。[3]在雕塑中，早在公元前5世纪初便对人像进行修正，以获得从某些视点观看的效果（例如奥林匹亚的

---

1 尽管古物学家普遍熟悉维特鲁威，但他们一般不相信希腊神庙存在着视觉微调（如基座曲率），直到阿拉森（Allason）与科克雷尔（C. R. Cockerell，1814）、唐纳森（Donaldson，1820）、霍弗（Hoffer）与彭尼索恩（Pennethorne，1836—1837）等人最早注意到帕特农神庙和其他古典希腊建筑中的视觉微调时，情况才有所改变。彭罗斯（F. C. Penrose）：《雅典建筑的基本原理》（*Principles of Athenian Architecture*，伦敦，1888，第2版）；彭尼索恩：《古代建筑的几何学与光学》（*The Geometry and Optics of Ancient Architecture*，伦敦与爱丁堡，1877）；蒂尔施（A. Thiersch）：《建筑领域中的视错觉》（Optische Täuschungen auf dem Gebiete der Architecktur），《建筑行业杂志》（*Zeitschrift des Bauwesens*），1878。对此问题的主要综述见古德伊尔（W. H. Goodyear）：《希腊视觉微调：关于调校性建筑的研究》（*Greek Refinements: Studies in Temperamental Architecture*，纽黑文，1912）。
2 各种概述，参见佩德森（O. Pedersen）、皮尔（M. Pihl）：《早期物理学与天文学》（*Early Physics and Astronomy*，纽约与伦敦，1974），第10章，127—139；林贝尔（D. C. Lindberg）：《西方科学的开端》（芝加哥，1992），105—108；劳埃德（G. E. R. Lloyd）：《亚里士多德之后的希腊科学》（*Greek Science After Aristotle*，纽约，1973），134—137。
3 帕埃斯图姆赫拉I神庙上的卷杀，约公元前600—前580年，科林斯阿波罗神庙的基座曲率，约公元前570年。

朝向 / 神像的可视性（4.5.1－2；4.9.1） [230]

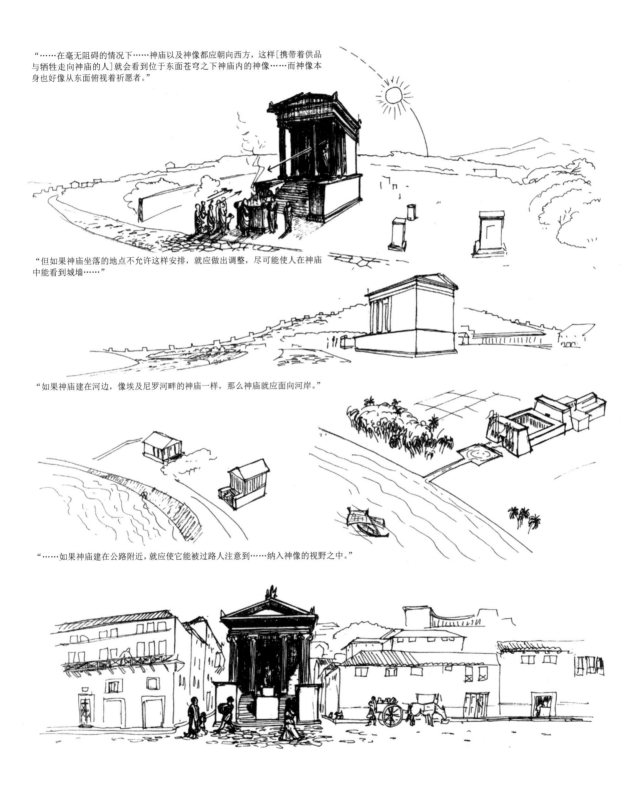

"……在毫无阻碍的情况下……神庙以及神像都应朝向西方，这样[携带着供品与牺牲走向神庙的人]就会看到位于东面苍穹之下神庙内的神像……而神像本身也好像从东面俯视着祈愿者。"

"但如果神庙坐落的地点不允许这样安排，就应做出调整，尽可能使人在神庙中能看到城墙……"

"如果神庙建在河边，像埃及尼罗河畔的神庙一样，那么神庙就应面向河岸。"

"……如果神庙建在公路附近，就应使它能被过路人注意到……纳入神像的视野之中。"

图69　朝向/神像的可视性（4.5.1－2；4.9.1）

[231]　多立克型门（4.6.1－2）；
　　　　（阿提卡式的门，4.6.6）

顶棚藻井

上楣，带有波状线脚
挑出量 = 高度
　（高度未做规定；
　= 1/3 中楣？……基于
　多立克型上楣，4.3.6）

室外柱头，与门
的上楣高度相同

中楣，"门头饰板"
带有多立克型波形线脚
"勒斯波斯式"半圆线脚
= 门梁高度

"眉毛" = 门梁
高度 = 门框宽度

门梁突出部分（耳朵）
= 波状线脚的宽度

门框的收分 =
门框下部宽度的 1/14

门洞的收分：
－如果高度 = 16 足
　　收分 = 1/3 门框
－如果高度 = 16－25 足
　　收分 = 1/4 门框
－如果高度 = 25－30 足
　　收分 = 1/8 门框
－如果更高
　　门框为垂直

2½
PARTS

"勒斯波斯式"波状线脚，
带有半圆线脚，1/6 门框宽度

阿提卡式门
　"如多立克型"，但门框上
带有饰带，门框划分为 7
等份，每条饰带占 2 等份：
2：2：2（剩余为半圆线脚？）

5½
PARTS

门框宽度未指定
　（= 爱奥尼亚开口高度的 1/14）

1 PART

14
PARTS
?

12
PARTS

3½
PARTS

门框波状线脚

6
PARTS

门框饰带
（阿提卡式门）

7
PARTS

门框收分

14
PARTS

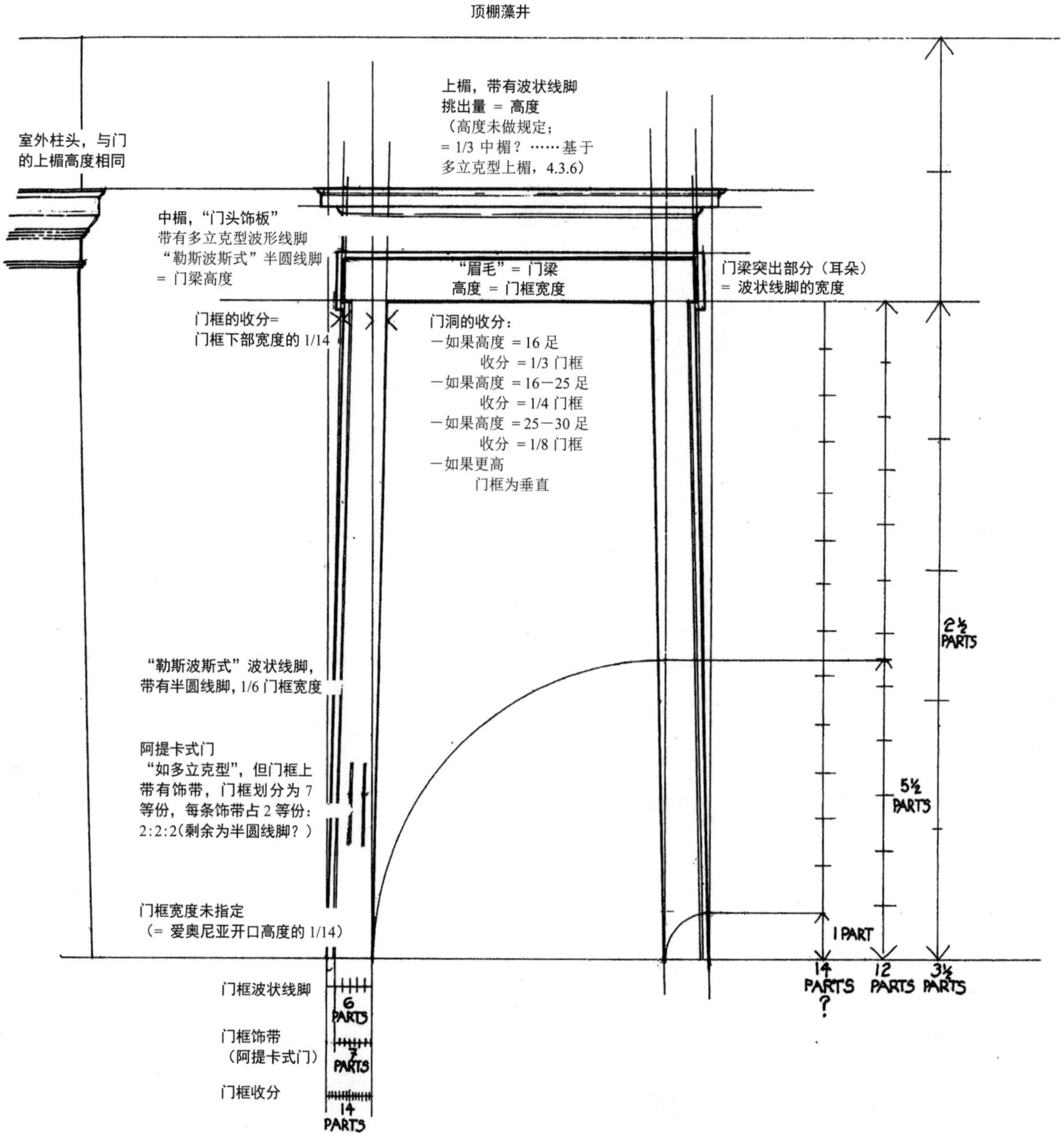

图70　多立克型的门（4.6.1－2）；阿提卡式的门（4.6.6）

爱奥尼亚型的门（4.6.3－4）　[232]

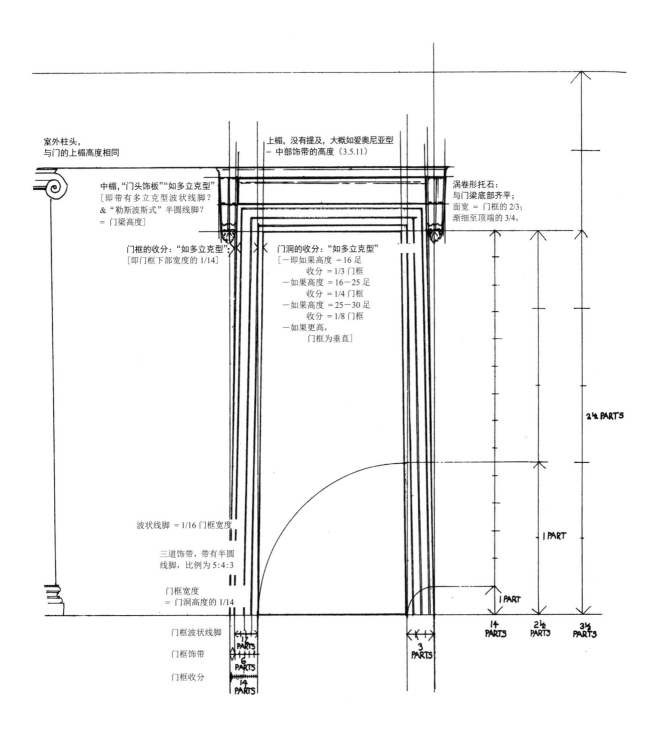

室外柱头，
与门的上楣高度相同

上楣，没有提及，大概如爱奥尼亚型
＝ 中部饰带的高度（3.5.11）

中楣，"门头饰板""如多立克型"
[即带有多立克型波状线脚？
& "勒斯波斯式"半圆线脚？
＝ 门梁高度]

涡卷形托石：
与门梁底部齐平；
面宽 ＝ 门框的2/3；
渐细至顶端的3/4。

门框的收分："如多立克型"
[即门框下部宽度的1/14]

门洞的收分："如多立克型"
[—即如果高度 ＝ 16 足
　　收分 ＝ 1/3 门框
—如果高度 ＝ 16—25 足
　　收分 ＝ 1/4 门框
—如果高度 ＝ 25—30 足
　　收分 ＝ 1/8 门框
—如果更高，
　　门框为垂直]

2½ PARTS

波状线脚 ＝ 1/16 门框宽度

I PART

三道饰带，带有半圆
线脚，比例为 5:4:3

I PART

门框宽度
＝ 门洞高度的1/14

I PART

门框波状线脚

门框饰带

门框收分

1½
PARTS

6
PARTS

14
PARTS

3
PARTS

14
PARTS

2½
PARTS

3½
PARTS

图 71　爱奥尼亚型的门（4.6.3－4）

[233]　门板（4.6.4－5）

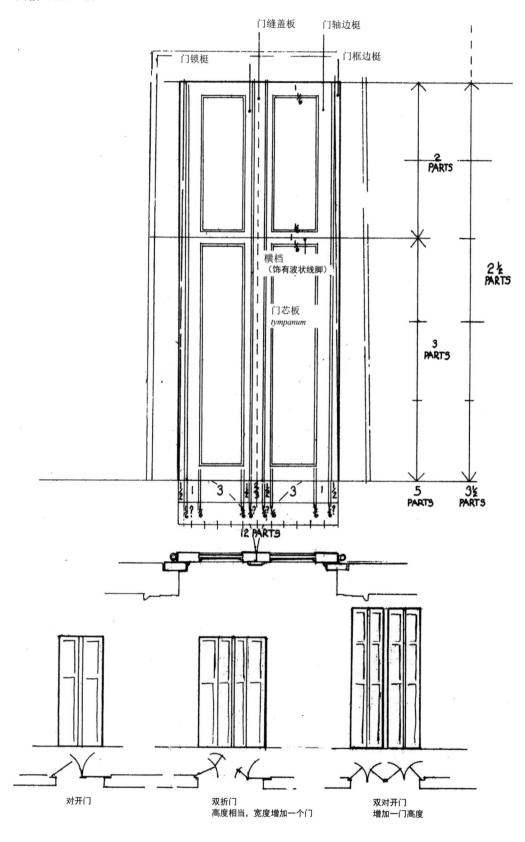

图 72　门板（4.6.4－5）

托斯卡纳型神庙布局（4.7.1－5） [234]

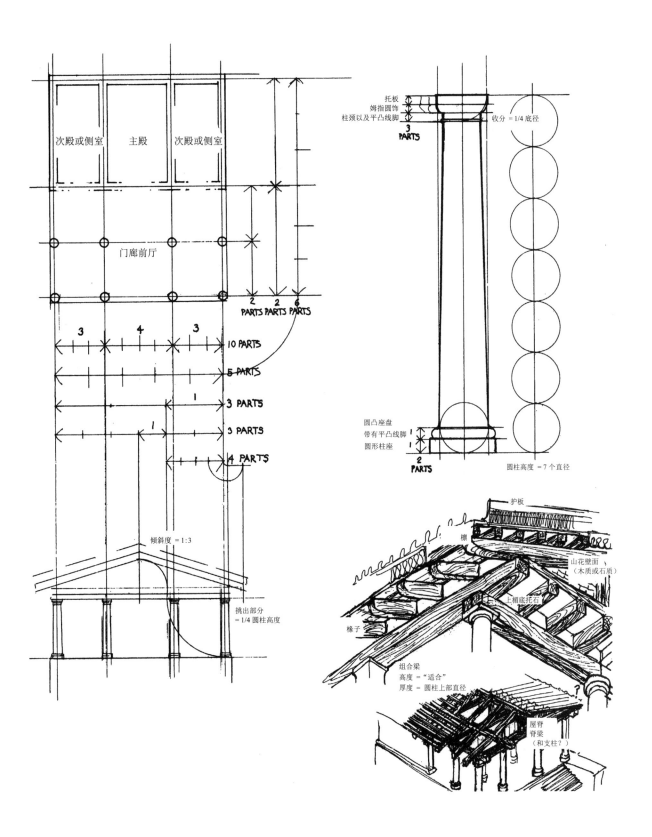

图 73　托斯卡纳型神庙布局（*Tuscanicae Dispositiones*）（4.7.1－5）

[236]　圆形神庙（4.8.1－3）

单圈柱型

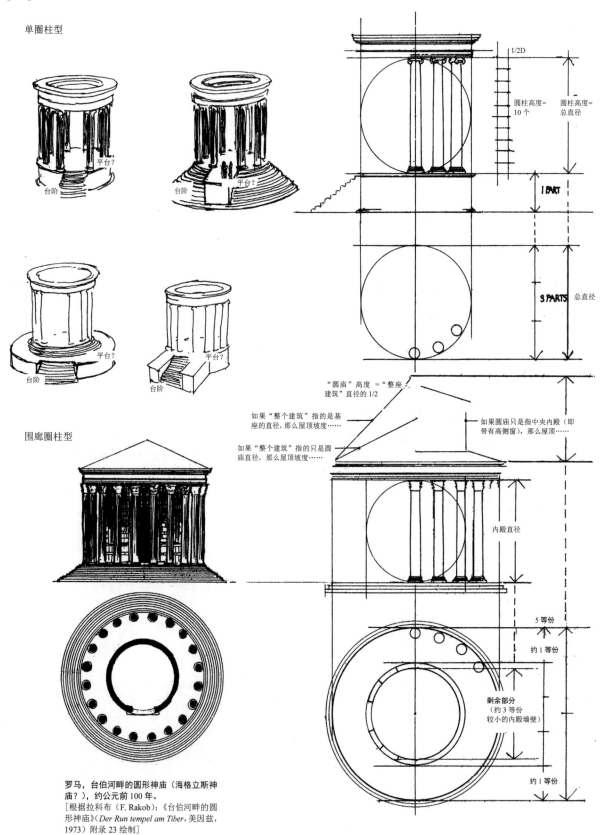

围廊圈柱型

罗马，台伯河畔的圆形神庙（海格立斯神庙？），约公元前 100 年。
[根据拉科布（F. Rakob）：《台伯河畔的圆形神庙》（*Der Run tempel am Tiber*，美因兹，1973）附录 23 绘制]

图 74　圆形神庙（4.8.1－3）

混合型神庙与新类型（4.8.4） [237]

侧面的神庙：

　　"比例都完全一样……长度为宽度的两倍……所有通常位于正面的东西都搬到了侧面。"

"两片神林之间的"复仇之神神庙，
（位于国家档案馆附近）
［根据科利尼（A. M. Colini）：
（*BollComm*，1942，5 以下）绘制］

位于弗拉米纽斯竞技场中的卡斯托尔神庙
［根据斯帕尼奥利斯（M. Conticello
de'Spagnolis）：《弗拉米纽斯竞技场上的狄
奥斯库里神庙》（Il tempio dei Dioscuri nel
Circo *Flaminio*，罗马，1984）43.59.绘制］

阿格里帕的万神庙
（哈德良万神庙的轮廓）
［根据卡勒（H. Kähler）：《罗马神
庙》（*Der römische Tempel*，柏林，
1970）图 9 绘制］

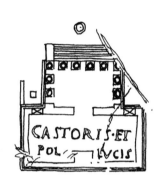
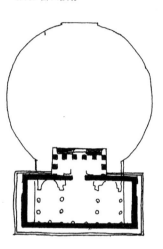

神林的狄安娜神庙（内米的狄安娜）：
有待证实的复原图，
　　"……门廊前厅的左右两侧增加了圆柱"

……从内米的神庙遗址来看：

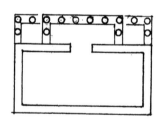
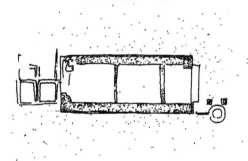

雅典卫城上的神庙（即厄瑞克忒翁神庙）

位于苏尼翁（Sounion）的密涅瓦
（即雅典娜）神庙
［根据小丁斯莫尔（W. B. Dinsmoor
Jr.）的描述绘制］

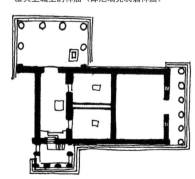
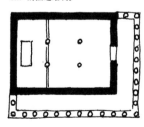

图 75　混合型神庙与新类型（4.8.4）

[238]　　混合型神庙与新类型（4.8.4）

将托斯卡纳型设计运用于科林斯型/爱奥尼亚型布局

　　"在门廊前厅壁端向前突出的地方，他们安放成对的圆柱正对着内殿墙壁……"

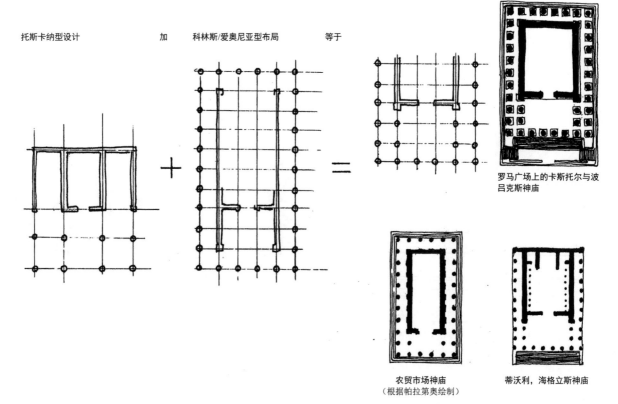

托斯卡纳型设计　　　　　加　　科林斯/爱奥尼亚型布局　　　等于

罗马广场上的卡斯托尔与波
吕克斯神庙

农贸市场神庙
（根据帕拉第奥绘制）

蒂沃利，海格立斯神庙

伪周柱廊型：

　　将神庙的墙壁移至圆柱之间，从而创造出宽阔的内殿空间……

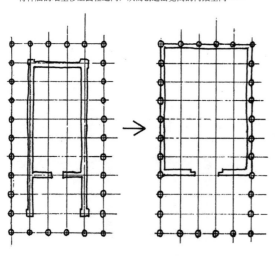

尼姆，长方形神庙
（Maison Carrée）

阿波罗神庙
（Temple of Apollo Palatinus）

图 76　混合型神庙与新类型（4.8.4）

山花雕刻）。在柏拉图的书中可以看到对这一实践的早期认识[1]，也可以看到人们对造成视觉变形性质的主观主义越来越感兴趣——实际的与看上去的区别——这在公元前4世纪是个流行话题[2]。

看来维特鲁威知晓科学光学的整个传统[3]——包括物理学传统和欧几里得／几何学传统。他的基本原理是欧几里得式的：他所提出的所有建议都考虑到眼睛发出的视线的作用。他从光学中得出这样一个认识，一个物体所呈现出来的样子取决于它与视线的接触。他从反射光学中认识到，视线的干扰所造成的"错误报告"现象是永远可能存在的。

维特鲁威视觉分析的主要标准，就是要考虑到对视线的妨碍或阻挡，不是几何学的，便是介质性的：距离（圆柱的高度），黑暗（神庙室内），刺激物的数量（圆柱柱槽的数量）。[4]

关于曲率的主观意图，也存在很大争议。在现代解释中主要有两种看法：一种断言，曲率是对几何规则有意识的背离，以便增强不易察觉的生命感（"眼睛总是持续不断地受到它所不能发觉之物的影响"[5]）；另一种则坚持认为，曲率的确就是视觉"校正"，如维特鲁威所认为的那样。[6]

修整这些石块，以使它们凸起（4.4.4）

即在石块上凿边。

朝向西方（4.5.1—2）（图69）

"标准的"希腊做法实际上是面向东方，即朝东。弗龙蒂努斯（《土地测量》，2.4）以及希吉努斯（《土地测量》，1692）说，罗马神庙朝向西方，不过维特鲁威是他们共同的资料来源。对这一规则来说，没有其他可靠的证据了。

托斯卡纳型布局（Tuscanicae Dispositiones）（4.7.1—5）（图73）

"Tuscanicae"（托斯卡纳的）这个词比起"Tuscan"（托斯卡纳的）或"Etruscan"（伊特鲁里亚的）来，带有更多的"Tuscanoid"（托斯卡纳性质的）的意思，这就在伊特鲁里亚人与现今之间拉开了距离，暗示着这里所说的是托斯卡纳同时代人对于一种古代型式的采纳与修改。

---

1 《智者篇》（*Sophist*），235—236。柏拉图将人像艺术划分为 *eikastikê*，即并非是再现性图像（即"程式化"图像？）的制像，以及 *phantastikê*，即看上去像是再现的图像，但其实是完全不同的制像。柏拉图注意到了雕刻家有意识改变真实比例——*alêthinê symmetria*——缩短腿部，拉长躯干，"以便补偿低矮视点带来的缺憾"。波利特（J. J. Pollitt）：《希腊艺术的古代眼光》（*The Ancient View of Greek Art*，纽黑文，1974），46—47。
2 波利特：上引书，162。
3 视觉到底是物体放射出的图像冲击的结果，还是眼睛放射出的视觉射线所造成的结果，关于这一争论，维特鲁威是了解的："我们的眼睛似乎做出了错误的判断。究其原因，要么是由于物像对我们的视觉造成了冲击，要么是我们眼睛放射出的光波所致，如物理学家所说的那样。"（6.2.3）正如维特鲁威所反思的那样，这一争论在科学文献中并未得到解决。
4 他使用了一种评估声学的类似标准：回音是由阻碍了声音进行圆形波状传播的障碍物所造成的（3.3.6—8）。
5 罗斯金（Ruskin）：《威尼斯之石》（*The Stones of Venice*），2.5。
6 某些视觉微调的意图肯定是视觉性的，是出于维特鲁威所给出的理由而做；角落上的圆柱其直径应该增加1/50，"因为四周空气干扰使它们看上去比实际尺寸更为纤细"（3.3.11）。

神庙宽度（4.7.2）

Templum（鸟卜之地）在这里即指"temple"（神庙）。

[235] **平台（4.8.1）（图74）**

"tribunal"可能指门廊地面，但它的意思是讲坛，因此或是嵌入台阶中的一个平台。

其他类型（4.5.4—7）（图75、76）

维特鲁威在第4书中5次提到，通过基本原理分析和构件组合，便有可能创造出新的建筑形式：

4.1.2：科林斯型的柱上楣，既可以是多立克型的，也可以是爱奥尼亚型的。

4.1.3：引入第三种类型的柱头（科林斯型），便可以从另两种类型的圆柱发展出第三种。

4.1.12：存在着其他类型的柱头，他未能给出它们的名称与比例关系，但其语汇似取自于科林斯型、爱奥尼亚型和多立克型。

4.2.5：对将上楣底托石置于齿饰之上的做法提出批评，这是对逻辑结构的颠倒〔*asseres* over *cantherii*〕。

4.6.4—6：要想创造出一种新的平面类型，可以将通常位于下面的东西移至侧面（即横向内殿），或将托斯卡纳型平面布局的原理搬到科林斯型或爱奥尼亚型建筑上。

评注：第5书

诗歌……朗诵（5. 前言.1）

教学内容在很大程度上要依靠诗歌作为记忆的辅助手段（例如，天文学或科学中的诗体描述，如马尼利乌斯 [Manilius] 或卢克莱修）。阅读时大多采用朗读的形式，即使在图书馆中，至少也是低声诵读。

城市中挤满了（5. 前言.3）

这可能是指在奥古斯都和平年代日益繁忙的经济活动。

毕达哥拉斯……立方 [基本原理]（5. 前言.3）

抄本作 250，乔孔多修士校订为 216，6 的立方。

在集市广场上举行角斗比赛的传统（5.1.1）

这种传统一直延续到共和末期。参见评注 10. 前言.3。

护栏（5.1.5）

Pluteus 一般指护栏或隔屏，也指某种可移动的屏风、护板或卧榻上的防护背板。

我本人曾设计过这类建筑物……并监管了它的施工建造（5.1.6）（图 79、80）

conlocavi curavique 这一短语几乎可以肯定是"我设计并监管它"的意思，而不是作为承包人或施工建筑师。*conlocare*〔*collocare*〕的主要含义是发布、宣布、布置、安排、决定（如指一项设计）；第二层意思包括配置（士兵）、屈就于婚姻、存钱或花钱，或发布契约。*curare* 的意思是照料、管理、照看。

科洛尼亚·朱利亚·法内斯特里斯（5.1.6）

即先前的法卢姆·福图纳埃城（Fanum Fortunae），奥古斯都在那里建立了一个殖民地，位于亚德里亚海岸。

法诺巴西利卡（5.1.6—10）（图 79、80）

有人已提出，《建筑十书》中论述法诺巴西利卡的这个部分是后来进入抄本的，或许是在

[239] 集市广场（5.1.1—3）

希腊集市广场（即市场）

— 规划成正方形
— "双"柱廊，上有回廊
— 柱间距狭窄

意大利集市广场

— 大小与城市相宜
— 长方形，2:3
— 适应于意大利公开辩论的习俗
— 较宽阔的柱间距
— 店铺（货币交易所等等）和楼廊
— 上层圆柱比下层小 1/4（意指渐细？）

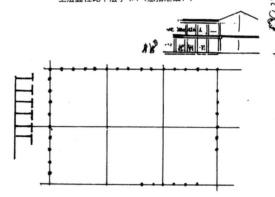

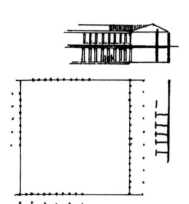

雅典，市场，公元前 2 世纪中叶
[根据特拉夫诺斯（J. Travlos）：《插图本古代雅典词典》(*Pictorial Dictionary of Ancient Athens*，纽约，1971）图 31 绘制]

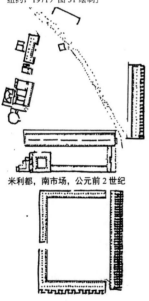

米利都，南市场，公元前 2 世纪

普里恩，市场，公元前 340 年之后

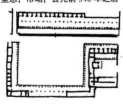

庞贝，集市广场，
约公元前 897 年
[根据灿克（P. Zanker）：《庞贝》(特里尔，1987)
图 7 绘制]

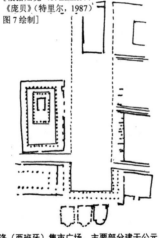

巴埃洛（西班牙）集市广场，主要部分建于公元 1 世纪
[根据特里尔米希（W. Trillmich）、豪希尔德（Th. Hauschild）：《罗马时代的纪念碑，古代西班牙》(*Denkmäler der Römerzeit，Hispania Autiqua*，1993）图 137 绘制]

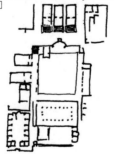

尤瓦卢姆（Iuvanum）
主要部分建于公元前 1 世纪，
[根据佩莱格里诺（A. Pellegrino）：(*ArchCl36*，1984，172）图 2 绘制]

维罗纳，重建于公元 1 世纪。
[根据珀金斯（J. B. Ward Perkins）：《古代希腊与意大利城市：古典时代的规划》(*Cites of Ancient Greece and Italy：Planning in Classical Antiquity*，纽约，1994）图 59 绘制]

图 77 集市广场（5.1.1—3）

巴西利卡（5.1.4－5） [240]

—建在最温暖的地点，以便在冬季能够进行交易

—如果选址为长条形，可在两头建"哈尔基季基式"门廊（大概是露天柱廊或庭院）

—建造地点的宽度应为长度的 1/3 至 1/2 之间，除非该地点自然条件不允许

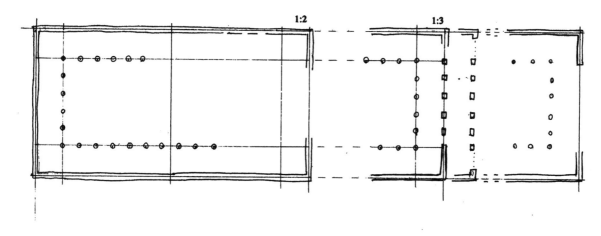

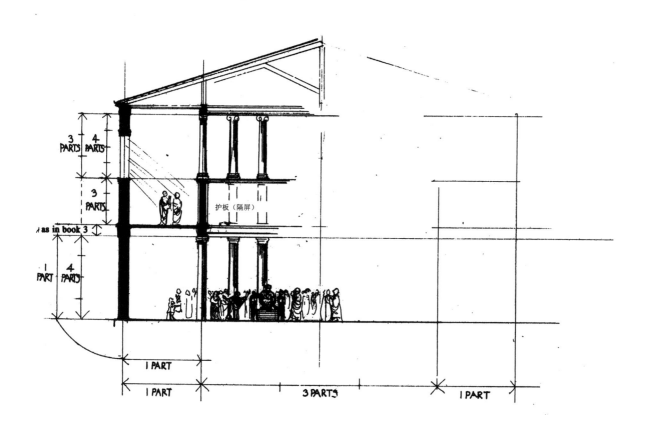

图 78　巴西利卡（5.1.4－5）

[241]   科洛尼亚·朱利亚·法内斯特里斯（法诺）的巴西利卡（5.1.6—10）

以中央为基准绘制

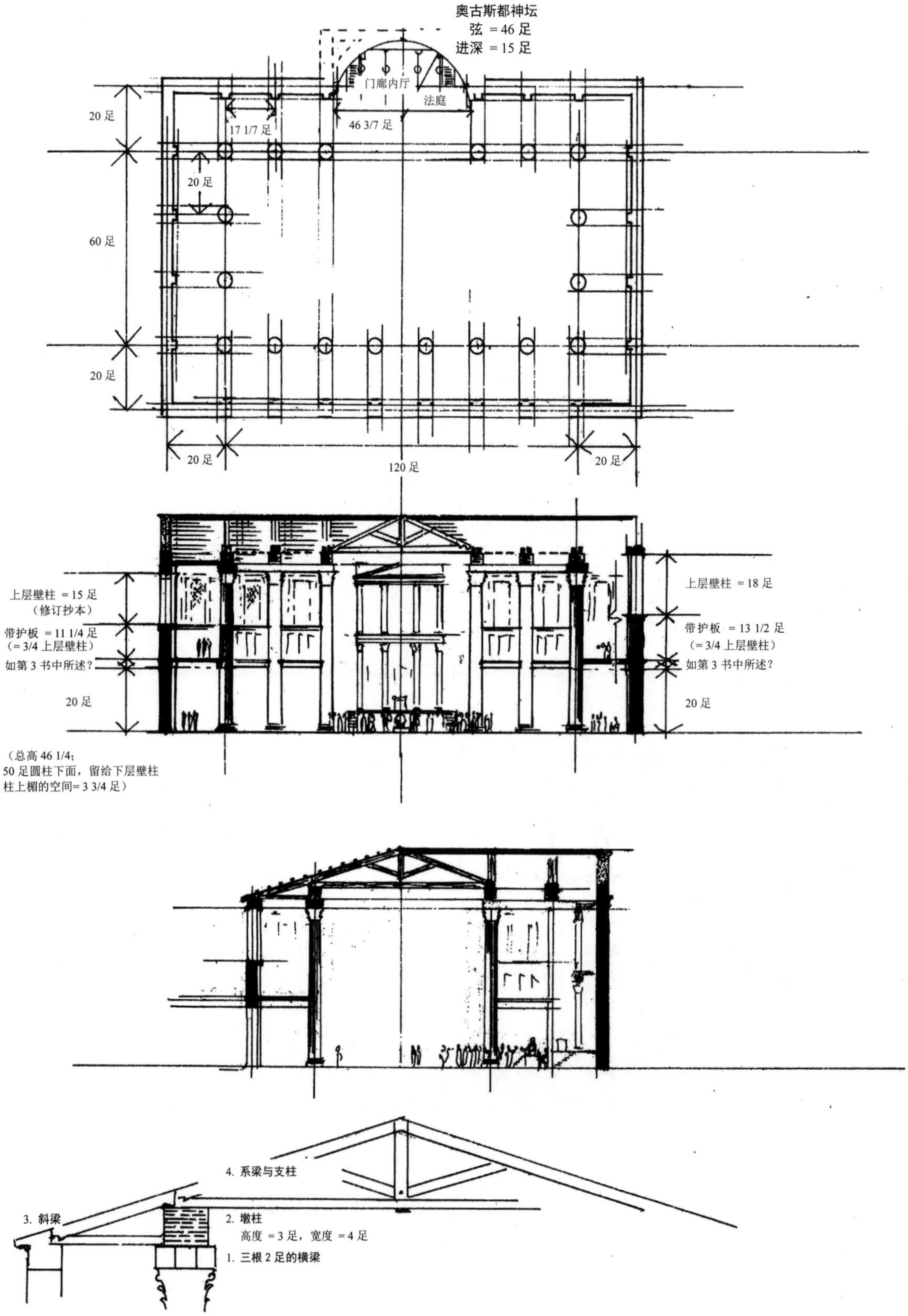

奥古斯都神坛
弦 = 46 足
进深 = 15 足

门廊内厅   法庭

20 足

17 1/7 足   46 3/7 足

20 足

60 足

20 足

20 足   120 足   20 足

上层壁柱 = 15 足
（修订抄本）

带护板 = 11 1/4 足
（= 3/4 上层壁柱）

如第 3 书中所述？

20 足

（总高 46 1/4；

50 足圆柱下面，留给下层壁柱
柱上楣的空间= 3 3/4 足）

上层壁柱 = 18 足

带护板 = 13 1/2 足
（= 3/4 上层壁柱）

如第 3 书中所述？

20 足

4. 系梁与支柱

3. 斜梁

2. 墩柱
高度 = 3 足，宽度 = 4 足

1. 三根 2 足的横梁

图 79　科洛尼亚·朱利亚·法内斯特里斯（法诺）的巴西利卡（5.1.6—10）

科洛尼亚·朱利亚·法内斯特里斯（法诺）的巴西利卡（5.1.6—10）　　[242]

龟背型屋顶

龟背型顶棚？

双山墙坡顶？双斜坡顶？

两山墙坡顶

图 80　科洛尼亚·朱利亚·法内斯特里斯（法诺）的巴西利卡（5.1.6—10）

[243]　　　和声的基本原理：音阶（5.4.1－9）

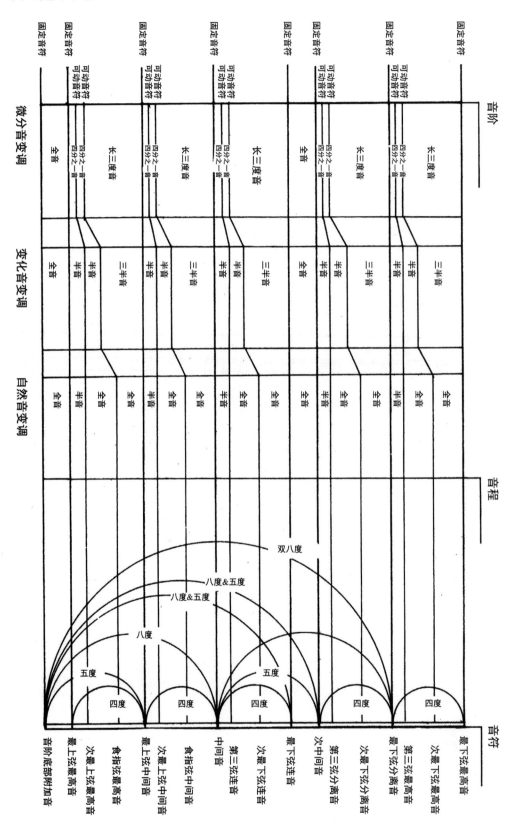

图81　和声的基本原理：音阶（5.4.1－9）

出版之后，因为它的特征似乎与此前所述巴西利卡的规定做法相矛盾。[1] 维特鲁威先说，巴西利卡上层圆柱的高度应为下层圆柱的 3/4，后来他于法诺却在 20 足圆柱之上建造了 18 足高的圆柱。不过，通过对原文进行校订（将 18 足修订为 15 足），就可以画出与前面规定做法完全吻合的复原图（除了这一点，即大型柱廊而非两层圆柱是一项革新）。而且，正如本书导论中所提到的，这或许就是维特鲁威表明如何在规定做法中引入革新的一个实例。

观众……毛孔张开（5.3.1）

vena（缝隙、血管、毛孔、空穴）一词出现在其他许多段落中，使用了化学分析的语言（例如 8.3.2 提到从山中涌出的泉水）。在维特鲁威看来，毛孔的状况是我们所谓化学结合的决定性因素之一，因为一种物质与另一种物质的结合，取决于它的"毛孔"是否已经密集地充满了另一种物质，或毛孔是否张开。

不要将通往剧场上层的通道与通往下层的通道混合起来（5.3.5）

奉献于公元前 17 年的马凯鲁斯剧场便是按维特鲁威建议的方法建的，这在帝国时期的剧场与竞技场建筑中成为标准做法。因此，廉价坐席中的观众便与富裕阶层的观众隔离开来，有利于快速入场。

声音是一股流动的气息……无穷尽的圆圈形式（5.3.6）

这一分析与推力驱动（参见 1.6.2）的"反作用"（antiperistasis）理论有关，并与射线的径向投射理论（9.1.13）相对立。

和声学（5.4.1—9）（图 81）

维特鲁威显然精通希腊音乐理论，尤其是亚里士多塞诺斯的理论，而且他的一些术语基于音乐理论，如 genus（类型）、dispositio（布局－设计）、pyknon（间隔紧凑的，如密柱距型的柱间距），还有 eurythmia（匀称）这个词的某些含义。他对于一些更成熟的概念的了解，可能也来源于音乐理论，如经验测量与抽象原理（即现象与理智）之间的区别[2]。他对这些理论的了解使他将以下这一不变的观点贯穿于整部《建筑十书》中：出于实际的、视觉的或审美的考虑，必须对根据 symmetria（均衡）和其他规则所做的设计进行修正。 [244]

这一部分实际上将读者引向了和声的三大类型：微分音变调（enharmonic）、变化音变调

---

1 佩拉蒂（F. Pellati）：《法诺的巴西利卡与维特鲁威论文的形成》（La basilica di Fano e la formazione del trattato di Vitruvio），《教皇学院论文集》（Rendiconti della Pontificia Accademia），33—34（1947—1949），153—174。

2 亚里士多塞诺斯是亚里士多德的学生，所以他大概是个经验论者。他认为，精确的数字调谐不能说明简单的体验，体验是从基本原理发展而来的；令人愉悦的和声依赖于数字所规定的琴弦长度的细微变化。这种对体验的需求在现代"十二平均律"调音（"well-tempered" tuning）中得到了认可。参见利文森（T. Levenson）：《节拍的尺度：科学音乐史》（Measure for Measure: A Musical History of Science，纽约，1994），39—70。

（chromatic）和自然音变调（diatonic）。

希腊音乐理论将谐和音程（*symphona*）（融合于一体的调和音程）和不谐和音程（*diaphona*）（不调和音程）区分得清清楚楚。[1] 谐和音程为八度、五度和四度音程，以及所有由它们混合而来的音程；其他所有音程均是不谐和的。谐和音程是固定于音阶上的那些音程。

音阶建立在四音列之上，即四度音程。两个四音列，当它们共有一个音（即一个四音列的最上部音是另一个四音列的根音）时，便相"连接"；当它们不共有一个音符，而是在它们中间有一个全音的间隔时，它们便"分离"了。一个八度是由两个分离的四音列组成的（每个四音列通常由四个音划分为三个更小的音程），这就相当于一个四度和一个五度（后者由五个音划分为四个音程）。

四音列是由两个全音和一个半音组成一个音程。显然，两个外音符是固定的，两个内音符是可动的。在微分音变调调式中，中间的两个音被挤下来，处于四音列的底部，只隔一个 1/4 音〔*diêsis*〕，后面跟着由两个全音（"长三度音"[ditone]）构成的音程（表示"挤"的术语为 *pyknon*）。在变化音变调中，音程为半音——半音——一个半全音或称三半音（trisemitone）。在自然音变调（这是几乎所有西方现代音乐的基础）中，四音列的音程是全音－全音－半音（尽管顺序不一定如此）。

> 微分音变调：1/4 音，1/4 音，长三度音
> 变化音变调：半音，半音，三半音
> 自然音变调：全音，全音，半音

维特鲁威在这里给出了一份音程与音符标准名称的清单，涵盖了两个八度音程和一个四度音程。他以固定音程开始，接着给出可动音程，其不同的位置决定了音阶的类型。以下是固定音程类型（或称作量值）的术语：

1. diatesseron　四度

2. diapente　五度

3. diapason　八度

4. disdiatesseron　八度＋四度

5. disdiapeinte　八度＋五度

6. disdiapason　双八度

两个八度和一个四度构成了里拉琴的音域（现代钢琴涵盖了七个八度），其中特定音程和

---

1 以下资料大部取自韦斯特（M. L. West）：《古希腊音乐》（*Ancient Greek Music*，牛津，1992），160—164，此书是和声学基础的最佳资料。

音符的希腊名称略显复杂，是基于里拉琴琴弦 [*chordai*] 的名称。[1] 以下便是用来命名固定音符的琴弦：

Hypatê[chordê]（"最上弦"）：位置最高，音最低

Mesê[chordê]（"中间弦"）

Nêtê[chordê]（"最下弦"）：位置最低，音最高

Tritê（"第三弦"）：出现于中间弦与最下弦之间；用于可动音符

四音列

下八度

hypaton[systêma] "最低音列"

meson[systêma] "中间音列"

上八度

synêmmenon[systêma] "连音列"

diezeugmenon[systêma] "分离音列"

上四度

hyperbolaion[systêma] "最高音列""附加音列"

单个音的名称是对琴弦（chordê）的描述，然后以"-ê"或 tone〔*tonos*〕作为词尾，接着以 -os 或和弦系统结尾，再以 -on 结束。

固定音符

1. proslambanomenos 音阶底部附加音

2. hypatê hypaton 最上弦最高音

3. hypatê meson 最上弦中间音

4. mesê 中间音

5. nêtê synêmmenon 最下弦连音

6. paramesê 次中间音

7. nêtê diezeugmenon 最下弦分离音

8. nêtê hyperbolaion 最下弦最高音

可动音符

1. parhypatê hypaton 次最上弦最高音

2. lichanos hypaton 食指弦最高音

---

1 我们要感谢作曲家哈里森（Lou Harrison）提供了以下资料。

3. parhypatê meson　次最上弦中间音

4. lichanos meson　食指弦中间音

5. tritê synêmmenon　第三弦连音

6. paranêtê synêmmenon　次最下弦连音

7. tritê diezeugmenon　第三弦分离音

8. paranêtê diezugmenon　次最下弦分离音

9. tritê hyperbolaion　第三弦最高音

10. paranêtê hyperbolaion　次最下弦最高音

在公元前 5 世纪，最严肃的音乐（即与古典戏剧相联系的音乐）是微分音变调，正如维特鲁威说它"特别庄重威严"[1]。它的名称意思很简单，就是"依次"（in turn）。变化音变调是微分音变调派生的，是它的"丰富化"（正如维特鲁威所言，引起更为"细致的快感"）。它是专业基萨拉琴手（citharodes）的拿手戏，有点"女人气"。在希腊化时期，变化音变调和自然音变调取得了主导地位，因为它们更易被欣赏。到了共和晚期，在罗马几乎所有音乐都是自然音变调。

维特鲁威所提到的第 5 书卷末的图可能与我们的图 81 十分相似。利用大小不同的半圆形来图解音程这一习惯，是中世纪及文艺复兴手抄本的标准做法。

锐利……沉重（5.4.2）

我们一般称"高"和"低"，但也与"锐利"和"平板"相关联。

"slow" "Looks" "flow" "stokes"（5.4.2）

相应的拉丁语为 sol，lux，flos，vox。

音符……每种类型（5.4.5）

genus 的这种用法和多立克型、爱奥尼亚型和科林斯型圆柱"类型"的用法相同。

共鸣缸（扩音器）（5.5.1—8）（图 82）

这些青铜缸或陶缸是维特鲁威所列举的希腊建筑具有高度技术特征的另一个实例，这是罕见的，但现在已有 8 处至 16 处遗址作为设有共鸣缸的证据得到了认定。不过这些容器是对声音进行放大还是减弱，尚有争议。[2]

---

1 韦斯特（M. L. West）：《古希腊音乐》（牛津，1992），164。

2 关于将陶缸（pithoi）置于地板之下使观众席产生共鸣，见亚里士多德：《论问题》（Problemata），9.8；关于用空罐减弱声音，见老普林尼：《博物志》，11.12.270。关于八个有共鸣缸证据的遗址，见蒂尔谢尔（P. Thielscher）：《古代剧场的共鸣缸》（Die Schallgefässe des antiken Theaters），《弗朗茨·多尔塞夫纪念文集》（Festschrift Frans Dornseiff），库施（H. Kusch）编（莱比锡，VEB 图书出版公司，1953），334—371。我们要感谢佛蒙特大学教授戴维森（Jean Davison）和阿恩斯（Robert Arns）提供了他们的研究信息；以及即将发表于《技术与文化》（Technology and Culrute）的文章。

共鸣缸（剧场中的扩音器）（5.5.1－8）　[246]

模式（5.5.2－6）：

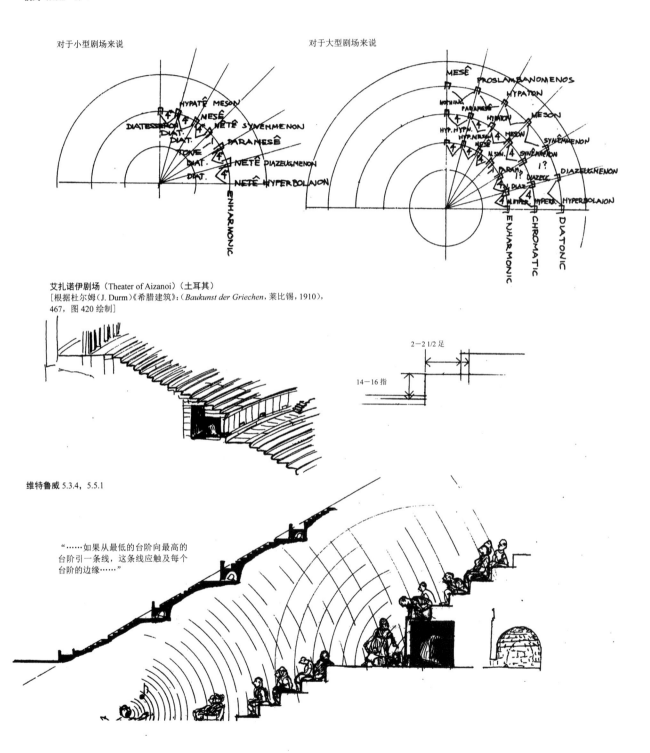

对于小型剧场来说

对于大型剧场来说

艾扎诺伊剧场（Theater of Aizanoi）（土耳其）
［根据杜尔姆（J. Durm）《希腊建筑》：（*Baukunst der Griechen*，莱比锡，1910），467，图 420 绘制］

维特鲁威 5.3.4，5.5.1

"……如果从最低的台阶向最高的台阶引一条线，这条线应触及每个台阶的边缘……"

图 82　共鸣缸（剧场中的扩音器）（5.5.1－8）

[247]　剧场设计：希腊剧场（5.6.1－8）

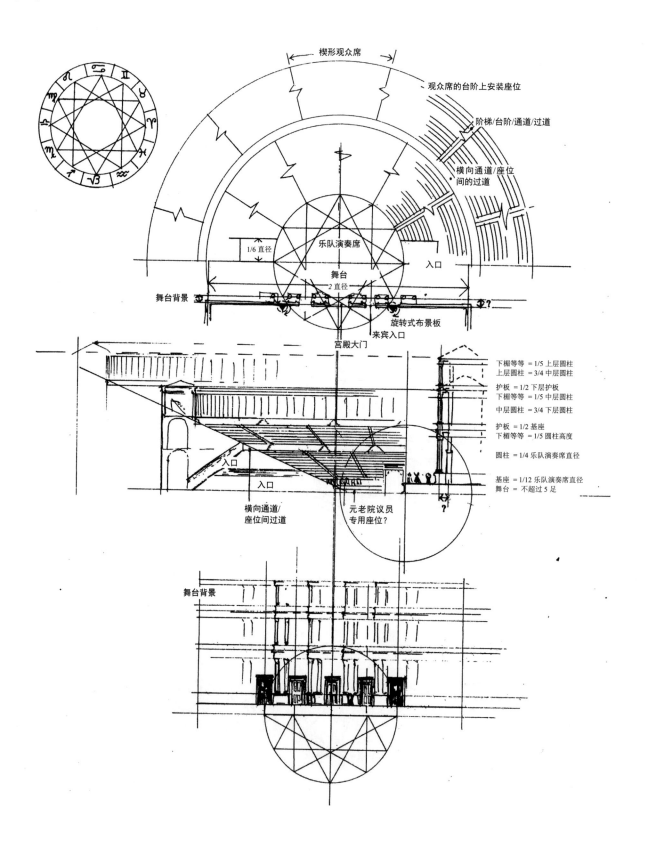

图 83　剧场设计：罗马剧场（5.6.1－8）

剧场设计：希腊剧场（5.7.1-2） [248]

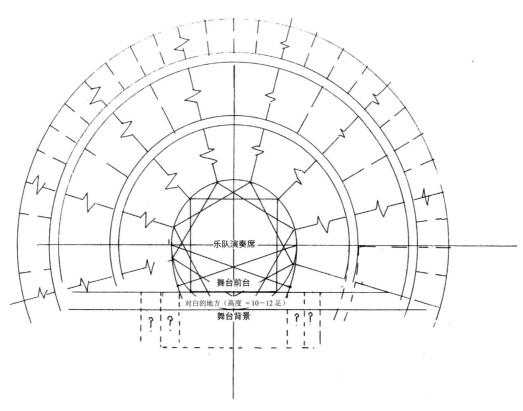

乐队演奏席

舞台前台

对白的地方（高度 = 10-12 足）

舞台背景

希腊剧场

［根据比伯（Bieber）：《古希腊罗马剧场的历史》（*The History of the Greek and Roman Theater*，普林斯顿，1961）图 476 绘制］

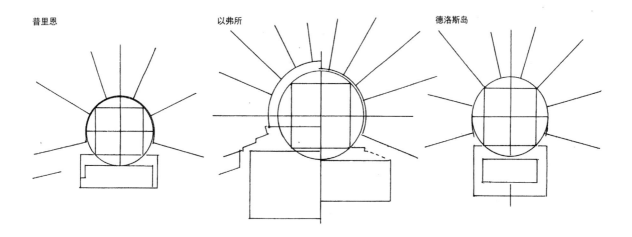

普里恩   以弗所   德洛斯岛

图 84　剧场设计：希腊剧场（5.7.1-2）

罗马每年都要建无数剧场（5.5.7）

关于罗马为年度节庆活动建的大量临时性剧场，参见评注 10. 前言.3。

砖石或大理石，不可能产生共鸣（5.5.7）

在文学作品中，诗人以奇特的想象力描述了若干可以产生共鸣的建筑，如奥维德就描述了位于迈加拉（Megara）的一座音乐塔（《变形记》，8.14 — 16）。[1]

穆米乌斯（5.5.8）

科林斯的征服者，公元前 146 年。

所有艺术家都在上面表演（5.6.2）

artifices 指演员，是一个相当常见的词，尤其在罗马帝国时期。

旋转侧翼〔periaktoi〕（5.6.3、5.6.8）

这些装置可追溯到公元前 5 世纪，但几乎没有考古迹象证明它们在希腊化或罗马时期的剧场中如何发挥作用。从维特鲁威的描述来看，它们似乎是一些可旋转的三棱柱，安装在舞台布景建筑最外侧大门的前面或后面，以表示故事发生的地点。要表现同一城镇中地点的变化，只要转动右边的 *periakeos*（旋转侧翼）；要改变各个场景则两边都要转动。一般右边入口表示从这座城里进入，左边的入口表示从这个国家进入。如果改变场景超过三次，在下一个场景变换之前，旋转侧翼后面的另两块布景板上的画面就要更换。[2]

过梁（5.6.5）

supercilia 的字面意思是"眉毛"，也可指拱门饰，在另一些情况下指扁平状的过梁。

舞台布景的三种类型（5.6.8）

关于这段的讨论颇多，在庞贝某些类型的壁画场景中可看到这段话的反映。[3] 某些类型的喜剧与悲剧的确一直在上演，但最流行的剧场演出类型是阿提拉闹剧（Atellan farce）（一种即兴喜剧，有保留角色）以及哑剧（舞者与演员在一起表演）。

---

1 还有贺拉斯的《歌集》（*Carmina*），3.11.2，"movit Amphion lapides canendo"；以及斯塔提乌斯（Statius）：《底比斯战纪》（*Thebaid*）1.9. 以下。
2 参见比伯（M. Bieber）：《希腊与罗马剧场的历史》（*The History of the Greek and Roman Theater*，普林斯顿，1961），75。
3 拜延（H. G. Beyen）：《博斯科雷阿莱附近的普布利乌斯·法恩尼乌斯·西尼斯托别墅内室中与古代舞台布景绘画相联系的壁画装饰》（The Wall Decoration of the Cubiculum of the Villa of Publius Fannius Synistor near Boscoreale in Relation to Ancient Stage Painting），《记忆女神》（*Mnemosyne*），第 4 系列，10（1957），147—153；利特尔（A. M. G. Little）：《罗马透视画与古代舞台布景》（*Roman Perspective Painting and the Ancient Stage*，肯纳邦克，缅因州，1971）；林（R. Ling）：《罗马绘画》（*Roman Painting*，剑桥，1990），30—31，77—78，143。

thymelê 是希腊剧场乐队席中献给狄奥尼索斯（Dionysus）的祭坛（图84）。戏剧演员有主角、配角和第三号角色，舞台演员包括合唱队和阿夫洛斯管（aulos）吹奏者。

在布景建筑的后面设置门廊（5.9.1）（图85）

[249]

维特鲁威有时提到附属于像庞培剧场之类的建筑物旁的大型四面围合式柱廊，不过建造柱廊的习俗可以追溯到古典晚期（见图）。正如维特鲁威所暗示的，这些柱廊可以是一些多功能的空间。元老院议员有时会在庞培剧场的柱廊后面相聚（正如在公元44年3月半那一天的情形），而 Saepta（公民选举大会场）则是凯撒召开选举会议所建的巨型庭院，也可举行辩论会。

木头的供应……量很大（5.9.8）

罗马帝国城市确实要消耗大量木材，尤其是浴场和制造业。这巨大的消耗量导致古代晚期森林被毁和港口淤塞。

浴场设计的说明……（5.10.1—5）（图86、87）

在老派道德家看来，浴场伤风败俗，不仅因为它们吸引了腐化堕落和贪图安逸之徒，而且也使人困倦萎靡（参见1.4.6）。[1]

灰泥或石膏（5.10.3）

albario（这里译为"stucco"），指加工、翻模的石膏；

tectorio，指石膏，包括壁画底子。

斯巴达桑拿室和发汗浴室（5.10.5）

laconicum 为干热式浴室，屋内或附近有一个凉水池，这就是斯巴达的洗浴方式；*sudatio*，为湿热式浴室，或称蒸汽浴室。

建造角力学校（5.11.1）（图88）

角力学校在希腊传统中是训练摔跤格斗的学校，也是一座建筑物，通常为庭院式；而运动场（gymnasium）则指运动场所，可以有建筑也可以无建筑，主要设施是跑道，一般对公众开放。角力学校往往是私人开办的，但也常归市政当局所有，是训练男青年的主要场所。[2]

---

1 塞内卡：《书札》（*Epistulae*），5.1.6，《对话录》（*Dialogi*），7.7.3。见爱德华滋（C. Edwards）：《古罗马道德败坏的政治学研究》（*The Politics of Immorality in Ancient Rome*，剑桥，1993），175—193。

2 加迪纳（E. N. Gardiner）：《古代体育运动》（*Athletics of the Ancient World*，牛津，1930；重印于芝加哥，1980）。

[250]　柱廊（5.9.1—9）

多立克型室外圆柱、爱奥尼亚型或科林斯型室内圆柱的均衡

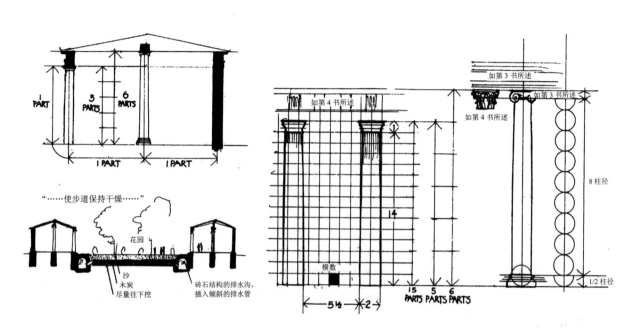

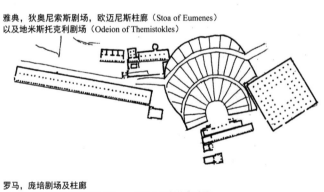

雅典，狄奥尼索斯剧场，欧迈尼斯柱廊（Stoa of Eumenes）
以及地米斯托克利剧场（Odeion of Themistokles）

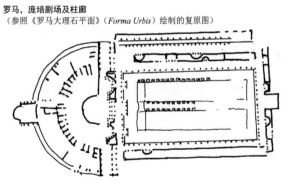

罗马，庞培剧场及柱廊
（参照《罗马大理石平面》（Forma Urbis）绘制的复原图）

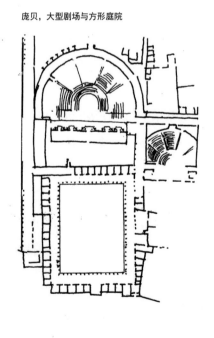

庞贝，大型剧场与方形庭院

图 85　柱廊（5.9.1—9）

浴场（5.10.1－5）　[251]

朝向：回避北风或东北风；朝向
下午的太阳

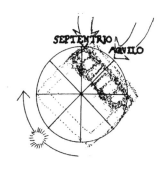

总的布局：

—朝向西南或西面（下午的太阳）

—男女热水浴池安排在一个区域以共
享火炉

—附于温水浴室的发汗室/热水浴室

—凉水浴室（位置未指定）

（未提到更衣室、梳妆室）

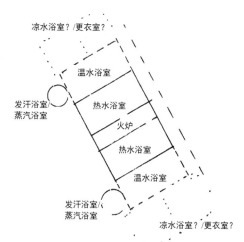

凉水浴室？/更衣室？

温水浴室

热水浴室

发汗浴室/
蒸汽浴室

火炉

热水浴室

温水浴室

发汗浴室/
蒸汽浴室

凉水浴室？/更衣室？

庞贝，斯塔比亚浴场（Stabian baths），公元前80年：平面图、过蒸汽浴室和温水浴室剖面图，
以及复原图。

［根据埃施巴赫：《庞贝斯塔比亚浴场》（*Die Stabianerthermen in Pompeii*，柏林，1979）绘制］

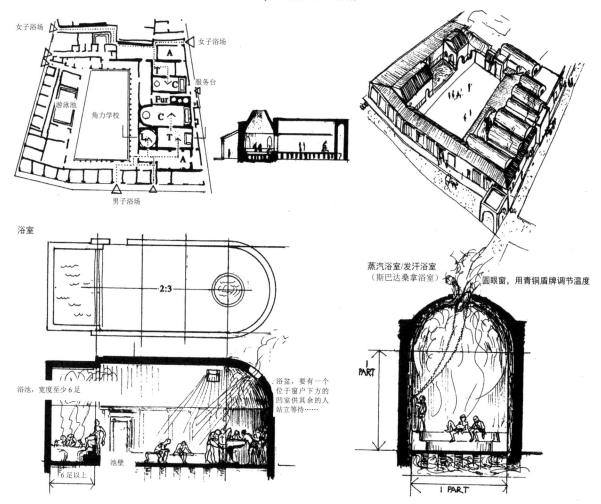

女子浴场

女子浴场

服务台

游泳池

角力学校

男子浴场

浴室

2:3

浴池，宽度至少6足

浴盆，要有一个
位于窗户下方的
凹室供其余的人
站立等待……

池壁

6足以上

蒸汽浴室/发汗浴室
（斯巴达桑拿浴室）

圆眼窗，用青铜盾牌调节温度

1
PART

1 PART

图86　浴场（5.10.1－5）

[252] 浴场（5.10.1－5）

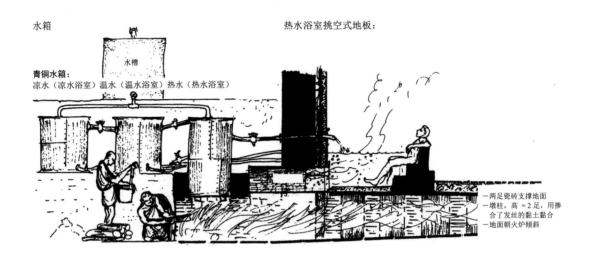

水箱　　　　　　　　　　　　　　热水浴室挑空式地板：

水槽

青铜水箱：
凉水（凉水浴室）温水（温水浴室）热水（热水浴室）

—两足瓷砖支撑地面
—墩柱，高＝2足，用掺
　合了发丝的黏土黏合
—地面朝火炉倾斜

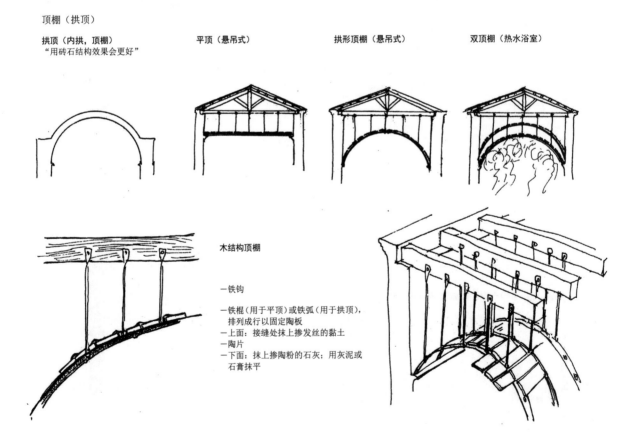

顶棚（拱顶）

拱顶（内拱，顶棚）　　　平顶（悬吊式）　　　拱形顶棚（悬吊式）　　　双顶棚（热水浴室）
"用砖石结构效果会更好"

木结构顶棚

—铁钩

—铁棍（用于平顶）或铁弧（用于拱顶），
　排列成行以固定陶板
—上面：接缝处抹上掺发丝的黏土
—陶片
—下面：抹上掺陶粉的石灰；用灰泥或
　石膏抹平

图 87　浴场（5.10.1－5）

角力学校（5.11.1－4） [253]

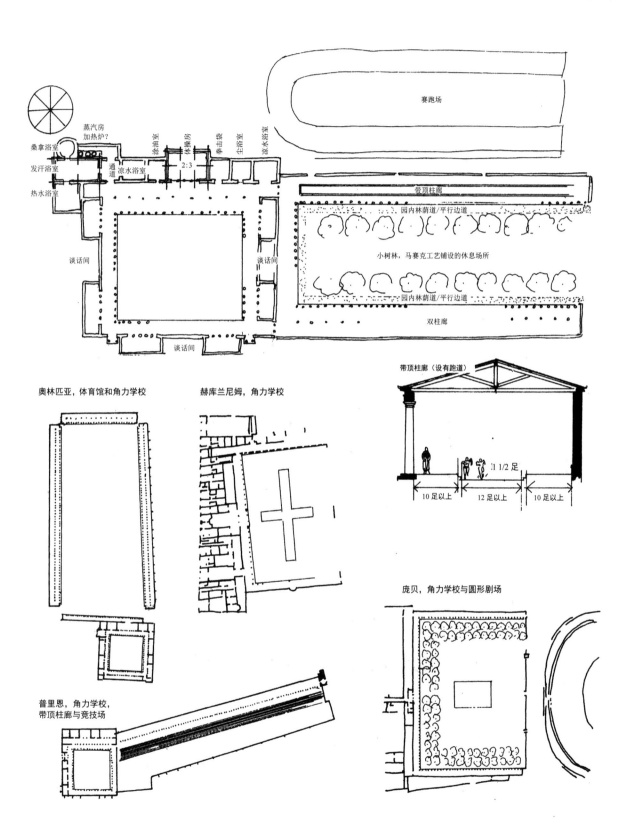

图 88　角力学校（5.11.1－4）

[254]　港口／防波堤（5.12.1－7）

1. 天然海港

2-3. 单体沉箱，用火山灰

4. 大浪水域：建沙垫，滚落混凝土块

5. 套沉箱：清淤泥、挖掘、倾倒碎砖石

6. 如果地基松软：打桩，砌方石，混凝土

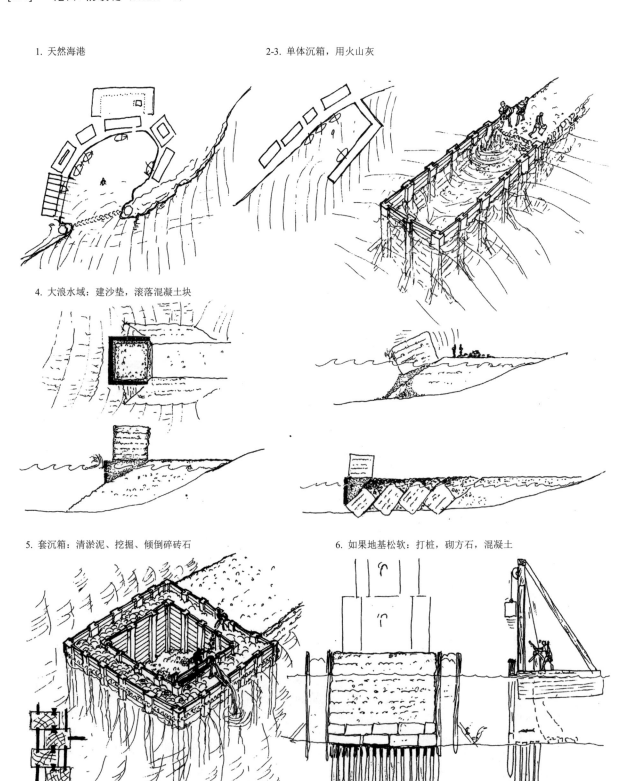

图 89　港口/防波堤（5.12.1－7）

评注：第6书

亚里斯提卜（6.前言.1）

昔兰尼的亚里斯提卜（Aristippus of Cyrene），苏格拉底的同时代人和伙伴，他（或他的孙子）喜欢奢华的生活方式，创立了尼兰昔哲学学派，该学派传授知识感觉论，认为行动的目标就在于当下的愉悦。

泰奥弗拉斯托斯……所有城邦的公民（6.前言.2）

泰奥弗拉斯托斯（Theophrastus）大概是亚里士多德在雅典学园（Lyceum）的继承者。

写下了那些早期喜剧的希腊诗人……（6.前言.3）

欧克拉提斯（Eucrates）和喀翁尼得斯（chionides）以及阿里斯托芬，是撰写早期喜剧（公元前5世纪中叶／晚期）的诗人，阿勒克西斯（Alexis）则是中期喜剧诗人（约公元前375）。

因此我要深深地感谢我的父母……这门技艺，若未接受过文学和综合性学科的教育，是不可能掌握的（6.前言.4）

维特鲁威提到的这种教育〔*litteratura encyclioque doctrinarum omnium disciplina*〕，是在他十几岁时由父母与若干不同领域的专门教师订立契约而实施的，这对于中等收入的家庭来说是一笔可观的开支。

既有文学书，又有技术读物（6.前言.4）

在希腊技术文献中，可以看出 *philologia*（对文学的热爱）和 *philotechnia*（对技艺的热爱）之间的区别（如拜占庭的菲洛）。这些工程技术著作家在写作时基本不采用像维特鲁威书中的各种文学手法。

四处游说（6.前言.5）

维特鲁威的意思大概是指建筑师出现在众多门客当中，这些门客会参加罗马当权者在家中前厅举行的社交聚会，这种聚会称作 *salutatio*（拜见会）。在这里，*ambiunt* 一词的含义与英语词 *ambition*（不死心）有直接的关联。最古老的维特鲁威抄本中作另一个词 *ambigunt*，意思是"他们四处游说"。

[255] 纬度、民族和音程（6.1.1－12）

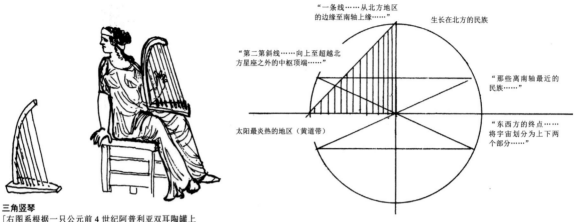

"一条线……从北方地区的边缘至南轴上缘……"

生长在北方的民族

"第二第斜线……向上至超越北方星座之外的中枢顶端……"

"那些离南轴最近的民族……"

太阳最炎热的地区（黄道带）

"东西方的终点……将宇宙划分为上下两个部分……"

三角竖琴
［右图系根据一只公元前 4 世纪阿普利亚双耳陶罐上的图样所绘，藏于哥本哈根 viii 316，插图收入韦斯特（M. L. West）：《古希腊音乐》（牛津，1992），图 7］

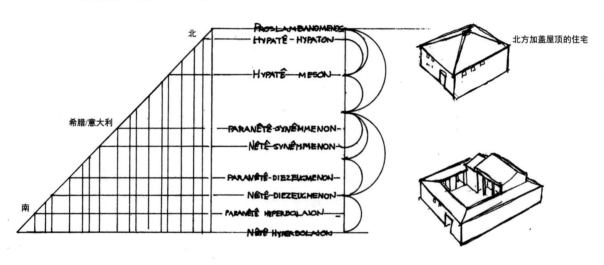

北

希腊/意大利

南

PROSLAMBANOMENOS
HYPATÊ - HYPATON
HYPATÊ - MESON
PARANÊTÊ-SYNÊMMENON
NÊTÊ-SYNÊMMENON
PARANÊTÊ-DIEZEUGMENON
NÊTÊ-DIEZEUGMENON
PARANÊTÊ-HYPERBOLAION
NÊTÊ-HYPERBOLAION

北方加盖屋顶的住宅

天体的和声，即由八度音程所表示的行星轨道之间的距离（这里两个不相连的四音列），基于毕达哥拉斯哲学与物理学。最高音为外圈轨道。
［根据一本中世纪手抄本插图绘制，此图收入彼得森（O. Pederson）、皮尔（M. Pihl）：《早期物理学与天文学》（纽约与伦敦，1974），图 6.1］

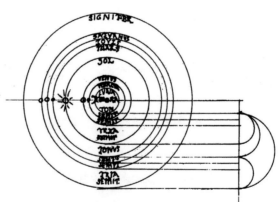

图 90 纬度、民族和音程（6.1.1－12）

好人家（6.前言.6）

Ingenuo pudori 这一短语十分强烈地暗示了维特鲁威和他父母生来便是自由公民。

私人建筑（6.前言.7）

维特鲁威故意回避使用 *domus*（宅邸）一词，除非说到豪宅中的公共空间。

纬度（6.1.1）（图90）

即 *climata*（气候区）。民族与种族的个性是由气候所塑造的，此观念可追溯到爱奥尼亚的哲学家。[1]

星座圈（6.1.1）

维特鲁威用此种或其他间接的拉丁短语来表示 Zodiac（黄道带），因为"Zodiac"是一个希腊专有的术语，而不是拉丁民族的术语。

太阳的运行轨迹自然的倾斜，而且具有不同的特性（6.1.1）

在这里又提到了这样一种观念，即地球现象的不同性质是由天球（cosmic spheres）的旋转，尤其是黄道的倾角所造成的。

[256]

天穹的形状是一个三角形……像……三角竖琴（6.1.5）（图90）

这相当难解的图像可能是维特鲁威自己想象出来的。理解它的关键是，尽管从技术上来说地球表面的所有地方都与天穹（即 the sphere of stars）的距离相等，但他认为北方"为上"，而地球上最炎热的、"最接近于天穹"的部分在下，即赤道带。

宇宙的关联（6.1.8）

借用了天文学的语言。

平衡地具备了（6.1.11）

temperatissimae，即 tempered，是从化学借用而来的语言。tempering 是指某物体中诸元素达到适当的平衡状态，适合于该物体或存在，保证它的完整性或活力。

---

1 参见希罗多德：9.122；欧里庇德斯：《美狄亚》（*Medea*），826 起；塞内加：《书札》（*Epistulae*），51.10；卢西安：8.363—368。关于奥古斯都时代意大利是中庸之地（the land of the Golden Mean）的观念（就气候与温度而言），见维吉尔：《农事诗》（*Georgics*），2.136—176。另一方面，凯撒赞扬居住在北方的粗犷的高卢人心灵手巧（《高卢战纪》，7.22）。

厢房……堂屋……（6.3.4—5）（图92）

这些房间在住宅中的功能难以界定，因为它们是多功能的。*tablinum*（堂屋）一词开始似乎指 *domus*（宅邸）中的主餐厅，后来成为一家之主及召开"上午拜见会"（morning *salutatio*）时与门客洽谈事务的地方。*alae*（厢房）或许已成为各种"化整为零"的空间，例如举行宴会时作为全体随行人员进餐或分组进餐的餐厅（这一模式仍保持在帝国宫殿的宴会区中）。堂屋只相当于通往周柱廊庭园的一个过道，但是仍然作为"拜见会"的正式场所。

围廊列柱型内庭……餐厅……画廊……主厅……书房……浴室……冬日/夏日餐厅（6.3.7—11，6.4.1—2）（图93）

这份列举了专门功能房间的清单，是共和晚期豪华壮观的别墅和宅邸的一大特色。餐厅的主要类型是 triclinium（设有三个卧榻的餐席）和 oecus（主厅）。主厅的意思不是很清楚，可能就是与漂亮的三卧榻式餐席相对应的一种时髦的"希腊式"餐厅。

小卧室（6.4.1）

cubiculum（小卧室）是重要家庭成员使用的私密卧室，但若要与其他人家或亲朋好友商谈事情，又不宜在中庭内的公共空间中谈时，便在这里交谈。

那些最优秀的公民……因为在这些人物的家里……既要审议公共事务，又要对私人事务做出判断……（6.5.2）

有权势的公民在他们的宅邸内庭中与宾客及门客所讨论的事情，是涉及面很广的公共事务。这一时期，地方法官在私人宅邸中开庭审理案件，或许已成为一种新的惯例，而通常这些活动是在集市广场或巴西利卡中进行的。[1]

乡村建筑（6.5.3，6.6.1—6）（图95）

维特鲁威没有谈到别墅中的 pars rustica（城市区）与 pars ruxtica（乡下区）之间的划分，"城市区"是别墅中优雅的居住区域，而"乡下区"则是农业或手工业区域。只是到了这一部分的结束时，他才暗示了这种组合。*villa urbana*（郊区别墅）这个术语源于瓦罗。[2]

希腊人不用中庭……（6.7.1—5）（图97）

维特鲁威关于"希腊"住宅布局的观念源自何处，是一个颇有争议的问题，但或许根本没有任何真正的"来源"。这里所给出的图像或方案，很可能是他自己的综合或想象，其根据是

---

1 西塞罗发表演讲《为德俄塔里乌斯王辩护》（*For King Deiotarius*）的那场审判是在凯撒家里举行的。肯尼迪（G. Kennedy）：《新编古典修辞学史》（*A New History of Classical Rhetoric*，普林斯顿，1994），150。

2《论农业》，1.13.6。

内庭的类型（6.3.1－2） [257]

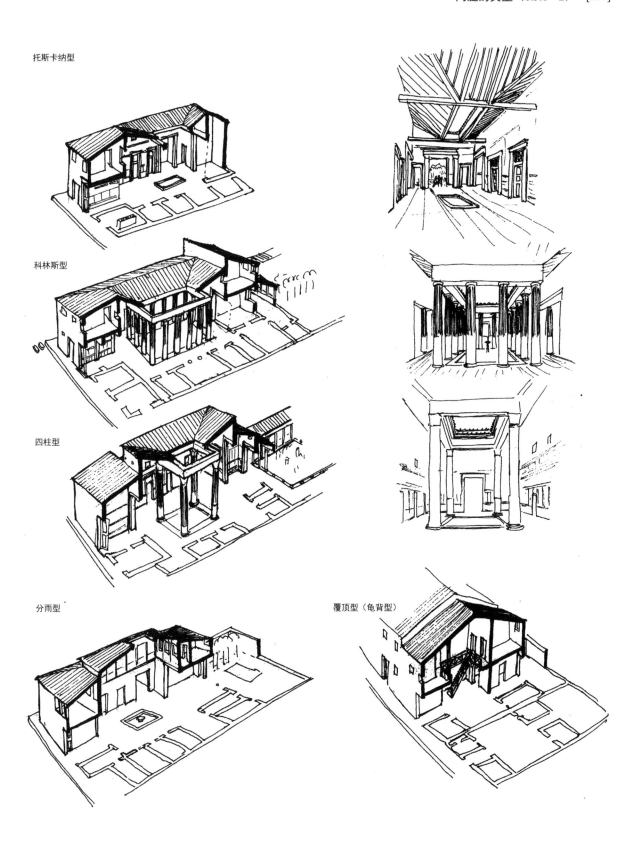

托斯卡纳型

科林斯型

四柱型

分雨型

覆顶型（龟背型）

图91　院内庭的类型种类（6.3.1－2）

[258]　　中庭的比例（6.3.3—6）

中庭的类型：

类型1：5:3　　　　　　　　　　类型2：3:2　　　　　　　　　　类型3：1:对角线（即$\sqrt{2}$）

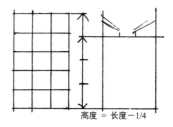　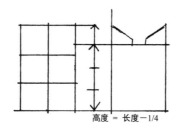　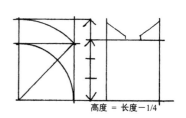

高度 = 长度－1/4　　　　　　　高度 = 长度－1/4　　　　　　　高度 = 长度－1/4

厢房：宽度按中庭长度计算
（按类型1中庭绘制）

如果中庭为30—40足，则1/3　　如果中庭为40—50足，则3 1/2　　如果中庭为50—60足，则1/4　　如果中庭为60—80足，则4 1/2　　如果中庭为80—100足，则1/5

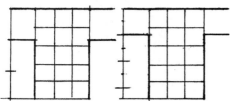

堂屋：宽度按中庭宽度计算

如果宽度20足，则1/3　　　　如果30—40足，则1/2　　　　如果40—60足，则2/5

天井开口宽度
= 中庭高度的1/3 至 1/4

算出天井开口的长度

藻井顶棚的高度
= 横梁+1/3 宽度

厢房：
横梁高度 = 宽度

客堂：
横梁高度 = 宽度+1/8

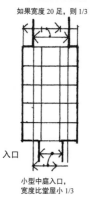　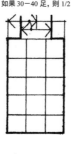　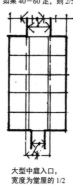　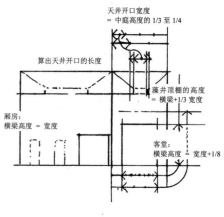

入口

小型中庭入口，
宽度比堂屋小1/3　　　　　　　大型中庭入口，
　　　　　　　　　　　　　　　宽度为堂屋的1/2

"如果我们用小中庭的比例体系来设计大中庭，则这些附属房间将会显得空空荡荡，尺寸过大。"

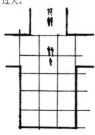

"如果我们将大中庭的比例运用于小中庭的设计，堂屋和厢房就显得过小……"

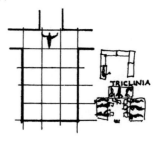

图92　中庭的比例（6.3.3—6）

围廊列柱型内庭及附属房间（6.3.7—11）　　[259]

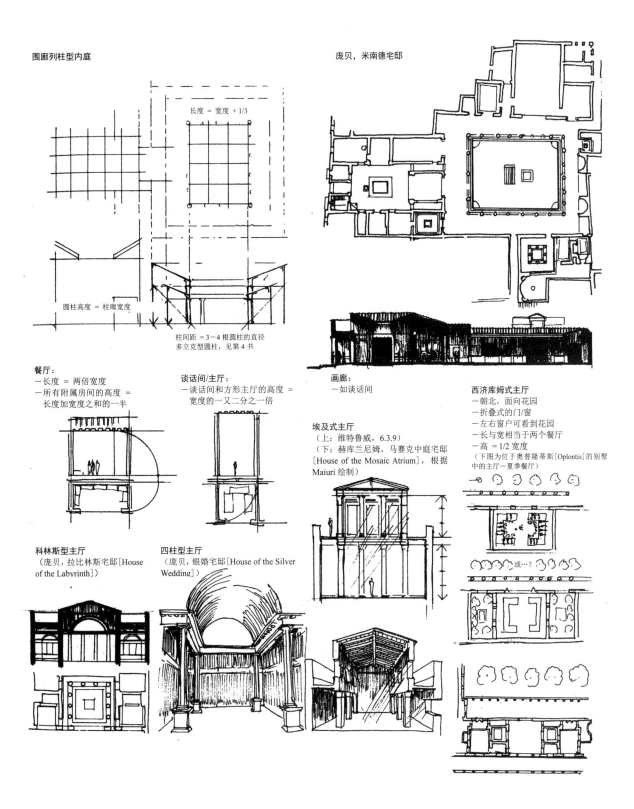

围廊列柱型内庭

庞贝，米南德宅邸

长度 = 宽度 + 1/3

圆柱高度 = 柱廊宽度

柱间距 = 3—4 根圆柱的直径
多立克型圆柱，见第 4 书

餐厅：
—长度 = 两倍宽度
—所有附属房间的高度 =
　长度加宽度之和的一半

谈话间/主厅：
—谈话间和方形主厅的高度 =
　宽度的一又二分之一倍

画廊：
—如谈话间

埃及式主厅
（上：维特鲁威，6.3.9）
（下：赫库兰尼姆，马赛克中庭宅邸
[House of the Mosaic Atrium]，根据
Maiuri 绘制）

西济库姆式主厅
—朝北，面向花园
—折叠式的门/窗
—左右窗户可看到花园
—长与宽相当于两个餐厅
—高 = 1/2 宽度
（下图为位于奥普隆蒂斯[Oplontis]的别墅
中的主厅－夏季餐厅）

科林斯型主厅
（庞贝，拉比林斯宅邸[House
of the Labyrinth]）

四柱型主厅
（庞贝，银婚宅邸[House of the Silver
Wedding]）

图 93　围廊列柱型内庭及附属房间（6.3.7—11）

[260]　　房间的朝向（6.4.1－2）

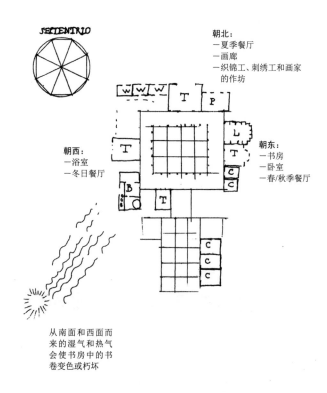

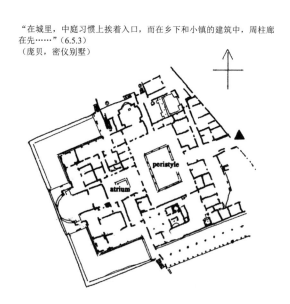

朝北：
—夏季餐厅
—画廊
—织锦工、刺绣工和画家
　的作坊

朝西：
—浴室
—冬日餐厅

朝东：
—书房
—卧室
—春/秋季餐厅

从南面和西面而
来的湿气和热气
会使书房中的书
卷变色或朽坏

"在城里，中庭习惯上挨着入口，而在乡下和小镇的建筑中，周柱廊
在先……"（6.5.3）
（庞贝，密仪别墅）

公共区域与个人区域之间的划分（6.5.1）

个人区域：
—小卧室
—餐厅
—浴室
—等等。（仆役区？）

公共区域……无须邀请便可进入
—前厅
—大厅
—周柱廊……
—等等。（"巴西利卡"？）

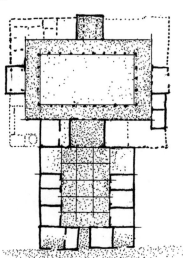

图 94　房间的朝向（6.4.1－2）

乡村建筑（6.6.1－6） [261]

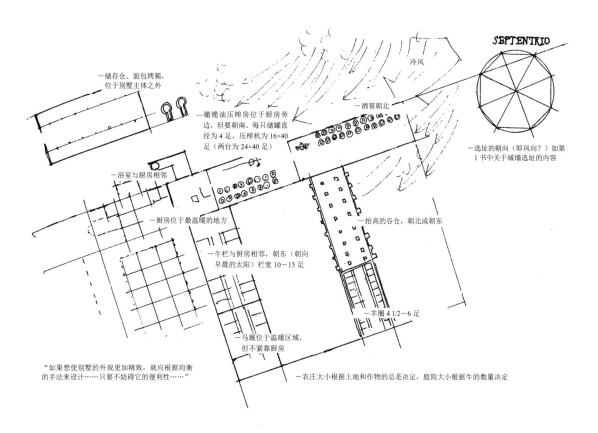

一储存仓、面包烤箱，位于别墅主体之外

一橄榄油压榨房位于厨房旁边，但要朝南。每只储罐直径为4足，压榨机为16×40足（两台为24×40足）

一酒窖朝北

SEPTENTRIO

冷风

一选址的朝向（即风向？）如第1书中关于城墙选址的内容

一浴室与厨房相邻

一厨房位于最温暖的地方

一牛栏与厨房相邻，朝东（朝向早晨的太阳）栏宽10～15足

一抬高的谷仓，朝北或朝东

一羊圈4 1/2～6足

一马厩位于温暖区域，但不紧靠厨房

"如果想使别墅的外观更加精致，就应根据均衡的手法来设计……只要不妨碍它的便利性……"

一农庄大小根据土地和作物的总是决定，庭院大小根据牛的数量决定

博斯科里亚莱，乡村住宅"皮萨内拉别墅"

塞特费内斯特雷别墅
（根据卡朗迪尼［Carandini］的研究绘制的复原图）

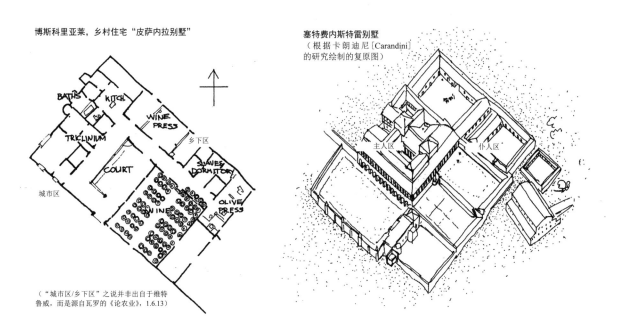

BATHS　KITCH.

WINE PRESS

TRICLINIUM

乡下区

SLAVES DORMITORY

COURT

城市区

WINE

OLIVE PRESS

主人区　仆人区

（"城市区/乡下区"之说并非出自于维特鲁威，而是源自瓦罗的《论农业》，1.6.13）

图95　乡村建筑（6.6.1－6）

[262] 自然采光（6.6.6－7）

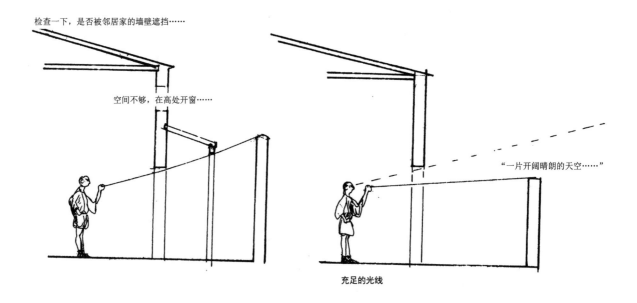

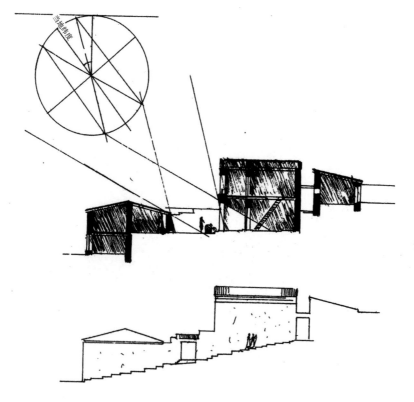

普里恩一座典型住宅中的庭院，季节性阳光
[根据赫普夫纳（W. Hoepfner）、海尔迈尔（W. D. Heilmeyer）：
《希腊古典时期的建筑与城市》（慕尼黑，1994^2）图 303 绘制]

图 96 自然采光（6.6.6－7）

希腊住宅（6.7.1－7）　[263]

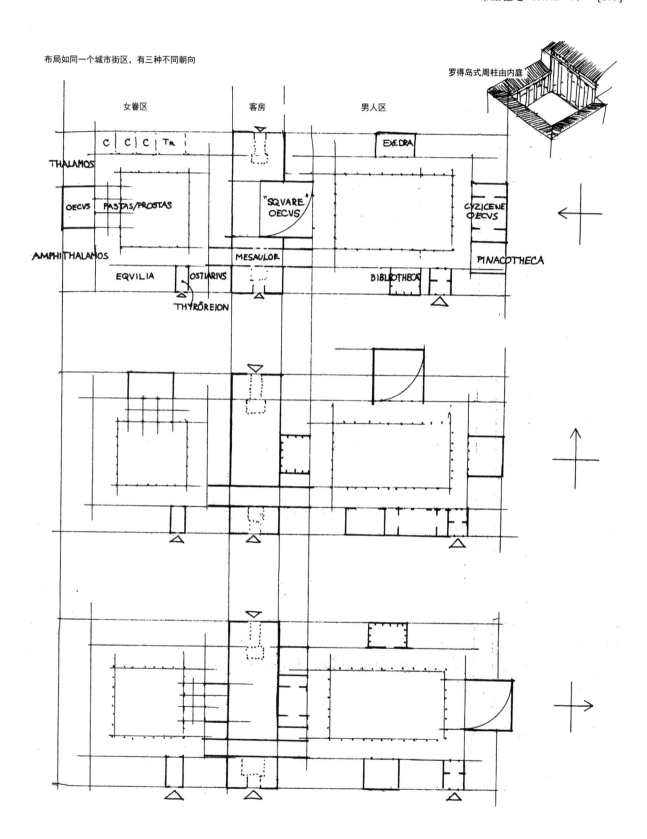

图 97　希腊住宅（6.7.1－7）

[264]　　关于基础的更多内容（总结……）（6.8.1）

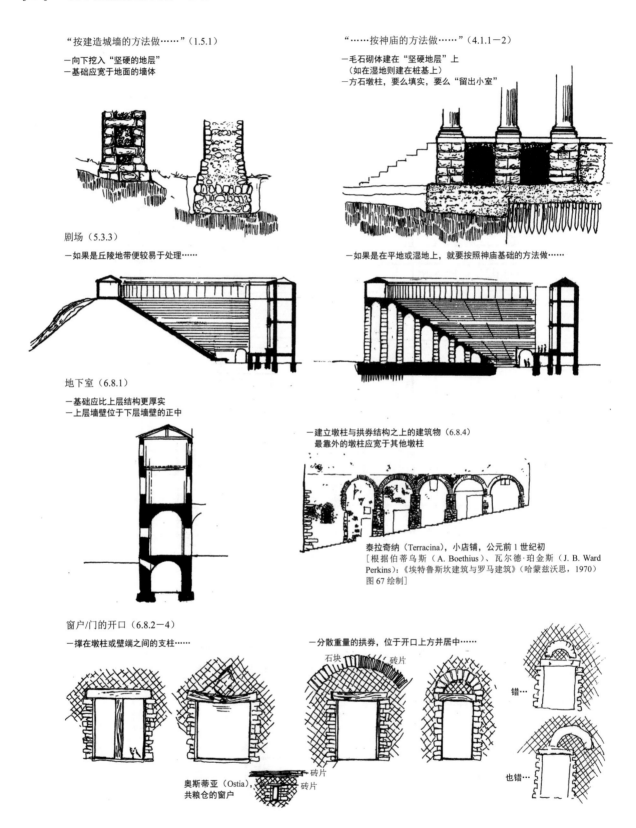

"按建造城墙的方法做……"（1.5.1）

—向下挖入"坚硬的地层"
—基础应宽于地面的墙体

"……按神庙的方法做……"（4.1.1－2）

—毛石砌体建在"坚硬地层"上
　（如在湿地则建在桩基上）
—方石墩柱，要么填实，要么"留出小室"

剧场（5.3.3）

—如果是丘陵地带便较易于处理……

—如果是在平地或湿地上，就要按照神庙基础的方法做……

地下室（6.8.1）

—基础应比上层结构更厚实
—上层墙壁位于下层墙壁的正中

—建立墩柱与拱券结构之上的建筑物（6.8.4）
　最靠外的墩柱应宽于其他墩柱

泰拉奇纳（Terracina），小店铺，公元前1世纪初
［根据伯蒂乌斯（A. Boethius）、瓦尔德·珀金斯（J. B. Ward Perkins）：《埃特鲁斯坎建筑与罗马建筑》（哈蒙兹沃思，1970）图67绘制］

窗户/门的开口（6.8.2－4）

—撑在墩柱或壁端之间的支柱……

—分散重量的拱券，位于开口上方并居中……

石块　　砖片

错……

奥斯蒂亚（Ostia），共粮仓的窗户

砖片
砖片

也错……

图98　关于基础的更多内容（总结：6.8.1；1.5.1；3.1.1－2；5.3.3；6.8.1；6.8.2－4；6.8.4）

挡土墙与扶垛（6.8.6－7）　[265]

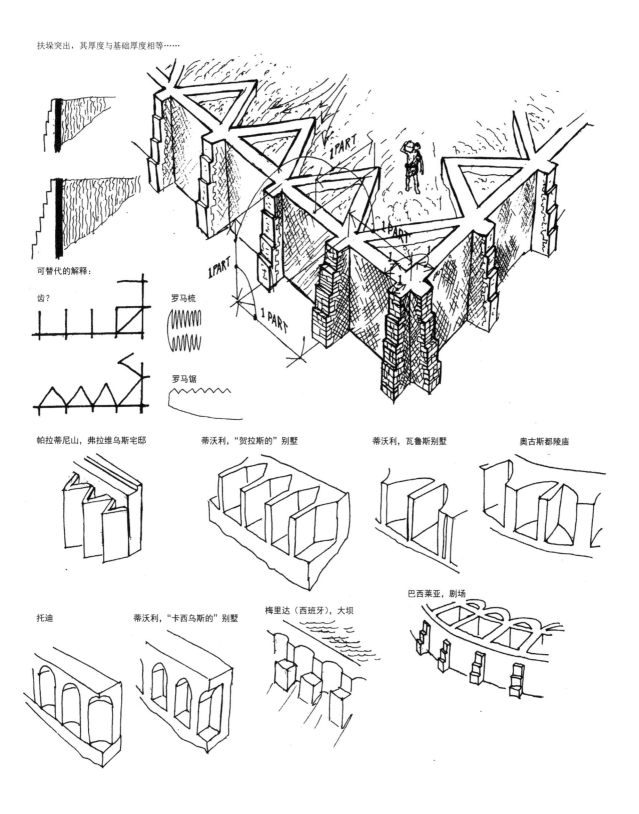

扶垛突出，其厚度与基础厚度相等……

可替代的解释：

齿？

罗马梳

罗马锯

帕拉蒂尼山，弗拉维乌斯宅邸

蒂沃利，"贺拉斯的"别墅

蒂沃利，瓦鲁斯别墅

奥古斯都陵庙

托迪

蒂沃利，"卡西乌斯的"别墅

梅里达（西班牙），大坝

巴西莱亚，剧场

图99　挡土墙与扶垛（6.8.6－7）

典型的希腊多院落围廊列柱型宫殿（如派拉 [Pella]、帕加马，大概还有亚历山大里亚的宫殿；其他希腊住宅和宫殿，例如韦吉纳 [Vergina]，则通常只有一个庭院），以及关于希腊社会妇女隔离的传闻，再结合了庞贝的中庭－围廊列柱型宅邸的图像，这些宅邸的规模有如宫殿（庞贝的法翁宅邸 [House of the Faun] 比任何已知的希腊化统治者的宫殿都要庞大）。雷德尔（J. Raeder）[1] 曾提出，*gynaikonitis* 可能意指一般的生活区；*andronitis* 指由男人占据的主要区域，将妇女排斥在外。这些术语可能被用来区分德洛斯岛上住所的不同类型，那时在那里出现了意大利商人。总之，维特鲁威关于希腊与罗马住宅的讨论，涉及的是最高层次的宅邸。

较大的住宅（6.7.3）

从第 2 书至此首次用了 *domus* 这个词。

便利的餐厅（6.7.4）

小型餐厅的委婉说法〔*commoda*〕。

当希腊人变得更讲究更富有时（6.7.4）

[266] 这句话暗示了维特鲁威的描述取材于往昔的资料，大概是在希腊丧失独立地位之前，约公元前 198 — 前 145 年。其在希腊文或拉丁文中都不是一个恰当的术语（6.7.5）

这段谈的是公元前 1 世纪许多拉丁著作家的写作技术问题：如何创造出与基本希腊术语相对应的拉丁词汇。

地下室或拱顶地窖（6.8.1）（图 98）

hypogea concamerationesque。至少在这里，*concameratio* 的意思是指拱顶，但字面意思是"室"（chamber）。《建筑十书》中关于基础的讨论散见于若干处：1.5.1，要塞的基础要沉入坚硬的土层；3.4.1 — 2，关于神庙基础，大概是论基础的主要部分；5.3.3，剧场基础要按照神庙的方法建造；5.12.1 — 7，海港防波堤；8.6.14，用希尼亚式工艺（*opus signinum*）砌筑水槽。

楔形拱石（6.8.3）

在此处以及 6.8.4，维特鲁威使用了 *cuneus*（楔状物）一词，明显是指一种用楔形拱石砌筑的、带有拱顶石的真正拱门。

布置的品位（6.8.9）

dispositione（布置）。

---

1 *Gymnasium*，95，1988，316—368。

评注：第7书

泰勒斯、德谟克利特、阿那克萨哥拉、色诺芬尼（7. 前言.2）

这是一份"经典的"自然哲学家名单，但并不全，也未严格按年代顺序排列：米利都的泰勒斯（Thales of Miletus）（活跃于公元前 580 年前后），第一位爱奥尼亚哲学家；阿夫季拉的德谟克利特（Democritus of Abdera）（约公元前 460 — 约前 365），原子论的创立者；克拉宗米纳的阿那克萨哥拉（Anaxagoras of Clazomenae）（约公元前 500 — 前 428），欧里庇德斯的师傅，天文学家，透视理论的阐述者；科洛丰的色诺芬尼（Xenophanes of Colophon）（活跃于公元前 540 年前后）。

苏格拉底、柏拉图、亚里士多德、芝诺、伊壁鸠鲁（7. 前言.2）

这两份名单根据物理哲学与道德哲学进行区分，第一份名单是道德哲学家，第二份为物理哲学家，尽管后面这组中多数人被划归自然哲学家之列。

克洛伊斯、亚历山大（7. 前言.2）

吕底亚的克洛伊斯（Croesus of Lydia）（公元前 560 — 前 546），亚历山大大帝（Alexander the Great）（公元前 336 — 前 323）。

帕加马规模宏大的图书馆（7. 前言.4），阿里斯托芬（7. 前言.5）

亚历山大里亚图书馆传统上被认为是公元前 307 年由托勒密一世（救星）（Ptolemy I Sotêr）所建立，据称得到了法莱雷奥斯的德米特里（Demetrius of Phalerum）的协助。其后，帕加马图书馆由欧迈尼斯二世（Eumenes II）（公元前 197 — 前 159）所建。老普林尼曾报告说，埃及托勒密王朝与帕加马阿塔罗斯王朝之间在政治上的竞争，对图书馆的建设产生了影响，因为托勒密五世（Ptolemy V Epiphanes）（公元前 205 — 前 182）嫉妒帕加马的成就，实行了莎草纸出口禁运政策，导致帕加马人发明了书写用的羊皮纸（在德语中，羊皮纸一词仍为 *pergament*，在意大利语中则是 *pergamena*）。老普林尼，《博物志》，13.17。拜占庭的阿里斯托芬（Aristophanes of Byzantium）（公元前 257 — 前 180）继承厄拉多塞（Eratosthenes）担任图书管理者，他的故事也发生在公元前 2 世纪。

佐伊鲁斯（7. 前言.8）

维特鲁威这里指的显然是安菲波利斯的佐伊鲁斯（Zoilus of Amphipolis）（公元前 4 世纪晚期，与这里讲的故事并非同一时代）。他是犬儒学派哲学家，阿拉克西米尼（Anaximenes）的学生，以攻击伊索克拉底（Isocrates）、柏拉图，尤其是荷马而闻名。

如果有人……就得不到（7. 前言.9）

出于行文清晰的考虑，此句译文未像通常情况那样严格遵照维特鲁威的句法。

阿加萨霍斯 [在雅典]（7. 前言.11）

萨摩斯的阿加萨霍斯（Agatharchus of Samos）（约公元前 490 — 约前 415），埃斯库罗斯（Aeschylus）（约公元前 468 — 前 456）的合作者，已被认为是线透视等事项的发明者。他发明的性质仍然是有争议的，但他正生活于图画空间表现有所发展的年代，如阴影与立体感，还有一种深远的风景空间是以纵向透视手法表现的，而这种透视原先被认为是萨摩斯的毕达戈拉斯（Pythagoras of Samos）发明的。阿加萨霍斯大概就是被那个富有而放荡的雅典人亚西比德（Alcibiades），在公元前 420 年前后绑架去装饰其宅邸的那位画家。[1]

西伦勒斯，泰奥多勒斯……（7. 前言.12）

以下是一份非常重要的建筑师名单，他们中的大多数人已被其他古代著作家所证实。而西伦勒斯（写过关于多立克型均衡的书）在别处未见记载，他的年代也是如此。泰奥多勒斯常与罗埃库斯（Rhoecus）相联系，后者可能是他的父亲，宏伟的萨摩斯赫拉神庙（Heraion of Samos）（约公元前 560）的建筑师之一。[2] 罗埃库斯是希腊早期历史上的伟大发明家之一，据说发明了青铜铸造（即失蜡工艺）、角尺、杠杆、车床、时钟和钥匙。[3] 维特鲁威称这座神庙为多立克型，是因为该神庙那时尚未完工，只修建到柱头石垫高度，还没有加上涡卷饰，可能看上去像是一种带有卵箭纹姆指圆饰的多立克类型。后续建筑师的作品也得到了建筑遗存的充分证实：皮特俄斯的普里恩雅典娜神庙（约公元前 340），以及他与萨提鲁斯（Satyrus）合作的哈利卡纳苏斯的摩索拉斯陵庙；伊克提努斯（Ictinus）和卡皮翁（Carpion）的雅典帕特农（密涅瓦）神庙；福西亚的

[267] 泰奥多勒斯（Theodorus of Phocaea）的德尔斐圆形神庙（约公元前 380 — 前 370）；菲洛（Philo）的伊留西斯城（Eleusis）神秘教入会大殿（Telesterion）门廊和比雷埃夫斯港（Piraeus）军械库[4]；赫莫格涅斯的马格尼西亚阿尔忒弥斯（狄安娜）神庙，以及泰奥斯（Teos）的父神利柏尔神庙[5]。阿塞西乌斯（Arcesius）（可能为公元前 4 世纪）只是通过维特鲁威才为人们所了解的（参见 4.3.1，他是贬低多立克型的人之一）。

---

1 普鲁塔克：《亚西比德传》（*Alcibiades*），17。
2 希罗多德：60；鲍萨尼阿斯：8.14.8；狄奥多罗斯（Diodorus Siculus）：1.98.5—9；第欧根尼（Diogenes Laertius）：2.103。
3 老普林尼：《博物志》，7.198。
4 这座军械库是通过一则刻画谨细的建筑契约或铭文而为人所知的，《希腊铭文》（*Inscriptiones Graecae*），2²，神秘教入会大殿的门廊也是如此，《希腊铭文》，2²，1666，这在 7. 前言.17 中有所提及。见古尔顿（J. J. Coulton）：《工作中的希腊建筑师》（*Greek Architects at Work*，伦敦与伊萨卡，1977），55。
5 Pater Liber 是古代意大利的植物神，因此与狄奥尼索斯或巴克科斯相等同。这座神庙不是一座无内殿的单圈柱型圆庙（monopteros），而是一座围廊圈柱型圆庙（peripteros）。

关于这些论"均衡"的出版物的性质颇有争议。许多文章在本质上肯定是技术说明书，类似于伊留西斯的门廊铭文（Prostoon inscription of Eleusis）和军械库铭文（Arsenal inscription）[1]，尽管有些人表达了更开阔的视野（如皮特俄斯就主张建筑师应掌握所有应具备的学识）。

莱奥哈雷斯、布里亚克西斯、斯科帕斯、普拉克西特莱斯、提谟修斯（7. 前言.13）

维特鲁威列出了公元前 4 世纪中叶或稍后的主要雕塑家：莱奥哈雷斯（Leochares）（活动于公元前 372 — 前 320）；布里亚克西斯（Bryaxis）（公元前 4 世纪下半叶）；帕罗斯的斯科帕斯（Scopas of Paros）（公元前 4 世纪中叶），他也是泰耶阿（Tegea）的雅典娜神庙（temple of Athena Alea）的建筑师；普拉克西特莱斯（Praxiteles）（约公元前 400 — 前 330/325）；提谟修斯（Timotheus），也是位于埃庇多鲁斯的埃斯克勒庇奥斯神庙（Asclepius at Epidaurus）的雕刻师（约公元前 375）。关于这些人在摩索拉斯陵庙的合作，见老普林尼：《博物志》，36.30。

内克萨里斯、塞奥基得斯……（7. 前言.14）

这些艺术家也像波利克莱托斯一样撰写过论均衡的著作。幸存下来的维特鲁威抄本中，希腊人名的拼写是不一致的，有时用希腊词尾 -os，有时用拉丁词尾 -us。本书译名均按照抄本。内克萨里斯（Nexaris）、塞奥基得斯（Theocydes）和萨那库斯（Sarnacus）在其他文献中未曾出现过。德谟菲洛斯（Demophilus）可能就是希梅拉的德谟菲洛斯（Demophilus of Himera）（公元前 5 世纪上半叶）；波利斯（Pollis）可能是公元前 6 世纪的一位青铜匠师；莱奥尼达斯（Leonidas）是位画家（公元前 4 世纪）；西拉尼翁（Silanion）是一位雅典青铜雕刻师（公元前 4 世纪）；梅兰波斯（Melampus）不清楚，或许就是梅兰提奥斯（Melanthios），西锡安（Sicyon）画派的画家，一本论文的作者[2]；科林斯的欧福拉诺（Euphranor of Corinth）（约公元前 395 — 前 330/325）是位画家、雕塑家，曾撰写过一篇论均衡的论文。[3]

迪亚德斯、阿契塔斯、阿基米德、克特西比奥斯、宁福多鲁斯、拜占庭的菲洛、迪菲洛斯、德谟克莱斯、沙里阿斯、波利伊多斯、皮尔霍斯以及阿格西斯特拉托斯（7. 前言.14）

在这里，维特鲁威的希腊人名拼写也不一致，有时用希腊词尾 -os，有时用拉丁词尾 -us。译文仍按抄本传统，保留了这种不一致性。波利伊多斯（Polyidos），腓力二世（Philip II）的工程师。而他的学生迪亚德斯（Diades）和卡里阿斯（Charias）则是亚历山大的工程师，于公元前 4 世纪晚期奠定了先进的攻城术（siegecraft）的基础；迪亚德斯的论文可能就是拜占庭的菲洛和维特鲁威的同时代人阿特纳奥斯（Athenaeus）所撰写的材料的核心部分。阿格西斯特托斯（Agesistratos）可

1《希腊铭文》，2²，1666、1668；邦德加尔德（J. Bundgaard）：《姆奈西克里，一位工作着的希腊建筑师》（*Mnesides, A Greek Architect at Work*，哥本哈根，1957），97—98，117—132；耶珀森（K. Jeppesen）：《范式》（*Paradeigmata*，奥胡斯，1958），69—101，109—131；参见古尔顿（J. J. Coulton）《工作着的希腊建筑师》（伊萨卡与纽约，1977）中的讨论，54—55。

2 老普林尼：《博物志》，35.50；第欧根尼（Diogenes Laertius）：4.18。

3 老普林尼：《博物志》，35.129。

能是联系维特鲁威（10.13—15）和阿特纳奥斯之间的信息纽带。他林敦的阿契塔斯（Archytas of Tarentum）（约公元前460—前365）、阿基米德和克特西比奥斯（Ctesibios）是最为著名的数学家和工程师。宁福多鲁斯（Nymphodorus）、迪菲洛斯（Diphilos）以及德谟克莱斯（Democles）别处未曾提及。皮尔霍斯（Pyrrhos）是伊庇鲁斯（Epirus）的国王（公元前319—前273），是古希腊最大胆的军事家，写过一本论攻城术的书。

福菲[西]乌斯、瓦罗、塞普蒂乌斯（7.前言.14）

福菲乌斯（Fufius）或称为福菲基乌斯（Fulicius），别处未见有记载。瓦罗（M. Terentius Varro）（公元前116—前27）是一位百科全书式的博学者，著有《论拉丁语》（De lingua latina）以及一部自由艺术百科全书《学科要义九书》（De novem disciplinae），其内容包括了建筑和医学。塞普蒂米乌斯（P. Septimius）在别处也未见记载，但他的书可能是维特鲁威关于萨拉米斯的赫莫多鲁斯言论的资料来源，因此也可能是赫莫格涅斯关于均衡言论的来源，而这里的名单并未将赫莫格涅斯包括在内。[1]

安蒂斯塔特斯、卡拉埃斯克罗斯、安蒂马基德斯、波里诺斯、科苏提乌斯（7.前言.15）

维特鲁威这里列举的前四人在别处没有记载，但显然，雅典的巨型奥林匹亚宙斯神庙（Olympieion of Athens）是由这些建筑师开始建造的，但在雅典暴君皮西斯特拉托斯（Pisistratus）（公元前566—前528）去世时尚未建成。后来安条克四世（Antiochus IV）（公元前175—前164）启用罗马建筑师科苏提乌斯（Cossutius）继续建造，是按科林斯型双柱廊式样建造的。科苏提乌斯很可能是坎帕尼亚地区一个建筑师承包商大家族的成员。[2]

以弗所的狄安娜神庙……米利都的阿波罗神庙（7.前言.16）

克里特岛人切尔西弗隆（Cretans Chersiphron）和他的儿子梅塔格涅斯（Metagenes）大概就是以弗所第一座阿尔忒弥斯神庙（Artemision of Ephesus）的建筑师，据老普林尼（《博物志》，16.213；36.95）记载，这座神庙历时120年完成（约公元前560—前440？）。这里所谓的神庙奴仆德米特里乌斯（Demetrius）和以弗所的帕埃奥尼乌斯（Paeonius of Ephesus）"完成"了该建筑，肯定是指该神庙于公元前356年被烧毁之后的重建（据说是一个纵火犯在亚历山大大帝出生的那天夜里干的，他要让自己的名字流传千古），亚历山大大帝公元前334年在格拉尼卡斯河战役（Granicus）取得胜利之后，捐资重建。在米利都以外，迪迪马的巨型爱奥尼亚围廊列柱型阿波罗神庙，以及萨摩斯岛和以弗所的那些巨大的围廊列柱型神庙，都建于公元前6世纪上半叶。

---

1 格罗斯（P. Gros）：《赫莫多鲁斯与维特鲁威》（Hermodoros et Vitruve），《罗马法兰西学院文集·古代文化》（Mélanges de l'Ecole Française de Rome.Antiquité，85，1973），137—161。

2 罗森（E. Rawson）：《建筑与雕塑：科苏提乌斯家族的活动》（Architecture and Sculpture：The Activities of the Cossutii），《罗马不列颠学院文集》（Papers of the British School at Rome，43，1975），36—37。

阿波罗神庙在公元前 494 年的爱奥尼亚人起义中被焚毁，大概在格拉尼卡斯河战役之后重建，建筑师是帕埃奥尼乌斯和米利都的达夫尼斯（Daphnis of Miletus）。作为建筑师，后者除本书外别无记载。

法勒伦的德米特里乌斯（7. 前言.17）

一位知识分子，马斯顿人，雅典的傀儡统治者（公元前 317 — 前 307），据说他协助建立了亚历山大里亚图书馆。

位于埃莱乌西斯的克瑞斯与普洛塞尔庇娜神庙的巨大内殿（7. 前言.16）

[268]

即伊留西斯城（Eleusis）供奉德墨忒尔（Demeter）与科瑞（Korê）（即普洛塞尔庇娜）（Proserpina）的神秘教入会大殿（Telesterion）。

穆西乌斯；马略的荣誉与美德神庙（7. 前言.17；参见 3.5.2）

马略（G. Marius）的荣誉与美德神庙建于公元前 101 年，是他用战胜辛布里人（Cimbri）和条顿人（Teutones）的战利品建造的。该遗址不为人知，但可能位于卡皮托利山附近或在韦利亚（Velia）。维特鲁威此前曾提到它（3.2.5），他还提到萨拉米斯的赫莫多鲁斯设计的位于梅特卢斯柱廊中的朱庇特神庙，作为 sine postico（无后门廊式）神庙的实例。穆基乌斯（G. Mucius）可能是反希腊人的穆基乌斯（Q. Mucius Scaevola Augur）的一个门客，或是由奴隶而获得解放的自由人（只是从这姓名来看），并且是赫莫多鲁斯的一个学生。他的重要性就在于试图将希腊的均衡进行调整以适应于意大利传统建筑的平面。[1]

钉子（7.1.2）

在公元前 1 世纪时，手工锻造的铁钉价格便宜而且有大量供应。

四分之三足（7.1.3）

3/4 足（dodrans）= 3 掌 = 1 拃。

六角形（7.1.4）

hexagons，字面意思是"蜂窝形"。

---

1 格罗斯（P. Gros）：《罗马最初的几代希腊化建筑师》（Les premiéres générations d'architectes hellénistiques à Rome），《意大利前罗马时期与罗马共和时期·厄尔贡文集》（L'Italie préromaine et la Rome républicaine, Mélanges J. Heurgon，罗马，1976），407。

蒂布尔"人"字形砖砌工艺（7.1.4）

testacea spicata tiburtina，英译为 Tiburtine herringbone terracotta（蒂布尔人字形砖砌工艺），现代考古学家称为 *opus spicatum*（穗形工艺）。该术语来源于拉丁语 *spica*（谷穗），谷粒外壳联锁排列，亦类似于鲱鱼鱼骨（人字）的图形。

斜度为每十足两指（7.1.6）

1 ∶ 80；参见 8.6.1，渡渠的斜度为 1 ∶ 250。

人字形排列的陶砖 [块]（7.1.7）

拉丁原文为 *spica testacea*。

抹灰工艺（7.2.1）

译文遵循着以下顺序：*trullissatio* = 粗抹灰；*tectorium* = 抹灰（适宜于绘画）；*albarium* = 灰泥饰（stucco），含有用灰泥造型的意思。

设备（7.2.2）

the machines（设备），大概指脚手架（参见 10.1.1）。

要抹得尽量粗糙（7.3.5）

这里的意思是留下粗糙的表面，以便下一层灰泥易于附着。

泥抹子（7.3.7）

从抄本读作 *liaculorum*（刨子），德尔图良（Tertullian）用 *lio* 一词指水平面。

潮湿的灰泥（7.3.7）

指作湿壁画的灰泥层。

木贼属植物（7.3.11）

苔藓类植物，有足够的强度打入灰泥。

乳头砖（7.4.2）（图 103）

有的抄本读作 *mammatae*（乳头状的），要么读作 *hamater*（钩子状的）。

铺筑地面（7.1.1-7）　　[269]

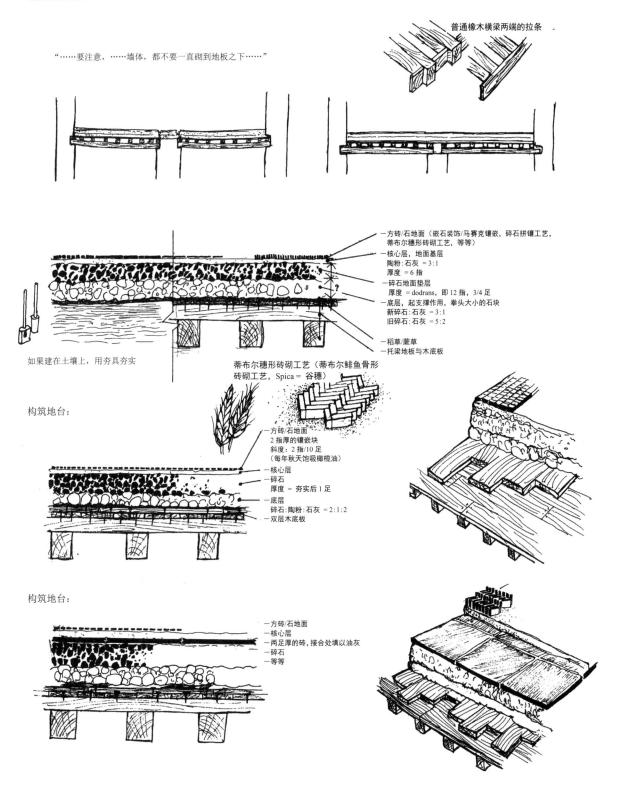

图 100　铺筑地面（7.1.1-7）

[270]　　石灰的制备（7.2.1－2）

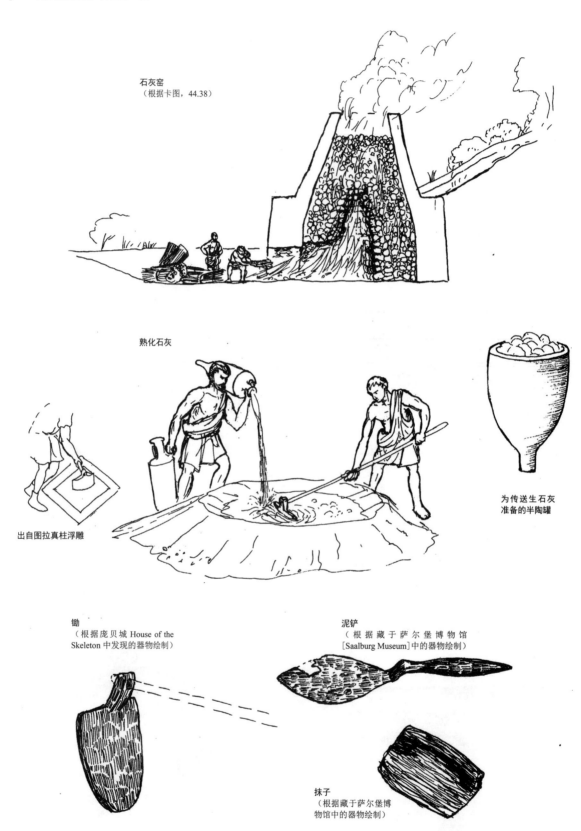

石灰窑
（根据卡图，44.38）

熟化石灰

出自图拉真柱浮雕

为传送生石灰
准备的半陶罐

锄
（根据庞贝城 House of the
Skeleton 中发现的器物绘制）

泥铲
（根据藏于萨尔堡博物馆
[Saalburg Museum]中的器物绘制）

抹子
（根据藏于萨尔堡博
物馆中的器物绘制）

图 101　石灰的制备（7.2.1－2）

顶棚与墙壁抹灰（7.3.1－11）　[271]

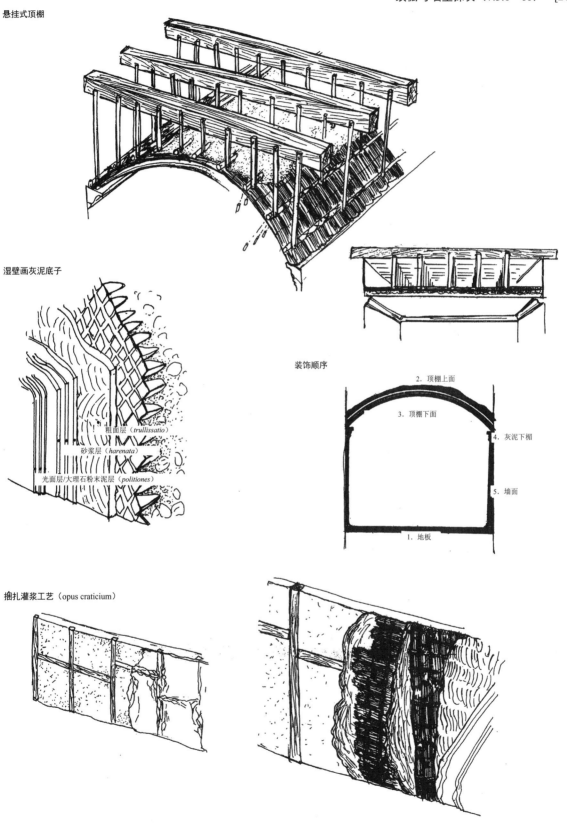

悬挂式顶棚

湿壁画灰泥底子

粗面层（*trullissatio*）

砂浆层（*harenata*）

光面层/大理石粉末泥层（*politiones*）

装饰顺序

2. 顶棚上面

3. 顶棚下面

4. 灰泥下楣

5. 墙面

1. 地板

捆扎灌浆工艺（opus craticium）

图 102　顶棚与墙壁抹灰（7.3.1－11）

[272]　　潮湿地点的抹灰工艺（7.4.1—3）

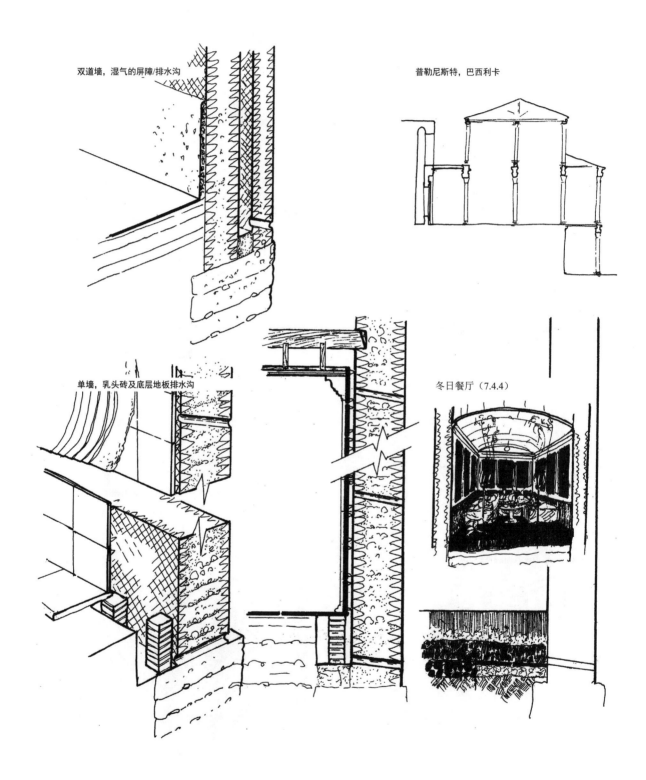

双道墙，湿气的屏障/排水沟

普勒尼斯特，巴西利卡

单墙，乳头砖及底层地板排水沟

冬日餐厅（7.4.4）

图 103　潮湿地点的抹灰工艺（7.4.1—3）

壁画风格（7.5.1—3）　[273]

庞贝第一风格："……模仿各种大理石面板和砌筑效果……"

庞贝第二风格："……后来……也模仿建筑物的外形和圆柱及山花的空间投影……"（约公元前 100 年）

庞贝，萨卢斯特宅邸（House of Sallust），约公元前 100 年
［根据毛（Mau）：《庞贝装饰壁画的历史》（柏林，1882）
图版 2A.绘制］

庞贝，牡鹿宅邸（House of the Stag）
（早期第二风格）

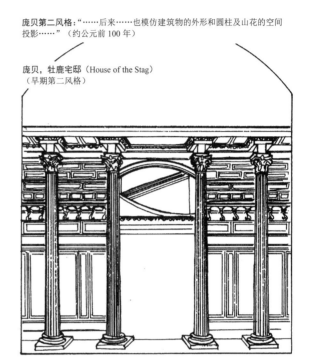

庞贝，游廊宅邸（House of the Cryptoporticus）
（晚期第二风格）

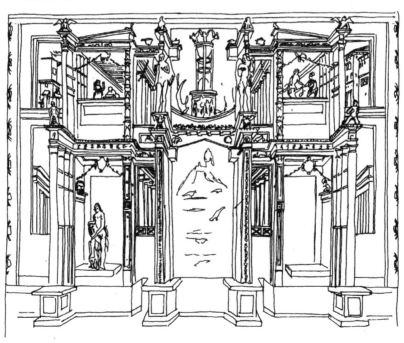

图 104　壁画风格：庞贝第一与第二风格（7.5.1—3）

[274]　　壁画风格（7.5.1—3）

庞贝第三风格："……现在湿壁画中画的是些怪物……"

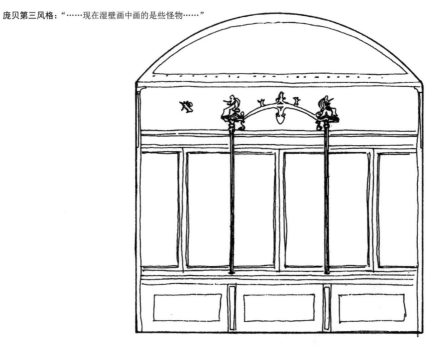

庞贝，I.11.12 号宅邸，早期第三风格

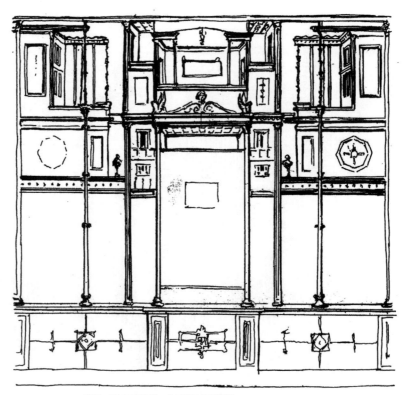

庞贝，V.1.14 号宅邸，公元前 1 世纪晚期
［根据毛：《庞贝装饰壁画的历史》（柏林，1882）图版 2A.绘制］

图 105　壁画风格：庞贝第三风格（7.5.1—3）

在［打磨光滑的］灰泥上作画的先河（7.5.1）（图104、105）

维特鲁威的记述启发了现代学者将庞贝壁画分为四种风格。[1]

特拉莱斯……阿拉班达的阿帕图里乌斯（7.5.5）

特拉莱斯（Tralles）和阿拉班达（Alabanda）两地都位于小亚细亚西部。阿帕图里乌斯（Apaturius）和利金尼乌斯（Licymnius）（或称 Lykinos）两人在其他文献中并无记载，不过这故事可能发生在公元前 2 世纪或在此之后，因为那时这种奇异的建筑（即构成了庞贝第二、第三风格壁画之基础的建筑）很可能就是在亚历山大里亚的真实建筑与建筑画中发展起来的。[2] Ekklesiasterion 为议事厅，大概可以容纳整个城镇平民大会的成员。

四舍克斯塔里乌斯（7.8.2）

1 舍克斯塔里乌斯（sextarius）= 0.5461 升，6 舍克斯塔里乌斯 = 1 康吉斯（congius），16 舍克斯塔里乌斯 = 1 斗（modius）。

上光（ganôsis）（7.9.3 — 4）

显然这是指最后的修饰，不可与蜡画和涂刷热蜡相混淆。

福罗拉神庙和奎利诺斯神庙（7.9.4）

奎利诺斯神庙（Quirinus）（根据 3.2.7 所记，该神庙是一座双重围廊列柱型的多立克型神庙，公元前 16 年由奥古斯都修复），坐落于奎里纳尔山（Quirinal hill）西部边缘的高路区（Alta Semita）或附近。福罗拉神庙（Flora）也坐落于奎里纳尔山上或山下谷地，塞尔维乌斯城墙（Servian walls）之外。这些朱砂作坊可能就位于城墙外的一个手工业区中。

维斯托里乌斯（7.11.1）

普特奥利（Puteoli）的一个富有的钱庄主，一位具有革新精神的企业家，与西塞罗和阿提库斯（Atticus）相识。[3] 普特奥利一直是意大利供埃及运粮船队使用的主要港口，直到公元 2 世纪 [275] 初叶被图拉真时代建在奥斯蒂亚（Ostia）的海港所取代。

胭脂虫粉（7.14.1）

ouercus coccifera，一种灌木类栎树，其果实可制作一种深红色的染料。

---

1 尤其参见 A. 毛：《庞贝装饰壁画的历史》（*Geschichte der dekorativen Wandmalerei in Pompeii*，柏林，1882）。
2 克拉克（J. R. Clarke）：《意大利罗马时代的住宅》（*The Houses of Roma Italy*，伯克利，1991），45；麦肯齐（J. McKenzie）：《彼得拉的建筑》（*The Architecture of Petra*，牛津，1990），85—100。
3 西塞罗：《致阿提库斯》（*Ad Atticum*），14.9.1；14.12.3。

淡黄木犀草（7.14.2）

reseda luteola，一种湿地植物，可用来提取黄色染料。也称为染匠火箭、黄花草或染匠木犀草。老普林尼：《博物志》，33.87.91。

菘蓝（7.14.2）

isatis tinctoria，又称染匠草（如其他若干植物），一种蓝色染料，可由靛青替代。

评注：第8书

希拉克略、欧里庇得斯、阿那克萨哥拉……毕达哥拉斯、恩培多克勒，以及埃庇卡摩斯（8. 前言.1）

这是另一份自然哲学基础理论阐述者的名单。欧里庇得斯（Euripides）是公元前 5 世纪晚期剧作家；恩培多克勒（Empedocles）（活跃于公元前 444 年前后）一般被认为是阐述了土、空气、火、水的化合作用的确定形式的人物。维特鲁威这里的希腊人名拼写也是不统一的。

在明确的范围内，对那些地区所处的方位（8.1.1）

这里的用语在很大程度上与占卜时布置 *templum*（鸟卜之地）的用语相同。

地下水沟（8.1.6）

将出水量不大的井水收集起来，这种方法听上去很像波斯的坎儿井（Persian qanat），不过在罗马存在着许多由迷津，即 *cuniculi*（暗沟）构成的收集渗水的系统。[1]

地球（8.2.6）

维特鲁威的讨论与阿格里帕（M. Vipsanius Agrippa）在维普萨尼乌斯柱廊（Porticus Vipsania）中刻画的世界地图处于同一时期，他可能受益于这地图。

尼罗河（8.2.6—7）

尼罗河起源于西方（毛里塔尼亚），在地下流淌，到了苏德沼泽（Sudd）又重新流上地面，这种观念至少可追溯到希罗多德（2.28—34）。关于尼罗河何以从西方流淌而来，他提出了一种稍稍不同的理论。

卡墨奈泉，马奇亚渡渠（8.3.1）

卡墨奈泉（Camenae）位于凯利乌斯山（Caelian Hill，罗马七丘之一）南侧。马奇亚渡渠（Aqua Marcia）建于公元前 144 年前，被认为是最好的渡渠。

---

1 位于阿西利乌斯花园（Horti Aciliani）和安泰尼堡（Forte Antenne）（即古代的安泰姆奈城 [Antemnne]）。列拉（I. Riera）编：《生活必需品的利用：意大利古罗马水利系统》（*Utilitas Necessaria: Sistemi idraulici nell'Italia romana*，米兰，1994），330。

[276]　水源（8.3.1—28）

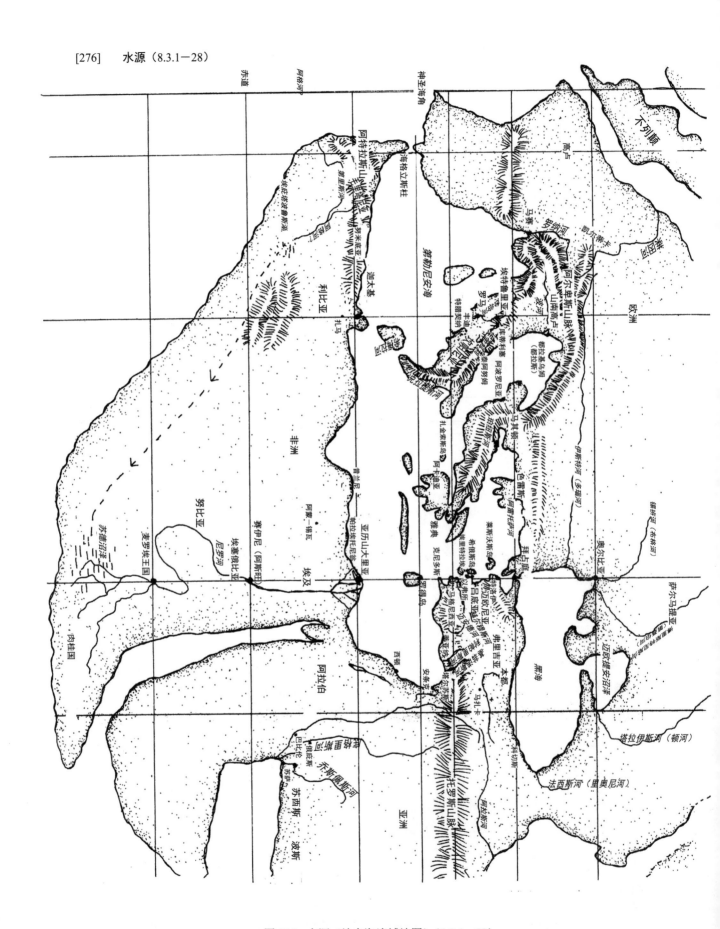

图 106　水源（地中海流域地图）（8.3.1—28）

甘甜的泉水（8.3.1）

以 *dulcis* 一词形容带有甜味的泉水，不过该词也可直接形容新鲜水，与带盐分的或有碱味的水相对。

阿尔布拉河（8.3.2）

阿尔布拉河（Albula）源于蒂沃利地区以外，处于富藏石灰华的地区，那里的疗养浴场至今仍散发出强烈的硫黄气味。

鼓动着阵阵强风；与这些山丘相同高度的地方（8.3.2—3）

这种关于泉水之力量的讨论，基于恩培多克勒的化学理论（风是热与水相碰撞造成的），而不是压力头的概念。

这种水的外观（8.3.6）

aquae 在这里不是属格形式，而是所属与格形式；*species* 在此不可能是一个表示分类的词。

水源类型（8.3.6）

在这里维特鲁威使用的是 *genus aquae*，而不是 *species*。

葡萄酒……莱斯沃斯等（8.3.12）

这是古代最著名的一份葡萄酒清单。迈欧尼亚（Maeonia）地处小亚细亚西部上赫尔莫斯谷地（upper Hermos valley），吕底亚（Lydia）位于小亚细亚中北部。坎帕尼亚地区的法莱尔尼安（Falernian）以作为古代最上乘的葡萄酒产地而闻名。

天穹是倾斜的（8.3.13）

这里又一次提到这种科学理论，即地球上的一切多样性是由天球，尤其是太阳的倾斜旋转所造成的。

朱巴（8.3.24）

大概指朱巴二世（Juba II），朱巴一世之子。公元前46年凯撒凯旋时将还是个孩子的朱巴带走，屋大维使他成为罗马公民。公元前25年他作为一位附庸国国王在努米底亚的毛里塔尼亚复位。他学问出众，著有多种论地理、历史、语言和自然哲学的著作。

非洲是野兽，特别是蛇的母亲和保姆（8.3.24）

这段话类似于贺拉斯《歌集》中的 1.22.15—16，发表于公元前 23 年，但也可能抄自朱巴的 *Libyka*，发表于公元前 26/25 年。

马西尼萨之子尤利乌斯（8.3.25）

此人物的身份不确定，大概是位皇室继承人，努米底亚国王马西尼萨（Masinissa）的后代，任罗马附庸国国王直至公元前 148 年去世。维特鲁威给出的这个名字和信息表明，他曾被授予罗马公民称号，以作为为罗马皇帝服务的奖励。

泰奥弗拉斯托斯、提麦奥斯、波塞多尼奥斯、赫格西亚斯、希罗多德、阿里斯提得斯，以及梅特罗多勒斯（8.3.27）

[277]　　在这里维特鲁威的希腊人名拼写也不一致。泰奥弗拉斯托斯（Theophrastus），亚里士多德在雅典学校（Lyceum）的学生和继承者；陶罗门尼翁的提麦奥斯（Timaeus of Tauromenium）（约公元前 346—前 250），撰写西西里历史的著作家；阿帕梅亚的波塞多尼奥斯（Posidonius of Apamea）（约公元前 140/130—前 59/40），哲学家、历史学家、地理学家和博物学家；赫格西亚斯（Hegesias）可能就是马罗尼亚的赫格西亚斯（Hegesias of Maroneia）或马格尼西亚的赫格西亚斯（Hegesias of Magnesia）；希罗多德（死于公元前 425 年前后），公元前 5 世纪中叶伟大的历史学家；斯克普西斯的梅特罗多勒斯（Metrodorus of Skepsis）和阿里斯提得斯（Aristides），不详。

科林斯瓶（8.4.1）

青铜、金和银的合金制品（老普林尼：《博物志》，9.13.9；34.6—9；37.49）。

测平仪、水平仪或地平仪（8.5.1）（图 107）

测平仪（diopter）这种仪器看上去像是现代子午仪或经纬仪，肯定具有测量角度的功能，可能既可做垂直测量，又可做水平测量，因此它也可以作为水平仪来使用（尽管它像现代子午仪，但不如专门的水平仪那么精确）。阿基米德、喜帕恰斯和托勒密都了解这种测量仪，但最详尽的描述出自亚历山大的希罗（Hero of Alexandria）[1]（真正的三角测量法在古代尚未使用，一般来说要到 16 世纪末、17 世纪初才得到应用，但可以很容易猜测出它的一般原理 [见图]）。地平仪（chorobate）只有维特鲁威在书中提及（《土地丈量文集》[Corpus agrimensorum] 中没有提及），因此，它可能是一种并不常见的仪器，是维特鲁威个人推荐的。

---

1 蒙托赞（C. Cermain de Montauzan）：《论公元 1 世纪罗马帝国工程师的科学与技艺》（*Essai sru la science et l'art de l'ingénieur aux premiers siècles de l'empire romain*，巴黎，1908），46 以下；德拉克曼（A. G. Drachmann）：《古希腊罗马的机械技术》（*The Mechanical Technology of Greek and Roman Antiquity*，蒙克斯加德，1963），197—198。

水平测量与地平仪（8.6.1－3） [278]

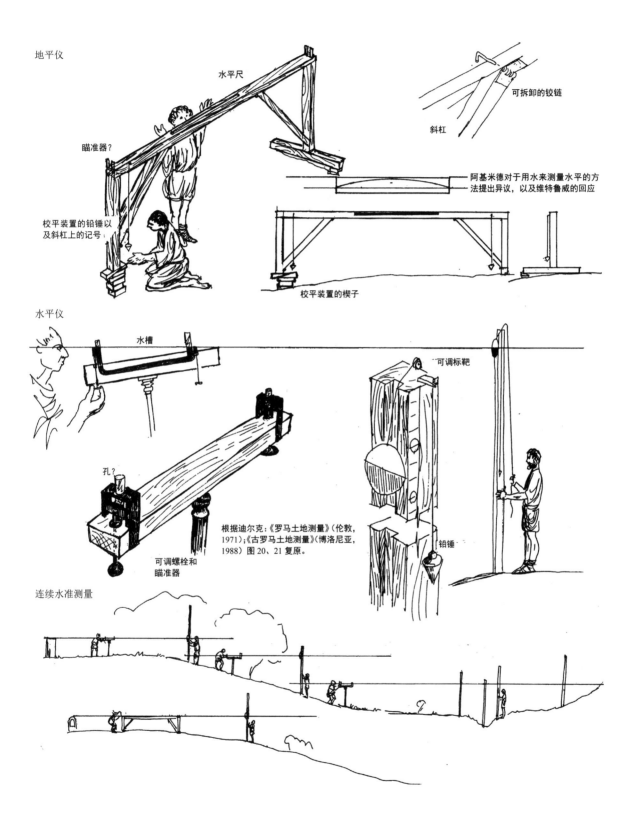

图 107　水平测量与地平仪（8.6.1－3）

[279] 水的分配（8.6.1—2）

三种输水道：

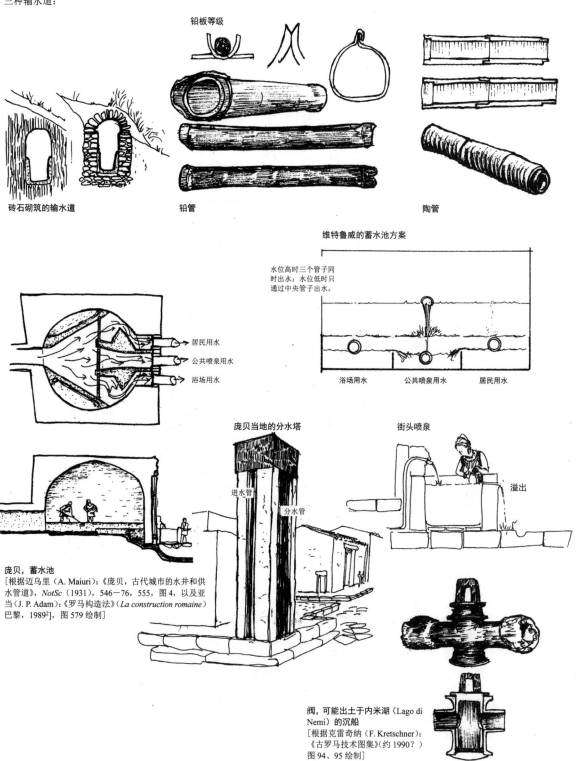

铅板等级

砖石砌筑的输水道　　铅管　　陶管

维特鲁威的蓄水池方案

水位高时三个管子同时出水；水位低时只通过中央管子出水。

浴场用水　　公共喷泉用水　　居民用水

居民用水
公共喷泉用水
浴场用水

庞贝当地的分水塔

进水管

分水管

街头喷泉

溢出

庞贝，蓄水池
[根据迈乌里（A. Maiuri）：《庞贝，古代城市的水井和供水管道》，NotSc（1931），546—76，555，图 4，以及亚当（J. P. Adam）：《罗马构造法》（La construction romaine）巴黎，1989²]，图 579 绘制]

阀，可能出土于内米湖（Lago di Nemi）的沉船
[根据克雷奇纳（F. Kretschner）：《古罗马技术图集》（约 1990？）图 94、95 绘制]

图 108　水的分配（8.6.1—2）

渡渠（8.6.3－11） [280]

砖石砌筑的水渠，连续性坡度

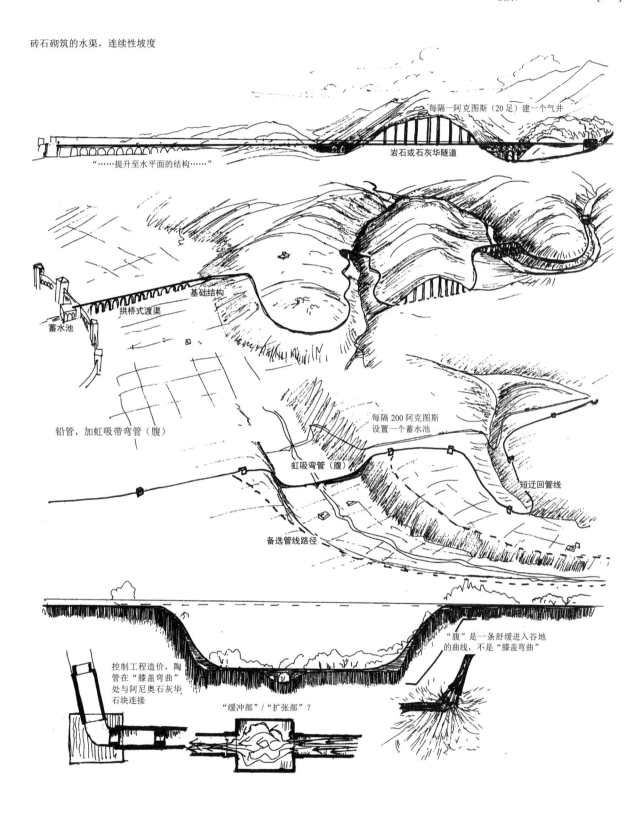

每隔一阿克图斯（20 足）建一个气井

岩石或石灰华隧道

"……提升至水平面的结构……"

基础结构

拱桥式渡渠

蓄水池

铅管，加虹吸带弯管（腹）

每隔 200 阿克图斯
设置一个蓄水池

虹吸弯管（腹）

短迂回管线

备选管线路径

"腹"是一条舒缓进入谷地
的曲线，不是"膝盖弯曲"

控制工程造价，陶
管在"膝盖弯曲"
处与阿尼奥石灰华
石块连接

"缓冲部"／"扩张部"？

图 109　渡渠（8.6.3－11）

用铰链装配起来（8.5.1）

这意味着像任何测量仪器一样，水准仪可以拆卸和搬运。

读过阿基米德著作的人会说，用水不可能测出真正的水平线来（8.5.3）

尽管在某种程度上来说阿基米德是对的（渠中之水是沿着地球曲度流淌的），但维特鲁威也正确地注意到，在操作层面上这种曲率是没有意义的，重要的是水平线正切于地球曲度时水槽两端之间的关系。

斜度……每一百足斜度不小于半足（8.6.1）

在这里，抄本有两种可能的读解：其一，*sicilicos*，或每 100 足 1/4 寸，或斜度为 1∶4800；其二，*semipede*，半足斜度为 1∶200。罗马渡渠的倾斜度有很大差异，通常从 1∶150 至 1∶2900 不等（尼姆渡渠是个极端的例子，为 1∶14000）。有时同一条渡渠的倾斜度也大不一样（日耶 [Gier] 渡渠的斜度从 1∶151 至 1000 左右不等。在下方丹 [Basse-Fontaine] 则从 1∶59 至 1∶2500 不等）。[1] 1∶200 表示陡峭，但就在上文（8.5.3）中维特鲁威曾说，"如果坡度很陡，水流就较容易操纵"，而且他在 7.1.6 处建议说，露天地面要做成每十足两指（1/8 足）的斜度（1∶80）。

蓄水池（8.6.1）（图 108）

用来分配水的蓄水池通常位于城墙之外，处于城墙一圈的最高点。

将水引入自家住宅的人（8.6.2）

非法从公共供水总管截流至私人家中，是阿格里帕和弗龙蒂努斯管理上的棘手问题。[2]

两口气井之间相隔 1 阿克图斯（120 足）（8.6.3）

1 阿克图斯为 120 尺，是测量百亩地块的标准单位。

管道的直径（8.6.4）

罗马铅制水管是将铅板卷成圆形，其接缝处要么折起，要么焊接。维特鲁威所推荐的 10 足标准口径，是以铅板的幅宽来算的，其实就是管口周长加上接缝折叠尺寸。弗龙蒂努斯给出了比较复杂的体系，为阿格里帕或维特鲁威提供了一种不同的测量方法，即 *quinaria*（由五组成

---

1 蒙托赞：《里昂渡渠》（*Les Aqueducs de Lyon*，巴黎，1909），170；卡莱巴特（L. Callebat）编：《维特鲁威〈建筑十书〉》（*Vitruve, de l'architecture*，viii，巴黎，1973），146—148。
2 弗龙蒂努斯：《论罗马城的供水问题》，112—114。

的），该词要么指用五指铅板卷成管子，要么指口径为五个 *quadrantes*（1/4 指）的管子。[1] 维特鲁威还说明了每张铅板的重量，这就意味着，标准管壁厚度为 1/4 英寸（9.0627 毫米），无论直径是多少。[2]

但如果谷地很宽……"腹"（8.6.5）（图 109）

尽管维特鲁威提到将虹吸弯管插入并与封闭的管道系统相连，但它们仍可以与敞口的石砌渡渠结合在一起，这虹吸弯管从谷地一边的蓄水池通到另一边的蓄水池。从经济上看，建造铅管的虹吸弯管要求很高的工艺技术和维护费用，其经济上的损益平衡点似乎在 150 足左右。在不太深的山间谷地中，渡渠通常架设在石砌拱券之上，从 155/160 足到 375 足左右，一般采用带有倒虹吸弯管的铅管。[3] 铅制的虹吸弯管的上限是这铅管可承受的压力头的总量。帕加马的虹吸弯管的压力头为 500 英尺（250 磅 / 平方英寸，或 18.5 公斤 / 平方厘米），不过后来它被一个敞开式的渡渠取代了。[4]

扩张（8.6.6）

[281]

抄本读作 *colliviaria*，多有争议。这里建议读作 *collaxaria*[5]，意为当管道向上时接入某种扩张管。这样做是基于这种（或对或错的）想法：可释放上坡管道底部的水压。从技术上来说，这种装置会造成水流速度减缓，但不一定能缓解水压。

每隔两百阿克图斯设置一座蓄水池（8.6.7）

合 24000 足。注意，人们不会将蓄水池置于露天石造渡渠中，因为这类渡渠关闭不了，除非在其源头处，这样就必须等整个系统都排干之后才能进行维护工作。弗龙蒂努斯指出，可以沿露天渡渠各个段修建临时性旁路，以便进行维修（《罗马的供水》，2.124）。

铅是有毒的（8.6.10）

维特鲁威是第一个提到铅有毒性的著作家。白色氧化铅形成于水管之中。不过大多铅水管或许不会造成严重的健康问题，因为几乎所有罗马供水主管道都处于连续不断的输水状态，水不会长久停留在管道中吸收大量的铅。而装有龙头的断流管道问题较大，因为在每次打开龙头放水之前，水是静止的。

---

1 这个测量体系是按 *quinarii*（由五组成的）计量，直至 *fistula vicenaria*（五指管），再按 *digiti quadrati*（1/4 指）来计量。这似乎是一种比维特鲁威更为先进的体系，宜于调校精确的口径。弗龙蒂努斯：《论罗马城的供水问题》，25，26—34。
2 朗代尔斯（J. G. Landels）：《古代工程学》（*Engineering in the Ancient World*，伯克利，1978），42—45。
3 诺曼（A. F. Norman）：《关于罗马工程学和倒虹吸弯管问题》（Attitudes to Roman Engineering and the Question of the Inverted Siphon），《技术史》（*History of Technology*，1，1976），45—71，尤其见 61。
4 朗代尔斯：上引书，47—49。
5 *collaxo* 出现于卢克莱修：6.233。

希尼亚式工艺（8.6.14）

这大概是一种防水黏合剂，但并不是现代考古学家通常所说的希尼亚式工艺（*opus signinum*）。这里指任何混合了陶粉的砂浆，往往用于防水目的。

用石灰处理（8.6.15）

calx 有两义，一为"石灰"，二为"脚踵"（="踩踏"）。从此句和下句的语境来看，*calcetur* 应是 *calx* "石灰"的变化形式，而不是 *calx* "脚踵"。这种用法又是一个生僻字（*hapax*），但并非出乎意料。在拉丁语文献中，并没有出现过用石灰处理贮水箱的说法。关于该词的形态，可比较 7.1.3 的 *statuminetur*。

评注：第9书

表彰……运动员……这同样的荣誉……却没有授予著作家（9.前言.1）

希腊有若干赛事，给著作家颁奖，也给运动员颁奖。奥古斯都遵循希腊方式，创立了 *Ludi Actiaci*（阿克兴敬神赛会），有六种赛事，行政官与执政官都要参与比赛。到公元1世纪晚期开始给诗人颁奖。

克罗顿的米洛（9.前言.2）

被公认为古代最伟大的运动员之一，曾六度在奥林匹克运动会上获胜（公元前6世纪晚期）。

柏拉图众多极其实用的发现（9.前言.4）

维特鲁威改写了柏拉图《美诺篇》82b—85b 中所述的一段轶事，苏格拉底引导一个无知的奴隶推算双倍平方面积的基本原理，这类似于土地测量论文中的土地计算练习（例如科卢梅拉 [Columella] 的《论农业》[*De Agricultura*], 2.8—9）。

这种数字通过计算是求不出的（9.前言.4）

在维特鲁威的专门词汇中，一切 "*numeri*"（数）都是有理数，即正整数之比（1/2,15/17等）。像圆周率（pi）和正方形对角线（√2）这样的函数是无理数，因此并不是"数"。

本页下方（9.前言.5）

维特鲁威这里指的是当初收入他原文中的11幅插图中的一幅，这些图在后来的手抄本中一幅也没有保存下来。

毕达哥拉斯……证明了角尺（9.前言.6）（图110）

毕达哥拉斯定理主要是发现了勾3股4弦5的直角三角形。

阿基米德，希伦（9.前言.9）

参见 7.8.3 关于特殊重力的论述。希伦二世（Hieron II）是叙拉古暴君（公元270—前215）。

1 罗马升（9.前言.11）

相当于 0.546 升左右。

[282]　　有效的数学革新（9. 前言.1－14）

用几何的方法求正方形的两倍面积，被归为柏拉图发明

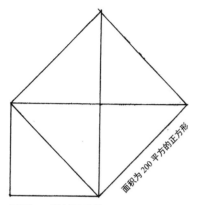

面积为 200 平方的正方形

面积为 100 平方的正方形

毕达哥拉斯定理：
创建一个 3–4–5 直角三角形

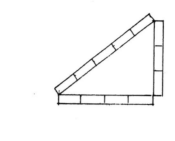

运用 3–4–5 直角三角形确定棱梯构件的尺寸

直角三角形斜边的平方等于边长平方之和

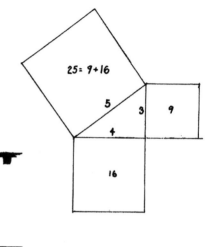

$25 = 9 + 16$

5

3　9

4

16

德利安问题：双倍立方体

a = 原立方体之边，a^3 = 它的体积。

x = 两倍体积立方体之边，x^3 = 它的体积

x 与 a 是何种关系，所以 $2a^3 = x^3$ ？

希俄斯的希波克拉底表述的问题，涉及在一个量和两倍此量之间找出两个比例中项：

$a / x = x / y = y / 2x$

$x^2 = ay,\ y^2 = 2ax$

$x^4 = a^2 y^2 = 2a^3 x$

$x^5 = 2a^5$

$: as : as :$

$a : x = x : y = y : 2a$

昔兰尼的厄拉多塞发明的比例中项线段仪

大框中包括有三个同样大小的可滑动小框，每个小框有一条对角线。大框对角的右端可能是活动的。

—求 $a : x$ 为 $x : y$ 为 $y : 2a$ 。

—将左框固定住

—通过试验调整，移动中间与右边的框子以及长对角线，使长对角线将 JK 分为两部分（于 M），这样每个滑动框子的对角线便与长对角线前的那个框子的右侧垂直边缘的交点相交（于 N 和 O）。

—由相似三角形（即 MNK、NOG、OAC）得：

MK/NG = NG/OC = OC/AD；

—因此 NG 和 OC 便是 MK（$= a$）和 AD（$= 2a$）之间的比例中项。

（比例中项线段仪可以求出任意两个数量之间的比例中项；$a / 2a$ 只是一个实例）

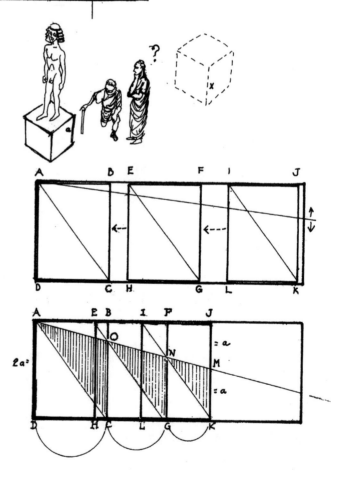

图 110　有效的数学革新（9. 前言.1－14）

他林敦的阿契塔斯和昔兰尼的厄拉多塞；阿波罗在德洛斯岛上发布的；比例中项线段仪（9. 前言.13—14）

阿契塔斯（Archytas）（公元前 4 世纪上半叶）和厄拉多塞（Eratosthenes）（公元 284—前 204），一个是亚历山大里亚图书馆管理人，一个是阿基米德的通信人，先前均已提及（1.1.18；7. 前言.14；1.6.9）。有关基于两个比例中项解法的比例中项线段仪的计算，见图。

德谟克利特……在此文中，凡是他……用图章戒指盖上印记（9. 前言.15）

这里的原文可能被污损，但是苏比朗（Soubiran）的解释至少是与维特鲁威遵循卢克莱修的传统，即尊重直接观察的态度相一致的。

阿克齐乌斯（9. 前言.16—17）；卢克莱修；西塞罗；瓦罗（9. 前言.17）

维特鲁威提到的阿克齐乌斯（L. Accius）（约公元前 140—约前 90）、卢克莱修（T. Lucretius Carus）（约公元前 94—约前 55）、西塞罗（M. Tullius Cicero）（公元前 106—前 42）以及瓦罗（M. Terentius Varro）（公元前 166—前 27）等人，都是他同时代的长辈，这些人物在精神上或许对他产生了最强烈的影响。他直接或间接引述了卢克莱修的《物性论》(De rerum natura)，西塞罗的《论演说家》(De oratore)，瓦罗的《论拉丁语》(De lingua latina) 和《学科要义九书》(Disciplinarum libei ix)。

日晷指针在春（秋）分点上的投影（9.1.1） [283]

根据厄拉多塞的说法，测量与记录纬度的最标准的方法是春（秋）分投影，而不是冬（夏）至。日晷指针在那一天投影的角度便是纬度（角度 = 日晷的 $\tan^{-1}$ 阴影 / 日晷的高度）。人们一旦知道了地球的大小（或一度的长度），便可用此尺度计算出已测量了春（秋）分投影的南北方任一地点。厄拉多塞也创制出一张与纬度相关联的春（秋）分投影表。在 9.1.1 中，维特鲁威或许是在引述厄拉多塞的计算表，至少是表的图式。实际上，这是迈向建立数学三角学的第一步，因为它记录了每条纬线投影长度与日晷高度（即正切线）之比。[1] 普拉森提亚（Placentia，即今皮亚琴察）被列入表中，因为它的纬度稍稍偏离 45°（45°03′），因此它的比率被表示为 1∶1。

在南半球轴极设置得较低，被陆地所遮挡（9.1.3）（图 4）

这里谈的是天体天文学的"永不可见之圈"，即天球的大小，它被地球所遮挡，并取决于观者所处的纬度（即在两极只能看到天穹的 90°；在赤道上，随着地球的旋转，可以看到天穹的全部；在北纬 45°，可看到下面南半球 45° 的所有东西。见第 1 书的图例）。

---

[1] 老普林尼：《博物志》，2.182；6.211—220。其后，喜帕恰斯在下一个世纪又迈出了一大步，他完成了弦表（tables of chords）的计算。

宽宽的环形带……装点着十二星座（9.1.3）

读作 *lata* 而不是 *delate*。维特鲁威从不使用 *zodiac*（黄道带）一词，所以这里也回避了这一词。希吉努斯（Hyginus）（公元 2 世纪，不是那位格罗马蒂库斯 [gromatcus] 或奥古斯都的图书管理员）和托勒密（Ptoemy）（公元 2 世纪）都使用了 *zodiac* 一词，这是个希腊语派生词（*zoôn* = 动物）。

每个星座的图形都展示了一个取自大自然的图像（9.1.3）

维特鲁威要让这些星座图像遵循他优雅艺术的信条（7.5.3—4）。马尼利乌斯（Manilius）（《星象学》[Astronomica]，1.456，比维特鲁威稍迟）告诉他的读者说：星座的图像并不完全是由星星勾勒出来的，因为天空承受不了如此密集的大火。

地球上方（9.1.4）（图 111）

即赤道上方。只有在夜空中，黄道带的星座才会呈现出随季节变化而上升和下降。

火星、木星（9.1.5）

"star of" 这个短语暗示了这样一种观念：行星的这些名称与诸神相关联，但并非等同于诸神。

正如水星和金星……完成它们的绕行旅程时，便向后退行；太阳的射线是以等边三角形的线条向着宇宙发射的（9.1.6—13）（图 112）

关于逆行运动，维特鲁威给出了两个解释：一个是常规的解释，说火星和金星围绕着太阳射线运行；另一个解释是特殊的，因为它依赖于对恩培多克勒化学理论的运用（即热的吸引力）以及一种十分奇特的图像，即太阳发射射线并不像声音或波纹那样是以圆圈的形式[1]，而像是一只聚光探照灯。因此他被导向奇怪的（但就其自身方式而言，在科学上是合逻辑的）想法，认为太阳的射线只是照射到黄道带的第五星座，否则，如果行星的轨道更接近太阳，便会被焚化，参见图 112。

相同的三角形（9.1.11）

trigon 是标准的天文学术语，但由于它在希腊语中只是简单地指三角形，所以后来的翻译习惯将这段话与维特鲁威对剧场设计的描述（6.5），以及 9. 前言.5—6、9.4.6 中的另一些三角形联系起来。

---

1 参见 5.3.6，关于剧场声学："声音是一股流动的气息……它以无穷尽的圆圈形式运动。"

行星的运动（9.1.1—6） [284]

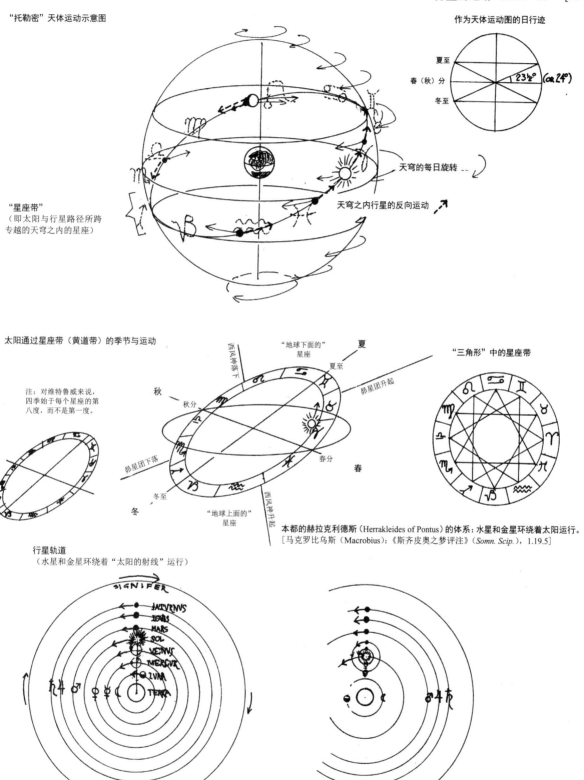

"托勒密"天体运动示意图

作为天体运动图的日行迹

夏至
春（秋）分 $23\frac{1}{2}°$ (or 24°)
冬至

天穹的每日旋转

天穹之内行星的反向运动

"星座带"
（即太阳与行星路径所跨
专越的天穹之内的星座）

太阳通过星座带（黄道带）的季节与运动

注：对维特鲁威来说，
四季始于每个星座的第
八度，而不是第一度。

"地球下面的"
星座
夏

秋分
夏至
昂星团升起

秋

昂星团升落

冬至
冬
春分
春

"地球上面的"
星座

"三角形"中的星座带

本都的赫拉克利德斯（Herrakleides of Pontus）的体系：水星和金星环绕着太阳运行。
[马克罗比乌斯（Macrobius）：《斯齐皮奥之梦评注》（*Somn. Scip.*），1.19.5]

行星轨道
（水星和金星环绕着"太阳的射线"运行）

SIGNIFER

SATVRNVS
IOVIS
MARS
SOL
VENVS
MERCVRI
LVNA
TERRA

图 111 行星的运动（9.1.1—6）

[285] 太阳"之上的"行星（"星星"）的逆运动（9.1.11—15）

现代/哥白尼意义上的逆运动

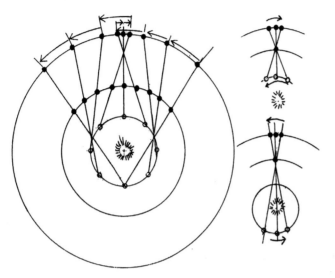 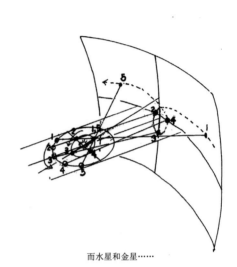

对于火星、木星和土星来说，逆运动一般发生在地球介于太阳和行星之间时

而水星和金星……

根据古人/托勒密的理解，逆运动是本轮与均轮运动的结果……

维特鲁威：太阳射线逃离与捕获所造成的逆运动
（参见圆形声波扩展所形成的声音传播，5.1.7）

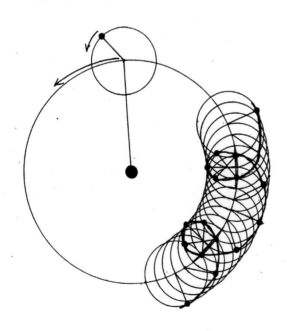 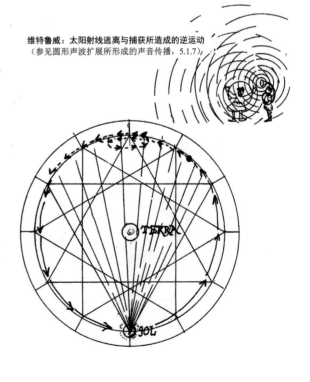

图 112 太阳"之上的"行星（"星星"）的逆运动（9.1.11—15）

贝罗索斯（9.2.1）

贝勒神的祭司（Priest of Bel）（活跃于公元前 290 前后），撰写巴比伦历史的著作家，此书是后来巴比伦天文学向希腊化时期的希腊地区传播的主要载体。

萨摩斯的阿利斯塔克（9.2.3）

天文学家（公元前 3 世纪上半叶），以宇宙日心说著作家闻名于世。

太阳……缩短了白昼和小时的长度（9.3.1）

在古代，计时器设计的主要问题之一是，白天与夜晚均分为 12 个小时，但由于白天和夜晚并不均等（除了处于春秋分时），所以每个小时在各个季节中的长度都是不同的。夏季白天小时长，冬季短。任何时钟必须说明这个问题。

第八度（9.3.1）（图 111）

在不同的理论传统中，太阳开始进入星座的位置是不同的：喜帕恰斯认为始于一个星座的入口处（第一度），默冬（Meton）认为始于该星座的第八度。也要注意到岁差（由地球轴的渐次摆动所造成，喜帕恰斯在公元前 2 世纪发现了这一点）使整个黄道历减少了一个月左右。维特鲁威是根据公元前 200 年的星辰状况工作的，就像现代报纸上的算命天宫图所做的一样。

进入双子座时的相同轨迹（9.3.2）

[286]

这是想强调四季的均衡。

谷穗（9.4.1）

Spica（"谷穗"，即角宿一 / 天门，室女座中最亮的一颗星），现称为 Spiga。

膝盖中部，有一颗鲜亮的星（9.4.1）

Arcturus（大角星，牧夫座中最亮的一颗星），*genuorum*（膝盖的）是个很粗俗的拉丁词。

北极星（9.4.6）

在那个时代没有真正的北极星（pole star）。北极星介于小熊座尾部与天龙座之间。维特鲁威在天龙座中使用了一个近似的北极星，不同于真正的、未标记的北极星。

等腰三角形（9.4.6）

在维特鲁威的书中，等腰三角形也就是等边三角形（两条边）。

右侧（9.4.6）

在维特鲁威的书中，或抄本中，或在这两者中，左与右是相混淆的。古代旅行著作家鲍萨尼阿斯（Pausanias）撰写的希腊旅行手册，在区分观者的右与物体的右上，也存在同样的问题。

老人星（9.5.4）

这暗示了天穹在南方远至南纬60°的报道，从位于北纬23又1/2度的赛伊尼（Syene）当然是可以看到那里的。

迦勒底人的理论……根据星相推演……未来发生的事件（9.6.2）

古人认识到科学天文学和占星术之间是有区别的，但两者之间的界限则很难划定。在奥古斯都时期，某些占卜活动或天文学实践复活了，包括瓦罗、尼吉迪乌斯·菲古卢斯（Nigidius Figulus）（公元前58年任罗马执政官，死于公元前5年）以及马尼利乌斯（Manilius）等人论天文学的技术论文。

克拉佐梅那厄的阿那克萨哥拉、萨摩斯的毕达哥拉斯、科洛丰的色诺芬尼、阿夫季拉的德谟克利特……欧多克索斯、欧几莱蒙、卡利波斯、默冬、菲利波斯、喜帕恰斯、阿拉托斯（9.6.3）

在这些自然科学家／天文学家中，有不少人在本书中多次被提及。科洛丰的色诺芬尼（Xenophanes of Colophon）（公元前6世纪晚期）；尼多斯的欧多克索斯（Endoxus of Cnidos）（公元前390—前337），柏拉图的学生，他继承了柏拉图的挑战精神，要对行星运动做出理性的解释。他对"完美的"匀速圆周运动进行综合，创立了无形的以太球同心旋转的理论，用来解释行星的运动（包括逆行运动），这种理论在数学上是成熟而有影响力的；欧几莱蒙（Euclemon）或称Euctemon，默冬的合作者；基奇库斯的卡利波斯（Callippus of Cyzicus）（约公元前370—前334）修正了欧多克索斯的体系；默冬（Meton）（活跃于公元前432），创立了十九年"默冬周期"理论，使得月亮周期与太阳运动相同步；尼西亚的喜帕恰斯（Hipparchus of Nicaea）（公元前2世纪中叶），可能是古代最伟大的天文学家，为托勒密的许多工作奠定了基础；索利的阿拉托斯（Ararus of Soli）（公元前315—前240/239），大名鼎鼎的《物象》（Phaenomena）一书的作者，将欧多克索斯的散文作品改写成诗歌，这是在马其顿国王安提柯（Antigonus Gonatas）的指令下完成的。该书被译成若干拉丁文版本，其中包括西塞罗的译本。

天文计算表〔parapegmata〕（9.6.3）

书面计算表／星辰位置历，就像在托勒密的《天文学大成》（Almagest）中幸存下来的那种计算表。

星座图（9.3.5） [287]

（以古代投影方式绘制，再现了星座的反像，就像是从天穹以外的视点来观看的。黄道带与夏（冬）至点及春（秋）分点对齐，如维特鲁威文中所述，即位于每个座星的第八度。图形主要依据法尔内塞图集）

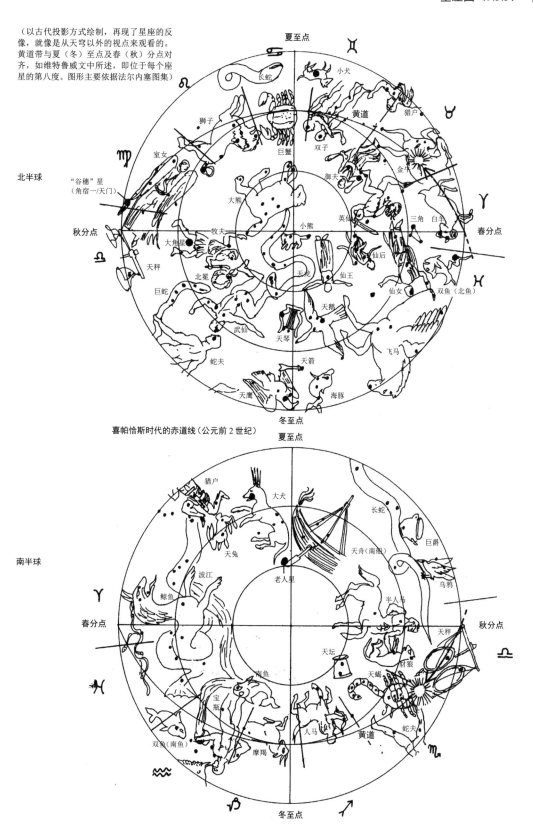

注：本页图内星座名称均为中译者根据维特鲁威的描述所加。

图 113　星座图（9.3.5）

[288] 日行迹（9.7.1-7）

纬度作为一个有理数

如罗马 8:9，这是纬度角的正切函数。

纬度 ＝ 正切函数$^{-1}$ 8 / 9 = 41°38′

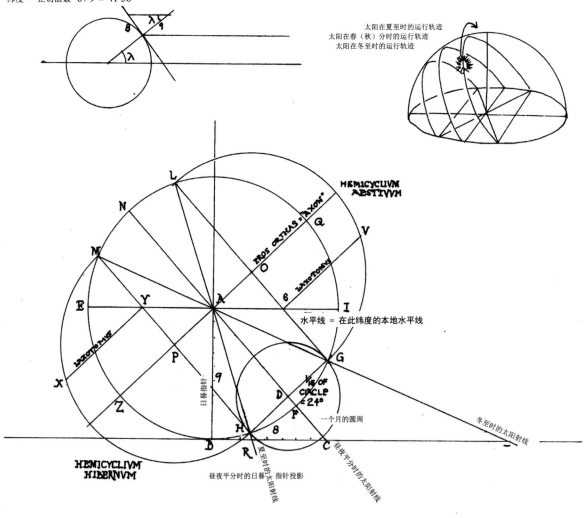

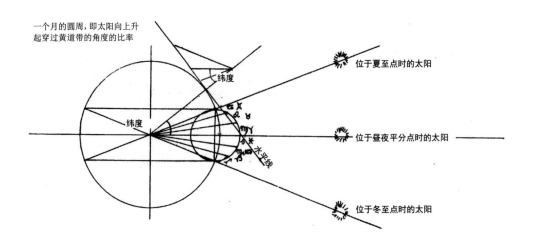

图 114 日行迹（9.7.1-7）

日行迹（9.7.1－7） [289]

对处于日行迹上的罗马纬度的"双斧型"日晷的推导的部分演证。该图展示了黄道十二宫（月）的线条在昼夜平分线上的投影，以及该日晷增加的部分。这日晷的所有要素均来源于日行迹。

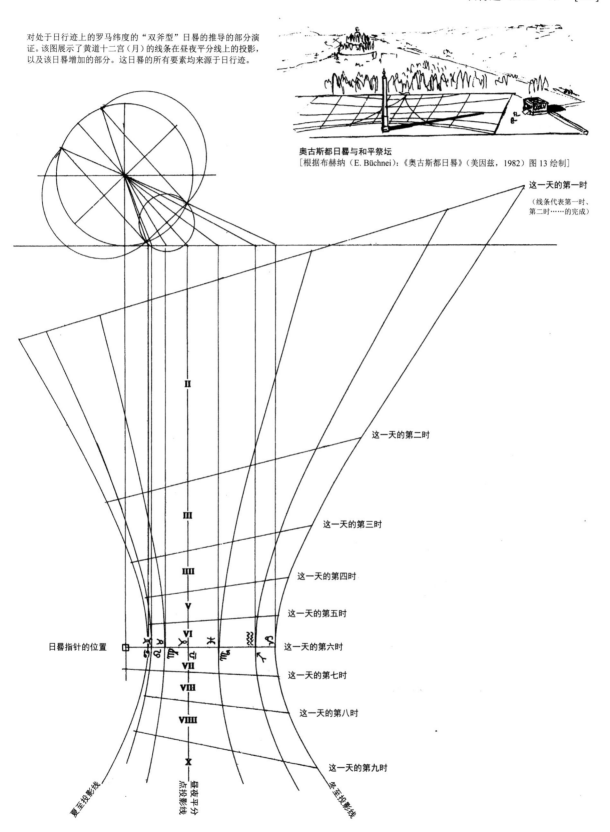

奥古斯都日晷与和平祭坛
［根据布赫纳（E. Büchnei）：《奥古斯都日晷》（美因兹，1982）图 13 绘制］

这一天的第一时
（线条代表第一时、第二时……的完成）

这一天的第二时

这一天的第三时

这一天的第四时

这一天的第五时

这一天的第六时

这一天的第七时

这一天的第八时

这一天的第九时

日晷指针的位置

夏至投影线

昼夜平分点投影线

冬至投影线

II
III
IIII
V
VI
VII
VIII
VIIII
X

图 115 日行迹（9.7.1－7）

[290]　水钟（9.8.4—7）

以浮块（软木）驱动的机构

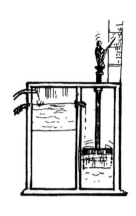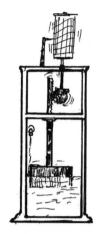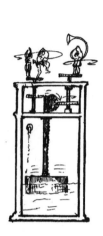

采用楔子与圆锥形塞子来调整水流以及小时的长度，与季节相对应

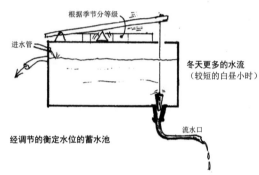

根据季节分等级

进水管

冬天更多的水流
（较短的白昼小时）

经调节的衡定水位的蓄水池

流水口

采用带刻度的小柱来调整小时长度以与季节相对应，每天旋转三百六十五分之一圈。

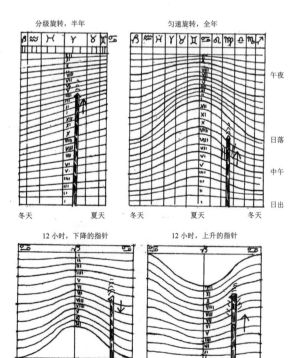

图 116　水钟（9.8.4—7）

水钟（9.8.8）　[291]

冬天的钟（"指代式"）（9.8.8－10）

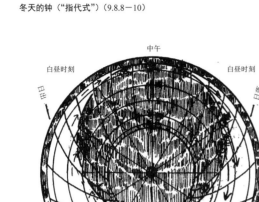

中午

白昼时刻　　　　　　　　白昼时刻

日出　　　　　　　　　　　　日落

夜间时刻　　　　　　　夜间时刻

午夜

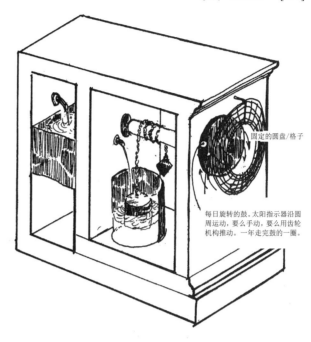

固定的圆盘/格子

每日旋转的鼓。太阳指示器沿圆周运动，要么手动，要么用齿轮机构推动。一年走完鼓的一圈。

调整水流以适合季节

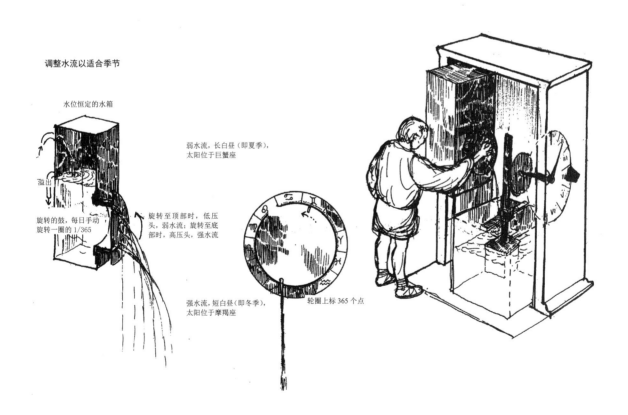

水位恒定的水箱

溢出

弱水流，长白昼（即夏季），太阳位于巨蟹座

旋转的鼓，每日手动旋转一圈的1/365

旋转至顶部时，低压头，弱水流；旋转至底部时，高压头，强水流

强水流，短白昼（即冬季），太阳位于摩羯座

轮圈上标365个点

图 117　水钟，冬天的钟（9.8.8）

罗马……9：8（9.7.1）（图114、115）

罗马位于 40°54′，9：8 = 40°38′。9：8 也是普林尼给出的罗马的值（《博物志》2.182,6.217）。

取整个圆的十五分之一（9.7.4）

这句话当是维特鲁威给出的黄道带倾斜度的近似值，360°/15′ = 24°。在维特鲁威那个时代，实际大约为 23°51′19″。[1]

字母 A（9.7.4）（图114）

下面几句的正文已污损，本书中的正文依照插图的逻辑写出。

前人留传给我们的各种日晷类型（9.7.7）

现在最常见的日晷类型，日晷指针平行于地球中轴，所以更加精准。这些类型似乎在维特鲁威之后 50 年就发明出来了。[2] 见贝罗索斯的日晷，9.8.1："将其下部切割得符合于地球倾斜度。"

喷水机和自动机（9.8.4）

这指的是主要应用于剧场娱乐性自动机器的复杂领域。[3]

去掉楔子（9.8.6）（图116）

在古代，要对于任何种类的机械或机构进行控制、紧固和水平调整，加楔子是一种基本方法。这大概还包括调校地平仪的水平。

冬天用的钟……"拾取器"（9.8.8）（图117）

天黑时使用。Anaphoric= pickup。

球指示着（9.8.9）（图117）

这是在外部框格中指示当前时间的指示器。

至于进水的调节（9.8.11—12）（图117）

这是与上面所述不同的一种时钟，通过不同的水压进行运作。

1 苏比朗（J. Soubiran）编：《维特鲁威，〈建筑十书〉》（*Vitruve，de l'architecture*），ix（巴黎，1969），223。
2 梅奥尔（R. Newton Mayall）：M. W. 梅奥尔（M. W. Mayall）：《日晷》（*Sundials*，波士顿，1938），15。
3 见布伦博（R. S. Brumbaugh）：《古希腊的器具与机械》（*Ancient Greek Gadgets and Machines*，纽约，1966）。

评注：第10书 [292]

能筹集40万塞斯特斯的人（10.前言.2）

在维特鲁威那个时代，40万塞斯特斯（sesterces）是元老等级的资格财产数的最低限度，骑士等级为10万。一个工匠每天的工钱大约为1—3个第纳里。大笔资金通常以1千塞斯特斯或塔兰特（talents）计。在公元前1世纪，一位元老院议员的财产资格为40万塞斯特斯。克拉苏（M. Licinius Crassus）是最富有的人之一，其财产从3百塔兰特上升到7千塔兰特（4200万第纳里）。[1] 卢库卢斯（L. Licinius Lucullus）用于宴会的开销高达5万第纳里。[2] 罗马城黄金地块豪宅的最高价格（城内住宅 / 砖石建筑）为两三百万塞斯特斯。公元前62年，西塞罗花了350万塞斯特斯买下了韦利亚（上罗马广场）的宅邸，他抱怨说，政治上的需要造成了这昂贵的代价和沉重的债务。[3] 已知罗马共和时期宅邸最高价为1480万塞斯特斯。[4]

法官们给节庆活动的资助，包括那些集市广场上的角斗士……天棚（10.前言.3）

每年都要为某些节日搭建临时性木结构剧场，看上去十分精美。工程通常在市政官的监督下进行。罗马广场上的角斗活动一直持续到共和末期。剧场通常搭建在马尔斯广场上，或建在奥古斯都时代的马凯鲁斯剧场的基址上。公元前52年，库里奥（C. Curio）修建了两座旋转式木结构剧场。公元前58年，任执政官的埃米利乌斯·斯考鲁斯（M. Aemilius Scaurus）建的一座剧场，舞台正面有360根大理石圆柱，后来他将其中的一些移到他的宅邸中。公元前46年，凯撒建起了一座"狩猎"剧场、一座大型露天运动场和一个人工湖，为的是进行海战表演（naumachiae）。[5] 公元前25年，执政官克劳狄乌斯·马凯鲁斯（M. Claudius Marcellus）为角斗表演搭建了一个天棚，覆盖了整个罗马广场。[6] 在维特鲁威写作的时期，罗马唯一所建的石造剧场是庞培剧场（公元前60—前55），马凯鲁斯剧场可能已经可看得到了（始建于公元前45或前43，奉献于公元前17），巴尔布斯（L. Cornelius Balbus）（公元前19—前13）的剧场可能尚未开工。罗马城第一座石造露天剧场（即斯塔蒂柳斯·托罗斯 [T. Statilius Taurus] 剧场），奉献于公元前29年。

---

1 普鲁塔克：《克拉苏传》，2.2.1 起。

2 同上书，41.7。

3 西塞罗：《致友人书》（*Epistulae ad familiares*），5.6.2。韦利奥斯（Velleius）：2.14.2。

4 这就是公元前67年罗马执政官埃米利乌斯·斯考鲁斯（M. Aemilius Scaurus）的臭名昭著的奢华宅邸，他在公元前54年被流放时不得不卖掉这座豪宅。中庭树立着四根38足高的卢库卢斯大理石圆柱。该建筑与西塞罗宅邸处于同一区域。老普林尼：《博物志》，36，113—114。科雷利（F. Coarelli）："La casa dell'aristocrzia romana secondo Vitruvio"，收入 *Munus non Ingratum*，178—187。

5 苏埃托尼乌斯（Suetonius）：《凯撒传》（*Caesar*），37。

6 卡西乌斯（Dio Cassius）：53.3.1。参见法夫罗（D. Favro）：《奥古斯都时代的罗马城市形象》（剑桥，1996），39—40，62。

机械学方面的基础（10. 前言.3）

建筑师应懂得机械学的另一个原因是，在某种情况下，他们（或承包商）要负责提供建筑中的家具设施，也要负责建造。老加图给出的一份建筑契约就暗示了这一点，指定了长凳、窗台板、砂浆等，以及窗户配件、门、橱柜。[1]

执政官和市政官（1. 前言.4）

在正常情况下，整个共和时期，市政官（aediles）负责管理节庆活动，但奥古斯都在公元前22 年将这一职责移交给了地位高得多的执政官（praetors）。

圆周运动（10.1.1）（图 118）

这看似是一个有新意的分析，但它基于这样一种科学尝试，即要看出隐藏在所有机械动作背后的圆周运动，例如希罗（Hero）就试图证明圆周运动与斜面的机械性前进之间的关系。见图。

用来登高的机械类型（10.1.1）（图 118）

这种模糊不清的定义可能与脚手架或梯子有关。参见 7.2.2，在那里"机械"似乎是指抹泥的脚手架。

baruoison（10.1.1）

抄本读作 baruison，此处读作 barouison，意为"负重"。

机械性……器具性（10.1.3）（图 118）

这种分法似来源于希腊机械学著作家，但维特鲁威从功能性观点出发改变了它的含义。

scorpion 或 anisocycles（10.1.3）（图 118）

scorpion 一词指一种小型射箭弩机。在这里，有趣的在于它是由一个人操作的。如果将"anisocycles"的意思读作"大小不等的圆"，那么它可能就是指 haruoulkon，即起重装置的减速齿轮，希罗做过描述。[2]见图。

此类机械（10.2.3）

ratio（拉丁语，有理由、原因、方式、方法等多种含义。此处含有分类的意思，故译为"类"，以区别于"类型"）是

---

1 《农书》（De Agri cultura），14.1—5。
2 《机械学》（Mechanica），1.1，2.21；《测量仪器》（Dioptra），37，年代为维特鲁威之后（约公元 65）。

机械的基本原理（10.1.1－3）　[293]

圆周运动是所有机械的基础：

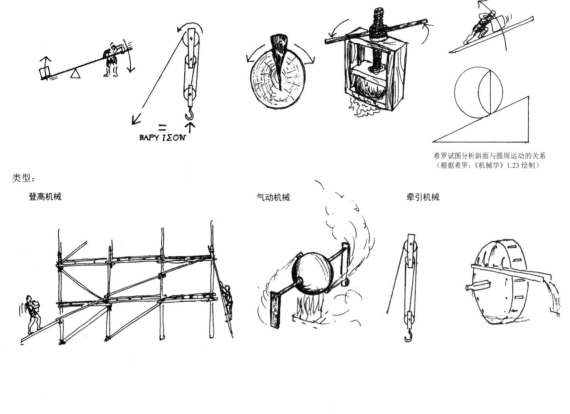

希罗试图分析斜面与圆周运动的关系
（根据希罗：《机械学》1.23 绘制）

类型：

登高机械　　　　　　　　　　气动机械　　　　　牵引机械

应用类型：

机械
许多（无技能的？）工人操作

器具
一个有技能的操作者

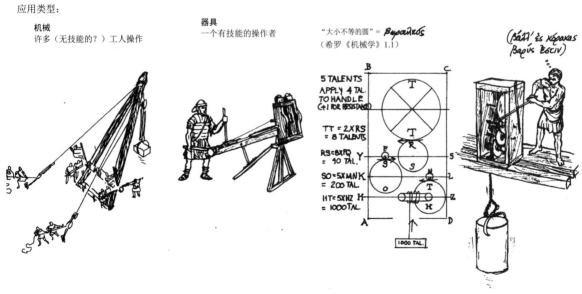

图 118　机械的基本原理（10.1.1－3）

[294]   起重机：三轮滑车 / 五轮滑车（10.2.1－4）

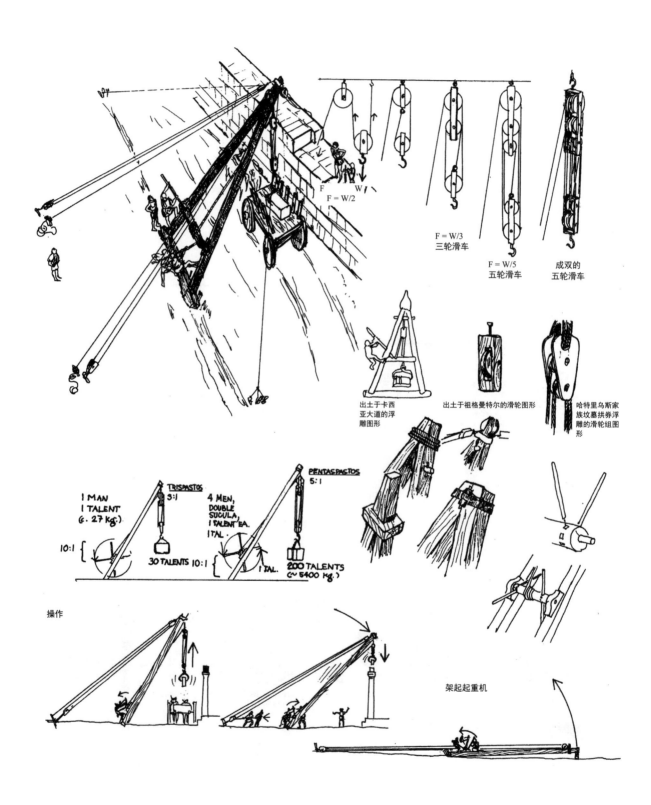

图 119　起重机：三轮滑车/五轮滑车（10.2.1－4）

用于起吊更重负荷的起重机（10.2.5－7）　　[295]

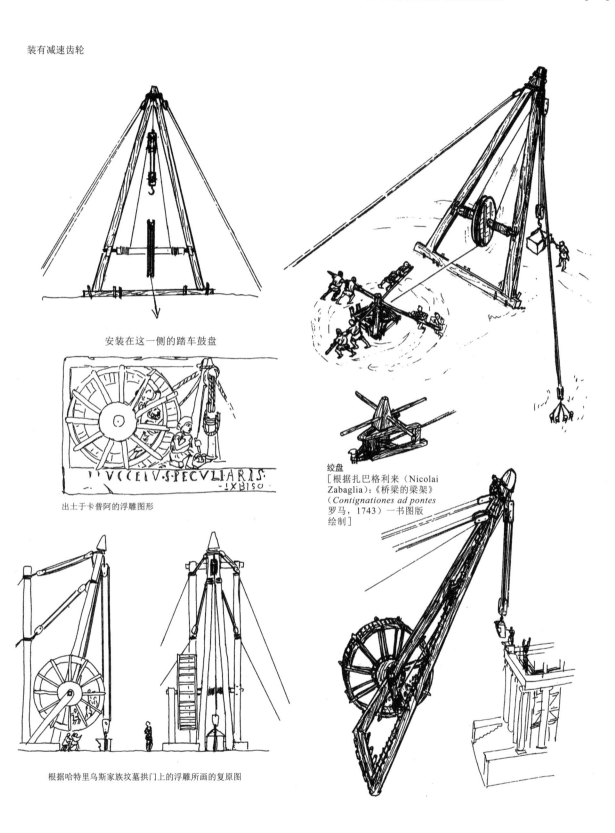

装有减速齿轮

安装在这一侧的踏车鼓盘

出土于卡普阿的浮雕图形

绞盘
［根据扎巴格利来（Nicolai
Zabaglia）：《桥梁的梁架》
（*Contignationes ad pontes*
罗马，1743）一书图版
绘制］

根据哈特里乌斯家族坟墓拱门上的浮雕所画的复原图

图120　用于起吊更重负荷的起重机（10.2.5－7）

用于机械分类的一个术语，大概是从用法极灵活的希腊词 *logos*（逻各斯）译过来的。在整个第10书中，我们都可看到 *ratio* 一词的这种特殊的希腊化用法。机械有三种 *genera*（类型）（登高机械，气动机械和牵引机械），接下来这些类型中的每个实例似乎都是一个 *ratio*（类）。在每个 *ratio* 中又可能有若干 *genera*。

起支撑作用的绳索……肩部（10.2.3）（图120）

起支撑作用的绳索＝支索。肩部〔*scapulae*〕大概是指起重机的上部，或许有两根横木相连接。

[296] 用控制绳索……固定（10.2.8）（图121）

Maneuvered〔*distendo*〕＝"使张开"。这种操作的确很难，需要四个操作者相互配合才能完成。

阿波罗巨像（10.2.13）

从上下文来看，这一定就是以弗所的阿波罗像，但还不能确定。它可能就是米隆（Myron）的一件作品，被安东尼盗走，由奥古斯都返还。[1]

帕科尼乌斯（10.2.13）（图122）

帕科尼乌斯（Paconius）未曾出现于其他任何文献中，他可能是一个工作于小亚细亚的罗马人。若读作 Paeonius 的话，便可能就是维特鲁威在 7. 前言.16 中提到的以弗所的帕埃奥尼乌斯（Paeonius of Ephesus）。不过，后者是公元前 4 世纪的一位建筑师，而这个帕科尼乌斯是维特鲁威的同时代人。

帕罗斯、普罗科涅索斯、赫拉克利亚、萨索斯（10.2.15）

帕罗斯大理石是古希腊雕像的基本材料；普罗科涅索斯大理石是一种蓝白色大理石，产于马尔马拉海中普罗科涅索斯岛上的采石场；萨索斯大理石是一种超白的粗颗粒大理石，产自北爱琴海萨索斯岛。后两种大理石大量出口到帝国各地。赫拉克利亚可能就是拉特摩斯附近的赫拉克利亚（Heraclea ad Latmos）。

直线运动……圆周运动（10.3.1—8）

这一段的分析，一部分是创新，一部分源于（后来）由亚历山大里亚的希罗所延续的传统，

---

1 老普林尼：《博物志》，34.58。

即试图将圆周运动视为所有杠杆、倾斜面等的基础。[1] 当帆升得比桅杆更高时，帆船便走得更快，因为帆有了更长的杠杆之臂，这种想法当然是错误的。速度与帆的面积成正比，扭矩（倾斜）与桅杆的高度（以及压舱物）成正比。见图。

大型货船的舵手（10.3.5）（图123）

卢奇安（Lucian）曾生动地描写了一次从亚历山大里亚到罗马的危险航行，船的长度为180足；这条船"它的安全完全系于一个瘦小的老头身上，他转动着巨大的方向舵，而舵柄还不及一根木棍粗！"[2]

一对铁链（104.4）（图125）

大概系于每只斗的两侧。1 加伦（congius）＝6 舍克斯塔里乌斯（sextarii）＝3.275 升左右。

水磨（10.5.2）（图126）

水磨显然是一项相当晚的发明，可能到公元前1世纪才出现。维特鲁威并没有提到上射式水车（overshot wheel）或水平式水车（horizontal wheel），但这两种水车在古代晚期肯定已在使用了。维特鲁威的水磨是挂慢档的，也就是磨子转得比水车慢。后来，欧洲大型上射式水车则是挂快档的。[3]

螺旋式提水机（10.6.1）（图127）

water screw，字面意思是"水蜗牛"。

克特西比乌斯……许多其他东西（10.7.4）（图128）

这里再一次提到了机巧的自动机器，主要是些科学玩意儿，提供剧场娱乐。甚至还有戏剧，如《瑙普利奥斯》（Nauplius），该剧由自动机器独自表演。[4]

水风琴（10.8.1—6）（图129）

水风琴（water orgams）是一种声音很响的乐器，通常出现在娱乐大批观众的场合，如在马戏

---

1 希罗：《机械学》（Mechanica），1.9、2.7、2.9。

2 卢奇安：《航行》（Navigium），5；转引自卡森（L. Casson）：《在古代世界中旅行》（Travel in the Ancient World，多伦多，1974），158—159。

3 最初提到水磨的文献之一是《希腊诗文选》（Palatine Anthology）中的一首短诗（9.418），庆祝女奴从苦役中解脱出来，她们原先是用手工磨东西。这首诗的年代为公元前1世纪晚期。还有卢克莱修的《物性论》，5.509—33。在君士坦丁堡的皇宫中，一幅镶嵌画表现了一架上射式水车；《古代文化》（Antiquity，13，1939），354—356，图版 vii。参见朗代尔斯（J. G. Landels）：《古代世界的工程学》（Engineering in the Ancient World，伯克利，1978），16—26。

4 这些信息主要源自希罗的《气动机械》（Pneumatica）和《自动机》（Automata）。参见布伦博（R. Brumbaugh）：《古希腊的机巧玩意与机械》（Ancient Greek Gadgets and Machines，纽约，1966），113—129。

场中。[1]青铜海豚大概是进气阀门的配重物。见图。

一种不停工作的装置（10.9.1）（图130）

维特鲁威的说法有力地暗示了这种奇特的小玩意，其实就是土地丈量师的工具之一。希罗也曾描述过一种类似的装置，《测量仪器》(Dioptra)，34。

四足……十二足半（10.9.1）

维特鲁威没有给出圆周率（pi）的实际值。对于车轮直径，抄本读作 4 又 1/6 足，推定周长为 12 又 1/2，得出圆周率的值为 3.00。将抄本读作 4 足，得出圆周率的值为 3.125。阿基米德证明了一个约数范围，从 3 又 1/8（= 3.125）到 3 又 1/7（= 3.1429）。[2] 在古代，22/7 是一个相当普通的约数。

蝎型弩机和石弩炮（10.10.1）（图118、131、132）

维特鲁威似乎是用 *scorpio*（蝎型弩机）一词将发射箭矢或弩箭的弩机与 *ballist[r]a*，或发射石弹的弩机区别开来。但是在 10.1.3 中，他也用 *scorpio* 来指一种小型的单兵武器。弩机[297] (catapult) 发明于公元前 399 年前后的叙拉古，是一种弓式弹射器[3]，在公元前 4 世纪的过程中发展成为维特鲁威书中所描述的这种成熟的双臂双弹索式机械。一般而言，拉丁词 *catapulta* 指箭矢或弩箭弹射器，*ballista* 指石弹弹射器，*scorpio* 则是一种小型 *catapulta*。在公元 100 年至 300 年之间，名称变了，*catapulta* 指单臂式石弹投射器（弩炮 onager），而 *ballista* 则是指弩箭弹射器。[4]

公元前 4 世纪，攻城术和炮术的发展臻于成熟，这极大地影响了希腊化时期城市要塞的建造。由于炮术的发展，幕墙上的雉堞被放弃，取而代之的是开有射击孔的连续性屏障。碉楼出现了，以便安装石弩炮，且不断提升高度以便覆盖更大范围的攻城炮兵，并以侧翼火力清除城墙上的敌军。这些碉楼加盖了屋顶，大多数战斗移向内部，上面各层设有炮位（弩机），下面各层则为弓箭手开有射击孔。小型石炮有时也架设在幕墙上。希腊城墙一直都是干石墙体，但变得更高更厚，通常发展成露头石或横砌石墙体，或"中空"墙体，内填砂浆粗石，以抵御石弩机的攻击。抛掷石弹的弩机〔*petroboloi*〕常会击毁雉堞或碉楼室内掩体，但击毁不了土背墙体。从公元前 4 世纪后期开始，要塞壕沟和外部工事〔*proteichismata*〕发展起来，其目的是确

---

1 老普林尼：《博物志》，7.125；苏埃托尼乌斯（Suetonius）：《尼禄传》（*Nero*），41.4；德尔图良（Tertullian）：《论观察》（*Anim-adversiones*），14。

2 波塔杰（J. Pottage）：《维特鲁威的圆周率的值》（The Vitruvian Value of pi），《伊西斯》（*Isis*, 59, 1968），190—197。

3 狄奥尼西奥斯一世（Dionysius I）将一大群专业匠师召至叙拉古，希望发展兵器，并使自己在实力上超越迦太基。狄奥多罗斯（Diodorus Siculus）：14.41.4, 42.1；马斯登（E. W. Marsden）：《古希腊罗马炮术：历史发展》（*Greek and Roman Artillery：Historical Development*，牛津，1969），48—49。

4 同上书，1。

保攻城机械远离城墙[1]（图 15—19）。

箭矢的设计长度（10.10.2）

通常以"拃"来计算，1 拃 = 3 掌。

五指（10.11.3）

论述弩机的主要作者：亚历山大里亚的克特西比乌斯（Ctesibius of Alexandria）（公元前 3 世纪中叶，比通（Biton）（公元前 3 世纪），拜占庭的菲洛（Philo of Byzantium）（约公元前 200）；维特鲁威，以及亚历山大里亚的希罗（Hero of Alexandria）（公元 1 世纪）。除了少数细节之外，维特鲁威采纳了菲洛的石弩炮（ballista）的尺寸。[2] 马斯登将维特鲁威的尺寸"指"（digits）校订为"寸"（unciae），其根据是，不这样的话，他的机械上的弹索孔直径就只有菲洛所述的 3/4。[3]

用绳索调节其绷紧度（10.11.9；10.12.1—2）（图 133）

希罗在他的《论弩炮》（Belopoeica）107—113 中，也描述了一种类似的装置。[4] 弹索材料为动物肌健或牛筋，大概是编织成绳索，尽管也用女人头发。[5]

首先……破城槌据说是这样发明的……（10.13.1）

第 10 书中的第 13、14 章与阿特纳奥斯（Athenaeus Mechanicus）的《论机械》（Peri Mechanêmatôn）中关于攻城术的章节几乎一致[6]。两者是那么相同，以至于有相互转译的可能。它们的共同资料来源可能是公元前 2 世纪晚期的工程师阿格西斯特拉图斯（Agesistratus），维特鲁威在 7. 前言.14 中颂扬了他，阿特纳奥斯可能是维特鲁威的同时代人。[7]

加代斯（10.13.1）

加代斯（Cadiz）战役可能发生在公元前 500 年前后。到公元前 400 年左右，攻城术大多是由迦太基人发展起来的。公元前 409 年，迦太基人为了征服塞利努斯（Selinus），使用了 6 座攻城塔楼和 6 架破城槌，还有射手和投石手。在希梅拉战役（Himera）（公元前 407）中，他们采用了坑道和坑木；在阿克拉加斯战役（Akragas）（公元前 406）中，采用了攻城土堆（Siege mounds）。[8]

1 温特（F. E. Winter）：前引书，311—333。其他重要的综合性研究有：亚当（J. P. Adam）：《希腊军事建筑》（L'Architecture militaire grecque，巴黎，1982）；克里申（F. Krischen）：《庞贝城墙与意大利南部及西西里的希腊要塞建筑》（Die Stadtmauer von Pompeii und die griechische Festungsbaukunst in Unteritalien und Sizilien，庞贝希腊化艺术 7，柏林，1941）。
2 马斯登（E. W. Marsden）：《古希腊罗马炮术：技术论文》（Greek and Roman Artillery: Technical Treatises，牛津，1971），1—14。
3 同上书，198—199。
4 同上书，37—41。
5 希罗：《论弩炮》，110—113。
6 韦舍（Wescher）编：9—26。
7 参见马斯登：《古希腊罗马炮术：技术论文》，4—5，前已引述。
8 狄奥多罗斯（Diodorus Siculus）：13.54.7，13.59.8，13.86.1—3。

[298]　其他起重机（10.2.8－10）

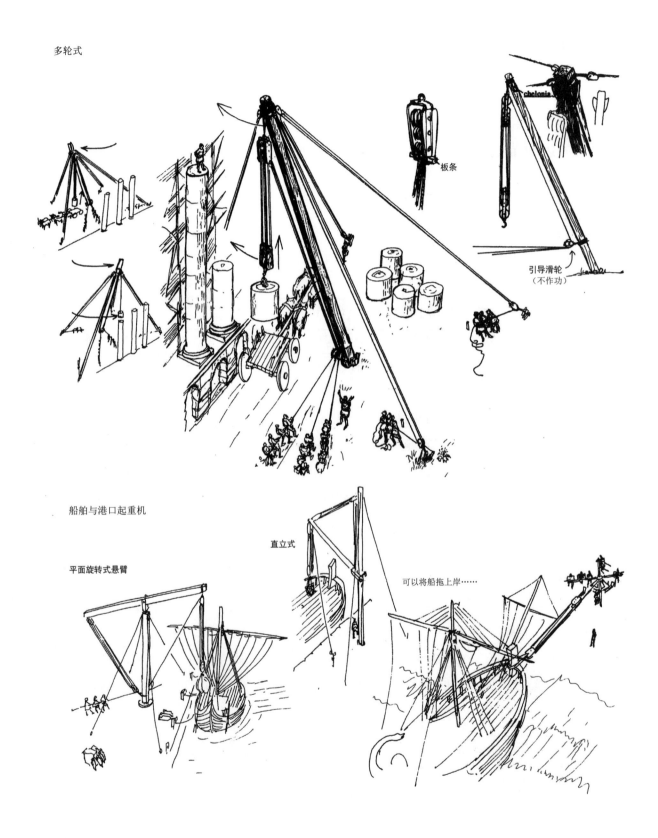

多轮式

板条

引导滑轮
（不作功）

船舶与港口起重机

直立式

平面旋转式悬臂

可以将船拖上岸……

图 121　其他起重机（10.2.8－10）

拖运大件的特殊方法（10.2.11－15） [299]

梅塔格涅斯的机械

克尔西弗隆的机械

帕科尼乌斯的大麻烦

压平运动场跑道的碾子

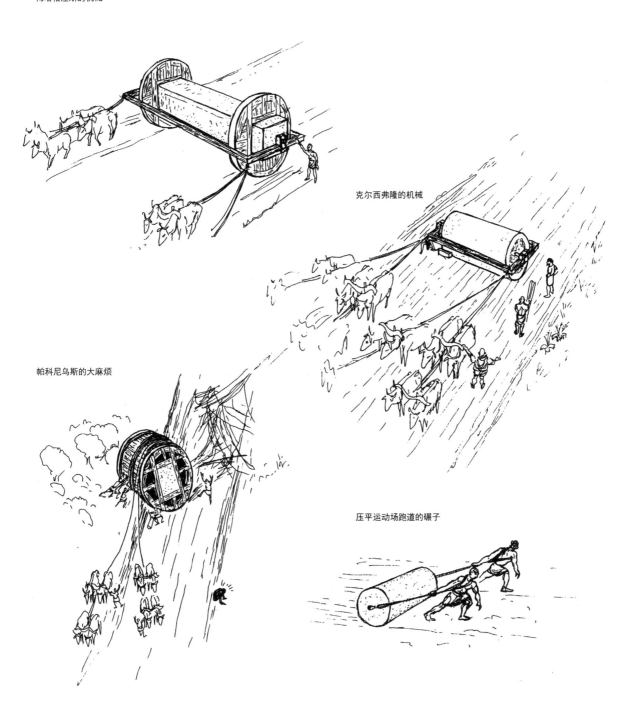

图122 拖运大件的特殊方法（10.2.11－15）

[300]　机械运动的两种类型（10.3.1－8）

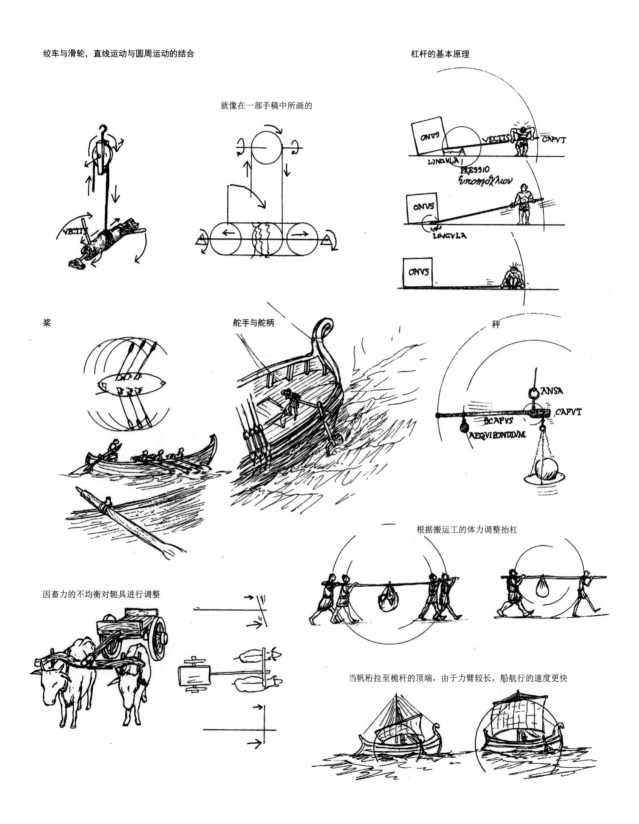

图 123　机械运动的两种类型（10.3.1－8）

提水机械（1.4.1—4） [301]

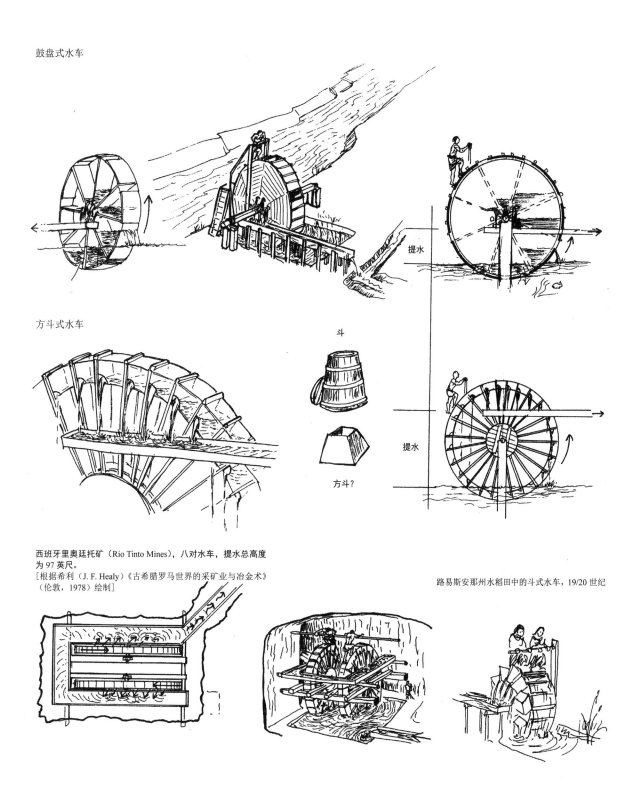

鼓盘式水车

方斗式水车

斗

提水

方斗？

提水

西班牙里奥廷托矿（Rio Tinto Mines），八对水车，提水总高度为 97 英尺。
[根据希利（J. F. Healy）《古希腊罗马世界的采矿业与冶金术》（伦敦，1978）绘制]

路易斯安那州水稻田中的斗式水车，19/20 世纪

图 124　提水机械（1.4.1—4）

[302] 斗链式水车（10.4.4）

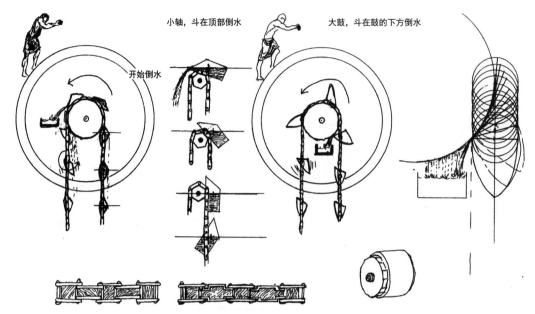

小轴，斗在顶部倒水
开始倒水

大鼓，斗在鼓的下方倒水

木制环链
[根据马斯登（E. W. Marsden）：《古希腊罗马炮术手册：技术论文》
（牛津，1970），182，图 20 绘制，出自菲洛（Philon）《论弩炮》
中关于连发弩炮的讨论]

底舱排水机，尼米湖沉船
出土（假想的斗式水车）
[根据乌切利（Ucelli）：《尼
米湖沉船》（*Le Navi di
Nemi*，罗马，1950）绘制]

庞贝，斯塔比亚浴场（Stabian Baths），提水斗链将井水提升至
屋顶水池
[根据埃施巴赫（H. Eschebach）：《庞贝城斯塔比亚温泉浴场》
（柏林，1979）绘制]

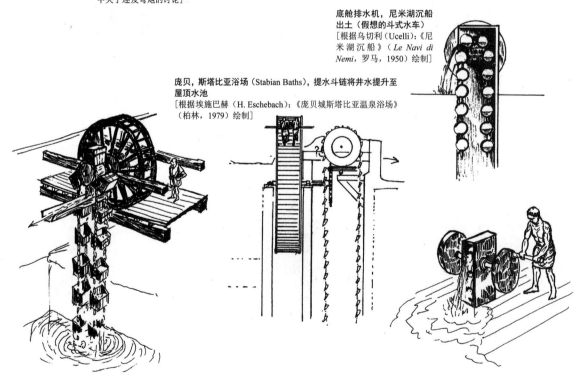

图 125　斗链式水车（10.4.4）

水车（10.5.1－2）　[303]

"根据上述相同的原理，也可以制造河里的水车……"

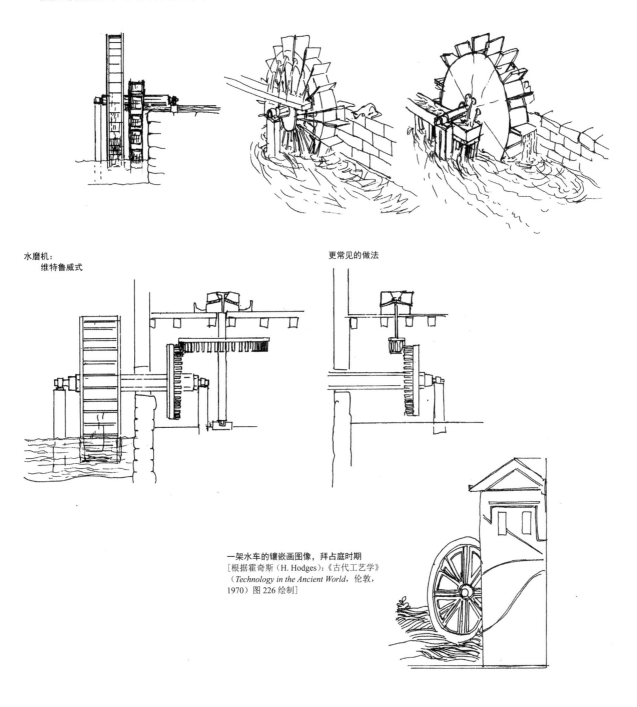

水磨机：
　　维特鲁威式

更常见的做法

一架水车的镶嵌画图像，拜占庭时期
[根据霍奇斯（H. Hodges）:《古代工艺学》
（*Technology in the Ancient World*，伦敦，
1970）图 226 绘制]

图 126　水车（10.5.1－2）

[304]　螺旋式提水机（"水蜗牛"）（10.6.1－4）

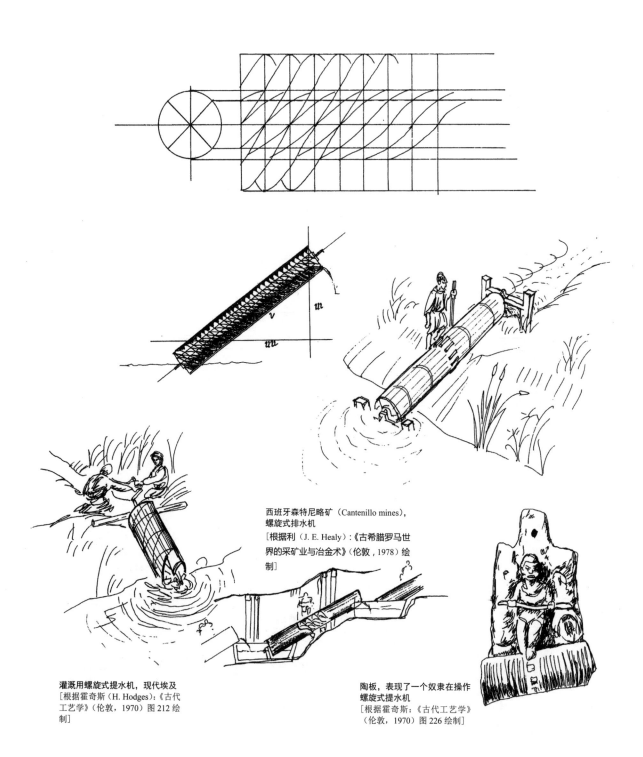

西班牙森特尼略矿（Cantenillo mines），
螺旋式排水机
［根据利（J. E. Healy）：《古希腊罗马世
界的采矿业与冶金术》（伦敦，1978）绘
制］

灌溉用螺旋式提水机，现代埃及
［根据霍奇斯（H. Hodges）：《古代
工艺学》（伦敦，1970）图212绘
制］

陶板，表现了一个奴隶在操作
螺旋式提水机
［根据霍奇斯：《古代工艺学》
（伦敦，1970）图226绘制］

图127　螺旋式提水机（"水蜗牛"）（10.6.1－4）

克特西比乌斯的水泵（10.7.1－3）　　[305]

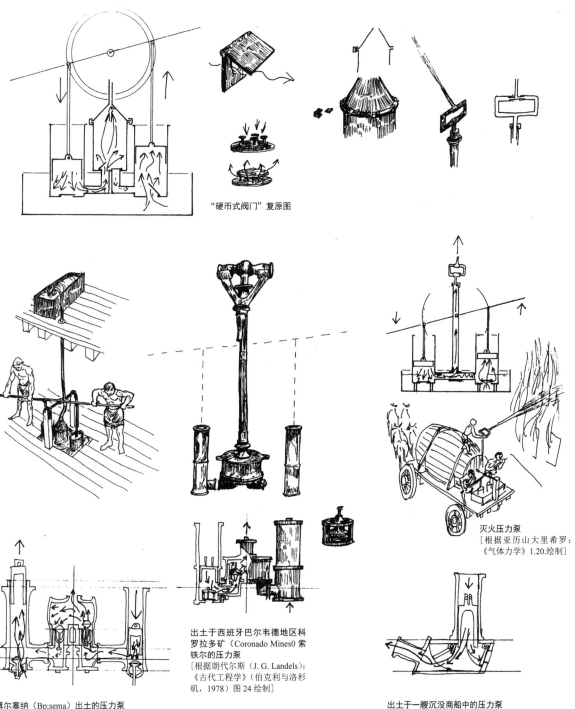

"硬币式阀门"复原图

博尔塞纳（Bp;sema）出土的压力泵
[选自大英博物馆：《古希腊罗马生活展说明书》（伦敦，1920²）图 127、128]

出土于西班牙巴尔韦德地区科罗拉多矿（Coronado Mines0 索铁尔的压力泵
[根据朗代尔斯（J. G. Landels）：《古代工程学》（伯克利与洛杉矶，1978）图 24 绘制]

灭火压力泵
[根据亚历山大里希罗：《气体力学》1.20.绘制]

出土于一艘沉没商船中的压力泵
[根据朗代尔斯：《古代工程学》（伯克利与洛杉矶，1978）图 25 绘制]

图 128　克特西比乌斯的水泵（10.7.1－3）

[306]　水风琴（10.8.1－6）

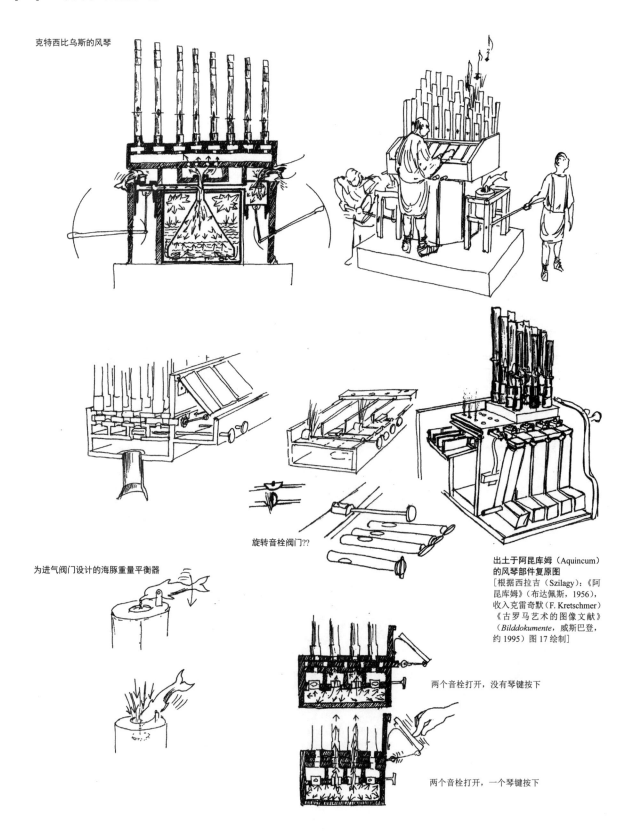

克特西比乌斯的风琴

为进气阀门设计的海豚重量平衡器

旋转音栓阀门??

出土于阿昆库姆（Aquincum）
的风琴部件复原图
［根据西拉吉（Szilagy）：《阿
昆库姆》（布达佩斯，1956），
收入克雷奇默（F. Kretschmer）
《古罗马艺术的图像文献》
（*Bilddokumente*，威斯巴登，
约 1995）图 17 绘制］

两个音栓打开，没有琴键按下

两个音栓打开，一个琴键按下

图 129　水风琴（10.8.1－6）

计程器（10.9.1－7） [307]

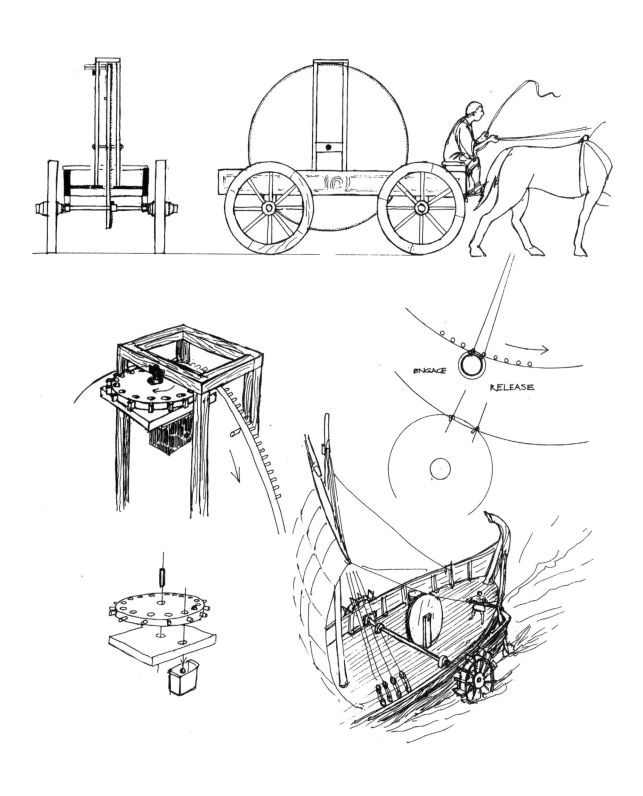

图 130　计程器（10.9.1－7）

[308]　炮术：蝎型弩机（10.10.1—6）

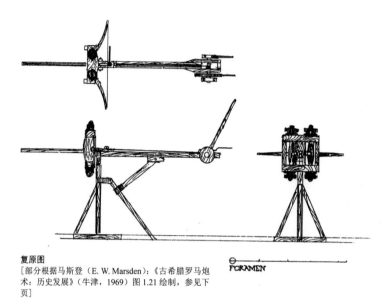

复原图
［部分根据马斯登（E. W. Marsden）：《古希腊罗马炮术：历史发展》（牛津，1969）图 1.21 绘制，参见下页］

图 131　炮术：蝎型弩机（10.10.1—6）

炮术：石弩炮（10.11.1－9）　[309]

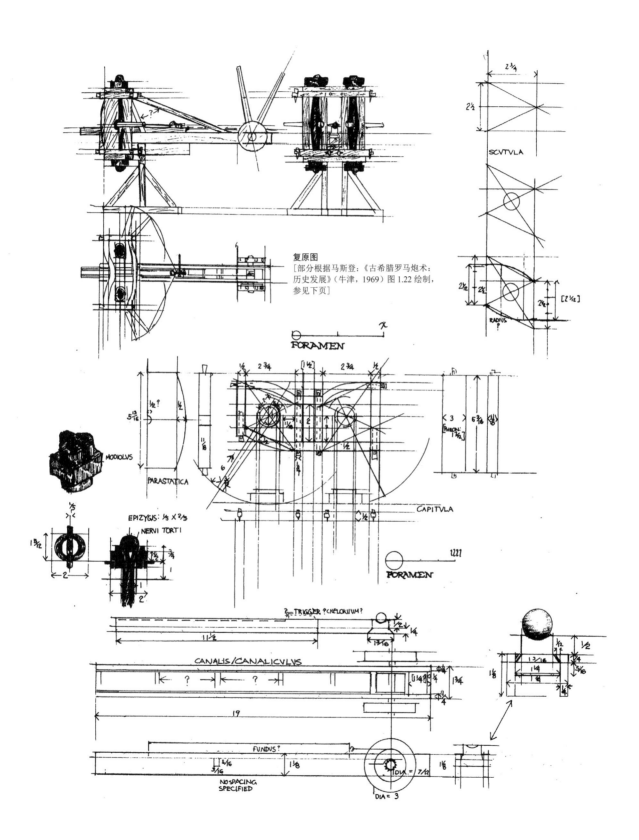

复原图

[部分根据马斯登：《古希腊罗马炮术：
历史发展》（牛津，1969）图 1.22 绘制，
参见下页]

图 132　炮术：石弩炮（10.11.1－9）

[310]　绷紧石弩炮的弹索（10.12.1－2）

绷紧弩机弹索的架子
[根据希罗:《战争机械》，107－110，从及马斯登《古希腊罗马炮术：技术论文》（牛津，1971）59，图23绘制]

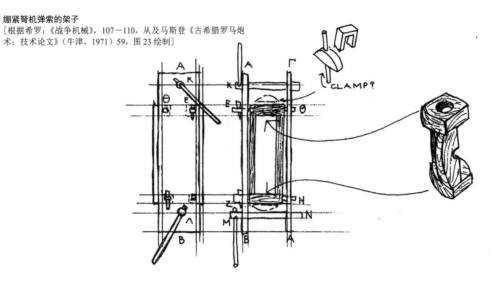

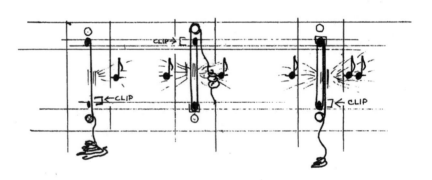

整个机顶（两套弹索）拉张器的假设性复原图

图 133　绷紧石弩炮的弹索（10.12.1－2）

迪亚德斯的攻城机械（10.13.1—7） [311]

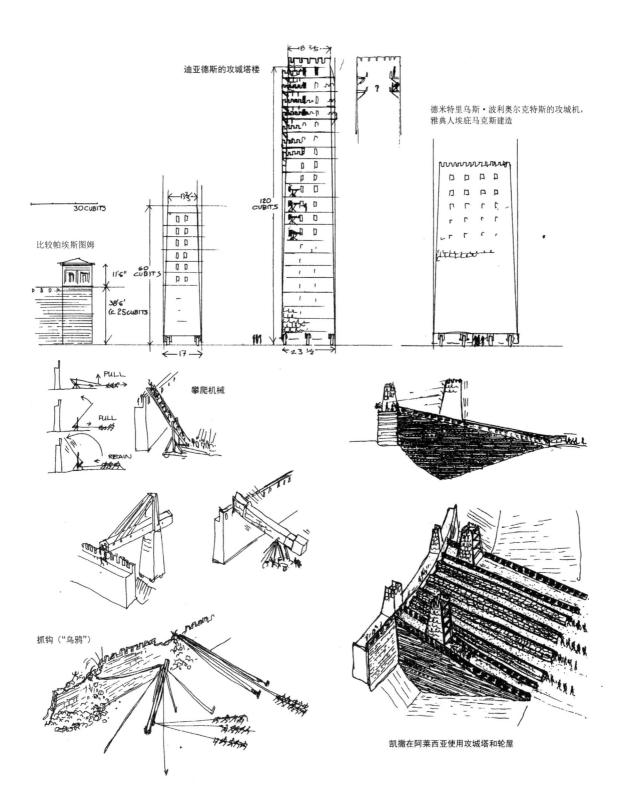

图134 迪亚德斯的攻城机械（10.13.1—7）

[312]　迪亚德斯的攻城机械（10.13.6—7）

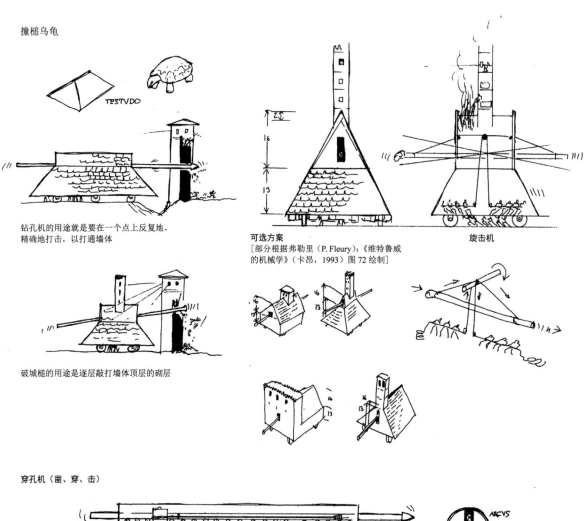

撞槌乌龟

TESTVDO

钻孔机的用途就是要在一个点上反复地、精确地打击，以打通墙体

破城槌的用途是逐层敲打墙体顶层的砌层

可选方案
[部分根据弗勒里（P. Fleury）：《维特鲁威的机械学》（卡昂，1993）图 72 绘制]

旋击机

穿孔机（凿、穿、击）

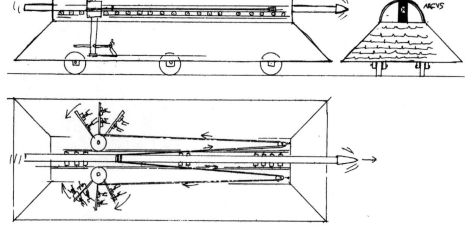

ARCVS

图 135　迪亚德斯的攻城机械（10.13.6—7）

填埋壕沟的乌龟式机械（10.14.1－3）　　[313]

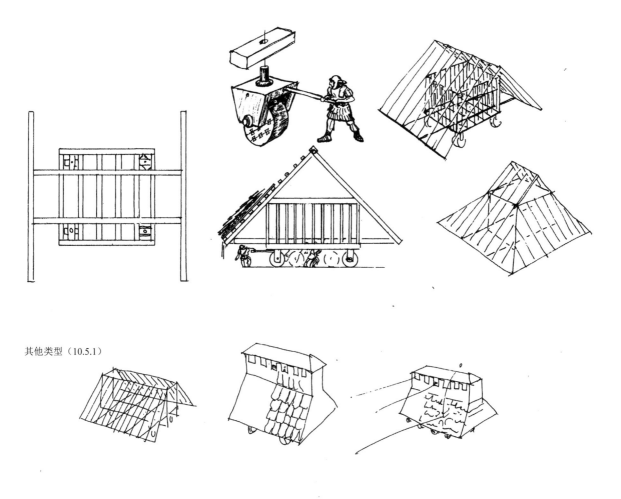

其他类型（10.5.1）

挖掘坑道的乌龟式机械（10.15.1）

图136　填埋壕沟的乌龟式机械（10.14.1－3）

[314]　赫格托尔的乌龟式机械（10.15.2－6）

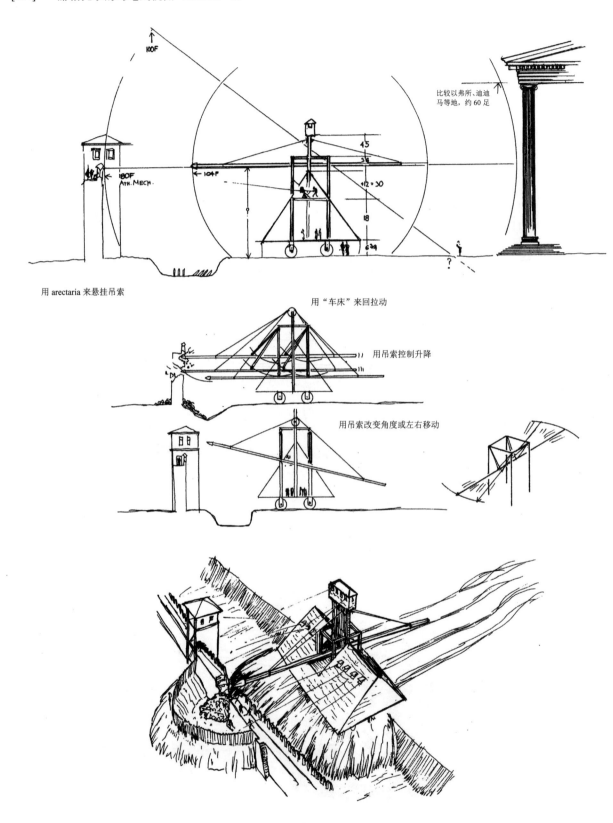

图 137　赫格托尔的乌龟式机械（10.15.2－6）

防御策略（10.16.3－10） [315]

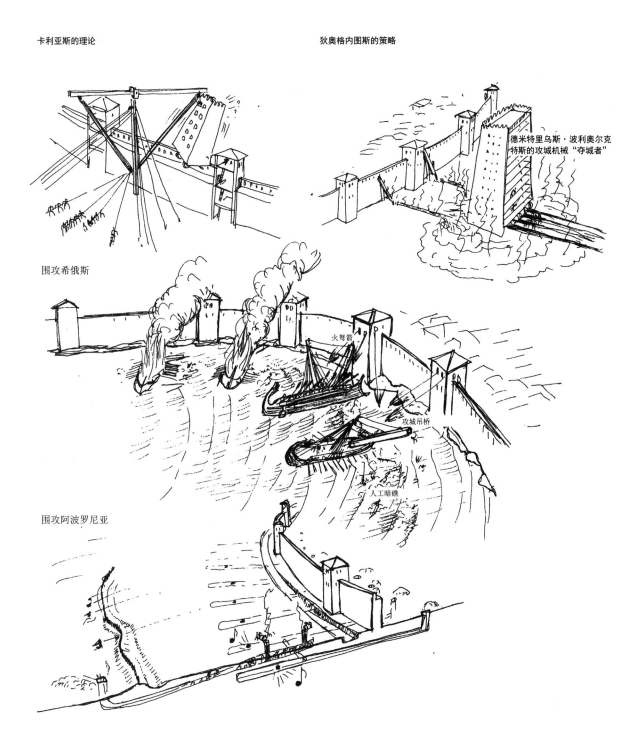

卡利亚斯的理论

狄奥格内图斯的策略

德米特里乌斯·波利奥尔克特斯的攻城机械"夺城者"

围攻希俄斯

火弩箭

攻城吊桥

人工暗礁

围攻阿波罗尼亚

图 138 防御策略（10.16.3－10）

[316]　　防御策略：围攻马西利亚（10.16.11－12）

将壕沟降低至敌方坑道水平线以下

挖掘蓄水池以淹没敌方隧道

用火弩箭烧毁攻城斜坡

木头支撑的斜坡

被填平的攻城壕沟

装有套索的起重机，夺取破城槌

图 139　防御策略：围攻马西利亚（10.16.11－12）

菲力围攻拜占庭（10.13.3）

菲力二世最早广泛利用炮术攻城的战役，是攻打佩林苏斯（Perinthos）和拜占庭（Byzantium），都发生在公元前 340 年。后来，攻城术的领先地位转移到了马其顿人那里。扭矩式弩机（与箭式弹射器相对）可能是马其顿人发展起来的。[1]

拜占庭的赫格托尔（10.15.2）（图 137）

德米特里乌斯（Demetrius Ploiorcetes）手下的一个攻城工程师。

狄奥格内图斯……卡利亚斯……德米特乌斯（10.16.3—4）（图 138）

这些事件发生在公元前 304 年马其顿的安提柯之子德米特里乌斯（Demetrius）围攻罗得岛之战期间。这次战役是古代最壮观、最著名的攻城战例之一，使用了成熟的攻城机械，因而为世界瞩目。

在希俄斯岛上……桑布卡攻城云梯（10.16.9）（图 138）

这指的是哪一次攻城战役不得而知，但大概发生在公元前 3 世纪。*sambuca* 是一种船载云梯，从桅杆上挂下来。之所以如此称呼，是由于它类似于一种同名的竖琴。

在阿波罗尼亚（10.16.9—10）（图 138）

这是哪次攻城战役也不能确定，可能是马其顿的腓力五世（Philip V of Macedon）在公元前 214 年发动的对阿波罗尼亚的攻城战役。公元前 44 年，屋大维在阿波罗尼亚得知了凯撒之死。

马西利亚（10.16.11—12）（图 139）

[317]

这大概就是公元前 49 年那次马西利亚攻城战役。庞培已经诱劝该城采取一种中立的立场。在凯撒不在场的情况下，攻城主要由布鲁特斯（D. Brutus）和特雷博尼乌斯（G. Trebonius）实施，其意图是在法萨卢斯（Pharsalus）与庞培对峙时确保凯撒后方的安全。马西利亚（Massilia）是攻城术发展的主要城市之一，也是拥有培训工程师或建筑师师资力量的城市之一。其他此类城市还有亚历山大里亚、拜占庭、罗得岛、叙拉古以及雅典。维特鲁威在《建筑十书》的结尾处写下了这段历史轶事，目的是要让人透彻地理解"建筑师的聪明才智"〔*architectorum sollertia*〕胜过机械方法。奇怪的是，他这个结束全书的故事描述了一场攻城战役，在其中，凯撒的追随者们以及维特鲁威（如果他也在场的话）都是战败者（暂时性的）。凯撒的记述主要集中于海战，尽管后来[2]他的确也记述了攻城机械和各种计谋的失利，但并未提到坑道和护城河。凯撒在行军跨过卢比孔河（Rubicon）之前，亲自到场接受了马西利亚人的投降。[3]

---

1 马斯登：《古希腊罗马炮术：技术论文》，58。
2 凯撒：《内战记》（*Bellum Civile*），2.2。
3 同上书，1.34—36；1.56—58；2.1—16；2.22。

索 引

本索引中的数字均为英文版页码，即本书的边码；斜体表示英文版插图页码。

边码置于方括号内，出现在正文一侧或整页插图的上角；注释所在页码均随边码走。

C